面向新工科的电工电子信息基础课程系列教材

教育部高等学校电工电子基础课程教学指导分委员会推荐教材

电磁场与电波传播

何　艳　主　编

徐延林　王卫华　副主编

刘　燚　郑月军　编　著

清華大学出版社

北　京

内容简介

本书依据电磁场与微波技术学科内涵，系统地介绍电磁场理论知识及其工程应用，包含电磁场与电磁波、微波技术基础、天线与电波传播三部分内容。全书共10章：第1～4章介绍电磁场与电磁波的基本原理，包括矢量分析与场论、静态电磁场、时变电磁场和平面电磁波。第5～8章介绍微波技术基础，包括导行电磁波、微波传输线理论、微波网络理论及微波元器件。第9、10章介绍天线与电波传播，包括天线收发基本原理、天线常用电参数及计算、典型天线分析、电波传播方式及应用。每章末均配有适量的思考题和练习题，部分章节配有实践案例。配套的仿真、动画、微课视频、MATLAB源代码等数字资源可以通过扫码获取。

本书可作为电子信息类专业非微波方向本科生教材，也可供从事微波技术及天线设计的工程技术人员参考。

图书在版编目(CIP)数据

电磁场与电波传播 / 何艳主编. -- 北京 ：清华大学出版社，2025. 1. --(面向新工科的电工电子信息基础课程系列教材). -- ISBN 978-7-302-68238-7

Ⅰ. O441.4;TN011

中国国家版本馆 CIP 数据核字第 2025D5U658 号

责任编辑：文　怡
封面设计：王昭红
责任校对：申晓焕
责任印制：宋　林

出版发行：清华大学出版社
　　网　　址：https://www.tup.com.cn，https://www.wqxuetang.com
　　地　　址：北京清华大学学研大厦A座　　**邮　　编**：100084
　　社 总 机：010-83470000　　**邮　　购**：010-62786544
　　投稿与读者服务：010-62776969，c-service@tup.tsinghua.edu.cn
　　质量反馈：010-62772015，zhiliang@tup.tsinghua.edu.cn
　　课件下载：https://www.tup.com.cn,010-83470236
印 装 者：三河市铭诚印务有限公司
经　　销：全国新华书店
开　　本：185mm×260mm　　**印　张**：25.25　　**字　　数**：571千字
版　　次：2025年3月第1版　　**印　　次**：2025年3月第1次印刷
印　　数：1～1500
定　　价：89.00元

产品编号：107241-01

前言

“电磁场与电波传播”课程是面向高等院校电子信息类专业非微波方向本科生的一门专业基础课，旨在贯通式介绍电磁场与微波方向的基础理论及其工程应用。本书内容涵盖“电磁场与电磁波”“微波技术”“天线与电波传播”等几门课程的核心知识点。编者希望学生在学习完本书后能系统掌握电磁场的基本原理及其“场-路”分析方法，并将其应用于典型微波器件、电路、系统的分析；熟悉天线与电波传播的基本原理、基本规律及工程应用，为其他后续专业课程学习打下基础。

全书共10章，包含三个知识模块：模块一对应第1～4章，介绍电磁场与电磁波的基本原理，包括矢量分析与场论、静态电磁场、时变电磁场和平面电磁波，该部分为后续章节奠定了理论基础。模块二对应第5～8章，介绍微波技术基础，包括导行电磁波、微波传输线理论、微波网络理论及微波元器件，该部分为微波工程技术应用打下了基础。模块三对应第9、10章，包括天线基础和电波传播，介绍了天线发射和接收电磁波的基本原理、天线常用电参数、收发天线之间的功率传输计算、典型天线分析、电波传播方式及应用等，该部分为天线设计及无线收发应用提供了必备知识。本书参考学时为64学时，使用本书作为教材时可根据不同的教学需求进行取舍。

本书主要面向电子信息类专业非微波方向的本科生，强调对电磁场、微波技术及天线方面概念的理解及运用，因此在保持物理思路的连贯性和物理概念的严谨性的同时，适当降低了数学上推导演绎的难度，增强了本书的可读性。本书内容丰富，图文并茂，配有数量合适的例题、课后思考题和习题，还配有MATLAB、CST仿真、动画、微课等可扩充的二维码链接资源，便于读者课外自学。

本书由何艳、徐延林、王卫华、刘燚和郑月军合作编写，其中第1～4章由徐延林编写，第5、6章由何艳编写，第7章由郑月军编写，第8章由王卫华编写，第9、10章由刘燚编写。何艳对全书进行了统稿和校对。本书在编写过程中得到了国防科技大学电子科学学院朱建清教授的大力支持，他提供了不少宝贵资料和建议，谨在此表示衷心的感谢。由于编写时间较仓促且编者水平有限，书中难免存在不妥之处，敬请广大读者批评指正。

编　者

2024年12月于国防科技大学

目录

大纲+课件

目录

目录

目录

目录

目录

目录

目录

第1章 矢量分析与场论

电磁学中最常用的两个词就是电场、磁场。那么，什么是“场”呢？“场”是物理学中的一个专业术语，它通常用来描述某一物理量在固定区域中每一点处、每一时刻的数值分布情况。根据所表征物理量的特点，“场”有标量场和矢量场之分。例如：温度场、高度场等就是一种标量场，只有大小没有方向；而电磁学中的电场强度、磁感应强度等就是一种典型的矢量场，既有大小又有方向。通常，“场”是由某些特定的“源”产生的，“场”的物理性质和规律，以及“场”与“源”之间的相互关系，可以用“场论”这种数学工具来研究。

矢量运算和场论知识是电磁学的重要数学基础。本章先介绍矢量运算的规则，再介绍场论的基础知识，重点研究直角坐标系下标量场的梯度、矢量场的散度和旋度。

1.1 矢量代数

1.1.1 标量与矢量

标量是指只有大小没有方向的物理量，如温度、密度、电压等；矢量是指既有大小又有方向的物理量，如速度、作用力、电场强度、磁场强度等。

矢量可以用具有一定长度的有向线段来直观表示，如图 1-1 所示。有向线段的空间指向就是矢量的方向，线段的长度就是矢量的大小，又称为矢量的模值（或模）。在数学上（手写），常用带箭头上标的字母表示矢量，如 $\vec{a}$、$\vec{A}$ 等，其模值记为 a、A。另外，在很多书籍中（印刷），也常用黑体字母表示矢量，如 $\boldsymbol{A}$、$\boldsymbol{E}$ 等，其模值记为 $|\boldsymbol{A}|$、$|\boldsymbol{E}|$ 或 A、E。

图 1-1 矢量的图示法

若矢量 $\boldsymbol{A}$ 和 $\boldsymbol{B}$ 模值相等、方向相同，则 $\boldsymbol{A}=\boldsymbol{B}$。据此定义，将矢量在空间中平移不会改变该矢量。与 $\boldsymbol{A}$ 方向相反、模值相等的矢量是 $\boldsymbol{A}$ 的逆矢量，记为 $-\boldsymbol{A}$。

模值为 1 的矢量称为单位矢量，一般用带上标“^”的斜体小写字母表示，如 $\hat{\boldsymbol{x}}$、$\hat{\boldsymbol{\theta}}$。在某种空间坐标系下，与坐标轴正向同方向的单位矢量称为坐标单位矢量，该坐标系中的矢量可以表示为坐标单位矢量的线性组合。直角坐标系的坐标单位矢量为 $\hat{\boldsymbol{x}}$、$\hat{\boldsymbol{y}}$、$\hat{\boldsymbol{z}}$，直角坐标系中的任意矢量 $\boldsymbol{A}$ 可表示为

$$\boldsymbol{A}=A_x\hat{\boldsymbol{x}}+A_y\hat{\boldsymbol{y}}+A_z\hat{\boldsymbol{z}} \tag{1-1}$$

式中：A_x、A_y、A_z 分别为矢量 $\boldsymbol{A}$ 的 x 分量、y 分量和 z 分量。

矢量 $\boldsymbol{A}$ 的模值计算公式为

$$|\boldsymbol{A}|=A=\sqrt{A_x^2+A_y^2+A_z^2} \tag{1-2}$$

1.1.2 矢量的基本运算

1. 加法和减法

假设 $\boldsymbol{A}=A_x\hat{\boldsymbol{x}}+A_y\hat{\boldsymbol{y}}+A_z\hat{\boldsymbol{z}}$、$\boldsymbol{B}=B_x\hat{\boldsymbol{x}}+B_y\hat{\boldsymbol{y}}+B_z\hat{\boldsymbol{z}}$、$\boldsymbol{C}=C_x\hat{\boldsymbol{x}}+C_y\hat{\boldsymbol{y}}+C_z\hat{\boldsymbol{z}}$ 为直角坐标系中的三个任意矢量，其加法、减法运算规则如下：

$$\boldsymbol{A}\pm\boldsymbol{B}=(A_x\pm B_x)\hat{\boldsymbol{x}}+(A_y\pm B_y)\hat{\boldsymbol{y}}+(A_z\pm B_z)\hat{\boldsymbol{z}} \tag{1-3a}$$

$$\boldsymbol{A}+\boldsymbol{B}=\boldsymbol{B}+\boldsymbol{A} \tag{1-3b}$$

$$(\boldsymbol{A}+\boldsymbol{B})+\boldsymbol{C}=\boldsymbol{A}+(\boldsymbol{B}+\boldsymbol{C}) \tag{1-3c}$$

显然，直角坐标系下，矢量加减法等于各自的坐标分量相加减。同时，矢量加减法满足交换律和结合律。另外，还可以用图解法来进行矢量加减运算。

以 $\boldsymbol{A}$、$\boldsymbol{B}$ 为邻边作平行四边形，与 $\boldsymbol{A}$、$\boldsymbol{B}$ 起点相同的对角线矢量就是 $\boldsymbol{A}+\boldsymbol{B}$，如图 1-2(a)所示。若 $\boldsymbol{A}$、$\boldsymbol{B}$ 起点不重合，可根据矢量的平移不变性，将其中任意一个矢量平移到与另一个矢量的起点重合。做减法时，可先求出被减矢量的逆矢量，再将该逆矢量与减矢量相加，如图 1-2(b)所示。对于多个矢量相加，利用三角形法则更加方便，如图 1-3 所示，依次将所有矢量的首尾相连，形成矢量链条，最终的和矢量即为从第一个矢量起点指向最后一个矢量终点的矢量。若矢量链条的终点与起点重合，则说明所有矢量之和为 0。

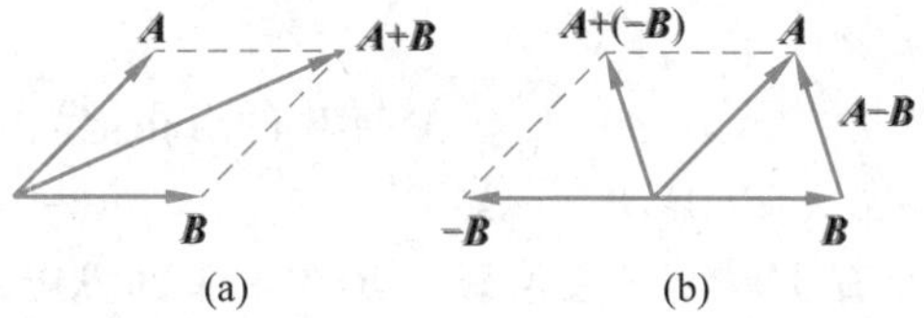

图 1-2 矢量加减法的平行四边形法则示意图

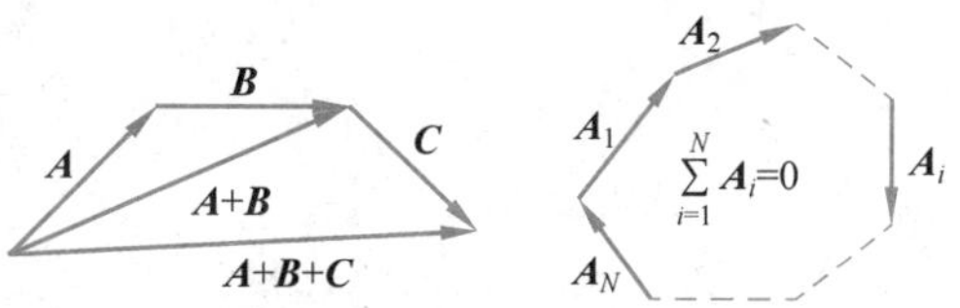

图 1-3 多矢量相加的三角形法则示意图

2. 数乘

以实数 ξ 乘以矢量称为矢量的数乘。当 $\xi>0$ 时，$\boldsymbol{A}$ 的模伸缩 ξ 倍，方向不变；当 $\xi<0$ 时，$\boldsymbol{A}$ 的模伸缩 $|\xi|$ 倍，且方向反向，如图 1-4 所示。

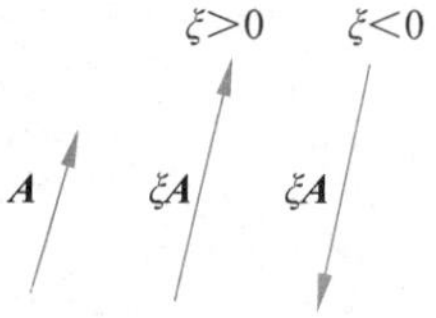

图 1-4 矢量的数乘

设 ξ、η 为两实数，$\boldsymbol{A}$、$\boldsymbol{B}$ 为两任意矢量，则数乘运算满足以下规则：

$$\xi\boldsymbol{A}=\xi A_x\hat{\boldsymbol{x}}+\xi A_y\hat{\boldsymbol{y}}+\xi A_z\hat{\boldsymbol{z}} \tag{1-4a}$$

$$\xi(\eta\boldsymbol{A})=(\xi\eta)\boldsymbol{A} \tag{1-4b}$$

$$(\xi+\eta)\boldsymbol{A}=\xi\boldsymbol{A}+\eta\boldsymbol{A} \tag{1-4c}$$

$$\xi(\boldsymbol{A}+\boldsymbol{B})=\xi\boldsymbol{A}+\xi\boldsymbol{B} \tag{1-4d}$$

3. 分解

设 $\boldsymbol{A}$、$\boldsymbol{B}$、$\boldsymbol{C}$ 三者共面，且 $\boldsymbol{B}$、$\boldsymbol{C}$ 不共线，若将它们都移到公共始点 O，过 $\boldsymbol{C}$ 的终点作分别平行于 $\boldsymbol{A}$、$\boldsymbol{B}$ 的两条直线，各交 $\boldsymbol{A}$、$\boldsymbol{B}$(或其延长线)于 M、N 点，则

$$\boldsymbol{C}=\overrightarrow{OM}+\overrightarrow{ON}=\xi\boldsymbol{A}+\eta\boldsymbol{B} \tag{1-5}$$

这称为 $\boldsymbol{C}$ 对 $\boldsymbol{A}$、$\boldsymbol{B}$ 的分解，如图 1-5(a)所示。矢量分解运算基于矢量的加法、数乘运算。

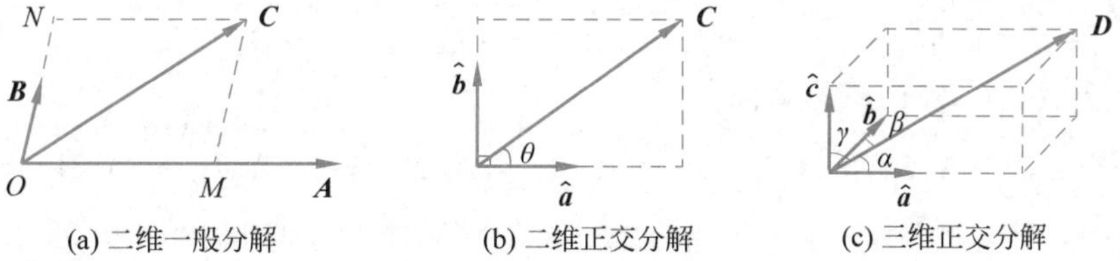

图 1-5 矢量的分解

若单位矢量 $\hat{\boldsymbol{a}}$、$\hat{\boldsymbol{b}}$ 相互正交，如图 1-5(b)所示，则 $\boldsymbol{C}$ 对 $\hat{\boldsymbol{a}}$、$\hat{\boldsymbol{b}}$ 的分解表示为

$$\boldsymbol{C}=|\boldsymbol{C}|\cos\theta\,\hat{\boldsymbol{a}}+|\boldsymbol{C}|\sin\theta\,\hat{\boldsymbol{b}} \tag{1-6}$$

分解系数$|\boldsymbol{C}|\cos\theta$和$|\boldsymbol{C}|\sin\theta$分别称为矢量$\boldsymbol{C}$在$\hat{\boldsymbol{a}}$、$\hat{\boldsymbol{b}}$方向上的投影。

可以将上述二维平面内的矢量分解推广到三维空间，如图1-5(c)所示。将矢量$\boldsymbol{D}$对两两正交的单位矢量$\hat{\boldsymbol{a}}$、$\hat{\boldsymbol{b}}$、$\hat{\boldsymbol{c}}$进行分解，有

$$\boldsymbol{D}=|\boldsymbol{D}|\cos\alpha\hat{\boldsymbol{a}}+|\boldsymbol{D}|\cos\beta\hat{\boldsymbol{b}}+|\boldsymbol{D}|\cos\gamma\hat{\boldsymbol{c}} \tag{1-7}$$

式中：α、β、γ分别为$\boldsymbol{D}$矢量与$\hat{\boldsymbol{a}}$、$\hat{\boldsymbol{b}}$、$\hat{\boldsymbol{c}}$的方向夹角。若$\hat{\boldsymbol{a}}$、$\hat{\boldsymbol{b}}$、$\hat{\boldsymbol{c}}$恰是某坐标系的坐标单位矢量，则分解系数就是$\boldsymbol{D}$在该坐标系的坐标分量。

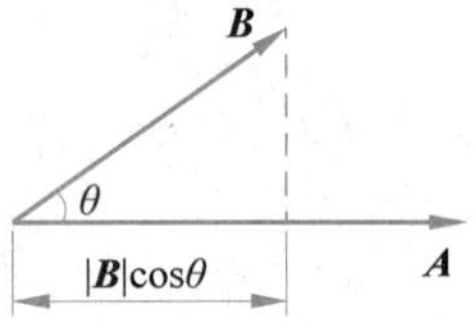

图1-6　矢量的点积

4. 点积(标量积、内积)

设$\boldsymbol{A}$、$\boldsymbol{B}$两矢量的夹角为$\theta(0\leqslant\theta\leqslant\pi)$。$\boldsymbol{A}$与$\boldsymbol{B}$的点积记为

$$\boldsymbol{A}\cdot\boldsymbol{B}=|\boldsymbol{A}||\boldsymbol{B}|\cos\theta \tag{1-8}$$

点积的结果是标量，可以看成是$\boldsymbol{A}$的模值乘以$\boldsymbol{B}$在$\boldsymbol{A}$上的投影，如图1-6所示。

点积运算满足以下规则：

$$\boldsymbol{A}\cdot\boldsymbol{B}=\boldsymbol{B}\cdot\boldsymbol{A}=A_xB_x+A_yB_y+A_zB_z \tag{1-9a}$$

$$\boldsymbol{A}\cdot(\boldsymbol{B}+\boldsymbol{C})=\boldsymbol{A}\cdot\boldsymbol{B}+\boldsymbol{A}\cdot\boldsymbol{C} \tag{1-9b}$$

$$(\xi\boldsymbol{A})\cdot(\eta\boldsymbol{B})=\xi\eta\boldsymbol{A}\cdot\boldsymbol{B} \tag{1-9c}$$

$$\boldsymbol{A}\cdot\boldsymbol{A}=|\boldsymbol{A}|^2,\quad \hat{\boldsymbol{a}}\cdot\hat{\boldsymbol{a}}=1 \tag{1-9d}$$

若$\boldsymbol{A}\neq0$、$\boldsymbol{B}\neq0$，则有

$$\boldsymbol{A}\cdot\boldsymbol{B}=0\Leftrightarrow\boldsymbol{A}\perp\boldsymbol{B} \tag{1-9e}$$

式(1-9e)常用来判断两矢量是否垂直。

5. 叉积(矢量积、外积)

设$\boldsymbol{A}$、$\boldsymbol{B}$两矢量的夹角为$\theta(0\leqslant\theta\leqslant\pi)$，$\boldsymbol{A}$与$\boldsymbol{B}$的叉积是一个矢量，记为$\boldsymbol{A}\times\boldsymbol{B}$，它的模值等于以$\boldsymbol{A}$、$\boldsymbol{B}$为边所张成的平行四边形面积，其方向与$\boldsymbol{A}$、$\boldsymbol{B}$均垂直，且按$\boldsymbol{A}$、$\boldsymbol{B}$、$\boldsymbol{A}\times\boldsymbol{B}$顺序构成右手螺旋关系，如图1-7所示(图1-7中阴影部分面积)，即

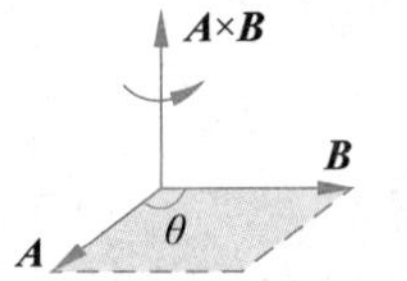

图1-7　矢量的叉积

$$|\boldsymbol{A}\times\boldsymbol{B}|=|\boldsymbol{A}||\boldsymbol{B}|\sin\theta \tag{1-10}$$

$\boldsymbol{A}\times\boldsymbol{B}$的计算公式可利用行列式表示为

$$\boldsymbol{A}\times\boldsymbol{B}=\begin{vmatrix}\hat{\boldsymbol{x}} & \hat{\boldsymbol{y}} & \hat{\boldsymbol{z}}\\ A_x & A_y & A_z\\ B_x & B_y & B_z\end{vmatrix}$$

$$=(A_yB_z-A_zB_y)\hat{\boldsymbol{x}}+(A_zB_x-A_xB_z)\hat{\boldsymbol{y}}+(A_xB_y-A_yB_x)\hat{\boldsymbol{z}} \tag{1-11}$$

叉积运算满足以下规则：

$$\boldsymbol{A}\times\boldsymbol{B}=-\boldsymbol{B}\times\boldsymbol{A} \tag{1-12a}$$

$$(\boldsymbol{A}+\boldsymbol{B})\times\boldsymbol{C}=\boldsymbol{A}\times\boldsymbol{C}+\boldsymbol{B}\times\boldsymbol{C} \tag{1-12b}$$

$$(\xi\boldsymbol{A})\times(\eta\boldsymbol{B})=\xi\eta(\boldsymbol{A}\times\boldsymbol{B}) \tag{1-12c}$$

$$\boldsymbol{A}\times\boldsymbol{A}=0 \tag{1-12d}$$

若 $\boldsymbol{A}\neq 0$、$\boldsymbol{B}\neq 0$，则有

$$\boldsymbol{A}\times\boldsymbol{B}=0 \Leftrightarrow \boldsymbol{A}\,/\!/\,\boldsymbol{B} \tag{1-12e}$$

式(1-12e)常用来判断两矢量是否平行。

6. 微分与积分

若矢量 $\boldsymbol{A}$ 的每个分量都是变量 t 的函数，则称矢量 $\boldsymbol{A}$ 是变量 t 的矢函数，记为

$$\boldsymbol{A}=\boldsymbol{A}(t)=A_x(t)\hat{\boldsymbol{x}}+A_y(t)\hat{\boldsymbol{y}}+A_z(t)\hat{\boldsymbol{z}} \tag{1-13}$$

那么，若极限 $\lim\limits_{\Delta t\to 0}\dfrac{\boldsymbol{A}(t+\Delta t)-\boldsymbol{A}(t)}{\Delta t}$ 存在，就称它为矢函数 $\boldsymbol{A}=\boldsymbol{A}(t)$ 的导数或微分，记为

$$\frac{\mathrm{d}\boldsymbol{A}}{\mathrm{d}t}=\frac{\mathrm{d}A_x(t)}{\mathrm{d}t}\hat{\boldsymbol{x}}+\frac{\mathrm{d}A_y(t)}{\mathrm{d}t}\hat{\boldsymbol{y}}+\frac{\mathrm{d}A_z(t)}{\mathrm{d}t}\hat{\boldsymbol{z}} \tag{1-14a}$$

类似地，矢函数的积分运算规则与微分运算规则相同，分别对各分量进行积分即可，有

$$\int\boldsymbol{A}(t)\mathrm{d}t=\hat{\boldsymbol{x}}\int A_x(t)\mathrm{d}t+\hat{\boldsymbol{y}}\int \boldsymbol{A}_y(t)\mathrm{d}t+\hat{\boldsymbol{z}}\int A_z(t)\mathrm{d}t \tag{1-14b}$$

注意，矢函数的微分或积分结果仍然是一个矢量。

若矢函数 $\boldsymbol{A}$ 是一个多变量矢函数，即

$$\boldsymbol{A}=\boldsymbol{A}(t_1,t_2,\cdots,t_n)=A_x(t_1,t_2,\cdots,t_n)\hat{\boldsymbol{x}}+A_y(t_1,t_2,\cdots,t_n)\hat{\boldsymbol{y}}+A_z(t_1,t_2,\cdots,t_n)\hat{\boldsymbol{z}} \tag{1-15}$$

则 $\boldsymbol{A}$ 对任意变量 t_i 的偏微分为

$$\frac{\partial\boldsymbol{A}}{\partial t_i}=\frac{\partial A_x}{\partial t_i}\hat{\boldsymbol{x}}+\frac{\partial A_y}{\partial t_i}\hat{\boldsymbol{y}}+\frac{\partial A_z}{\partial t_i}\hat{\boldsymbol{z}}\quad(i=1,2,\cdots,n) \tag{1-16}$$

高阶偏微分、混合偏微分的运算规则类似，对矢函数的各分量分别进行操作即可。

1.1.3 常用矢量

曲线、曲面的法向单位矢量一般用 $\hat{\boldsymbol{n}}$ 表示，而切向单位矢量一般用 $\hat{\boldsymbol{t}}$ 表示。值得注意的是：曲线上某一点处的法向单位矢量和切向单位矢量是唯一的，如图 1-8(a)所示；而曲面上某一点处的法向单位矢量唯一，切向单位矢量却有无穷多个，如图 1-8(b)所示。

起始于坐标原点 O、终止于任意点 M 的矢量 $\overrightarrow{OM}$ 定义为 M 点的位置矢量，又称矢径，通常用矢量 $\boldsymbol{r}$ 表示。如图 1-9 所示，设 M 点的坐标为(x,y,z)，则该点的矢径可表示为

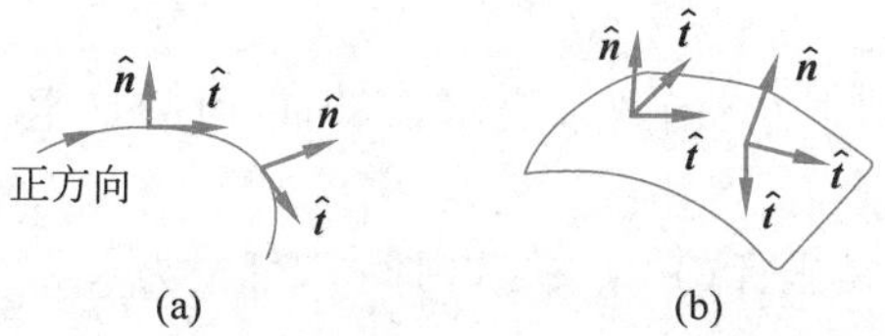

图 1-8 曲线、曲面的法向和切向单位矢量示意图

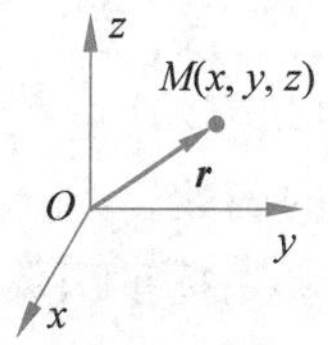

图 1-9 矢径

$$\boldsymbol{r} = x\hat{\boldsymbol{x}} + y\hat{\boldsymbol{y}} + z\hat{\boldsymbol{z}} \tag{1-17}$$

$$|\boldsymbol{r}| = r = \sqrt{x^2 + y^2 + z^2} \tag{1-18}$$

故 M 点通常又可以称为 $\boldsymbol{r}$ 点。

空间任意(x,y,z)点处的矢量 $\boldsymbol{A}$ 既可记为 $\boldsymbol{A}(x,y,z)$ 也可记为 $\boldsymbol{A}(\boldsymbol{r})$。

矢径方向上的单位矢量用 $\hat{\boldsymbol{r}}$ 表示为

$$\hat{\boldsymbol{r}} = \frac{\boldsymbol{r}}{r} = \frac{x\hat{\boldsymbol{x}} + y\hat{\boldsymbol{y}} + z\hat{\boldsymbol{z}}}{\sqrt{x^2 + y^2 + z^2}} \tag{1-19}$$

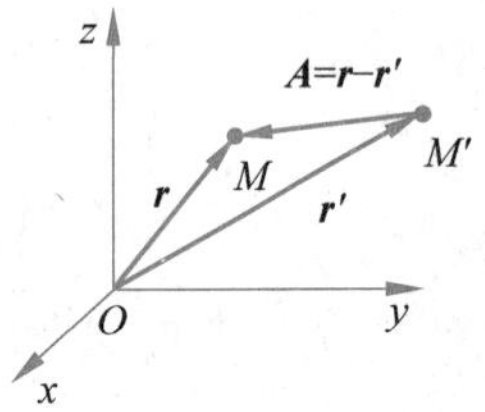

图 1-10 例 1-1 图

【例 1-1】 直角坐标系中(图 1-10),已知空间 M 点的坐标为(2,3,4),求其对应的矢径,并求与矢径方向相同的单位矢量。若另有 M' 点的坐标为(3,4,5),矢量 $\boldsymbol{A}$ 的起点、终点分别位于 M'、M 点,求矢量 $\boldsymbol{A}$。

解: M 点对应的矢径为

$$\boldsymbol{r} = 2\hat{\boldsymbol{x}} + 3\hat{\boldsymbol{y}} + 4\hat{\boldsymbol{z}}$$

与该矢径方向相同的单位矢量为

$$\hat{\boldsymbol{r}} = \frac{\boldsymbol{r}}{r} = \frac{2\hat{\boldsymbol{x}} + 3\hat{\boldsymbol{y}} + 4\hat{\boldsymbol{z}}}{\sqrt{2^2 + 3^2 + 4^2}} = \frac{2}{\sqrt{29}}\hat{\boldsymbol{x}} + \frac{3}{\sqrt{29}}\hat{\boldsymbol{y}} + \frac{4}{\sqrt{29}}\hat{\boldsymbol{z}}$$

M'点对应的矢径 $\boldsymbol{r}' = 3\hat{\boldsymbol{x}} + 4\hat{\boldsymbol{y}} + 5\hat{\boldsymbol{z}}$,由矢量减法的三角形法可知,起点、终点分别位于 M'、M 点的矢量可表示为 $\boldsymbol{r} - \boldsymbol{r}'$,因此有

$$\boldsymbol{A} = \boldsymbol{r} - \boldsymbol{r}' = (2\hat{\boldsymbol{x}} + 3\hat{\boldsymbol{y}} + 4\hat{\boldsymbol{z}}) - (3\hat{\boldsymbol{x}} + 4\hat{\boldsymbol{y}} + 5\hat{\boldsymbol{z}}) = -\hat{\boldsymbol{x}} - \hat{\boldsymbol{y}} - \hat{\boldsymbol{z}}$$

1.2 场论基础

1.2.1 场的定义与分类

若某个物理量在某区域中每一点处、每一时刻都有确定值,则在该区域中存在该物理量的场,该物理量称为场量。

若物理量是标量,则其场为标量场,如温度场、密度场、电位场等;若物理量是矢量,则其场为矢量场,如流速场、电场、磁场等。

若场中各点对应的物理量不随时间变化,则该场为静态场;否则,该场为时变场。变化缓慢的时变场可称为准静态场或似稳场。例如,电场分为静电场和时变电场,缓慢变化的电场为准静电场。时变场每一时刻的场分布都可看作静态场。

1.2.2 场的表示方法

数学上可以用物理量在定义域内的单值时/空函数来表示场,即以时间和空间位置坐标为自变量的函数。

标量 u 的场用标量函数表示,其自变量是坐标(x,y,z)和时间 t,可记为

静态标量场: $u = u(x,y,z)$

时变标量场: $u = u(x,y,z,t)$

一般假设函数 u 连续且具有一阶连续偏导数。

矢量 $\boldsymbol{A}$ 的场用矢函数表示，各分量的自变量为坐标(x,y,z)和时间 t，可记为

$$\text{静态矢量场：}\boldsymbol{A}=A_x(x,y,z)\hat{\boldsymbol{x}}+A_y(x,y,z)\hat{\boldsymbol{y}}+A_z(x,y,z)\hat{\boldsymbol{z}}$$

$$\text{时变矢量场：}\boldsymbol{A}=A_x(x,y,z,t)\hat{\boldsymbol{x}}+A_y(x,y,z,t)\hat{\boldsymbol{y}}+A_z(x,y,z,t)\hat{\boldsymbol{z}}$$

一般假设 A_x、A_y、A_z 是连续且具有一阶连续偏导数的标量函数。

用函数形式表示场虽然精确，但不够直观。为直观了解场分布，可用等值面（线）来描述标量场，用矢量线来描述矢量场。

1. 标量场的等值面

标量场中具有相同函数值的空间点组成的曲面称为等值面。例如，温度相同的点组成等温面，电位相同的点组成等位面。

标量场 u 的等值面方程为

$$u(x,y,z)=c \quad (c\text{ 为常数}) \tag{1-20}$$

式中，常数 c 取不同数值，就得到不同的等值面方程，如图 1-11 所示，这些等值面充满了标量场 u 所在的整个空间。

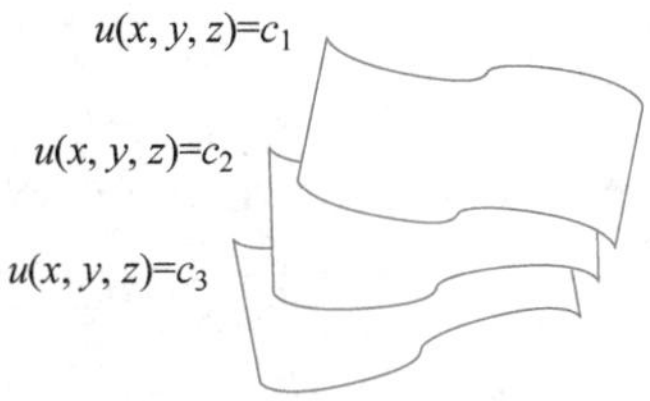

图 1-11 标量场的等值面

由于 u 是空间坐标(x,y,z)的单值函数，场中任意一点处只有一个等值面通过，等值面互不相交。

若标量场 u 只与两个坐标（不妨设为 x、y）有关，则 $u=u(x,y)$是平面标量场，其等值面退化为等值线，其方程为

$$u(x,y)=c \quad (c\text{ 为常数}) \tag{1-21}$$

地形图中的等高线，气象图中的等压线、等温线都是等值线。

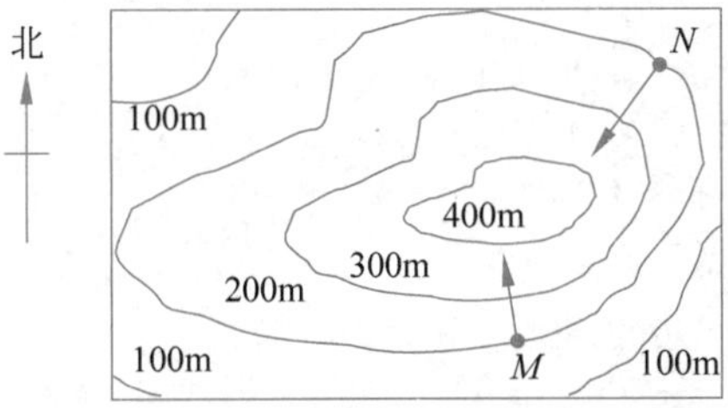

图 1-12 地势等高线

若按固定的差值 Δc 取一系列常数 c，可由式(1-20)或式(1-21)得到一系列场值等差的等值面（线），这些等值面（线）的疏密程度反映了物理量变化的快慢。在等值面（线）较密的地方，物理量在短距离内变化了 Δc，变化比较快；在等值面（线）较稀的地方，物理量经过较长距离才变化了 Δc，变化比较慢。以图 1-12 所示某地区的等高线为例，根据等高线可判断出这个地区中央偏东的地区海拔较高，四周海拔较低；东偏南方向山高变化快，山势陡峭；西及西北方向山高变化缓慢，山势平缓，坡度不大。

2. 矢量场的矢量线

为了更直观地描述矢量场的分布特性，引入矢量线的概念。矢量线是有向曲线，其上任意点的切线方向与该点处场矢量的方向相同，如图 1-13 所示。电场的电力线、磁场的磁力线都是典型的矢量线。

矢量线方程由描述矢量场的矢量函数决定。根据高等数学知识，曲线上任意一点

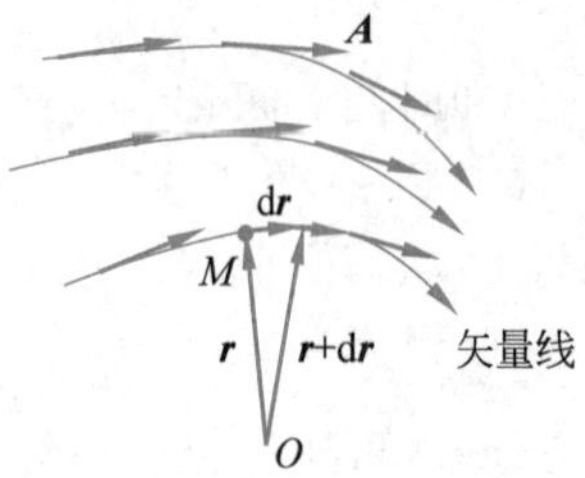

图 1-13　矢量场的矢量线

$M(x,y,z)$的矢径 $\boldsymbol{r}=x\hat{\boldsymbol{x}}+y\hat{\boldsymbol{y}}+z\hat{\boldsymbol{z}}$，其微分 $\mathrm{d}\boldsymbol{r}=\mathrm{d}x\hat{\boldsymbol{x}}+\mathrm{d}y\hat{\boldsymbol{y}}+\mathrm{d}z\hat{\boldsymbol{z}}$ 为曲线在 M 点的切向矢量。按照矢量线的定义，矢量线上任意点处的 $\mathrm{d}\boldsymbol{r}$ 应与该点的 $\boldsymbol{A}=A_x\hat{\boldsymbol{x}}+A_y\hat{\boldsymbol{y}}+A_z\hat{\boldsymbol{z}}$ 共线，故必有 $\mathrm{d}\boldsymbol{r}\times\boldsymbol{A}=0$。由此，得矢量线所满足的微分方程

$$\frac{\mathrm{d}x}{A_x}=\frac{\mathrm{d}y}{A_y}=\frac{\mathrm{d}z}{A_z} \tag{1-22}$$

求解该微分方程就可得到空间中的矢量线簇。矢量线充满了整个矢量场，且互不相交。

若矢量线为有起点或有终点的曲线，则矢量场称为有源场。发出矢量线的点和吸收矢量线的点分别称为矢量场的正源和负源，二者统称为通量源或散度源。

以无界自由空间中原点处电量为 q 的点电荷为例，由电学知识，该电荷在空间任意点 $M(x,y,z)$处产生的电场强度为

$$\boldsymbol{E}=\frac{q}{4\pi\varepsilon_0 r^2}\frac{\boldsymbol{r}}{r}=\frac{q}{4\pi\varepsilon_0 r^3}(x\hat{\boldsymbol{x}}+y\hat{\boldsymbol{y}}+z\hat{\boldsymbol{z}})$$

由式(1-22)求得该电场强度的矢量线(即电力线)方程为

$$\frac{\mathrm{d}x}{qx/4\pi\varepsilon_0 r^3}=\frac{\mathrm{d}y}{qy/4\pi\varepsilon_0 r^3}=\frac{\mathrm{d}z}{qz/4\pi\varepsilon_0 r^3}$$

从而得到三个联立的方程

$$\frac{\mathrm{d}x}{x}=\frac{\mathrm{d}y}{y},\quad \frac{\mathrm{d}y}{y}=\frac{\mathrm{d}z}{z},\quad \frac{\mathrm{d}z}{z}=\frac{\mathrm{d}x}{x}$$

解之，得 $x=c_1y$，$y=c_2z$，$z=c_3x$，其图形是一簇经过坐标原点的直线，如图 1-14 所示。正点电荷为正源，电力线从正源出发；负点电荷为负源，电力线终止于负源。

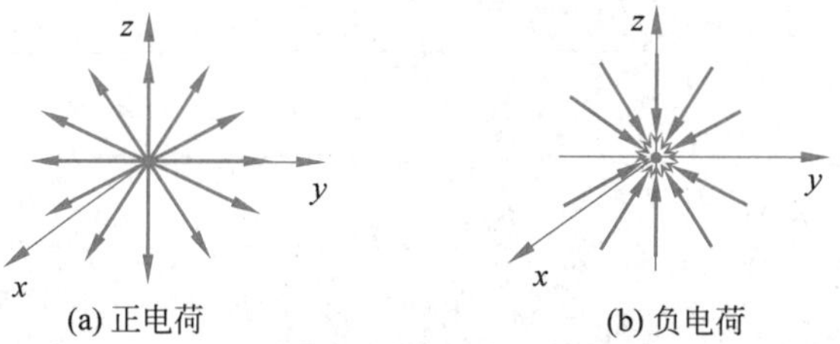

图 1-14　坐标原点处点电荷的电力线

矢量线的形态和方向体现了矢量场中各点处矢量的方向，还可以利用矢量线的疏密来体现场中各点处矢量的强度。通常规定，场中每一点的矢量线密度(即穿过与矢量线垂直的单位面积的矢量线数)在数值上等于该点场矢量的模。按照这个规定画出的矢量线，其密疏程度体现了场矢量的强弱。在图 1-14 中，原点附近电场强度较强，矢量线较密；远离原点的地方电场强度较弱，矢量线较疏。

1.3 标量场的梯度

等值面(线)只能提供对标量场整体分布情况的定性描述，如果我们关心标量场的局

部变化特性，如场值沿各个方向的变化趋势，沿哪个方向变化最快，最快的变化率是多少，等等，就要借助标量场的方向导数和梯度。

1.3.1 方向导数

从标量场中任意 $M_0(x,y,z)$ 点向任意方向引一条射线 l，在 l 上邻近 M_0 点处取一点 M，记 M_0 与 M 的间距为 ρ，如图 1-15(a)所示。当 M 无限逼近 M_0 点时，若 $u(M)-u(M_0)$与 ρ 之比值的极限存在，则称其为标量场 u 在 M_0 点处沿 $\hat{\boldsymbol{l}}$ 方向的方向导数，记为 $\partial u/\partial l$，有

$$\left.\frac{\partial u}{\partial l}\right|_{M_0}=\lim_{M\to M_0}\frac{u(M)-u(M_0)}{\overline{MM_0}} \tag{1-23}$$

由此定义可知，方向导数$\partial u/\partial l$ 是标量场 u 在 M 点处沿 $\hat{\boldsymbol{l}}$ 方向对距离的变化率。当$\partial u/\partial l>0$ 时，u 沿 $\hat{\boldsymbol{l}}$ 方向增加；当$\partial u/\partial l<0$ 时，u 沿 $\hat{\boldsymbol{l}}$ 方向减少；而$\partial u/\partial l$ 的绝对值对应着变化速率。

方向导数的定义式(1-23)与坐标系无关。在直角坐标系下，若标量场 u 在 M 点处可微，则它在 $\hat{\boldsymbol{l}}$ 方向的方向导数必存在，计算公式为

$$\frac{\partial u}{\partial l}=\frac{\partial u}{\partial x}\cos\alpha+\frac{\partial u}{\partial y}\cos\beta+\frac{\partial u}{\partial z}\cos\gamma \tag{1-24}$$

式中：α、β、γ 分别为 $\hat{\boldsymbol{l}}$ 方向与三个坐标轴正方向的夹角，即 $\hat{\boldsymbol{l}}$ 方向的方向角，如图 1-15(b)所示；$\cos\alpha$、$\cos\beta$、$\cos\gamma$ 为 $\hat{\boldsymbol{l}}$ 方向的方向余弦。

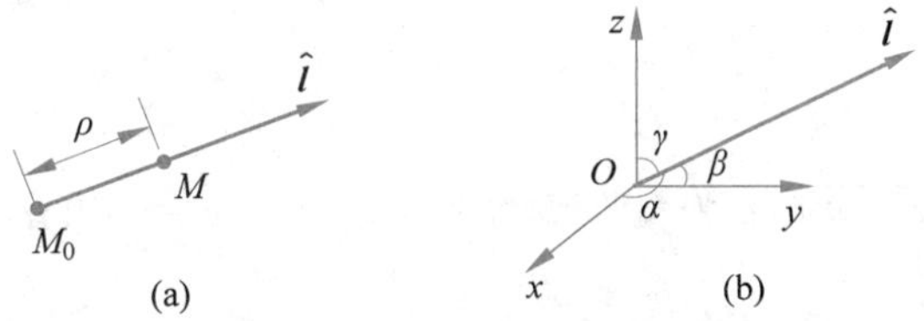

图 1-15 方向导数示意图

1.3.2 梯度

对方向导数进行分析可知，在空间某一点处，标量场 u 存在无穷多个方向导数，代表着场值沿不同方向的变化率。通常，将空间某一点处所有方向导数的最大值及其空间指向定义为标量场在该点处的梯度。

1. 梯度的定义

根据矢量点积的运算规则，可以将方向导数的计算式(1-24)写成两矢量的点积，即

$$\begin{aligned}\frac{\partial u}{\partial l}&=\frac{\partial u}{\partial x}\cos\alpha+\frac{\partial u}{\partial y}\cos\beta+\frac{\partial u}{\partial z}\cos\gamma=\left(\frac{\partial u}{\partial x}\hat{\boldsymbol{x}}+\frac{\partial u}{\partial y}\hat{\boldsymbol{y}}+\frac{\partial u}{\partial z}\hat{\boldsymbol{z}}\right)\cdot(\cos\alpha\hat{\boldsymbol{x}}+\cos\beta\hat{\boldsymbol{y}}+\cos\gamma\hat{\boldsymbol{z}})\\&=\boldsymbol{G}\cdot\hat{\boldsymbol{l}}=|\boldsymbol{G}|\cos\theta\quad(\theta\text{ 是 }\boldsymbol{G}\text{ 与 }\hat{\boldsymbol{l}}\text{ 的夹角})\end{aligned} \tag{1-25}$$

式中：$\hat{\boldsymbol{l}}=\cos\alpha\hat{\boldsymbol{x}}+\cos\beta\hat{\boldsymbol{y}}+\cos\gamma\hat{\boldsymbol{z}}$ 是 $\hat{\boldsymbol{l}}$ 方向上的单位矢量；矢量 $\boldsymbol{G}$ 表示为

$$\boldsymbol{G}=\frac{\partial u}{\partial x}\hat{\boldsymbol{x}}+\frac{\partial u}{\partial y}\hat{\boldsymbol{y}}+\frac{\partial u}{\partial z}\hat{\boldsymbol{z}} \tag{1-26}$$

当 $\hat{\boldsymbol{l}}$ 与 $\boldsymbol{G}$ 方向一致时，$\theta=0°$，$\cos\theta=1$，此时方向导数 $\partial u/\partial l$ 取最大值 $|\boldsymbol{G}|$，说明函数 u 沿 $\boldsymbol{G}$ 的方向变化最快，且最大变化率等于 $|\boldsymbol{G}|$。定义这个有特殊意义的矢量 $\boldsymbol{G}$ 为标量场 u 的梯度，记为 $\boldsymbol{G}=\mathrm{grad}u$。标量在某点的梯度方向就是标量在该点变化最快的方向，梯度的模等于标量在该点的最大变化率。

梯度的定义与坐标系无关，无论在何种坐标系下，梯度的意义不变。在直角坐标系下，式(1-26)就是梯度的计算公式。

2. 梯度的性质

由式(1-25)，可以得到梯度的三个重要性质：

(1) 标量 u 沿 $\hat{\boldsymbol{l}}$ 方向的方向导数等于 u 的梯度在该方向上的投影，即 $\partial u/\partial l=\mathrm{grad}u\cdot\hat{\boldsymbol{l}}$。

(2) 梯度方向的方向导数 $\partial u/\partial l=|\boldsymbol{G}|$ 为正数，梯度总指向标量函数 u 增大最快的方向。

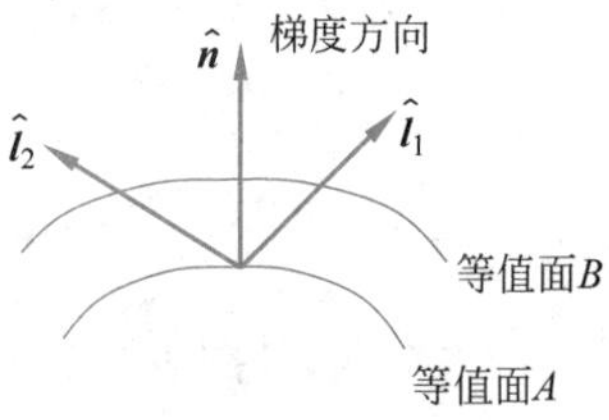

图 1-16　等值面的法线

(3) 标量在某点的梯度垂直于过该点的等值面。从某等值面上一点出发沿各个方向到达下一个等值面，其中沿法线走的距离最短，因此等值面的法线方向是标量增大最快的方向，即梯度方向，如图 1-16 所示。

以山的高度场为例，山上某点处的梯度指向通向山顶且最陡峭的方向，梯度的模等于这个方向的上升坡度值。图 1-12 中，等高线图中 M、N 两点处的梯度方向如图中箭头所示。

3. 哈密顿算子

为书写方便，引入一个具有矢量性质的微分算子——哈密顿算子，记为

$$\nabla=\hat{\boldsymbol{x}}\frac{\partial}{\partial x}+\hat{\boldsymbol{y}}\frac{\partial}{\partial y}+\hat{\boldsymbol{z}}\frac{\partial}{\partial z}$$

算符 ∇ 是一个具有矢量性质的微分运算符号，它像矢量一样参与运算，同时又对其运算伙伴施以偏微分运算。例如：

$$\nabla u=\left(\hat{\boldsymbol{x}}\frac{\partial}{\partial x}+\hat{\boldsymbol{y}}\frac{\partial}{\partial y}+\hat{\boldsymbol{z}}\frac{\partial}{\partial z}\right)u=\frac{\partial u}{\partial x}\hat{\boldsymbol{x}}+\frac{\partial u}{\partial y}\hat{\boldsymbol{y}}+\frac{\partial u}{\partial z}\hat{\boldsymbol{z}} \tag{1-27}$$

$$\nabla\cdot\boldsymbol{A}=\left(\hat{\boldsymbol{x}}\frac{\partial}{\partial x}+\hat{\boldsymbol{y}}\frac{\partial}{\partial y}+\hat{\boldsymbol{z}}\frac{\partial}{\partial z}\right)\cdot(A_x\hat{\boldsymbol{x}}+A_y\hat{\boldsymbol{y}}+A_z\hat{\boldsymbol{z}})=\frac{\partial A_x}{\partial x}+\frac{\partial A_y}{\partial y}+\frac{\partial A_z}{\partial z} \tag{1-28}$$

$$\begin{aligned}\nabla\times\boldsymbol{A}&=\left(\hat{\boldsymbol{x}}\frac{\partial}{\partial x}+\hat{\boldsymbol{y}}\frac{\partial}{\partial y}+\hat{\boldsymbol{z}}\frac{\partial}{\partial z}\right)\times(A_x\hat{\boldsymbol{x}}+A_y\hat{\boldsymbol{y}}+A_z\hat{\boldsymbol{z}})\\&=\begin{vmatrix}\hat{\boldsymbol{x}} & \hat{\boldsymbol{y}} & \hat{\boldsymbol{z}}\\ \dfrac{\partial}{\partial x} & \dfrac{\partial}{\partial y} & \dfrac{\partial}{\partial z}\\ A_x & A_y & A_z\end{vmatrix}\end{aligned} \tag{1-29}$$

因此,式(1-26)可以用哈密顿算子简单写为

$$\boldsymbol{G}=\mathrm{grad}u=\nabla u \tag{1-30}$$

4. 梯度运算的基本公式

(1) $\nabla c=0$ (c 为常数) (1-31a)

(2) $\nabla(cu)=c\nabla u$ (c 为常数) (1-31b)

(3) $\nabla(u\pm v)=\nabla u\pm\nabla v$ (1-31c)

(4) $\nabla(uv)=u\nabla v+v\nabla u$ (1-31d)

(5) $\nabla\left(\dfrac{u}{v}\right)=\dfrac{1}{v^2}(v\nabla u-u\nabla v)$ (1-31e)

(6) $\nabla f(u)=f'(u)\nabla u$ (1-31f)

(7) $\nabla\left(\dfrac{1}{r}\right)=-\dfrac{\boldsymbol{r}}{r^3}$ (1-31g)

(8) $\dfrac{\boldsymbol{r}-\boldsymbol{r}'}{|\boldsymbol{r}-\boldsymbol{r}'|^3}=-\nabla\dfrac{1}{|\boldsymbol{r}-\boldsymbol{r}'|}$ ($\boldsymbol{r}=x\hat{\boldsymbol{x}}+y\hat{\boldsymbol{y}}+z\hat{\boldsymbol{z}},\boldsymbol{r}'=x'\hat{\boldsymbol{x}}+y'\hat{\boldsymbol{y}}+z'\hat{\boldsymbol{z}}$) (1-31h)

(9) $\nabla\dfrac{1}{|\boldsymbol{r}-\boldsymbol{r}'|}=-\nabla'\dfrac{1}{|\boldsymbol{r}-\boldsymbol{r}'|}$ (算子∇'作用于坐标(x',y',z')) (1-31i)

1.4 矢量场的散度和旋度

矢量经常用来描述具有实际意义的物理量,这些物理量不会无缘无故存在,总有各自的源,源总是在一定条件下按照一定规则激发矢量场,因此对矢量场的研究首先应从矢量与源的关系入手,而矢量的散度和旋度就是揭示这个关系的重要概念。

1.4.1 通量与散度

1. 曲面积分与通量

如图 1-17 所示,设曲面 S 的凸面为正侧面,这种定义了正侧面的曲面称为有向曲面。整个曲面可看作由无穷个面积趋于零的有向面元 $\mathrm{d}\boldsymbol{s}$ 拼合构成,$\mathrm{d}\boldsymbol{s}$ 的模等于面元面积 $\mathrm{d}s$,方向为面元所在位置处有向曲面的正法线方向 $\hat{\boldsymbol{n}}$(由负侧面指向正侧面)。

矢量 $\boldsymbol{A}$ 在曲面上的积分称为曲面积分,又称为矢量 $\boldsymbol{A}$ 在曲面上的通量,其值等于矢量 $\boldsymbol{A}$ 与每个有向面元矢量 $\mathrm{d}\boldsymbol{s}$ 的点积之和,记为

$$\iint_S\boldsymbol{A}\cdot\mathrm{d}\boldsymbol{s}=\iint_S|\boldsymbol{A}|\cos\theta\mathrm{d}s=\sum_n\boldsymbol{A}\cdot\mathrm{d}\boldsymbol{s}=\sum_n\boldsymbol{A}\cdot\hat{\boldsymbol{n}}\mathrm{d}s \tag{1-32}$$

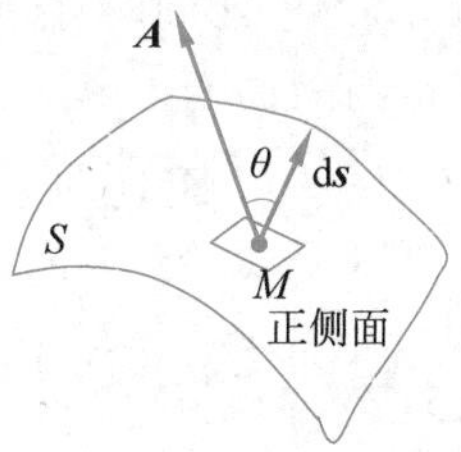

图 1-17 矢量的曲面积分

式中:θ 是 $\boldsymbol{A}$ 与 $\mathrm{d}\boldsymbol{s}$ 的夹角。

若 S 是闭曲面,$\boldsymbol{A}$ 在 S 上的曲面积分记为$\oint\!\!\!\!\oint_S\boldsymbol{A}\cdot\mathrm{d}\boldsymbol{s}$,一般规定闭曲面的外侧为正侧面,$\mathrm{d}\boldsymbol{s}$ 方向为由内到外方向。

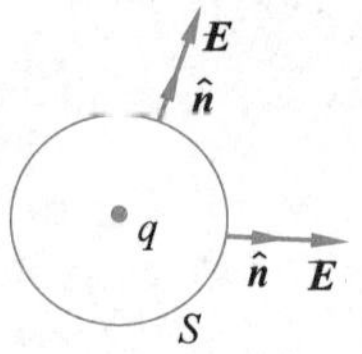

图 1-18　例 1-2 图

【例 1-2】 已知位于坐标原点、电量为 q 的点电荷(图 1-18)产生的电场强度为

$$\boldsymbol{E}(r)=\frac{q}{4\pi\varepsilon r^2}\hat{\boldsymbol{r}}$$

ε 为常数。求 $\boldsymbol{E}(r)$在以原点为球心、半径为 R 的球面上的通量。

解：在球面上，$r=R$，$\hat{\boldsymbol{n}}=\hat{\boldsymbol{r}}$，$\mathrm{d}\boldsymbol{s}=\hat{\boldsymbol{r}}\mathrm{d}s$，因此

$$\oint\!\!\!\oint_S \boldsymbol{E}(R)\cdot\mathrm{d}\boldsymbol{s}=\oint\!\!\!\oint_S \frac{q}{4\pi\varepsilon R^2}\hat{\boldsymbol{r}}\cdot\hat{\boldsymbol{r}}\mathrm{d}s=\frac{q}{4\pi\varepsilon R^2}\oint\!\!\!\oint_S \mathrm{d}s=\frac{q}{4\pi\varepsilon R^2}4\pi R^2=\frac{q}{\varepsilon}$$

2. 闭曲面上的通量与通量源的关系

从例 1-2 可以看出，封闭曲面的电场通量值正比于该曲面内包含的净电荷量。可以证明，$\boldsymbol{A}$ 在闭曲面S 上的通量$\Psi=\oint\!\!\oint_S \boldsymbol{A}\cdot\mathrm{d}\boldsymbol{s}$ 等于正向(从负侧面到正侧面的方向)穿过的矢量线根数减去反向穿过的矢量线根数，如图 1-19 所示。$\Psi>0$，说明穿出 S 面的矢量线多于穿入 S 面的矢量线，则 S 面内的净通量源(正源、负源的代数和)为正，且净通量源的强度越大，产生的矢量线越多，通量值越大。同理，$\Psi<0$，说明 S 面内净通量源为负。$\Psi=0$，说明 S 面内净通量源为零。因此，通量$\oint\!\!\oint_S \boldsymbol{A}\cdot\mathrm{d}\boldsymbol{s}$ 的值与 S 面内净通量源的值成正比。

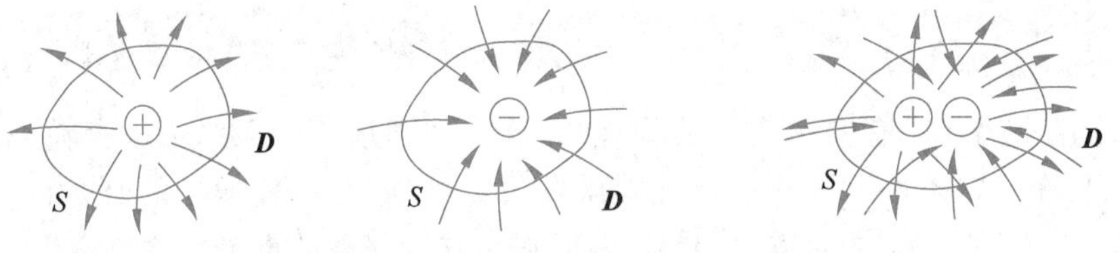

(a) $\oint\!\!\oint_S \boldsymbol{A}\cdot\mathrm{d}\boldsymbol{s}>0$ (正源)　(b) $\oint\!\!\oint_S \boldsymbol{A}\cdot\mathrm{d}\boldsymbol{s}<0$ (负源)　(c) $\oint\!\!\oint_S \boldsymbol{A}\cdot\mathrm{d}\boldsymbol{s}>0$ (正电荷>负电荷，正源)

图 1-19　闭曲面的通量与通量源的关系

3. 散度

$\oint\!\!\oint_S \boldsymbol{A}\cdot\mathrm{d}\boldsymbol{s}$ 正比于曲面S 所包围的整个区域内的净通量源值，但它不能体现场中任意一点处通量源的分布情况。当 $\Psi=0$ 时，甚至不知 S 面内是否有通量源，既可能没有通量源，也可能同时存在等量值的正源、负源。若要研究任意一点处的通量源，则应使计算通量的闭曲面 S 缩小到仅包含该点。

作任意闭曲面 S，其所围区域 $\Delta\Omega$ 的体积为 ΔV。令 S 面以任意方式无限收缩至 M 点，如图 1-20 所示，若 $\oint\!\!\oint_S \boldsymbol{A}\cdot\mathrm{d}\boldsymbol{s}/\Delta V$ 的极限存在，则称其为矢量场 $\boldsymbol{A}$ 在 M 点处的散度，记为 $\mathrm{div}\boldsymbol{A}$，即

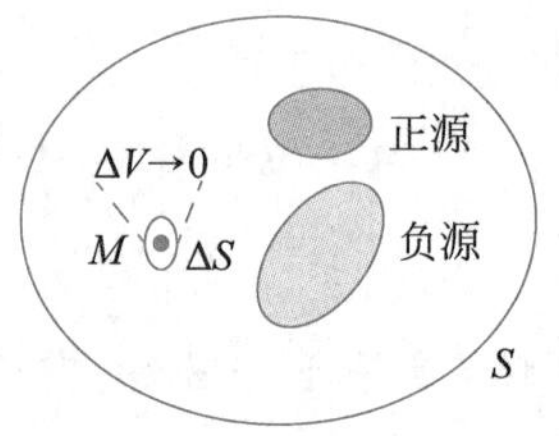

图 1-20　封闭曲面内通量源示意图

$$\mathrm{div}\boldsymbol{A}(M)=\lim_{\Delta\Omega\to M}\frac{\oint\!\!\!\oint_S \boldsymbol{A}\cdot\mathrm{d}\boldsymbol{s}}{\Delta V}\tag{1-33}$$

显然 $\mathrm{div}\boldsymbol{A}(M)$正比于通量源在 M 点处的体密度。

$\mathrm{div}\boldsymbol{A}\neq 0$ 的点处存在 $\boldsymbol{A}$ 的通量源，它是 $\boldsymbol{A}$ 的矢量线的起点（当 $\mathrm{div}\boldsymbol{A}>0$ 时）或终点（当 $\mathrm{div}\boldsymbol{A}<0$ 时）。存在非零散度值的矢量场称为有散场，其矢量线有起点或终点；散度值处处为零的矢量场称为无散场，其矢量线无端点，是无头无尾的闭曲线，如图 1-21 所示。因此，从矢量线形态就可以判断矢量场是有散场还是无散场。

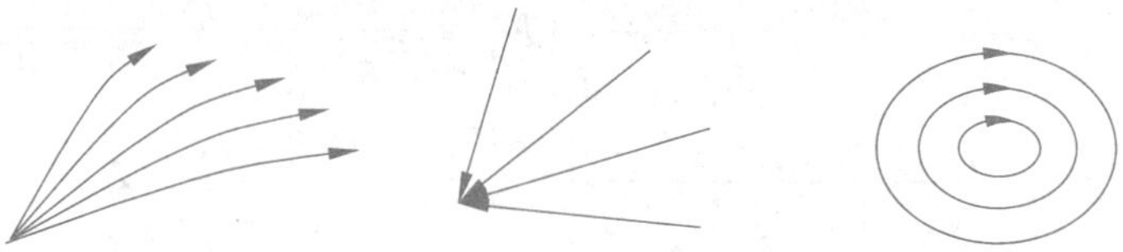

(a) 有散场　　(b) 无散场

图 1-21　矢量线形态与散度的关系

矢量的散度是标量，在直角坐标系中散度的计算公式为

$$\mathrm{div}\boldsymbol{A}=\frac{\partial A_x}{\partial x}+\frac{\partial A_y}{\partial y}+\frac{\partial A_z}{\partial z}=\nabla\cdot\boldsymbol{A} \tag{1-34}$$

4. 散度定理（高斯定理）

根据散度的建立过程，矢量 $\boldsymbol{A}$ 在封闭曲面 S 上的通量等于曲面 S 内所有的净通量源的总和。另外，矢量 $\boldsymbol{A}$ 的散度 $\nabla\cdot\boldsymbol{A}$ 表征曲面 S 内某一点处的散度源密度，将其在曲面 S 所包含的体积 V 内进行体积分，所得到的结果应该也等于曲面 S 内所有的净通量源的总和。于是，可以得到散度定理：

$$\oint\!\!\!\!\oint_S \boldsymbol{A}\cdot \mathrm{d}\boldsymbol{s}=\iiint_V(\nabla\cdot\boldsymbol{A})\mathrm{d}v \tag{1-35}$$

式中：V 为闭曲面 S 所包围的体积。

散度定理又称为高斯定理或奥氏公式，其物理意义是封闭曲面的通量等于散度的体积分；从数学形式上看，它是面积分与体积分的相互转换公式。

5. 散度的基本运算公式

(1) $\nabla\cdot\boldsymbol{C}=0$　（$\boldsymbol{C}$ 为常矢量）　(1-36a)

(2) $\nabla\cdot(c\boldsymbol{A})=c\,\nabla\cdot\boldsymbol{A}$　（c 为常数）　(1-36b)

(3) $\nabla\cdot(\boldsymbol{A}\pm\boldsymbol{B})=\nabla\cdot\boldsymbol{A}\pm\nabla\cdot\boldsymbol{B}$　(1-36c)

(4) $\nabla\cdot(u\boldsymbol{A})=\nabla u\cdot\boldsymbol{A}+u\,\nabla\cdot\boldsymbol{A}$　（u 为标量函数）　(1-36d)

(5) $\nabla\cdot(\nabla u)=\dfrac{\partial^2 u}{\partial x^2}+\dfrac{\partial^2 u}{\partial y^2}+\dfrac{\partial^2 u}{\partial z^2}=\nabla^2 u$　（u 为标量函数）　(1-36e)

式(1-36e)引入了一个新的二阶偏微分算子 ∇^2，称为拉普拉斯算子，表示为

$$\nabla^2=\frac{\partial^2}{\partial x^2}+\frac{\partial^2}{\partial y^2}+\frac{\partial^2}{\partial z^2} \tag{1-37}$$

【例 1-3】　已知真空中原点处电量为 q 的点电荷在 $\boldsymbol{r}$ 点处产生的电场强度为

$$\boldsymbol{E}=\frac{q}{4\pi\varepsilon_0 r^3}\boldsymbol{r}$$

(1) 求$\nabla \cdot \boldsymbol{E}$；

(2) 证明在包围点电荷的任意闭曲面上，电场强度的通量$\oiint_S \boldsymbol{E} \cdot \mathrm{d}\boldsymbol{s}$ 等于q/ε_0。

解：(1) $\boldsymbol{E}=E_x\hat{\boldsymbol{x}}+E_y\hat{\boldsymbol{y}}+E_z\hat{\boldsymbol{z}}$，因此有

$$E_x=\frac{qx}{4\pi\varepsilon_0(x^2+y^2+z^2)^{3/2}},\quad E_y=\frac{qy}{4\pi\varepsilon_0(x^2+y^2+z^2)^{3/2}},$$

$$E_z=\frac{qz}{4\pi\varepsilon_0(x^2+y^2+z^2)^{3/2}},\quad \frac{\partial E_x}{\partial x}=\frac{q(r^2-3x^2)}{4\pi\varepsilon_0 r^5},$$

$$\frac{\partial E_y}{\partial y}=\frac{q(r^2-3y^2)}{4\pi\varepsilon_0 r^5},\quad \frac{\partial E_z}{\partial z}=\frac{q(r^2-3z^2)}{4\pi\varepsilon_0 r^5}$$

将以上三式代入散度的计算公式，可得

$$\mathrm{div}\boldsymbol{E}=\nabla\cdot\boldsymbol{E}=\frac{\partial E_x}{\partial x}+\frac{\partial E_y}{\partial y}+\frac{\partial E_z}{\partial z}=\frac{q}{4\pi\varepsilon_0}\frac{3r^2-3(x^2+y^2+z^2)}{r^5}=0\quad(r\neq 0)$$

即，除了$r=0$的原点之外，其余地方处处有$\nabla\cdot\boldsymbol{E}=0$。原点之外，处处无电荷，当然散度等于零；而原点本身$r=0$，$\boldsymbol{E}$值无穷大，没有意义，因此$\nabla\cdot\boldsymbol{E}$也不存在。

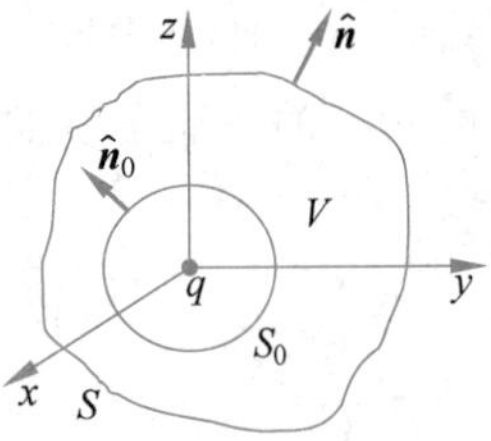

图 1-22　例 1-3 图

(2) 作任意闭曲面S包围点电荷q；在S面之内以原点为球心，作与S面不相交的球面S_0，半径为R(图 1-22)。在S与S_0所围的区域V中，$\nabla\cdot\boldsymbol{E}=0$

应用高斯定理可得

$$\oiint_{S+S_0}\boldsymbol{E}\cdot\mathrm{d}\boldsymbol{s}=\oiint_S\boldsymbol{E}\cdot\mathrm{d}\boldsymbol{s}+\oiint_{S_0}\boldsymbol{E}\cdot\mathrm{d}\boldsymbol{s}_0=\iiint_V\nabla\cdot\boldsymbol{E}\mathrm{d}v=0$$

注意到，在上式中$\mathrm{d}\boldsymbol{s}=\hat{\boldsymbol{n}}\mathrm{d}s$，在$S_0$面上，$\mathrm{d}\boldsymbol{s}_0=-\hat{\boldsymbol{n}}_0\mathrm{d}s_0$，上式可以表示为

$$\oiint_{S+S_0}\boldsymbol{E}\cdot\mathrm{d}\boldsymbol{s}=\oiint_S\boldsymbol{E}\cdot\hat{\boldsymbol{n}}\mathrm{d}s-\oiint_{S_0}\boldsymbol{E}\cdot\hat{\boldsymbol{n}}_0\mathrm{d}s_0=0$$

由此可得

$$\oiint_S\boldsymbol{E}\cdot\hat{\boldsymbol{n}}\mathrm{d}s=\oiint_{S_0}\boldsymbol{E}\cdot\hat{\boldsymbol{n}}_0\mathrm{d}s_0$$

将例 1-2 的结果代入上式右边，可得

$$\oiint_S\boldsymbol{E}\cdot\mathrm{d}\boldsymbol{s}=q/\varepsilon_0$$

【例 1-4】 计算$\nabla\cdot\nabla(1/r)=0, r\neq 0$。

解：$r=|\boldsymbol{r}|=(x^2+y^2+z^2)^{1/2}$

当$r\neq 0$时，有

$$\nabla\left(\frac{1}{r}\right)=-\frac{\boldsymbol{r}}{r^3}=-\frac{x\hat{\boldsymbol{x}}+y\hat{\boldsymbol{y}}+z\hat{\boldsymbol{z}}}{(x^2+y^2+z^2)^{3/2}}$$

$$\nabla\cdot\nabla\left(\frac{1}{r}\right)=\nabla\cdot\left(-\frac{\boldsymbol{r}}{r^3}\right)$$

$$=\frac{\partial}{\partial x}\left(-\frac{x}{(x^2+y^2+z^2)^{3/2}}\right)+\frac{\partial}{\partial y}\left(-\frac{y}{(x^2+y^2+z^2)^{3/2}}\right)+\frac{\partial}{\partial z}\left(-\frac{z}{(x^2+y^2+z^2)^{3/2}}\right)$$
$$=0$$

1.4.2 环量与旋度

1. 曲线积分与环量

设从曲线 L(或称路径 L)的任意一端 M_1 到另一端 M_2 的方向为曲线的正方向。这种定义了正方向的曲线称为有向曲线,如图 1-23 所示。整个有向曲线可看作由无穷个长度趋于零的有向线元矢量 $\mathrm{d}\boldsymbol{l}$ 首尾相连构成的,$\mathrm{d}\boldsymbol{l}$ 的模等于线元长度 $\mathrm{d}l$,$\mathrm{d}\boldsymbol{l}$ 的方向为所在点处有向曲线的正切线方向。将曲线上任意 M 点处的 $\mathrm{d}\boldsymbol{l}$ 和该处的 $\boldsymbol{A}$ 作点积,并将整条曲线上所有的这些点积值叠加起来,其结果称为 $\boldsymbol{A}$ 在曲线 L 上的曲线积分,记为

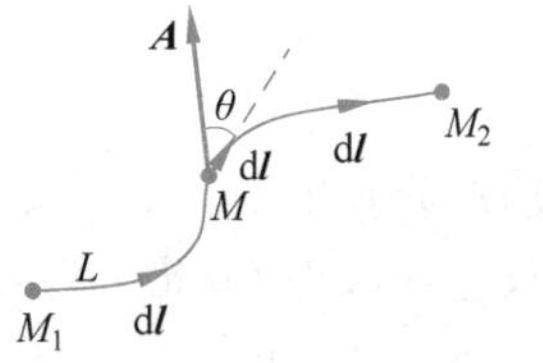

图 1-23 矢量的曲线积分

$$\int_L \boldsymbol{A}\cdot\mathrm{d}\boldsymbol{l}=\int_{M_1}^{M_2}|\boldsymbol{A}|\cos\theta\,\mathrm{d}l \tag{1-38}$$

式中:θ 为 $\boldsymbol{A}$ 与 $\mathrm{d}\boldsymbol{l}$ 的夹角。

若曲线 L 是首尾相接的有向闭曲线(或称“环路”“回路”),$\boldsymbol{A}$ 在 L 上的曲线积分记为 $\oint_L \boldsymbol{A}\cdot\mathrm{d}\boldsymbol{l}$,称为 $\boldsymbol{A}$ 沿环路 L 的环量。

2. 环量与旋涡源的关系

若矢量线是无头无尾的闭曲线并形成旋涡,则这种矢量场称为有旋场。有旋场是由穿过矢量线旋涡的旋涡源激发的。以水的流速场为例,若打开蓄水池中的漏水口,则水漏出时会在漏水口处形成水流旋涡,流速线是环绕漏水口的闭曲线,如图 1-24 所示。因此,下漏的水流是有旋流速场的旋涡源。以磁场为例,由电磁学可知直线电流 I 产生的磁感应强度 $\boldsymbol{B}$ 的方向环绕该电流,磁力线是环绕电流的闭曲线,如图 1-25 所示,因此电流是有旋磁场的旋涡源。

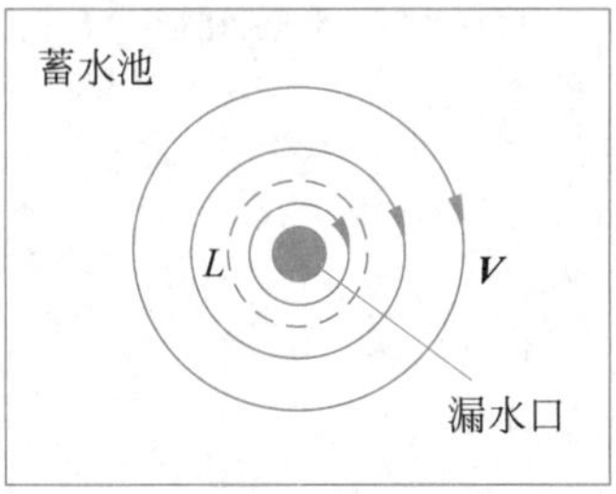

图 1-24 漏水口周围的有旋流速场

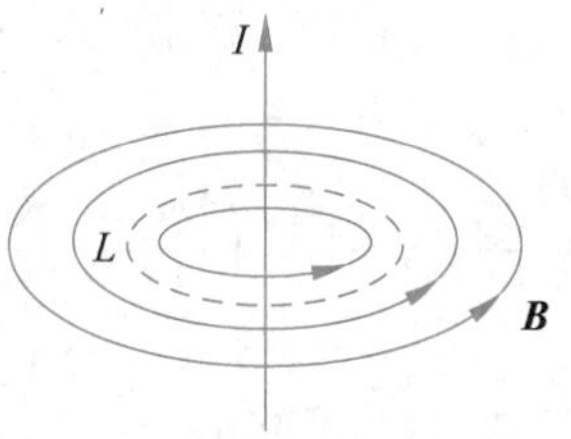

图 1-25 直线电流周围的磁场

有旋场中矢量线形成旋涡,如图 1-24 和图 1-25 中给出的流速场旋涡、磁场旋涡。在图 1-24 所示流速场中取环绕旋涡源(即下漏水流)的闭曲线 L,则环量 $\oint_L \boldsymbol{V}\cdot\mathrm{d}\boldsymbol{l}\neq 0$,且下漏水流越大,水流旋转越快,$\oint_L \boldsymbol{V}\cdot\mathrm{d}\boldsymbol{l}$ 值越大;在图 1-25 所示磁场中取环绕旋涡源(即

电流)的闭曲线 L ,则环量 $\oint_L \boldsymbol{B}\cdot \mathrm{d}\boldsymbol{l} \neq 0$,且净电流(正、反方向电流的代数和)越大,磁感应强度越大,$\oint_L \boldsymbol{B}\cdot \mathrm{d}l$ 值越大 。对于物理现象中的大多数有旋矢量场而言,只要场矢量沿某闭曲线 L 的环量不等于零,则该闭曲线必环绕该矢量场的旋涡源,且环量值与 L 所环绕的净旋涡源值成正比。

3. 环量面密度

环量 $\oint_L \boldsymbol{A}\cdot \mathrm{d}l$ 正比于曲线 L 所环绕的净旋涡源值 ,但它不能体现场中每一点处旋涡源的分布情况。如果要研究任意一点处的旋涡源,首先应使计算环量的闭曲线 L 缩小到仅包含该点,由此引入环量面密度的概念。

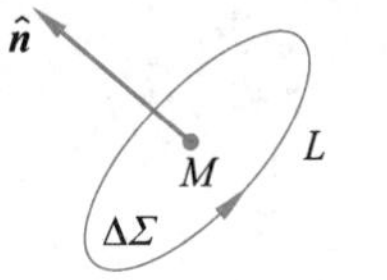

图 1-26　环量面密度定义用图

设闭曲线 L 所张的曲面 $\Delta\Sigma$ 经过 M 点,在 M 点处 $\Delta\Sigma$ 的法向为 $\hat{\boldsymbol{n}}$,L 的正方向与 $\hat{\boldsymbol{n}}$ 呈右手螺旋关系,$\Delta\Sigma$ 的面积为 ΔS,如图 1-26 所示。令 L 沿 $\Delta\Sigma$ 向 M 点无限收缩,若比值 $\oint_L \boldsymbol{A}\cdot \mathrm{d}\boldsymbol{l}/\Delta S$ 的极限存在 ,则称其为矢量场 $\boldsymbol{A}$ 在点 M 处沿 $\hat{\boldsymbol{n}}$ 方向的环量面密度,记为 μ_n

$$\mu_n(M) = \lim_{\Delta\Sigma\to M} \frac{\oint_L \boldsymbol{A}\cdot \mathrm{d}\boldsymbol{l}}{\Delta S} \tag{1-39}$$

显然 $\mu_n(M)$ 正比于旋涡源在 $\hat{\boldsymbol{n}}$ 方向的分量在 M 点处的面密度。

可以证明,在直角坐标系下

$$\mu_n = \left(\frac{\partial A_z}{\partial y} - \frac{\partial A_y}{\partial z}\right)\cos\alpha + \left(\frac{\partial A_x}{\partial z} - \frac{\partial A_z}{\partial x}\right)\cos\beta + \left(\frac{\partial A_y}{\partial x} - \frac{\partial A_x}{\partial y}\right)\cos\gamma \tag{1-40}$$

式中:$\cos\alpha$、$\cos\beta$、$\cos\gamma$ 为曲面法向 $\hat{\boldsymbol{n}}$ 的方向余弦。

4. 旋度

μ_n 与方向有关,因此 μ_n 仅是旋涡源在某方向的环量面密度,并不能体现旋涡源自身的值,尤其是某点在某个方向的 μ_n 等于零并不意味着该点的旋涡源为零。由此可知,应求出所有方向中最大的环量面密度 $\mu_{\max}$,由 $\mu_{\max}$ 是否为零才能判断 M 点处是否存在旋涡源,而且 $\mu_{\max}$ 应正比于旋涡源自身的大小。

将式(1-40)改写为两矢量点积的形式,可得

$$\begin{aligned}\mu_n &= \left(\frac{\partial A_z}{\partial y} - \frac{\partial A_y}{\partial z}\right)\cos\alpha + \left(\frac{\partial A_x}{\partial z} - \frac{\partial A_z}{\partial x}\right)\cos\beta + \left(\frac{\partial A_y}{\partial x} - \frac{\partial A_x}{\partial y}\right)\cos\gamma \\ &= \left[\left(\frac{\partial A_z}{\partial y} - \frac{\partial A_y}{\partial z}\right)\hat{\boldsymbol{x}} + \left(\frac{\partial A_x}{\partial z} - \frac{\partial A_z}{\partial x}\right)\hat{\boldsymbol{y}} + \left(\frac{\partial A_y}{\partial x} - \frac{\partial A_x}{\partial y}\right)\hat{\boldsymbol{z}}\right]\cdot(\cos\alpha\hat{\boldsymbol{x}} + \cos\beta\hat{\boldsymbol{y}} + \cos\gamma\hat{\boldsymbol{z}}) \\ &= \boldsymbol{R}\cdot\hat{\boldsymbol{n}} = |\boldsymbol{R}|\cos\theta \quad (\theta \text{ 为 } \boldsymbol{R} \text{ 与 } \hat{\boldsymbol{n}} \text{ 的夹角})\end{aligned} \tag{1-41}$$

其中矢量 $\boldsymbol{R}$ 为

$$\boldsymbol{R} = \left(\frac{\partial A_z}{\partial y} - \frac{\partial A_y}{\partial z}\right)\hat{\boldsymbol{x}} + \left(\frac{\partial A_x}{\partial z} - \frac{\partial A_z}{\partial x}\right)\hat{\boldsymbol{y}} + \left(\frac{\partial A_y}{\partial x} - \frac{\partial A_x}{\partial y}\right)\hat{\boldsymbol{z}} \tag{1-42}$$

根据式(1-41)可知,当 $\hat{\boldsymbol{n}}$ 与 $\boldsymbol{R}$ 同方向时,$\cos\theta=1$,此时 μ_n 取到最大值 $|\boldsymbol{R}|$,说明 $\boldsymbol{R}$

的方向是环量面密度最大的方向，最大环量面密度的值等于$|\boldsymbol{R}|$。将这个有特殊意义的矢量$\boldsymbol{R}$定义为矢量场$\boldsymbol{A}$的旋度，记为$\boldsymbol{R}=\mathrm{rot}\boldsymbol{A}$或$\boldsymbol{R}=\mathrm{curl}\boldsymbol{A}$。旋度的方向就是旋涡源的方向，旋度的模正比于旋涡源的面密度。由式(1-41)可知，$\boldsymbol{R}$在$\hat{\boldsymbol{n}}$方向的投影等于沿$\hat{\boldsymbol{n}}$方向的环量面密度。

$\mathrm{rot}\boldsymbol{A}\neq 0$的点处存在$\boldsymbol{A}$的旋涡源。存在非零旋度值的矢量场称为有旋场，其矢量线是环绕旋涡源的无头无尾的闭曲线。旋度值处处为零的矢量场称为无旋场，其矢量线不是闭曲线，具有端点，如图1-27所示。从矢量线的形态就可以判断矢量场是有旋场还是无旋场。

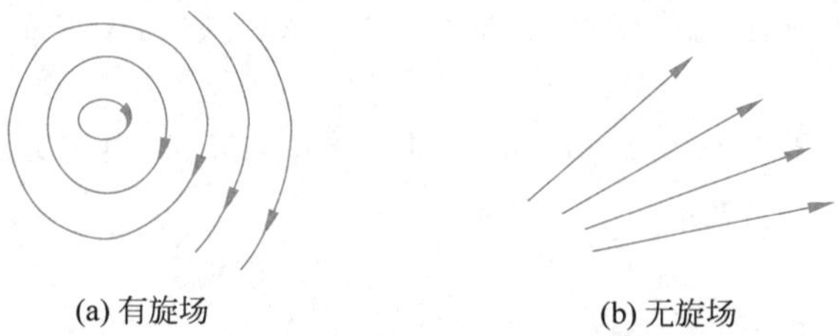

图1-27 矢量线形态与旋度的关系

直角坐标系下旋度的计算公式为

$$\mathrm{rot}\boldsymbol{A}=\begin{vmatrix}\hat{\boldsymbol{x}} & \hat{\boldsymbol{y}} & \hat{\boldsymbol{z}}\\ \partial/\partial x & \partial/\partial y & \partial/\partial z\\ A_x & A_y & A_z\end{vmatrix}$$

$$=\left(\frac{\partial A_z}{\partial y}-\frac{\partial A_y}{\partial z}\right)\hat{\boldsymbol{x}}+\left(\frac{\partial A_x}{\partial z}-\frac{\partial A_z}{\partial x}\right)\hat{\boldsymbol{y}}+\left(\frac{\partial A_y}{\partial x}-\frac{\partial A_x}{\partial y}\right)\hat{\boldsymbol{z}}=\nabla\times\boldsymbol{A} \qquad (1\text{-}43)$$

5. 旋度定理(斯托克斯定理)

根据旋度的建立过程，矢量$\boldsymbol{A}$沿封闭曲线L的环量等于L所环绕的所有旋涡源总和。另外，矢量$\boldsymbol{A}$的旋度$\nabla\times\boldsymbol{A}$等于矢量场在某一点处的旋涡源密度，将其在封闭曲线$L$所张成的曲面$S$上进行面积分，所得到的结果应该等于$L$所环绕的所有旋涡源总和。于是，可以得到旋度定理：

$$\oint_L \boldsymbol{A}\cdot \mathrm{d}\boldsymbol{l}=\iint_S(\nabla\times\boldsymbol{A})\cdot\mathrm{d}\boldsymbol{s} \qquad (1\text{-}44)$$

式中：S为以闭曲线L为边界的曲面。

旋度定理又称为斯托克斯定理，其物理意义是闭合曲线的环量等于旋度的面积分，从数学形式上看，它是线积分与面积分的相互转换公式。

6. 旋度的基本运算公式

(1) $\nabla\times\boldsymbol{C}=0$ ($\boldsymbol{C}$为常矢量) (1-45a)

(2) $\nabla\times(c\boldsymbol{A})=c\,\nabla\times\boldsymbol{A}$ (c为常数) (1-45b)

(3) $\nabla\times(\boldsymbol{A}\pm\boldsymbol{B})=\nabla\times\boldsymbol{A}\pm\nabla\times\boldsymbol{B}$ (1-45c)

(4) $\nabla\times(u\boldsymbol{A})=\nabla u\times\boldsymbol{A}+u\,\nabla\times\boldsymbol{A}$ (u为标量函数) (1-45d)

(5) $\nabla\cdot(\boldsymbol{A}\times\boldsymbol{B})=\boldsymbol{B}\cdot(\nabla\times\boldsymbol{A})-\boldsymbol{A}\cdot(\nabla\times\boldsymbol{B})$ (1-45e)

(6) $\nabla\times(\nabla u)\equiv 0$ (u 为标量函数)　　(1-45f)

(7) $\nabla\cdot(\nabla\times\boldsymbol{A})\equiv 0$　　(1-45g)

(8) $\nabla(\nabla\cdot\boldsymbol{A})-\nabla\times\nabla\times\boldsymbol{A}=\nabla^2 A_x\hat{\boldsymbol{x}}+\nabla^2 A_y\hat{\boldsymbol{y}}+\nabla^2 A_z\hat{\boldsymbol{z}}=\nabla^2\boldsymbol{A}$　　(1-45h)

(9) $\nabla\times(\boldsymbol{A}\times\boldsymbol{B})=(\boldsymbol{B}\cdot\nabla)\boldsymbol{A}-(\boldsymbol{A}\cdot\nabla)\boldsymbol{B}-\boldsymbol{B}(\nabla\cdot\boldsymbol{A})+\boldsymbol{A}(\nabla\cdot\boldsymbol{B})$　　(1-45i)

由式(1-45f)可知,某个标量场 u 的梯度场为无旋场。因此,任意一个无旋场 $\boldsymbol{F}$,总可以表示成某一标量场 u 的梯度形式,即 $\boldsymbol{F}=-\nabla u$。其中,u 通常称为无旋场 $\boldsymbol{F}$ 的标量位。

由式(1-45g)可知,某个矢量场 $\boldsymbol{A}$ 的旋度场为无散场。因此,任意一个无散场 $\boldsymbol{F}$,总可以表示成某一矢量场 $\boldsymbol{A}$ 的旋度形式,即 $\boldsymbol{F}=\nabla\times\boldsymbol{A}$。其中,$\boldsymbol{A}$ 通常称为无散场 $\boldsymbol{F}$ 的矢量位。

式(1-45h)引入了作用于矢量函数的矢量拉普拉斯算子,也记为∇^2,其运算法则是将标量拉普拉斯算子作用于矢量的每个分量。

【例 1-5】 已知 $\boldsymbol{A}=xy^2z^2\hat{\boldsymbol{x}}+z^2\sin y\hat{\boldsymbol{y}}+x^2e^y\hat{\boldsymbol{z}}$,求$\nabla\times\boldsymbol{A}$。

解:$\boldsymbol{A}$ 的三个分量为

$$A_x=xy^2z^2,\quad A_y=z^2\sin y,\quad A_z=x^2e^y$$

代入旋度计算公式可得

$$\begin{aligned}\nabla\times\boldsymbol{A}&=\left(\frac{\partial(x^2e^y)}{\partial y}-\frac{\partial(z^2\sin y)}{\partial z}\right)\hat{\boldsymbol{x}}+\left(\frac{\partial(xy^2z^2)}{\partial z}-\frac{\partial(x^2e^y)}{\partial x}\right)\hat{\boldsymbol{y}}+\left(\frac{\partial(z^2\sin y)}{\partial x}-\frac{\partial(xy^2z^2)}{\partial y}\right)\hat{\boldsymbol{z}}\\&=(x^2e^y-2z\sin y)\hat{\boldsymbol{x}}+2x(y^2z-e^y)\hat{\boldsymbol{y}}-2xyz^2\hat{\boldsymbol{z}}\end{aligned}$$

1.5 亥姆霍兹定理

矢量场的散度和旋度描述了矢量场的源,“源”是“场”的起因。对于任何一个矢量场 $\boldsymbol{A}$,如果仅知道其散度或其旋度,或者其散度、旋度都知道,能否唯一确定该矢量场呢?这个问题可以用亥姆霍兹定理来解答,该定理表述如下:

对于边界面为 S 的有限区域 V 内任何一个单值、导数连续有界的矢量场,若给定其散度和旋度,则该矢量场就被确定,最多只相差一个常矢量;若同时还给出该矢量场的边界条件,即该矢量在边界 S 上的切向分量(或法向分量),则这个矢量场就被唯一确定了。并且该矢量场可以表示成一个无散场 $\boldsymbol{F}_1$($\nabla\cdot\boldsymbol{F}_1\equiv 0$ 或 $\boldsymbol{F}_1=\nabla\times\boldsymbol{A}$)和一个无旋场 $\boldsymbol{F}_2$($\nabla\times\boldsymbol{F}_2\equiv 0$ 或 $\boldsymbol{F}_2=-\nabla\Phi$)的和,即任何矢量场可以写为 $\boldsymbol{F}=\boldsymbol{F}_1+\boldsymbol{F}_2=\nabla\times\boldsymbol{A}-\nabla\Phi$。

亥姆霍兹定理的前一半又称为矢量场的唯一性定理。

亥姆霍兹定理指明了研究矢量场的方法,因此它是场论中一个十分重要的定理。根据亥姆霍兹定理,研究任何矢量场都必须研究它的散度、旋度和边界条件。

本书研究的电磁场都是矢量场,根据亥姆霍兹定理指出的研究方法,必须研究电磁场的散度、旋度和边界条件,才可以求出电磁场的分布情况,进而研究其性质、特点。散度、旋度都是偏微分运算,边界条件相当于已知条件,因此由散度、旋度和边界条件三者求解电磁场的问题实质上是一个求解定解偏微分方程的数学问题。由下面章节可知,研究电磁场,首先就是研究它们的散度、旋度,得到其表示式,这些表示式构成电磁场的微分方程。当然，依据散度定理、旋度定理，由电磁场的散度、旋度可以分别得到其闭曲面通量和环量，因此电磁场的方程也可以用通量、环量的积分形式表示。

1.6 正交曲线坐标系

矢量场中梯度、散度、旋度的概念和意义本身与坐标系无关，但它们的具体计算公式与坐标系密切相关。在很多情况下直角坐标系不太方便，如有关球体、圆柱体的问题采用球坐标系、圆柱坐标系就比较方便。应当注意，球坐标系、圆柱坐标系等其他正交曲线坐标系与直角坐标系有很大不同，最根本的区别在于：直角坐标系中的坐标单位矢量是常矢量；其他正交坐标系中的坐标单位矢量一般是变矢量，它们的方向随空间位置不同而变化。因此，其他正交曲线坐标系中梯度、散度、旋度的计算公式比直角坐标系中要复杂得多。

下面简单介绍常用的圆柱坐标系、球坐标系以及广义正交曲线坐标系，并介绍梯度、散度、旋度在这些坐标系下的计算公式。

1. 圆柱坐标系

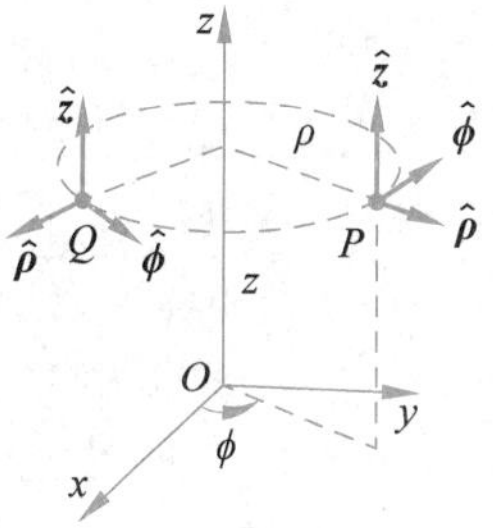

图 1-28 圆柱坐标系及其坐标单位矢量示意图

圆柱坐标系如图 1-28 所示，空间某一点的坐标为(ρ,ϕ,z)。圆柱坐标系中，三个正交坐标单位矢量分别为$\hat{\boldsymbol{\rho}}$、$\hat{\boldsymbol{\phi}}$、$\hat{z}$，其中$\hat{z}$是不变的，$\hat{\boldsymbol{\rho}}$、$\hat{\boldsymbol{\phi}}$随空间位置变化。

在圆柱坐标系下，矢量 $\boldsymbol{A}$ 表示为

$$\boldsymbol{A}=A_\rho\hat{\boldsymbol{\rho}}+A_\phi\hat{\boldsymbol{\phi}}+A_z\hat{z} \tag{1-46}$$

式中：A_ρ、A_ϕ、A_z 分别为矢量 $\boldsymbol{A}$ 的 ρ 分量、ϕ 分量和 z 分量。

矢量 $\boldsymbol{A}$ 的模值的计算公式为

$$|\boldsymbol{A}|=A=\sqrt{A_\rho^2+A_\phi^2+A_z^2} \tag{1-47}$$

在圆柱坐标系下，哈密顿算子和拉普拉斯算子分别表示为

$$\nabla=\hat{\boldsymbol{\rho}}\frac{\partial}{\partial\rho}+\hat{\boldsymbol{\phi}}\frac{1}{\rho}\frac{\partial}{\partial\phi}+\hat{z}\frac{\partial}{\partial z}$$

$$\nabla^2=\frac{1}{\rho}\frac{\partial}{\partial\rho}\left(\frac{1}{\rho}\frac{\partial}{\partial\rho}\right)+\frac{1}{\rho^2}\frac{\partial^2}{\partial\phi^2}+\frac{\partial}{\partial z^2}$$

于是，在圆柱坐标系下，标量的梯度、矢量的散度和旋度可分别表示为

$$\nabla u=\frac{\partial u}{\partial\rho}\hat{\boldsymbol{\rho}}+\frac{1}{\rho}\frac{\partial u}{\partial\phi}\hat{\boldsymbol{\phi}}+\frac{\partial u}{\partial z}\hat{z} \tag{1-48}$$

$$\nabla\cdot\boldsymbol{A}=\frac{1}{\rho}\frac{\partial}{\partial\rho}(\rho A_\rho)+\frac{1}{\rho}\frac{\partial A_\phi}{\partial\phi}+\frac{\partial A_z}{\partial z} \tag{1-49}$$

$$\nabla\times\boldsymbol{A}=\left(\frac{1}{\rho}\frac{\partial A_z}{\partial\phi}-\frac{\partial A_\phi}{\partial z}\right)\hat{\boldsymbol{\rho}}+\left(\frac{\partial A_\rho}{\partial z}-\frac{\partial A_z}{\partial\rho}\right)\hat{\boldsymbol{\phi}}+\left(\frac{1}{\rho}\frac{\partial}{\partial\rho}(\rho A_\phi)-\frac{1}{\rho}\frac{\partial A_\rho}{\partial\phi}\right)\hat{z} \tag{1-50}$$

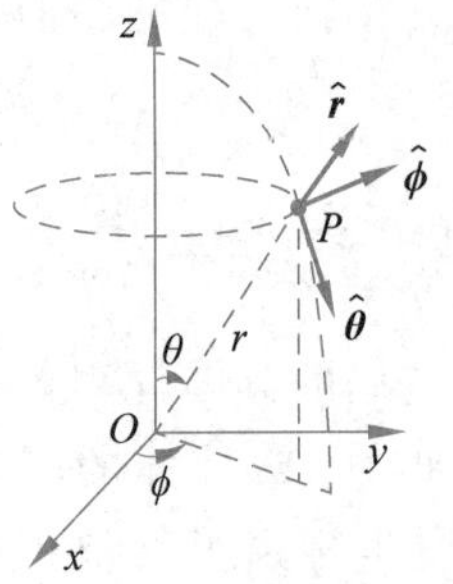

图 1-29　球坐标系及其坐标单位矢量示意图

2. 球坐标系

球坐标系如图 1-29 所示，空间某一点的坐标为(r,θ,ϕ)。球坐标系中，三个正交坐标单位矢量分别为$\hat{\boldsymbol{r}}$、$\hat{\boldsymbol{\theta}}$、$\hat{\boldsymbol{\phi}}$，均随空间位置变化。

在球坐标系下，矢量$\boldsymbol{A}$表示为

$$\boldsymbol{A}=A_r\hat{\boldsymbol{r}}+A_\theta\hat{\boldsymbol{\theta}}+A_\phi\hat{\boldsymbol{\phi}} \tag{1-51}$$

式中：A_r、A_θ、A_ϕ 分别为矢量$\boldsymbol{A}$的 r 分量、θ 分量和 ϕ 分量。

矢量$\boldsymbol{A}$的模值的计算公式为

$$|\boldsymbol{A}|=A=\sqrt{A_r^2+A_\theta^2+A_\phi^2} \tag{1-52}$$

在球坐标系下，哈密顿算子和拉普拉斯算子分别表示为

$$\nabla=\hat{\boldsymbol{r}}\frac{\partial}{\partial r}+\hat{\boldsymbol{\theta}}\frac{1}{r}\frac{\partial}{\partial\theta}+\hat{\boldsymbol{\phi}}\frac{1}{r\sin\theta}\frac{\partial}{\partial\phi}$$

$$\nabla^2=\frac{1}{r^2}\frac{\partial}{\partial r}\left(r^2\frac{\partial}{\partial r}\right)+\frac{1}{r^2\sin\theta}\frac{\partial}{\partial\theta}\left(\sin\theta\frac{\partial}{\partial\theta}\right)+\frac{1}{r^2\sin^2\theta}\frac{\partial^2}{\partial\phi^2}$$

于是，在球坐标系下，标量的梯度、矢量的散度和旋度可分别表示为

$$\nabla u=\frac{\partial u}{\partial r}\hat{\boldsymbol{r}}+\frac{1}{r}\frac{\partial u}{\partial\theta}\hat{\boldsymbol{\theta}}+\frac{1}{r\sin\theta}\frac{\partial u}{\partial\phi}\hat{\boldsymbol{\phi}} \tag{1-53}$$

$$\nabla\cdot\boldsymbol{A}=\frac{1}{r^2}\frac{\partial}{\partial r}(r^2A_r)+\frac{1}{r\sin\theta}\frac{\partial}{\partial\theta}(\sin\theta A_\theta)+\frac{1}{r\sin\theta}\frac{\partial A_\phi}{\partial\phi} \tag{1-54}$$

$$\begin{aligned}\nabla\times\boldsymbol{A}&=\frac{1}{r^2\sin\theta}\begin{vmatrix}\hat{\boldsymbol{r}} & r\hat{\boldsymbol{\theta}} & r\sin\theta\hat{\boldsymbol{\phi}}\\ \dfrac{\partial}{\partial r} & \dfrac{\partial}{\partial\theta} & \dfrac{\partial}{\partial\phi}\\ A_r & rA_\theta & r\sin\theta A_\phi\end{vmatrix}\\&=\frac{1}{r\sin\theta}\left[\frac{\partial}{\partial\theta}(\sin\theta A_\phi)-\frac{\partial A_\theta}{\partial\phi}\right]\hat{\boldsymbol{r}}+\frac{1}{r}\left[\frac{1}{\sin\theta}\frac{\partial A_r}{\partial\phi}-\frac{\partial}{\partial r}(rA_\phi)\right]\hat{\boldsymbol{\theta}}+\\&\quad\frac{1}{r}\left[\frac{\partial}{\partial r}(rA_\theta)-\frac{\partial A_r}{\partial\theta}\right]\hat{\boldsymbol{\phi}}\end{aligned} \tag{1-55}$$

3. 广义正交曲线坐标系

对于三维空间而言，空间任意一点的位置坐标理论上都可以用一组有序数组(q_1,q_2,q_3)表示。若空间中的每一点与(q_1,q_2,q_3)存在一一对应关系，则这些有序数组形成的集合称为三维空间点的曲线坐标。显然，曲线坐标(q_1,q_2,q_3)是每一点空间位置的单值函数。考虑到直角坐标(x,y,z)也是每一点空间位置的单值函数，故而曲线坐标(q_1,q_2,q_3)与直角坐标(x,y,z)必然互为单值函数，可抽象表示为

$$q_1=q_1(x,y,z),\quad q_2=q_2(x,y,z),\quad q_3=q_3(x,y,z) \tag{1-56}$$

$$x=x(q_1,q_2,q_3),\quad y=y(q_1,q_2,q_3),\quad z=z(q_1,q_2,q_3) \tag{1-57}$$

图 1-30 是一种典型的广义正交曲线坐标系，在空间每一点处，坐标曲线的切线方向

两两正交,坐标矢量依次构成右手螺旋关系。q_1、q_2、q_3 称为坐标曲线,在每条坐标曲线上只有一个坐标发生变化;q_1Mq_2、q_1Mq_3、q_2Mq_3 称为坐标曲面,在每个坐标曲面上只有两个坐标发生变化。曲线正交坐标系中空间 M 点处的任一矢量 $\boldsymbol{A}$ 可表示为

$$\boldsymbol{A}=A_1\hat{\boldsymbol{q}}_1+A_2\hat{\boldsymbol{q}}_2+A_3\hat{\boldsymbol{q}}_3 \tag{1-58}$$

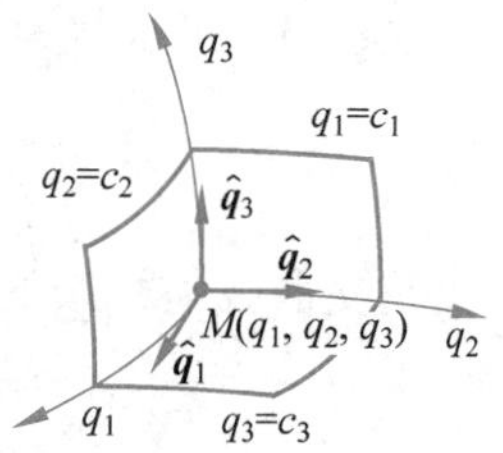

图 1-30 广义正交曲线坐标系

式中:$\hat{\boldsymbol{q}}_1$、$\hat{\boldsymbol{q}}_2$、$\hat{\boldsymbol{q}}_3$ 为 M 点处沿坐标曲线三个方向的坐标单位矢量;A_1、A_2、A_3 为矢量 $\boldsymbol{A}$ 在三个方向的投影。

不难发现,正交曲线坐标系中坐标轴是曲线而非直线,坐标单位矢量的方向也随着空间位置点的变化而变化。

在正交曲线坐标系下,如何定量表示空间几何关系呢?三维空间中,任一曲线上的线元矢量 $\mathrm{d}\boldsymbol{l}$ 在直角坐标系下可表示为 $\mathrm{d}\boldsymbol{l}=\hat{\boldsymbol{x}}\mathrm{d}x+\hat{\boldsymbol{y}}\mathrm{d}y+\hat{\boldsymbol{z}}\mathrm{d}z$,其模值 $\mathrm{d}l=|\mathrm{d}\boldsymbol{l}|=\sqrt{\mathrm{d}x^2+\mathrm{d}y^2+\mathrm{d}z^2}$。这里的 $\mathrm{d}l$ 实际上就是曲线元的长度增量。对于如图 1-30 的正交曲线坐标系而言,人们通常关心三条坐标曲线上的长度增量,分别记为 $\mathrm{d}l_1$、$\mathrm{d}l_2$、$\mathrm{d}l_3$。根据式(1-57),可得直角坐标和曲线坐标的微分转化关系

$$\begin{cases}\mathrm{d}x=\dfrac{\partial x}{\partial q_1}\mathrm{d}q_1+\dfrac{\partial x}{\partial q_2}\mathrm{d}q_2+\dfrac{\partial x}{\partial q_3}\mathrm{d}q_3\\[2ex]\mathrm{d}y=\dfrac{\partial y}{\partial q_1}\mathrm{d}q_1+\dfrac{\partial y}{\partial q_2}\mathrm{d}q_2+\dfrac{\partial y}{\partial q_3}\mathrm{d}q_3\\[2ex]\mathrm{d}z=\dfrac{\partial z}{\partial q_1}\mathrm{d}q_1+\dfrac{\partial z}{\partial q_2}\mathrm{d}q_2+\dfrac{\partial z}{\partial q_3}\mathrm{d}q_3\end{cases} \tag{1-59}$$

考虑到每条坐标曲线上仅有一个变量,故而式(1-59)可进一步化简。以坐标曲线 q_1 为例,$\mathrm{d}q_2=\mathrm{d}q_3=0$,此时式(1-59)退化为

$$\mathrm{d}x=\frac{\partial x}{\partial q_1}\mathrm{d}q_1,\quad \mathrm{d}y=\frac{\partial y}{\partial q_1}\mathrm{d}q_1,\quad \mathrm{d}z=\frac{\partial z}{\partial q_1}\mathrm{d}q_1$$

此时,坐标曲线 q_1 的长度元 $\mathrm{d}l_1$ 可表示为

$$\mathrm{d}l_1=\left[\left(\frac{\partial x}{\partial q_1}\right)^2+\left(\frac{\partial y}{\partial q_1}\right)^2+\left(\frac{\partial z}{\partial q_1}\right)^2\right]^{1/2}\mathrm{d}q_1=h_1\mathrm{d}q_1 \tag{1-60}$$

类似地,坐标曲线 q_2、q_3 上的长度元 $\mathrm{d}l_2$、$\mathrm{d}l_3$ 可分别表示为

$$\mathrm{d}l_2=\left[\left(\frac{\partial x}{\partial q_2}\right)^2+\left(\frac{\partial y}{\partial q_2}\right)^2+\left(\frac{\partial z}{\partial q_2}\right)^2\right]^{1/2}\mathrm{d}q_2=h_2\mathrm{d}q_2 \tag{1-61}$$

$$\mathrm{d}l_3=\left[\left(\frac{\partial x}{\partial q_3}\right)^2+\left(\frac{\partial y}{\partial q_3}\right)^2+\left(\frac{\partial z}{\partial q_3}\right)^2\right]^{1/2}\mathrm{d}q_3=h_3\mathrm{d}q_3 \tag{1-62}$$

式(1-60)～式(1-62)表明,正交曲线坐标系中,坐标曲线的长度元并非像直角坐标系那样直接等于坐标的微分,还需要乘上对应的修正系数 $h_i(i=1,2,3)$。该修正系数通常称为标度因子,又称拉梅(Lame)系数,可统一表示为

$$h_i=\left[\left(\frac{\partial x}{\partial q_i}\right)^2+\left(\frac{\partial y}{\partial q_i}\right)^2+\left(\frac{\partial z}{\partial q_i}\right)^2\right]^{1/2}\quad(i=1,2,3) \tag{1-63}$$

利用式(1-63)可求得圆柱坐标系和球坐标三个坐标维度的拉梅系数分别为

$$h_\rho=1,\quad h_\phi=\rho,\quad h_z=1$$

$$h_r=1,\quad h_\theta=r,\quad h_\phi=r\sin\theta$$

广义正交曲线坐标系下,标量的梯度、矢量的散度和旋度可分别表示为

$$\nabla u=\hat{\boldsymbol{q}}_1\frac{1}{h_1}\frac{\partial u}{\partial q_1}+\hat{\boldsymbol{q}}_2\frac{1}{h_2}\frac{\partial u}{\partial q_2}+\hat{\boldsymbol{q}}_3\frac{1}{h_3}\frac{\partial u}{\partial q_3}$$

$$\nabla\cdot\boldsymbol{A}=\frac{1}{h_1h_2h_3}\left[\frac{\partial(h_2h_3A_1)}{\partial q_1}+\frac{\partial(h_1h_3A_2)}{\partial q_2}+\frac{\partial(h_1h_2A_3)}{\partial q_3}\right]$$

$$\nabla\times\boldsymbol{A}=\frac{1}{h_1h_2h_3}\begin{vmatrix}h_1\hat{\boldsymbol{q}}_1 & h_2\hat{\boldsymbol{q}}_2 & h_3\hat{\boldsymbol{q}}_3\\ \dfrac{\partial}{\partial q_1} & \dfrac{\partial}{\partial q_2} & \dfrac{\partial}{\partial q_3}\\ h_1A_1 & h_2A_2 & h_3A_3\end{vmatrix}$$

1.7 案例与实践

“场”是一个抽象的概念,看不见摸不着。虽然借助“场论”这一数学工具对标量场、矢量场的相关特性进行了全面的分析,但是复杂的数学公式和推导往往会成为很多人学习路上的拦路虎,导致对一些概念的理解不够直观。本节主要是借助一些数学工具将本章中的一些关键概念进行可视化展示,一方面是加深对相关概念的理解和掌握,另一方面是增加学习的趣味性。这里主要针对梯度、散度、旋度这三个关键概念进行仿真与可视化。

1. 标量场的梯度及其可视化

标量场的梯度是一个矢量,它表示标量场中某一点处场量值增长最大的方向和最大增长率。在 MATLAB 中可以借助函数 gradient(F,$\boldsymbol{a}$)来求解直角坐标下标量函数 F 相对于向量 $\boldsymbol{a}$ 的梯度。另外,考虑到标量场的梯度是一个矢量,可以借助函数 quiver(x,y,u,v)来绘制有向箭头,用以表示矢量。其中,(x,y)是矢量起点,(u,v)是矢量终点,每个字母都可以以矩阵形式存储多个点的坐标分量。

案例 1:绘制标量场 $F=(x+y)\mathrm{e}^{-x^2-y^2}$ 的等值线和梯度矢量,自变量范围为 $-2\leqslant x,y\leqslant 2$。

图 1-31 中,连续的曲线表示标量场的等值线,离散的带箭头有向线段表示标量场在空间某一点的梯度,可以发现,梯度与等值线垂直,符合预期。

2. 矢量场的散度及其可视化

矢量场的散度是一个标量,它表示产生矢量场的散度源密度。直观显示上,散度大于零的点是矢量场的正源,意味着有矢量线流出该点;散度小于零的点是矢量场的负源,意味着有矢量线流入该点;散度等于零的点意味着矢量线从此点穿过。在 MATLAB 中可以借助函数 divergence($\boldsymbol{F}$,[x,y,z])来求解直角坐标下矢量函数 $\boldsymbol{F}$ 相对于[x,y,z]坐标的散度。

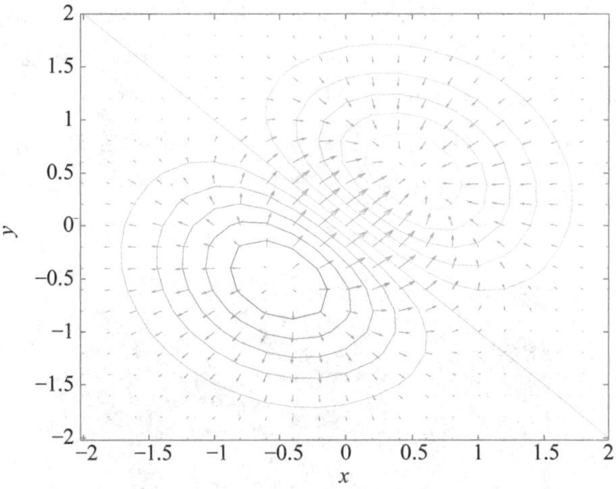

图 1-31 标量场的等值线与梯度

案例 2：绘制矢量场 $\boldsymbol{F}=\hat{\boldsymbol{x}}\sin(2x+y)-\hat{\boldsymbol{y}}\cos(2x-y)$ 的矢量线和散度分布，自变量范围为 $-3\leqslant x,y\leqslant 3$。

图 1-32 中，黑色带箭头的有向线段表示矢量场的矢量线，彩色的底色为矢量场散度数值的平面投影，颜色越亮的地方表示散度值越大，越暗的地方表示散度值越小。可以明显看到，矢量线流出的区域散度大于零，矢量线流入的区域散度小于零，符合预期。

彩图

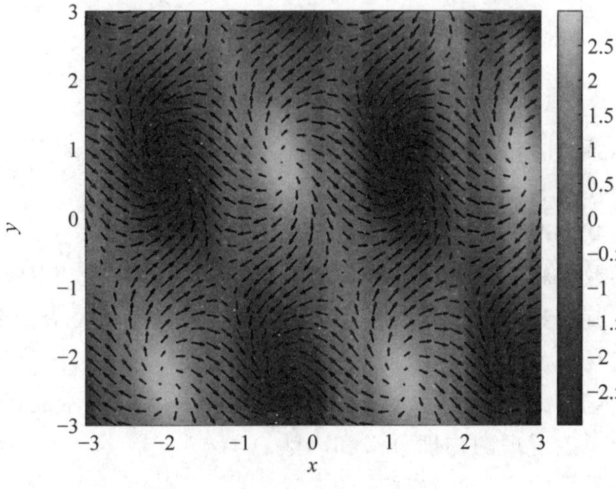

图 1-32 矢量场的矢量线和散度

3. 矢量场的旋度及其可视化

矢量场的旋度是一个矢量，它表示产生矢量场的旋涡源密度。直观显示上，旋度表征的是矢量场围绕旋涡源的旋转程度。在 MATLAB 中可以借助函数 curl($\boldsymbol{F}$,[x,y,z])来求解直角坐标下矢量函数 $\boldsymbol{F}$ 相对于[x,y,z]坐标的旋度。

案例 3：绘制标量场 $\boldsymbol{F}=\hat{\boldsymbol{x}}\sin(2x+y)-\hat{\boldsymbol{y}}\cos(2x-y)$ 的矢量线和旋度分布，自变量范围为 $-3\leqslant x,y\leqslant 3$。

图 1-33 中,黑色带箭头的有向线段表示矢量场的矢量线,彩色的底色为矢量场的旋度矢量 z 分量的在二维平面的数值投影,颜色越亮的地方表示旋度值越大,越暗的地方表示旋度值越小。考虑到本案例中的矢量场 $\boldsymbol{F}$ 是一个二维矢量,故而其旋度的理论计算结果只有 z 分量,x 分量和 y 分量均为 0,故而图 1-30 中的旋度显示的仅是 z 分量的计算结果。可以看到,旋度大于零的区域矢量线呈逆时针旋转,旋度小于零的区域矢量线呈顺时针旋转,这一结果与 z 方向满足右手螺旋法则,符合预期。

彩图

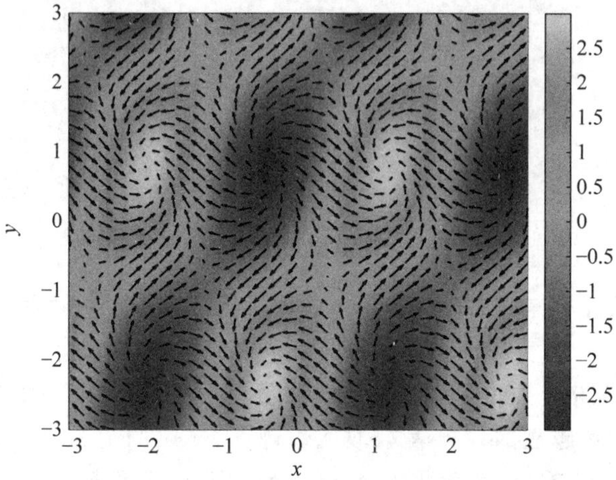

图 1-33　矢量场的矢量线和旋度

思考题

1-1　直角坐标系、柱坐标系、球坐标系的坐标单位矢量有何区别与联系?

1-2　标量场的梯度和方向导数是什么关系?

1-3　矢量线有几种形态?矢量线所满足什么样的方程?

1-4　矢量场的散度和通量是什么关系?通量有正负之分,散度是否也有正负之分?

1-5　矢量场的旋度和环量是什么关系?环量的正、负分别表示什么意义?

1-6　产生矢量场的“源”有哪几种?各自的物理内涵是什么,有何区别与联系?

1-7　简述无旋场和无散场的概念。无旋场和无散场可以表示成什么形式?

1-8　简述亥姆霍兹定理的物理意义和内涵。

1-9　简述拉梅系数的定义和物理内涵。

1-10　直角坐标系下,利用哈密顿算子如何表示梯度、散度、旋度。

练习题

1-1　求函数 $u=1/(Ax+By+Cz+D)$ 的等值面方程。

1-2　已知标量场 $u=xy$,求场中与直线 $x+2y-4=0$ 相切的等值线方程。

1-3　求矢量场 $\mathbf{A}=xy^2\hat{\boldsymbol{x}}+x^2y\hat{\boldsymbol{y}}+zy^2\hat{\boldsymbol{z}}$ 的矢量线方程。

1-4　求标量场 $u=x^2z^3+2y^2z$ 在点 $M(2,0,-1)$ 处沿 $\boldsymbol{t}=2x\hat{\boldsymbol{x}}-xy^2\hat{\boldsymbol{y}}+3z^4\hat{\boldsymbol{z}}$ 方向

的方向导数。

1-5 求标量场 $u=x^2+2y^2+3z^2+xy+3x-2y-6z$ 在点 $M(0,0,0)$、点 $M(1,1,1)$ 处的梯度，并找出场中梯度为 0 的点。

1-6 设 $\boldsymbol{r}=x\hat{\boldsymbol{x}}+y\hat{\boldsymbol{y}}+z\hat{\boldsymbol{z}}$，$r=|\boldsymbol{r}|$，$n$ 为正整数，求 ∇r、∇r^n、$\nabla f(r)$。

1-7 求矢量场 $\boldsymbol{A}=x^3\hat{\boldsymbol{x}}+y^3\hat{\boldsymbol{y}}+z^3\hat{\boldsymbol{z}}$ 在点 $M(1,0,-1)$ 处的散度。

1-8 设 $\boldsymbol{a}$ 为常矢量，$\boldsymbol{r}=x\hat{\boldsymbol{x}}+y\hat{\boldsymbol{y}}+z\hat{\boldsymbol{z}}$，$r=|\boldsymbol{r}|$，求 $\nabla\cdot(r\boldsymbol{a})$、$\nabla\cdot(r^2\boldsymbol{a})$、$\nabla\cdot(r^n\boldsymbol{a})$，证明 $\nabla(\boldsymbol{a}\cdot\boldsymbol{r})=\boldsymbol{a}$。

1-9 设无限长细直导线与 z 轴重合，其上有沿正 z 轴方向流动的电流 I，导线周围的磁场 $\boldsymbol{H}=\dfrac{I}{2\pi(x^2+y^2)}(-y\hat{\boldsymbol{x}}+x\hat{\boldsymbol{y}})$，计算 $\nabla\cdot\boldsymbol{H}$。

1-10 已知 $u=x^2-y^2+2xy$，求 $\nabla^2 u$。

1-11 计算下列矢量场的旋度：

(1) $\boldsymbol{A}=(3x^2y+z)\hat{\boldsymbol{x}}+(y^3-xz^2)\hat{\boldsymbol{y}}+2xyz\hat{\boldsymbol{z}}$；

(2) $\boldsymbol{A}=yz^2\hat{\boldsymbol{x}}+zx^2\hat{\boldsymbol{y}}+xy^2\hat{\boldsymbol{z}}$。

1-12 已知 $u=\mathrm{e}^x$，$\boldsymbol{A}=z^2\hat{\boldsymbol{x}}+x^2\hat{\boldsymbol{y}}+y^2\hat{\boldsymbol{z}}$，计算 $\nabla\times(u\boldsymbol{A})$。

1-13 已知 $\boldsymbol{r}=x\hat{\boldsymbol{x}}+y\hat{\boldsymbol{y}}+z\hat{\boldsymbol{z}}$，$r=|\boldsymbol{r}|$，$\boldsymbol{a}$ 为常矢量，求 $\nabla\times\boldsymbol{r}$、$\nabla\times[\boldsymbol{r}f(r)]$、$\nabla\times[\boldsymbol{a}f(r)]$。

1-14 已知 $\boldsymbol{A}=3y\hat{\boldsymbol{x}}+2z^2\hat{\boldsymbol{y}}+xy\hat{\boldsymbol{z}}$，$\boldsymbol{B}=x^2\hat{\boldsymbol{x}}-4\hat{\boldsymbol{z}}$，求 $\nabla\times(\boldsymbol{A}\times\boldsymbol{B})$。

1-15 已知位于坐标原点处电量为 q 的点电荷产生的电位移矢量 $\boldsymbol{D}=q\boldsymbol{r}/4\pi r^3$，其中 $\boldsymbol{r}=x\hat{\boldsymbol{x}}+y\hat{\boldsymbol{y}}+z\hat{\boldsymbol{z}}$，$r=|\boldsymbol{r}|$，计算 $\nabla\times\boldsymbol{D}$ 和 $\nabla\cdot\boldsymbol{D}$。

1-16 证明 $\nabla\times(\nabla u)=0$，$\nabla\cdot(\nabla\times\boldsymbol{A})=0$。

1-17 已知 $u(\rho,\phi,z)=\rho^2\cos\phi+z^2\sin\phi$，求 $\boldsymbol{A}=\nabla u$，并计算 $\nabla\cdot\boldsymbol{A}$。

1-18 已知 $\boldsymbol{A}(\rho,\phi,z)=\rho\cos^2\phi\,\hat{\boldsymbol{\rho}}+\rho\sin\phi\,\hat{\boldsymbol{\phi}}$，计算 $\nabla\cdot\boldsymbol{A}$、$\nabla\times\boldsymbol{A}$。

1-19 已知 $u(r,\theta,\phi)=\left(ar^2+\dfrac{1}{r^3}\right)\sin2\theta\cos\phi$，求 ∇u。

1-20 已知 $\boldsymbol{A}(r,\theta,\phi)=\dfrac{2\cos\theta}{r^3}\hat{\boldsymbol{r}}+\dfrac{\sin\theta}{r^3}\hat{\boldsymbol{\theta}}$，计算 $\nabla\cdot\boldsymbol{A}$、$\nabla\times\boldsymbol{A}$。

第2章 静态电磁场

带电的电荷能够产生电场，通电的直流导线能够产生磁场，这是大多数人都熟知的物理现象。然而，在物理学发展初期，人类对于电磁场的认知经历了一个较为漫长的发展历程。1600年，英国物理学家威廉·吉尔伯特(William Gilbert)编写的《论磁》一书，揭开了近现代物理学关于"电"和"磁"的研究序幕。早期关于电场、磁场的研究主要集中于静态场，历史上也曾一度认为电场和磁场是两个相互独立的概念。了解、研究了静态电场、静态磁场的基本现象、基本规律并获得很多理论成果之后，才出现对变化磁场的电效应进行研究的法拉第电磁感应定律以及后来的揭示电磁相互关系的麦克斯韦电磁理论，从而奠定了现代电磁学的数理基础，至此已历经200余年。

静态电磁场是时变电磁场的简单特例，其理论奠定了整个电磁学的基础，修正之后就可以得到时变电磁场理论。本章主要研究静态电磁场的特性和相关理论。

2.1 恒定电流场

2.1.1 电荷与电荷密度

自然界中存在正、负两种电荷，带电荷的物体称为带电体，带电体所带电量的多少称为电荷量。迄今为止能检测到的最小电荷量是质子和电子的电荷量，称为基本电荷量。质子电荷量为 e，电子电荷量为 $-e$。$e \approx 1.602 \times 10^{-19}$C。理论上，任何带电体上的电荷都是以离散的方式分布的，且总电荷量是 e 的整数倍。在研究宏观电磁理论和现象时，由于带电粒子的尺寸远小于带电体的尺寸，可以认为电荷是以一定形式连续分布在带电体上，不必考虑电荷的量子特性。根据电荷的分布区域和特点，可用体电荷、面电荷和线电荷来描述带电体，并对应不同分布的电荷密度概念。

1. 体电荷密度

电荷连续分布在一定体积内形成带电体 V'，带电体中某一点处单位体积内的电量称为体电荷密度，可表示为

$$\rho(\boldsymbol{r}') = \lim_{\Delta V' \to 0} \frac{\Delta q'}{\Delta V'} = \frac{\mathrm{d}q'}{\mathrm{d}V'} (\mathrm{C/m^3}) \tag{2-1}$$

式中：$\boldsymbol{r}'$为源点的位置矢量；$\Delta V'$为包含$\boldsymbol{r}'$点的体积微元；$\Delta q'$为$\Delta V'$内的总电量。

体电荷示意图见图2-1，体积V'内的总电荷量等于体电荷密度$\rho(\boldsymbol{r}')$的体积分，即

$$Q = \iiint_{V'} \rho(\boldsymbol{r}') \mathrm{d}V' (\mathrm{C}) \tag{2-2}$$

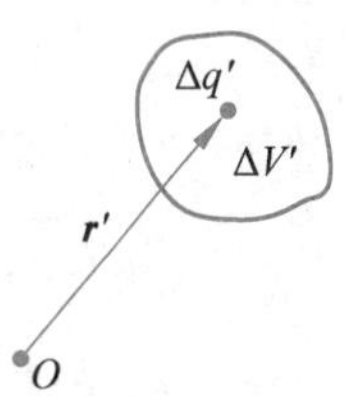

图2-1 体电荷示意图

2. 面电荷密度

电荷连续分布在厚度趋于零的曲面上形成带电面 S'，带电面上某一点处单位面积内的电量称为面电荷密度，可表示为

$$\rho_S(\boldsymbol{r}') = \lim_{\Delta S' \to 0} \frac{\Delta q'}{\Delta S'} = \frac{\mathrm{d}q'}{\mathrm{d}S'} (\mathrm{C/m^2}) \tag{2-3}$$

式中：$\boldsymbol{r}'$为源点的位置矢量；$\Delta S'$为包含点$\boldsymbol{r}'$的面积微元；$\Delta q'$为$\Delta S'$内的总电量。

面电荷示意图见图 2-2，面积 S'内的总电荷量等于面电荷密度 $\rho_S(\boldsymbol{r}')$的面积分，即

$$Q=\iint_{S'}\rho_S(\boldsymbol{r}')\mathrm{d}S'(\mathrm{C}) \tag{2-4}$$

3. 线电荷密度

电荷连续分布在横截面积趋于零的曲线上形成带电线 l'，带电线上某一点处单位长度上的电量称为线电荷密度，可表示为

$$\rho_l(\boldsymbol{r}')=\lim_{\Delta l'\to 0}\frac{\Delta q'}{\Delta l'}=\frac{\mathrm{d}q'}{\mathrm{d}l'}(\mathrm{C/m}) \tag{2-5}$$

式中：$\boldsymbol{r}'$为源点的位置矢量；$\Delta l'$为包含点 $\boldsymbol{r}'$的线元；$\Delta q'$为 $\Delta l'$上的总电量。

线电荷示意图见图 2-3，带电线 l'上的总电荷量等于线电荷密度 $\rho_l(\boldsymbol{r}')$的线积分，即

$$Q=\int_{l'}\rho_l(\boldsymbol{r}')\mathrm{d}l'(\mathrm{C}) \tag{2-6}$$

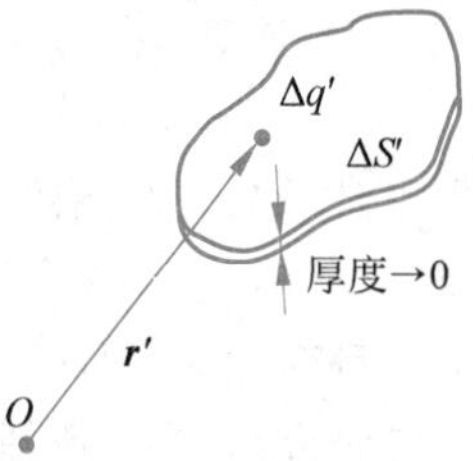

图 2-2　面电荷示意图

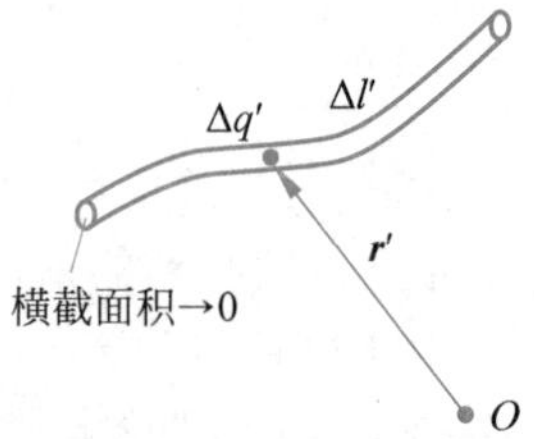

图 2-3　线电荷示意图

4. 点电荷

当电荷体积（面积、长度）小到可忽略，电荷量无限集中在一个几何点时，称为点电荷。点电荷是电荷分布的一种极限情况，实际应用中，当带电体尺寸远小于观察点至带电体的距离时，带电体的形状及其电荷分布可以忽略，就可将带电体所带电荷看成集中在带电体的中心点上，抽象成一个几何模型，称为点电荷。

空间任意位置 $\boldsymbol{r}'$点的点电荷 q，其电荷密度可表示为

$$\rho(\boldsymbol{r})=q\delta(\boldsymbol{r}-\boldsymbol{r}') \tag{2-7}$$

电荷量为

$$q=\iiint_{V}\rho(\boldsymbol{r})\ \mathrm{d}V=\iiint_{V}q\delta(\boldsymbol{r}-\boldsymbol{r}')\mathrm{d}V=\begin{cases}0, & \boldsymbol{r}\neq\boldsymbol{r}'\\ q, & \boldsymbol{r}=\boldsymbol{r}'\end{cases}$$

对于不同的分布，有

$$\begin{aligned}\mathrm{d}q(\boldsymbol{r})&=q\delta(\boldsymbol{r}-\boldsymbol{r}')=\rho(\boldsymbol{r}')\mathrm{d}V'(\text{体分布电荷})\\&=\rho_S(\boldsymbol{r}')\mathrm{d}S'(\text{面分布电荷})\\&=\rho_l(\boldsymbol{r}')\mathrm{d}l'(\text{线分布电荷})\end{aligned} \tag{2-8}$$

2.1.2　电流与电流密度

运动的电荷形成电流，电流大小可用电流强度来描述。单位时间内通过某横截面的电量定义为通过该横截面的电流强度，即

$$i(t)=\lim_{\Delta t\to 0}\frac{\Delta q}{\Delta t}=\frac{\mathrm{d}q}{\mathrm{d}t} \tag{2-9}$$

电流强度的单位为安培(A)。一般情况下的电流强度 $i(t)$是随时间变化的,当电荷运动不随时间改变时,形成的电流为恒定电流,通常用 I 表示。

对于不随时间变化的恒定电流,其分布区域中任意点 $\boldsymbol{r}$ 处的电流强度和电流方向可以用电流密度矢量$\boldsymbol{J}(\boldsymbol{r})$来描述。如图 2-4(a)所示,过 $\boldsymbol{r}$ 点取垂直于电流方向$\hat{\boldsymbol{n}}$ 的面积微元 ΔS,通过 ΔS 的电流强度为 ΔI,定义 $\boldsymbol{r}$ 点处的电流密度矢量为

$$\boldsymbol{J}(\boldsymbol{r})=\lim_{\Delta S\to 0}\frac{\Delta I}{\Delta S}\hat{\boldsymbol{n}}=\frac{\mathrm{d}I}{\mathrm{d}S}\hat{\boldsymbol{n}}(\mathrm{A/m^2}) \tag{2-10}$$

$\boldsymbol{J}(\boldsymbol{r})$的模等于垂直于电流方向的单位面积上的电流强度,其方向为电流的方向,其矢量线称为电流线,其场称为电流场。

流过任意曲面 S 的电流可表示为$\boldsymbol{J}(\boldsymbol{r})$在该曲面上的通量,即

$$I=\iint_S \boldsymbol{J}(\boldsymbol{r})\cdot \mathrm{d}\boldsymbol{s} \tag{2-11}$$

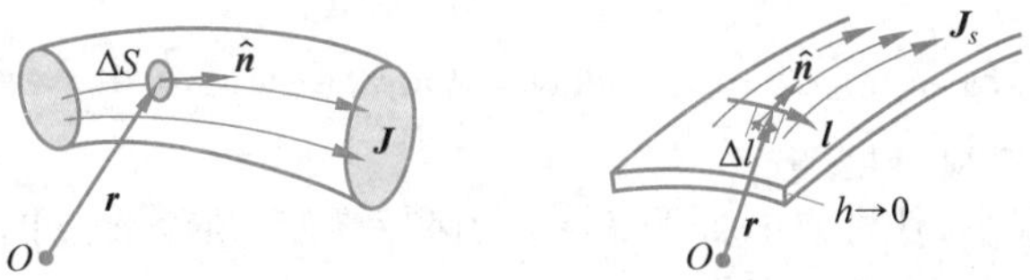

(a) 体电流密度　　(b) 面电流密度

图 2-4　电流密度示意图

宏观厚度 $h\to 0$ 的薄曲面上的电流分布可用面电流密度矢量来描述。如图 2-4(b)所示,过 $\boldsymbol{r}$ 点取垂直于电流方向$\hat{\boldsymbol{n}}$ 的线元 Δl,通过 Δl 的电流强度为 ΔI,定义 $\boldsymbol{r}$ 点处的面电流密度矢量为

$$\boldsymbol{J}_s(\boldsymbol{r})=\lim_{\Delta l\to 0}\frac{\Delta I}{\Delta l}\hat{\boldsymbol{n}}=\frac{\mathrm{d}I}{\mathrm{d}l}\hat{\boldsymbol{n}}(\mathrm{A/m}) \tag{2-12}$$

流过薄曲面上任意曲线 L 的电流可表示为

$$I=\int_L \boldsymbol{J}(\boldsymbol{r})\cdot\hat{\boldsymbol{\alpha}}\mathrm{d}l \tag{2-13}$$

式中:$\hat{\boldsymbol{\alpha}}$ 为 $\boldsymbol{r}$ 点处曲线的法线方向。

若电流是时变电流,则上述各个公式中的 I、$\boldsymbol{J}(\boldsymbol{r})$和 $\boldsymbol{J}_s(\boldsymbol{r})$的自变量中要增加时间变量 t,变为 $I(t)$、$\boldsymbol{J}(\boldsymbol{r},t)$、$\boldsymbol{J}_s(\boldsymbol{r},t)$,而公式形式不变。

2.1.3　电流连续性方程

电荷不能被创生也不能被消灭,只能从一个物体转移到另一个物体,或从物体的一部分转移到另一部分,一个封闭系统内正、负电荷电量的代数和保持不变,这就是电荷守恒定律。

依据电荷守恒定律可知,单位时间内从闭曲面 S 内流出的电荷量恒等于闭曲面内电荷的减少量。单位时间内从闭曲面中流出的电量等于从闭曲面中流出的电流,即

$\oint_S \boldsymbol{J}(\boldsymbol{r},t)\cdot \mathrm{d}\boldsymbol{s}$，此式中出现时间变量 t 是针对电流、电流密度随时间变化的一般情况。闭曲面内的电量等于 $\iiint_V \rho(\boldsymbol{r},t)\mathrm{d}v$。因此，上述恒等关系表示为

$$\oint_S \boldsymbol{J}(\boldsymbol{r},t)\cdot \mathrm{d}\boldsymbol{s} = -\frac{\partial}{\partial t}\iiint_V \rho(\boldsymbol{r},t)\mathrm{d}v = -\iiint_V \frac{\partial \rho(\boldsymbol{r},t)}{\partial t}\mathrm{d}v \tag{2-14a}$$

这个方程称为电流连续性方程。

依据散度定理，有

$$\oint_S \boldsymbol{J}(\boldsymbol{r},t)\cdot \mathrm{d}\boldsymbol{s} = \iiint_V \nabla\cdot \boldsymbol{J}(\boldsymbol{r},t)\mathrm{d}v$$

代入式(2-14a)可得

$$\iiint_V [\nabla\cdot \boldsymbol{J}(\boldsymbol{r},t)]\mathrm{d}v = -\iiint_V \frac{\partial \rho(\boldsymbol{r},t)}{\partial t}\mathrm{d}v$$

若使上式对任意体积 V 总成立，必然有

$$\nabla\cdot \boldsymbol{J}(\boldsymbol{r},t) = -\frac{\partial \rho(\boldsymbol{r},t)}{\partial t} \tag{2-14b}$$

这是电流连续性方程的微分形式。由它可知，电荷密度时间变化率不为零的点是电流密度的通量源，也就是电流线的端点。

在恒定电流情况下，任意点 $\boldsymbol{r}$ 处的 $\boldsymbol{J}(\boldsymbol{r})$ 也保持恒定，流经此点的电荷的电量和运动方向都不随时间变化，该点电量处于动态平衡状态。因此，恒定电流场中电荷密度处处保持恒定，其时间变化率为零。此情况下，式(2-14)可写为

$$\oint_S \boldsymbol{J}(\boldsymbol{r})\cdot \mathrm{d}\boldsymbol{s} = 0 \tag{2-15a}$$

$$\nabla\cdot \boldsymbol{J}(\boldsymbol{r}) = 0 \tag{2-15b}$$

以上两式就是恒定电流的电流连续性方程。它们说明恒定电流场的电流线没有起点和终点，为闭合曲线，如图 2-5 所示。

恒定电流必定在闭合回路上流动，但电流线为闭合曲线并不意味着恒定电流场像磁场一样由旋涡源激励。恒定电流一般是由直流电源产生的，如图 2-6 所示。直流电源的能量来自其内部的化学反应，它们能使电源内部的正、负电荷分离，分别堆积在电源的正极和负极。电源内的局外电场 $\boldsymbol{E}'$ 是支持恒定电流存在的源，这种源并不是旋涡源。

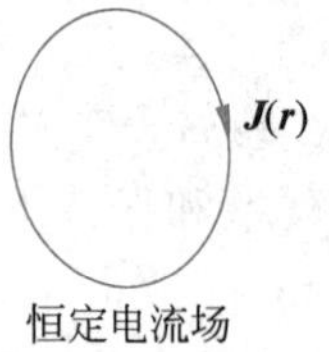

图 2-5　恒定电流场的电场线示意图

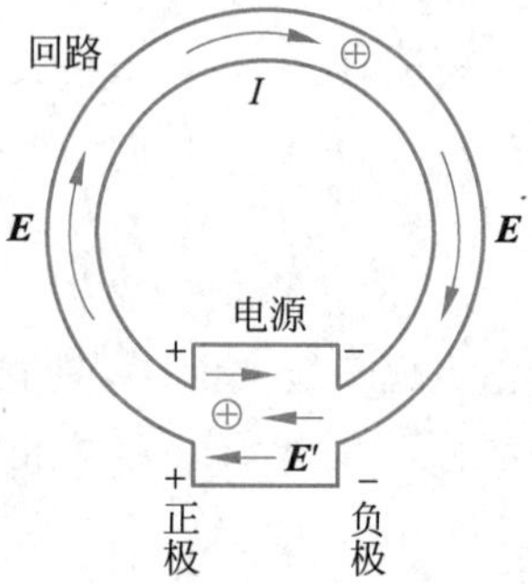

图 2-6　电流回路与电源

恒定电流的电流连续性方程可以用来验证一些直流电路理论。作闭曲面 S 与载有恒定电流的导线相交,截面为 S_1、S_2,如图 2-7(a)所示。通过这两个截面的电流分别为

$$I_1=-\iint_{S_1}\boldsymbol{J}(\boldsymbol{r})\cdot \mathrm{d}\boldsymbol{s}$$

$$I_2=\iint_{S_2}\boldsymbol{J}(\boldsymbol{r})\cdot \mathrm{d}\boldsymbol{s}$$

由式(2-15a)可得

$$\oiint_S \boldsymbol{J}(\boldsymbol{r})\cdot \mathrm{d}\boldsymbol{s}=-\iint_{S_1}\boldsymbol{J}(\boldsymbol{r})\cdot \mathrm{d}\boldsymbol{s}+\iint_{S_2}\boldsymbol{J}(\boldsymbol{r})\cdot \mathrm{d}\boldsymbol{s}=0$$

即 $I_1=I_2$。这说明通过导线各个横截面的电流强度都相等。

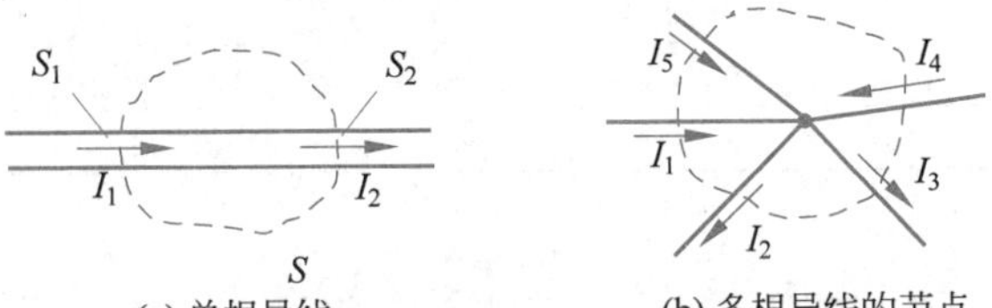

图 2-7 电流连续性方程在直流电路理论中的体现

对于如图 2-7(b)所示几根导线的汇合点,取一包围该节点的闭曲面,由式(2-15a)可得

$$I_1+I_4+I_5=I_2+I_3$$

这说明流入节点的总电流等于流出节点的总电流。这就是直流电路理论中的节点电流方程,也称基尔霍夫(Kirchhoff)第一方程。

2.1.4 欧姆定律与结构方程

媒质中如果存在自由带电粒子,在电场强度 $\boldsymbol{E}$ 作用下,这些自由带电粒子定向运动,形成电流。媒质中的电流密度不仅与电场强度有关,也与媒质本身的导电性能有关,导电性能又由媒质本身的微观结构决定。因此,媒质中电流密度 $\boldsymbol{J}$ 与 $\boldsymbol{E}$ 的关系称为媒质的电流结构关系,可表示为

$$\boldsymbol{J}(\boldsymbol{r})=\sigma\boldsymbol{E}(\boldsymbol{r}) \tag{2-16}$$

此式又称为欧姆定律的微分形式。σ 为媒质的电导率(S/m),与媒质的电阻率 ρ 互为倒数,$\sigma=1/\rho$。

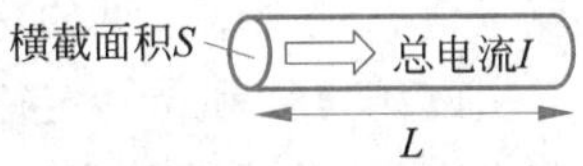

图 2-8 欧姆定律积分形式推导示意图

如图 2-8 所示,假设有一段横截面积为 S、长度为 L 的导体,通过其上的电流为 I、导体两端的电压为 U。根据电流强度和电压的定义可得

$$\begin{cases}\iint_S \boldsymbol{J}\cdot \mathrm{d}\boldsymbol{S}=JS=I\\ \int_L \boldsymbol{E}\cdot \mathrm{d}\boldsymbol{l}=EL=U\end{cases} \tag{2-17}$$

将上式代入式(2-16),结合导体的电阻计算公式 $R=l/(\sigma S)$,可以推出

$$I = U/R \tag{2-18}$$

这就是电路理论中常见的欧姆定律的积分形式。

电导率较高、导电性能好的媒质称为导体，电导率较低、导电性能很差的媒质称为电介质、绝缘体。表 2-1 中列出常见导体的电导率。理想导体 $\sigma=\infty$，一般将 σ 极大的媒质近似为理想导体。理想介质（即绝缘体）$\sigma=0$，一般将 σ 极小的媒质近似为理想介质。

表 2-1　常见媒质在常温（20℃）下的电导率

材　料	电导率 σ/(S/m)	材　料	电导率 σ/(S/m)
金	4.10×10^{7}	蒸馏水	2.0×10^{-4}
银	6.17×10^{7}	海水	3～5
铜	5.81×10^{7}	硅	4.4×10^{-4}
铁	1.03×10^{7}	焊锡	7.1×10^{6}
铝	3.82×10^{7}	不锈钢	1.1×10^{6}

2.1.5　焦耳定律

载有电流的媒质中，带电粒子在定向运动时不断碰撞媒质中的其他粒子，使其热运动加剧导致媒质温度升高，这就是电流的热效应。这种由电场能量损耗转化成的热能称为焦耳热，它来自电场能量。

媒质中任一点处单位体积内的损耗功率定义为损耗功率密度，有

$$p(\boldsymbol{r})=\boldsymbol{J}(\boldsymbol{r})\cdot\boldsymbol{E}(\boldsymbol{r}) \tag{2-19}$$

绝大多数导体中 $\boldsymbol{J}$ 与 $\boldsymbol{E}$ 方向相同，式(2-19)可以写为

$$p(\boldsymbol{r})=\boldsymbol{J}(\boldsymbol{r})\cdot\boldsymbol{E}(\boldsymbol{r})=\sigma\boldsymbol{E}(\boldsymbol{r})\cdot\boldsymbol{E}(\boldsymbol{r})=\sigma E^{2}(\boldsymbol{r})(\mathrm{W/m^3}) \tag{2-20}$$

这就是焦耳定律的微分形式。

体积为 V 的媒质中损耗的总功率为

$$P=\iiint_V p\,\mathrm{d}v=\iiint_V \boldsymbol{J}\cdot\boldsymbol{E}\,\mathrm{d}v=\iiint_V JE\,\mathrm{d}v \tag{2-21}$$

一段长为 l、横截面面积为 S 的媒质，其中的损耗功率可以由上式写为

$$P=\iiint_V JE\,\mathrm{d}v=\int_l E\,\mathrm{d}l\iint_S J\,\mathrm{d}s=UI=I^2R \tag{2-22}$$

这就是电路理论中常见的焦耳定律的积分形式。

由欧姆定律和焦耳定律可知，带电粒子在电场作用下定向运动并产生焦耳热，其能量来自电场，焦耳热效应导致电场能量不断损失，因此必须由电路中的某种装置不断补充能量才能维持电流持续存在。这种提供能量补充的装置就是 2.1.3 节中介绍的电源。

2.1.6　恒定电场

由欧姆定律 $\boldsymbol{J}=\sigma\boldsymbol{E}$ 可知，只有当电场恒定时电流密度才能保持恒定。实际上，在恒定电流回路中，电源两极及导体上各点的电荷处于动态平衡状态，处处电荷密度均保持恒定，这种恒定电荷产生恒定电场 $\boldsymbol{E}(\boldsymbol{r})$，推动导体中的带电粒子定向运动并形成回路中的恒定电流场 $\boldsymbol{J}(\boldsymbol{r})$。这种恒定电场由运动电荷而非静电荷产生，因此它不是静电场，而

被称为恒定电场。

2.2 静电场

2.2.1 真空中的静电场

1. 库仑定律

静电场理论以库仑定律及其推论(高斯定理、静电场环路定律)为基础。法国科学家库仑在1785年通过“扭秤实验”总结出了描述静电荷之间作用力的库仑定律,表述如下:假设真空中有两个静止的点电荷 q、q',分别位于 $\boldsymbol{r}$ 点和 $\boldsymbol{r}'$ 点上,如图2-9所示,则点电荷 q 受到点电荷 q' 的作用力为

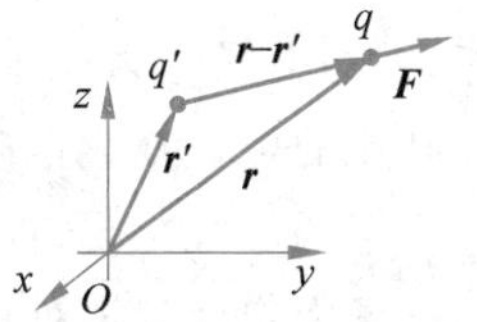

图2-9 点电荷的作用力

$$\boldsymbol{F}_{q'\to q}=\frac{q'q}{4\pi\varepsilon_0}\frac{\boldsymbol{r}-\boldsymbol{r}'}{|\boldsymbol{r}-\boldsymbol{r}'|^3} \tag{2-23a}$$

式中:ε_0 为真空的介电常数,$\varepsilon_0\approx 8.854\times10^{-12}\text{F/m}$。

施力电荷 q' 所在的 $\boldsymbol{r}'$ 点称为源点,用带撇号“′”的符号表示与源点有关的变量,如 x'、y'、z';受力电荷 q 所在的 $\boldsymbol{r}$ 点称为场点,用不带撇号的符号表示与场点有关的变量。

实验证明,点电荷受到其他多个点电荷的作用力服从独立作用原理和叠加原理。如图2-10所示,设点电荷 $q'_1,q'_2,\cdots,q'_n$ 分别位于 $\boldsymbol{r}'_1,\boldsymbol{r}'_2,\cdots,\boldsymbol{r}'_n$ 点,则 $\boldsymbol{r}$ 点处的点电荷 q 受到的作用力等于其他每个点电荷单独对它的作用力的叠加,即

$$\boldsymbol{F}_q=\sum_{i=1}^{n}\boldsymbol{F}_{q'_i\to q}=\sum_{i=1}^{n}\frac{q}{4\pi\varepsilon_0}\frac{q'_i(\boldsymbol{r}-\boldsymbol{r}'_i)}{|\boldsymbol{r}-\boldsymbol{r}'_i|^3}=\frac{q}{4\pi\varepsilon_0}\sum_{i=1}^{n}\frac{q'_i(\boldsymbol{r}-\boldsymbol{r}')}{|\boldsymbol{r}-\boldsymbol{r}'|^3} \tag{2-23b}$$

如图2-11所示,若电荷以体电荷密度 $\rho(\boldsymbol{r}')$ 分布在带电体 V' 中,V' 可看作由无数个体积为 $\mathrm{d}V'$、电量为 $\mathrm{d}q'=\rho(\boldsymbol{r}')\mathrm{d}V'$ 的点电荷微元组成,经积分得到带电体 V' 对 $\boldsymbol{r}$ 点处的点电荷 q 的作用力为

$$\boldsymbol{F}_q=\frac{q}{4\pi\varepsilon_0}\iiint_{V'}\frac{\boldsymbol{r}-\boldsymbol{r}'}{|\boldsymbol{r}-\boldsymbol{r}'|^3}\mathrm{d}q'=\frac{q}{4\pi\varepsilon_0}\iiint_{V'}\frac{\rho(\boldsymbol{r}')(\boldsymbol{r}-\boldsymbol{r}')}{|\boldsymbol{r}-\boldsymbol{r}'|^3}\mathrm{d}V' \tag{2-23c}$$

类似地,带电曲面 S'、带电曲线 L' 对 $\boldsymbol{r}$ 点处的点电荷 q 的作用力分别表示为

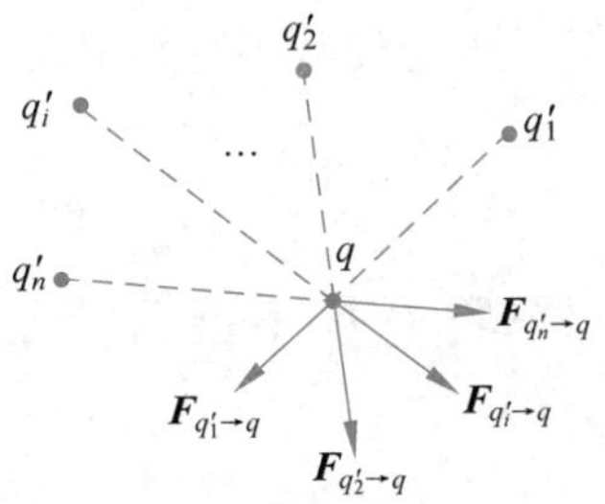

图2-10 多个点电荷对受力电荷的作用力

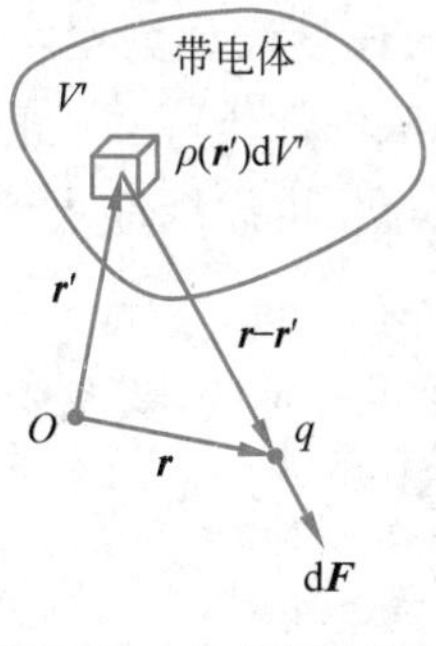

图2-11 带电体对点电荷的作用力示意图

$$\boldsymbol{F}_q=\frac{q}{4\pi\varepsilon_0}\iint_{S'}\frac{\boldsymbol{r}-\boldsymbol{r}'}{|\boldsymbol{r}-\boldsymbol{r}'|^3}\mathrm{d}q'=\frac{q}{4\pi\varepsilon_0}\iint_{S'}\frac{\rho_S(\boldsymbol{r}')(\boldsymbol{r}-\boldsymbol{r}')}{|\boldsymbol{r}-\boldsymbol{r}'|^3}\mathrm{d}s' \tag{2-23d}$$

$$\boldsymbol{F}_q=\frac{q}{4\pi\varepsilon_0}\int_{L'}\frac{\boldsymbol{r}-\boldsymbol{r}'}{|\boldsymbol{r}-\boldsymbol{r}'|^3}\mathrm{d}q'=\frac{q}{4\pi\varepsilon_0}\int_{L'}\frac{\rho_l(\boldsymbol{r}')(\boldsymbol{r}-\boldsymbol{r}')}{|\boldsymbol{r}-\boldsymbol{r}'|^3}\mathrm{d}l' \tag{2-23e}$$

2. 电场强度

根据经典电磁理论,点电荷间的作用力是一个点电荷产生的电场对另一个点电荷的作用力,电场作为一种物质充满带电体周围的空间。电量不随时间变化的、相对于观察者静止的电荷在周围空间产生的电场称为静电场。

电场的大小、方向通常用电场强度矢量来表示。电场中 $\boldsymbol{r}$ 点处的单位正点电荷受到的电场力定义为该处的电场强度,记为 $\boldsymbol{E}(\boldsymbol{r})$,单位为库仑/米^2($\mathrm{C/m^2}$)。由式(2-23a)给出的点电荷作用力公式可知,真空中 $\boldsymbol{r}'$ 点处的点电荷 q' 在 $\boldsymbol{r}$ 点处产生的电场强度可表示为

$$\boldsymbol{E}(\boldsymbol{r})=\frac{q'}{4\pi\varepsilon_0}\frac{\boldsymbol{r}-\boldsymbol{r}'}{|\boldsymbol{r}-\boldsymbol{r}'|^3} \tag{2-24a}$$

由式(2-23b)可知,分别位于 $\boldsymbol{r}_1',\boldsymbol{r}_2',\cdots,\boldsymbol{r}_n'$ 点的 n 个点电荷 $q_1',q_2',\cdots,q_n'$ 在 $\boldsymbol{r}$ 点处产生的电场强度为

$$\boldsymbol{E}(\boldsymbol{r})=\frac{\boldsymbol{F}_q}{q}=\frac{1}{4\pi\varepsilon_0}\sum_{i=1}^{n}\frac{q_i'(\boldsymbol{r}-\boldsymbol{r}_i')}{|\boldsymbol{r}-\boldsymbol{r}_i'|^3} \tag{2-24b}$$

由上式可知,多个点电荷产生的电场强度满足矢量叠加原理。

类似地,带电线 L'、带电面 S'、带电体 V' 在 $\boldsymbol{r}$ 点处产生的电场强度分别为

$$\boldsymbol{E}(\boldsymbol{r})=\frac{1}{4\pi\varepsilon_0}\int_{L'}\frac{\rho_l(\boldsymbol{r}')(\boldsymbol{r}-\boldsymbol{r}')}{|\boldsymbol{r}-\boldsymbol{r}'|^3}\mathrm{d}l' \tag{2-24c}$$

$$\boldsymbol{E}(\boldsymbol{r})=\frac{1}{4\pi\varepsilon_0}\iint_{S'}\frac{\rho_s(\boldsymbol{r}')(\boldsymbol{r}-\boldsymbol{r}')}{|\boldsymbol{r}-\boldsymbol{r}'|^3}\mathrm{d}s' \tag{2-24d}$$

$$\boldsymbol{E}(\boldsymbol{r})=\frac{1}{4\pi\varepsilon_0}\iiint_{V'}\frac{\rho(\boldsymbol{r}')(\boldsymbol{r}-\boldsymbol{r}')}{|\boldsymbol{r}-\boldsymbol{r}'|^3}\mathrm{d}v' \tag{2-24e}$$

电场强度的矢量线称为电场线或电力线。由电场强度的定义,再根据同性电荷相斥、异性电荷相吸的性质可知:正电荷是电场强度的正源,电力线从正电荷出发;负电荷是电场强度的负源,电力线终止于负电荷。

3. 高斯定理

在例 1-3 中已经证明,真空中点电荷 q 产生的电场强度 $\boldsymbol{E}(\boldsymbol{r})$ 在包围点电荷的任意闭曲面 S 上的通量为

$$\oiint_S \boldsymbol{E}\cdot\mathrm{d}\boldsymbol{s}=\frac{q}{\varepsilon_0} \tag{2-25}$$

类似地,若闭曲面 S 内带电体 V 的电荷密度为 $\rho(\boldsymbol{r})$,由叠加原理可知 $\boldsymbol{E}(\boldsymbol{r})$ 在 S 面上的通量为

$$\oiint_S \boldsymbol{E}(\boldsymbol{r})\cdot \mathrm{d}\boldsymbol{s}=\frac{\iiint_V \rho(\boldsymbol{r})\mathrm{d}v}{\varepsilon_0}=\frac{Q}{\varepsilon_0} \tag{2-26}$$

式中：Q 为 S 面内的净电量，$Q=\iiint_V \rho(\boldsymbol{r})\mathrm{d}v$。

由式(2-26)可知，真空中，静电场的电场强度在任意闭曲面 S 上的通量等于 S 面内包含的净电量与 ε_0 的比值。这就是真空中静电场的高斯定理。

依据散度定理，有

$$\oiint_S \boldsymbol{E}(\boldsymbol{r})\cdot \mathrm{d}\boldsymbol{s}=\iiint_V [\nabla\cdot \boldsymbol{E}(\boldsymbol{r})]\mathrm{d}v$$

将上式代入式(2-26)，可得

$$\iiint_V [\nabla\cdot \boldsymbol{E}(\boldsymbol{r})]\mathrm{d}v=\iiint_V \frac{\rho(\boldsymbol{r})}{\varepsilon_0}\mathrm{d}v$$

若上式对任意体积 V 总成立，则必然有

$$\nabla\cdot \boldsymbol{E}(\boldsymbol{r})=\frac{\rho(\boldsymbol{r})}{\varepsilon_0} \tag{2-27}$$

这就是真空中静电场高斯定理的微分形式。它说明静电场电场强度的散度等于电荷密度与真空介电常数 ε_0 之比，静电荷是静电场的通量源(散度源)，静电场是有散场。

由库仑定律出发，对式(2-24a)～式(2-24e)左右两边求散度，经过一些推导，也可以得到式(2-27)。

4. 环路定律

式(2-24a)～式(2-24e)都含有公共因子$(\boldsymbol{r}-\boldsymbol{r}')/|\boldsymbol{r}-\boldsymbol{r}'|^3$，应用式(1-31h)，式(2-24a)～式(2-24e)可改写为

$$\boldsymbol{E}(\boldsymbol{r})=-\nabla\left(\frac{q'}{4\pi\varepsilon_0 |\boldsymbol{r}-\boldsymbol{r}'|}\right) \tag{2-28a}$$

$$\boldsymbol{E}(\boldsymbol{r})=-\nabla\left(\frac{1}{4\pi\varepsilon_0}\sum_{i=1}^{n}\frac{q'_i}{|\boldsymbol{r}-\boldsymbol{r}'_i|}\right) \tag{2-28b}$$

$$\boldsymbol{E}(\boldsymbol{r})=-\frac{1}{4\pi\varepsilon_0}\int_{L'}\rho_l(\boldsymbol{r}')\nabla\frac{1}{|\boldsymbol{r}-\boldsymbol{r}'|}\mathrm{d}l'=-\nabla\left(\frac{1}{4\pi\varepsilon_0}\int_{L'}\frac{\rho_l(\boldsymbol{r}')}{|\boldsymbol{r}-\boldsymbol{r}'|}\mathrm{d}l'\right) \tag{2-28c}$$

$$\boldsymbol{E}(\boldsymbol{r})=-\frac{1}{4\pi\varepsilon_0}\iint_{S'}\rho_s(\boldsymbol{r}')\nabla\frac{1}{|\boldsymbol{r}-\boldsymbol{r}'|}\mathrm{d}s'=-\nabla\left(\frac{1}{4\pi\varepsilon_0}\iint_{S'}\frac{\rho_s(\boldsymbol{r}')}{|\boldsymbol{r}-\boldsymbol{r}'|}\mathrm{d}s'\right) \tag{2-28d}$$

$$\boldsymbol{E}(\boldsymbol{r})=-\frac{1}{4\pi\varepsilon_0}\iiint_{V'}\rho(\boldsymbol{r}')\nabla\frac{1}{|\boldsymbol{r}-\boldsymbol{r}'|}\mathrm{d}v'=-\nabla\left(\frac{1}{4\pi\varepsilon_0}\iiint_{V'}\frac{\rho(\boldsymbol{r}')}{|\boldsymbol{r}-\boldsymbol{r}'|}\mathrm{d}v'\right) \tag{2-28e}$$

式(2-28c)～式(2-28e)中，算子∇对坐标(x,y,z)进行微分，积分号对坐标(x',y',z')进行积分，互不影响，因此可以将∇与积分号交换顺序。由式(2-28)可知，电场强度$\boldsymbol{E}(\boldsymbol{r})$矢量可以写成一个标量函数 $\varphi(\boldsymbol{r})$的负梯度，即式(2-28)中各式均可表示为

$$\boldsymbol{E}(\boldsymbol{r})=-\nabla\varphi(\boldsymbol{r}) \tag{2-29}$$

对上式两边求旋度，依据式(1-45f)可知

$$\nabla\times \boldsymbol{E}(\boldsymbol{r})=\nabla\times(-\nabla\varphi(\boldsymbol{r}))\equiv 0 \tag{2-30}$$

上式说明静电场电场强度的旋度恒等于零，它不存在旋涡源，是无旋场。这就是静电场的环路定律。

将式(2-30)两边在任意曲面 S 上进行面积分，可得

$$\iint_S \nabla\times \boldsymbol{E}(\boldsymbol{r})\cdot \mathrm{d}\boldsymbol{s}=0 \tag{2-31}$$

依据旋度定理，有

$$\iint_S \nabla\times \boldsymbol{E}(\boldsymbol{r})\cdot \mathrm{d}\boldsymbol{s}=\oint_L \boldsymbol{E}(\boldsymbol{r})\cdot \mathrm{d}\boldsymbol{l}$$

将上式代入式(2-31)，可得

$$\oint_L \boldsymbol{E}(\boldsymbol{r})\cdot \mathrm{d}\boldsymbol{l}=0 \tag{2-32}$$

上式说明静电场电场强度在任意环路上的环量均等于零。这就是静电场环路定律的积分形式。

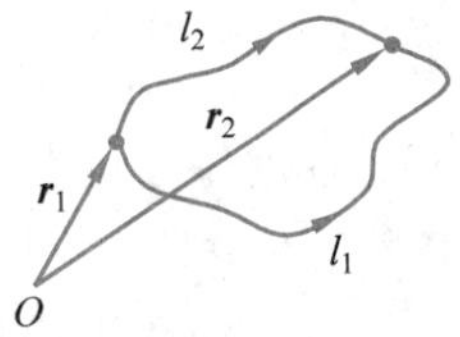

图 2-12　闭合积分路径 l

在静电场中任取如图 2-12 的闭合积分路径 l，并在 l 上任取两点 $\boldsymbol{r}_1$ 和 $\boldsymbol{r}_2$，将 l 分成两条路径 l_1 和 l_2，规定两路径正方向均从 $\boldsymbol{r}_1$ 指向 $\boldsymbol{r}_2$，l 的正方向与 l_1 相同、与 l_2 相反。将式(2-32)用于此闭合路径 l，可得

$$\oint_l \boldsymbol{E}(\boldsymbol{r})\cdot \mathrm{d}\boldsymbol{l}=\int_{l_1} \boldsymbol{E}(\boldsymbol{r})\cdot \mathrm{d}\boldsymbol{l}-\int_{l_2} \boldsymbol{E}(\boldsymbol{r})\cdot \mathrm{d}\boldsymbol{l}=0 \tag{2-33}$$

由此可得

$$\int_{l_1} \boldsymbol{E}(\boldsymbol{r})\cdot \mathrm{d}\boldsymbol{l}=\int_{l_2} \boldsymbol{E}(\boldsymbol{r})\cdot \mathrm{d}\boldsymbol{l} \tag{2-34}$$

该式说明电场强度 $\boldsymbol{E}(\boldsymbol{r})$ 从场中一点到另一点的线积分值只与积分的起点、终点有关，而与路径无关，静电场是保守场。

由于电荷在电场中受到的电场力与电场强度成正比，以上结论说明：电场力对电荷所做的功与做功路径无关，只与做功路径的起点、终点有关。这个性质与重力场中重力对物体所做的功的性质类似。

2.2.2　静电场的电位

由式(2-29)可知，静电场的电场强度可以表示为标量函数 $\varphi(\boldsymbol{r})$ 的负梯度。该标量函数 $\varphi(\boldsymbol{r})$ 称为静电场的电位或电势，单位为伏(V)。

比较式(2-28)与式(2-29)，可得点电荷、点电荷系和带电线 L'、带电面 S'、带电体 V' 在 $\boldsymbol{r}$ 点处产生的电位分别为

$$\varphi(\boldsymbol{r})=\frac{q}{4\pi\varepsilon_0\,|\boldsymbol{r}-\boldsymbol{r}'|} \tag{2-35a}$$

$$\varphi(\boldsymbol{r})=\frac{1}{4\pi\varepsilon_0}\sum_{i=1}^{n}\frac{q_i}{|\boldsymbol{r}-\boldsymbol{r}'_i|} \tag{2-35b}$$

$$\varphi(\boldsymbol{r})=\frac{1}{4\pi\varepsilon_0}\int_{L'}\frac{\rho_l(\boldsymbol{r}')}{|\boldsymbol{r}-\boldsymbol{r}'|}\mathrm{d}l' \tag{2-35c}$$

$$\varphi(\boldsymbol{r})=\frac{1}{4\pi\varepsilon_0}\iint_{S'}\frac{\rho_s(\boldsymbol{r}')}{|\boldsymbol{r}-\boldsymbol{r}'|}\mathrm{d}s' \tag{2-35d}$$

$$\varphi(\boldsymbol{r})=\frac{1}{4\pi\varepsilon_0}\iiint_{V'}\frac{\rho(\boldsymbol{r}')}{|\boldsymbol{r}-\boldsymbol{r}'|}\mathrm{d}v' \tag{2-35e}$$

在电场中引入电位可以简化电场问题的分析和计算，因为某些情况下标量电位比矢量电场强度容易求解，可以先求出电位再求电场强度。式(2-29)说明电场强度 $\boldsymbol{E}$ 等于电位的负梯度，因此某点处 $\boldsymbol{E}$ 的方向等于该点处电位下降最快的方向，$\boldsymbol{E}$ 的模值等于该点处电位下降的最大变化率。求出电位后，画出其等值面或等值线（称为等位面或等位线），就很容易大致地判断某点处电场强度 $\boldsymbol{E}$ 的方向和模值大小，了解电场强度的分布情况。图 2-13 给出了点电荷附近的等位面和电力线，可见电力线处处垂直于等位面。

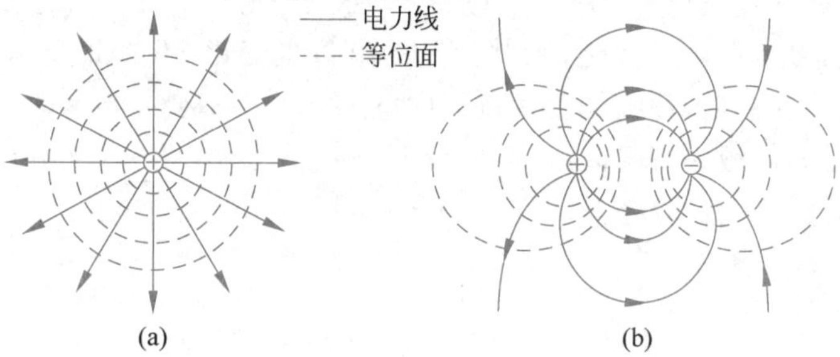

图 2-13　点电荷的电力线与等位面

【例 2-1】　自由空间中，位于原点处、电量为 q 的点电荷在距离原点 r 处空间点的电位为

$$\varphi=\frac{q}{4\pi\varepsilon_0 r}$$

式中

$$r=|\boldsymbol{r}|=(x^2+y^2+z^2)^{1/2}$$

求 φ 的梯度，并验证 $\boldsymbol{E}=-\nabla\varphi$。

解：应用梯度基本运算式可得

$$\nabla\varphi=\nabla\frac{q}{4\pi\varepsilon_0 r}=-\frac{q}{4\pi\varepsilon_0 r^2}\nabla r=-\frac{q}{4\pi\varepsilon_0 r^2}\left(\frac{\partial r}{\partial x}\hat{\boldsymbol{x}}+\frac{\partial r}{\partial y}\hat{\boldsymbol{y}}+\frac{\partial r}{\partial z}\hat{\boldsymbol{z}}\right)$$

将 $r=|\boldsymbol{r}|=(x^2+y^2+z^2)^{1/2}$ 代入上式，可得

$$\nabla\varphi=-\frac{q}{4\pi\varepsilon_0 r^3}\boldsymbol{r}$$

又因为该点电荷产生的电场强度为

$$\boldsymbol{E}=\frac{q}{4\pi\varepsilon_0 r^3}\boldsymbol{r}$$

因此，有 $\boldsymbol{E}=-\nabla\varphi$。

实际上，静电场的电位是具有具体物理意义的。如图 2-12 所示，$\boldsymbol{E}(\boldsymbol{r})$沿路径 l_1 和路径 l_2 的线积分相等，即

$$\int_{l_1}\boldsymbol{E}(\boldsymbol{r})\cdot \mathrm{d}\boldsymbol{l}=\int_{l_2}\boldsymbol{E}(\boldsymbol{r})\cdot \mathrm{d}\boldsymbol{l}=\int_{r_1}^{r_2}\boldsymbol{E}(\boldsymbol{r})\cdot \mathrm{d}\boldsymbol{l}$$

此积分式等于电场力将单位正电荷从点 $\boldsymbol{r}_1$ 移到点 $\boldsymbol{r}_2$ 过程中电场力所做的功。将式(2-29)代入此积分式，则有

$$\int_{r_1}^{r_2}\boldsymbol{E}(\boldsymbol{r})\cdot \mathrm{d}\boldsymbol{l}=-\int_{r_1}^{r_2}\nabla\varphi(\boldsymbol{r})\cdot \mathrm{d}\boldsymbol{l}=-\int_{r_1}^{r_2}\frac{\partial\varphi}{\partial l}\mathrm{d}l=-\int_{r_1}^{r_2}\mathrm{d}\varphi=\varphi(\boldsymbol{r}_1)-\varphi(\boldsymbol{r}_2)=\Phi_{12} \tag{2-36}$$

由此可知，静电场中任意两点 $\boldsymbol{r}_1$、$\boldsymbol{r}_2$ 之间的电位差等于电场力将单位正电荷从点 $\boldsymbol{r}_1$ 移动到点 $\boldsymbol{r}_2$ 所做的功。

若设静电场中某固定点 $\boldsymbol{r}_0$ 的电位 $\varphi(\boldsymbol{r}_0)=0$，则称点 $\boldsymbol{r}_0$ 为电位参考点或电位零点，静电场中任意点 $\boldsymbol{r}$ 处的电位 $\varphi(\boldsymbol{r})$等于该点与参考点间的电位差。任意点的电位都与参考点的位置有关，参考点位置变化，则其他点的电位也变化，不过此变化量是一个常数；而且不管参考点取在何处，静电场中两点间的电位差保持不变。参考零点的位置可以任意选取，若电荷分布区域为有限区域，常假设无穷远处为参考零点，实际问题中也可以设大地、大的理想导体为电位参考点。

由式

$$\int_{r}^{r_0}\boldsymbol{E}(\boldsymbol{r})\cdot \mathrm{d}\boldsymbol{l}=\varphi(\boldsymbol{r})-\varphi(\boldsymbol{r}_0)=\varphi(\boldsymbol{r})$$

可知，$\varphi(\boldsymbol{r})$等于电场力将单位正电荷从该点移动到电位参考点所做的功，这就是电位的物理意义。电场力做功意味着电场能量的消耗，该能量称为电荷在静电场中的电位能或电势能(单位为焦(J))，类似于物体在重力场中具有的重力势能。点 $\boldsymbol{r}$ 处的单位正电荷的电位能等于 $\varphi(\boldsymbol{r})$，点 $\boldsymbol{r}$ 处的电荷 q 的电位能等于 $q\varphi(\boldsymbol{r})$。

2.2.3 静电场中的媒质

1. 静电场中的导体

导体中存在大量能自由运动的带电粒子，这些自由的带电粒子在外加电场力作用下会发生定向运动，从而形成电流，这种现象称为导体的传导现象。导体中由带电粒子定向运动所形成的电流通常称为传导电流。传导电流的大小不仅与外加电场强度有关，也与导体本身的导电性能有关。传导电流密度与外加电场的关系如式(2-16)所示。

最常见的导体是金属，其中的带电粒子是自由电子。自由电子带负电荷，失去了电子的金属离子带正电荷但不能移动。当自由电子朝某个方向运动，就意味着相反方向的中性原子变成了正离子，相当于有正电荷朝该方向运动。正电荷运动的方向就是电流方向。

若对导体施加静电场 $\boldsymbol{E}_0$，导体中的自由带电粒子会在静电场作用下定向运动并积累于导体表面，形成某种电荷分布，称为感应电荷；这种电荷分布在导体内产生与 $\boldsymbol{E}_0$ 方向相反的电场 $\boldsymbol{E}'$，如图 2-14 所示。只要导体内总电场强度不为零，带电粒子的定向运动

就不会停止，直到 $\boldsymbol{E}'$ 增大到与 $\boldsymbol{E}_0$ 完全抵消使导体内总电场强度为零，带电粒子才停止定向运动。人们把静电场中的导体内部电场强度为零，所有带电粒子停止定向运动的状态，称为导体的静电平衡状态。导体达到静电平衡状态所需的时间极为短暂，像铜这样的良导体只需约 10^{-14} s。

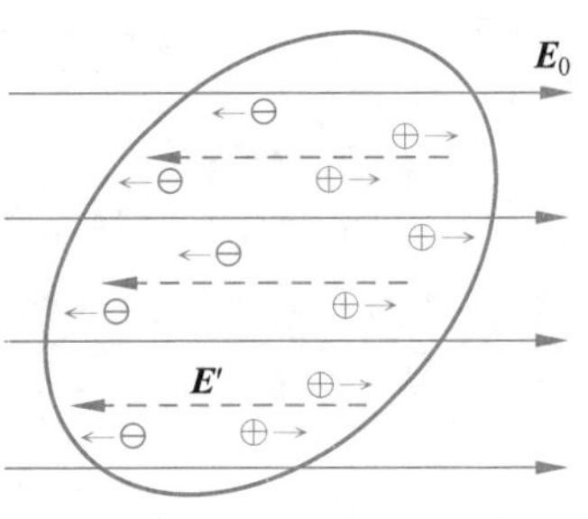

图 2-14 导体的静电平衡过程

静电平衡状态下的导体内部电场强度处处为零，电荷仅分布在导体表面，导体内部无净电荷分布（若有净电荷，电场就不为零）。感应电荷都分布在导体表面上，导体外部的电场是外加静电场与感应电荷产生的电场叠加形成的总电场。导体上没有电荷的定向运动，因此导体上任意两点间的电位差必为零，导体是等位体，其表面是等位面。导体外的电力线垂直于导体表面。电磁场理论中将与电力线垂直相交的表面称为电壁，因此静电场中导体表面是电壁。

2. 静电场中的介质

1）介质的极化

不导电的媒质可称为电介质，简称介质。介质分子（或原子）呈电中性，其中的带电粒子均被分子束缚，一般情况下不能脱离分子自由移动。介质分为无极性介质和有极性介质两类。无极性介质（如气态的 H_2、O_2）分子内正、负电荷的等效电荷中心重合，物质不会呈现宏观上的电荷分布；有极性介质（如 H_2O、SO_2）分子内正、负电荷的等效电荷中心不重合，构成一对电偶极子，但由于分子的无规则热运动，许多的电偶极子呈现出杂乱无章的排列，使得不同电偶极子的极性相互抵消，物质也不会呈现宏观上的电荷分布。对于有极性介质，分子中的正电荷可以用正点电荷 q 来等效，负电荷可以用负点电荷 $-q$ 来等效，这种正负电子对可以用分子电矩 $\boldsymbol{p}=q\boldsymbol{l}$ 来描述，$\boldsymbol{l}$ 是由负点电荷 $-q$ 指向正点电荷 q 的矢量，其模值 $|\boldsymbol{l}|$ 等于两点电荷的间距。有极性介质分子的分子电矩称为其固有电矩。

当介质处于外加静电场 $\boldsymbol{E}_0$ 中时，若介质是无极性介质，则外加电场力将使得每个分子中的正、负电荷在分子内部发生位移、相互分离并分别聚集，可以分别用正点电荷 q、负点电荷 $-q$ 来等效，形成一个与 $\boldsymbol{E}_0$ 方向相同的感应电矩，如图 2-15(a)所示；如果介质是有极性介质，则其中原来因热振动杂乱排列的各个分子固有电矩在电场力作用下都会发生旋转，转到与 $\boldsymbol{E}_0$ 相同的方向，如图 2-15(b)所示。虽然各个分子还在热振动，分子电矩的方向不可能完全一致，但其排列比没有电场作用时更有规律、更整齐，而且外加静电场 $\boldsymbol{E}_0$ 越强，感应电矩越大，所有分子电矩排列越整齐。这种“外加静电场使介质中的分子电矩整齐排列”的物理现象称为静电场对介质的极化。

2）束缚电荷

在介质被极化之前，其表面处的分子杂乱排列，正、负电荷彼此抵消，表面呈现电中性。介质被极化后，分子整齐排列，介质表面处会出现相同极性的电荷，形成面电荷分布，这些面电荷均被分子束缚而不能自由移动，称为束缚面电荷。如图 2-16(a)所示的介

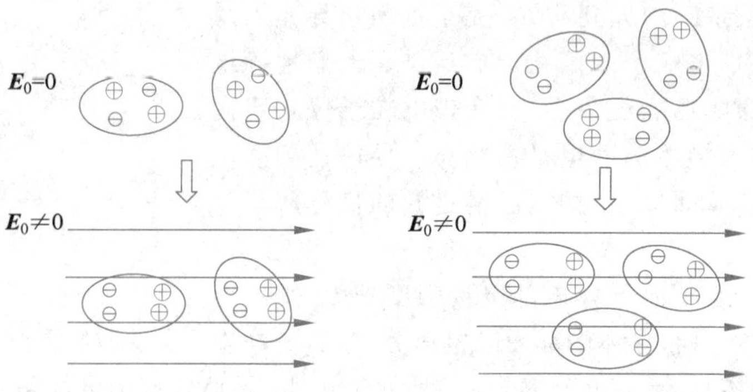

(a) 无极性分子的极化　　(b) 极性分子的极化

图 2-15　介质分子的极化

质表面上分布有正的束缚面电荷，与此表面相对的另一表面上应当分布有负的束缚面电荷。若介质材料不均匀或外加电场不均匀，介质内局部区域中净电荷不为零，则会出现束缚体电荷，如图 2-16(b)中虚线所围区域中出现正的束缚体电荷。束缚电荷又称为极化电荷。

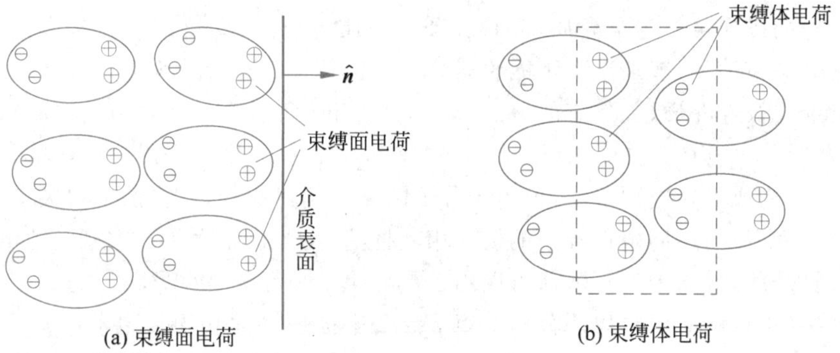

(a) 束缚面电荷　　(b) 束缚体电荷

图 2-16　被极化介质上的束缚电荷

3）极化强度

当介质未被外加静电场极化时，若是无极性介质，则分子固有电矩均等于零；若是极性介质，则分子固有电矩均因热振动而杂乱排列。因此，在未极化介质中任取一个宏观小区域 ΔV，其中所有分子电矩 $\boldsymbol{p}$ 叠加起来应当等于零，即 $\sum \boldsymbol{p}=0$。当介质被外加静电场极化后，不论是无极性介质还是极性介质，分子电矩基本上都顺着电场方向排列，宏观小区域 ΔV 中所有分子电矩的叠加 $\sum \boldsymbol{p} \neq 0$。且外加电场越大，极化程度越高，分子电矩排列越整齐，$\sum \boldsymbol{p}$ 就越大；反之，$\sum \boldsymbol{p}$ 越小。因此可以利用 $\sum \boldsymbol{p}$ 来衡量介质的极化程度，定义介质中 $\boldsymbol{r}$ 点处单位体积内的 $\sum \boldsymbol{p}$ 为极化强度矢量，记为 $\boldsymbol{P}(\boldsymbol{r})$，定义式为

$$\boldsymbol{P}(\boldsymbol{r})=\lim_{\Delta V \to 0}\frac{\sum \boldsymbol{p}}{\Delta V}(\mathrm{C/m^2}) \tag{2-37}$$

被极化介质上的束缚面电荷密度 ρ_{sp}、束缚体电荷密度 ρ_{p} 均随极化程度的不同而变

化，二者必与 $\boldsymbol{P}(\boldsymbol{r})$ 有关，它们之间的定量关系为

$$\rho_{sp}(\boldsymbol{r})=\hat{\boldsymbol{n}}\cdot\boldsymbol{P}(\boldsymbol{r}) \tag{2-38}$$

$$\rho_{p}(\boldsymbol{r})=-\nabla\cdot\boldsymbol{P}(\boldsymbol{r}) \tag{2-39}$$

式中：$\hat{\boldsymbol{n}}$ 为介质表面外法向单位矢量。

束缚面电荷和束缚体电荷会在介质内外产生电场 $\boldsymbol{E}'$，该电场反过来又影响介质的极化，因此介质的极化程度最终取决于外加电场 $\boldsymbol{E}_0$ 与 $\boldsymbol{E}'$ 的和——总电场 $\boldsymbol{E}=\boldsymbol{E}_0+\boldsymbol{E}'$。由图 2-16 可知，在介质内部 $\boldsymbol{E}'$ 与 $\boldsymbol{E}_0$ 反向，故介质内部 $|\boldsymbol{E}|$ 总是小于 $|\boldsymbol{E}_0|$。

从对介质极化过程的描述可以看出，极化强度 $\boldsymbol{P}(\boldsymbol{r})$ 与总电场 $\boldsymbol{E}(\boldsymbol{r})$ 有密切关系，研究表明，二者的关系为

$$\boldsymbol{P}(\boldsymbol{r})=\chi_e\varepsilon_0\boldsymbol{E}(\boldsymbol{r}) \tag{2-40}$$

式中：χ_e 为电极化率，是无量纲的正数。χ_e 一般由介质的组成结构决定，不同介质有不同的 χ_e；同一种介质中的密度变化也会导致 χ_e 值变化；χ_e 还可能随电场强度变化。一般通过实验来测定 χ_e。

若外加电场太大，可能使介质分子中的电子脱离分子束缚，成为自由电子，介质变成导电材料，这种现象称为介质的击穿。介质能保持不被击穿的最大外加电场强度称为该介质的击穿强度。工程中，一般情况下作用在介质上的电场强度应当小于其击穿强度。

4）电位移矢量和介质中的高斯定理

真空中静电场高斯定理微分形式为

$$\nabla\cdot\boldsymbol{E}(\boldsymbol{r})=\rho(\boldsymbol{r})/\varepsilon_0$$

式中：$\rho(\boldsymbol{r})$ 为自由电荷密度。

被极化介质上的束缚电荷与自由电荷一样会产生电场，也是电场的通量源。因此在介质情况下，高斯定理中的电场通量源应包括自由电荷密度 $\rho(\boldsymbol{r})$ 和束缚电荷密度 $\rho_p(\boldsymbol{r})$，即

$$\nabla\cdot\boldsymbol{E}(\boldsymbol{r})=\frac{\rho(\boldsymbol{r})+\rho_p(\boldsymbol{r})}{\varepsilon_0} \tag{2-41}$$

将 $\rho_p(\boldsymbol{r})=-\nabla\cdot\boldsymbol{P}(\boldsymbol{r})$ 代入上式，移项整理可得

$$\nabla\cdot[\varepsilon_0\boldsymbol{E}(\boldsymbol{r})+\boldsymbol{P}(\boldsymbol{r})]=\rho(\boldsymbol{r}) \tag{2-42}$$

为避免求极化强度 $\boldsymbol{P}(\boldsymbol{r})$ 所带来的困难并使上述方程更简洁，引入电位移矢量 $\boldsymbol{D}(\boldsymbol{r})$，定义为

$$\boldsymbol{D}(\boldsymbol{r})=\varepsilon_0\boldsymbol{E}(\boldsymbol{r})+\boldsymbol{P}(\boldsymbol{r})(\mathrm{C/m^2}) \tag{2-43}$$

于是，式(2-42)可写为

$$\nabla\cdot\boldsymbol{D}(\boldsymbol{r})=\rho(\boldsymbol{r}) \tag{2-44}$$

上式就是介质情况下静电场高斯定理的微分形式，也就是一般情况下的高斯定理。可见，电位移矢量 $\boldsymbol{D}(\boldsymbol{r})$ 只与自由电荷密度 $\rho(\boldsymbol{r})$ 有关，与束缚电荷密度 $\rho_p(\boldsymbol{r})$ 无关。束缚电荷密度一般难以求解、确定，引入电位移矢量之后，应用高斯定理时就只需要知道自由电荷密度。

真空情况时，不存在极化电荷，有

$$\boldsymbol{P}(\boldsymbol{r})=0,\quad \boldsymbol{D}(\boldsymbol{r})=\varepsilon_0\boldsymbol{E}(\boldsymbol{r})$$

将上式代入式(2-44)可得

$$\nabla\cdot\boldsymbol{E}(\boldsymbol{r})=\rho(\boldsymbol{r})/\varepsilon_0$$

这就是式(2-27)给出的真空中静电场的高斯定理,它是一般情况下高斯定理的真空特例。

应用散度定理,可由式(2-44)得到介质情况下静电场高斯定理的积分形式,即

$$\oiint_S \boldsymbol{D}(\boldsymbol{r})\cdot d\boldsymbol{s}=\iiint_V \rho(\boldsymbol{r})dv=Q \tag{2-45}$$

式中:Q 为闭曲面 S 所包围的区域内自由电荷净电量。

5) 介电常数和结构方程

电位移矢量 $\boldsymbol{D}(\boldsymbol{r})$ 与电场强度矢量 $\boldsymbol{E}(\boldsymbol{r})$ 的关系如式(2-43)所示,进一步,将式(2-40)代入式(2-43),可得

$$\begin{aligned}\boldsymbol{D}(\boldsymbol{r})&=\varepsilon_0\boldsymbol{E}(\boldsymbol{r})+\chi_e\varepsilon_0\boldsymbol{E}(\boldsymbol{r})\\&=\varepsilon_0(1+\chi_e)\boldsymbol{E}(\boldsymbol{r})=\varepsilon_0\varepsilon_r\boldsymbol{E}(\boldsymbol{r})=\varepsilon\boldsymbol{E}(\boldsymbol{r})\end{aligned} \tag{2-46}$$

式中:ε 为介质的介电常数;ε_r 为相对介电常数,$\varepsilon_r=\varepsilon/\varepsilon_0=1+\chi_e$,一般来说 ε_r 是大于 1 的无量纲数,它由媒质的组成结构决定。故上式又称为媒质的结构方程。

一般来说,媒质的相对介电常数 ε_r 是空间位置和 $\boldsymbol{E}$ 的函数。均匀介质的 ε_r 不随空间位置变化而变化,处处相等;线性介质的 ε_r 不随外加电场强度大小而变化;各向同性介质的 ε_r 是标量,$\boldsymbol{D}$ 与 $\boldsymbol{E}$ 方向相同。对于各向异性介质,$\boldsymbol{D}$ 的每个分量都是 $\boldsymbol{E}$ 各分量的函数,其 ε_r 是张量。若未特别指明,本书后续章节中涉及的介质都是均匀、线性、各向同性介质。

表 2-2 列出了常见介质的相对介电常数值,真空的相对介电常数等于 1,普通空气的相对介电常数非常近似于 1,因此在研究电磁场工程问题时,一般将空气近似为真空。

表 2-2 常见电介质的相对介电常数

电 介 质	相对介电常数	电 介 质	相对介电常数
真空	1.0	陶瓷	5.3～6.5
空气	1.0005(1atm)	纸	1.3～4.0
水	78	橡胶	2.3～4.0
玻璃	5 ～10	石英	3.3
聚苯乙烯	2.5	聚四氟乙烯	2.1

注:1atm=1.013×10^5Pa

6) 介质情况下的环路定律

介质情况下的静电场 $\boldsymbol{E}$ 是自由电荷和束缚电荷产生的叠加静电场。两种电荷产生的静电场性质相同,都是无旋场,满足环路定律,其积分形式和微分形式如下:

$$\oint_L \boldsymbol{E}(\boldsymbol{r})\cdot d\boldsymbol{l}=0 \tag{2-47}$$

$$\nabla\times\boldsymbol{E}(\boldsymbol{r})=0 \tag{2-48}$$

【例 2-2】 半径为 a、带电量为 Q 的导体球,外表面套有同心的均匀介质球壳,外半径为 b,介电常数为 ε。求空间任意一点的 $\boldsymbol{D}$、$\boldsymbol{E}$ 和 $\boldsymbol{P}$,以及束缚电荷密度。

解：本题中自由电荷及介质都呈球对称分布，故可用介质情况下高斯定理的积分形式求 $\boldsymbol{D}$，然后再求 $\boldsymbol{E}$ 和 $\boldsymbol{P}$。

采用以导体球球心为原点的球坐标系（图 2-17）。导体球内部 $\boldsymbol{D}$、$\boldsymbol{E}$ 均应等于零。总电量 Q 均匀分布于导体球表面，故其在导体球外产生的 $\boldsymbol{D}$ 也是球对称的，即 $\boldsymbol{D}=D_r\hat{\boldsymbol{r}}$。在以原点为球心、$r(r>a)$ 为半径的球面 S 上，应用高斯定理积分形式可得

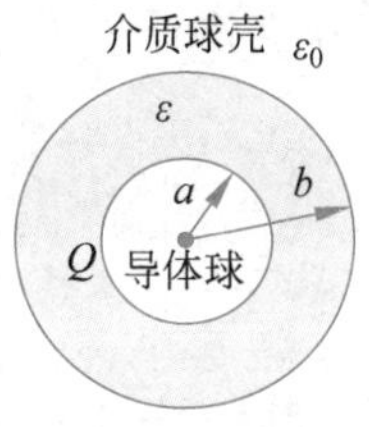

图 2-17　例 2-2 图

$$\oiint_S \boldsymbol{D}(\boldsymbol{r})\cdot d\boldsymbol{s}=D_r 4\pi r^2=Q,\quad r>a$$

因此，有

$$\boldsymbol{D}=\begin{cases}0, & r<a\\ D_r\hat{\boldsymbol{r}}=\dfrac{Q}{4\pi r^2}\hat{\boldsymbol{r}}, & r>a\end{cases}$$

当 $a<r<b$ 时，介电常数为 ε；当 $r>b$ 时，介电常数为 ε_0。应用 $\boldsymbol{D}=\varepsilon\boldsymbol{E}$，求出电场强度为

$$\boldsymbol{E}=\begin{cases}0, & r<a\\ \dfrac{Q}{4\pi r^2\varepsilon}\hat{\boldsymbol{r}}, & a<r<b\\ \dfrac{Q}{4\pi r^2\varepsilon_0}\hat{\boldsymbol{r}}, & b<r\end{cases}$$

根据 $\boldsymbol{D}$、$\boldsymbol{E}$ 与极化强度 $\boldsymbol{P}$ 的关系可得

$$\boldsymbol{P}=\begin{cases}0, & r<a\\ \dfrac{\varepsilon-\varepsilon_0}{\varepsilon}\dfrac{Q}{4\pi r^2}\hat{\boldsymbol{r}}, & a<r<b\\ 0, & b<r\end{cases}$$

由 $\boldsymbol{P}$ 可得束缚面电荷密度和束缚体电荷密度分别为

$$\rho_{sp}=\hat{\boldsymbol{n}}\cdot\boldsymbol{P}=\begin{cases}-\hat{\boldsymbol{r}}\cdot\boldsymbol{P}=-\dfrac{\varepsilon-\varepsilon_0}{\varepsilon}\dfrac{Q}{4\pi a^2}, & r=a\\ \hat{\boldsymbol{r}}\cdot\boldsymbol{P}=\dfrac{\varepsilon-\varepsilon_0}{\varepsilon}\dfrac{Q}{4\pi b^2}, & r=b\end{cases}$$

$$\rho_p=-\nabla\cdot\boldsymbol{P}=0,\quad a<r<b$$

由 ρ_{sp} 和 ρ_p 即可计算出介质球壳上总束缚电荷为零。这说明不管介质是否极化，它都是电中性的，介质的极化仅使电荷在介质分子内位移，使介质局部呈现出电性，但总电量保持为零。

2.2.4　静电场的能量

静电场由电荷不随时间变化的静止带电系统产生。任何形式的带电系统都要经过从没有电荷分布到某种最终电荷分布的建立过程（或者称充电过程），如图 2-18 所示。此过程中，外力必须克服电荷之间的相互作用力做功。若充电过程进行得足够缓慢，静电

场变化得足够缓慢，就可以认为没有能量辐射的损失，外力所做的功全部转化为电场能量。当电荷分布稳定之后，其电场能量就等于该电场建立过程中外力所做的总功，并且与建立这一系统的中间过程无关。

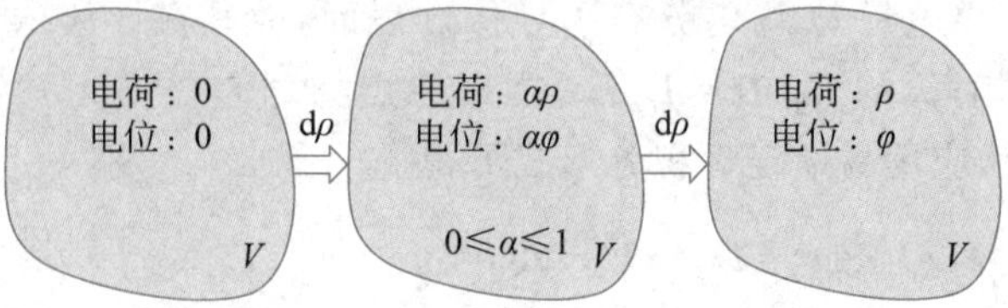

图 2-18　静电能建立过程示意图

通过对充电过程中外力做功的定量分析，可以证明，体积为 V、静电荷密度为 $\rho(\boldsymbol{r})$ 的体电荷分布系统的静电能为

$$\boldsymbol{W}_{\mathrm{e}}=\iiint_V \frac{1}{2}\rho(\boldsymbol{r})\varphi(\boldsymbol{r})\mathrm{d}v \tag{2-49a}$$

类似地，面电荷密度为 $\rho_{\mathrm{s}}(\boldsymbol{r})$ 的面电荷分布系统和线电荷密度为 $\rho_l(\boldsymbol{r})$ 的线电荷分布系统的静电能分别表示为

$$\boldsymbol{W}_{\mathrm{e}}=\iint_S \frac{1}{2}\rho_S(\boldsymbol{r})\varphi(\boldsymbol{r})\mathrm{d}s \tag{2-49b}$$

$$\boldsymbol{W}_{\mathrm{e}}=\int_L \frac{1}{2}\rho_l(\boldsymbol{r})\varphi(\boldsymbol{r})\mathrm{d}l \tag{2-49c}$$

若带电系统由 n 个分别位于 $\boldsymbol{r}_i$、电量分别为 $q_i(i=1,2,\cdots,n)$ 的点电荷组成，由于点电荷在自身所在位置 $\boldsymbol{r}_i$ 处的电位无意义，所以对于这种点电荷系统，只能计算其相互作用能，表示为

$$\boldsymbol{W}_{\mathrm{e}}=\sum_{i=1}^{n}\frac{1}{2}q_i\varphi_i \tag{2-50}$$

式中：φ_i 为除第 i 个点电荷外，其余点电荷在第 i 个点电荷处产生的总电位。

对分布电荷电场能量的表示式(2-49a)做进一步的数学推导，可将其转化成

$$\boldsymbol{W}_{\mathrm{e}}=\iiint_V \frac{1}{2}\boldsymbol{D}(\boldsymbol{r})\cdot\boldsymbol{E}(\boldsymbol{r})\mathrm{d}v \tag{2-51}$$

这就是用场矢量 $\boldsymbol{E}$、$\boldsymbol{D}$ 计算电场能量的公式。式中积分区域 V 是静电场存在的整个区域。被积函数 $\boldsymbol{D}(\boldsymbol{r})\cdot\boldsymbol{E}(\boldsymbol{r})/2$ 从物理概念上可以理解为静电场中单位体积内存储的电场能量，称为静电场的能量密度，记为 w_{e}，且有

$$w_{\mathrm{e}}=\frac{1}{2}\boldsymbol{D}(\boldsymbol{r})\cdot\boldsymbol{E}(\boldsymbol{r})(\mathrm{J/m^3}) \tag{2-52}$$

2.2.5　静电场的场方程

1. 场方程

研究了真空中的静电场以及静电场与物质的相互作用之后，对它有了较全面的认

识。静电场是由不随时间变化的静止电荷(包括自由电荷和束缚电荷)产生的电场,用电场强度矢量 $\boldsymbol{E}(\boldsymbol{r})$ 和电位移矢量 $\boldsymbol{D}(\boldsymbol{r})$ 表示,二者的关系称为静电场的结构方程,形式如下:

$$\boldsymbol{D}(\boldsymbol{r})=\varepsilon\boldsymbol{E}(\boldsymbol{r})=\varepsilon_0\varepsilon_r\boldsymbol{E}(\boldsymbol{r}) \tag{2-53a}$$

式中:ε_0 为真空的介电常数,$\varepsilon_0\approx8.854\times10^{-12}\text{F/m}$;$\varepsilon_r$ 为媒质的相对介电常数。

静电场遵循高斯定理和环路定律,均可以用积分方程和微分方程来表示,称为静电场的场方程。

静电场的积分方程为

$$\begin{cases}\oint\!\!\!\oint_S\boldsymbol{D}(\boldsymbol{r})\cdot\mathrm{d}\boldsymbol{s}=\iiint_V\rho(\boldsymbol{r})\mathrm{d}v=Q\\ \oint_L\boldsymbol{E}(\boldsymbol{r})\cdot\mathrm{d}\boldsymbol{l}=0\end{cases} \tag{2-53b}$$

静电场的微分方程为

$$\begin{cases}\nabla\cdot\boldsymbol{D}(\boldsymbol{r})=\rho(\boldsymbol{r})\\ \nabla\times\boldsymbol{E}(\boldsymbol{r})=0\end{cases} \tag{2-53c}$$

式中:$\rho(\boldsymbol{r})$ 为自由电荷密度,它是静电场电场强度的通量源。

若 $\rho(\boldsymbol{r})$ 已知,由以上方程可以求解出静电场场量 $\boldsymbol{D}(\boldsymbol{r})$、$\boldsymbol{E}(\boldsymbol{r})$。不过积分方程只能用来解一些源分布和空间结构对称的问题,如例 2-2。微分方程给出了电场强度的散度和旋度,根据亥姆霍兹定理,给定矢量场的散度、旋度和边值条件,就可以唯一确定这个矢量场,因此用微分方程求静电场分布时还需要知道静电场的边值条件。

2. 性质

静电场的电场强度是有散、无旋的矢量场,静电荷是其通量源。电力线从正电荷出发,终止于负电荷。

静电场中的导体会处于静电平衡状态。该状态下,导体内电场为零,导体为等位体,其表面是等位面。净电荷只分布在导体表面上,电力线都与导体表面垂直。

静电场中的介质被静电场极化,介质表面、介质内会出现束缚电荷分布,介质内外的静电场是自由电荷和束缚电荷产生的静电场的叠加场。

与静电场不同,恒定电场是由电荷分布不随时间变化的运动电荷产生的,运动电荷是其散度源。恒定电场的场方程为

$$\begin{cases}\nabla\cdot\boldsymbol{D}=\rho\\ \nabla\times\boldsymbol{E}=0\end{cases} \tag{2-54}$$

上式表明,恒定电场的基本性质与静电场类似,也是一种保守场,电场强度沿任一闭合曲线的线积分恒等于零。

2.3 静磁场

2.3.1 真空中的静磁场

1. 安培定律

恒定电流、永久磁石产生的磁场都是静磁场。静磁场理论以安培定律及其推论为基

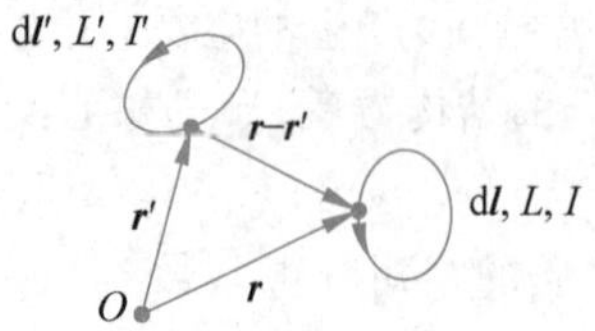

图 2-19　环路电流相互作用力示意图

础。法国物理学家安培于 1820 年总结出描述真空中两个恒定电流之间作用力的安培定律，表述如下：设真空中有两个静止的细导线闭合回路 L 和 L'，分别载有不随时间变化的恒定电流 I 和 I'，如图 2-19 所示，电流回路 L 受电流回路 L' 的作用力为

$$\boldsymbol{F}_{L'\to L}=\frac{\mu_0}{4\pi}\oint_L\oint_{L'}\frac{I\mathrm{d}\boldsymbol{l}\times[I'\mathrm{d}\boldsymbol{l}'\times(\boldsymbol{r}-\boldsymbol{r}')]}{|\boldsymbol{r}-\boldsymbol{r}'|^3}\tag{2-55}$$

式中：$I\mathrm{d}\boldsymbol{l}$、$I'\mathrm{d}\boldsymbol{l}'$ 分别为 L 上点 $\boldsymbol{r}$ 处和 L' 上 $\boldsymbol{r}'$ 点处的电流元，电流元与电流同方向；μ_0 为真空中的磁导率，$\mu_0=4\pi\times10^{-7}\,\mathrm{H/m}$。

2. *磁场、磁感应强度和毕奥-萨伐尔定律*

根据经典电磁理论，恒定电流之间的相互作用力是一个电流回路产生的磁场对另一个电流回路的作用力，磁场作为一种物质充满了电流周围的空间。静止的恒定电流产生的磁场不随时间变化，称为静磁场。

磁场的大小、方向用磁感应强度矢量来表示。将式(2-55)改写为

$$\boldsymbol{F}_{L'\to L}=\oint_L I\mathrm{d}\boldsymbol{l}\times\left[\frac{\mu_0}{4\pi}\oint_{L'}\frac{I'\mathrm{d}\boldsymbol{l}'\times(\boldsymbol{r}-\boldsymbol{r}')}{|\boldsymbol{r}-\boldsymbol{r}'|^3}\right]=\oint_L I\mathrm{d}\boldsymbol{l}\times\boldsymbol{B}(\boldsymbol{r})\tag{2-56}$$

式中

$$\boldsymbol{B}(\boldsymbol{r})=\frac{\mu_0}{4\pi}\oint_{L'}\frac{I'\mathrm{d}\boldsymbol{l}'\times(\boldsymbol{r}-\boldsymbol{r}')}{|\boldsymbol{r}-\boldsymbol{r}'|^3}\tag{2-57a}$$

由式(2-56)可知，点 $\boldsymbol{r}$ 处的电流元 $I\mathrm{d}\boldsymbol{l}$ 所受的作用力由 $I\mathrm{d}\boldsymbol{l}\times\boldsymbol{B}(\boldsymbol{r})$ 表示，如图 2-20 所示。$\boldsymbol{B}(\boldsymbol{r})$ 是由施力回路 L' 产生的一种物理量，与受力回路无关，它分布在施力回路周围，取决于受力回路的受力大小和方向。将该物理量 $\boldsymbol{B}(\boldsymbol{r})$ 定义为载流回路 L' 在点 $\boldsymbol{r}$ 处产生的磁感应强度，单位为特斯拉(T)或韦伯/米^2($\mathrm{Wb/m^2}$)。式(2-57a)给出电流回路产生的磁感应强度的表示式，称为毕奥-萨伐尔定律。

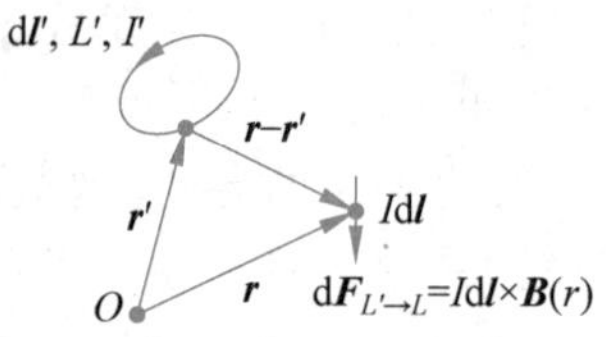

图 2-20　环路电流对电流元的相互作用力示意图

类似地，电流面 S'、电流体 V' 在点 $\boldsymbol{r}$ 处产生的 $\boldsymbol{B}(\boldsymbol{r})$ 分别为

$$\boldsymbol{B}(\boldsymbol{r})=\frac{\mu_0}{4\pi}\iint_{S'}\frac{\boldsymbol{J}_s(\boldsymbol{r}')\times(\boldsymbol{r}-\boldsymbol{r}')}{|\boldsymbol{r}-\boldsymbol{r}'|^3}\mathrm{d}s'\tag{2-57b}$$

$$\boldsymbol{B}(\boldsymbol{r})=\frac{\mu_0}{4\pi}\iiint_{V'}\frac{\boldsymbol{J}(\boldsymbol{r}')\times(\boldsymbol{r}-\boldsymbol{r}')}{|\boldsymbol{r}-\boldsymbol{r}'|^3}\mathrm{d}v'\tag{2-57c}$$

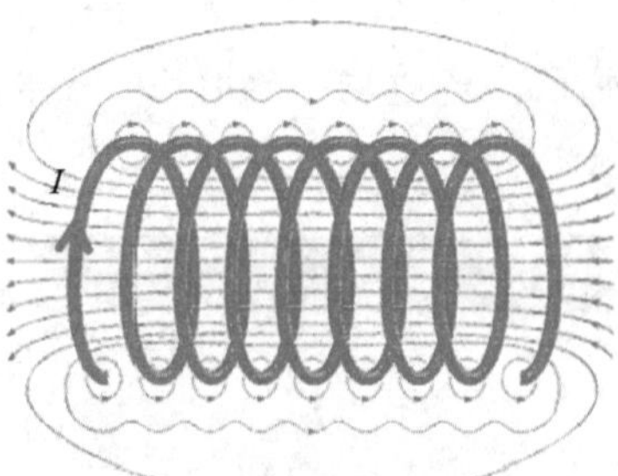

图 2-21　螺线电流产生的磁力线

磁感应强度 $\boldsymbol{B}$ 的矢量线称为磁场线或磁力线，是绕恒定电流的闭合回路，其方向与电流方向呈右手螺旋关系。因恒定电流总存在于闭合回路中，故磁力线与恒定电流形成相互交链的关系。图 2-21 描绘出载有电流的螺线管附近的磁场，体现了磁力线与电流相互交链的关系。

3. 静磁场的高斯定理

为研究磁感应强度的性质,须对其表示式进行适当的改写。将矢量恒等式(1-31h)代入式(2-57a),可得

$$\boldsymbol{B}(\boldsymbol{r})=-\frac{\mu_0}{4\pi}\oint_{L'} I'\mathrm{d}\boldsymbol{l}'\times\nabla\frac{1}{|\boldsymbol{r}-\boldsymbol{r}'|} \tag{2-58}$$

由式(1-45d)可知

$$\nabla\times\frac{I'\mathrm{d}\boldsymbol{l}'}{|\boldsymbol{r}-\boldsymbol{r}'|}=\frac{1}{|\boldsymbol{r}-\boldsymbol{r}'|}\nabla\times I'\mathrm{d}\boldsymbol{l}'-I'\mathrm{d}\boldsymbol{l}'\times\nabla\frac{1}{|\boldsymbol{r}-\boldsymbol{r}'|} \tag{2-59}$$

由于算子∇对场点坐标(x,y,z)进行微分,而$I'\mathrm{d}\boldsymbol{l}'$仅是源点坐标$(x',y',z')$的函数,故必有$\nabla\times I'\mathrm{d}\boldsymbol{l}'=0$,式(2-59)可化简为

$$\nabla\times\frac{I'\mathrm{d}\boldsymbol{l}'}{|\boldsymbol{r}-\boldsymbol{r}'|}=-I'\mathrm{d}\boldsymbol{l}'\times\nabla\frac{1}{|\boldsymbol{r}-\boldsymbol{r}'|} \tag{2-60}$$

将式(2-60)代入式(2-58),可得

$$\boldsymbol{B}(\boldsymbol{r})=\frac{\mu_0}{4\pi}\oint_{L'}\nabla\times\frac{I'\mathrm{d}\boldsymbol{l}'}{|\boldsymbol{r}-\boldsymbol{r}'|}=\nabla\times\left(\frac{\mu_0}{4\pi}\oint_{L'}\frac{I'\mathrm{d}\boldsymbol{l}'}{|\boldsymbol{r}-\boldsymbol{r}'|}\right) \tag{2-61a}$$

上式中算子∇对坐标(x,y,z)进行微分,积分号对坐标(x',y',z')进行积分,互不影响,因此可将∇与积分号交换次序,上式第二个等号成立。

经过类似的数学推导,式(2-57b)、式(2-57c)也可写为

$$\boldsymbol{B}(\boldsymbol{r})=\nabla\times\left(\frac{\mu_0}{4\pi}\iint_{S'}\frac{\boldsymbol{J}_s(\boldsymbol{r}')}{|\boldsymbol{r}-\boldsymbol{r}'|}\mathrm{d}s'\right) \tag{2-61b}$$

$$\boldsymbol{B}(\boldsymbol{r})=\nabla\times\left(\frac{\mu_0}{4\pi}\iiint_{V'}\frac{\boldsymbol{J}(\boldsymbol{r}')}{|\boldsymbol{r}-\boldsymbol{r}'|}\mathrm{d}v'\right) \tag{2-61c}$$

由式(2-61)可知,磁感应强度$\boldsymbol{B}(\boldsymbol{r})$总可以写成一个矢量函数$\boldsymbol{A}(\boldsymbol{r})$的旋度,即

$$\boldsymbol{B}(\boldsymbol{r})=\nabla\times\boldsymbol{A}(\boldsymbol{r}) \tag{2-62}$$

对上式等号两边求散度,依据式(1-45g),可知

$$\nabla\cdot\boldsymbol{B}(\boldsymbol{r})=\nabla\cdot(\nabla\times\boldsymbol{A}(\boldsymbol{r}))\equiv 0 \tag{2-63}$$

此式说明磁感应强度的散度恒等于零,是无散场,没有通量源,这就是静磁场的高斯定理。

为导出静磁场高斯定理的积分形式,可先求$\nabla\cdot\boldsymbol{B}(\boldsymbol{r})$在任意体积$V$上的体积分,必然有

$$\iiint_V[\nabla\cdot\boldsymbol{B}(\boldsymbol{r})]\mathrm{d}v=0 \tag{2-64}$$

由散度定理可知

$$\iiint_V[\nabla\cdot\boldsymbol{B}(\boldsymbol{r})]\mathrm{d}v=\oint\!\!\!\oint_S\boldsymbol{B}(\boldsymbol{r})\cdot\mathrm{d}\boldsymbol{s}$$

将上式代入式(2-64),可得

$$\oint\!\!\!\oint_S\boldsymbol{B}(\boldsymbol{r})\cdot\mathrm{d}\boldsymbol{s}=0 \tag{2-65}$$

这就是静磁场高斯定理的积分形式。它说明静磁场磁感应强度在任意闭曲面上的通量等于零，磁力线是连续闭曲线。因此，静磁场高斯定理也称为磁通连续性定理。

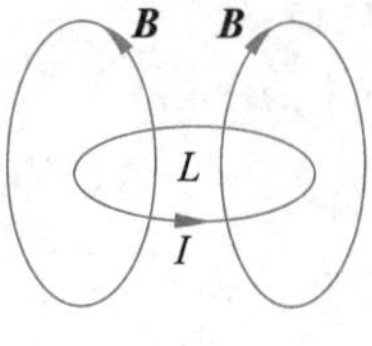

图 2-22　磁力线与电流源相互交链

4. 安培环路定律

静磁场的磁力线是闭合曲线，与静磁场的源——恒定电流相互交链，如图 2-22 所示。因此，恒定电流是静磁场的旋涡源。这个结论可以从数学上加以证明。对式(2-57c)两边求旋度，经过一系列复杂的数学推导，可得

$$\nabla\times\boldsymbol{B}(\boldsymbol{r})=\mu_0\boldsymbol{J}(\boldsymbol{r}) \tag{2-66}$$

此式表明静磁场磁感应强度的旋度等于电流密度与真空磁导率 μ_0 之积，恒定电流是静磁场的旋涡源，静磁场是有旋场。这就是真空中静磁场的安培环路定律。

将式(2-66)两边在任意曲面 S 上求通量，可得

$$\iint_S[\nabla\times\boldsymbol{B}(\boldsymbol{r})]\cdot\mathrm{d}\boldsymbol{s}=\mu_0\iint_S\boldsymbol{J}(\boldsymbol{r})\cdot\mathrm{d}\boldsymbol{s}=\mu_0 I \tag{2-67}$$

式中：I 为穿过 S 面的净电流，$I=\iint_S\boldsymbol{J}(\boldsymbol{r})\cdot\mathrm{d}\boldsymbol{s}$。

依据旋度定理，有

$$\iint_S[\nabla\times\boldsymbol{B}(\boldsymbol{r})]\cdot\mathrm{d}\boldsymbol{s}=\oint_L\boldsymbol{B}(\boldsymbol{r})\cdot\mathrm{d}\boldsymbol{l}$$

将上式代入式(2-67)，可得

$$\oint_L\boldsymbol{B}(\boldsymbol{r})\cdot\mathrm{d}\boldsymbol{l}=\mu_0 I \tag{2-68}$$

曲线 L 是曲面 S 的边界，I 就是与 L 相交链的净电流。上式表明，真空静磁场的磁感应强度在任意闭曲线 L 上的环量等于与 L 相交链的净电流强度与 μ_0 的乘积。这是真空中静磁场的安培环路定律的积分形式。

【例 2-3】 在半径为 a 的无限长直圆柱中，电流 I 均匀分布且沿轴线方向流动，求空间任意点的磁感应强度 $\boldsymbol{B}$。

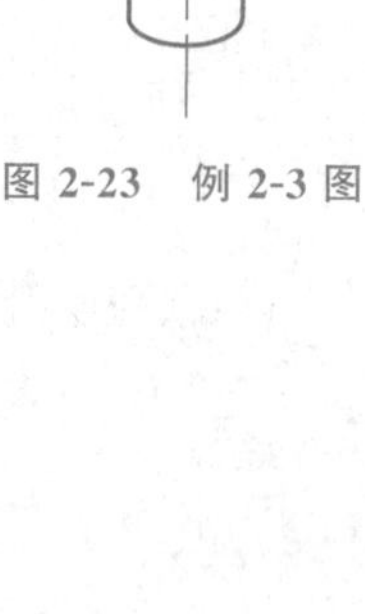

图 2-23　例 2-3 图

解：建立圆柱坐标系如图 2-23 所示。由于电流分布关于 z 轴对称并与坐标 z、ϕ 无关，它产生的 $\boldsymbol{B}$ 也关于 z 轴对称分布并与 z、ϕ 无关。磁力线是与电流相铰链的闭曲线，因此空间任意点的 $\boldsymbol{B}$ 只有 $\hat{\boldsymbol{\phi}}$ 分量，即 $\boldsymbol{B}=B_\phi(\rho)\hat{\boldsymbol{\phi}}$。在以 z 轴为中轴、半径为 ρ 的圆环形闭曲线 L 上，有向线元 $\mathrm{d}\boldsymbol{l}=\hat{\boldsymbol{\phi}}\mathrm{d}l$，在此曲线上处处有 $\boldsymbol{B}/\!/\mathrm{d}\boldsymbol{l}$ 且 B_ϕ 为常数，因此在该闭曲线 L 上 $\boldsymbol{B}$ 的环量为

$$\oint_L\boldsymbol{B}\cdot\mathrm{d}\boldsymbol{l}=\oint_L B_\phi(\rho)\mathrm{d}l=B_\phi(\rho)\oint_L\mathrm{d}l=B_\phi(\rho)2\pi\rho$$

与该闭曲线 L 相交链的电流(即穿过闭曲线 L 的电流)为

$$I_R=\begin{cases}I\dfrac{\pi\rho^2}{\pi a^2}, & \rho\leqslant a\\ I, & \rho>a\end{cases}$$

将上两式代入式(2-68)，可得

$$B_\phi(\rho)2\pi\rho=\begin{cases}\mu_0 I\dfrac{\rho^2}{a^2}, & \rho\leqslant a\\ \mu_0 I, & \rho>a\end{cases}$$

由该式求出 $B_\phi(\rho)$，代入 $\boldsymbol{B}=B_\phi(\rho)\hat{\boldsymbol{\phi}}$，可得

$$\boldsymbol{B}=B_\phi(\rho)\hat{\boldsymbol{\phi}}=\begin{cases}\dfrac{\mu_0 I\rho}{2\pi a^2}\hat{\boldsymbol{\phi}}, & \rho\leqslant a\\ \dfrac{\mu_0 I}{2\pi\rho}\hat{\boldsymbol{\phi}}, & \rho>a\end{cases}$$

2.3.2 静磁场的磁矢位

由式(2-62)可知，恒定电流产生的磁感应强度 $\boldsymbol{B}(\boldsymbol{r})$ 可以写为矢量函数 $\boldsymbol{A}(\boldsymbol{r})$ 的旋度。定义矢量函数 $\boldsymbol{A}(\boldsymbol{r})$ 为静磁场的磁矢位，单位为韦伯/米(Wb/m)。

比较式(2-62)与式(2-61)，得到电流线 L'、电流面 S'、电流体 V' 产生的磁矢位分别为

$$\boldsymbol{A}(\boldsymbol{r})=\frac{\mu_0}{4\pi}\oint_{L'}\frac{I\mathrm{d}\boldsymbol{l}'}{|\boldsymbol{r}-\boldsymbol{r}'|} \tag{2-69a}$$

$$\boldsymbol{A}(\boldsymbol{r})=\frac{\mu_0}{4\pi}\iint_{S'}\frac{\boldsymbol{J}_s(\boldsymbol{r})}{|\boldsymbol{r}-\boldsymbol{r}'|}\mathrm{d}s' \tag{2-69b}$$

$$\boldsymbol{A}(\boldsymbol{r})=\frac{\mu_0}{4\pi}\iiint_{V'}\frac{\boldsymbol{J}(\boldsymbol{r})}{|\boldsymbol{r}-\boldsymbol{r}'|}\mathrm{d}v' \tag{2-69c}$$

磁矢位本身没有明确的物理意义，在磁场中引入磁矢位可以简化磁场问题的分析、计算。式(2-69)中的被积函数比求磁感应强度的表示式(2-57)中的被积函数简单，因此先求出 $\boldsymbol{A}$ 再应用 $\boldsymbol{B}(\boldsymbol{r})=\nabla\times\boldsymbol{A}(\boldsymbol{r})$ 求 $\boldsymbol{B}$ 往往比直接求 $\boldsymbol{B}$ 更简单。

2.3.3 静磁场中的媒质

1. 媒质的磁化

媒质分子(或原子)内的电子绕原子核做轨道运动和自旋运动、原子核也有自旋运动，每个带电粒子的运动都形成了分子中的微观电流。有些媒质分子中的微观电流相互抵消，对外表现出来的分子电流为零，这种媒质称为抗磁质，如 Cu、Pb、Ag、H_2O、N_2 等；有些媒质分子中的微观电流没有完全相互抵消，对外表现出来的分子电流不等于零，这种媒质称为顺磁质，如 O_2、N_2O、Na、Al 等。顺磁质的分子电流可以用分子磁矩 $\boldsymbol{m}=I\boldsymbol{S}$ 来描述，$\boldsymbol{S}=\iint_{S'}\mathrm{d}\boldsymbol{s}'$，$S'$ 为该分子电流所张的任意曲面；顺磁质的分子磁矩称为其固有磁矩。除抗磁质、顺磁质之外，还有一类性能特异、用途广泛的媒质，如 Fe、Co、Ni 等，称为铁磁质。铁磁质与磁场的相互作用机理比较复杂，本书中不讨论。

媒质置于外加静磁场 $\boldsymbol{B}_0$ 中，若媒质是抗磁质，静磁场会改变抗磁质分子中电子的运动状态，则在分子中产生一个与外加静磁场方向相反的感应磁矩，如图 2-24(a)所示；若

媒质是顺磁质，则其中原来因热振动杂乱排列的各个分子固有磁矩在磁场力作用下都会发生旋转，转到与 $\boldsymbol{B}_0$ 大致相同的方向，如图 2-24(b)所示。必须说明，静磁场也会使顺磁质分子产生感应磁矩，但比其固有磁矩小几个数量级，可以忽略不计。虽然媒质的各个分子还在热振动，分子磁矩的方向不可能完全一致，但是其排列比没有磁场作用时更有规律、更整齐，而且外加静磁场 $\boldsymbol{B}_0$ 越强，感应磁矩越强，各个分子磁矩排列越整齐。这种“外加静磁场使媒质中的分子磁矩整齐排列”的物理现象称为静磁场对媒质的磁化。

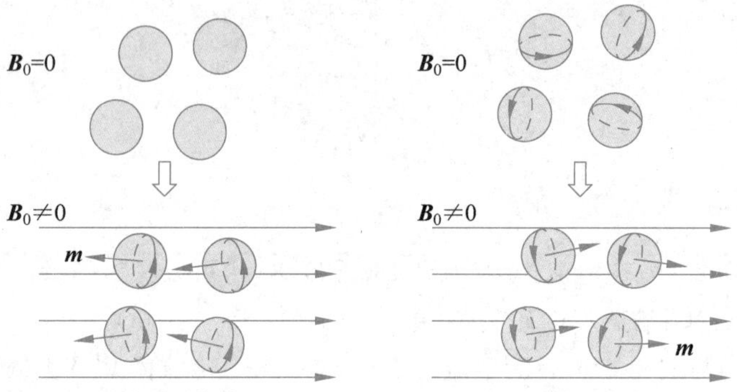

(a) 抗磁质的磁化　(b) 顺磁质的磁化

图 2-24　媒质分子的磁化

2. 束缚电流

媒质被磁化之后，分子磁矩指向基本相同，分子电流的方向也基本相同。在平行于分子磁矩的媒质表面，将这些方向相同的分子电流一段一段连接起来看，总效果相当于在媒质表面有一层面电流流过，如图 2-25(a)所示。但这种面电流是由束缚在分子内部的电荷移动形成的，称为束缚面电流。若媒质不均匀或外加静磁场不均匀，媒质的局部区域中还可能出现非零的束缚体电流，如图 2-25(b)虚线所围区域中就有向下的束缚体电流。束缚电流又称为磁化电流。

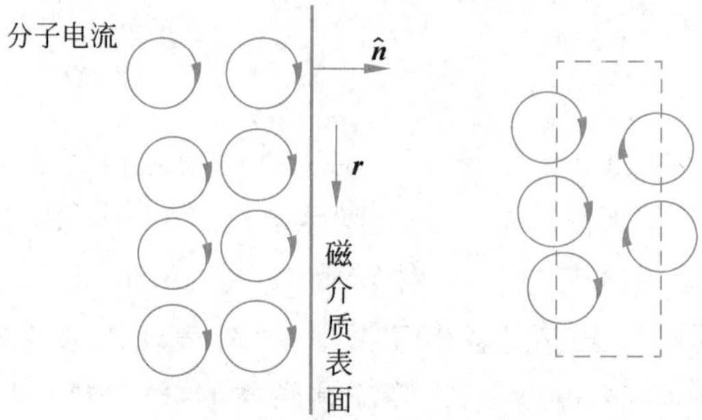

(a) 束缚面电流　(b) 束缚体电流

图 2-25　被磁化媒质上的束缚电流

3. 磁化强度

当媒质未被外加静磁场磁化时，若是抗磁质，则分子固有磁矩均等于零；若是顺磁质，则分子固有磁矩均因热振动而杂乱排列。因此，在未磁化媒质中任取一个宏观小区

域 ΔV，其中所有分子磁矩 $\boldsymbol{m}$ 叠加起来应当等于零，即 $\sum \boldsymbol{m}=0$。当媒质被外加静磁场磁化后，不论是抗磁质还是顺磁质，分子磁矩基本上都平行于磁场方向排列，宏观小区域 ΔV 中所有分子磁矩的叠加 $\sum \boldsymbol{m} \neq 0$。且外加磁场越大，分子磁矩排列越整齐，$\sum \boldsymbol{m}$ 就越大；反之，$\sum \boldsymbol{m}$ 越小。因此，可以利用 $\sum \boldsymbol{m}$ 来衡量媒质的磁化程度，定义介质中 $\boldsymbol{r}$ 点处单位体积内的 $\sum \boldsymbol{m}$ 为磁化强度矢量，记为 $\boldsymbol{M}(\boldsymbol{r})$，定义式为

$$\boldsymbol{M}(\boldsymbol{r})=\lim_{\Delta V \to 0} \frac{\sum \boldsymbol{m}}{\Delta V} (\mathrm{A/m}) \tag{2-70}$$

被磁化媒质上的束缚面电流密度 $\boldsymbol{J}_{\mathrm{sm}}$、束缚体电流密度 $\boldsymbol{J}_{\mathrm{m}}$ 均随磁化程度的不同而变化，二者必与 $\boldsymbol{M}(\boldsymbol{r})$ 有关，它们之间的定量关系为

$$\boldsymbol{J}_{\mathrm{sm}}(\boldsymbol{r})=\boldsymbol{M}(\boldsymbol{r}) \times \hat{\boldsymbol{n}} \tag{2-71}$$

式中：$\hat{\boldsymbol{n}}$ 为媒质表面外法向单位矢量。

$$\boldsymbol{J}_{\mathrm{m}}(\boldsymbol{r})=\nabla \times \boldsymbol{M}(\boldsymbol{r}) \tag{2-72}$$

束缚面电流和束缚体电流会在媒质内外产生磁场 $\boldsymbol{B}'$，该磁场反过来又影响媒质的磁化，因此媒质的磁化程度最终取决于外加磁场 $\boldsymbol{B}_0$ 与 $\boldsymbol{B}'$ 的和——总磁场 $\boldsymbol{B}=\boldsymbol{B}_0+\boldsymbol{B}'$。由图 2-24 可知，在抗磁质内部 $\boldsymbol{B}'$ 与 $\boldsymbol{B}_0$ 反向，故抗磁质内部 $|\boldsymbol{B}|$ 总是小于 $|\boldsymbol{B}_0|$，这也是抗磁质名称的来历；在顺磁质内部 $\boldsymbol{B}'$ 与 $\boldsymbol{B}_0$ 同向，故顺磁质内部 $|\boldsymbol{B}|$ 总是大于 $|\boldsymbol{B}_0|$，这也是顺磁质名称的来历。

4. *磁场强度矢量和媒质中的安培环路定律*

真空中静磁场安培环路定律微分形式为 $\nabla \times \boldsymbol{B}(\boldsymbol{r})=\mu_0 \boldsymbol{J}(\boldsymbol{r})$，其中 $\boldsymbol{J}(\boldsymbol{r})$ 为自由电荷流动形成的自由电流密度。被磁化媒质上的束缚电流与自由电流一样会产生磁场，也是磁场的旋涡源。因此，存在媒质情况下，安培环路定律中的旋涡源应包括自由电流密度 $\boldsymbol{J}(\boldsymbol{r})$ 和束缚电流密度 $\boldsymbol{J}_{\mathrm{m}}(\boldsymbol{r})$，其微分形式表示为

$$\nabla \times \boldsymbol{B}(\boldsymbol{r})=\mu_0 [\boldsymbol{J}(\boldsymbol{r})+\boldsymbol{J}_{\mathrm{m}}(\boldsymbol{r})] \tag{2-73}$$

将 $\boldsymbol{J}_{\mathrm{m}}(\boldsymbol{r})=\nabla \times \boldsymbol{M}(\boldsymbol{r})$ 代入式(2-73)，移项整理可得

$$\nabla \times \left[\frac{\boldsymbol{B}(\boldsymbol{r})}{\mu_0}-\boldsymbol{M}(\boldsymbol{r})\right]=\boldsymbol{J}(\boldsymbol{r}) \tag{2-74}$$

为避免求磁化强度 $\boldsymbol{M}(\boldsymbol{r})$ 所带来的困难并使上述方程更简洁，引入磁场强度矢量 $\boldsymbol{H}$，定义为

$$\boldsymbol{H}(\boldsymbol{r})=\boldsymbol{B}(\boldsymbol{r})/\mu_0-\boldsymbol{M}(\boldsymbol{r})(\mathrm{A/m}) \tag{2-75}$$

于是，式(2-74)可写为

$$\nabla \times \boldsymbol{H}(\boldsymbol{r})=\boldsymbol{J}(\boldsymbol{r}) \tag{2-76}$$

上式就是媒质情况下静磁场安培环路定律的微分形式，也就是一般情况下的安培环路定律。可见磁场强度矢量 $\boldsymbol{H}(\boldsymbol{r})$ 只与自由电流密度 $\boldsymbol{J}(\boldsymbol{r})$ 有关，与束缚电流密度 $\boldsymbol{J}_{\mathrm{m}}(\boldsymbol{r})$ 无关。束缚电流密度一般难以求解、确定，引入磁场强度矢量之后，应用安培环路定律时只需要知道自由电流密度。

真空情况时不存在磁化电荷，$\boldsymbol{M}(\boldsymbol{r})=0$，因此，有

$$\boldsymbol{H}(\boldsymbol{r})=\boldsymbol{B}(\boldsymbol{r})/\mu_0$$

将上式代入式(2-76)可得

$$\nabla\times\boldsymbol{B}(\boldsymbol{r})=\mu_0\boldsymbol{J}(\boldsymbol{r})$$

就是式(2-66)给出的真空中静磁场的安培环路定律，它是一般情况下安培环路定律的真空特例。

应用旋度定理，可由式(2-76)可得媒质中安培环路定律的积分形式为

$$\oint_L\boldsymbol{H}(\boldsymbol{r})\cdot\mathrm{d}\boldsymbol{l}=\iint_S\boldsymbol{J}(\boldsymbol{r})\cdot\mathrm{d}\boldsymbol{s}=I \tag{2-77}$$

式中：I 为穿过闭曲线 L 的净自由电流。

5. 磁导率和媒质的结构方程

从对媒质磁化过程的描述可以看出，磁化强度 $\boldsymbol{M}$ 与总磁场 $\boldsymbol{H}$ 有密切关系，研究表明，两者关系为

$$\boldsymbol{M}(\boldsymbol{r})=\chi_m\boldsymbol{H}(\boldsymbol{r}) \tag{2-78}$$

式中：χ_m 为磁化率，是无量纲的数。χ_m 取决于媒质的组成结构，不同媒质有不同的 χ_m；同一种媒质中的密度变化也导致 χ_m 值变化；χ_m 还可能随 $\boldsymbol{H}$ 变化。一般通过实验来测定 χ_m。

将式(2-78)代入式(2-75)，可得

$$\begin{aligned}\boldsymbol{B}(\boldsymbol{r})&=\mu_0(\boldsymbol{H}(\boldsymbol{r})+\boldsymbol{M}(\boldsymbol{r}))\\&=\mu_0(1+\chi_m)\boldsymbol{H}(\boldsymbol{r})\\&=\mu_0\mu_r\boldsymbol{H}(\boldsymbol{r})=\mu\boldsymbol{H}(\boldsymbol{r})\end{aligned} \tag{2-79}$$

式中：μ 称为媒质的磁导率；μ_r 为相对磁导率，$\mu_r=\mu/\mu_0$，是无量纲的数。$\mu_r=1+\chi_m$，而 χ_m 由媒质的组成结构决定，故式(2-79)称为媒质的结构方程。

一般来说，媒质的相对磁导率 μ_r 是空间位置和 $\boldsymbol{H}$ 的函数。均匀媒质的 μ_r 不随空间位置变化，处处相等；线性媒质的 μ_r 不随 $\boldsymbol{H}$ 模值变化；各向同性媒质的 μ_r 是标量，$\boldsymbol{B}$ 与 $\boldsymbol{H}$ 方向相同。对于各向异性媒质，$\boldsymbol{B}$、$\boldsymbol{H}$ 方向不同，$\boldsymbol{B}$ 的每个分量都是 $\boldsymbol{H}$ 各分量的函数，其 μ_r 是张量。

顺磁质的 $\mu_r>1$，抗磁质的 $\mu_r<1$。不论是顺磁质还是抗磁质，其 μ_r 与 1 的差值一般很小，例如，Cu 的 μ_r 与 1 的差值为 0.94×10^{-5}，可见一般媒质的磁化效应很弱，因此认为这两类媒质的 $\mu_r\approx1$，$\mu\approx\mu_0$。Fe、Co、Ni 等铁磁质是一种特殊的顺磁质，其 μ_r 可以大到几千甚至几万，磁化效应比非铁磁质要强得多，往往可以被永久磁化。

6. 媒质情况下的磁通连续性定理

媒质情况下的静磁场 $\boldsymbol{B}$ 是自由电流和束缚电流产生的叠加静磁场。两种电流产生的静磁场性质相同，都是无散场，满足磁通连续性原理。因此媒质情况的静磁场 $\boldsymbol{B}$ 是无散场，满足磁通连续性原理，即

$$\begin{cases}\oiint_S\boldsymbol{B}(\boldsymbol{r})\cdot\mathrm{d}\boldsymbol{s}\equiv0\\\nabla\cdot\boldsymbol{B}(\boldsymbol{r})\equiv0\end{cases} \tag{2-80}$$

2.3.4 静磁场的能量

静磁场由恒定电流产生。任何形式的恒定电流分布都要经过从没有电流到某个最终电流分布的建立过程。在此过程中各回路的电流由零逐渐增大到最终的电流值，它们产生的磁场随时间变化，使得与回路相铰链的磁通量发生变化，在各回路中感应出阻止回路电流变化的感应电动势，因此各回路的电源必须克服感应电动势做功以维持回路电流的继续变化。假定电流没有热损耗，且电流系统建立过程足够缓慢，没有能量辐射的损失，则电源所做的功全部转化为磁场能量。当电流分布稳定之后，其磁场能量就等于该磁场建立过程中电源所做的总功，并且与建立这一电流系统的中间过程无关。

通过对电流系统建立过程中电源做功的定量分析，可以证明体电流分布系统具有的静磁场能量为

$$W_{\mathrm{m}}=\iiint_V \frac{1}{2}\boldsymbol{A}(\boldsymbol{r})\cdot\boldsymbol{J}(\boldsymbol{r})\mathrm{d}v \tag{2-81a}$$

类似地，面电流分布系统的磁场能量为

$$W_{\mathrm{m}}=\iint_S \frac{1}{2}\boldsymbol{A}(\boldsymbol{r})\cdot\boldsymbol{J}_s(\boldsymbol{r})\mathrm{d}s \tag{2-81b}$$

n 个线电流回路系统的静磁场能量为

$$W_{\mathrm{m}}=\sum_{i=1}^{n}\oint_{L_i} \frac{1}{2}\boldsymbol{A}_i(\boldsymbol{r})\cdot I_i\mathrm{d}\boldsymbol{l}_i \tag{2-81c}$$

式中：n 为电流回路的个数；I_i 为第 i 个电流回路的电流强度；$\boldsymbol{A}_i(\boldsymbol{r})$为所有回路电流在回路 L_i 上点 $\boldsymbol{r}$ 处产生的总磁矢位。

对式(2-81a)做进一步的数学推导，可将其转化成

$$W_{\mathrm{m}}=\iiint_V \frac{1}{2}\boldsymbol{B}(\boldsymbol{r})\cdot\boldsymbol{H}(\boldsymbol{r})\mathrm{d}v \tag{2-82}$$

这就是用场矢量 $\boldsymbol{B}$、$\boldsymbol{H}$ 计算区域 V 中的磁场能量的公式。式中积分区域 V 是静磁场存在的整个区域。被积函数 $\boldsymbol{B}(\boldsymbol{r})\cdot\boldsymbol{H}(\boldsymbol{r})/2$ 的物理概念为静磁场中单位体积内存储的磁场能量，称为静磁场的能量密度，且有

$$w_{\mathrm{m}}=\frac{1}{2}\boldsymbol{B}(\boldsymbol{r})\cdot\boldsymbol{H}(\boldsymbol{r})(\mathrm{J/m^3}) \tag{2-83}$$

2.3.5 静磁场的场方程

1. 场方程

研究了真空中的静磁场以及静磁场与媒质的相互作用之后，对它有了较全面的认识。静磁场是由不随时间变化的静止电流(包括自由电流和束缚电流)产生的磁场，用磁场强度矢量 $\boldsymbol{H}(\boldsymbol{r})$和磁感应强度矢量 $\boldsymbol{B}(\boldsymbol{r})$表示，二者的关系称为静磁场的结构方程，形式如下：

$$\boldsymbol{B}(\boldsymbol{r})=\mu\boldsymbol{H}(\boldsymbol{r})=\mu_0\mu_{\mathrm{r}}\boldsymbol{H}(\boldsymbol{r}) \tag{2-84}$$

式中：μ_0 为真空的磁导率，$\mu_0=4\pi\times10^{-7}\,\mathrm{H/m}$；$\mu_{\mathrm{r}}$ 为媒质的相对磁导率。

静磁场遵循磁通连续性定理和安培环路定律，均可以用积分方程和微分方程来表示，称为静磁场的场方程。

静磁场的积分方程为

$$\begin{cases}\oint_L \boldsymbol{H}(\boldsymbol{r})\cdot \mathrm{d}\boldsymbol{l}=\iint_S \boldsymbol{J}(\boldsymbol{r})\cdot \mathrm{d}\boldsymbol{s}=I \\ \oiint_S \boldsymbol{B}(\boldsymbol{r})\cdot \mathrm{d}\boldsymbol{s}=0\end{cases} \tag{2-85a}$$

静磁场的微分方程为

$$\begin{cases}\nabla\times \boldsymbol{H}(\boldsymbol{r})=\boldsymbol{J}(\boldsymbol{r}) \\ \nabla\cdot \boldsymbol{B}(\boldsymbol{r})=0\end{cases} \tag{2-85b}$$

式中：$\boldsymbol{J}(\boldsymbol{r})$为自由电流密度，它是静磁场磁场强度的旋涡源。

若$\boldsymbol{J}(\boldsymbol{r})$已知，由以上方程可以求解出静磁场的场量$\boldsymbol{B}(\boldsymbol{r})$、$\boldsymbol{H}(\boldsymbol{r})$。不过积分方程只能用来解一些源分布和空间结构对称的问题，如例 2-3。微分方程给出了磁场强度的散度和旋度，根据亥姆霍兹定理，给定矢量场的散度、旋度和边值条件，就可以唯一确定这个矢量场，因此用微分方程求静磁场分布时还需要知道静磁场的边值条件。

2. 性质

静磁场的磁场强度是有旋、无散的矢量场，恒定电流是其旋涡源。磁力线是与恒定电流相铰链的闭合曲线。

静磁场中的媒质被静磁场磁化，媒质表面、媒质内会出现束缚电流分布，媒质内外的静磁场是自由电流和束缚电流产生的静磁场的叠加场。

2.4 案例与实践

电场线是描述电场强度矢量在空间分布状态的一种矢量线。对于静态电场而言，电场线从正电荷处发出，终止于负电荷，电场线越密的地方代表电场强度越大。在 MATLAB 中可以借助第 1 章介绍的 quiver 函数来绘制电场线，也可以利用 streamline 函数来绘制流线，用以表征电场线。

案例 1：绘制无限长带电直导线的电场线和等位线。假设带电直导线沿 z 轴放置，电荷线密度为 1。

直角坐标系下，沿 z 轴放置的带电直导线在 xOy 平面内产生的电位函数可表示为

$$\varphi(x,y)=-\frac{\rho_l}{4\pi\varepsilon_0}\ln(x^2+y^2)$$

于是，空间电场可利用 $E=-\nabla\varphi$ 计算。在 MATLAB 中可直接借助 gradient 函数来计算电位函数的梯度数值解。无限长直导线周围的电场线及等位线如图 2-26 所示。

案例 2：绘制不等量异种电荷的电场线。假设两点电荷电量分别为$+3q$ 和$-q$，均位于 xOy 平面内，位置坐标分别为(1,0)和(−1,0)。

直角坐标系下，上述两个不等量异种电荷在 xOy 平面内产生的电位函数可表示为

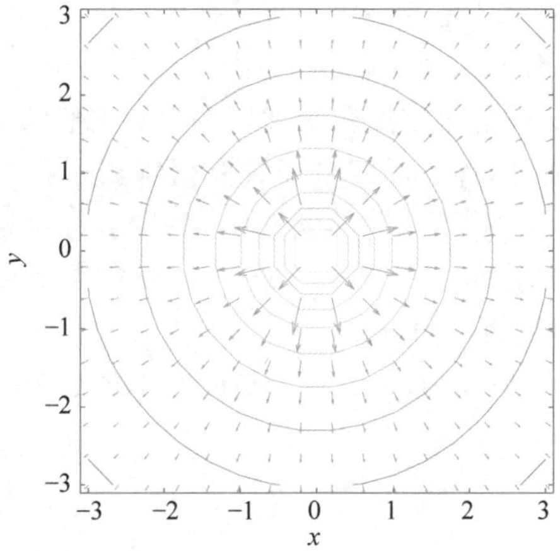

图 2-26 无限长直导线周围的电场线及等位线

$$\varphi(x,y)=\frac{q}{4\pi\varepsilon_0}\left(\frac{3}{\sqrt{(x-1)^2+y^2}}-\frac{1}{\sqrt{(x+1)^2+y^2}}\right)$$

于是,空间电场可利用 $E=-\nabla\varphi$ 计算。然后借助 gradient 函数计算电位函数的梯度数值解。利用 streamline 函数绘制了空间的电场线分布,如图 2-27 所示。通过图片底色的颜色深浅来表征空间电位分布情况可以看到,右边正电荷处的电位处于最大值,左边负电荷处的电位处于最小值。

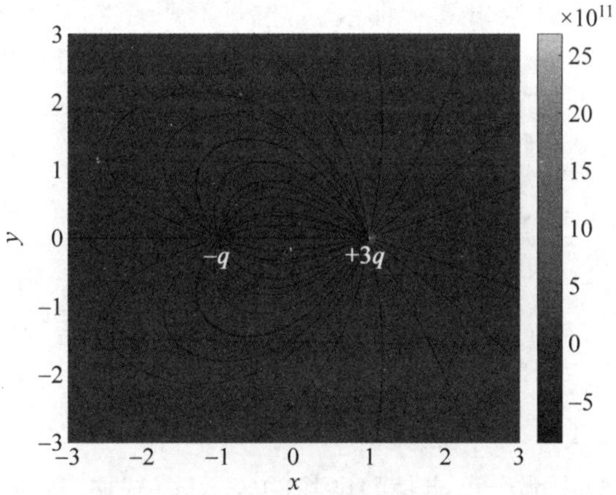

图 2-27 等量异种电荷电场线及电位分布图

彩图

思考题

2-1 什么是自由电荷,什么是束缚电荷,这两种电荷产生的电场有何异同?

2-2 导体中的传导电流密度受哪些因素影响,它与外加电场强度有什么关系?

2-3 恒定电流场是怎么产生的?它的源是什么?

2-4 传导、极化、磁化是描述媒质电磁特性的三个典型现象,与之相对应的媒质电磁特征参数结构方程是什么?

2-5　处于静电场中的导体是否一定是等位体？导体周围的电场有何特点？

2-6　简述电壁和磁壁的概念。

2-7　静电场和静磁场的能量密度分别如何表示？它们的能量来源于哪里？

2-8　静电场的源有哪些，静电场的电场线有何特点？静磁场的源有哪些，静磁场的磁力线有何特点？

2-9　简述静电场的标量位 φ 和静磁场的矢量位 $\boldsymbol{A}$ 是如何引入的，引入这两个位函数之后对于静态场问题的分析有何益处。

2-10　简述静电场和静磁场所满足的高斯定理和环路定律，及其物理意义。

练习题

2-1　三个点电荷 $q_1=4C$、$q_2=2C$、$q_3=2C$，分别放置于(0,0,0)、(0,1,1)、(0,−1,−1)三点上，求作用于(6,0,0)点处单位负电荷上的力。

2-2　长度为 L 的线上电荷密度为 ρ_l（ρ_l 为常数），计算该带电线的垂直平分线上任意点的电场强度 $\boldsymbol{E}$。

2-3　总电量为 Q 的电荷按以下方式分布在半径为 a 的球形区域：

(1) 均匀分布于 $r=a$ 的球面上；

(2) 均匀分布在 $r\leqslant a$ 的球体中；

(3) 以体电荷密度 $\rho(\boldsymbol{r})=\rho_0 r^2$ 分布于 $r\leqslant a$ 的球中。

计算球内、球外的 $\boldsymbol{E}$，并绘出 E-r 曲线。

2-4　两个无限长的 $r=a$ 和 $r=b(b>a)$ 的同轴圆轴表面分别带有面电荷密度 ρ_{S_1} 和 ρ_{S_2}，

(1) 计算各处的 E；

(2) 欲使 $r>b$ 处 $E=0$，则 ρ_{S_1} 和 ρ_{S_2} 应具有什么关系？

2-5　在球坐标系中，已知

$$E_r=\begin{cases} r^3+Ar^2, & 0<r\leqslant a \\ (a^5+Aa^4)/r^2, & r>a \end{cases}$$

式中：a、A 均为常数。求电荷分布。

2-6　分析下列函数中哪个可能是静电场的表示式（式中 A 为常数）：

(1) $\boldsymbol{E}=yz\hat{\boldsymbol{x}}+zx\hat{\boldsymbol{y}}+xy\hat{\boldsymbol{z}}$；

(2) $(1+A/\rho^2)\cos\phi\,\hat{\boldsymbol{\rho}}+(A/\rho^2-1)\sin\phi\,\hat{\boldsymbol{\phi}}$；

(3) $(2\cos\theta\hat{\boldsymbol{r}}+\sin\theta\hat{\boldsymbol{\theta}})/(4\pi\varepsilon_0 r^3)$。

2-7　长度为 L 的线上电荷密度为常数 ρ_l，(1)计算该线的垂直平分线上任意点的电位 Φ；(2)由库仑定理计算该垂直平分线上任意点的电场强度 $\boldsymbol{E}$，并用 $-\nabla\Phi$ 核对。

2-8　两根互相平行、距离为 d 的无限长带电细直线，其上电荷均匀分布。若其中一根的线电荷密度为 ρ_l，另一根的线电荷密度为 $-\rho_l$，求空间任意点的电位 Φ 和电场强度 $\boldsymbol{E}$。

2-9　一半径为 a、总电量为 Q 的导体球，其外包裹着一层厚度为 b、介电常数 $\varepsilon=2\varepsilon_0$ 的电介质球壳。求空间的电场强度、电位移矢量、电位以及介质球壳内外的极化电荷密度。

2-10　半径为 a 的导电圆环上电流为 I，求该导电圆环的中轴线上任意点处的磁感应强度 $\boldsymbol{B}$。

2-11　空间中有相距为 d 的两无限长平行直导线，其上电流分别为 I_1、I_2，且方向相同，求空间任意一点处的场矢量 $\boldsymbol{B}$。

2-12　内、外半径分别为 a、b 的无限长空心圆柱导体管中均匀分布着沿轴向流动的电流 I，求空间的磁场 $\boldsymbol{B}$；又当 $a\to b$、I 不变时，重求 $\boldsymbol{B}$。

2-13　相距为 d 的两根无限长平行导线上有大小相等、方向相反的电流 I，求空间的磁矢位 $\boldsymbol{A}$ 和磁感应强度 $\boldsymbol{B}$。

2-14　已知半径为 a 的圆柱形导体内的磁矢位 $\boldsymbol{A}=(-\mu_0 Ir^2/4\pi a^2)\hat{\boldsymbol{z}}$，求相应的 $\boldsymbol{B}$。

2-15　半径为 a 的球体内有均匀分布的电荷，其总电量为 Q，若该球以角速度 ω 绕其自身的一直径旋转，求球体内的体电流密度。

2-16　如题 2-16 图所示，半径为 2mm 的圆柱导线中电流密度为 $\boldsymbol{J}=15(1-\mathrm{e}^{-1000r})\hat{\boldsymbol{z}}(\mathrm{A/m^2})$，求电流 I。

2-17　如题 2-17 图所示，无限薄的导电面放置于 $z=0$ 平面内 $0<x<0.05\mathrm{m}$ 的区域中，流向 $\hat{\boldsymbol{y}}$ 方向的 25A 电流按正弦规律分布于该面内，在 $x=0$ 和 $x=0.05\mathrm{m}$ 处线电流密度为 0，在 $x=0.025\mathrm{m}$ 处为最大，求 $\boldsymbol{J}_s$ 的表达式。

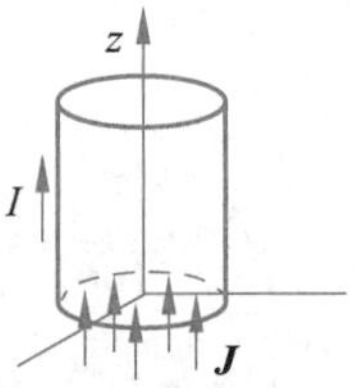

题 2-16 图

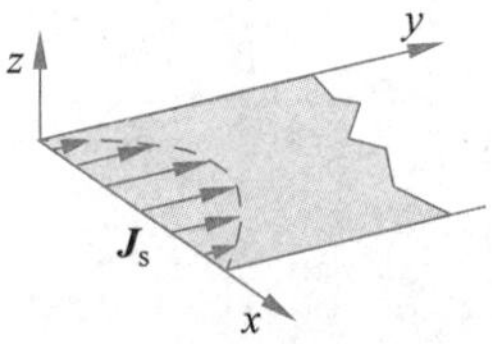

题 2-17 图

2-18　一根铜棒的横截尺寸为 20mm×80mm，长为 2.0m，两端电压为 50mV。已知铜的电导率为 $\sigma=5.7\times10^7\mathrm{S/m}$。试求：

(1) 铜棒的电阻；

(2) 电流 I；

(3) 电流密度；

(4) 棒内电场强度；

(5) 所消耗的功率；

(6) 1h 所消耗的能量。

第3章 时变电磁场

第 2 章讨论了静态电磁场的基本规律，归纳如下：

静电场的高斯定理：$\oint_S \boldsymbol{D} \cdot \mathrm{d}\boldsymbol{s} = \iiint_V \rho \mathrm{d}v$ 或 $\nabla \cdot \boldsymbol{D} = \rho$

静电场的环路定律：$\oint_L \boldsymbol{E} \cdot \mathrm{d}\boldsymbol{l} = 0$ 或 $\nabla \times \boldsymbol{E} = 0$

静磁场的磁通连续性原理：$\oint_S \boldsymbol{B} \cdot \mathrm{d}\boldsymbol{s} = 0$ 或 $\nabla \cdot \boldsymbol{B} = 0$

静磁场的安培环路定律：$\oint_L \boldsymbol{H} \cdot \mathrm{d}\boldsymbol{l} = \iint_S \boldsymbol{J} \cdot \mathrm{d}\boldsymbol{s}$ 或 $\nabla \times \boldsymbol{H} = \boldsymbol{J}$

反映媒质特性的结构方程：$\boldsymbol{D} = \varepsilon \boldsymbol{E}, \boldsymbol{B} = \mu \boldsymbol{H}, \boldsymbol{J} = \sigma \boldsymbol{E}$

实验和研究证明，以上方程只能反映静态电磁场的规律和性质，对于随时间变化的电磁场则存在缺陷，应加以修正和推广，而且上述方程没有体现出电场与磁场的相互关系。英国物理学家法拉第 1831 年发现了法拉第电磁感应定律，揭示了“变磁生电”的规律，开启了对电场、磁场相互作用的研究。之后，英国物理学家麦克斯韦总结前人的研究结论，加以自己创造性的思考，提出了位移电流的概念，证实了“变电生磁”的可能性，麦克斯韦还提出了涡旋电场的概念，使法拉第电磁感应定律更具普适性。麦克斯韦根据前人和自己的研究成果，总结出了全面、准确阐述电磁理论的初始麦克斯韦方程组，这组方程的确立标志着经典电磁理论的建立，它们揭示了电场与磁场的相互关系、变化电场和变化磁场的规律和性质。

本章主要内容是时变电磁场理论，先介绍麦克斯韦方程组，再以此为基础阐述时变电磁场的规律和性质，包括边界条件、辅助位函数、能量与能流密度、波动方程和波动性，最后研究一种具有代表性的时变电磁场——时谐电磁场。

3.1 麦克斯韦方程组

3.1.1 法拉第电磁感应定律与感应电场

法拉第电磁感应定律表述为：若穿过闭合导体回路 L 所张曲面的磁通量 $\Psi = \iint_S \boldsymbol{B} \cdot \mathrm{d}\boldsymbol{s}$ 发生变化，回路中会出现感应电动势 $\mathcal{E}$，如图 3-1(a)所示，且感应电动势与磁通量变化率的关系为

$$\mathcal{E} = -\frac{\mathrm{d}\Psi}{\mathrm{d}t} = \frac{\mathrm{d}}{\mathrm{d}t}\iint_S \boldsymbol{B} \cdot \mathrm{d}\boldsymbol{s} \tag{3-1}$$

感应电动势 $\mathcal{E}$ 引起的感应电流 I 力图阻止回路中磁通的变化。

法拉第电磁感应定律说明变化的磁场与电流之间存在密切关系，将磁现象与电现象联系起来。不过，法拉第电磁感应定律没有说明出现感应电动势的真正原因，以及当时变磁场附近不存在导体回路时会发生什么情况。

麦克斯韦在对电磁感应现象进行深入分析后，认识到导体中的电流必然由电场引起。他将这种由变化的磁场激励或者说感应出来的电场称为感应电场，记为 $\boldsymbol{E}_{\mathrm{in}}$。$\boldsymbol{E}_{\mathrm{in}}$ 在

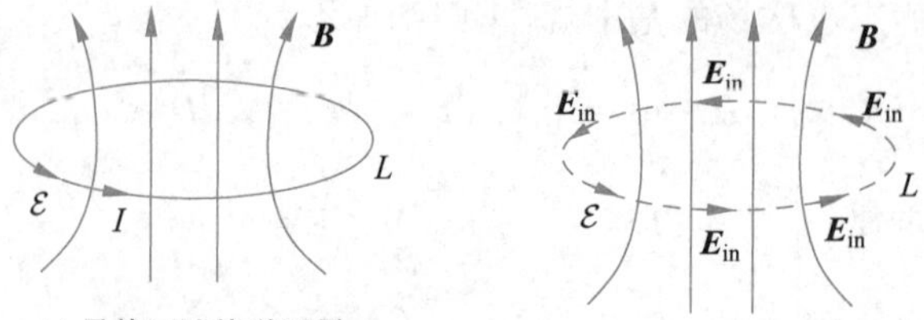

(a) 导体回路的磁通量与感应电动势$\mathcal{E}$、感应电流I

(b) 感应电场与感应电动势

图 3-1　法拉第电磁感应定律

闭合导体回路上的环量等于回路上的感应电动势$\mathcal{E}$。不论有、无导体回路，时变磁场都会激励起感应电场，如图 3-1(b)所示。因此，电磁感应现象的实质是时变磁场在周围空间激励起感应电场，如果该电场中有导体存在，就会在导体上引起感应电流。

根据以上分析，考虑仅有磁场随时间变化、闭合路径及其所张曲面均不随时间变化的情况，式(3-1)可写成

$$\oint_L \boldsymbol{E}_{\text{in}} \cdot d\boldsymbol{l} = -\frac{d\Psi}{dt} = -\frac{d}{dt}\iint_S \boldsymbol{B} \cdot d\boldsymbol{s} = -\iint_S \frac{\partial \boldsymbol{B}}{\partial t} \cdot d\boldsymbol{s} \tag{3-2}$$

式中：L 为任意闭合路径，不一定是导体回路；S 为 L 所张的任意曲面。

式(3-2)是法拉第电磁感应定律的积分形式。

依据旋度定理，有

$$\oint_L \boldsymbol{E}_{\text{in}} \cdot d\boldsymbol{l} = \iint_S (\nabla \times \boldsymbol{E}_{\text{in}}) \cdot d\boldsymbol{s}$$

将上式代入式(3-2)，可得

$$\iint_S (\nabla \times \boldsymbol{E}_{\text{in}}) \cdot d\boldsymbol{s} = -\iint_S \frac{\partial \boldsymbol{B}}{\partial t} \cdot d\boldsymbol{s}$$

要使上式对任意曲面 S 都成立，必定有

$$\nabla \times \boldsymbol{E}_{\text{in}} = -\frac{\partial \boldsymbol{B}}{\partial t} \tag{3-3}$$

这是法拉第电磁感应定律的微分形式。

式(3-3)说明，时变磁场是感应电场的旋涡源，感应电场是有旋场，也可称为涡旋电场。感应电场的电力线是闭合曲线，与其旋涡源——时变磁场的磁力线相交链。感应电场与静电场的激励源不同，性质也不同，但二者对电荷的作用力相同。

【例 3-1】　已知无源空间中感应电场强度 $\boldsymbol{E}=10^{-2}\sin(6.28\times10^9 t-20.9z)\hat{\boldsymbol{y}}$(V/m)，求磁感应强度。

解：$\dfrac{\partial \boldsymbol{B}}{\partial t}=-\nabla\times\boldsymbol{E}=\dfrac{\partial E_y}{\partial z}\hat{\boldsymbol{x}}=-20.9\times10^{-2}\cos(6.28\times10^9 t-20.9z)\hat{\boldsymbol{x}}$

认为静磁场 $\boldsymbol{B}_0$ 为零，则有

$$\boldsymbol{B}=\int\frac{\partial \boldsymbol{B}}{\partial t}dt=-3.33\times10^{-11}\sin(6.28\times10^9 t-20.9z)\hat{\boldsymbol{x}}\ (\text{T})$$

3.1.2 位移电流与全电流定律

第 2 章中得出的有关静态电磁场的结论和方程只适用于静态电磁场，在电磁场随时间变化的情况下，这些结论和方程会出现缺陷和矛盾，不再适用。

以静磁场的安培环路定律$\nabla\times\boldsymbol{H}=\boldsymbol{J}$为例，对其两边取散度，再依据式(1-45g)可得

$$\nabla\cdot\boldsymbol{J}=\nabla\cdot(\nabla\times\boldsymbol{H})\equiv 0 \tag{3-4}$$

然而，依据电流连续性方程有$\nabla\cdot\boldsymbol{J}=-\partial\rho/\partial t$，当电荷密度不恒定时有$\partial\rho/\partial t\neq 0$，因此$\nabla\cdot\boldsymbol{J}\neq 0$，与式(3-4)矛盾。这说明对于电荷密度随时间变化的情况，静磁场的安培环路定律不再适用。也就是说，静磁场的安培环路定律不再适用于时变场，必须加以修正。

考虑到电流连续性方程是依据电荷守恒定律推导出来的，本身不会有错误，因此仍然以电流连续性方程为依据来考虑如何修正静磁场的安培环路定律。电流连续性方程可以写成$\nabla\cdot\boldsymbol{J}+\partial\rho/\partial t\equiv 0$的形式，将电场的高斯定理$\rho=\nabla\cdot\boldsymbol{D}$(实践和研究证明电场的高斯定理适用于静态场和时变场)代入该式可得

$$\nabla\cdot\boldsymbol{J}+\frac{\partial(\nabla\cdot\boldsymbol{D})}{\partial t}=\nabla\cdot\left(\boldsymbol{J}+\frac{\partial\boldsymbol{D}}{\partial t}\right)\equiv 0 \tag{3-5}$$

比较式(3-4)和式(3-5)可知，若在安培环路定律$\nabla\times\boldsymbol{H}=\boldsymbol{J}$的右边加上一项$\partial\boldsymbol{D}/\partial t$作为修正的安培环路定律，即

$$\nabla\times\boldsymbol{H}=\boldsymbol{J}+\frac{\partial\boldsymbol{D}}{\partial t} \tag{3-6}$$

若对上式等号两边均取散度，则有

$$0\equiv\nabla\cdot(\nabla\times\boldsymbol{H})=\nabla\cdot\left(\boldsymbol{J}+\frac{\partial\boldsymbol{D}}{\partial t}\right)\equiv 0$$

依据场论中的恒等式，左边的恒等号始终成立；依据电流连续性方程和式(3-5)，右边的恒等号始终成立，不会像静磁场的安培环路定律那样出现矛盾。可见，增加$\partial\boldsymbol{D}/\partial t$项后，安培环路定律得以修正，适用于时变电磁场的情况，也适用于静态场的情况(此时$\partial\boldsymbol{D}/\partial t=0$，就是静态场的安培环路定律)。

式(3-6)中，$\partial\boldsymbol{D}/\partial t$项与电流密度$\boldsymbol{J}$等价，麦克斯韦认为它是由变化的电场引起的另一种电流密度，称为位移电流密度$\boldsymbol{J}_{\mathrm{d}}$，其对应的电流称为位移电流$i_{\mathrm{d}}$，它与普通电流一样也是磁场的旋涡源。这说明变化的电场也能激励磁场，这就是“变电生磁”的基本规律。应当注意，位移电流与普通电流不同，它不是实际带电粒子定向运动形成的，而是变化电场形成的一种等效电流，其激励磁场的作用与普通电流等效。位移电流是麦克斯韦引入的一个重要概念，它有助于人们理解“变化电场激励磁场”的原理和规律。

普通电流和位移电流一起称为全电流，$\boldsymbol{J}+\partial\boldsymbol{D}/\partial t$称为全电流密度矢量。由式(3-5)可知，全电流密度矢量的散度恒为零，其场是无散场，其矢量线为闭合曲线。这说明在带电粒子形成的电流中断之处必然有位移电流连续，形成闭合的电流线。这是因为在带电粒子形成的电流中断之处电量必然发生变化，会产生时变电场，也就出现了位移电流。

引入位移电流之后的修正的安培环路定律称为全电流定律，式(3-6)是其微分形式。依据旋度定理可推出全电流定律的积分形式为

$$\oint_L \boldsymbol{H} \cdot d\boldsymbol{l} = \iint_S \left(\boldsymbol{J} + \frac{\partial \boldsymbol{D}}{\partial t}\right) \cdot d\boldsymbol{s} \tag{3-7}$$

【例 3-2】 在无源空间中，磁场强度 $\boldsymbol{H} = H_0 \sin(\omega t - kz)\hat{\boldsymbol{y}}(\mathrm{A/m})$，$k$ 为常数。求位移电流密度和电位移矢量。

解：由于空间中无源，因此传导电流密度 $\boldsymbol{J}=0$，由全电流定律求出位移电流密度，即

$$\boldsymbol{J}_d = \nabla \times \boldsymbol{H} = -\frac{\partial H_y}{\partial z}\hat{\boldsymbol{x}} = kH_0 \cos(\omega t - kz)\hat{\boldsymbol{x}}(\mathrm{A/m^2})$$

将位移电流密度 $\boldsymbol{J}_d$ 对时间 t 积分，求出电位移矢量 $\boldsymbol{D}$（认为静态不变的 $\boldsymbol{D}_0$ 等于零），即

$$\boldsymbol{D} = \int \frac{\partial \boldsymbol{D}}{\partial t} dt = \int \boldsymbol{J}_d dt = \frac{k}{\omega} H_0 \sin(\omega t - kz)\hat{\boldsymbol{x}}(\mathrm{C/m^2})$$

3.1.3 麦克斯韦方程组的形式及意义

法拉第电磁感应定律和全电流定律适用于静态场、时变场，它们分别给出了电场、磁场的旋度，即场与旋涡源的关系。但对矢量场的研究还必须了解它的散度，即场与散度源的关系。第 2 章推导出了静电场、静磁场与各自散度源的关系，即高斯定理 $\nabla \cdot \boldsymbol{D} = \rho$，磁通连续性原理 $\nabla \cdot \boldsymbol{B} = 0$，在时变场情况下至今还没有发现与它们相矛盾的事实，因此它们也适用于时变场。

高斯定理、磁通连续性原理与法拉第电磁感应定律、全电流定律一起构成宏观电磁场的基本定律，其数学形式就是电磁场的场方程，称为麦克斯韦方程组。其微分形式为

全电流定律：
$$\nabla \times \boldsymbol{H}(\boldsymbol{r},t) = \boldsymbol{J}(\boldsymbol{r},t) + \frac{\partial \boldsymbol{D}(\boldsymbol{r},t)}{\partial t} \tag{3-8a}$$

法拉第电磁感应定律：
$$\nabla \times \boldsymbol{E}(\boldsymbol{r},t) = -\frac{\partial \boldsymbol{B}(\boldsymbol{r},t)}{\partial t} \tag{3-8b}$$

磁通连续性定律：
$$\nabla \cdot \boldsymbol{B}(\boldsymbol{r},t) = 0 \tag{3-8c}$$

高斯定理：
$$\nabla \cdot \boldsymbol{D}(\boldsymbol{r},t) = \rho(\boldsymbol{r},t) \tag{3-8d}$$

积分形式的麦克斯韦方程组为

全电流定律：
$$\oint_L \boldsymbol{H}(\boldsymbol{r},t) \cdot d\boldsymbol{l} = \iint_S \left(\boldsymbol{J}(\boldsymbol{r},t) + \frac{\partial \boldsymbol{D}(\boldsymbol{r},t)}{\partial t}\right) \cdot d\boldsymbol{s} \tag{3-9a}$$

法拉第电磁感应定律：
$$\oint_L \boldsymbol{E}(\boldsymbol{r},t) \cdot d\boldsymbol{l} = \iint_S -\frac{\partial \boldsymbol{B}(\boldsymbol{r},t)}{\partial t} \cdot d\boldsymbol{s} \tag{3-9b}$$

磁通连续性定律：
$$\oiint_S \boldsymbol{B}(\boldsymbol{r},t) \cdot d\boldsymbol{s} = 0 \tag{3-9c}$$

高斯定理：
$$\oiint_S \boldsymbol{D}(\boldsymbol{r},t) \cdot d\boldsymbol{s} = \iiint_V \rho(\boldsymbol{r},t) dv \tag{3-9d}$$

这些场方程同样也适用于静态电磁场的情况，此时方程中所有对时间求导的项均等于零，方程组(3-8)和(3-9)变成与静态电磁场方程组相同的形式。

麦克斯韦方程组揭示了电磁场的各个场矢量与场源的关系，只要知道了这些关系就可以从场源求出电磁场分布。同时，依据场论知识也可以由麦克斯韦方程组得知电场、磁场的性质。由麦克斯韦方程组可以得到如下结论：

(1) 电场的散度等于电荷密度,电荷是电场的散度源;由电荷产生的电场是有散场,电力线起始于正电荷,终止于负电荷。

(2) 磁场的散度恒为零,磁场没有散度源,科学界至今没有证实磁荷(即磁单极子)的稳定存在;磁场是无散场,磁力线无头无尾,是闭合曲线。

(3) 时变磁场是感应电场的旋涡源,即时变磁场可以激励出感应电场;感应电场是有旋场,其电力线是闭合曲线,与磁力线相交链。

(4) 全电流是磁场的旋涡源,电流和时变电场都可以激励出磁场;磁场是有旋场,磁力线是闭合曲线,与全电流线相交链。

(5) 时变电场、时变磁场在某些情况下可以不断互相激励,且电力线与磁力线相互交链。

(6) 在某些情况下,场源(电荷或电流)一旦激励起了时变电场或时变磁场,即使去掉场源,时变电场、时变磁场也会互相激励,并向周围的空间传播,如图 3-2 所示,这就是电磁场的传播。

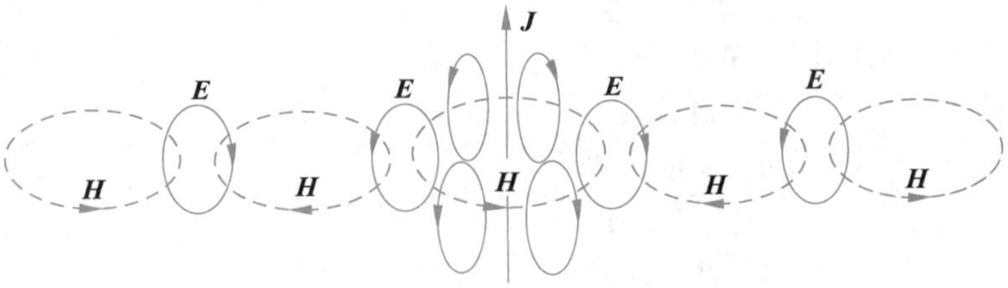

图 3-2 相互交链的闭合电力线、闭合磁力线

(7) 在线性媒质中,麦克斯韦方程组是线性方程组,满足叠加原理,即多个场源各自产生的场可以在空间同时存在,空间任一点的场等于所有场源在该点产生的场的叠加。

以上几点说明了电磁场与源的关系、电磁场的性质以及传播机理,也就是麦克斯韦方程组的物理意义。

麦克斯韦方程组含有 5 个矢量 $\boldsymbol{E}$、$\boldsymbol{D}$、$\boldsymbol{H}$、$\boldsymbol{B}$、$\boldsymbol{J}$ 和一个标量 ρ,只由 4 个麦克斯韦方程无法确定地求出所有未知量,因此还需要辅助方程。在第 2 章中得出了描述媒质中场矢量 $\boldsymbol{E}$、$\boldsymbol{D}$、$\boldsymbol{H}$、$\boldsymbol{B}$、$\boldsymbol{J}$ 之间相互关系的结构方程,即

$$\boldsymbol{D}=\varepsilon\boldsymbol{E} \tag{3-10a}$$

$$\boldsymbol{B}=\mu\boldsymbol{H} \tag{3-10b}$$

$$\boldsymbol{J}=\sigma\boldsymbol{E} \tag{3-10c}$$

推出这些方程时并没有规定场是静态的还是时变的,因此它们也适用于时变电磁场。这三个结构方程是麦克斯韦方程组的辅助方程。

结构方程中系数 ε、μ、σ 分别是媒质的介电常数、磁导率和电导率,称为媒质的电磁参数。真空中,$\varepsilon_0\approx 8.854\times 10^{-12}\,\mathrm{F/m}$,$\mu_0=4\pi\times 10^{-7}\,\mathrm{H/m}$,$\sigma=0$。其他媒质的 ε、μ、σ 参数由媒质的物质成分、微观结构决定。电导率 $\sigma=0$ 的媒质称为理想介质,$\sigma=\infty$ 的媒质称为理想导体,σ 为非零有限值的媒质称为导电媒质。

电磁参数值与空间位置无关的媒质称为均匀媒质;电磁参数不随电磁场矢量的模值

变化的媒质称为线性媒质；电磁参数不随电磁场矢量的方向变化的媒质称为各向同性媒质，否则称为各向异性媒质，其电磁参数是张量。本书中若非特别指明，讨论的一般是均匀、线性、各向同性媒质。本书中，将 $\sigma=0$、ε 和 μ 均为实常数的均匀、线性、各向同性媒质称为理想媒质，研究电磁问题时往往先考虑理想媒质中的简单情况，再考虑其他媒质中的情况。

【例 3-3】 在无源、均匀、线性、各向同性介质中，$\boldsymbol{E}=A\cos(\omega t-\beta z)\hat{\boldsymbol{x}}$(V/m)，其中 A、β 为常数。若要这种场存在，β、ω 之间应该满足何种关系？其他场矢量等于多少？

解：任意一种电磁场存在的条件是它的所有场矢量必须同时满足麦克斯韦方程组。应用麦克斯韦方程组及结构方程，可以由 $\boldsymbol{E}$ 导出另 3 个场矢量 $\boldsymbol{H}$、$\boldsymbol{D}$、$\boldsymbol{B}$ 及 β、ω 之间的关系。

首先由结构方程得电位移矢量：

$$\boldsymbol{D}=\varepsilon\boldsymbol{E}=A\varepsilon\cos(\omega t-\beta z)\hat{\boldsymbol{x}}\,(\text{V/m})$$

$$\nabla\cdot\boldsymbol{D}=\frac{\partial[A\varepsilon\cos(\omega t-\beta z)]}{\partial x}=0$$

在无源区域中 $\rho=0$，上述 $\boldsymbol{D}$ 满足 $\nabla\cdot\boldsymbol{D}=\rho=0$。

再由法拉第定律求出磁场 $\boldsymbol{B}$、$\boldsymbol{H}$：

$$\nabla\times\boldsymbol{E}=-\frac{\partial\boldsymbol{B}}{\partial t}\Rightarrow\frac{\partial\boldsymbol{B}}{\partial t}=-\frac{\partial E_x}{\partial z}\hat{\boldsymbol{y}}=-A\beta\sin(\omega t-\beta z)\hat{\boldsymbol{y}}$$

$$\Rightarrow\boldsymbol{B}=\int\frac{\partial\boldsymbol{B}}{\partial t}\mathrm{d}t=\frac{A\beta}{\omega}\cos(\omega t-\beta z)\hat{\boldsymbol{y}}\,(\text{T})，满足\nabla\cdot\boldsymbol{B}=0$$

$$\Rightarrow\boldsymbol{H}=\frac{\boldsymbol{B}}{\mu}=\frac{A\beta}{\omega\mu}\cos(\omega t-\beta z)\hat{\boldsymbol{y}}\,(\text{A/m})$$

由无源情况下($\boldsymbol{J}=0$)的全电流定律，$\boldsymbol{D}$、$\boldsymbol{H}$ 应满足

$$\nabla\times\boldsymbol{H}=\frac{\partial\boldsymbol{D}}{\partial t}$$

将前面求得的 $\boldsymbol{D}$、$\boldsymbol{H}$ 代入上式可得

$$-\frac{A}{\mu\omega}\beta^2\sin(\omega t-\beta z)\hat{\boldsymbol{x}}=-A\varepsilon\omega\sin(\omega t-\beta z)\hat{\boldsymbol{x}}$$

比较等式两边，可得

$$\beta^2=\omega^2\mu\varepsilon$$

因此，若 β、ω 满足这个关系，则以上求出的 4 个场矢量同时满足麦克斯韦方程组。

3.2 边界条件

媒质边界指的是媒质电磁参数 ε、μ、σ 发生变化处的分界面。媒质电磁参数变化导致边界两侧的电磁场也发生变化，其变化规律也就是边界两侧电磁场之间的关系，称为电磁场的边界条件。

边界两侧的电磁场分布情况都满足麦克斯韦方程组，因此边界条件可由麦克斯韦方程组推导出来。在边界上电磁场发生突变时，只能用麦克斯韦积分方程组来推导边界条

件。为推导方便起见,在边界上选取规整的闭曲面或闭曲线,并在这些闭曲面或闭曲线上应用麦克斯韦积分方程组,就可推导出电磁场的边界条件。下面就依照这个思路推导电磁场的一般边界条件,然后再讨论一些特殊情况下的边界条件。

3.2.1 边界条件的一般形式

1. 电场的边界条件

在边界面上取一条规整的闭曲线,在其上应用法拉第电磁感应定律(式(3-9b)),可推导出电场强度矢量 $\boldsymbol{E}$ 的切向分量的边界条件。

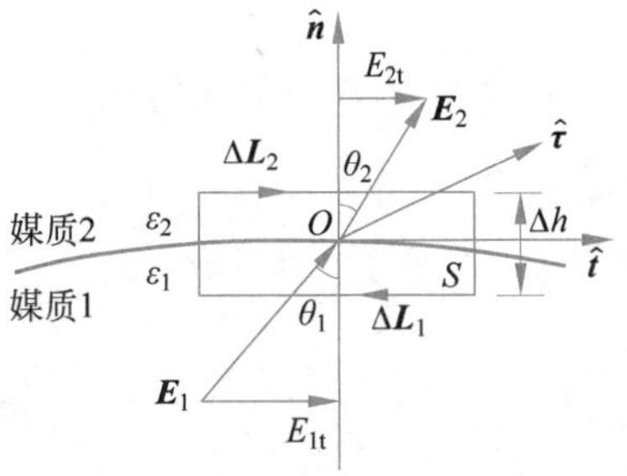

图 3-3 边界面上的矩形回路

如图 3-3 所示,环绕边界上任意一点 O,取高度为 Δh (其值趋于 0)、宽度足够小的矩形回路 L,矩形回路所张的曲面记为 S。回路上、下底边 $\Delta\boldsymbol{L}_2$、$\Delta\boldsymbol{L}_1$ 分别处于媒质 2 和媒质 1 中并无限贴近边界,且与 O 点处的某个方向的切向单位矢量 $\hat{\boldsymbol{t}}$ 平行。记回路上、下底边的有向线段长度分别为 ΔL_2、ΔL_1,根据几何关系,不妨令 $\Delta L_2=\Delta L_1\approx\Delta L$($\Delta L$ 很小)。

在此矩形回路 L 上应用法拉第电磁感应定律,有

$$\oint_L \boldsymbol{E}\cdot\mathrm{d}\boldsymbol{l}=\int_{\Delta L_1}\boldsymbol{E}\cdot\mathrm{d}\boldsymbol{l}+\int_{\Delta L_2}\boldsymbol{E}\cdot\mathrm{d}\boldsymbol{l}+\int_{\text{侧边}}\boldsymbol{E}\cdot\mathrm{d}\boldsymbol{l}=\iint_S -\frac{\partial \boldsymbol{B}}{\partial t}\cdot\mathrm{d}\boldsymbol{s}$$

当矩形回路高度 Δh 趋于 0 时,在回路两侧边上的线积分 $\int_{\text{侧边}}\boldsymbol{E}\mathrm{d}\boldsymbol{l}$ 趋于 0;又由于此时矩形回路所张曲面 S 的面积趋于 0,且 $\partial\boldsymbol{B}/\partial t$ 为有限值,故 $\partial\boldsymbol{B}/\partial t$ 在曲面 S 上的面积分 $\iint_S(-\partial\boldsymbol{B}/\partial t)\cdot\mathrm{d}\boldsymbol{s}$ 也趋于 0。因此,上式可以写为

$$\oint_L \boldsymbol{E}\cdot\mathrm{d}\boldsymbol{l}=\int_{\Delta L_1}\boldsymbol{E}\cdot\mathrm{d}\boldsymbol{l}+\int_{\Delta L_2}\boldsymbol{E}\cdot\mathrm{d}\boldsymbol{l}+\int_{\text{侧边}}\boldsymbol{E}\cdot\mathrm{d}\boldsymbol{l}=\int_{\Delta L_1}\boldsymbol{E}\cdot\mathrm{d}\boldsymbol{l}+\int_{\Delta L_2}\boldsymbol{E}\cdot\mathrm{d}\boldsymbol{l}$$
$$=\iint_S -\frac{\partial \boldsymbol{B}}{\partial t}\cdot\mathrm{d}\boldsymbol{s}=0$$

由于 ΔL_1、ΔL_2 足够小,可以认为 $\Delta\boldsymbol{L}_1$、$\Delta\boldsymbol{L}_2$ 上的 $\boldsymbol{E}$ 分别为常矢量 $\boldsymbol{E}_1$、$\boldsymbol{E}_2$,上式可写为

$$\boldsymbol{E}_2\cdot\hat{\boldsymbol{t}}\Delta L_2-\boldsymbol{E}_1\cdot\hat{\boldsymbol{t}}\Delta L_1=\boldsymbol{E}_2\cdot\hat{\boldsymbol{t}}\Delta L-\boldsymbol{E}_1\cdot\hat{\boldsymbol{t}}\Delta L=(\boldsymbol{E}_2-\boldsymbol{E}_1)\cdot\hat{\boldsymbol{t}}\Delta L=0$$

即

$$(\boldsymbol{E}_2-\boldsymbol{E}_1)\hat{\boldsymbol{t}}=0\quad\text{或}\quad E_{2t}=E_{1t}\tag{3-11a}$$

可见,边界面两侧的 $\boldsymbol{E}$ 的切向分量相等,即边界面处 $\boldsymbol{E}$ 的切向分量连续。

设 $\hat{\boldsymbol{n}}$ 为边界面上 O 点处的法向单位矢量,$\hat{\boldsymbol{\tau}}=\hat{\boldsymbol{n}}\times\hat{\boldsymbol{t}}$ 是与矩形回路平面垂直的另一切向单位矢量,则有 $\hat{\boldsymbol{t}}=\hat{\boldsymbol{\tau}}\times\hat{\boldsymbol{n}}$。应用矢量恒等式 $\boldsymbol{A}\cdot(\boldsymbol{B}\times\boldsymbol{C})=\boldsymbol{B}\cdot(\boldsymbol{C}\times\boldsymbol{A})$,式(3-11a)又可写为

$$(\boldsymbol{E}_2-\boldsymbol{E}_1)\cdot(\hat{\boldsymbol{\tau}}\times\hat{\boldsymbol{n}})=\hat{\boldsymbol{\tau}}\cdot\lfloor\hat{\boldsymbol{n}}\times(\boldsymbol{E}_2-\boldsymbol{E}_1)\rfloor=0$$

因 $\hat{\boldsymbol{t}}$ 是边界面上该点处任意方向的切向单位矢量,故 $\hat{\boldsymbol{\tau}}$ 的方向也是任意的。若要上式对任意方向的 $\hat{\boldsymbol{\tau}}$ 都成立,则必有

$$\hat{\boldsymbol{n}} \times (\boldsymbol{E}_2 - \boldsymbol{E}_1) = 0 \tag{3-11b}$$

上式实际上是(3-11a)的矢量表示形式。

以上推出的式(3-11a)、式(3-11b)给出了边界面两侧 **E** 的切向分量的关系，也就是 **E** 的切向分量在边界面处的边界条件。

将 $D_{1t} = \varepsilon_1 E_{1t}$，$D_{2t} = \varepsilon_2 E_{2t}$ 代入式(3-11a)，可得

$$\frac{D_{2t}}{\varepsilon_2} = \frac{D_{1t}}{\varepsilon_1} \tag{3-12}$$

可见，在边界面两侧 **D** 的切向分量不连续。

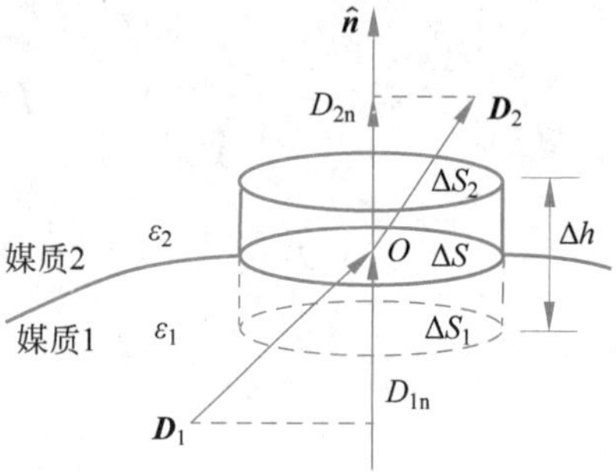

图 3-4　边界面上的圆柱面

下面再由高斯定律(式(3-9d))推出电位移矢量 **D** 的法向分量的边界条件。如图 3-4 所示，$\hat{\boldsymbol{n}}$ 是边界面上任意点 O 处的法向单位矢量，由媒质 1 指向媒质 2。环绕该点，跨边界两侧，取高度为 Δh(其值趋于零)、横截面足够小的扁圆柱面 S，其上、下底面 ΔS_2、ΔS_1 分别处于媒质 2 和媒质 1 中并无限贴近边界，且都垂直于 $\hat{\boldsymbol{n}}$。圆柱面在边界上截取的小曲面为 ΔS，可认为 $\Delta S_1 = \Delta S_2 \approx \Delta S$。

在此圆柱闭曲面 S 上应用高斯定律可得

$$\oiint_S \boldsymbol{D} \cdot \mathrm{d}\boldsymbol{s} = \iint_{\Delta S_1} \boldsymbol{D} \cdot \mathrm{d}\boldsymbol{s} + \iint_{\Delta S_2} \boldsymbol{D} \cdot \mathrm{d}\boldsymbol{s} + \iint_{侧面} \boldsymbol{D} \cdot \mathrm{d}\boldsymbol{s} = \iiint_V \rho \mathrm{d}v \tag{3-13}$$

当 Δh 趋于 0 时，侧面面积也趋于零，因此 $\iint_{侧面} \boldsymbol{D} \cdot \mathrm{d}\boldsymbol{s}$ 趋于 0。且由于闭曲面 S 无限薄，其包围的体积 V 中的电荷 $\iiint_V \rho \mathrm{d}v$ 就等于边界上的小曲面 ΔS 上分布的自由面电荷。由于 ΔS_1、ΔS_2、ΔS 足够小，可认为 ΔS_1、ΔS_2 上的 **D** 分别为常矢量 $\boldsymbol{D}_1$、$\boldsymbol{D}_2$，ΔS 上的面电荷密度也等于常数 ρ_s，于是式(3-13)可改写为

$$\boldsymbol{D}_2 \cdot \hat{\boldsymbol{n}} \Delta S_2 - \boldsymbol{D}_1 \cdot \hat{\boldsymbol{n}} \Delta S_1 = \boldsymbol{D}_2 \cdot \hat{\boldsymbol{n}} \Delta S - \boldsymbol{D}_1 \cdot \hat{\boldsymbol{n}} \Delta S = \rho_s \Delta S$$

即

$$\hat{\boldsymbol{n}} \cdot (\boldsymbol{D}_2 - \boldsymbol{D}_1) = \rho_s \tag{3-14a}$$

$$D_{2n} - D_{1n} = \rho_s \tag{3-14b}$$

式中：D_{1n}、D_{2n} 分别为 $\boldsymbol{D}_1$、$\boldsymbol{D}_2$ 的法向分量。上式就是 **D** 的法向分量的边界条件。可见，当边界面上分布有自由面电荷时，**D** 的法向分量不连续，其突变量等于边界面上的自由面电荷密度 ρ_s。

将 $D_{1n} = \varepsilon_1 E_{1n}$，$D_{2n} = \varepsilon_2 E_{2n}$ 代入式(3-14b)，可得

$$\varepsilon_2 E_{2n} - \varepsilon_1 E_{1n} = \begin{cases} \rho_s, & \rho_s \neq 0 \\ 0, & \rho_s = 0 \end{cases} \tag{3-15}$$

可见，无论边界面上有无自由面电荷，**E** 的法向分量都不连续。

2. 磁场的边界条件

由全电流定律(式(3-9a))可以推导出磁场强度 **H** 的切向分量边界条件。在如图 3-5

所示的边界面处的无限小矩形回路 L 上应用全电流定律，可得

$$\oint_L \boldsymbol{H}\cdot \mathrm{d}\boldsymbol{l}=\int_{\Delta L_1}\boldsymbol{H}\cdot \mathrm{d}\boldsymbol{l}+\int_{\Delta L_2}\boldsymbol{H}\cdot \mathrm{d}\boldsymbol{l}+\int_{侧边}\boldsymbol{H}\cdot \mathrm{d}\boldsymbol{l}$$
$$=\iint_S \boldsymbol{J}\cdot \mathrm{d}\boldsymbol{s}+\iint_S \frac{\partial \boldsymbol{D}}{\partial t}\cdot \mathrm{d}\boldsymbol{s} \tag{3-16}$$

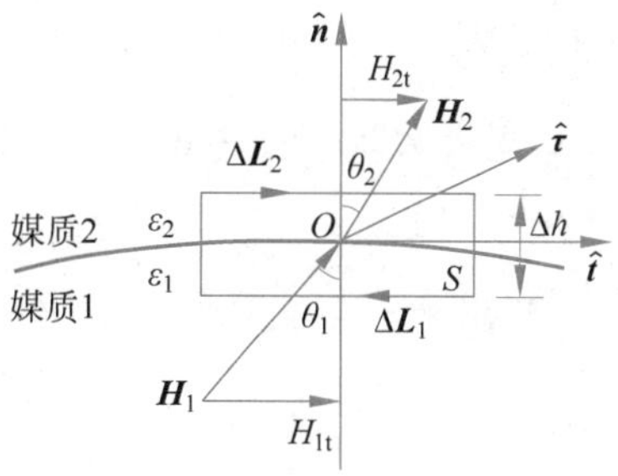

图 3-5 边界面上的矩形回路

式中：S 为 L 所张的曲面，矩形回路在边界面上截取的曲线段记为 ΔL。当 Δh 趋于 0 时，S 的面积也趋于零，有 $\iint_S(\partial \boldsymbol{D}/\partial t)\cdot \mathrm{d}\boldsymbol{s}$ 趋于零。而且，当 Δh 趋于 0 时，穿过 S 曲面的电流等于边界面上流过线段 ΔL 的面电流，即当媒质分界面上存在自由电流密度 $\boldsymbol{J}$ 时，有

$$\lim_{\Delta h\to 0}\iint_{\Delta S}\boldsymbol{J}\cdot \mathrm{d}\boldsymbol{s}=\int_{\Delta l}(\lim_{\Delta h\to 0}\Delta h\boldsymbol{J})\cdot\hat{\boldsymbol{\tau}}\mathrm{d}l=\int_{\Delta l}\boldsymbol{J}_S\cdot\hat{\boldsymbol{\tau}}\mathrm{d}l$$

由于 ΔL_1、ΔL_2、ΔL 足够小，可认为 ΔL_1、ΔL_2 上的 $\boldsymbol{H}$ 分别为常矢量 $\boldsymbol{H}_1$、$\boldsymbol{H}_2$，ΔL 上的面电流密度也等于常矢量 $\boldsymbol{J}_s$，再考虑到 $\Delta L_1=\Delta L_2\approx\Delta L$，因此式(3-16)可改写为

$$\boldsymbol{H}_2\cdot\hat{\boldsymbol{t}}\Delta L_2-\boldsymbol{H}_1\cdot\hat{\boldsymbol{t}}\Delta L_1=\boldsymbol{H}_2\cdot\hat{\boldsymbol{t}}\Delta L-\boldsymbol{H}_1\cdot\hat{\boldsymbol{t}}\Delta L=(\boldsymbol{H}_2-\boldsymbol{H}_1)\cdot\hat{\boldsymbol{t}}\Delta L=\boldsymbol{J}_s\cdot\hat{\boldsymbol{\tau}}\Delta L$$

即

$$(\boldsymbol{H}_2-\boldsymbol{H}_1)\cdot\hat{\boldsymbol{t}}=\boldsymbol{J}_s\cdot\hat{\boldsymbol{\tau}}$$

将 $\hat{\boldsymbol{t}}=\hat{\boldsymbol{\tau}}\times\hat{\boldsymbol{n}}$ 代入上式，可得

$$(\boldsymbol{H}_2-\boldsymbol{H}_1)\cdot(\hat{\boldsymbol{\tau}}\times\hat{\boldsymbol{n}})=\boldsymbol{J}_s\cdot\hat{\boldsymbol{\tau}}$$

应用矢量恒等式 $\boldsymbol{A}\cdot(\boldsymbol{B}\times\boldsymbol{C})=\boldsymbol{B}\cdot(\boldsymbol{C}\times\boldsymbol{A})$，上式可以改写为

$$[\hat{\boldsymbol{n}}\times(\boldsymbol{H}_2-\boldsymbol{H}_1)]\cdot\hat{\boldsymbol{\tau}}=\boldsymbol{J}_s\cdot\hat{\boldsymbol{\tau}}$$

因 $\hat{\boldsymbol{t}}$ 是任意方向的，故 $\hat{\boldsymbol{\tau}}$ 也是任意方向的，要使上式对任意方向的 $\hat{\boldsymbol{\tau}}$ 均成立，必然有

$$\hat{\boldsymbol{n}}\times(\boldsymbol{H}_2-\boldsymbol{H}_1)=\boldsymbol{J}_s \tag{3-17a}$$

即

$$H_{2t}-H_{1t}=J_s \tag{3-17b}$$

这就是磁场强度的切向分量满足的边界条件，说明当边界上分布有传导面电流时，$\boldsymbol{H}$ 的切向分量不连续，突变量等于边界面上的传导面电流密度 J_s。

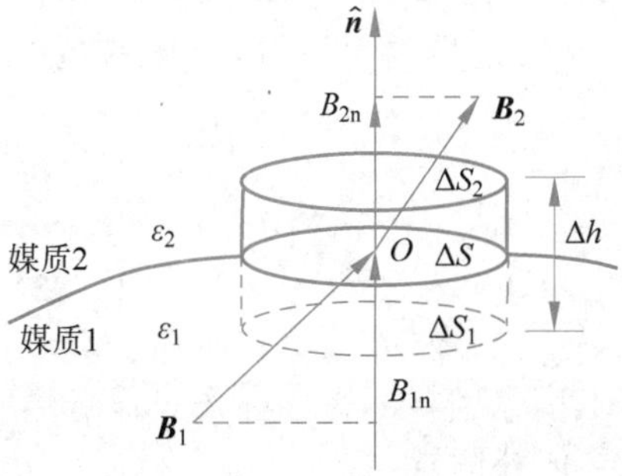

图 3-6 边界面上的圆柱面

将 $B_{1t}=\mu_1 H_{1t}$，$B_{2t}=\mu_2 H_{2t}$ 代入式(3-17b)，得

$$\frac{B_{2t}}{\mu_2}-\frac{B_{1t}}{\mu_1}=\begin{cases}J_s, & J_s\neq 0\\ 0, & J_s=0\end{cases} \tag{3-18}$$

可见，不管边界面上有没有传导面电流，$\boldsymbol{B}$ 的切向分量都不连续。

下面从磁通连续性定律(式(3-9c))出发，推导磁感应强度 $\boldsymbol{B}$ 的法向分量边界条件。在图 3-6 所示边界处的小圆柱面 S 上应用磁通连续性定律，可得

$$\oint_S \boldsymbol{B}\cdot d\boldsymbol{s}=\iint_{\Delta S_1}\boldsymbol{B}\cdot d\boldsymbol{s}+\iint_{\Delta S_2}\boldsymbol{B}\cdot d\boldsymbol{s}+\iint_{侧面}\boldsymbol{B}\cdot d\boldsymbol{s}=0$$

与推导电场的法向分量的边界条件的过程类似，当 Δh 趋于零时，上式可以写为

$$\hat{\boldsymbol{n}}\cdot(\boldsymbol{B}_2-\boldsymbol{B}_1)=0 \tag{3-19a}$$

即

$$B_{2n}=B_{1n} \tag{3-19b}$$

可见，边界面处 $\boldsymbol{B}$ 的法向分量连续。

将 $B_{1n}=\mu_1 H_{1n}$，$B_{2n}=\mu_2 H_{2n}$ 代入式(3-19b)，可得

$$\mu_2 H_{2n}=\mu_1 H_{1n} \tag{3-20}$$

显然，边界面处 $\boldsymbol{H}$ 的法向分量不连续。

由 4 个麦克斯韦积分方程出发，经过前述推导最终得到电磁场的边界条件为

$$\begin{cases}\hat{\boldsymbol{n}}\times(\boldsymbol{H}_2-\boldsymbol{H}_1)=\boldsymbol{J}_s\\ \hat{\boldsymbol{n}}\times(\boldsymbol{E}_2-\boldsymbol{E}_1)=0\\ \hat{\boldsymbol{n}}\cdot(\boldsymbol{B}_2-\boldsymbol{B}_1)=0\\ \hat{\boldsymbol{n}}\cdot(\boldsymbol{D}_2-\boldsymbol{D}_1)=\rho_s\end{cases} \quad 或 \quad \begin{cases}H_{2t}-H_{1t}=J_s\\ E_{2t}=E_{1t}\\ B_{2n}=B_{1n}\\ D_{2n}-D_{1n}=\rho_s\end{cases} \tag{3-21}$$

式中：$\boldsymbol{J}_s$ 为边界面上的传导面电流；ρ_s 边界面上的自由面电荷。式(3-21)是电磁场的一般边界条件。

根据边界条件，可以由边界面一侧的电磁场，结合边界面上的自由电荷、传导电流分布情况，推出边界面另一侧的电磁场；也可以推出边界面两侧电磁场满足的一些关系式，例如在分析电磁场传播入射到不同媒质交界面上的反射、折射问题时，就可以利用边界条件推出反射系数和折射系数，得到入射场、反射场、折射场的场矢量模值之间的关系式。

下面考虑一些特殊情况下的边界条件。

3.2.2 理想导体表面的边界条件

设理想导体为媒质 1，理想介质为媒质 2。理想导体 $\sigma=\infty$，若理想导体中存在非零电场，必导致 $\boldsymbol{J}=\sigma\boldsymbol{E}=\infty$，与“电流强度为有限值”的物理事实矛盾，因此理想导体中必定没有电场，也没有时变磁场(若存在时变磁场，必定会感应出电场)，故理想导体中不存在时变电磁场，即 $\boldsymbol{E}_1$、$\boldsymbol{D}_1$、$\boldsymbol{H}_1$、$\boldsymbol{B}_1$ 均为零。而理想介质中的场矢量 $\boldsymbol{E}_2$、$\boldsymbol{D}_2$、$\boldsymbol{H}_2$、$\boldsymbol{B}_2$ 可以去掉下标“2”，记为 $\boldsymbol{E}$、$\boldsymbol{D}$、$\boldsymbol{H}$、$\boldsymbol{B}$。因此，在理想导体与理想介质边界情况下，电磁场的边界条件为

$$\begin{cases}\hat{\boldsymbol{n}}\times\boldsymbol{H}=\boldsymbol{J}_s\\ \hat{\boldsymbol{n}}\times\boldsymbol{E}=0\\ \hat{\boldsymbol{n}}\cdot\boldsymbol{B}=0\\ \hat{\boldsymbol{n}}\cdot\boldsymbol{D}=\rho_s\end{cases} \quad 或 \quad \begin{cases}H_t=J_s\\ E_t=0\\ B_n=0\\ D_n=\rho_s\end{cases} \tag{3-22}$$

式中：$\hat{\boldsymbol{n}}$ 为理想导体表面上的法向单位矢量，指向理想导体外侧。

以上边界条件说明：理想导体表面上，电场切向分量、磁场法向分量均等于零，电场

矢量、电力线必然垂直于理想导体表面，磁场矢量、磁力线必然平行于理想导体表面；理想导体表面的自由电荷密度等于电位移矢量的法向分量，传导电流密度的模值等于磁场强度的切向分量。由此，可以根据理想导体表面处的电磁场求出理想导体表面的自由电荷、传导电流密度的分布情况。

【例 3-4】 如图 3-7 所示，在间距为 d 的两无限大导电平板之间充满空气，其中电场强度 $\boldsymbol{E}=E_0\cos(\omega t-\beta z)\hat{\boldsymbol{x}}$（$\beta$ 为常数），求两导电平板表面上的面电荷密度和面电流密度。

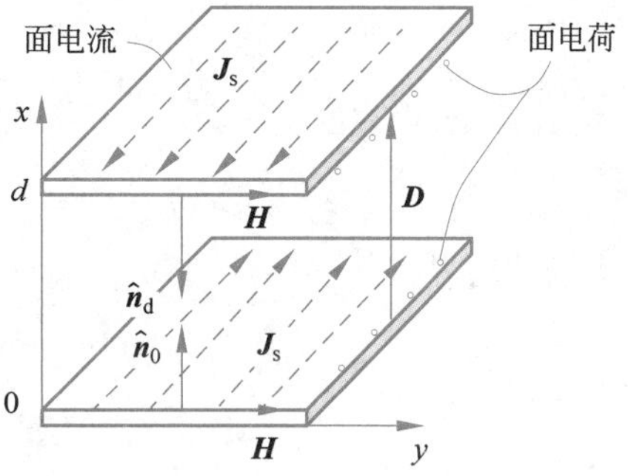

图 3-7 例 3-4 图

解：空气近似为介电常数、磁导率分别等于 ε_0、μ_0 的理想介质。上、下导电板内侧的外法线方向分别为 $\hat{\boldsymbol{n}}_d=-\hat{\boldsymbol{x}}$，$\hat{\boldsymbol{n}}_0=\hat{\boldsymbol{x}}$。$\rho_s$、$J_s$ 分别由 $\boldsymbol{D}$、$\boldsymbol{H}$ 确定，故先由 $\boldsymbol{E}$ 求出 $\boldsymbol{D}$、$\boldsymbol{H}$。

$$\boldsymbol{D}=\varepsilon_0\boldsymbol{E}=\varepsilon_0E_0\cos(\omega t-\beta z)\hat{\boldsymbol{x}}$$

$$\rho_{s0}=\hat{\boldsymbol{n}}_0\cdot\boldsymbol{D}=\varepsilon_0E_0\cos(\omega t-\beta z),\quad x=0$$

$$\rho_{sd}=\hat{\boldsymbol{n}}_d\cdot\boldsymbol{D}=-\varepsilon_0E_0\cos(\omega t-\beta z),\quad x=d$$

可见，上、下两导电平板内侧的面电荷密度等值异号，电力线从正电荷指向负电荷。

由 $\nabla\times\boldsymbol{E}=-\dfrac{\partial\boldsymbol{B}}{\partial t}$ 可知 $\boldsymbol{B}=-\int(\nabla\times\boldsymbol{E})\mathrm{d}t$，再由 $\boldsymbol{H}=\dfrac{\boldsymbol{B}}{\mu_0}$ 可求出

$$\boldsymbol{H}=E_0\sqrt{\frac{\varepsilon_0}{\mu_0}}\cos(\omega t-\beta z)\hat{\boldsymbol{y}}$$

$$\boldsymbol{J}_{s0}=\hat{\boldsymbol{n}}_0\times\boldsymbol{H}=E_0\sqrt{\frac{\varepsilon_0}{\mu_0}}\cos(\omega t-\beta z)\hat{\boldsymbol{z}},\quad x=0$$

$$\boldsymbol{J}_{sd}=\hat{\boldsymbol{n}}_d\times\boldsymbol{H}=-E_0\sqrt{\frac{\varepsilon_0}{\mu_0}}\cos(\omega t-\beta z)\hat{\boldsymbol{z}},\quad x=d$$

可见，上、下两导电平板内侧的面电流大小相等、方向相反。

3.2.3 理想介质表面的边界条件

若边界面为两种理想介质的交界面，且交界面上没有人为增添的自由面电荷和传导面电流，此时 $\boldsymbol{J}_s=0$，$\rho_s=0$，则电磁场边界条件为

$$\begin{cases}\hat{\boldsymbol{n}}\times(\boldsymbol{H}_2-\boldsymbol{H}_1)=0\\ \hat{\boldsymbol{n}}\times(\boldsymbol{E}_2-\boldsymbol{E}_1)=0\\ \hat{\boldsymbol{n}}\cdot(\boldsymbol{B}_2-\boldsymbol{B}_1)=0\\ \hat{\boldsymbol{n}}\cdot(\boldsymbol{D}_2-\boldsymbol{D}_1)=0\end{cases}\quad 或 \quad \begin{cases}H_{2t}=H_{1t}\\ E_{2t}=E_{1t}\\ B_{2n}=B_{1n}\\ D_{2n}=D_{1n}\end{cases}\tag{3-23}$$

可见，在两种理想介质的交界面处，电场强度矢量、磁场强度矢量的切向分量都是连续的，电位移矢量和磁感应强度矢量的法向分量都是连续的。

【例 3-5】 如图 3-8 所示，已知 $y=0$ 的无限大平面为两种电介质的分界面，该分界面上无自由电荷。介质 2 一侧的电场强度 $\boldsymbol{E}_2=\hat{\boldsymbol{x}}10+\hat{\boldsymbol{y}}20$(V/m)，分界面两侧的介电常

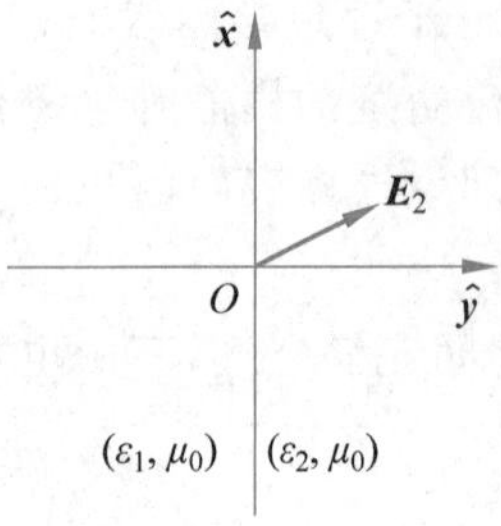

图 3-8　例 3-5 图

数分别为 $\varepsilon_1=5\varepsilon_0$，$\varepsilon_2=3\varepsilon_0$。求 $\boldsymbol{D}_1$、$\boldsymbol{D}_2$ 和 $\boldsymbol{E}_1$。

解：先由 $\boldsymbol{E}_2$ 求出 $\boldsymbol{D}_2$，即

$$\boldsymbol{D}_2=\varepsilon_2\boldsymbol{E}_2=\varepsilon_0(\hat{\boldsymbol{x}}30+\hat{\boldsymbol{y}}60)$$

由题中条件可知，在两种介质分界面上，$\hat{\boldsymbol{y}}$ 分量是法向分量，$\hat{\boldsymbol{x}}$ 分量是切向分量。利用电位移矢量的边界条件可得

$$D_{1n}=D_{2n}=60\varepsilon_0$$

由此可得

$$E_{1n}=\frac{D_{1n}}{\varepsilon_1}=12$$

由电场的边界条件得

$$E_{1t}=E_{2t}=10$$

进而得到

$$D_{1t}=\varepsilon_1E_{1t}=50\varepsilon_0$$

所以

$$\boldsymbol{D}_1=\varepsilon_0(\hat{\boldsymbol{x}}50+\hat{\boldsymbol{y}}60)(\mathrm{C/m^2})$$

$$\boldsymbol{E}_1=(\hat{\boldsymbol{x}}10+\hat{\boldsymbol{y}}12)(\mathrm{V/m})$$

3.3 时变电磁场的位函数

麦克斯韦方程组描述了时变电场、时变磁场以及与产生它们的源之间的关系，方程中的电场和磁场是相互关联的，直接求解通常比较困难。为便于求解，可引入电磁场的位函数作为求电磁场场矢量的辅助函数，即先由场源求出位函数，再由位函数求出场矢量。下面先导出位函数满足的方程及位函数与场矢量的关系。

3.3.1 标量位与矢量位

在均匀、线性、各向同性的不导电媒质中，麦克斯韦方程组为

$$\nabla\times\boldsymbol{H}=\boldsymbol{J}+\frac{\partial\boldsymbol{D}}{\partial t} \tag{3-24a}$$

$$\nabla\times\boldsymbol{E}=-\frac{\partial\boldsymbol{B}}{\partial t} \tag{3-24b}$$

$$\nabla\cdot\boldsymbol{B}=0 \tag{3-24c}$$

$$\nabla\cdot\boldsymbol{D}=\rho \tag{3-24d}$$

因为 $\nabla\cdot\boldsymbol{B}=0$，根据场论中“任何矢量的旋度的散度恒等于 0，即 $\nabla\cdot(\nabla\times\boldsymbol{A})\equiv0$”的结论，可将 $\boldsymbol{B}$ 写成一个矢量 $\boldsymbol{A}$ 的旋度的形式，即

$$\boldsymbol{B}=\nabla\times\boldsymbol{A} \tag{3-25}$$

将 $\boldsymbol{A}$ 定义为电磁场的矢量位。显然，这样由式(3-25)定义的 $\boldsymbol{B}$ 仍然满足 $\nabla\cdot\boldsymbol{B}=\nabla\cdot(\nabla\times\boldsymbol{A})=0$。

把 $\boldsymbol{B}=\nabla\times\boldsymbol{A}$ 代入式(3-24b)，并整理移项，可得

$$\nabla\times\left(\boldsymbol{E}+\frac{\partial\boldsymbol{A}}{\partial t}\right)=0$$

根据场论中“任何标量的梯度的旋度恒等于 0，即$\nabla\times(\nabla u)\equiv0$”，可将 $\boldsymbol{E}+\partial\boldsymbol{A}/\partial t$ 写成一个标量 Φ 的负梯度的形式，即

$$\boldsymbol{E}+\frac{\partial\boldsymbol{A}}{\partial t}=-\nabla\Phi \tag{3-26}$$

将 Φ 定义为电磁场的标量位。显然 $\boldsymbol{E}+\partial\boldsymbol{A}/\partial t$ 仍然满足

$$\nabla\times(\boldsymbol{E}+\partial\boldsymbol{A}/\partial t)=\nabla\times(-\nabla\Phi)=0$$

定义了电磁场的矢量位、标量位之后，场矢量 $\boldsymbol{B}$、$\boldsymbol{E}$ 可以用它们来表示，即

$$\boldsymbol{B}=\nabla\times\boldsymbol{A} \tag{3-27a}$$

$$\boldsymbol{E}=-\nabla\Phi-\frac{\partial\boldsymbol{A}}{\partial t} \tag{3-27b}$$

显然，只要求出 $\boldsymbol{A}$ 和 Φ，就可以通过式(3-27)求出场矢量 $\boldsymbol{B}$ 和 $\boldsymbol{E}$。

3.3.2 位函数满足的方程与解

通过麦克斯韦方程组(3-24)和位函数与场矢量的关系式(3-27)可以导出位函数满足的方程。在均匀、线性、各向同性的不导电媒质中，应用 $\boldsymbol{B}=\mu\boldsymbol{H}$，$\boldsymbol{D}=\varepsilon\boldsymbol{E}$ 以及 ε、μ 均为常数的已知条件，并将式(3-27)代入式(3-24a)，可得

$$\frac{1}{\mu}\nabla\times\nabla\times\boldsymbol{A}=\boldsymbol{J}-\varepsilon\frac{\partial}{\partial t}\left(\nabla\Phi+\frac{\partial\boldsymbol{A}}{\partial t}\right)$$

应用矢量恒等式$\nabla\times\nabla\times\boldsymbol{A}=\nabla(\nabla\cdot\boldsymbol{A})-\nabla^2\boldsymbol{A}$ 将上式左边展开，并移项整理，可得

$$\nabla^2\boldsymbol{A}-\varepsilon\mu\frac{\partial A^2}{\partial t^2}=-\mu\boldsymbol{J}+\nabla\left(\nabla\cdot\boldsymbol{A}+\varepsilon\mu\frac{\partial\Phi}{\partial t}\right) \tag{3-28}$$

为简化上述方程，注意到式(3-25)中只规定了 $\boldsymbol{A}$ 的旋度等于$\boldsymbol{B}$，并没有对它的散度作出任何规定，这就意味着矢量位 $\boldsymbol{A}$ 并不唯一。根据矢量场的性质，想要唯一确定某一矢量场，不仅要确定其旋度，还要确定其散度。于是，为使上式更简洁，可以设定 $\boldsymbol{A}$ 的散度为

$$\nabla\cdot\boldsymbol{A}=-\varepsilon\mu\frac{\partial\Phi}{\partial t} \tag{3-29}$$

此时，式(3-28)等号右边括号中的函数将等于 0，方程式得到大大简化。在电磁场问题分析中，通常将这个设定称为洛伦兹条件，最早由丹麦物理学家 Ludvig Lorenz 于 1867 年提出。

将洛伦兹条件代入式(3-28)，可得

$$\nabla^2\boldsymbol{A}-\varepsilon\mu\frac{\partial\boldsymbol{A}^2}{\partial t^2}=-\mu\boldsymbol{J} \tag{3-30a}$$

这就是均匀、线性、各向同性的不导电媒质中电磁场的矢量位 $\boldsymbol{A}$ 满足的微分方程。

为导出标量位 Φ 所满足的方程，将式(3-27b)代入式(3-24d)，考虑到 ε、μ 均为常数，并交换∇算子和$\partial(\cdot)/\partial t$ 算子的运算次序，可得

$$\nabla^2\Phi+\frac{\partial}{\partial t}(\nabla\cdot\boldsymbol{A})=-\frac{\rho}{\varepsilon}$$

将洛伦兹条件代入上式，可得

$$\nabla^2\Phi-\varepsilon\mu\frac{\partial^2\Phi}{\partial t^2}=-\frac{\rho}{\varepsilon} \tag{3-30b}$$

这就是均匀、线性、各向同性的不导电媒质中电磁场的标量位 Φ 满足的微分方程。

1. 标量位的解

首先研究无界、均匀、线性、各向同性、不导电媒质空间中标量位 $\Phi(\boldsymbol{r},t)$的解。

先求解点电荷的位函数，再应用叠加原理求出任意电荷分布产生的位函数。假设无界空间中仅在原点处有点电荷 $q(t)$，显然这种电荷分布具有球对称性。因此，空间的位函数分布也具有球对称性，$\Phi(\boldsymbol{r},t)$仅是球坐标 r 和时间 t 的函数。由 $\Phi(\boldsymbol{r},t)$的方程(3-30b)可知，在除原点以外的无界空间中，在球坐标系下，$\Phi(\boldsymbol{r},t)$满足的方程为

$$\frac{1}{r^2}\frac{\partial}{\partial r}\left[r^2\frac{\partial\Phi(\boldsymbol{r},t)}{\partial r}\right]=\frac{1}{v^2}\frac{\partial^2\Phi(\boldsymbol{r},t)}{\partial t^2}$$

式中：$v=1/\sqrt{\varepsilon\mu}$。

上式又可改写为

$$\frac{\partial^2[r\Phi(\boldsymbol{r},t)]}{\partial r^2}=\frac{1}{v^2}\frac{\partial^2[r\Phi(\boldsymbol{r},t)]}{\partial t^2}$$

若以 $r\Phi(\boldsymbol{r},t)$为待求函数，由偏微分方程知识可知，在无界空间中，该偏微分方程的通解为达朗贝尔解，即

$$r\Phi(\boldsymbol{r},t)=f\left(t-\frac{r}{v}\right)+g\left(t+\frac{r}{v}\right) \tag{3-31}$$

上式右边第二项不符合实际物理情况，应当舍去，因此，位于原点的时变点电荷 $q(t)$产生的位函数应为

$$\Phi(\boldsymbol{r},t)=\frac{1}{r}f\left(t-\frac{r}{v}\right) \tag{3-32}$$

依据静态场知识，原点处电量为 q 的恒定点电荷在原点以外的无界空间产生的位函数为

$$\Phi(\boldsymbol{r})=\frac{q}{4\pi\varepsilon r} \tag{3-33}$$

静态场是时变场的特例，故式(3-33)是式(3-32)在 $q(t)$等于常数 q 情况下的特例，比较这两式就可知函数 f 的具体形式。

于是，式(3-32)具体形式应为

$$\Phi(\boldsymbol{r},t)=\frac{q\left(t-\frac{r}{v}\right)}{4\pi\varepsilon r} \tag{3-34}$$

这就是位于原点的时变点电荷 $q(t)$在离自身距离为 $r(r\neq0)$的空间点产生的标量位。

对于式(3-34)可以理解为，位于坐标原点的时变点电荷在时刻 t、位置 $\boldsymbol{r}$ 处产生的标

量位由 $t-r/v$ 时刻的电荷状态决定，即标量位是滞后于点电荷的。这是符合物理学因果定律的，电荷是“因”，标量位是“果”，有“因”才有“果”，“果”必然滞后于“因”。因此，式(3-34)又称为滞后位。

有了这一概念后，再来看式(3-31)的第二项为何不符合实际物理情况。根据上述类比过程，式(3-31)的第二项对应的解应表示为

$$\Phi(\boldsymbol{r},t)=\frac{q\left(t+\dfrac{r}{v}\right)}{4\pi\varepsilon r}$$

上式表明，位于坐标原点的时变点电荷在时刻 t、位置 $\boldsymbol{r}$ 处产生的标量位由 $t+r/v$ 时刻的电荷状态决定，即标量位是超前于点电荷的。这显然不符合物理学的因果定律，故而需要将这一种解舍去。

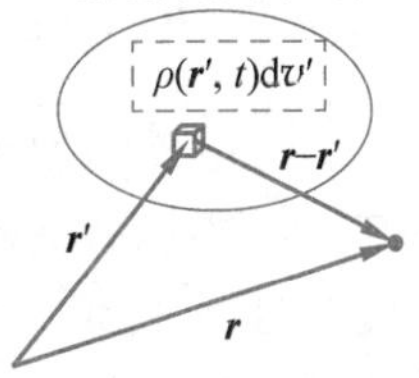

图 3-9　分布电荷示意图

如图 3-9 所示，若时变电荷分布在体积 V 中，则 V 中 $\boldsymbol{r}'$ 处的体积微元 $\mathrm{d}v'$ 中包含的电荷 $\rho(\boldsymbol{r}',t)\mathrm{d}v'$ 可以看作位于 $\boldsymbol{r}'$ 处的点电荷，它在空间任意 $\boldsymbol{r}$ 点($\boldsymbol{r}\neq\boldsymbol{r}'$)处产生的位函数为

$$\mathrm{d}\Phi(\boldsymbol{r},t)=\frac{\rho\left(\boldsymbol{r}',t-\dfrac{|\boldsymbol{r}-\boldsymbol{r}'|}{v}\right)\mathrm{d}v'}{4\pi\varepsilon|\boldsymbol{r}-\boldsymbol{r}'|}$$

由于 $\Phi(\boldsymbol{r},t)$ 满足的方程(3-30b)是线性方程，故 $\Phi(\boldsymbol{r},t)$ 满足叠加原理。因此，体积 V 中所有电荷在 $\boldsymbol{r}$ 点产生的位函数 $\Phi(\boldsymbol{r},t)$ 应等于所有体积微元 $\mathrm{d}v'$ 产生的位函数 $\mathrm{d}\Phi(\boldsymbol{r},t)$ 的叠加，即

$$\Phi(\boldsymbol{r},t)=\frac{1}{4\pi\varepsilon}\iiint_V\frac{\rho\left(\boldsymbol{r}',t-\dfrac{|\boldsymbol{r}-\boldsymbol{r}'|}{v}\right)}{|\boldsymbol{r}-\boldsymbol{r}'|}\mathrm{d}v' \tag{3-35}$$

这就是无界、均匀、线性、各向同性、不导电媒质空间中标量位方程(3-30b)的解。

2. 矢量位的解

在直角坐标系中，矢量位的波动方程式(3-30a)可以分解成如下三个标量方程：

$$\nabla^2A_i(\boldsymbol{r},t)-\varepsilon\mu\frac{\partial A_i(\boldsymbol{r},t)}{\partial t^2}=-\mu J_i(\boldsymbol{r},t)\quad(i=x,y,z) \tag{3-36}$$

这三个标量方程与标量位 $\Phi(\boldsymbol{r},t)$ 的方程(3-30b)形式相同，故解的形式也相同，即

$$A_i(\boldsymbol{r},t)=\frac{\mu}{4\pi}\iiint_V\frac{J_i\left(\boldsymbol{r}',t-\dfrac{|\boldsymbol{r}-\boldsymbol{r}'|}{v}\right)}{|\boldsymbol{r}-\boldsymbol{r}'|}\mathrm{d}v'\quad(i=x,y,z) \tag{3-37}$$

写成矢量形式为

$$\boldsymbol{A}(\boldsymbol{r},t)=\frac{\mu}{4\pi}\iiint_V\frac{\boldsymbol{J}\left(\boldsymbol{r}',t-\dfrac{|\boldsymbol{r}-\boldsymbol{r}'|}{v}\right)}{|\boldsymbol{r}-\boldsymbol{r}'|}\mathrm{d}v' \tag{3-38}$$

这就是无界、均匀、线性、各向同性、不导电媒质空间中矢量位的波动方程(3-30a)的解。

3.4 电磁场的能量

在第 2 章中推出了静电场、静磁场的能量密度，它们分别为

$$w_e=\frac{1}{2}\boldsymbol{E}\cdot\boldsymbol{D},\quad w_m=\frac{1}{2}\boldsymbol{H}\cdot\boldsymbol{B}$$

在得到这些能量密度公式时，对场的时变性质没有要求，因此它们也可用于计算时变场的能量。对于时变电磁场，由于时变电场和时变磁场可以相互激励、相互伴生的，时变电磁场的能量密度 w 是电场能量密度 w_e 与磁场能量密度 w_m 之和，即

$$w=w_e+w_m=\frac{1}{2}\boldsymbol{E}\cdot\boldsymbol{D}+\frac{1}{2}\boldsymbol{H}\cdot\boldsymbol{B} \tag{3-39}$$

区域 V 中的总电磁能量为

$$W=\iiint_V w\,\mathrm{d}v=\iiint_V (w_e+w_m)\,\mathrm{d}v=\iiint_V\left(\frac{1}{2}\boldsymbol{E}\cdot\boldsymbol{D}+\frac{1}{2}\boldsymbol{H}\cdot\boldsymbol{B}\right)\mathrm{d}v \tag{3-40}$$

静态电磁场的场矢量不随时间变化，其能量是静态储存的。而对于时变电磁场，空间某一位置处的电磁能量总是在动态变化的，这就意味着不同空间位置之间必然存在着电磁能量的流动。实际上，时变电磁场能够从场源向周围空间传播，电磁场的能量也随之传播，形成电磁能流。任何物理现象及其工程应用都是通过能量传递来实现的，电磁场的应用也依靠电磁能量的传播才得以实现，比如，利用电磁场进行无线通信就是携带信息的电磁能量持续传播，使得远处的电磁场接收装置(包括接收天线和接收机)接收到这些信息。因此，电磁能量的大小和流动方向是研究电磁场时十分关心的特征。

下面推导如何用时变电磁场的场矢量表示电磁能量的大小和流动方向，即时变电磁场的能流。

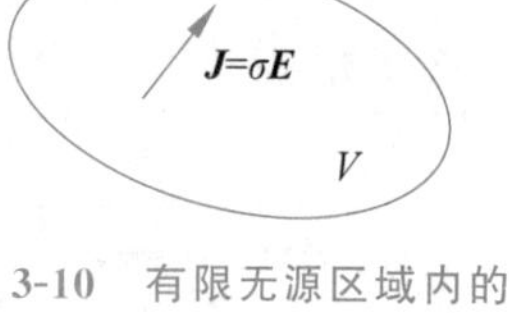

图 3-10 有限无源区域内的传导电流示意图

先假设在无源区域(媒质电导率为 σ)中研究电磁场的能流。如图 3-10 所示，该区域内没有外加场源，其中的传导电流由电场 $\boldsymbol{E}$ 在媒质中引起，电流密度 $\boldsymbol{J}=\sigma\boldsymbol{E}$，它与电场、磁场的关系为 $\boldsymbol{J}=\nabla\times\boldsymbol{H}-\partial\boldsymbol{D}/\partial t$。该传导电流引起的热损耗功率密度为

$$\boldsymbol{J}\cdot\boldsymbol{E}=\sigma E^2=\boldsymbol{E}\cdot(\nabla\times\boldsymbol{H})-\boldsymbol{E}\cdot\frac{\partial\boldsymbol{D}}{\partial t}$$

将矢量恒等式 $\boldsymbol{E}\cdot(\nabla\times\boldsymbol{H})=\boldsymbol{H}\cdot(\nabla\times\boldsymbol{E})-\nabla\cdot(\boldsymbol{E}\times\boldsymbol{H})$ 代入上式右边，并根据 $\nabla\times\boldsymbol{E}=-\partial\boldsymbol{B}/\partial t$，最终有

$$-\nabla\cdot(\boldsymbol{E}\times\boldsymbol{H})=\boldsymbol{J}\cdot\boldsymbol{E}+\boldsymbol{H}\cdot\frac{\partial\boldsymbol{B}}{\partial t}+\boldsymbol{E}\cdot\frac{\partial\boldsymbol{D}}{\partial t} \tag{3-41}$$

假设媒质是各向同性的线性媒质，上式的最后两项可改写为

$$\boldsymbol{H}\cdot\frac{\partial\boldsymbol{B}}{\partial t}=\frac{1}{2}\boldsymbol{H}\cdot\frac{\partial\boldsymbol{B}}{\partial t}+\frac{1}{2}\boldsymbol{B}\cdot\frac{\partial\boldsymbol{H}}{\partial t}=\frac{\partial}{\partial t}\left(\frac{1}{2}\boldsymbol{H}\cdot\boldsymbol{B}\right)$$

$$\boldsymbol{E}\cdot\frac{\partial\boldsymbol{D}}{\partial t}=\frac{1}{2}\boldsymbol{E}\cdot\frac{\partial\boldsymbol{D}}{\partial t}+\frac{1}{2}\boldsymbol{D}\cdot\frac{\partial\boldsymbol{E}}{\partial t}=\frac{\partial}{\partial t}\left(\frac{1}{2}\boldsymbol{E}\cdot\boldsymbol{D}\right)$$

式中：$\frac{1}{2}\boldsymbol{H}\cdot\boldsymbol{B}$、$\frac{1}{2}\boldsymbol{E}\cdot\boldsymbol{D}$ 分别是磁场能量密度和电场能量密度。

为更好地理解式(3-41)，依据其等号左边一项，引入一个新矢量——坡印廷矢量 $\boldsymbol{S}$，定义为

$$\boldsymbol{S}=\boldsymbol{E}\times\boldsymbol{H} \tag{3-42}$$

因此，式(3-41)可以写为

$$-\nabla\cdot\boldsymbol{S}=\boldsymbol{J}\cdot\boldsymbol{E}+\frac{\partial}{\partial t}\left(\frac{1}{2}\boldsymbol{H}\cdot\boldsymbol{B}+\frac{1}{2}\boldsymbol{E}\cdot\boldsymbol{D}\right)$$

将上式两边在该无源区域中的任意体积 V 上做体积分，并依据散度定理

$$\iiint_V\nabla\cdot\boldsymbol{S}\,\mathrm{d}v=\oiint_S\boldsymbol{S}\cdot\mathrm{d}\boldsymbol{s}$$

可得

$$-\oiint_S\boldsymbol{S}\cdot\mathrm{d}\boldsymbol{s}=\iiint_V\boldsymbol{J}\cdot\boldsymbol{E}\,\mathrm{d}v+\frac{\partial}{\partial t}\iiint_V\left(\frac{1}{2}\boldsymbol{H}\cdot\boldsymbol{B}+\frac{1}{2}\boldsymbol{E}\cdot\boldsymbol{D}\right)\mathrm{d}v \tag{3-43}$$

式中：S 为体积 V 的边界面。

式(3-43)右边第一项表示单位时间内 V 中电流损耗的焦耳热能量，第二项表示 V 中电磁能量随时间的增长率，或者说是单位时间内 V 中增加的电磁能量。由于已经假设研究区域中无外加场源，依据能量守恒定律，上式右边两项之和应等于“单位时间内通过 V 的边界面 S 流入 V 中的电磁能量”，即上式等号左边的项 $-\oiint_S\boldsymbol{S}\cdot\mathrm{d}\boldsymbol{s}$，如图 3-11 所示。式(3-43)描述的电磁能量守恒定律又称为坡印廷定理。

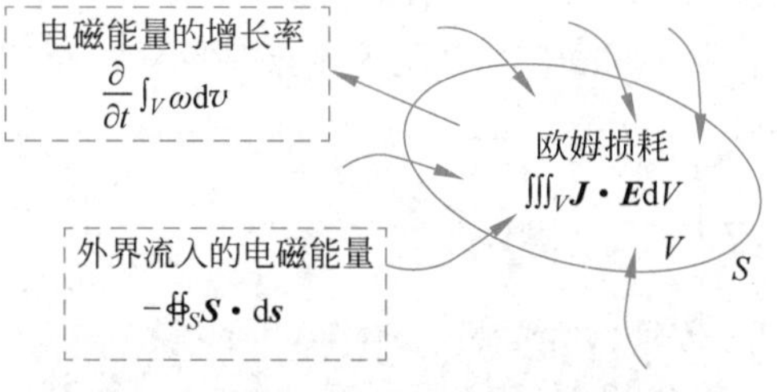

图 3-11　电磁能量守恒定律示意图

下面再讨论 V 内有外加电源的情况。此时 V 中的电流密度 $\boldsymbol{J}$ 可看作外加源电流 $\boldsymbol{J}_g$ 和电场引起的传导电流 $\boldsymbol{J}_c=\sigma\boldsymbol{E}$ 之和。将式(3-43)中的 $\boldsymbol{J}$ 替换成 $\boldsymbol{J}_g+\boldsymbol{J}_c$，移项整理，可得

$$-\oiint_S\boldsymbol{S}\cdot\mathrm{d}\boldsymbol{s}-\iiint_V\boldsymbol{J}_g\cdot\boldsymbol{E}\,\mathrm{d}v=\iiint_V\sigma E^2\,\mathrm{d}v+\frac{\partial}{\partial t}\iiint_V\left(\frac{1}{2}\boldsymbol{H}\cdot\boldsymbol{B}+\frac{1}{2}\boldsymbol{E}\cdot\boldsymbol{D}\right)\mathrm{d}v \tag{3-44}$$

这就是 V 中有外加电源情况下的坡印廷定理。$-\iiint_V\boldsymbol{J}_g\cdot\boldsymbol{E}\,\mathrm{d}v$ 表示单位时间内 V 中的外加电源提供的能量。上式说明：“单位时间内通过边界面 S 流入 V 中的电磁能量”(用 $-\oiint_S\boldsymbol{S}\cdot\mathrm{d}\boldsymbol{s}$ 表示)与“V 中外加电源提供的能量”之和，等于“单位时间内 V 中媒质电流损耗的焦耳热能量”和“单位时间内 V 中增加的电磁能量”之和，这同样符合能量守恒定律。

由无源、有源两种情况下的坡印廷定理式(3-43)、式(3-44)可知,“单位时间内通过 V 的边界面 S 流入 V 中的电磁能量”可用坡印廷矢量 $\boldsymbol{S}$ 在闭曲面 S 上的曲面积分 $-\oint\!\!\oint_S \boldsymbol{S}\cdot\mathrm{d}\boldsymbol{s}$ 来表示,积分微元 $\boldsymbol{S}\cdot\mathrm{d}\boldsymbol{s}$ 表示单位时间内流过面积微元 $\mathrm{d}\boldsymbol{s}$ 的电磁能量。因此,坡印廷矢量 $\boldsymbol{S}=\boldsymbol{E}\times\boldsymbol{H}$ 描述了电磁能量的流动特性:$\boldsymbol{S}$ 的方向表示电磁能量流动的方向,该方向垂直于电场强度和磁场强度,并依次构成右手螺旋法则;$\boldsymbol{S}$ 的模值等于单位时间内通过与能流方向垂直的单位面积的电磁能量,其单位为瓦特/米^2($\mathrm{W/m^2}$)。坡印廷矢量 $\boldsymbol{S}$ 又称为电磁场的能流密度矢量。

研究电磁问题时,通过计算任意点处的坡印廷矢量 $\boldsymbol{S}$ 来得知该点处的电磁能流的方向和大小,通过计算坡印廷矢量 $\boldsymbol{S}$ 在某个曲面上的积分 $\iint_S \boldsymbol{S}\cdot\mathrm{d}\boldsymbol{s}$ 来计算单位时间内流过该曲面的总电磁能量,即电磁功率。

【例 3-6】 在某无源理想介质区域中,$\boldsymbol{E}=E\cos(\omega t-kz)\hat{\boldsymbol{x}}$($\mathrm{V/m}$),求坡印廷矢量以及坡印廷矢量的时间平均值。

解:首先应用麦克斯韦方程组,由 $\boldsymbol{E}$ 求出 $\boldsymbol{H}$。

$$\frac{\partial \boldsymbol{B}}{\partial t}=-\nabla\times\boldsymbol{E}=-Ek\sin(\omega t-kz)\hat{\boldsymbol{y}}$$

$$\boldsymbol{H}=\frac{B}{\mu}\Rightarrow\boldsymbol{H}=\frac{k}{\omega\mu}E\cos(\omega t-kz)\hat{\boldsymbol{y}}\ (\mathrm{A/m})$$

$$\boldsymbol{S}=\boldsymbol{E}\times\boldsymbol{H}=\frac{k}{\omega\mu}E^2\cos^2(\omega t-kz)\hat{\boldsymbol{z}}\ (\mathrm{W/m^2})$$

$\boldsymbol{S}$ 只有 z 分量,可见电磁能量沿 z 轴方向流动。

由上式可见,$\boldsymbol{S}$ 是 t 的周期函数,其平均值也就是它在一个变化周期 T 中的平均值。

$$\omega T=2\pi,\quad T=2\pi/\omega$$

$$S_{\mathrm{av}}=\frac{1}{T}\int_0^T\frac{k}{\omega\mu}E^2\cos^2(\omega t-kz)\mathrm{d}t=\frac{k}{2\omega\mu}E^2\ (\mathrm{W/m^2})$$

3.5 时变电磁场的波动性

前面在讨论麦克斯韦方程组时已经指出,一旦场源在空间激发起时变电磁场,时变电场、时变磁场就会持续地相互激发,即使去掉场源,时变电磁场也会脱离场源而存在,并以一定速度向远处传播。为了研究时变电磁场传播的具体形式和性质,应当推导出时变电磁场场矢量各自满足的方程。本节将从麦克斯韦方程组出发,推导出时变场场矢量各自满足的方程,这些方程具有波动方程的形式,称为电磁场的波动方程。

3.5.1 波动方程

设所讨论的区域中有时变场源电流 $\boldsymbol{J}_{\mathrm{g}}$ 和时变场源电荷 ρ,媒质是均匀、线性、各向同性的,此区域中麦克斯韦方程组为

$$\nabla\times\boldsymbol{H}=(\boldsymbol{J}_{\mathrm{g}}+\sigma\boldsymbol{E})+\varepsilon\frac{\partial\boldsymbol{E}}{\partial t}\tag{3-45a}$$

$$\nabla\times \boldsymbol{E}=-\mu \frac{\partial \boldsymbol{H}}{\partial t} \tag{3-45b}$$

$$\nabla\cdot \boldsymbol{H}=0 \tag{3-45c}$$

$$\nabla\cdot \boldsymbol{E}=\frac{\rho}{\varepsilon} \tag{3-45d}$$

对式(3-45b)两边取旋度,并交换旋度算子$\nabla\times$与偏微分算子$\partial(\cdot)/\partial t$ 的次序,可得

$$\nabla\times \nabla\times \boldsymbol{E}=-\mu \frac{\partial}{\partial t}(\nabla\times \boldsymbol{H})$$

利用矢量恒等式$\nabla\times\nabla\times\boldsymbol{E}=\nabla(\nabla\cdot\boldsymbol{E})-\nabla^2\boldsymbol{E}$ 以及式(3-45a)、式(3-45d),由上式可得

$$\nabla^2 \boldsymbol{E}-\sigma\mu \frac{\partial \boldsymbol{E}}{\partial t^2}-\mu\varepsilon \frac{\partial^2 \boldsymbol{E}}{\partial t^2}=\mu \frac{\partial \boldsymbol{J}_{\mathrm{g}}}{\partial t}+\nabla\left(\frac{\rho}{\varepsilon}\right) \tag{3-46a}$$

用类似的方法,从式(3-45a)出发又可推导出

$$\nabla^2 \boldsymbol{H}-\sigma\mu \frac{\partial \boldsymbol{H}}{\partial t^2}-\mu\varepsilon \frac{\partial^2 \boldsymbol{H}}{\partial t^2}=-\nabla\times \boldsymbol{J}_{\mathrm{g}} \tag{3-46b}$$

式(3-46)具有波动方程的形式,通常将其称为电磁场的波动方程或达朗贝尔方程。

若研究的区域中无源,将 $\boldsymbol{J}_{\mathrm{g}}=0,\rho=0$ 这两个条件代入式(3-46),得到无源情况下的电磁场波动方程为

$$\nabla^2 \boldsymbol{E}-\sigma\mu \frac{\partial \boldsymbol{E}}{\partial t}-\mu\varepsilon \frac{\partial^2 \boldsymbol{E}}{\partial t^2}=0 \tag{3-47a}$$

$$\nabla^2 \boldsymbol{H}-\sigma\mu \frac{\partial \boldsymbol{H}}{\partial t}-\mu\varepsilon \frac{\partial^2 \boldsymbol{H}}{\partial t^2}=0 \tag{3-47b}$$

若无源区域中的媒质是不导电媒质,其电导率 $\sigma=0$。将 $\sigma=0$ 代入式(3-47),得到不导电媒质中的无源波动方程为

$$\nabla^2 \boldsymbol{E}-\mu\varepsilon \frac{\partial^2 \boldsymbol{E}}{\partial t^2}=0 \tag{3-48a}$$

$$\nabla^2 \boldsymbol{H}-\mu\varepsilon \frac{\partial^2 \boldsymbol{H}}{\partial t^2}=0 \tag{3-48b}$$

依据有源波动方程(式(3-46)),可以由场源求出辐射的电磁波。依据无源波动方程(式(3-47)或式(3-48)),可以研究电磁波脱离场源之后在无源空间中传播的性质。

3.5.2 波动性

为了说明电磁场的波动性,先在简单情况下求解波动方程,再分析波动性。

设媒质是均匀、线性、各向同性、不导电的,所研究区域中无源,此时场矢量满足的波动方程为方程(3-48)。令 ψ 表示 $\boldsymbol{E}(\boldsymbol{r},t)$或 $\boldsymbol{H}(\boldsymbol{r},t)$的任意直角坐标分量。为简化求解,假设 ψ 仅是坐标 z 和时间 t 的函数,即 $\psi=\psi(z,t)$,将其代入式(3-48),得 ψ 所满足的方程为

$$\frac{\partial^2 \psi(z,t)}{\partial^2 z}-\mu\varepsilon \frac{\partial^2 \psi(z,t)}{\partial t^2}=0 \tag{3-49}$$

由偏微分方程知识可知,在无界空间中,该偏微分方程的通解为达朗贝尔解,表示为

$$\psi(z,t)=f\left(t-\frac{z}{v}\right)+g\left(t+\frac{z}{v}\right) \tag{3-50}$$

式中:$v=1/\sqrt{\varepsilon\mu}$;$f$、$g$ 为二阶可微函数。

下面分析达朗贝尔解的物理意义。第一项 $f(t-z/v)$ 有空间坐标 z 和时间坐标 t 两个自变量。假设在 $z=z_1$ 的 P_1 点,函数 f 随 t 变化的曲线如图 3-12(a)所示,f 在 t_1、t_2、t_3 时刻的函数值分别为 $f_1=f(t_1-z_1/v)$,$f_2=f(t_2-z_1/v)$,$f_3=f(t_3-z_1/v)$。

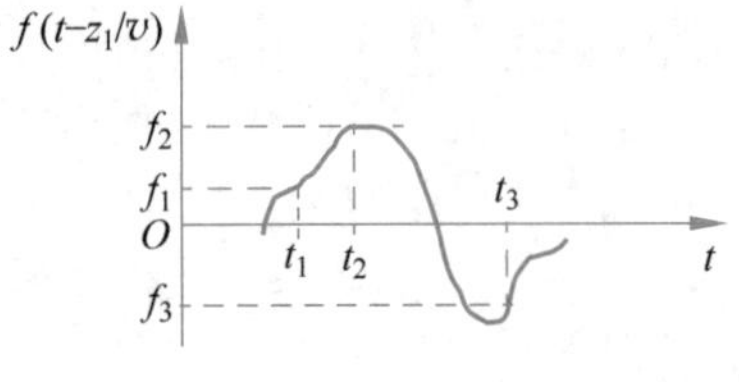

(a) $z=z_1$的P_1点处f的时变曲线

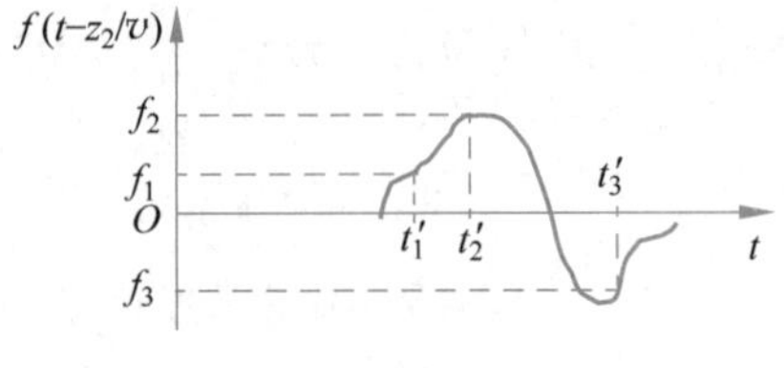

(b) $z=z_2$的P_2点处f的时变曲线

图 3-12　不同的空间点处函数的时变形式

在 $z=z_2=z_1+\Delta z(z_2>z_1)$ 的 P_2 点,同样的函数值 f_1 必然出现在 $t_1'=t_1+\Delta t=t_1+\Delta z/v$ 时刻,因为 $f[t_1'-(z_1+\Delta z)/v]=f(t_1-z_1/v)=f_1$,所以可以认为 P_1 点在 t_1 时刻的函数值经过一段长为 Δt 的时间传到了 P_2 点,传播的速度 $v=\Delta z/\Delta t$。同理,P_1 点在其他时刻的函数值也会经过一段长为 Δt 的时间传到 P_2 点。比如,P_1 点在 t_2 时刻的函数值为 f_2,则 P_2 点在 $t_2'=t_2+\Delta t$ 时刻的函数值也等于 f_2,因为 $f[t_2'-(z_1+\Delta z)/v]=f[t_2+\Delta t-(z_1+\Delta z)/v]=f(t_2-z_1/v)=f_2$;$P_1$ 点在 t_3 时刻的函数值为 f_3,则 P_2 点在 $t_3'=t_3+\Delta t$ 时刻的函数值也等于 f_3;…。因此,P_2 点总是在重复 P_1 点出现过的函数值,只不过时间滞后了 Δt。图 3-12(b)中绘出 P_2 点处函数 f 随时间 t 的变化曲线,它与 P_1 点的时变曲线完全相同,这说明函数 f 在 P_1 点的变化(即振动)经过一段时间就传播到了 P_2 点,传播速度为 v,传播方向为 z 值增大的方向。"振动在空间中的传播"被定义为"波动",由此可知函数 f 表示一个向正 z 方向传播的波动。

用同样的方法分析式(3-50)的第二项 $g(t+z/v)$,可知,它表示向 z 值减小方向,也就是向负 z 方向传播的波动,传播速度 $v=1/\sqrt{\varepsilon\mu}$。因此,波动方程(3-49)的通解 ψ 包含两个向相反方向传播的波动。

前面已经假设,ψ 表示场矢量 $\boldsymbol{E}(\boldsymbol{r},t)$ 或 $\boldsymbol{H}(\boldsymbol{r},t)$ 的任意直角坐标分量,同理 $\boldsymbol{E}(\boldsymbol{r},t)$ 或 $\boldsymbol{H}(\boldsymbol{r},t)$ 的其他直角坐标分量也和 ψ 一样具有波动性,因此 $\boldsymbol{E}(\boldsymbol{r},t)$、$\boldsymbol{H}(\boldsymbol{r},t)$ 都具有波动性,这也是将其称为电磁波的原因。电磁波的传播速度 $v=1/\sqrt{\varepsilon\mu}$,在空气(其 ε、μ 值近似为 ε_0、μ_0)中,$v_0=1/\sqrt{\varepsilon_0\mu_0}\approx 2.9979\times10^8$(m/s)。

需要说明的是,上述分析过程中并没有给出 ψ 中函数 $f(t-z/v)$、$g(t+z/v)$ 的具体表示式。实际上,函数 $f(t-z/v)$、$g(t+z/v)$ 的具体表示式取决于电磁波辐射源的空间分布形式及其时间变化形式,可通过有源波动方程(3-46)求解。但不管 $f(t-z/v)$、$g(t+z/v)$ 的具体表示式如何,都不影响上述波动性分析的结论。

3.6 时谐电磁场

通过分析时变电磁场的波动性可知，时变电磁场场矢量的时变形式取决于场源 ρ、$\boldsymbol{J}$ 的时变形式。理论上来说，时变形式有无穷多种，但在研究电磁学和应用电磁场时往往特别关注时谐电磁场，即场分量随时间做简谐变化（包括正弦变化和余弦变化）的电磁场。时谐电磁场也是一种实际中广泛应用的电磁场，任意时变形式的电磁场理论上都可以用傅里叶级数或傅里叶积分展开成时谐电磁场的叠加。因此，研究时谐电磁场得到的结论可以推广到其他时变形式的电磁场，时谐电磁场具有典型性、代表性，研究时谐电磁场是研究其他时变形式电磁场的基础。

3.6.1 时谐电磁场的瞬时表示式和复数表示式

时谐电磁场由时谐场源产生。时谐电磁场的场矢量也随时间 t 以角频率 ω 做简谐变化，各个分量也可用时谐函数表示，以电场强度 $\boldsymbol{E}(\boldsymbol{r},t)$ 为例：

$$\begin{aligned}\boldsymbol{E}(\boldsymbol{r},t) &= E_x(\boldsymbol{r},t)\hat{\boldsymbol{x}} + E_y(\boldsymbol{r},t)\hat{\boldsymbol{y}} + E_z(\boldsymbol{r},t)\hat{\boldsymbol{z}} \\ &= E_{xm}(\boldsymbol{r})\cos[\omega t + \phi_x(\boldsymbol{r})]\hat{\boldsymbol{x}} + E_{ym}(\boldsymbol{r})\cos[\omega t + \phi_y(\boldsymbol{r})]\hat{\boldsymbol{y}} + \\ &\quad E_{zm}(\boldsymbol{r})\cos[\omega t + \phi_z(\boldsymbol{r})]\hat{\boldsymbol{z}}\end{aligned} \tag{3-51}$$

式中：$E_{xm}(\boldsymbol{r})$、$E_{ym}(\boldsymbol{r})$、$E_{zm}(\boldsymbol{r})$ 分别为 E_x、E_y、E_z 分量在 $\boldsymbol{r}$ 点处的振幅；$\phi_x(\boldsymbol{r})$、$\phi_y(\boldsymbol{r})$、$\phi_z(\boldsymbol{r})$ 分别为 E_x、E_y、E_z 分量在 $\boldsymbol{r}$ 点处的初始相位。

其他场矢量也可以表示成类似的形式，这种形式的表示式称为时谐电磁场的瞬时表示式。

实际上，时谐场瞬时表示式中与时间有关的角频率 ω 和时谐函数形式 $\cos(\omega t+\cdots)$ 都可以作为已知信息而隐匿，只需要关注与空间坐标 $\boldsymbol{r}$ 有关的信息，例如振幅 $E_{xm}(\boldsymbol{r})$、$E_{ym}(\boldsymbol{r})$、$E_{zm}(\boldsymbol{r})$ 和初始相位 $\phi_x(\boldsymbol{r})$、$\phi_y(\boldsymbol{r})$、$\phi_z(\boldsymbol{r})$。按照这样的思路，可将时谐场的场矢量、场源都用复数表示，并将场方程写成复数形式，使得时谐场的表示式和计算、分析过程大为简化。

以电场强度 $\boldsymbol{E}(\boldsymbol{r},t)$ 为例，其 x 分量可以写成如下复数形式：

$$E_x(\boldsymbol{r},t) = E_{xm}(\boldsymbol{r})\cos[\omega t + \phi_x(\boldsymbol{r})] = \mathrm{Re}[E_{xm}(\boldsymbol{r})\mathrm{e}^{\mathrm{j}\phi_x(\boldsymbol{r})}\mathrm{e}^{\mathrm{j}\omega t}] = \mathrm{Re}[E_x(\boldsymbol{r})\mathrm{e}^{\mathrm{j}\omega t}] \tag{3-52}$$

式中：复数 $E_x(\boldsymbol{r})=E_{xm}(\boldsymbol{r})\mathrm{e}^{\mathrm{j}\phi_x(\boldsymbol{r})}$ 称为 E_x 分量在 $\boldsymbol{r}$ 处的复振幅，它与时间无关，但包含了 E_x 分量与空间位置 $\boldsymbol{r}$ 有关的所有信息，即振幅 $E_{xm}(\boldsymbol{r})$ 和初始相角 $\phi_x(\boldsymbol{r})$。依据 $E_x(\boldsymbol{r})$ 和角频率 ω，就可以通过式(3-52)还原出 $E_x(\boldsymbol{r},t)$，因此用复振幅 $E_x(\boldsymbol{r})$ 来代替 $E_x(\boldsymbol{r},t)$ 既简洁又完备。

类似地，电场强度 $\boldsymbol{E}(\boldsymbol{r},t)$ 的其他分量也可以写成用其复振幅表示的形式：

$$\begin{aligned}\boldsymbol{E}(\boldsymbol{r},t) &= E_{xm}(\boldsymbol{r})\cos[\omega t + \phi_x(\boldsymbol{r})]\hat{\boldsymbol{x}} + E_{ym}(\boldsymbol{r})\cos[\omega t + \phi_y(\boldsymbol{r})]\hat{\boldsymbol{y}} + E_{zm}(\boldsymbol{r})\cos[\omega t + \phi_z(\boldsymbol{r})]\hat{\boldsymbol{z}} \\ &= \mathrm{Re}[E_{xm}(\boldsymbol{r})\mathrm{e}^{\mathrm{j}\phi_x(\boldsymbol{r})}\mathrm{e}^{\mathrm{j}\omega t}]\hat{\boldsymbol{x}} + \mathrm{Re}[E_{ym}(\boldsymbol{r})\mathrm{e}^{\mathrm{j}\phi_y(\boldsymbol{r})}\mathrm{e}^{\mathrm{j}\omega t}]\hat{\boldsymbol{y}} + \mathrm{Re}[E_{zm}(\boldsymbol{r})\mathrm{e}^{\mathrm{j}\phi_z(\boldsymbol{r})}\mathrm{e}^{\mathrm{j}\omega t}]\hat{\boldsymbol{z}}\end{aligned}$$

$$= \mathrm{Re}[E_x(\boldsymbol{r})\mathrm{e}^{\mathrm{j}\omega t}]\hat{\boldsymbol{x}} + \mathrm{Re}[E_y(\boldsymbol{r})\mathrm{e}^{\mathrm{j}\omega t}]\hat{\boldsymbol{y}} + \mathrm{Re}[E_z(\boldsymbol{r})\mathrm{e}^{\mathrm{j}\omega t}]\hat{\boldsymbol{z}}$$
$$= \mathrm{Re}\{[E_x(\boldsymbol{r})\hat{\boldsymbol{x}} + E_y(\boldsymbol{r})\hat{\boldsymbol{y}} + E_z(\boldsymbol{r})\hat{\boldsymbol{z}}]\mathrm{e}^{\mathrm{j}\omega t}\}$$
$$= \mathrm{Re}[\boldsymbol{E}(\boldsymbol{r})\mathrm{e}^{\mathrm{j}\omega t}] \tag{3-53a}$$

式中：$E_y(\boldsymbol{r})=E_{ym}(\boldsymbol{r})\mathrm{e}^{\mathrm{j}\phi_y(\boldsymbol{r})}$、$E_z(\boldsymbol{r})=E_{zm}(\boldsymbol{r})\mathrm{e}^{\mathrm{j}\phi_z(\boldsymbol{r})}$ 分别是 E_y 分量、E_z 分量的复振幅。而矢量 $\boldsymbol{E}(\boldsymbol{r})=E_x(\boldsymbol{r})\hat{\boldsymbol{x}}+E_y(\boldsymbol{r})\hat{\boldsymbol{y}}+E_z(\boldsymbol{r})\hat{\boldsymbol{z}}$ 称为 $\boldsymbol{E}(\boldsymbol{r},t)$ 在 $\boldsymbol{r}$ 处的复振幅矢量，又称为 $\boldsymbol{E}(\boldsymbol{r},t)$ 的复数表示式。复数表示式比瞬时表示式更简洁，因此在时谐场条件下往往采用复数表示式来表示场矢量。

场矢量 $\boldsymbol{D}(\boldsymbol{r},t)$、$\boldsymbol{H}(\boldsymbol{r},t)$、$\boldsymbol{B}(\boldsymbol{r},t)$、$\boldsymbol{J}(\boldsymbol{r},t)$ 都可按上述方法用其复数形式来表示：

$$\boldsymbol{D}(\boldsymbol{r},t)=\mathrm{Re}[\boldsymbol{D}(\boldsymbol{r})\mathrm{e}^{\mathrm{j}\omega t}],\quad \boldsymbol{D}(\boldsymbol{r})=D_x(\boldsymbol{r})\hat{\boldsymbol{x}}+D_y(\boldsymbol{r})\hat{\boldsymbol{y}}+D_z(\boldsymbol{r})\hat{\boldsymbol{z}} \tag{3-53b}$$

$$\boldsymbol{H}(\boldsymbol{r},t)=\mathrm{Re}[\boldsymbol{H}(\boldsymbol{r})\mathrm{e}^{\mathrm{j}\omega t}],\quad \boldsymbol{H}(\boldsymbol{r})=H_x(\boldsymbol{r})\hat{\boldsymbol{x}}+H_y(\boldsymbol{r})\hat{\boldsymbol{y}}+H_z(\boldsymbol{r})\hat{\boldsymbol{z}} \tag{3-53c}$$

$$\boldsymbol{B}(\boldsymbol{r},t)=\mathrm{Re}[\boldsymbol{B}(\boldsymbol{r})\mathrm{e}^{\mathrm{j}\omega t}],\quad \boldsymbol{B}(\boldsymbol{r})=B_x(\boldsymbol{r})\hat{\boldsymbol{x}}+B_y(\boldsymbol{r})\hat{\boldsymbol{y}}+B_z(\boldsymbol{r})\hat{\boldsymbol{z}} \tag{3-53d}$$

$$\boldsymbol{J}(\boldsymbol{r},t)=\mathrm{Re}[\boldsymbol{J}(\boldsymbol{r})\mathrm{e}^{\mathrm{j}\omega t}],\quad \boldsymbol{J}(\boldsymbol{r})=J_x(\boldsymbol{r})\hat{\boldsymbol{x}}+J_y(\boldsymbol{r})\hat{\boldsymbol{y}}+J_z(\boldsymbol{r})\hat{\boldsymbol{z}} \tag{3-53e}$$

需要注意以下三个方面：

(1) 只有时谐电磁场的场矢量才能写成复数表示式，复数表示式只与空间位置变量有关，与时间变量无关。

(2) 复数表示式仅仅是时谐电磁场的一种简化数学表示形式，真实的电磁场矢量是与之相对应的瞬时表示式。

(3) 只有频率相同的时谐场之间才能直接使用复数表示式进行运算。

分析、研究时为方便起见，往往需要将场矢量的瞬时形式与复数形式相互转换，以下例题说明了转换过程和需注意的事项。

【例 3-7】 写出与下列场矢量表示式对应的瞬时表示式或复数表示式：

(1) $\boldsymbol{E}(\boldsymbol{r})=E_0\sin(k_x x)\sin(k_y y)\mathrm{e}^{-\mathrm{j}k_z z}\hat{\boldsymbol{z}}$

(2) $\boldsymbol{E}=2\mathrm{j}E_0\sin\theta\cos(kx\cos\theta)\mathrm{e}^{-\mathrm{j}k_z z\sin\theta}\hat{\boldsymbol{x}}$

(3) $\boldsymbol{E}=E_{ym}\cos(\omega t-kx+\alpha)\hat{\boldsymbol{y}}+E_{zm}\sin(\omega t-kx+\alpha)\hat{\boldsymbol{z}}$

(4) $\boldsymbol{H}=H_0\sin(kz-\omega t)\hat{\boldsymbol{x}}+H_0\cos(kz-\omega t)\hat{\boldsymbol{z}}$

解：(1) 原表示式是复数表示式，要写出它的瞬时表示式。利用式(3-53a)可得

$$\begin{aligned}\boldsymbol{E}(\boldsymbol{r},t)&=\mathrm{Re}[\boldsymbol{E}(\boldsymbol{r})\mathrm{e}^{\mathrm{j}\omega t}]\\&=\mathrm{Re}[E_0\sin(k_x x)\sin(k_y y)\mathrm{e}^{-\mathrm{j}k_z z}\mathrm{e}^{\mathrm{j}\omega t}\hat{\boldsymbol{z}}]\\&=E_0\sin(k_x x)\sin(k_y y)\cos(\omega t-k_z)\hat{\boldsymbol{z}}\end{aligned}$$

(2) 原表示式是复数表示式，要写出它的瞬时表示式。注意复系数 j 要写成 e 的指数形式，然后将 e 的所有指数相加得到时谐函数的相位，于是有

$$\begin{aligned}\boldsymbol{E}(\boldsymbol{r},t)&=\mathrm{Re}[\boldsymbol{E}(\boldsymbol{r})\mathrm{e}^{\mathrm{j}\omega t}]\\&=\mathrm{Re}[2\mathrm{j}E_0\sin\theta\cos(kx\cos\theta)\mathrm{e}^{-\mathrm{j}k_z z\sin\theta}\mathrm{e}^{\mathrm{j}\omega t}\hat{\boldsymbol{x}}]\\&=\mathrm{Re}[2E_0\sin\theta\cos(kx\cos\theta)\mathrm{e}^{\mathrm{j}\pi/2}\mathrm{e}^{-\mathrm{j}k_z z\sin\theta}\mathrm{e}^{\mathrm{j}\omega t}\hat{\boldsymbol{x}}]\end{aligned}$$

$$=2E_0\sin\theta\cos(kx\cos\theta)\cos(\omega t-k_z z\sin\theta+\pi/2)\hat{\boldsymbol{x}}$$
$$=-2E_0\sin\theta\cos(kx\cos\theta)\sin(\omega t-k_z z\sin\theta)\hat{\boldsymbol{x}}$$

(3) 原表示式是瞬时表示式，要写出它的复数表示式，须将其转化为式(3-53a)的形式。先将所有时谐函数都转化为 cos 函数，才能将它们写成复数的实部，于是有

$$\begin{aligned}\boldsymbol{E}(\boldsymbol{r},t)&=E_{ym}\cos(\omega t-kx+\alpha)\hat{\boldsymbol{y}}+E_{zm}\sin(\omega t-kx+\alpha)\hat{\boldsymbol{z}}\\&=E_{ym}\cos(\omega t-kx+\alpha)\hat{\boldsymbol{y}}+E_{zm}\cos(\omega t-kx+\alpha-\pi/2)\hat{\boldsymbol{z}}\\&=\mathrm{Re}(E_{ym}\mathrm{e}^{\mathrm{j}(-kx+\alpha)}\mathrm{e}^{\mathrm{j}\omega t}\hat{\boldsymbol{y}}+E_{zm}\mathrm{e}^{\mathrm{j}(-kx+\alpha)}\mathrm{e}^{-\mathrm{j}\pi/2}\mathrm{e}^{\mathrm{j}\omega t}\hat{\boldsymbol{z}})\\&=\mathrm{Re}[(E_{ym}\mathrm{e}^{\mathrm{j}(-kx+\alpha)}\hat{\boldsymbol{y}}-\mathrm{j}E_{zm}\mathrm{e}^{\mathrm{j}(-kx+\alpha)}\hat{\boldsymbol{z}})\mathrm{e}^{\mathrm{j}\omega t}]\\&=\mathrm{Re}[\boldsymbol{E}(\boldsymbol{r})\mathrm{e}^{\mathrm{j}\omega t}]\end{aligned}$$
$$\boldsymbol{E}(\boldsymbol{r})=E_{ym}\mathrm{e}^{-\mathrm{j}(kx-\alpha)}\hat{\boldsymbol{y}}-\mathrm{j}E_{zm}\mathrm{e}^{-\mathrm{j}(kx-\alpha)}\hat{\boldsymbol{z}}$$

(4) 原表示式是瞬时表示式，要写出它的复数表示式。将 ωt 前的负号化成正号，才能转化为式(3-53c)的形式，于是有

$$\begin{aligned}\boldsymbol{H}(\boldsymbol{r},t)&=H_0\sin(kz-\omega t)\hat{\boldsymbol{x}}+H_0\cos(kz-\omega t)\hat{\boldsymbol{z}}\\&=-H_0\cos(\omega t-kz-\pi/2)\hat{\boldsymbol{x}}+H_0\cos(\omega t-kz)\hat{\boldsymbol{z}}\\&=\mathrm{Re}(-H_0\mathrm{e}^{-\mathrm{j}kz}\mathrm{e}^{-\mathrm{j}\pi/2}\mathrm{e}^{\mathrm{j}\omega t}\hat{\boldsymbol{x}}+H_0\mathrm{e}^{-\mathrm{j}kz}\mathrm{e}^{\mathrm{j}\omega t}\hat{\boldsymbol{z}})\\&=\mathrm{Re}[(\mathrm{j}H_0\mathrm{e}^{-\mathrm{j}kz}\hat{\boldsymbol{x}}+H_0\mathrm{e}^{-\mathrm{j}kz}\hat{\boldsymbol{z}})\mathrm{e}^{\mathrm{j}\omega t}]\end{aligned}$$
$$\boldsymbol{H}(\boldsymbol{r})=\mathrm{j}H_0\mathrm{e}^{-\mathrm{j}kz}\hat{\boldsymbol{x}}+H_0\mathrm{e}^{-\mathrm{j}kz}\hat{\boldsymbol{z}}$$

3.6.2 时谐场的复数形式麦克斯韦方程组和结构方程、边界条件

在时谐电磁场前提下，麦克斯韦方程组也可以写成复数形式。以全电流定律为例将其中所有的物理量都用复数表示式来表示，即

$$\nabla\times\mathrm{Re}[\boldsymbol{H}(\boldsymbol{r})\mathrm{e}^{\mathrm{j}\omega t}]=\mathrm{Re}[\boldsymbol{J}(\boldsymbol{r})\mathrm{e}^{\mathrm{j}\omega t}]+\frac{\partial\mathrm{Re}[\boldsymbol{D}(\boldsymbol{r})\mathrm{e}^{\mathrm{j}\omega t}]}{\partial t}\tag{3-54}$$

交换取实部的 Re 运算与偏微分算子∇·、∇×的运算次序，可得

$$\mathrm{Re}[\nabla\times\boldsymbol{H}(\boldsymbol{r})\mathrm{e}^{\mathrm{j}\omega t}]=\mathrm{Re}[\boldsymbol{J}(\boldsymbol{r})\mathrm{e}^{\mathrm{j}\omega t}+\mathrm{j}\omega\boldsymbol{D}(\boldsymbol{r})\mathrm{e}^{\mathrm{j}\omega t}]$$

即

$$\mathrm{Re}\{[\nabla\times\boldsymbol{H}(\boldsymbol{r})-\boldsymbol{J}(\boldsymbol{r})-\mathrm{j}\omega\boldsymbol{D}(\boldsymbol{r})]\mathrm{e}^{\mathrm{j}\omega t}\}=0\tag{3-55}$$

上式对任意 t 都成立的条件为

$$\nabla\times\boldsymbol{H}(\boldsymbol{r})-\boldsymbol{J}(\boldsymbol{r})-\mathrm{j}\omega\boldsymbol{D}(\boldsymbol{r})=0$$

即

$$\nabla\times\boldsymbol{H}(\boldsymbol{r})=\boldsymbol{J}(\boldsymbol{r})+\mathrm{j}\omega\boldsymbol{D}(\boldsymbol{r})$$

上式就是时谐电磁场情况下全电流定律的复数形式。

类似地，在时谐电磁场情况下可将麦克斯韦方程组中其他三个方程写成复数形式，得到复数形式的麦克斯韦方程组：

$$\nabla\times\boldsymbol{H}(\boldsymbol{r})=\boldsymbol{J}(\boldsymbol{r})+\mathrm{j}\omega\boldsymbol{D}(\boldsymbol{r})\tag{3-56a}$$

$$\nabla\times \boldsymbol{E}(\boldsymbol{r}) = -\mathrm{j}\omega \boldsymbol{B}(\boldsymbol{r}) \tag{3-56b}$$

$$\nabla\cdot \boldsymbol{B}(\boldsymbol{r}) = 0 \tag{3-56c}$$

$$\nabla\cdot \boldsymbol{D}(\boldsymbol{r}) = \rho(\boldsymbol{r}) \tag{3-56d}$$

可以看到，与瞬时形式的麦克斯韦方程组相比，复数形式的麦克斯韦方程组唯一的变化就是对时间的偏微分项$\partial/\partial t$ 替换为 $\mathrm{j}\omega$，$\nabla\cdot$、$\nabla\times$等算子均保持不变。另外，需要特别注意，方程组(3-56)只适用于时谐电磁场，不适用于其他时变类型的电磁场。

时谐电磁场的结构方程和边界条件的复数形式分别为

$$\begin{cases}\boldsymbol{D}(\boldsymbol{r}) = \varepsilon \boldsymbol{E}(\boldsymbol{r}) \\ \boldsymbol{B}(\boldsymbol{r}) = \mu \boldsymbol{H}(\boldsymbol{r}) \\ \boldsymbol{J}(\boldsymbol{r}) = \sigma \boldsymbol{E}(\boldsymbol{r})\end{cases} \tag{3-57}$$

$$\begin{cases}\hat{\boldsymbol{n}}\times[\boldsymbol{H}_2(\boldsymbol{r}) - \boldsymbol{H}_1(\boldsymbol{r})] = \boldsymbol{J}_{\mathrm{s}}(\boldsymbol{r}) \\ \hat{\boldsymbol{n}}\times[\boldsymbol{E}_2(\boldsymbol{r}) - \boldsymbol{E}_1(\boldsymbol{r})] = 0 \\ \hat{\boldsymbol{n}}\cdot[\boldsymbol{B}_2(\boldsymbol{r}) - \boldsymbol{B}_1(\boldsymbol{r})] = 0 \\ \hat{\boldsymbol{n}}\cdot[\boldsymbol{D}_2(\boldsymbol{r}) - \boldsymbol{D}_1(\boldsymbol{r})] = \rho_{\mathrm{s}}(\boldsymbol{r})\end{cases} \quad \text{或} \quad \begin{cases}H_{2\mathrm{t}}(\boldsymbol{r}) - H_{1\mathrm{t}}(\boldsymbol{r}) = J_{\mathrm{s}}(\boldsymbol{r}) \\ E_{2\mathrm{t}}(\boldsymbol{r}) = E_{1\mathrm{t}}(\boldsymbol{r}) \\ B_{2\mathrm{n}}(\boldsymbol{r}) = B_{1\mathrm{n}}(\boldsymbol{r}) \\ D_{2\mathrm{n}}(\boldsymbol{r}) - D_{1\mathrm{n}}(\boldsymbol{r}) = \rho_{\mathrm{s}}(\boldsymbol{r})\end{cases} \tag{3-58}$$

时谐电磁场的结构方程、边界条件的形式与一般结构方程、边界条件完全相同，只是其中的场矢量均写成复数表示式。

【例 3-8】 用场矢量的复数表示式重新求解例 3-4 中的问题。

解：例 3-4 中给出的是时谐电磁场的电场强度瞬时表示式

$$\boldsymbol{E} = E_0\cos(\omega t - \beta z)\hat{\boldsymbol{x}} = \mathrm{Re}[(E_0\mathrm{e}^{-\mathrm{j}\beta z}\hat{\boldsymbol{x}})\mathrm{e}^{\mathrm{j}\omega t}]$$

其复数表示式为

$$\boldsymbol{E}(\boldsymbol{r}) = E_0\mathrm{e}^{-\mathrm{j}\beta z}\hat{\boldsymbol{x}}$$

因此，有

$$\boldsymbol{D}(\boldsymbol{r}) = \varepsilon_0\boldsymbol{E}(\boldsymbol{r}) = \varepsilon_0 E_0\mathrm{e}^{-\mathrm{j}\beta z}\hat{\boldsymbol{x}}$$

$$\rho_{\mathrm{s}0}(\boldsymbol{r}) = \hat{\boldsymbol{n}}_0\cdot\boldsymbol{D}(\boldsymbol{r}) = \varepsilon_0 E_0\mathrm{e}^{-\mathrm{j}\beta z},\quad x = 0$$

$$\rho_{\mathrm{sd}}(\boldsymbol{r}) = \hat{\boldsymbol{n}}_{\mathrm{d}}\cdot\boldsymbol{D}(\boldsymbol{r}) = -\varepsilon_0 E_0\mathrm{e}^{-\mathrm{j}\beta z},\quad x = d$$

由$\nabla\times\boldsymbol{E}(\boldsymbol{r}) = -\mathrm{j}\omega\boldsymbol{B}(\boldsymbol{r})$，$\boldsymbol{H}(\boldsymbol{r}) = \boldsymbol{B}(\boldsymbol{r})/\mu_0$ 可求出

$$\boldsymbol{H}(\boldsymbol{r}) = E_0 = \sqrt{\frac{\varepsilon_0}{\mu_0}}\mathrm{e}^{-\mathrm{j}\beta z}\hat{\boldsymbol{y}}$$

$$\boldsymbol{J}_{\mathrm{s}0}(\boldsymbol{r}) = \hat{\boldsymbol{n}}_0\times\boldsymbol{H}(\boldsymbol{r}) = E_0\sqrt{\frac{\varepsilon_0}{\mu_0}}\mathrm{e}^{-\mathrm{j}\beta z}\hat{\boldsymbol{z}},\quad x = 0$$

$$\boldsymbol{J}_{\mathrm{sd}}(\boldsymbol{r}) = \hat{\boldsymbol{n}}_{\mathrm{d}}\times\boldsymbol{H}(\boldsymbol{r}) = -E_0\sqrt{\frac{\varepsilon_0}{\mu_0}}\mathrm{e}^{-\mathrm{j}\beta z}\hat{\boldsymbol{z}},\quad x = d$$

由上述例题可知，对于时谐电磁场采用复数表示式和复数形式的麦克斯韦方程组可以使计算、分析得到简化。比如，原来利用法拉第电磁感应定律$\nabla\times\boldsymbol{E}(\boldsymbol{r},t) = -\partial\boldsymbol{B}(\boldsymbol{r},t)/\partial t$ 由电场强度$\boldsymbol{E}(\boldsymbol{r},t)$求磁感应强度 $\boldsymbol{B}(\boldsymbol{r},t)$，要进行旋度运算和积分运算；但在时谐场情况下，利用复数形式的法拉第电磁感应定律$\nabla\times\boldsymbol{E}(\boldsymbol{r}) = -\mathrm{j}\omega\boldsymbol{B}(\boldsymbol{r})$，由电场

强度 $\boldsymbol{E}(\boldsymbol{r})$求磁感应强度 $\boldsymbol{B}(\boldsymbol{r})$，就只需做旋度运算和除法运算了，比积分简单。而且，场矢量的表示式也更加简洁。

3.6.3 时谐场的复坡印廷矢量和复坡印廷定理

1. 复坡印廷矢量

坡印廷矢量 $\boldsymbol{S}(\boldsymbol{r},t)=\boldsymbol{E}(\boldsymbol{r},t)\times\boldsymbol{H}(\boldsymbol{r},t)$表示时变电磁场在时刻 t、空间 $\boldsymbol{r}$ 点的能流密度，称为时变场的瞬时坡印廷矢量或瞬时能流密度。如果 $\boldsymbol{S}(\boldsymbol{r},t)$是周期变化的，则它在每个周期 T 内的时间平均值称为平均坡印廷矢量或平均能流密度

$$\boldsymbol{S}_{\mathrm{av}}(\boldsymbol{r})=\frac{1}{T}\int_0^T\boldsymbol{S}(\boldsymbol{r},t)\mathrm{d}t$$

时谐电磁场情况下，场矢量的瞬时表示式 $\boldsymbol{E}(\boldsymbol{r},t)$、$\boldsymbol{H}(\boldsymbol{r},t)$可以用其复数表示式写为

$$\boldsymbol{E}(\boldsymbol{r},t)=\mathrm{Re}[\boldsymbol{E}(\boldsymbol{r})\mathrm{e}^{\mathrm{j}\omega t}]=\frac{1}{2}[\boldsymbol{E}(\boldsymbol{r})\mathrm{e}^{\mathrm{j}\omega t}+\boldsymbol{E}^*(\boldsymbol{r})\mathrm{e}^{-\mathrm{j}\omega t}]$$

$$\boldsymbol{H}(\boldsymbol{r},t)=\mathrm{Re}[\boldsymbol{H}(\boldsymbol{r})\mathrm{e}^{\mathrm{j}\omega t}]=\frac{1}{2}[\boldsymbol{H}(\boldsymbol{r})\mathrm{e}^{\mathrm{j}\omega t}+\boldsymbol{H}^*(\boldsymbol{r})\mathrm{e}^{-\mathrm{j}\omega t}]$$

式中：$\boldsymbol{E}^*(\boldsymbol{r})$、$\boldsymbol{H}^*(\boldsymbol{r})$分别为 $\boldsymbol{E}(\boldsymbol{r})$、$\boldsymbol{H}(\boldsymbol{r})$的共轭。

因此，时谐电磁场的瞬时坡印廷矢量 $\boldsymbol{S}(\boldsymbol{r},t)$可以表示为

$$\begin{aligned}\boldsymbol{S}(\boldsymbol{r},t)&=\boldsymbol{E}(\boldsymbol{r},t)\times\boldsymbol{H}(\boldsymbol{r},t)\\&=\frac{1}{2}[\boldsymbol{E}(\boldsymbol{r})\mathrm{e}^{\mathrm{j}\omega t}+\boldsymbol{E}^*(\boldsymbol{r})\mathrm{e}^{-\mathrm{j}\omega t}]\times\frac{1}{2}[\boldsymbol{H}(\boldsymbol{r})\mathrm{e}^{\mathrm{j}\omega t}+\boldsymbol{H}^*(\boldsymbol{r})\mathrm{e}^{-\mathrm{j}\omega t}]\\&=\mathrm{Re}\left[\frac{1}{2}\boldsymbol{E}(\boldsymbol{r})\times\boldsymbol{H}^*(\boldsymbol{r})\right]+\mathrm{Re}\left[\frac{1}{2}\boldsymbol{E}(\boldsymbol{r})\times\boldsymbol{H}(\boldsymbol{r})\mathrm{e}^{\mathrm{j}2\omega t}\right]\end{aligned}$$

式中：第一项与时间 t 无关，不随时间变化；第二项以 2ω 为角频率随 t 做正弦变化。

图 3-13 中画出第一项、第二项及 $\boldsymbol{S}(\boldsymbol{r},t)$的时变曲线，可见 $\boldsymbol{S}(\boldsymbol{r},t)$的平均值为

$$\boldsymbol{S}_{\mathrm{av}}(\boldsymbol{r})=\frac{1}{T}\int_0^T\boldsymbol{S}(\boldsymbol{r},t)\mathrm{d}t=\mathrm{Re}\left[\frac{1}{2}\boldsymbol{E}(\boldsymbol{r})\times\boldsymbol{H}^*(\boldsymbol{r})\right]\tag{3-59}$$

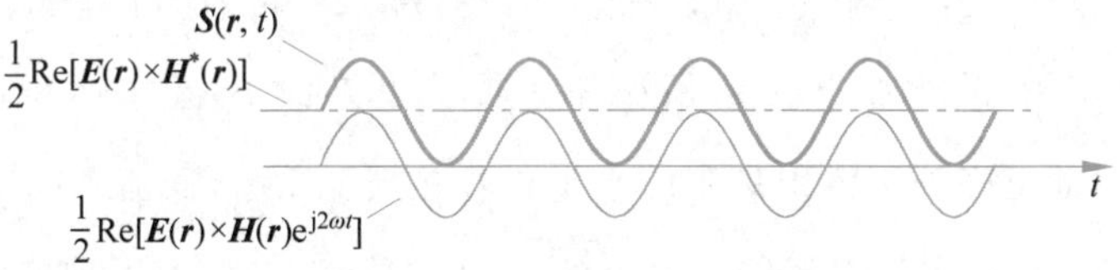

图 3-13 瞬时坡印廷矢量的时变曲线

式中 Re(·)中的复矢量 $\boldsymbol{E}(\boldsymbol{r})\times\boldsymbol{H}^*(\boldsymbol{r})/2$ 定义为时谐场的复坡印廷矢量或复能流密度矢量 $\boldsymbol{S}(\boldsymbol{r})$，即

$$\boldsymbol{S}(\boldsymbol{r})=\frac{1}{2}\boldsymbol{E}(\boldsymbol{r})\times\boldsymbol{H}^*(\boldsymbol{r})\tag{3-60}$$

由式(3-59)可知，平均坡印廷矢量与复坡印廷矢量的关系为

$$\boldsymbol{S}_{\mathrm{av}}(\boldsymbol{r})=\mathrm{Re}[\boldsymbol{S}(\boldsymbol{r})]\tag{3-61}$$

应当注意的是，时谐场的复坡印廷矢量 $\boldsymbol{S}(\boldsymbol{r})$并不是其瞬时坡印廷矢量 $\boldsymbol{S}(\boldsymbol{r},t)$的复

数表示式，即 $\boldsymbol{S}(\boldsymbol{r},t)\neq \mathrm{Re}[\boldsymbol{S}(\boldsymbol{r})\mathrm{e}^{\mathrm{j}\omega t}]$，只能通过定义式(3-60)来求复坡印廷矢量 $\boldsymbol{S}(\boldsymbol{r})$。

2. 复坡印廷定理

时谐场情况下，坡印廷定理也可以写成复数形式。在体积 V 的边界曲面 S 上求复坡印廷矢量 $\boldsymbol{S}(\boldsymbol{r})$ 的面积分，并应用散度定理，可得

$$\oint\!\!\!\oint_S \boldsymbol{S}\cdot \mathrm{d}\boldsymbol{s}=\oint\!\!\!\oint_S \frac{1}{2}\boldsymbol{E}\times\boldsymbol{H}^*\cdot \mathrm{d}\boldsymbol{s}=\iiint_V \nabla\cdot\left(\frac{1}{2}\boldsymbol{E}\times\boldsymbol{H}^*\right)\mathrm{d}v \tag{3-62}$$

将式

$$\nabla\cdot(\boldsymbol{E}\times\boldsymbol{H}^*)=\boldsymbol{H}^*\cdot\nabla\times\boldsymbol{E}-\boldsymbol{E}\cdot\nabla\times\boldsymbol{H}^*$$

及

$$\nabla\times\boldsymbol{E}=-\mathrm{j}\omega\boldsymbol{B},\quad \nabla\times\boldsymbol{H}^*=\boldsymbol{J}^*-\mathrm{j}\omega\boldsymbol{D}^*$$

代入式(3-62)，可得

$$-\oint\!\!\!\oint_S \frac{1}{2}\boldsymbol{E}\times\boldsymbol{H}^*\cdot \mathrm{d}\boldsymbol{s}=\iiint_V \frac{1}{2}\boldsymbol{E}\cdot\boldsymbol{J}^*\mathrm{d}v+\mathrm{j}2\omega\iiint_V\left(\frac{1}{4}\boldsymbol{B}\cdot\boldsymbol{H}^*-\frac{1}{4}\boldsymbol{E}\cdot\boldsymbol{D}^*\right)\mathrm{d}v \tag{3-63a}$$

这就是时谐场满足的复坡印廷定理。

若媒质参数 σ、ε、μ 均为实数，则有

$$\iiint_V \frac{1}{2}\boldsymbol{E}\cdot\boldsymbol{J}^*\mathrm{d}v=\iiint_V \frac{1}{2}\sigma\,|\boldsymbol{E}|^2\mathrm{d}v=P_1$$

$$\iiint_V \frac{1}{4}\boldsymbol{B}\cdot\boldsymbol{H}^*\mathrm{d}v=\iiint_V \frac{1}{4}\mu\,|\boldsymbol{H}|^2\mathrm{d}v=W_\mathrm{m}$$

$$\iiint_V \frac{1}{4}\boldsymbol{E}\cdot\boldsymbol{D}^*\mathrm{d}v=\iiint_V \frac{1}{4}\varepsilon\,|\boldsymbol{E}|^2\mathrm{d}v=W_\mathrm{e}$$

式中：P_1 为体积 V 中的平均焦耳热损耗功率；W_m、W_e 分别是体积 V 中的平均磁场能量和平均电场能量。

因此，复坡印廷定理式(3-62)可写为

$$-\oint\!\!\!\oint_S \boldsymbol{S}\cdot \mathrm{d}\boldsymbol{s}=P_1+\mathrm{j}2\omega(W_\mathrm{m}-W_\mathrm{e}) \tag{3-63b}$$

它表明，在体积 V 中无外加电源的情况下，通过边界面 S 流入体积 V 中的复功率 $-\oint\!\!\!\oint_S \boldsymbol{S}\cdot \mathrm{d}\boldsymbol{s}$ 的实部正好等于体积 V 中的平均焦耳热损耗功率，而流入的复功率的虚部等于 V 中平均磁场能量与平均电场能量之差的 2ω 倍，是流入 V 中的无功功率。

若 V 中存在外加电源，则将式(3-63a)中的 $\boldsymbol{J}$ 替换成 $\boldsymbol{J}_\mathrm{g}+\boldsymbol{J}_\mathrm{c}$，此时复坡印廷定理表示为

$$-\oint\!\!\!\oint_S \frac{1}{2}\boldsymbol{E}\times\boldsymbol{H}^*\cdot \mathrm{d}\boldsymbol{s}-\iiint_V \frac{1}{2}\boldsymbol{E}\cdot\boldsymbol{J}_\mathrm{g}^*\mathrm{d}v$$

$$=\iiint_V \frac{1}{2}\boldsymbol{E}\cdot\boldsymbol{J}_\mathrm{c}^*\mathrm{d}v+\mathrm{j}2\omega\iiint_V\left(\frac{1}{4}\boldsymbol{B}\cdot\boldsymbol{H}^*-\frac{1}{4}\boldsymbol{E}\cdot\boldsymbol{D}^*\right)\mathrm{d}v \tag{3-64}$$

【例 3-9】 无源空间中电场强度 $\boldsymbol{E}=E\cos(\omega t-kz)\hat{\boldsymbol{y}}$(V/m)，求复坡印廷矢量和平均坡印廷矢量。

解：首先要将场矢量的瞬时表示式转化为复数表示式，并求出磁场强度。于是有

$$\boldsymbol{E}(\boldsymbol{r},t)=E\cos(\omega t-kz)\hat{\boldsymbol{y}}(\mathrm{V/m})\Rightarrow\boldsymbol{E}(\boldsymbol{r})=E\mathrm{e}^{-\mathrm{j}kz}\hat{\boldsymbol{y}}(\mathrm{V/m})$$

$$\nabla\times\boldsymbol{E}(\boldsymbol{r})=-\mathrm{j}\omega\mu\boldsymbol{H}(\boldsymbol{r})\Rightarrow\boldsymbol{H}(\boldsymbol{r})=-\frac{kE}{\omega\mu}\mathrm{e}^{-\mathrm{j}kz}\hat{\boldsymbol{x}}(\mathrm{A/m})$$

$$\boldsymbol{S}(\boldsymbol{r})=\frac{1}{2}\boldsymbol{E}(\boldsymbol{r})\times\boldsymbol{H}^*(\boldsymbol{r})=\frac{kE^2}{2\omega\mu}\hat{\boldsymbol{z}}(\mathrm{W/m^2})$$

$$\boldsymbol{S}_{\mathrm{av}}(\boldsymbol{r})=\mathrm{Re}[\boldsymbol{S}(\boldsymbol{r})]=\frac{kE^2}{2\omega\mu}\hat{\boldsymbol{z}}(\mathrm{W/m^2})$$

3.6.4 时谐场的波动方程

时谐场的波动方程可以写成复数形式。将有源波动方程中的时谐场场矢量用其复数表示式表示，算子$\partial(\cdot)/\partial t$、$\partial^2(\cdot)/\partial t^2$分别用$\mathrm{j}\omega$、$(\mathrm{j}\omega)^2$代替，可得有源区域中的复波动方程，即

$$\nabla^2\boldsymbol{E}(\boldsymbol{r})-\mathrm{j}\omega\sigma\mu\boldsymbol{E}(\boldsymbol{r})+k^2\boldsymbol{E}(\boldsymbol{r})=\mathrm{j}\omega\mu\boldsymbol{J}(\boldsymbol{r})+\nabla\left(\frac{\rho(\boldsymbol{r})}{\varepsilon}\right)\tag{3-65a}$$

$$\nabla^2\boldsymbol{H}(\boldsymbol{r})-\mathrm{j}\omega\sigma\mu\boldsymbol{H}(\boldsymbol{r})+k^2\boldsymbol{H}(\boldsymbol{r})=-\nabla\times\boldsymbol{J}(\boldsymbol{r})\tag{3-65b}$$

式中：$k=\omega\sqrt{\varepsilon\mu}$。

以上两个方程称为时谐场场矢量的亥姆霍兹方程。

将无源波动方程中的场矢量写成复数形式就可以得到无源、不导电媒质中的复数形式波动方程，即

$$\nabla^2\boldsymbol{E}(\boldsymbol{r})+k^2\boldsymbol{E}(\boldsymbol{r})=0\tag{3-66a}$$

$$\nabla^2\boldsymbol{H}(\boldsymbol{r})+k^2\boldsymbol{H}(\boldsymbol{r})=0\tag{3-66b}$$

3.6.5 时谐场的位函数

1. 位函数方程

在3.3节介绍了时变场的位函数，由式(3-30)可知，标量位函数和矢量位函数分别由场源$\rho(\boldsymbol{r},t)$、$\boldsymbol{J}(\boldsymbol{r},t)$决定。时谐电磁场的场源$\rho(\boldsymbol{r},t)$、$\boldsymbol{J}(\boldsymbol{r},t)$随时间做时谐变化，因此其位函数也是时谐函数，也可以写成复数表示式。

可以由一般时变场的位函数方程直接推出时谐场的位函数满足的方程。将方程(3-30)中的时谐场场矢量用其复数表示式表示，$\partial^2(\cdot)/\partial t^2$用$(\mathrm{j}\omega)^2$代替，即得时谐场的位函数方程

$$\nabla^2\boldsymbol{A}(\boldsymbol{r})+k^2\boldsymbol{A}(\boldsymbol{r})=-\mu\boldsymbol{J}(\boldsymbol{r})\tag{3-67a}$$

$$\nabla^2\Phi(\boldsymbol{r})+k^2\Phi(\boldsymbol{r})=-\frac{\rho(\boldsymbol{r})}{\varepsilon}\tag{3-67b}$$

式中：$k=\omega\sqrt{\varepsilon\mu}$。

2. 位函数

求解方程(3-67)就可以求出时谐场的复数形式位函数，更简便的方法是直接由一般

时变场的位函数推出时谐场的复数形式位函数。

先考虑标量位函数 Φ。设 $\rho(\boldsymbol{r},t)$ 为时谐函数，表示为

$$\rho(\boldsymbol{r},t)=\rho_{\mathrm{m}}(\boldsymbol{r})\cos(\omega t+\phi)=\mathrm{Re}[\rho(\boldsymbol{r})\mathrm{e}^{\mathrm{j}\omega t}] \tag{3-68}$$

式中：$\rho(\boldsymbol{r})=\rho_{\mathrm{m}}(\boldsymbol{r})\mathrm{e}^{\mathrm{j}\phi}$ 是 $\rho(\boldsymbol{r},t)$ 的复数表示式。

与此同理，一般时谐场的位函数式(3-35)中积分号内的 $\rho(\boldsymbol{r}',t-|\boldsymbol{r}-\boldsymbol{r}'|/v)$ 可在时谐场情况下表示为

$$\begin{aligned}\rho\left(\boldsymbol{r}',t-\frac{|\boldsymbol{r}-\boldsymbol{r}'|}{v}\right)&=\rho_{\mathrm{m}}(\boldsymbol{r}')\cos\left[\omega\left(t-\frac{|\boldsymbol{r}-\boldsymbol{r}'|}{v}\right)+\phi\right]\\&=\mathrm{Re}\left[\rho_{\mathrm{m}}(\boldsymbol{r}')\mathrm{e}^{\mathrm{j}\phi}\mathrm{e}^{\mathrm{j}\omega\left(t-\frac{|\boldsymbol{r}-\boldsymbol{r}'|}{v}\right)}\right]\\&=\mathrm{Re}[\rho(\boldsymbol{r}')\mathrm{e}^{-\mathrm{j}k|\boldsymbol{r}-\boldsymbol{r}'|}\mathrm{e}^{\mathrm{j}\omega t}]\end{aligned} \tag{3-69}$$

式中

$$\rho(\boldsymbol{r}')=\rho_{\mathrm{m}}(\boldsymbol{r}')\mathrm{e}^{\mathrm{j}\phi},\quad k=\omega/v=\omega\sqrt{\varepsilon\mu}$$

可见，$\rho(\boldsymbol{r}')\mathrm{e}^{-\mathrm{j}k|\boldsymbol{r}-\boldsymbol{r}'|}$ 是 $\rho(\boldsymbol{r}',t-|\boldsymbol{r}-\boldsymbol{r}'|/v)$ 的复数形式，因此式(3-35)的复数形式为

$$\Phi(\boldsymbol{r})=\frac{1}{4\pi\varepsilon}\iiint_V\frac{\rho(\boldsymbol{r}')\mathrm{e}^{-\mathrm{j}k|\boldsymbol{r}-\boldsymbol{r}'|}}{|\boldsymbol{r}-\boldsymbol{r}'|}\mathrm{d}v' \tag{3-70}$$

这就是无界空间中时谐场的复数形式标量位函数，即方程(3-67b)的解。

类似地，在无界空间中，时谐场的复数形式矢量位为

$$\boldsymbol{A}(\boldsymbol{r},t)=\frac{\mu}{4\pi}\iiint_V\frac{\boldsymbol{J}(\boldsymbol{r}')\mathrm{e}^{-\mathrm{j}k|\boldsymbol{r}-\boldsymbol{r}'|}}{|\boldsymbol{r}-\boldsymbol{r}'|}\mathrm{d}v' \tag{3-71}$$

式(3-70)、式(3-71)表示的时谐场位函数，仍然是滞后位。相位因子 $\mathrm{e}^{-\mathrm{j}k|\boldsymbol{r}-\boldsymbol{r}'|}$ 表示波传播 $|\boldsymbol{r}-\boldsymbol{r}'|$ 距离后相位滞后了 $k|\boldsymbol{r}-\boldsymbol{r}'|$。在时谐场情况下，相位滞后实际上就意味着时间滞后，或者说，时间滞后可以用相位滞后来体现。

3.7 案例与实践

根据 3.5 节的分析，时变电磁场是以波动的形式在空间传播的。在电磁波传播路径上的不同点处，场矢量的振动规律相同，仅是在时间上有滞后。本节主要对时谐电场的波动性进行仿真和可视化展示。

案例：假设有时谐电磁场，其电场矢量为

$$\boldsymbol{E}(\boldsymbol{r},t)=\hat{\boldsymbol{x}}E_x(z,t)=\hat{\boldsymbol{x}}E_{xm}\cos(\omega t-kz+\phi)$$

绘制该电场矢量在空间的传播特征，并观察 $z=\lambda$ 和 $z=1.5\lambda$ 这两点处电场矢量的振动状态。电场初始参数：$f=1\mathrm{GHz}$，$E_{xm}=1$，$\phi=0$。

图 3-14 中，利用 quiver3 函数模拟了时谐电场沿 z 轴方向的传播过程，并且单独标示了 $z=\lambda$ 和 $z=1.5\lambda$ 两点处的电场矢量的振动状态。首先，从左图可以明显看到电场整体上沿 $+z$ 轴方向推进。其次，可以看到，对于 $z=\lambda$ 和 $z=1.5\lambda$ 这两点，电场矢量的振动状态完全一致，但是后者较前者在相位上滞后 180°，这主要是空间上的滞后引起的

相位滞后。从另一个角度分析，可以认为 $z=1.5\lambda$ 处的振动在重复 $z=\lambda$ 处的振动，只是其时间上滞后了 0.5 个周期，符合 3.5.2 节分析的波动性特征。感兴趣的读者请查看本页的动画。

动画

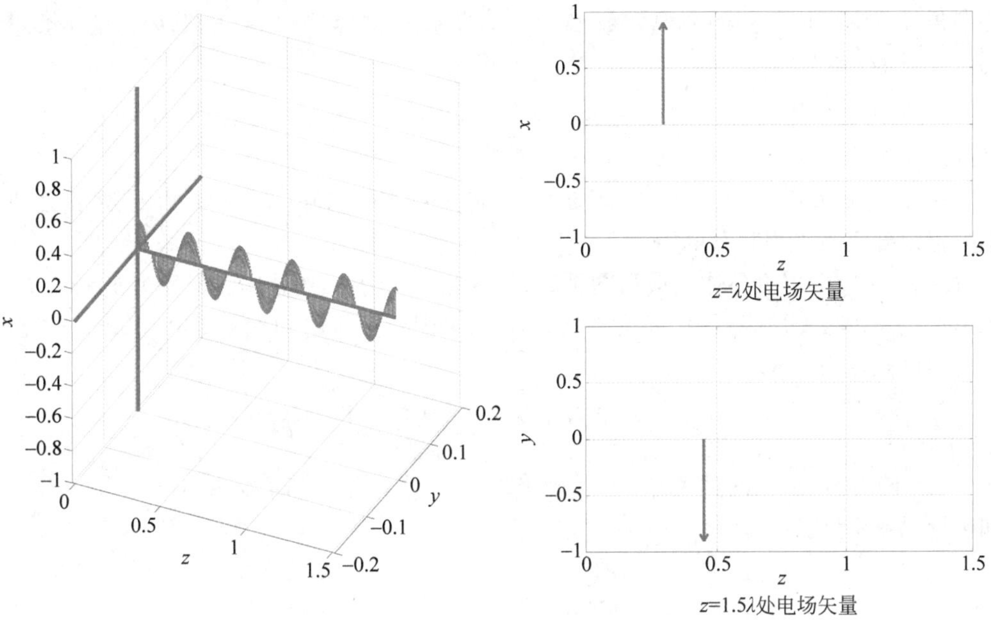

图 3-14　时谐电磁场传播示意图

思考题

3-1　什么是位移电流，它与传导电流有何区别与联系。全电流定律所表征的方程是什么？

3-2　什么是边界条件？理想导体表面的电磁场有何特点？

3-3　简述时变电磁场的矢量位与标量位的引入过程。时变场的位函数与静态场的位函数有何区别与联系。

3-4　什么是洛伦兹规范，如果在引入时变场位函数的时候采用的是库仑规范，那么矢量位 $\mathbf{A}$ 和标量位 $\boldsymbol{\Phi}$ 所满足的方程是怎样的？

3-5　如何描述电磁能量流动的大小和方向？简述坡印廷定理。

3-6　瞬时坡印廷矢量、复坡印廷矢量、平均坡印廷矢量各自的区别与联系是什么？

3-7　什么是复坡印廷定理？其中各项的物理内涵是什么？

3-8　时谐场复数形式麦克斯韦方程组与一般瞬时形式麦克斯韦方程有何区别与联系？

3-9　时变场所满足的波动方程是什么？如何理解场的波动性？

3-10　什么是滞后位？滞后位所代表的物理本质是什么？

练习题

3-1　以铜为例，证明在微波频率（300MHz～3000GHz）下，良导体中的位移电流远小于传导电流。假设铜的介电常数 $\varepsilon=\varepsilon_0$，电导率 $\sigma=5.8\times10^7$S/m，其内部的传导电流为 $\boldsymbol{J}_0\cos\omega t\hat{\boldsymbol{z}}$（A/m^2）。

3-2　设真空中的磁感应强度 $\boldsymbol{B}=10^{-3}\cos(6\pi\times10^3 t)\cos(2\pi z)\hat{\boldsymbol{y}}$(T)，求位移电流密度。

3-3　已知 $\boldsymbol{E}=E_0[\cos(ky-\omega t)\hat{\boldsymbol{x}}+\cos(ky-\omega t)\hat{\boldsymbol{z}}]$，式中 E_0、k、ω 为常数，由麦克斯韦方程组确定与之相联系的 $\boldsymbol{B}$。

3-4　一段由理想导体构成的同轴腔，内导体半径为 a，外导体内半径为 b，长为 L，两端用理想导体板短路，导体之间为空气，如题 3-4 图所示。已知在 $a\leqslant\rho\leqslant b$，$0\leqslant z\leqslant L$ 区域内的电磁场为

$$\boldsymbol{E}=\frac{A}{\rho}\sin(kz)\hat{\boldsymbol{\rho}},\quad \boldsymbol{B}=\frac{B}{\rho}\cos(kz)\hat{\boldsymbol{\theta}}$$

(1) 确定 A、B 之间的关系；(2) 确定 k；(3) 求同轴腔所有内壁上的自由电荷密度和传导电流密度。

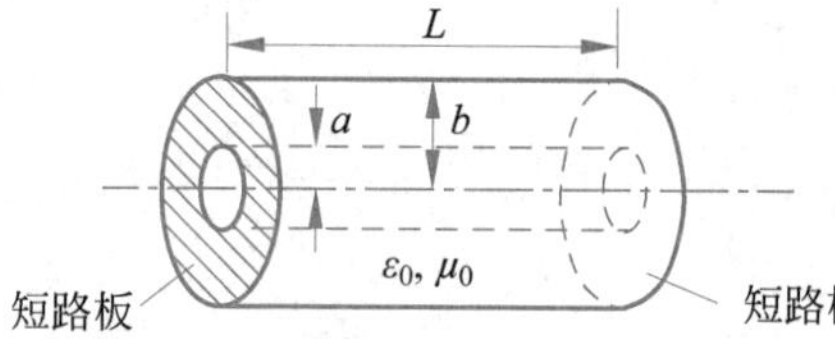

题 3-4 图

3-5　设 $z=0$ 平面为两种磁介质的分解面，$z<0$ 空间的 $\mu_{r1}=4$，$z>0$ 空间的 $\mu_{r2}=3$，分界面 $z=0$ 处的面电流为

$$\boldsymbol{J}_s=3\sin(2\pi\times10^6 t)\hat{\boldsymbol{y}}\ (\text{A/m})$$

$z<0$ 空间中紧挨 $z=0$ 界面处的磁场为

$$\boldsymbol{H}_1=(2\hat{\boldsymbol{x}}+\sqrt{3}\hat{\boldsymbol{z}})\sin(2\pi\times10^6 t)\ (\text{A/m})$$

求 $z>0$ 空间中紧靠 $z=0$ 界面处的磁场 $\boldsymbol{H}_2$、$\boldsymbol{B}_2$。

3-6　求下列各复场量的瞬时表示式：

(1) $\boldsymbol{E}=E_0 e^{-j\beta z}\hat{\boldsymbol{x}}$；

(2) $\boldsymbol{E}=E_0\sin(\beta z)\hat{\boldsymbol{x}}$；

(3) $\boldsymbol{H}=jH_0\cos(\beta z)\hat{\boldsymbol{y}}$；

(4) $\boldsymbol{E}=5e^{j30^\circ}\hat{\boldsymbol{x}}+6e^{j220^\circ}\hat{\boldsymbol{y}}+e^{-j40^\circ}\hat{\boldsymbol{z}}$。

3-7　已知空气中 $\boldsymbol{H}=-j2\cos(15\pi x)e^{-jkz}\hat{\boldsymbol{y}}$，$f=3\times10^9$ Hz，试求 $\boldsymbol{E}$ 和 k。

3-8　分别处于 $x=0$，$x=d$ 两个平面上的两块无限大平行理想导体板之间的电场为 $\boldsymbol{E}=\hat{\boldsymbol{y}}E_m\sin\frac{n\pi}{d}x e^{-j\sqrt{k^2-(n\pi/d)^2}z}$。

(1) 求 $\boldsymbol{H}$；

(2) 写出 $\boldsymbol{E}$、$\boldsymbol{H}$ 的瞬时表示式；

(3) 求两导体板上的面电流密度。

3-9 无限长理想导体所围区域为 $0\leqslant x\leqslant a$，$0\leqslant y\leqslant b$，如题 3-9 图所示，其中电场为 $\boldsymbol{E}=E_{y0}\sin\left(\frac{n\pi}{a}x\right)\mathrm{e}^{-\mathrm{j}\beta z}\hat{\boldsymbol{y}}$。

(1) 求区域中的位移电流密度和磁场；

(2) 求瞬时坡印廷矢量和平均坡印廷矢量；

(3) 计算穿过该区域任一横截面的平均功率。

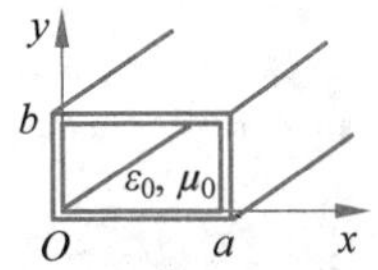

题 3-9 图

3-10 真空中存在的电磁场为

$$\boldsymbol{E}=\mathrm{j}E_0\sin(kz)\hat{\boldsymbol{x}},\quad \boldsymbol{H}=E_0\sqrt{\frac{\varepsilon_0}{\mu_0}}\cos(kz)\hat{\boldsymbol{y}}$$

式中：$k=2\pi/\lambda=\omega/c$，λ 为波长。

求 $z=0,\lambda/4$ 各点的坡印廷矢量的瞬时值和平均值。

3-11 无源($\boldsymbol{J}=0,\rho=0$)空气中两个不同频率的电磁波的电场强度分别为

$$\boldsymbol{E}_1=E_1\mathrm{e}^{-\mathrm{j}\omega_1 z/c}\hat{\boldsymbol{x}}\quad \boldsymbol{E}_2=E_2\mathrm{e}^{-\mathrm{j}\omega_2 z/c}\hat{\boldsymbol{x}}$$

式中：$c=1/\sqrt{\varepsilon_0\mu_0}$。

证明合成场的平均能流密度等于两个波各自的平均能流密度之和。

3-12 已知 $\boldsymbol{E}=E_0\cos(kz-\omega t)\hat{\boldsymbol{x}}+E_0\sin(kz-\omega t)\hat{\boldsymbol{y}}$

(1) 求磁场、坡印廷矢量；

(2) 对于给定的 z(如 $z=0$)，确定 $\boldsymbol{E}$ 矢量随时间变化的运动轨迹；

(3) 求电场能量密度、磁场能量密度和平均能流密度。

3-13 证明在无源空间的电磁场可以用矢量位 $\boldsymbol{A}_\mathrm{m}$ 表示成 $\boldsymbol{E}=-\frac{1}{\varepsilon}\nabla\times\boldsymbol{A}_\mathrm{m}$，$\boldsymbol{H}=-\mathrm{j}\omega\boldsymbol{A}_\mathrm{m}+\frac{\nabla(\nabla\cdot\boldsymbol{A}_\mathrm{m})}{\mathrm{j}\omega\varepsilon\mu}$，而 $\boldsymbol{A}_\mathrm{m}$ 是方程 $\nabla^2\boldsymbol{A}_\mathrm{m}+\omega^2\varepsilon\mu\boldsymbol{A}_\mathrm{m}=0$ 的解。

3-14 在麦克斯韦方程中，若忽略 $\frac{\partial\boldsymbol{D}}{\partial t}$ 和 $\frac{\partial\boldsymbol{B}}{\partial t}$，证明矢量位和标量位满足泊松方程 $\nabla^2\boldsymbol{A}=-\mu\boldsymbol{J}$，$\nabla^2\Phi=-\frac{\rho}{\varepsilon}$。

3-15 证明矢量位 $\boldsymbol{A}=\sin(\beta y)\cos(\omega t)\hat{\boldsymbol{x}}$ 是无源媒质中方程 $\nabla^2\boldsymbol{A}-\varepsilon\mu\frac{\partial\boldsymbol{A}^2}{\partial t^2}=0$ 的解，其中 $\beta=\omega\sqrt{\varepsilon\mu}$。求与 $\boldsymbol{A}$ 对应的电场强度、磁场强度。

第4章 平面电磁波

第 3 章从麦克斯韦方程组出发推导出了时变电磁场所满足的波动方程，这表明时变电磁场是以波的形式在空间中传播，称为电磁波。求解波动方程可得电磁波的波函数解，其中最简单的是时谐均匀平面波解。本章以时谐均匀平面波为样本，研究电磁波在无界无源均匀理想媒质和无界无源均匀导电媒质中的传播特性，以及电磁波在不同媒质分界面上的反射、折射现象，由此得到的结论和规律也可以推广到其他类型的电磁波。

4.1 无界理想媒质中的均匀平面波

4.1.1 时谐波动方程的解——均匀平面波

在无界、无源的理想媒质（ε、μ 为实常数，$\sigma=0$，均匀、线性、各向同性）中，时谐电磁场满足的波动方程为

$$\nabla^2\boldsymbol{E}(\boldsymbol{r})+k^2\boldsymbol{E}(\boldsymbol{r})=0 \tag{4-1a}$$

$$\nabla^2\boldsymbol{H}(\boldsymbol{r})+k^2\boldsymbol{H}(\boldsymbol{r})=0 \tag{4-1b}$$

式中：$k=\omega\sqrt{\varepsilon\mu}$。

从第 3 章可知，波动方程的解就是空间中的电磁波。考虑到式(4-1a)和式(4-1b)形式完全相同，求解一个即可，此处求解式(4-1a)。为求解简便，首先考虑一种简化情况：不妨设 $\boldsymbol{E}(\boldsymbol{r})$ 只有 x 分量，且场分量只随 z 坐标变化，即 $\boldsymbol{E}(\boldsymbol{r})=E_x(z)\hat{\boldsymbol{x}}$，将它代入方程(4-1a)，可得

$$\frac{\partial^2 E_x(z)}{\partial z^2}+k^2E_x(z)=0 \tag{4-2}$$

该方程的解具有 $\mathrm{e}^{\pm\mathrm{j}kz}$ 的形式，这里先只取负指数形式的解（在后文中会对正指数形式的解进行说明），有

$$E_x(z)=E_{x0}\mathrm{e}^{-\mathrm{j}kz}$$

式中：$E_{x0}=E_{xm}\mathrm{e}^{\mathrm{j}\phi_x}$，包含解的初始振幅和初始相位信息，$E_{xm}$（$E_{xm}>0$）、$\phi_x$ 都是实常数。

因此，$\boldsymbol{E}(\boldsymbol{r})$ 表示为

$$\boldsymbol{E}(\boldsymbol{r})=E_x(z)\hat{\boldsymbol{x}}=E_{xm}\mathrm{e}^{-\mathrm{j}(kz-\phi_x)}\hat{\boldsymbol{x}} \tag{4-3a}$$

根据时谐麦克斯韦方程 $\nabla\times\boldsymbol{E}=-\mathrm{j}\omega\mu\boldsymbol{H}$ 由 $\boldsymbol{E}(\boldsymbol{r})$ 求出 $\boldsymbol{H}(\boldsymbol{r})$，就得到式(4-1b)的解，即

$$\boldsymbol{H}(\boldsymbol{r})=H_y(z)\hat{\boldsymbol{y}}=\sqrt{\frac{\varepsilon}{\mu}}E_{xm}\mathrm{e}^{-\mathrm{j}(kz-\phi_x)}\hat{\boldsymbol{y}} \tag{4-3b}$$

由式(4-3)可得时谐电场、时谐磁场的瞬时表示式为

$$\boldsymbol{E}(\boldsymbol{r},t)=\mathrm{Re}[\boldsymbol{E}(\boldsymbol{r})\mathrm{e}^{\mathrm{j}\omega t}]=E_x\hat{\boldsymbol{x}}=E_{xm}\cos(\omega t-kz+\phi_x)\hat{\boldsymbol{x}} \tag{4-4a}$$

$$\boldsymbol{H}(\boldsymbol{r},t)=\mathrm{Re}[\boldsymbol{H}(\boldsymbol{r})\mathrm{e}^{\mathrm{j}\omega t}]=H_y\hat{\boldsymbol{y}}=\sqrt{\frac{\varepsilon}{\mu}}E_{xm}\cos(\omega t-kz+\phi_x)\hat{\boldsymbol{y}} \tag{4-4b}$$

式中场矢量的相位 $\phi=\omega t-kz+\phi_x$。在任意固定时刻 t_0、在 $z=z_0$ 的空间平面上，式(4-4)中的场矢量的相位处处相等，即 $\phi(x,y,z_0)=\omega t_0-kz_0+\phi_x=C$（$C$ 为常数）。

在任意固定时刻,场矢量相位相同的空间点形成的曲面称为电磁波的等相位面。根据上述分析,式(4-4)所示电磁波的等相位面为 $z=z_0$ 的平面,故此类型的电磁波称为平面波。又由于场矢量振幅 E_{xm} 是常数,在等相位平面 $z=z_0$ 上,电磁波的场矢量处处相等,即 $E_x(x,y,z_0,t_0)=E_{xm}\cos(\omega t_0-kz_0+\phi_x)=C$($C$ 为常数)。因此,式(4-4)所示电磁波又称为均匀平面波。类似地,除了平面波,若电磁波的等相位面为球面,则称为球面波;若电磁波的等相位面为柱面,则称为柱面波。

如图 4-1 所示,假设 P 点在时刻 $t=t'$、坐标 z 处的相位 $\phi=\omega t-kz+\phi_x$。当 t 增大至 $t=t'+\Delta t$ 时,具有该相位 ϕ 的 P 点会出现在 z 增大的位置上,即 $z=z+\omega\Delta t/k$。类似地,若时间 t 继续增大至 $t=t'+2\Delta t$,具有该相位 ϕ 的 P 点会继续出现在 z 增大的位置上,即 $z=z+2\omega\Delta t/k$。这说明随着时间增大,电磁波的等相位面向 z 增大的方向推移。这一现象表明,式(4-4)表示的是一个向 z 增大方向传播的均匀平面波,这是一种"行波",随着时间的增大,电磁波的等相位面向 z 增大的方向推移。

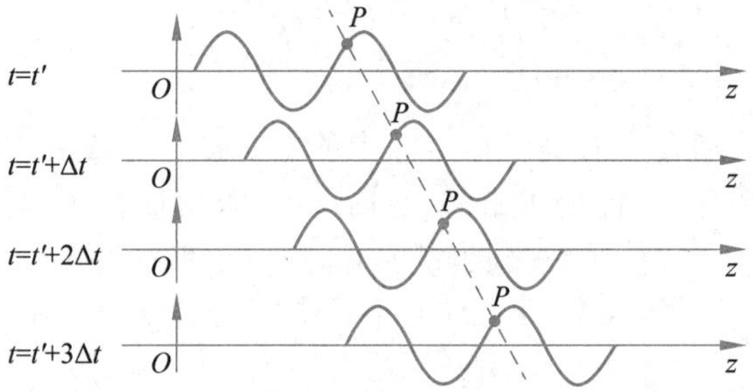

图 4-1 "行波"示意图

至此,应该指出方程(4-2)还有一个正指数形式的解,其复数表示式和瞬时表示式为

$$\boldsymbol{E}(\boldsymbol{r})=E_{x0}\mathrm{e}^{\mathrm{j}kz}\hat{\boldsymbol{x}}=E_{xm}\mathrm{e}^{\mathrm{j}(kz+\phi_x)}\hat{\boldsymbol{x}} \tag{4-5a}$$

$$\boldsymbol{E}(\boldsymbol{r},t)=\mathrm{Re}[\boldsymbol{E}(\boldsymbol{r})\mathrm{e}^{\mathrm{j}\omega t}]=E_{xm}\cos(\omega t+kz+\phi_x)\hat{\boldsymbol{x}} \tag{4-5b}$$

其相位 $\phi=\omega t+kz+\phi_x$。按照上述类似分析可知,式(4-5)的等相位面随时间增大向 z 减小的方向推移,因此正指数形式的解表示朝 z 减小方向传播的均匀平面行波。

式(4-4a)与式(4-5b)各自所代表的行波除了传播方向不同,其他性质及传播参数完全相同,因此本章仅以式(4-4a)表示的向 z 增大方向传播的行波为例来研究均匀平面波。

4.1.2 理想媒质中均匀平面波的传播特性及参数

先讨论式(4-4a)中电场的 x 分量 $E_x=E_{xm}\cos(\omega t-kz+\phi_x)$ 随时间、空间的变化规律。在空间任意固定点 $z=z_0$ 处,E_x 随时间 t 做简谐变化,曲线如图 4-2(a)所示,其相位随时间的变化率为角频率 ω。相位相差 2π 的两个时刻的间隔就是 E_x 的时变周期 T,即

$$T=\frac{2\pi}{\omega}(\mathrm{s}) \tag{4-6}$$

单位时间内的时变周期数为 E_x 的时变频率 f,即

$$f=\frac{1}{T}=\frac{\omega}{2\pi}(\text{Hz}) \tag{4-7}$$

在任意固定时刻 $t=t_0$ 时，E_x 随空间坐标 z 也做简谐变化，曲线如图 4-2(b)所示，其相位随空间的变化率为 k。k 是单位距离内相位的变化量，称为传播常数或相移常数。相位相差 2π 的两个相邻空间点的间距就是电磁波的波长，记为 λ，即

$$\lambda=\frac{2\pi}{k}(\text{m}) \tag{4-8}$$

$$k=\frac{2\pi}{\lambda}=\omega\sqrt{\varepsilon\mu}=2\pi f\sqrt{\varepsilon\mu}\,(\text{rad/m}) \tag{4-9}$$

从数值上来理解，k 等于 2π 距离内波长的个数，因此 k 又称为波数。

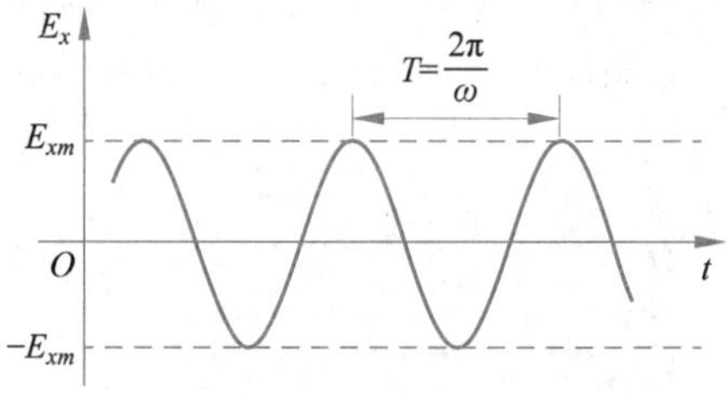

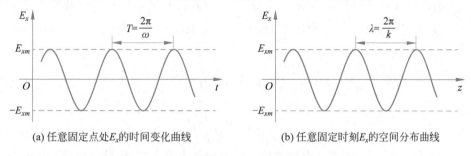

(a) 任意固定点处E_x的时间变化曲线

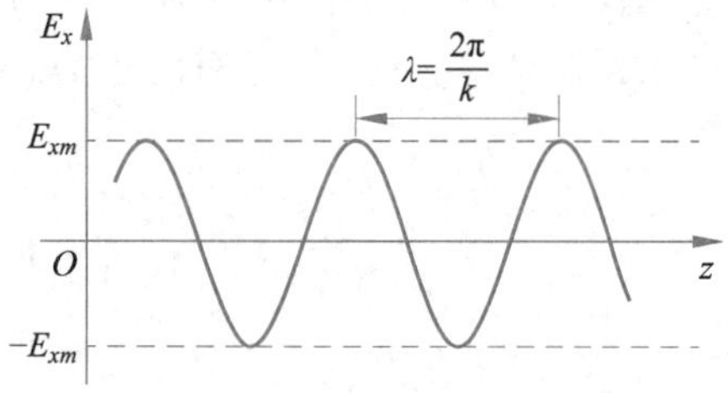

(b) 任意固定时刻E_x的空间分布曲线

图 4-2 电场 x 分量 E_x 的变化曲线

依据第 3 章中关于波动性的讨论可知，电场 x 分量 $E_x=E_{xm}\cos(\omega t-kz+\phi_x)$ 也符合 $f(t-z/v)$ 的函数形式，因此它也具有波动性，而且是以正弦规律向 z 增大方向传播的波动。任意 z 坐标处 E_x 的时变曲线是如图 4-2(a)所示的正弦曲线。那么，任意 $z+\Delta z$ 坐标处 E_x 的时变曲线也是形状相同的正弦曲线，只不过时间上滞后了 Δt，且 $\Delta t=\Delta z/v$，v 就是电磁波的传播速度。

从另一方面来看，若画出几个固定时刻，E_x 随空间坐标变化的曲线，得到如图 4-1 所示的几条同形曲线。每根曲线上的 P 点具有相同的相位，随时间增大，P 点的位置在不断"前行"，E_x 的空间分布曲线也整体向 z 增大的方向推移。这就是电场波动性的直观表现。P 点前进的速度实际就是它所属的等相位面前进的速度，称为电磁波的相速度，通常用字母 v_{p} 表示。该速度也就是 E_x 的空间分布曲线向 $+z$ 方向推进的速度。为求此速度，由 P 点的相位 $\phi_P=\omega t-kz+\phi_x$ 写出 P 点的空间坐标 z 与时间 t 的关系为

$$z=\frac{\omega t+\phi_x-\phi_{\text{c}}}{k}\quad(\phi_{\text{c}}\text{ 为常数}) \tag{4-10}$$

根据前面描述，此电磁波的等相位面为 $z=C$(常数)的无限大二维平面，故等相位面的前进速度 v_{p} 可表示为空间坐标 z 随 t 的变化率，也就是 P 点前进的速度，即

$$v_{\text{p}}=\frac{\mathrm{d}z}{\mathrm{d}t}=\frac{\omega}{k}=f\lambda=\frac{1}{\sqrt{\varepsilon\mu}}(\text{m/s}) \tag{4-11}$$

可见，在理想媒质中电磁波的相速度只与媒质的介电常数和磁导率有关，且速度正好等于光在电磁参数为 ε、μ 的媒质中的传播速度。这一结论也是"光波也是电磁波"这

一论断的佐证之一。在理想媒质中相速度与频率无关，具有这种特点的媒质称为非色散媒质，其中任意频率的电磁波均有相同的速度。

根据式(4-3)可以计算时谐均匀平面波的平均能流密度为

$$\boldsymbol{S}_{\mathrm{av}}=\frac{1}{2}\mathrm{Re}[\boldsymbol{E}(\boldsymbol{r})\times\boldsymbol{H}^{*}(\boldsymbol{r})]=\frac{1}{2}\sqrt{\frac{\varepsilon}{\mu}}E_{xm}^{2}\hat{\boldsymbol{z}}=\frac{1}{2}\sqrt{\frac{\varepsilon}{\mu}}|\boldsymbol{E}|^{2}\hat{\boldsymbol{z}}=\frac{1}{2}\sqrt{\frac{\mu}{\varepsilon}}|\boldsymbol{H}|^{2}\hat{\boldsymbol{z}}(\mathrm{W/m^2}) \tag{4-12}$$

可见，在理想媒质中均匀平面波的平均能流密度是一个常量，不随时间、空间变化，其能流方向就是电磁波的传播方向($\hat{z}$ 方向)。

再来看电场与磁场的关系。由式(4-4)可知，$\boldsymbol{E}$、$\boldsymbol{H}$ 均垂直于传播方向($\hat{z}$ 方向)，即电场矢量、磁场矢量相对于传播方向而言都是横向的，这样的电磁波称为横电磁波(TEM 波)。$\boldsymbol{E}$、$\boldsymbol{H}$、$\hat{z}$(传播方向)三者两两正交，并按以上顺序呈右手螺旋关系，相互关系可表示为

$$\hat{\boldsymbol{z}}\times\boldsymbol{E}=\sqrt{\frac{\mu}{\varepsilon}}\boldsymbol{H} \tag{4-13a}$$

$$-\hat{\boldsymbol{z}}\times\boldsymbol{H}=\sqrt{\frac{\varepsilon}{\mu}}\boldsymbol{E} \tag{4-13b}$$

对于 TEM 波而言，通常将电磁波传播的方向称为纵向，与传播方向垂直的方向称为横向。于是，式(4-4)表示的时谐均匀平面电磁波还有一个重要特点，即电场矢量的横向分量 E_{T} 与磁场矢量的横向分量 H_{T} 的比值为

$$\eta=\frac{E_{\mathrm{T}}}{H_{\mathrm{T}}}=\frac{E_x}{H_y}=\sqrt{\frac{\mu}{\varepsilon}} \tag{4-14}$$

此比值称为电磁波的波阻抗。

由式(4-14)可知，理想媒质中均匀平面电磁波的波阻抗只与媒质的介电常数和磁导率有关。E_x、H_y 的单位分别为 V/m、A/m，故波阻抗 η 的单位为欧姆(Ω)，与阻抗的单位相同，但它并不意味着电磁波传播时有能量损耗，它只是一个电场、磁场之间的固定比值。真空中，均匀平面波的波阻抗 $\eta_0=\sqrt{\mu_0/\varepsilon_0}\approx377(\Omega)$。

式(4-4)表示的时谐均匀平面波向 $+z$ 方向传播，其电场、磁场矢量分别平行于 x 轴、y 轴，如图 4-3(a)所示。实际上，保持 z 轴不变，在垂直于 z 轴的平面内可以任意设定 x 轴及与之正交的 y 轴，故也存在 $\boldsymbol{H}$ 平行于 x 轴、$\boldsymbol{E}$ 平行于 y 轴的情况，但 $\boldsymbol{E}$、$\boldsymbol{H}$ 仍然相互垂直、幅度比值仍然等于波阻抗。此时 $\boldsymbol{E}$、$\boldsymbol{H}$ 的空间关系如图 4-3(b)所示，具体表示式为

$$\boldsymbol{E}(\boldsymbol{r})=E_{ym}\mathrm{e}^{-\mathrm{j}(kz-\phi_y)}\hat{\boldsymbol{y}},\quad \boldsymbol{E}(\boldsymbol{r},t)=E_{ym}\cos(\omega t-kz+\phi_y)\hat{\boldsymbol{y}} \tag{4-15a}$$

$$\boldsymbol{H}(\boldsymbol{r})=-\sqrt{\frac{\varepsilon}{\mu}}E_{ym}\mathrm{e}^{-\mathrm{j}(kz-\phi_y)}\hat{\boldsymbol{x}},\quad \boldsymbol{H}(\boldsymbol{r},t)=-\sqrt{\frac{\varepsilon}{\mu}}E_{ym}\cos(\omega t-kz+\phi_y)\hat{\boldsymbol{x}} \tag{4-15b}$$

振幅 $E_{ym}>0$，相位角 ϕ_y 均为实数。

更为一般性的情况，若电磁场矢量均不与设定的 x 轴、y 轴平行，则 $\boldsymbol{E}$、$\boldsymbol{H}$ 既有 x 分量又有 y 分量，可表示为

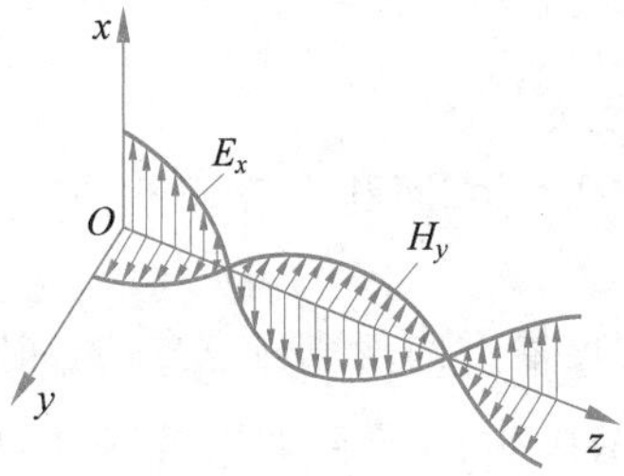

(a) $\boldsymbol{E}(\boldsymbol{r})=E_x\hat{x}, \boldsymbol{H}(\boldsymbol{r})=H_y\hat{y}$

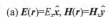

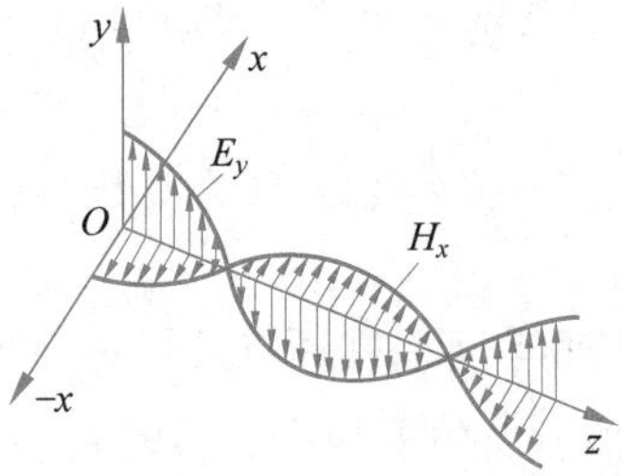

(b) $\boldsymbol{E}(\boldsymbol{r})=E_y\hat{y}, \boldsymbol{H}(\boldsymbol{r})=H_x\hat{x}$

图 4-3 时谐均匀平面波的电场和磁场空间分布

$$\boldsymbol{E}(\boldsymbol{r})=\hat{\boldsymbol{x}}E_{x\mathrm{m}}\mathrm{e}^{-\mathrm{j}(kz-\phi_x)}+\hat{\boldsymbol{y}}E_{y\mathrm{m}}\mathrm{e}^{-\mathrm{j}(kz-\phi_y)} \tag{4-16a}$$

$$\boldsymbol{E}(\boldsymbol{r},t)=\hat{\boldsymbol{x}}E_{x\mathrm{m}}\cos(\omega t-kz+\phi_x)+\hat{\boldsymbol{y}}E_{y\mathrm{m}}\cos(\omega t-kz+\phi_y) \tag{4-16b}$$

$$\boldsymbol{H}(\boldsymbol{r})=-\hat{\boldsymbol{x}}\sqrt{\frac{\varepsilon}{\mu}}E_{y\mathrm{m}}\mathrm{e}^{-\mathrm{j}(kz-\phi_y)}+\hat{\boldsymbol{y}}\sqrt{\frac{\varepsilon}{\mu}}E_{x\mathrm{m}}\mathrm{e}^{-\mathrm{j}(kz-\phi_x)} \tag{4-16c}$$

$$\boldsymbol{H}(\boldsymbol{r},t)=-\hat{\boldsymbol{x}}\sqrt{\frac{\varepsilon}{\mu}}E_{y\mathrm{m}}\cos(\omega t-kz+\phi_y)+\hat{\boldsymbol{y}}\sqrt{\frac{\varepsilon}{\mu}}E_{x\mathrm{m}}\cos(\omega t-kz+\phi_x) \tag{4-16d}$$

综上所述,电磁场的表示式应符合实际坐标轴的设定情况,其传播特性、传播参数与坐标轴无关,保持不变。

【例 4-1】 无界自由空间中的平面波电场强度 $\boldsymbol{E}=E_0\cos(\omega t+6z)\hat{\boldsymbol{x}}$(V/m),求传播速度、频率、波长和 $\boldsymbol{H}$。

解:自由空间中 $\varepsilon=\varepsilon_0,\mu=\mu_0,v_\mathrm{p}=1/\sqrt{\mu_0\varepsilon_0}=c_0$

$$\boldsymbol{v}_\mathrm{p}=c_0(-\hat{\boldsymbol{z}})=-3\times10^8\hat{\boldsymbol{z}}(\mathrm{m/s})$$

$$k_0=\frac{\omega}{c_0}=\frac{2\pi f}{c_0}=6(\mathrm{rad/m})\Rightarrow f=\frac{k_0c_0}{2\pi}=\frac{9}{\pi}\times10^8(\mathrm{Hz})$$

$$\lambda_0=\frac{2\pi}{k_0}=\frac{2\pi}{6}=1.047(\mathrm{m})$$

$$(-\hat{\boldsymbol{z}})\times\boldsymbol{E}=\sqrt{\frac{\mu_0}{\varepsilon_0}}\boldsymbol{H}=\eta_0\boldsymbol{H}\Rightarrow\boldsymbol{H}=-\frac{E_0}{\eta_0}\cos(1.8\times10^9t+6z)\hat{\boldsymbol{y}}(\mathrm{A/m})$$

4.1.3 向任意方向传播的均匀平面波

前文中均假设均匀平面电磁波向 $\hat{z}$ 方向传播。为了更具有普适性,应推出向任意方向传播的均匀平面波的表示式。

图 4-4(a)中画出朝 $\hat{z}$ 方向传播的均匀平面波,等相位面垂直于 z 轴,其上电场强度 $\boldsymbol{E}$ 处处相等,$\boldsymbol{E}$ 只随空间坐标 z 变化。设等相位面上任意点的矢径为 $\boldsymbol{r}$,则 $z=\hat{\boldsymbol{z}}\cdot\boldsymbol{r}$,$\boldsymbol{E}$ 的复数表示式可写为

$$\boldsymbol{E}=\boldsymbol{E}_0\mathrm{e}^{-\mathrm{j}kz}=\boldsymbol{E}_0\mathrm{e}^{-\mathrm{j}k\hat{\boldsymbol{z}}\cdot\boldsymbol{r}} \tag{4-17}$$

式中：$\boldsymbol{E}_0$ 为复振幅矢量，一般可以表示成

$$\boldsymbol{E}_0=\hat{\boldsymbol{x}}E_{xm}\mathrm{e}^{\mathrm{j}\phi_x}+\hat{\boldsymbol{y}}E_{ym}\mathrm{e}^{\mathrm{j}\phi_y}$$

其中：E_{xm}、E_{ym}、ϕ_x、ϕ_y 均为实数，分别为电场矢量在 x 方向和 y 方向的初始振幅和初始相位。

若将直角坐标系在原点处任意旋转，则电磁波的传播方向变成任意方向，如图 4-4(b)所示。传播方向用 $\hat{\boldsymbol{k}}$ 表示，等相位面垂直于 $\hat{\boldsymbol{k}}$。在图 4-4(b)所示坐标系下，$\boldsymbol{E}$ 只随空间距离 ξ 变化。记等相位面上任意点的矢径仍为 $\boldsymbol{r}$，则 $\xi=\hat{\boldsymbol{k}}\cdot\boldsymbol{r}$。此时 $\boldsymbol{E}$ 的复数表示式可类比式(4-17)的形式写为

$$\boldsymbol{E}=\boldsymbol{E}_0\mathrm{e}^{-\mathrm{j}k\xi}=\boldsymbol{E}_0\mathrm{e}^{-\mathrm{j}k\hat{\boldsymbol{k}}\cdot\boldsymbol{r}} \tag{4-18}$$

式中：$\boldsymbol{E}_0$ 为复振幅矢量，可表示成

$$\boldsymbol{E}_0=\hat{\boldsymbol{x}}E_{xm}\mathrm{e}^{\mathrm{j}\phi_x}+\hat{\boldsymbol{y}}E_{ym}\mathrm{e}^{\mathrm{j}\phi_y}+\hat{\boldsymbol{z}}E_{zm}\mathrm{e}^{\mathrm{j}\phi_z}$$

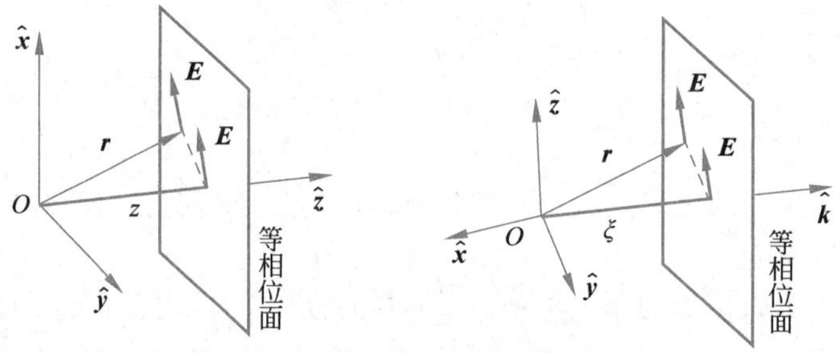

(a) 向+z方向传播的均匀平面波　　(b) 向任意方向传播的均匀平面波

图 4-4　均匀平面波的电场矢量、等相位面、传播方向三者的关系

定义 $\boldsymbol{k}=k\hat{\boldsymbol{k}}$ 为传播矢量，其方向和模值分别体现了电磁波的传播方向和传播常数。设传播方向 $\hat{\boldsymbol{k}}$ 相对于 x、y、z 三个坐标轴的方位角为 α、β、γ，则 $\boldsymbol{k}$ 和 $\boldsymbol{k}\cdot\boldsymbol{r}$ 分别表示为

$$\boldsymbol{k}=k\hat{\boldsymbol{k}}=k\cos\alpha\hat{\boldsymbol{x}}+k\cos\beta\hat{\boldsymbol{y}}+k\cos\gamma\hat{\boldsymbol{z}}=k_x\hat{\boldsymbol{x}}+k_y\hat{\boldsymbol{y}}+k_z\hat{\boldsymbol{z}} \tag{4-19a}$$

$$\boldsymbol{k}\cdot\boldsymbol{r}=k_xx+k_yy+k_zz \tag{4-19b}$$

因此，向任意方向 $\hat{\boldsymbol{k}}$ 传播的均匀平面波电场的复数表示式及其瞬时表示式为

$$\boldsymbol{E}(\boldsymbol{r})=\boldsymbol{E}_0\mathrm{e}^{-\mathrm{j}\boldsymbol{k}\cdot\boldsymbol{r}}=\boldsymbol{E}_0\mathrm{e}^{-\mathrm{j}(k_xx+k_yy+k_zz)} \tag{4-20a}$$

$$\begin{aligned}\boldsymbol{E}(\boldsymbol{r},t)=&E_{xm}\cos(\omega t-\boldsymbol{k}\cdot\boldsymbol{r}+\phi_x)\hat{\boldsymbol{x}}+E_{ym}\cos(\omega t-\boldsymbol{k}\cdot\boldsymbol{r}+\phi_y)\hat{\boldsymbol{y}}+E_{zm}\cos(\omega t-\boldsymbol{k}\cdot\boldsymbol{r}+\phi_z)\hat{\boldsymbol{z}}\\=&E_{xm}\cos(\omega t-k_xx-k_yy-k_zz+\phi_x)\hat{\boldsymbol{x}}+E_{ym}\cos(\omega t-k_xx-k_yy-k_zz+\phi_y)\hat{\boldsymbol{y}}+\\&E_{zm}\cos(\omega t-k_xx-k_yy-k_zz+\phi_z)\hat{\boldsymbol{z}}\end{aligned} \tag{4-20b}$$

类比式(4-13a)，并根据 $k=\omega\sqrt{\varepsilon\mu}$，可知朝 $\hat{\boldsymbol{k}}$ 方向传播的均匀平面波的磁场强度表示为

$$\boldsymbol{H}=\frac{1}{\eta}\hat{\boldsymbol{k}}\times\boldsymbol{E}=\frac{1}{\eta}\frac{\boldsymbol{k}}{k}\times\boldsymbol{E}=\frac{\boldsymbol{k}\times\boldsymbol{E}}{\omega\mu}=\boldsymbol{H}_0\mathrm{e}^{-\mathrm{j}\boldsymbol{k}\cdot\boldsymbol{r}} \tag{4-21a}$$

也可以类比式(4-13b)由磁场强度求出电场强度，即

$$\boldsymbol{E} = -\eta\hat{\boldsymbol{k}} \times \boldsymbol{H} = -\eta\frac{\boldsymbol{k}}{k} \times \boldsymbol{H} = -\frac{\boldsymbol{k} \times \boldsymbol{H}}{\omega\varepsilon} \tag{4-21b}$$

【例 4-2】 无界理想介质 $\mu=\mu_0$，$\varepsilon=\varepsilon_r\varepsilon_0$，其中的平面电磁波 $\boldsymbol{E}=377\cos(10^9 t-5y)\hat{\boldsymbol{z}}$ (μV/m)，求传播方向、ε_r、传播速度 v_p、波阻抗、波长、$\boldsymbol{H}$ 和平均能流密度。

解：$\boldsymbol{E}$ 的相位 $\phi=10^9 t-5y$，因此 $\boldsymbol{k}\cdot\boldsymbol{r}=5y$，即 $\boldsymbol{k}=5\hat{\boldsymbol{y}}$，其传播方向是 $\hat{\boldsymbol{y}}$ 方向。

$$k=5=\omega\sqrt{\varepsilon\mu} \Rightarrow 5=10^9\sqrt{\varepsilon_r\varepsilon_0\mu_0} \Rightarrow \varepsilon_r=2.25$$

$$v_p=\frac{1}{\sqrt{\varepsilon_r\varepsilon_0\mu_0}}=\frac{3\times10^8}{\sqrt{2.25}}=2\times10^8(\text{m/s})$$

$$\eta=\sqrt{\frac{\mu_0}{\varepsilon_r\varepsilon_0}}=\frac{120\pi}{\sqrt{2.25}}=251.33(\Omega)$$

$$\lambda=\frac{2\pi}{k}=\frac{2\pi}{\omega\sqrt{\varepsilon_r\varepsilon_0\mu_0}}=\frac{2\pi\times3\times10^8}{10^9\sqrt{2.25}}=1.257(\text{m})$$

$$\hat{\boldsymbol{y}}\times\boldsymbol{E}=\eta\boldsymbol{H} \Rightarrow \boldsymbol{H}(\boldsymbol{r},t)=1.5\cos(10^9 t-5y)\hat{\boldsymbol{x}}(\mu\text{A/m})$$

$$\boldsymbol{H}(\boldsymbol{r})=1.5\text{e}^{-\text{j}5y}\hat{\boldsymbol{x}}(\mu\text{A/m})$$

$$\boldsymbol{S}_{av}=\frac{1}{2}\text{Re}[\boldsymbol{E}(\boldsymbol{r})\times\boldsymbol{H}^*(\boldsymbol{r})]=\frac{1}{2\eta}|\boldsymbol{E}|^2\hat{\boldsymbol{y}}=282.75\hat{\boldsymbol{y}}(\text{pW/m}^2)$$

【例 4-3】 空气中 $\boldsymbol{E}(\boldsymbol{r})=\boldsymbol{E}_m\text{e}^{-\text{j}0.02\pi(\sqrt{3}x+3y+2z)}$，试确定其传播方向和频率。

解：$\boldsymbol{k}\cdot\boldsymbol{r}=0.02\pi(\sqrt{3}x+3y+2z)=k_x x+k_y y+k_z z$

$$k_x=0.02\pi\sqrt{3},\quad k_y=0.06\pi,\quad k_z=0.04\pi$$

$$|\boldsymbol{k}|=k=\sqrt{k_x^2+k_y^2+k_z^2}=0.08\pi$$

传播方向为

$$\hat{\boldsymbol{k}}=\frac{\boldsymbol{k}}{k}=\frac{\sqrt{3}}{4}\hat{x}+\frac{3}{4}\hat{y}+\frac{1}{2}\hat{z}$$

$$\omega=\frac{k}{\sqrt{\mu_0\varepsilon_0}}=kc_0=0.08\pi\times3\times10^8$$

$$f=\frac{\omega}{2\pi}=1.2\times10^7(\text{Hz})=12(\text{MHz})$$

【例 4-4】 无界理想介质中均匀平面波的电场 $\boldsymbol{E}(\boldsymbol{r},t)=(\hat{\boldsymbol{x}}+E_{ym}\hat{\boldsymbol{y}}+\sqrt{5}\hat{\boldsymbol{z}})\cos(\omega t+3x-y-2z+\pi/3)$(V/m)，求 E_{ym}。

解：$-\boldsymbol{k}\cdot\boldsymbol{r}=3x-y-2z$，由此可得

$$\boldsymbol{k}=-3\hat{\boldsymbol{x}}+\hat{\boldsymbol{y}}+2\hat{\boldsymbol{z}}$$

因为是均匀平面波，所以 $\boldsymbol{k}\perp\boldsymbol{E}$，即 $\boldsymbol{k}\cdot\boldsymbol{E}=0$，可得

$$\boldsymbol{k}\cdot\boldsymbol{E}=(-3+E_{ym}+2\sqrt{5})\cos(\omega t+3x-y-2z+\pi/3)=0$$

$$E_{ym}=3-2\sqrt{5}$$

4.2 无界导电媒质中的均匀平面波

4.1 节分析了均匀理想媒质中平面电磁波的传播特性。理想媒质是无耗媒质，电磁波在其中传播时总电磁能量保持不变。在实际情况下还存在着一些有耗媒质，如导电媒质、极化损耗媒质、磁化损耗媒质等。电磁波在有耗媒质中传播时电磁能量不断损耗，其传播特性和传播参数与理想媒质中的电磁波不同。本节主要研究均匀平面波在无界导电媒质中的传播特性。

4.2.1 导电媒质中的均匀平面波特性

$\sigma \neq 0$ 且为有限值的媒质称为导电媒质，如金属、石墨、海水、潮湿的土壤等。当电磁波在均匀、线性、各向同性的无源导电媒质中，时谐电磁场的麦克斯韦方程组为

$$\nabla \times \boldsymbol{H} = \sigma \boldsymbol{E} + \mathrm{j}\omega\varepsilon \boldsymbol{E} = \mathrm{j}\omega\left(\varepsilon - \mathrm{j}\frac{\sigma}{\omega}\right)\boldsymbol{E} = \mathrm{j}\omega\tilde{\varepsilon}\boldsymbol{E} \tag{4-22a}$$

$$\nabla \times \boldsymbol{E} = -\mathrm{j}\omega\mu \boldsymbol{H} \tag{4-22b}$$

$$\nabla \cdot \boldsymbol{H} = 0 \tag{4-22c}$$

$$\nabla \cdot \boldsymbol{E} = 0 \tag{4-22d}$$

式(4-22a)中，$\sigma\boldsymbol{E}$ 是电场 $\boldsymbol{E}$ 引起的传导电流，$\tilde{\varepsilon} = \varepsilon - \mathrm{j}\sigma/\omega$ 称为导电媒质的等效复介电常数。可从方程组(4-22)推导出导电媒质中 $\boldsymbol{E}$ 和 $\boldsymbol{H}$ 满足的波动方程为

$$\nabla^2 \boldsymbol{E} + (\omega^2\tilde{\varepsilon}\mu)\boldsymbol{E} = 0 \tag{4-23a}$$

$$\nabla^2 \boldsymbol{H} + (\omega^2\tilde{\varepsilon}\mu)\boldsymbol{H} = 0 \tag{4-23b}$$

除了 $\tilde{\varepsilon}$ 与 ε 的区别之外，上述两个波动方程与理想媒质中的波动方程(4-1)具有完全相同的数学形式，因此无界均匀导电媒质中的平面波解应当与无界均匀理想媒质中的平面波解具有完全相同的形式，只需要将理想媒质中平面波解中的 ε 替换为 $\tilde{\varepsilon}$ 即可。

据此，将理想媒质的传播矢量 $\boldsymbol{k} = k\hat{\boldsymbol{k}} = \omega\sqrt{\varepsilon\mu}\,\hat{\boldsymbol{k}}$ 中的 ε 替换为 $\tilde{\varepsilon}$，就得到导电媒质中的传播矢量 $\boldsymbol{K}$。$\boldsymbol{K}$ 称为复传播矢量，可以表示为实部加虚部的形式，即

$$\boldsymbol{K} = \omega\sqrt{\tilde{\varepsilon}\mu}\,\hat{\boldsymbol{k}} = (\beta - \mathrm{j}\alpha)\,\hat{\boldsymbol{k}} \tag{4-24}$$

将 $\tilde{\varepsilon} = \varepsilon - \mathrm{j}\sigma/\omega$ 代入上式可求出 α、β，即

$$\alpha = \omega\sqrt{\frac{\varepsilon\mu}{2}}\left[\sqrt{1+\left(\frac{\sigma}{\omega\varepsilon}\right)^2} - 1\right]^{1/2}, \quad \beta = \omega\sqrt{\frac{\varepsilon\mu}{2}}\left[\sqrt{1+\left(\frac{\sigma}{\omega\varepsilon}\right)^2} + 1\right]^{1/2} \tag{4-25}$$

α、β 均是大于零的实数。

将理想媒质中平面波电场表示式(4-20)中的 $\boldsymbol{k}$ 替换为 $\boldsymbol{K}$，得到导电媒质中的平面波电场的复数表示式，为

$$\boldsymbol{E}(\boldsymbol{r}) = \boldsymbol{E}_0\mathrm{e}^{-\mathrm{j}\boldsymbol{K}\cdot\boldsymbol{r}} = \boldsymbol{E}_0\mathrm{e}^{-\alpha\hat{\boldsymbol{k}}\cdot\boldsymbol{r}}\mathrm{e}^{-\mathrm{j}\beta\hat{\boldsymbol{k}}\cdot\boldsymbol{r}} \tag{4-26}$$

式中：$\hat{\boldsymbol{k}}\cdot\boldsymbol{r} = \xi$ 表示电磁波传播方向上的距离。因子 $\mathrm{e}^{-\alpha\hat{\boldsymbol{k}}\cdot\boldsymbol{r}}$ 说明电场强度的幅度随着传播距离增大而逐渐衰减，如图 4-5 所示，这说明电磁波的能量随着传播而损耗，损耗的电磁能量转化为导电媒质中传导电流的焦耳热能。α 称为衰减常数，其单位为奈培/米

(Np/m)。式(4-26)中因子 $e^{-j\beta\hat{k}\cdot r}$ 说明 $\boldsymbol{E}(\boldsymbol{r})$ 的相位随着传播距离增大而逐渐滞后，β 就是相移常数，其单位为弧度/米(rad/m)。

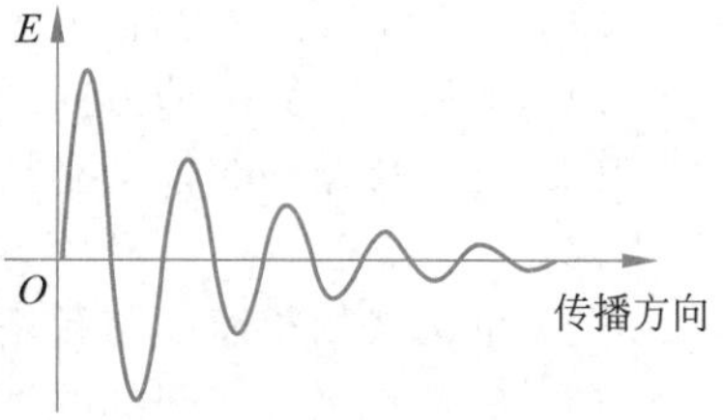

图 4-5　导电媒质中平面波的振幅衰减

理想媒质中平面波的相移常数为 k，导电媒质中平面波的相移常数为 β。两种媒质中传播参数的物理意义完全相同，相互关系也相同，因此只要将理想媒质传播参数表示式中的 k 替换为 β，就得到导电媒质的相应传播参数。依据以上道理，将理想介质中平面波的波长表示式(4-8)和相速度 v_p 表示式(4-11)中的 k 替换为 β，就得到导电媒质中平面波的波长 λ 和相速度 v_p，即

$$\lambda=\frac{2\pi}{\beta}=\frac{v_p}{f} \tag{4-27a}$$

$$v_p=\frac{\omega}{\beta}=\frac{1}{\sqrt{\varepsilon\mu}}\frac{\sqrt{2}}{\left(\sqrt{1+\left(\frac{\sigma}{\omega\varepsilon}\right)^2}+1\right)^{1/2}} \tag{4-27b}$$

由上式可见，导电媒质中电磁波的相速度 v_p 与频率有关，不同频率的电磁波具有不同的相速率，这种现象称为色散，导电媒质是色散媒质。

与理想媒质中的平面波一样，导电媒质中平面波的 $\boldsymbol{E}$、$\boldsymbol{H}$ 均与传播矢量垂直，三者仍然满足右手螺旋关系，是一种 TEM 波。

类似于式(4-21)，三者的关系可表示为

$$\boldsymbol{H}=\frac{\hat{\boldsymbol{k}}\times\boldsymbol{E}}{\tilde{\eta}}=\frac{\boldsymbol{K}\times\boldsymbol{E}}{\omega\mu} \tag{4-28a}$$

$$\boldsymbol{E}=-\tilde{\eta}\hat{\boldsymbol{k}}\times\boldsymbol{H}=\frac{-\boldsymbol{K}\times\boldsymbol{H}}{\omega\tilde{\varepsilon}} \tag{4-28b}$$

式中：$\tilde{\eta}$ 通常称为导电媒质的本征阻抗或复波阻抗。

将理想媒质中波阻抗定义式(4-14)中的 ε 用 $\tilde{\varepsilon}$ 来替换，可得到导电媒质中的复波阻抗，即

$$\tilde{\eta}=\sqrt{\frac{\mu}{\tilde{\varepsilon}}}=\sqrt{\frac{\mu}{\varepsilon-j\sigma/\omega}}=|\tilde{\eta}|e^{j\phi} \tag{4-29}$$

由此可见，在导电媒质中磁场的相位总是滞后于电场相位，滞后量为复波阻抗的相位 ϕ。

根据复坡印廷定理，由式(4-26)可得导电媒质中电场和磁场的平均能量密度为

$$w_{eav}=\frac{1}{4}\mathrm{Re}(\tilde{\varepsilon}\boldsymbol{E}\cdot\boldsymbol{E}^*)=\frac{\varepsilon}{4}|E_0|^2e^{-2\alpha\hat{\boldsymbol{k}}\cdot r} \tag{4-30a}$$

$$w_{mav}=\frac{1}{4}\mathrm{Re}(\mu\boldsymbol{H}\cdot\boldsymbol{H}^*)=\frac{\mu}{4}\frac{|E_0|^2}{|\eta_c|^2}e^{-2\alpha\hat{\boldsymbol{k}}\cdot r}=\frac{\varepsilon}{4}|E_0|^2e^{-2\alpha\hat{\boldsymbol{k}}\cdot r}\left[1+\left(\frac{\sigma}{\omega\varepsilon}\right)^2\right]^{1/2} \tag{4-30b}$$

可见，在导电媒质中，电场的平均能量密度小于磁场的平均能量密度。只有当 $\sigma=0$，即理想介质中，电场和磁场的平均能量密度才相等。

综合上述分析，导电媒质中均匀平面波的传播特性总结如下：

(1) 电场、磁场、传播方向两两垂直，依次构成右手螺旋关系，仍然是横电磁波；

(2) 电场与磁场的幅度呈指数衰减，对于同一导电媒质，不同频率的电磁波衰减的快慢不同；

(3) 电磁波的相速度与频率有关，频率越大，相速度越大，存在色散现象；

(4) 磁场与电场之间的幅度比值等于复波阻抗，其值随频率变化；

(5) 磁场相位总是比电场的相位滞后，滞后角度随频率变化，且电导率 σ 越大，滞后越多；

(6) 磁场平均能量密度大于电场平均能量密度。

【例 4-5】 媒质参数为 $\mu_r=1,\varepsilon_r=81,\sigma=4\text{S/m}$，其中传播的均匀平面电磁波频率 $f=1.8\text{GHz}$，电场强度 $\boldsymbol{E}=0.5\mathrm{e}^{-\alpha z}\cos(2\pi ft-\beta z)\hat{\boldsymbol{x}}(\text{V/m})$。求这种媒质中的衰减常数、相移常数、传播矢量、波阻抗、相速度、波长以及电场强度、磁场强度的复数表示式。

解：$\omega=2\pi f=1.13\times10^{10}(\text{rad/s})$

$$\tilde{\varepsilon}=\varepsilon\left(1-\mathrm{j}\frac{\sigma}{\omega\varepsilon}\right)=81\times\varepsilon_0\times(1-\mathrm{j}0.49)$$

$$\boldsymbol{K}=\omega\sqrt{\tilde{\varepsilon}\mu}\hat{\boldsymbol{z}}=\omega\sqrt{\varepsilon_0\mu_0}\sqrt{\varepsilon_r\mu_r}\sqrt{1-\mathrm{j}0.49}\hat{\boldsymbol{z}}=(348.79-\mathrm{j}80.86)\hat{\boldsymbol{z}}$$

$$\alpha=80.86\text{Np/m},\quad \beta=348.79\text{rad/m}$$

$$\tilde{\eta}=\sqrt{\frac{\mu}{\tilde{\varepsilon}}}=\sqrt{\frac{\mu_0}{\varepsilon_0}}\sqrt{\frac{\mu_r}{\varepsilon_r}}\sqrt{\frac{1}{1-\mathrm{j}0.49}}=39.66\mathrm{e}^{\mathrm{j}13.1^\circ}$$

$$\boldsymbol{v}_p=\frac{\omega}{\beta}\hat{\boldsymbol{z}}=3.24\times10^7(\text{m/s})$$

$$\lambda=\frac{2\pi}{\beta}=0.018(\text{m})$$

$$\boldsymbol{E}=0.5\mathrm{e}^{-80.86z}\mathrm{e}^{-\mathrm{j}348.79z}\hat{\boldsymbol{x}}(\text{V/m})$$

$$\boldsymbol{H}=\frac{\boldsymbol{K}\times\boldsymbol{E}}{\omega\mu}=\frac{1}{\tilde{\eta}}0.5\mathrm{e}^{-80.86z}\mathrm{e}^{-\mathrm{j}348.79z}\hat{\boldsymbol{y}}=0.013\mathrm{e}^{-80.86z}\mathrm{e}^{-\mathrm{j}(348.79z+13.1^\circ)}\hat{\boldsymbol{y}}(\text{A/m})$$

4.2.2 弱导电媒质中的均匀平面波

导电媒质的复介电常数为

$$\tilde{\varepsilon}=\varepsilon-\mathrm{j}\frac{\sigma}{\omega}=\varepsilon\left(1-\mathrm{j}\frac{\sigma}{\omega\varepsilon}\right)\tag{4-31}$$

若 $\sigma/\omega\varepsilon\ll1$，则 $\tilde{\varepsilon}\approx\varepsilon$，为实数，媒质主要呈现出介质的特性，称为弱导电媒质或良介质。

弱导电媒质中，位移电流起主要作用，传导电流的影响很小，可忽略不计。此时，复传播矢量可近似为

$$\boldsymbol{K}=\hat{\boldsymbol{k}}\omega\sqrt{\mu\tilde{\varepsilon}}=\hat{\boldsymbol{k}}\omega\sqrt{\mu\varepsilon\left(1-\mathrm{j}\frac{\sigma}{\omega\varepsilon}\right)}\approx\hat{\boldsymbol{k}}\omega\sqrt{\mu\varepsilon}\left(1-\mathrm{j}\frac{\sigma}{2\omega\varepsilon}\right)\tag{4-32}$$

于是，弱导电媒质中的衰减常数和相移常数近似为

$$\alpha\approx\frac{\sigma}{2}\sqrt{\frac{\mu}{\varepsilon}},\quad \beta\approx\omega\sqrt{\varepsilon\mu}\tag{4-33}$$

本征阻抗可近似为

$$\tilde{\eta}=\sqrt{\frac{\mu}{\tilde{\varepsilon}}}=\sqrt{\frac{\mu}{\varepsilon-\mathrm{j}\sigma/\omega}}=\sqrt{\frac{\mu}{\varepsilon}}\left(1-\mathrm{j}\frac{\sigma}{\omega\varepsilon}\right)^{-1/2}\approx\sqrt{\frac{\mu}{\varepsilon}}\left(1+\mathrm{j}\frac{\sigma}{2\omega\varepsilon}\right)\approx\sqrt{\frac{\mu}{\varepsilon}} \tag{4-34}$$

可见，弱导电媒质中的相移常数和本征阻抗均近似等于理想介质中的相移常数和波阻抗。这意味着，在弱导电媒质中传播的均匀平面波，除了有一定损耗所引起的衰减，与理想介质中均匀平面波的传播特点基本相同。

4.2.3 良导体中的均匀平面波

1. 传播参数

若 $\sigma/\omega\varepsilon\gg1$，则 $\tilde{\varepsilon}\approx\sigma/(\mathrm{j}\omega)$，为虚数，媒质主要呈现出导体的特性，称为良导体。

良导体中，传导电流起主要作用，位移电流的影响很小，一般可忽略不计。此时，复传播矢量可近似为

$$\boldsymbol{K}=\hat{\boldsymbol{k}}\omega\sqrt{\mu\tilde{\varepsilon}}=\hat{\boldsymbol{k}}\omega\sqrt{\mu\varepsilon\left(1-\mathrm{j}\frac{\sigma}{\omega\varepsilon}\right)}\approx\hat{\boldsymbol{k}}\sqrt{-\mathrm{j}\omega\mu\sigma}=\hat{\boldsymbol{k}}(1-\mathrm{j})\sqrt{\frac{\omega\mu\sigma}{2}} \tag{4-35}$$

于是，良导体中的衰减常数和相移常数近似为

$$\alpha\approx\beta\approx\sqrt{\frac{\omega\mu\sigma}{2}}=\sqrt{\pi f\mu\sigma} \tag{4-36}$$

本征阻抗可近似为

$$\tilde{\eta}=\sqrt{\frac{\mu}{\tilde{\varepsilon}}}\approx\sqrt{\frac{\mathrm{j}\omega\mu}{\sigma}}=(1+\mathrm{j})\sqrt{\frac{\pi f\mu}{\sigma}}=\sqrt{\frac{2\pi f\mu}{\sigma}}\mathrm{e}^{\mathrm{j}\pi/4} \tag{4-37}$$

这表明，良导体中传播的均匀平面波，磁场的相位滞后于电场 $\pi/4$。

2. 趋肤效应与趋肤深度

由式(4-36)可以看到，在良导体中电磁波的衰减常数 α 随电磁波的频率、媒质磁导率和电导率的增大而增大。因此，高频电磁波在良导体中的衰减常数非常大，电磁波在入射到良导体中时，传播很短的一段距离后几乎衰减为零，电磁波主要集中在良导体的表面区域，这种现象通常称为良导体的趋肤效应。工程上，将电磁波的振幅衰减到初始振幅的 1/e 时所传播的距离定义为良导体的趋肤深度，记为 δ，即

$$\frac{|\boldsymbol{E}(z=\delta)|}{|\boldsymbol{E}(z=0)|}=\frac{1}{\mathrm{e}}=\mathrm{e}^{-\alpha\delta}$$

由上式可求出

$$\delta=\frac{1}{\alpha}\approx\frac{1}{\sqrt{\pi f\mu\sigma}} \tag{4-38}$$

可以计算出，电磁波进入良导体后的传播距离等于 3δ 时，有 $\dfrac{|\boldsymbol{E}(z=3\delta)|}{|\boldsymbol{E}(z=0)|}=\mathrm{e}^{-3}\approx0.05$，即场强振幅只有边界面处的 5%。

传播距离等于 5δ 时，有 $\dfrac{|\boldsymbol{E}(z=5\delta)|}{|\boldsymbol{E}(z=0)|}=\mathrm{e}^{-5}\approx0.0067$，即场强振幅只有边界面处的 0.67%。可见，对于良导体而言，只需传播几个趋肤深度，电磁场就会近乎衰减为零。

实际上，对于导电性能好的良导体，其趋肤深度一般很小。以铜为例，其电导率为 $\sigma=5.8\times10^{7}\,\mathrm{S/m}$，$\mu\approx\mu_0=4\pi\times10^{-7}\,\mathrm{H/m}$，根据式(4-38)，可得不同频率下铜的趋肤深度：

当 $f=10^{6}\,\mathrm{Hz}$ 时，有

$$\delta=\frac{1}{\sqrt{3.14\times10^{6}\times4\pi\times10^{-7}\times5.8\times10^{7}}}=6.6\times10^{-5}\,\mathrm{m}$$

当 $f=10^{9}\,\mathrm{Hz}$ 时，有

$$\delta=\frac{1}{\sqrt{3.14\times10^{9}\times4\pi\times10^{-7}\times5.8\times10^{7}}}=2.09\times10^{-6}\,\mathrm{m}$$

当 $f=10^{10}\,\mathrm{Hz}$ 时，有

$$\delta=\frac{1}{\sqrt{3.14\times10^{10}\times4\pi\times10^{-7}\times5.8\times10^{7}}}=6.6\times10^{-7}\,\mathrm{m}$$

可见，电磁波的频率越高，铜的趋肤深度越小。铝、金、银等良导体的电导率与铜的电导率数量级相同，因此在微波频段这些良导体的趋肤深度都非常小，进入良导体的电磁波及其引起的感应电流只能分布在良导体极薄的表面层中。

对于实际工程应用的良导体，其厚度一般远远大于其趋肤深度，因此高频电磁波不可能穿透良导体。若用良导体将电子设备包围起来，外部、内部的电磁波均不能穿透导体壳，使内外的电磁环境隔离，这就是电磁屏蔽的原理。

3. 表面阻抗

在良导体中，电磁波传播几个趋肤深度的距离之后，其能量就被损耗到接近于零。借助电路理论的概念，工程上常用表面阻抗来计算单位面积的有耗媒质所损耗的功率。“单位面积的有耗媒质”是指有耗媒质表面上的单位面积所对应的无限长有损耗媒质立方柱，即图 4-6 所示的 $0\leqslant x\leqslant1$，$0\leqslant y\leqslant1$，$0\leqslant z\leqslant\infty$ 区域。为引入表面阻抗，首先要在这个无限长立方柱中定义与电磁波相联系的表面电流和表面电压。

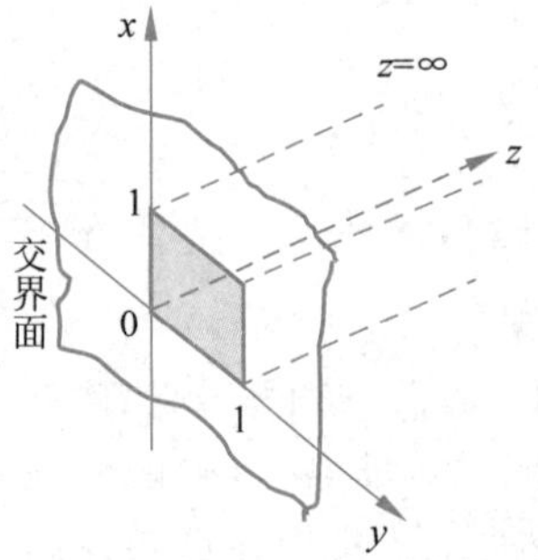

图 4-6　表面阻抗计算区域

设有耗媒质中电场强度及由它引起的传导电流都是 $\hat{\boldsymbol{x}}$ 方向的，分别表示为

$$\boldsymbol{E}=E\mathrm{e}^{-\alpha z}\mathrm{e}^{-\mathrm{j}\beta z}\hat{\boldsymbol{x}}$$

$$\boldsymbol{J}=\sigma\boldsymbol{E}=\sigma E\mathrm{e}^{-\alpha z}\mathrm{e}^{-\mathrm{j}\beta z}\hat{\boldsymbol{x}}$$

严格地说 $\boldsymbol{J}$ 在 $0\leqslant z\leqslant\infty$ 的有耗媒质区域中都有分布，但随着 z 增大其值呈指数规律迅速衰减，故一般来说 $\boldsymbol{J}$ 主要集中在有损耗媒质表面的薄层内，因此一般将该无限长立方柱内 $\hat{\boldsymbol{x}}$ 方向的总电流称为表面电流，记为 I，有

$$I=\iint_S\boldsymbol{J}\,\mathrm{d}\boldsymbol{s}=\sigma E\int_0^{\infty}\mathrm{e}^{-\alpha z}\mathrm{e}^{-\mathrm{j}\beta z}\,\mathrm{d}z\int_0^1\mathrm{d}y=\frac{\sigma E}{\alpha+\mathrm{j}\beta}$$

该立方柱的 $z=0$ 表面上、沿电场方向的 $0\leqslant x\leqslant1$ 范围内的总电压称为表面电压，记为 U，有

$$U=\int_0^1\boldsymbol{E}\,|_{z=0}\cdot\hat{\boldsymbol{x}}\,\mathrm{d}x=E$$

则有耗媒质的表面阻抗为

$$Z_s = R_s + jX_s = \frac{U}{I} = \frac{\alpha + j\beta}{\sigma} \tag{4-39}$$

式中：X_s 为表面电抗。

因此，单位面积的有耗媒质上损耗的功率可表示为

$$P = \frac{1}{2}|I|^2 R_s \tag{4-40}$$

对于良导体而言，其表面阻抗等于其本征阻抗，即

$$Z_s = R_s + jX_s = \frac{U}{I} = \tilde{\eta} = \sqrt{\frac{\omega\mu}{\sigma}}e^{j\pi/4} = \sqrt{\frac{\omega\mu}{2\sigma}}(1+j) \tag{4-41}$$

式中：$R_s = X_s = \sqrt{(\omega\mu)/(2\sigma)}$。

【例 4-6】 计算铜板、铁板在 1MHz 频率时的趋肤深度和表面电阻。铜的参数为 $\sigma = 5.8\times10^7$(S/m)，$\varepsilon_r = \mu_r = 1$；铁的参数为 $\sigma = 10^7$(S/m)，$\varepsilon_r = 1$，$\mu_r = 10^3$；$\varepsilon_0 \approx 8.854\times10^{-12}$(F/m)，$\mu_0 = 4\pi\times10^{-7}$(H/m)。

解：铜板的趋肤深度为 $\delta = \frac{1}{\sqrt{\pi f\mu\sigma}} = \frac{1}{\sqrt{\pi f\mu_0\mu_r\sigma}} = 6.6\times10^{-5}$(m)

表面电阻为 $R_s = \sqrt{\frac{\omega\mu}{2\sigma}} = \sqrt{\frac{2\pi f\mu_0\mu_r}{2\sigma}} = 2.6\times10^{-4}$(Ω)

铁板的趋肤深度为 $\delta = \frac{1}{\sqrt{\pi f\mu\sigma}} = \frac{1}{\sqrt{\pi f\mu_0\mu_r\sigma}} = 5.0\times10^{-6}$(m)

表面电阻为 $R_s = \sqrt{\frac{\omega\mu}{2\sigma}} = \sqrt{\frac{2\pi f\mu_0\mu_r}{2\sigma}} = 1.99\times10^{-2}$(Ω)

可见，在相同频率上，铁的趋肤深度比铜要小得多，而表面电阻却大得多。表面电阻大则意味着导体中能量损耗大。因此电磁屏蔽宜采用铁，而波导等导引电磁波的装置宜采用铜以减小能量损耗。

4.2.4 色散与群速度

相速度定义为电磁波恒定相位点的推进速度，对于电场为 $\boldsymbol{E}(z,t) = \hat{\boldsymbol{x}}E_m\cos(\omega t - \beta z)$的均匀平面波，其相速度为

$$v_p = \frac{dz}{dt} = \frac{\omega}{\beta}$$

理想介质中，电磁波相速 v_p 与频率无关，是非色散媒质；导电媒质中，电磁波相速 v_p 与频率有关，是色散媒质。

单一频率的正弦波带宽为零，它是不携带任何信息的。携带信息的电磁波总要占据一定的带宽，称为非单色波。因此，非单色波在色散媒质中传播时，由于各频率分量的相速度不同，相互之间的相位关系随传播距离而变化。当电磁波传播一段距离到达接收端时，由于各频率分量的相位关系与起始端的相位关系不同，可能导致在接收端不能正确无误地将原信号还原出来，从而造成信号失真。图 4-7 展示了由三种频率分量组成的信号在导电媒质传播一段距离后媒质色散导致信号失真的现象。

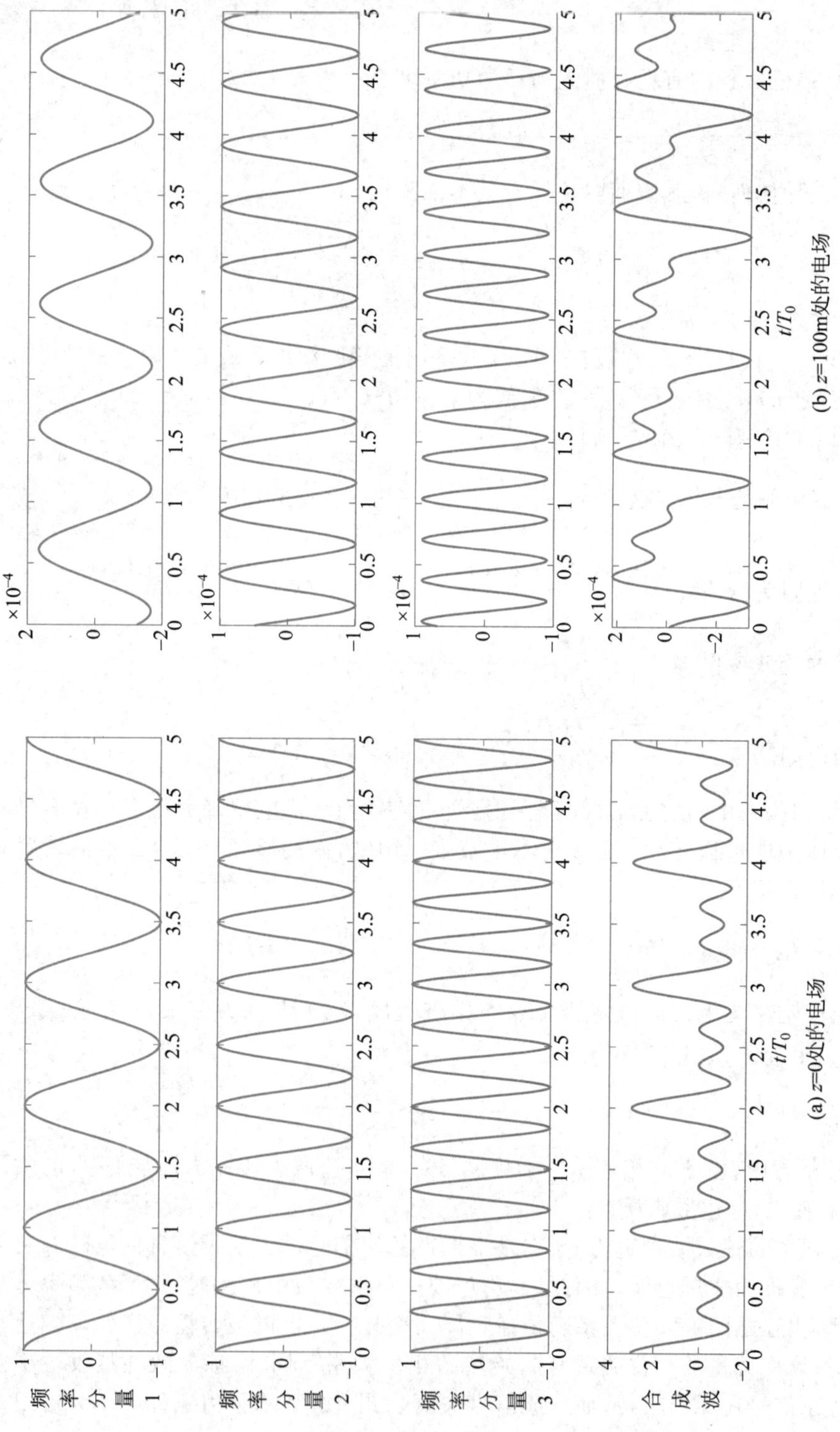

图 4-7　媒质色散导致信号失真示意图

相速度实际是针对幅度、相位和频率均未受到调制的单频行波而言的。这种波不载有任何信息。若要使波载有信息，则必须对波的幅度、相位或频率进行调制，调制后的波就不再是单频的，而是含有多频率成分。这种由多个频率成分构成的“波群”的速度，称为群速度，用 v_g 表示。群速度实际上指的是一群角频率 ω、相移常数 β 都非常相近的波在传播过程中所表现出的“共同”速度，这个速度代表信息的传播速度。如图 4-8 所示的调幅波，包络线所代表的即是载波所携带的信息，包络上任一恒定相位点推进的速度就是群速度，也代表了信号的传递速度。

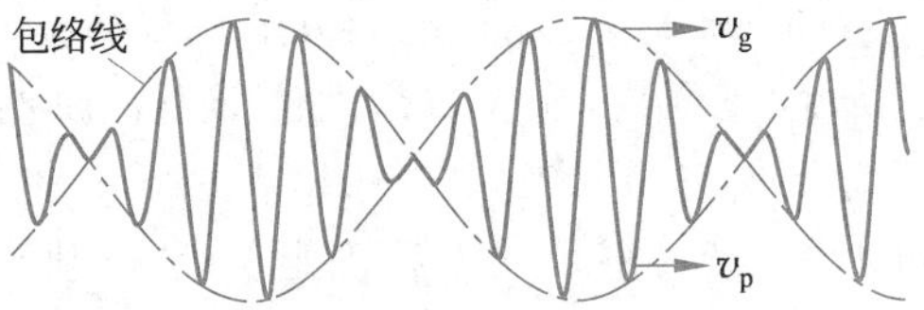

图 4-8 调制波群速度与相速度示意图

注意，群速度只有在频带很窄时才有意义。导电媒质中，群速度和相速度满足如下关系：

$$v_g=\frac{d\omega}{d\beta}=\frac{d(v_p\beta)}{d\beta}=v_p+\beta\frac{dv_p}{d\beta}$$

$$\Rightarrow v_g=\frac{v_p}{1-\beta\dfrac{dv_p}{d\omega}}=\frac{v_p^2}{v_p-\omega\dfrac{dv_p}{d\omega}} \tag{4-42}$$

由上式可知，群速度与相速度一般是不相等的，存在如下三种可能情况：

(1) $dv_p/d\omega=0$，即相速度与频率无关，此时 $v_g=v_p$，无色散现象；

(2) $dv_p/d\omega<0$，即相速度随频率升高而减小，此时 $v_g<v_p$，称为正常色散；

(3) $dv_p/d\omega>0$，即相速度随频率升高而增大，此时 $v_g>v_p$，称为反常色散。

于是，由式(4-27b)可知，导电媒质引起的色散现象属于反常色散。

4.3 电磁波的极化

4.3.1 极化的定义

在空间任意固定点，$\boldsymbol{E}(\boldsymbol{r},t)$的模值、方向均可能随 t 变化。空间任意固定点处，场矢量的模值、方向随时间变化的方式称为电磁波的极化。若用起点位于该固定点的有向箭头表示 $\boldsymbol{E}(\boldsymbol{r},t)$矢量，则其箭头终点(称为矢端)必然随 t 不断运动，形成一定的矢端运动轨迹。根据矢端轨迹的形状可对极化进行命名和分类。若电场矢端的运动轨迹随时间呈无规律的变化情况，如大气散射波、海杂波、宇宙背景辐射等，通常称为随机极化。若电场矢端的运动轨迹随时间呈规律性的变化，则称为确定性极化。电磁波的极化类型由其辐射源决定，在传播过程中受媒质的影响，极化类型可能发生改变。对于时谐电磁波而言，其矢端轨迹的形状有直线、圆、椭圆三种，因此其极化可分为线极化、圆极化和椭圆极化。本节主要研究时谐电磁波的极化。

为简单起见，研究极化时以朝 $\hat{z}$ 方向传播的时谐均匀平面波为例。一般情况下，电场矢量有 x、y 两个分量，其瞬时表示式为

$$\boldsymbol{E}(\boldsymbol{r},t)=\hat{\boldsymbol{x}}E_{xm}\cos(\omega t-kz+\phi_x)+\hat{\boldsymbol{y}}E_{ym}\cos(\omega t-kz+\phi_y) \tag{4-43}$$

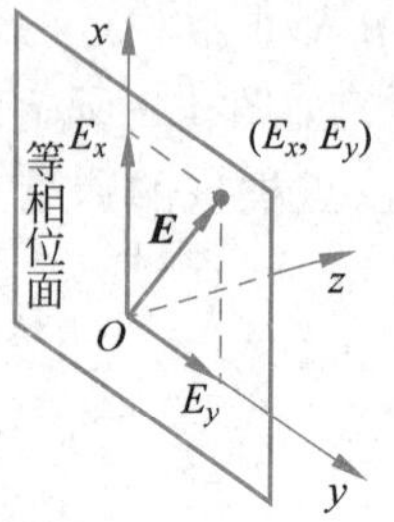

图 4-9 讨论极化时的坐标系

式中：振幅 E_{xm}、E_{ym} 为大于零的实数；ϕ_x、ϕ_y 为实相角。

为简便起见，不妨将坐标系的原点设置在电场矢量的起点上，则上式中 $z=0$，此时式(4-43)写为

$$\boldsymbol{E}(\boldsymbol{r},t)=\hat{\boldsymbol{x}}E_{xm}\cos(\omega t+\phi_x)+\hat{\boldsymbol{y}}E_{ym}\cos(\omega t+\phi_y) \tag{4-44}$$

如图 4-9 所示，$\boldsymbol{E}(\boldsymbol{r},t)$矢量始终垂直于传播方向($\hat{z}$ 方向)并位于 xOy 平面内，箭头的起点位于坐标原点，箭头的终点(矢端)坐标为(E_x，E_y)。矢端(E_x，E_y)在 xOy 平面内随时间的运动轨迹可由 E_x、E_y 满足的方程确定。因此，研究电磁波的极化形式，就归结到研究 E_x、E_y 所满足的方程。

4.3.2 线极化

如果式(4-44)中 $\boldsymbol{E}(\boldsymbol{r},t)$的两个分量相位相同，$\phi_x=\phi_y=\phi$，则有

$$\boldsymbol{E}(\boldsymbol{r},t)=\hat{\boldsymbol{x}}E_x+\hat{\boldsymbol{y}}E_y=\hat{\boldsymbol{x}}E_{xm}\cos(\omega t+\phi)+\hat{\boldsymbol{y}}E_{ym}\cos(\omega t+\phi)$$

$$\frac{E_y}{E_x}=\frac{E_{ym}}{E_{xm}}=C \quad (C>0,\text{为常数})$$

上式表明，不论时间 t 如何变化，E_x、E_y 满足的方程为

$$E_y=CE_x=(\tan\alpha)E_x$$

这是斜率大于零、与 x 轴夹角为 α 的直线方程，说明 $\boldsymbol{E}(\boldsymbol{r},t)$的矢端($E_x$，$E_y$)的运动轨迹是直线，其极化类型为线极化，轨迹如图 4-10(a)所示。矢端在该直线的一定范围内来回运动，其运动周期等于电磁波的时谐变化周期 T。

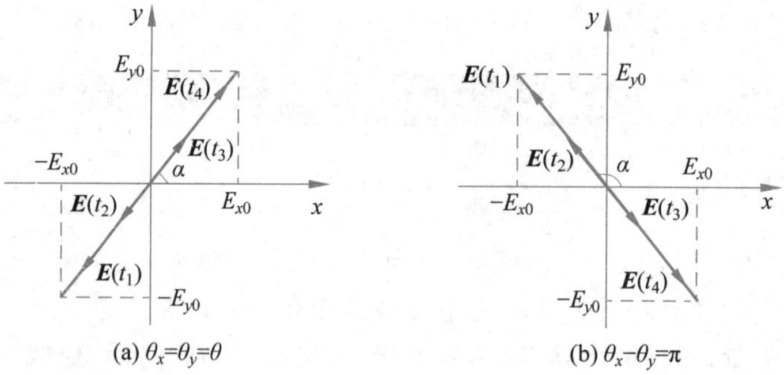

图 4-10 线极化波

若 $\boldsymbol{E}(\boldsymbol{r},t)$的两分量相位相差 π，$\phi_x-\phi_y=\pi$，则有

$$\boldsymbol{E}(\boldsymbol{r},t)=\hat{\boldsymbol{x}}E_x+\hat{\boldsymbol{y}}E_y=\hat{\boldsymbol{x}}E_{xm}\cos(\omega t+\phi_x)-\hat{\boldsymbol{y}}E_{ym}\cos(\omega t+\phi_x)$$

$$\frac{E_y}{E_x}=\frac{-E_{ym}}{E_{xm}}=C \quad (C<0,\text{为常数})$$

$$E_y = CE_x = (\tan\alpha)E_x$$

此时，矢端(E_x,E_y)的运动轨迹直线的斜率小于零，如图 4-10(b)所示。

综上所述，只要电场矢量的两个正交分量同相或反相，电磁波就是线极化波。若$\boldsymbol{E}(\boldsymbol{r},t)$只有 x 分量或只有 y 分量，则它必定也是线极化，$\boldsymbol{E}(\boldsymbol{r},t)$的矢端在平行于 x 轴或平行于 y 轴的直线上来回周期运动。

4.3.3 圆极化

若$\boldsymbol{E}(\boldsymbol{r},t)$两个分量振幅相同，即 $E_{xm}=E_{ym}=E_m$，相位相差 $\pi/2$，$\phi_x-\phi_y=\pi/2$(E_x的相位超前E_y 的相位 $\pi/2$)，则有

$$\boldsymbol{E}(\boldsymbol{r},t)=\hat{\boldsymbol{x}}E_x+\hat{\boldsymbol{y}}E_y=\hat{\boldsymbol{x}}E_{xm}\cos(\omega t+\phi_x)+\hat{\boldsymbol{y}}E_{ym}\sin(\omega t+\phi_x)$$

$$E_x^2+E_y^2=E_m^2=|\boldsymbol{E}(\boldsymbol{r},t)|^2$$

可见 E_x、E_y 满足的方程为圆方程，说明$\boldsymbol{E}(\boldsymbol{r},t)$的矢端$(E_x,E_y)$的运动轨迹是一个半径等于$|\boldsymbol{E}(\boldsymbol{r},t)|$的圆，其极化类型为圆极化，如图 4-11(a)所示。矢端的圆周运动周期等于电磁波的时谐变化周期 T。

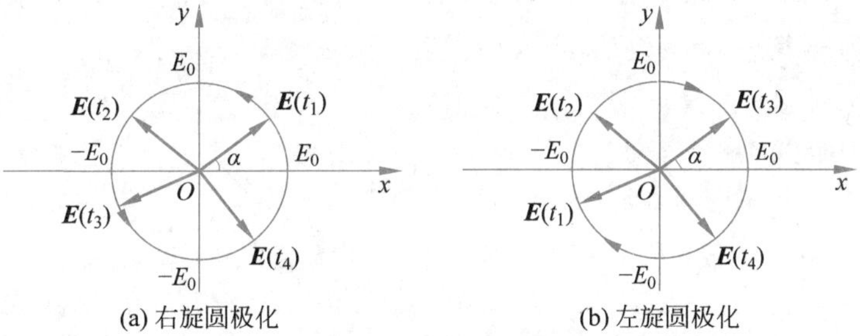

图 4-11 圆极化波

$\boldsymbol{E}(\boldsymbol{r},t)$与 x 轴的夹角为 α，α 满足

$$\tan\alpha=\frac{E_y}{E_x}=\frac{E_{ym}\sin(\omega t+\phi_x)}{E_{xm}\cos(\omega t+\phi_x)}=\tan(\omega t+\phi_x)$$

$$\alpha=\arctan\left(\frac{E_y}{E_x}\right)=\omega t+\phi_x$$

可见，α 随时间 t 增大而增大，说明矢端(E_x,E_y)在圆上沿逆时针方向运动，如图 4-11(a)所示。该转动方向与波的传播方向 $\hat{z}$ 呈右手螺旋关系，这种圆极化波称为右旋圆极化波。

若 $E_{xm}=E_{ym}=E_m$，$\phi_x-\phi_y=-\pi/2$(E_x 的相位滞后于E_y 的相位 $\pi/2$)，$\boldsymbol{E}(\boldsymbol{r},t)$矢端轨迹仍然是半径等于$|\boldsymbol{E}(\boldsymbol{r},t)|$的圆，但此时

$$\boldsymbol{E}(\boldsymbol{r},t)=\hat{\boldsymbol{x}}E_x+\hat{\boldsymbol{y}}E_y=\hat{\boldsymbol{x}}E_{xm}\cos(\omega t+\phi_x)-\hat{\boldsymbol{y}}E_{ym}\sin(\omega t+\phi_x)$$

$$\tan\alpha=\frac{E_y}{E_x}=\frac{-E_{ym}\sin(\omega t+\phi_x)}{E_{xm}\cos(\omega t+\phi_x)}=-\tan(\omega t+\phi_x)$$

$$\alpha = \arctan\left(\frac{E_y}{E_x}\right) = -\omega t - \phi_x$$

可见，α 随时间 t 增大而减小，说明 $\boldsymbol{E}(\boldsymbol{r},t)$ 的矢端在圆上沿顺时针方向运动，如图 4-11(b)所示。该转动运动方向与波的传播方向 $\hat{z}$ 呈左手螺旋关系，这种圆极化波称为左旋圆极化波。

左、右旋圆极化波可以利用双手来进行判断：大拇指指向电磁波的传播方向，其余四指从 $\boldsymbol{E}(\boldsymbol{r},t)$ 相位超前分量所在坐标轴的正方向转到相位滞后分量所在坐标轴的正方向，与左手相符合的就是左旋圆极化波，与右手相符合的就是右旋圆极化波。

综上所述，若电场的两个空间正交分量幅度相同、相位相差 $\pi/2$，电磁波就是圆极化波。

4.3.4 椭圆极化

很多情况下，式(4-44)所表示的 $\boldsymbol{E}(\boldsymbol{r},t)$ 的 E_x、E_y 之间以及 ϕ_x、ϕ_y 之间没有特殊关系，即

$$\boldsymbol{E}(\boldsymbol{r},t) = \hat{\boldsymbol{x}}E_x + \hat{\boldsymbol{y}}E_y = \hat{\boldsymbol{x}}E_{xm}\cos(\omega t + \phi_x) + \hat{\boldsymbol{y}}E_{ym}\cos(\omega t + \phi_y)$$

$$E_x = E_{xm}\cos(\omega t + \phi_x) \tag{4-45a}$$

$$E_y = E_{ym}\cos(\omega t + \phi_y) \tag{4-45b}$$

消去式(4-45)中的变量 t，得到

$$\left(\frac{E_x}{E_{xm}}\right)^2 - 2\frac{E_xE_y}{E_{xm}E_{ym}}\cos\phi + \left(\frac{E_y}{E_{ym}}\right)^2 = \sin^2\phi \tag{4-46}$$

式中：$\phi = \phi_x - \phi_y$。

式(4-46)是椭圆方程，说明 $\boldsymbol{E}(\boldsymbol{r},t)$ 的矢端(E_x, E_y)的运动轨迹是一个椭圆，称为极化椭圆，极化类型为椭圆极化，如图 4-12 所示。矢端运动周期等于电磁波的时谐变化周期 T。特别的，若 $\phi=0$ 或 $\phi=\pi$，式(4-46)变为直线方程，表示电磁波是线极化波；若 $E_{xm}=E_{ym}=E_m$，$\phi=\pm\pi/2$，式(4-46)变为圆方程，表示电磁波是圆极化波。因此，线极化、圆极化情况是椭圆极化的两个特例情况。

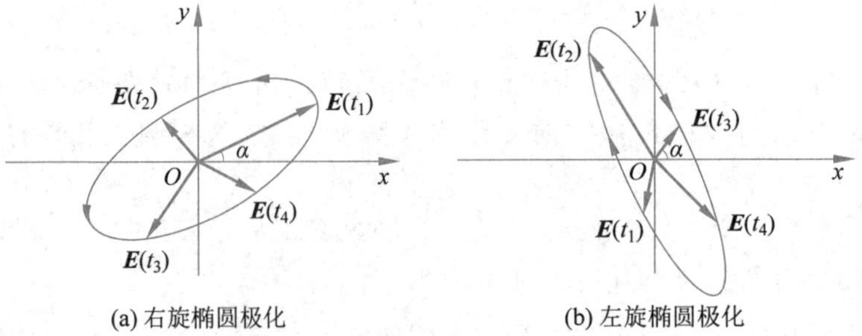

图 4-12 椭圆极化波

椭圆极化波的 $\boldsymbol{E}(\boldsymbol{r},t)$ 与 x 轴的夹角 α 及其随时间 t 的变化率为

$$\alpha = \arctan\left(\frac{E_y}{E_x}\right) = \arctan\left(\frac{E_{ym}\cos(\omega t + \phi_y)}{E_{xm}\cos(\omega t + \phi_x)}\right)$$

$$\frac{\mathrm{d}\alpha}{\mathrm{d}t} = \frac{\omega E_{xm} E_{ym} \sin(\phi_x - \phi_y)}{E_{xm}^2 \cos^2(\omega t + \phi_x) + E_{ym}^2 \cos^2(\omega t + \phi_y)}$$

当 $0 < \phi_x - \phi_y < \pi$ 时，$\mathrm{d}\alpha/\mathrm{d}t > 0$，$\alpha$ 随时间增大而增大，$\boldsymbol{E}(\boldsymbol{r},t)$矢端在椭圆上逆时针运动，运动方向与波的传播方向呈右手螺旋关系，为右旋椭圆极化波，如图 4-12(a)所示。

当 $-\pi < \phi_x - \phi_y < 0$ 时，$\mathrm{d}\alpha/\mathrm{d}t < 0$，$\alpha$ 随时间增大而减小，$\boldsymbol{E}(\boldsymbol{r},t)$矢端在椭圆上顺时针运动，运动方向与波的传播方向呈左手螺旋关系，为左旋椭圆极化波，如图 4-12(b)所示。

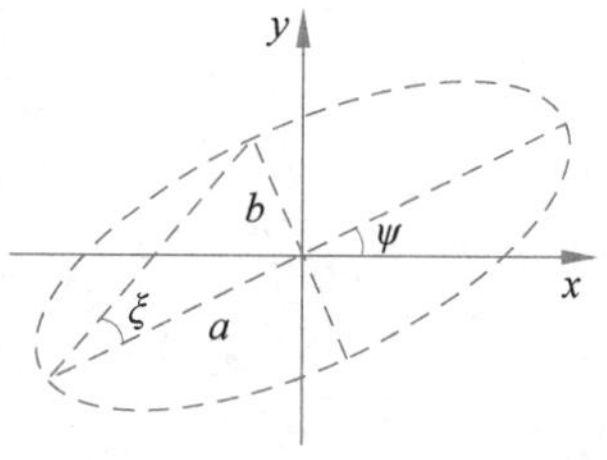

图 4-13 极化椭圆的几何参数示意图

如图 4-13 所示，极化椭圆的长轴 a、短轴 b、倾角 ψ(椭圆长轴与 x 轴的夹角)三个参数与 $\boldsymbol{E}(\boldsymbol{r},t)$的 E_{xm}、E_{ym}、$\phi = \phi_x - \phi_y$ 三个参数之间的相互关系为

$$a^2 + b^2 = E_{xm}^2 + E_{ym}^2$$

$$\xi = \arctan\left(\frac{b}{a}\right)$$

$$\tan(2\psi) = \frac{2E_{xm}E_{ym}}{E_{xm}^2 - E_{ym}^2}\cos\phi$$

$$\sin(2\xi) = \frac{2E_{xm}E_{ym}}{E_{xm}^2 + E_{ym}^2}\sin\phi$$

已知极化椭圆的三个参数，就可以通过以上方程组求出 $\boldsymbol{E}(\boldsymbol{r},t)$的三个参数。

4.3.5 三种极化波的相互关系

线极化波、圆极化波均是椭圆极化波的特例。

由线极化波、圆极化波、椭圆极化波的表示式可知，这三种极化波的场矢量都可以分解成相互垂直的两个分量，因此三种极化波都可以看作两个相互垂直的线极化波的叠加。相位相同或相位相差 π 的两个垂直线极化波叠加形成另一个线极化波；相位相差 π/2、振幅相同的两个垂直线极化波叠加形成圆极化波；而两个无特殊关系的垂直线极化波叠加就形成了椭圆极化波。

还可以证明：线极化波可以分解为两个振幅相等、旋向相反的圆极化波；椭圆极化波可以分解为两个振幅不等、旋向相反的圆极化波。

【例 4-7】 证明线极化波可以分解为两个振幅相等、旋向相反的圆极化波。

证明：设线极化波 $\boldsymbol{E} = \boldsymbol{E}_0 \mathrm{e}^{-\mathrm{j}kz}$ 与 x 轴的夹角为 θ，它可以表示为

$$\boldsymbol{E} = (E_0\cos\theta\hat{\boldsymbol{x}} + E_0\sin\theta\hat{\boldsymbol{y}})\mathrm{e}^{-\mathrm{j}kz} = E_x\hat{\boldsymbol{x}} + E_y\hat{\boldsymbol{y}}$$

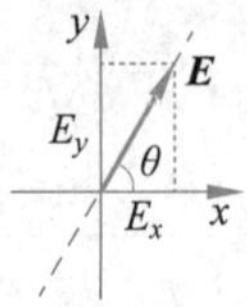

式中：$E_0=|\boldsymbol{E}_0|$。

应用欧拉公式可得

$$E_x=E_0\cos\theta\mathrm{e}^{-\mathrm{j}kz}=\frac{E_0}{2}\mathrm{e}^{\mathrm{j}\theta}\mathrm{e}^{-\mathrm{j}kz}+\frac{E_0}{2}\mathrm{e}^{-\mathrm{j}\theta}\mathrm{e}^{-\mathrm{j}kz}$$

$$E_y=E_0\sin\theta\mathrm{e}^{-\mathrm{j}kz}=-\mathrm{j}\frac{E_0}{2}\mathrm{e}^{\mathrm{j}\theta}\mathrm{e}^{-\mathrm{j}kz}+\mathrm{j}\frac{E_0}{2}\mathrm{e}^{-\mathrm{j}\theta}\mathrm{e}^{-\mathrm{j}kz}$$

因此

$$\boldsymbol{E}=\frac{E_0}{2}[\mathrm{e}^{\mathrm{j}\theta}\hat{\boldsymbol{x}}+\mathrm{e}^{\mathrm{j}(\theta-\pi/2)}\hat{\boldsymbol{y}}]\mathrm{e}^{-\mathrm{j}kz}+\frac{E_0}{2}[\mathrm{e}^{-\mathrm{j}\theta}\hat{\boldsymbol{x}}+\mathrm{e}^{-\mathrm{j}(\theta-\pi/2)}\hat{\boldsymbol{y}}]\mathrm{e}^{-\mathrm{j}kz}$$

显然，第一项是右旋圆极化波，第二项是左旋圆极化波，两圆极化波振幅均为 $E_0/2$。证毕。

【例 4-8】 判断下列电磁波的极化类型：

(1) $\boldsymbol{E}=E_m\cos(\omega t+kz)\hat{\boldsymbol{x}}+E_m\sin(\omega t+kz)\hat{\boldsymbol{y}}$；

(2) $\boldsymbol{E}=E_{m1}\mathrm{e}^{-\mathrm{j}(kx-\pi/3)}\hat{\boldsymbol{y}}+E_{m2}\mathrm{e}^{-\mathrm{j}(kx+\pi/5)}\hat{\boldsymbol{z}}$

解：(1) 将原表示式改写为

$$\boldsymbol{E}=E_m\cos(\omega t+kz)\hat{\boldsymbol{x}}+E_m\cos(\omega t+kz-\pi/2)\hat{\boldsymbol{y}}$$

可见两分量振幅相等，x 分量比 y 分量超前 $\pi/2$，所以是圆极化波。再判断该电磁波的传播方向为 $-\hat{\boldsymbol{z}}$ 方向，故其旋向为左旋。

(2) 由原表示式可知，两分量振幅不相等，y 分量比 z 分量超前 $8\pi/15$，两分量之间无特殊关系，所以是椭圆极化波。再判断该电磁波的传播方向为 $+\hat{\boldsymbol{x}}$ 方向，故其旋向为右旋。

4.3.6 电磁波极化的工程应用

电磁波的极化性质具有非常重要的工程意义。

细长结构的天线称为线天线，它在辐射主方向上的远区场是与天线本身平行的线极化波，如图 4-14(a)所示。与地面平行放置的线天线的主方向远区场是与地面平行的线极化波，称为水平极化波。电视信号、调频广播信号一般采用水平极化波。与地面垂直放置的线天线的主方向远区场是与地面垂直的线极化波，称为垂直极化波。调幅广播信号一般采用垂直极化波。线极化天线接收与自身平行的线极化波的性能最佳，此时称线天线与入射电磁波的极化类型匹配；线极化天线接收与自身空间正交的线极化波的性能最差，此时称线天线与入射电磁波的极化类型失配，几乎接收不到能量。

若对两个完全相同、正交放置的线天线等幅馈电，并使二者的电流相位相差 $\pi/2$，则二者构成一个圆极化天线，在过二者交点且垂直于二者的轴线方向上，远区场是圆极化

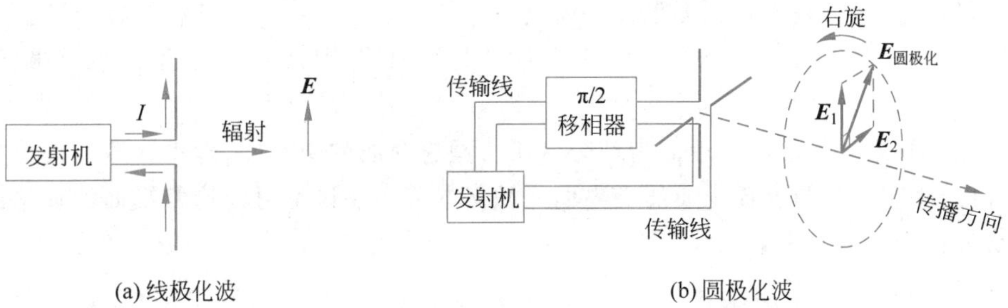

图 4-14　线极化波和圆极化波产生示意图

波，如图 4-14(b)所示。当然还有其他类型的圆极化天线。根据辐射波的旋向将圆极化天线分为右旋圆极化天线和左旋圆极化天线。圆极化天线只能接收与其自身旋向相同的圆极化波。线极化波可以分解为两个旋向相反的圆极化波，其中总有一个可以被某圆极化天线接收；而圆极化波可以分解为两个相互空间正交的线极化波，其中总有一个可以被某线极化天线接收。因此，在收发双方有一方运动的情况下(如导弹与地面控制中心的通信)，若有一方采用圆极化天线，则可保证信号畅通；若双方都是线极化天线，则可能因为相对位置变化而出现失配的情况。

因此，为获得良好的接收效果，应根据所接收电磁波的极化特性来选择天线的极化类型并确定天线的放置方向。例如，用线天线接收电视信号、调频广播信号等水平极化波时，应将线天线水平放置。

电磁波的极化类型还可以用来识别目标。当某种极化类型的电磁波照射到目标后，其反射波的极化类型可能发生改变，这就是目标的去极化作用。比如，圆极化波照射细长形状的金属目标，反射波是与目标平行的线极化波。极化如何改变取决于目标的形状、尺寸、结构、物质特性，故可以研究极化的改变方式从中提取目标特性，这就是极化识别技术。

4.4　均匀平面波在不同媒质交界面上的反射和折射

4.1 节中分析研究了无界理想媒质中的平面电磁波。实际情况下，媒质都是有边界的，电磁波在传播过程中经常会遇到不同媒质的交界面，入射到交界面上的入射波会在交界面上感应出时变电荷(可能是自由电荷，也可能是束缚电荷)或时变电流(可能是传导电流，也可能是束缚电流)，这些电荷、电流是辐射电磁波的二次场源，其向入射波一侧媒质中辐射的波称为反射波，向另一侧媒质中辐射的波称为折射波或透射波。

为使分析简单，假设两种不同媒质交界面为无限大平面，如图 4-15 所示，这种情况虽然理想化，但在一定条件下，比如电磁波波长远小于曲面半径时，曲面上的局部小区域可近似为大平面，电磁波入射到此局部区域

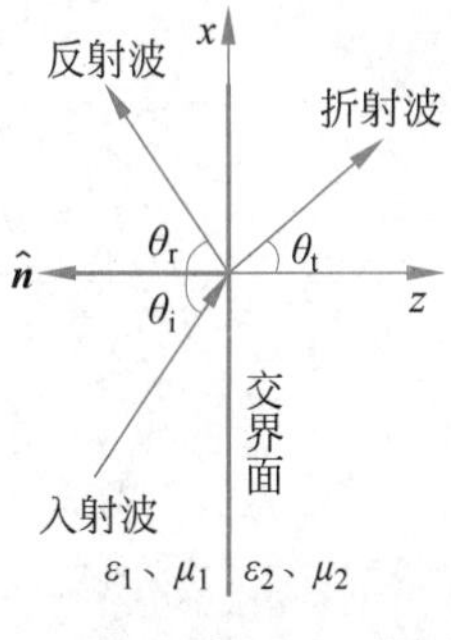

图 4-15　平面波在不同媒质分界面上反射和折射示意图

时，就可以近似认为是入射到无限大平面上。

可以证明，对于无限大交界平面，若入射波是平面波，则折射波、反射波也是平面波，且三者频率相同。

一般的媒质交界面可以近似为理想介质与理想介质的交界面、理想介质与理想导体的交界面、理想介质与有耗媒质的交界面三种。本节主要讨论时谐均匀平面波在这三种媒质交界面的反射和折射特性。

4.4.1 均匀平面波从理想介质向理想介质入射

研究反射、折射时一般采用如图 4-15 所示的直角坐标系，两种介质的交界面为 $z=0$ 平面，$z<0$ 区域、$z>0$ 区域分别为理想介质 1(ε_1、μ_1)、理想介质 2(ε_2、μ_2)，交界面的法向单位矢量 $\hat{\boldsymbol{n}}$ 指向理想介质 1 一侧。入射波传播方向与交界面法向所成的平面称为入射面，x 轴平行于入射面，y 轴垂直于入射平面向外。入射波、反射波的传播方向与 $-\hat{\boldsymbol{z}}$ 方向的夹角分别为入射角 θ_i、反射角 θ_r，折射波传播方向与 $\hat{\boldsymbol{z}}$ 方向的夹角为折射角 θ_t。

若入射波的电场矢量 $\boldsymbol{E}_i$ 垂直于入射面，则称为垂直极化波；若入射波的电场矢量 $\boldsymbol{E}_i$ 平行于入射面，则称为平行极化波。当入射波为其他极化状态时，$\boldsymbol{E}_i$ 总可以分解成垂直极化波 $\boldsymbol{E}_{i\perp}$ 和平行极化波 $\boldsymbol{E}_{i/\!/}$ 的叠加，即 $\boldsymbol{E}_i=\boldsymbol{E}_{i\perp}+\boldsymbol{E}_{i/\!/}$，如图 4-16 所示。此种情况下，分别求出垂直极化和平行极化两种情况下的反射波、折射波，再叠加起来，就可求出任意极化状态情况下的反射波、折射波。因此，只需研究垂直极化波入射、平行极化波入射两种情况即可。

1. 垂直极化波入射情况

垂直极化波入射情况如图 4-17 所示，入射波电场强度 $\boldsymbol{E}_i$ 垂直于入射面，只有 y 分量；传播矢量 $\boldsymbol{k}_i$ 平行于入射面(即 xOz 平面)，有 x 分量和 z 分量。$\boldsymbol{k}_i$、$\boldsymbol{E}_i$ 分别表示为

$$\boldsymbol{k}_i=k_1\sin\theta_i\hat{\boldsymbol{x}}+k_1\cos\theta_i\hat{\boldsymbol{z}} \tag{4-47a}$$

$$\boldsymbol{E}_i=E_{iy}\hat{\boldsymbol{y}}=E_{i0}\mathrm{e}^{-\mathrm{j}(k_1x\sin\theta_i+k_1z\cos\theta_i)}\hat{\boldsymbol{y}} \tag{4-47b}$$

式中：E_{i0} 为复数；$k_1=\omega\sqrt{\varepsilon_1\mu_1}$。

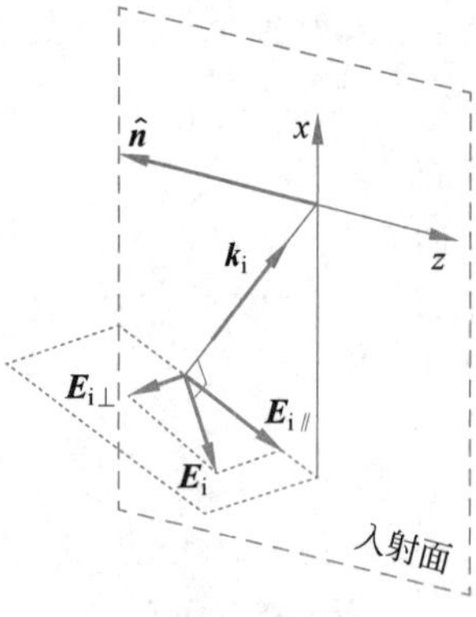

图 4-16 任意极化波的分解示意图

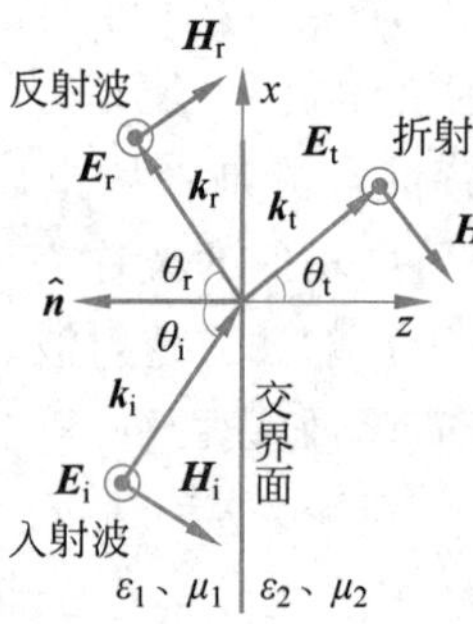

图 4-17 垂直极化波入射情况

1）反射定律与折射定律

为确定反射波、折射波的传播方向，必须应用反射、折射定律，该定律可以通过理想介质与理想介质交界面处的边界条件来证明。反射、折射定律表述如下：

反射波、折射波的传播矢量 $\boldsymbol{k}_r$、$\boldsymbol{k}_t$ 均与入射波传播矢量 $\boldsymbol{k}_i$ 共面。

反射定律：反射角等于入射角，即

$$\theta_r = \theta_i \tag{4-48a}$$

折射定律（或称斯涅耳定律）：折射角由 $k_1\sin\theta_i = k_2\sin\theta_t$ 确定，即

$$\theta_t = \arcsin\left(\sin\theta_i \sqrt{\frac{\varepsilon_1\mu_1}{\varepsilon_2\mu_2}}\right) \tag{4-48b}$$

上述反射、折射定律既适用于垂直极化波入射的情况，也适用于平行极化波入射的情况。而且，反射、折射定律也适用于交界面某侧为有耗媒质或理想导体的情况。

依据以上定律可知，垂直极化波的反射波、折射波传播矢量 $\boldsymbol{k}_r$、$\boldsymbol{k}_t$ 也平行于入射面，有 x 分量和 z 分量，因此反射波、折射波的传播矢量分别为

$$\boldsymbol{k}_r = k_1\sin\theta_r\hat{\boldsymbol{x}} - k_1\cos\theta_r\hat{\boldsymbol{z}} \tag{4-49a}$$

$$\boldsymbol{k}_t = k_2\sin\theta_t\hat{\boldsymbol{x}} + k_2\cos\theta_t\hat{\boldsymbol{z}} \tag{4-49b}$$

式中：$k_2 = \omega\sqrt{\varepsilon_2\mu_2}$。

再依据“电场矢量的切向分量在交界面两侧保持连续”的边界条件，可知反射波、折射波也是垂直极化波（即 $\boldsymbol{E}_r$、$\boldsymbol{E}_t$ 垂直于入射面，只有 y 分量），因此反射波、折射波的电场强度可分别表示为

$$\boldsymbol{E}_r = E_{ry}\hat{\boldsymbol{y}} = E_{r0}\mathrm{e}^{-\mathrm{j}(k_1x\sin\theta_r - k_1z\cos\theta_r)}\hat{\boldsymbol{y}} \tag{4-50a}$$

$$\boldsymbol{E}_t = E_{ty}\hat{\boldsymbol{y}} = E_{t0}\mathrm{e}^{-\mathrm{j}(k_2x\sin\theta_t + k_2z\cos\theta_t)}\hat{\boldsymbol{y}} \tag{4-50b}$$

式中：E_{r0}、E_{t0} 为复数。

2）反射系数和折射系数

确定了反射波、折射波的传播方向之后，还必须确定它们的幅值系数 E_{r0}、E_{t0}。定义 E_{r0} 与 E_{i0} 之比为反射系数，E_{t0} 与 E_{i0} 之比为折射系数，这两个系数可以依据电磁场的边界条件来确定。

根据均匀平面波场矢量和传播方向满足的关系，可以求出入射波磁场 $\boldsymbol{H}_i$、反射波磁场 $\boldsymbol{H}_r$ 和折射波磁场 $\boldsymbol{H}_t$ 分别为

$$\begin{aligned}\boldsymbol{H}_i &= \frac{1}{\omega\mu_1}\boldsymbol{k}_i \times \boldsymbol{E}_i = \frac{k_1}{\omega\mu_1}(\sin\theta_i\hat{\boldsymbol{x}} + \cos\theta_i\hat{\boldsymbol{z}}) \times E_{i0}\hat{\boldsymbol{y}}\mathrm{e}^{-\mathrm{j}(k_1x\sin\theta_i + k_1z\cos\theta_i)} \\ &= -\frac{k_1E_{i0}}{\omega\mu_1}\cos\theta_i\mathrm{e}^{-\mathrm{j}(k_1x\sin\theta_i + k_1z\cos\theta_i)}\hat{\boldsymbol{x}} + \frac{k_1E_{i0}}{\omega\mu_1}\sin\theta_i\mathrm{e}^{-\mathrm{j}(k_1x\sin\theta_i + k_1z\cos\theta_i)}\hat{\boldsymbol{z}} \\ &= H_{ix}\hat{\boldsymbol{x}} + H_{iz}\hat{\boldsymbol{z}}\end{aligned} \tag{4-51a}$$

$$\begin{aligned}\boldsymbol{H}_r &= \frac{1}{\omega\mu_1}\boldsymbol{k}_r \times \boldsymbol{E}_r \\ &= \frac{k_1E_{r0}}{\omega\mu_1}\cos\theta_r\mathrm{e}^{-\mathrm{j}(k_1x\sin\theta_r - k_1z\cos\theta_r)}\hat{\boldsymbol{x}} + \frac{k_1E_{r0}}{\omega\mu_1}\sin\theta_r\mathrm{e}^{-\mathrm{j}(k_1x\sin\theta_r - k_1z\cos\theta_r)}\hat{\boldsymbol{z}}\end{aligned}$$

$$=H_{rx}\hat{\boldsymbol{x}}+H_{rz}\hat{\boldsymbol{z}} \tag{4-51b}$$

$$\boldsymbol{H}_t=\frac{1}{\omega\mu_2}\boldsymbol{k}_t\times\boldsymbol{E}_t$$

$$=-\frac{k_2E_{t0}}{\omega\mu_2}\cos\theta_t e^{-j(k_2x\sin\theta_t+k_2z\cos\theta_t)}\hat{\boldsymbol{x}}+\frac{k_2E_{t0}}{\omega\mu_2}\sin\theta_t e^{-j(k_2x\sin\theta_t+k_2z\cos\theta_t)}\hat{\boldsymbol{z}}$$

$$=H_{tx}\hat{\boldsymbol{x}}+H_{tz}\hat{\boldsymbol{z}} \tag{4-51c}$$

因此，理想介质 1 中的总电场、总磁场可表示为

$$\boldsymbol{E}_1=\boldsymbol{E}_i+\boldsymbol{E}_r=(E_{iy}+E_{ry})\hat{\boldsymbol{y}} \tag{4-52a}$$

$$\boldsymbol{H}_1=\boldsymbol{H}_i+\boldsymbol{H}_r=(H_{ix}+H_{rx})\hat{\boldsymbol{x}}+(H_{iz}+H_{rz})\hat{\boldsymbol{z}} \tag{4-52b}$$

理想介质 2 中的总电场、总磁场为

$$\boldsymbol{E}_2=\boldsymbol{E}_t=E_{ty}\hat{\boldsymbol{y}} \tag{4-53a}$$

$$\boldsymbol{H}_2=\boldsymbol{H}_t=H_{tx}\hat{\boldsymbol{x}}+H_{tz}\hat{\boldsymbol{z}} \tag{4-53b}$$

依据两种理想介质交界面处电磁场的边界条件可知，“电场矢量的切向分量保持连续”“磁场矢量的切向分量保持连续”，因此在 $z=0$ 的理想介质交界面上，有

$$(E_{iy}+E_{ry})\big|_{z=0}=E_{ty}\big|_{z=0} \tag{4-54a}$$

$$(H_{ix}+H_{rx})\big|_{z=0}=H_{tx}\big|_{z=0} \tag{4-54b}$$

将式(4-47b)、式(4-50)、式(4-51)中给出的各个场矢量分量的表示式代入式(4-54)，可得

$$E_{i0}+E_{r0}=E_{t0}-\frac{k_1}{\omega\mu_1}E_{i0}\cos\theta_i+\frac{k_1}{\omega\mu_1}E_{r0}\cos\theta_i$$

$$=-\frac{k_2}{\omega\mu_2}E_{t0}\cos\theta_t$$

联立求解上面两个方程可得

$$E_{r0}=r_\perp E_{i0} \tag{4-55a}$$

$$E_{t0}=t_\perp E_{i0} \tag{4-55b}$$

式中：$r_\perp$ 为垂直极化波入射情况下的反射系数；$t_\perp$ 为折射系数。它们可分别表示为

$$r_\perp=\frac{E_{r0}}{E_{i0}}=\frac{\eta_2\cos\theta_i-\eta_1\cos\theta_t}{\eta_2\cos\theta_i+\eta_1\cos\theta_t} \tag{4-56a}$$

$$t_\perp=\frac{E_{t0}}{E_{i0}}=\frac{2\eta_2\cos\theta_i}{\eta_2\cos\theta_i+\eta_1\cos\theta_t} \tag{4-56b}$$

式中：$\eta_1=\sqrt{\mu_1/\varepsilon_1}$、$\eta_2=\sqrt{\mu_2/\varepsilon_2}$ 分别为两种理想介质的波阻抗。

式(4-56)称为垂直极化入射时的菲涅耳公式。

由式(4-56)可知，$r_\perp$ 和 $t_\perp$ 之间的关系为

$$1+r_\perp=t_\perp \tag{4-57}$$

在垂直极化波入射情况下，依据式(4-48a)、式(4-48b)、式(4-56a)、式(4-56b)，就可以由已知的入射波 $\boldsymbol{E}_i$ 求出反射波 $\boldsymbol{E}_r$ 和折射波 $\boldsymbol{E}_t$，进而可以求出入射波、反射波、折射波的磁场。

3）功率反射系数和功率折射系数

除了电磁波场强的反射、折射，往往还需要了解电磁波功率的反射、折射，如图 4-18 所示。入射波遇到交界面时，其能量一部分由界面反射回理想介质 1，另一部分则通过界面进入理想介质 2。经推导，入射波、反射波、折射波的平均能流密度矢量可以分别表示为

$$\boldsymbol{S}_{\text{avi}}=\frac{1}{2}\text{Re}(\boldsymbol{E}_{\text{i}}\times\boldsymbol{H}_{\text{i}}^{*})=S_{\text{avi}x}\hat{\boldsymbol{x}}+S_{\text{avi}z}\hat{\boldsymbol{z}}=\frac{|E_{\text{i0}}|^2}{2\eta_1}\sin\theta_{\text{i}}\hat{\boldsymbol{x}}+\frac{|E_{\text{i0}}|^2}{2\eta_1}\cos\theta_{\text{i}}\hat{\boldsymbol{z}} \tag{4-58a}$$

$$\boldsymbol{S}_{\text{avr}}=\frac{1}{2}\text{Re}(\boldsymbol{E}_{\text{r}}\times\boldsymbol{H}_{\text{r}}^{*})=S_{\text{avr}x}\hat{\boldsymbol{x}}-S_{\text{avr}z}\hat{\boldsymbol{z}}=\frac{|r_{\perp}E_{\text{i0}}|^2}{2\eta_1}\sin\theta_{\text{r}}\hat{\boldsymbol{x}}-\frac{|r_{\perp}E_{\text{i0}}|^2}{2\eta_1}\cos\theta_{\text{r}}\hat{\boldsymbol{z}} \tag{4-58b}$$

$$\boldsymbol{S}_{\text{avt}}=\frac{1}{2}\text{Re}(\boldsymbol{E}_{\text{t}}\times\boldsymbol{H}_{\text{t}}^{*})=S_{\text{avt}x}\hat{\boldsymbol{x}}+S_{\text{avt}z}\hat{\boldsymbol{z}}=\frac{|t_{\perp}E_{\text{i0}}|^2}{2\eta_2}\sin\theta_{\text{t}}\hat{\boldsymbol{x}}+\frac{|t_{\perp}E_{\text{i0}}|^2}{2\eta_2}\cos\theta_{\text{t}}\hat{\boldsymbol{z}} \tag{4-58c}$$

依据 $r_{\perp}$、$t_{\perp}$ 的表示式可以证明各平均能流密度矢量的 z 分量满足

$$S_{\text{avi}z}=S_{\text{avr}z}+S_{\text{avt}z} \tag{4-59}$$

上式说明，在 z 方向上，反射波、折射波的平均能流密度之和等于入射波的平均能流密度，即在垂直交界面的方向上（即 z 方向），电磁波的平均能流密度满足能量守恒关系。

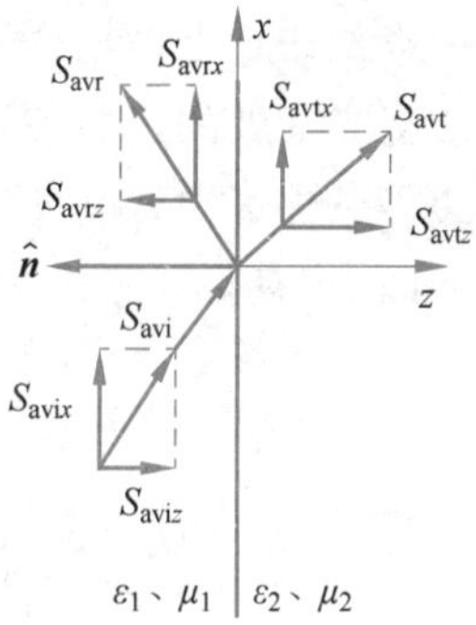

图 4-18 电磁功率反折射示意图

类似于反射系数和折射系数的定义，定义垂直极化波入射时边界面处沿 z 方向的功率反射系数和功率折射系数分别为

$$R_{\perp}=\frac{S_{\text{avr}z}}{S_{\text{avi}z}}=|r_{\perp}|^2 \tag{4-60a}$$

$$T_{\perp}=\frac{S_{\text{avt}z}}{S_{\text{avi}z}}=|t_{\perp}|^2\frac{\eta_1\cos\theta_t}{\eta_2\cos\theta_{\text{i}}} \tag{4-60b}$$

可推导出 $R_{\perp}$、$T_{\perp}$ 的相互关系为

$$R_{\perp}+T_{\perp}=1 \tag{4-61}$$

该结论与 z 方向上的电磁波能量守恒关系一致。

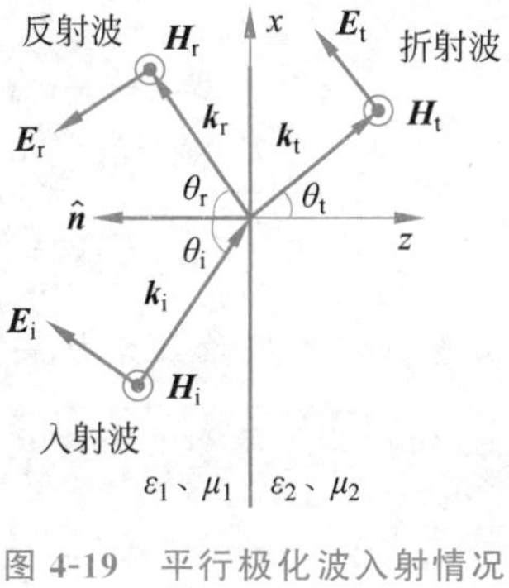

图 4-19 平行极化波入射情况

2. 平行极化波入射情况

平行极化波入射情况如图 4-19 所示。电场强度 $\boldsymbol{E}_{\text{i}}$ 和传播矢量 $\boldsymbol{k}_{\text{i}}$ 都平行于入射面，都只有 x 分量和 z 分量。入射波的传播矢量和电场强度分别表示为

$$\boldsymbol{k}_{\text{i}}=k_1\sin\theta_{\text{i}}\hat{\boldsymbol{x}}+k_1\cos\theta_{\text{i}}\hat{\boldsymbol{z}} \tag{4-62a}$$

$$\boldsymbol{E}_{\text{i}}=E_{\text{i0}}(\cos\theta_{\text{i}}\hat{\boldsymbol{x}}-\sin\theta_{\text{i}}\hat{\boldsymbol{z}})\text{e}^{-\text{j}(k_1x\sin\theta_{\text{i}}+k_1z\cos\theta_{\text{i}})} \tag{4-62b}$$

平行极化波入射情况下，反射角、折射角仍然通过反射定律、折射定律确定，再考虑到电磁波在交界面上的边

界条件，可得出结论：平行极化波的反射波、折射波传播矢量 $\boldsymbol{k}_{\mathrm{r}}$、$\boldsymbol{k}_{\mathrm{t}}$ 平行于入射面，其表示式与垂直极化波入射情况完全相同；反射波、折射波也是平行极化波，电场强度表示式为

$$\boldsymbol{E}_{\mathrm{r}}(\boldsymbol{r})=E_{\mathrm{r0}}(-\cos\theta_{\mathrm{i}}\hat{\boldsymbol{x}}-\sin\theta_{\mathrm{i}}\hat{\boldsymbol{z}})\mathrm{e}^{-\mathrm{j}(k_1 x\sin\theta_{\mathrm{i}}-k_1 z\cos\theta_{\mathrm{i}})} \tag{4-63a}$$

$$\boldsymbol{E}_{\mathrm{t}}(\boldsymbol{r})=E_{\mathrm{t0}}(\cos\theta_{\mathrm{t}}\hat{\boldsymbol{x}}-\sin\theta_{\mathrm{t}}\hat{\boldsymbol{z}})\mathrm{e}^{-\mathrm{j}(k_2 x\sin\theta_{\mathrm{t}}+k_2 z\cos\theta_{\mathrm{t}})} \tag{4-63b}$$

根据均匀平面波场矢量和传播方向满足的关系，可以求出入射波磁场、反射波磁场和折射波磁场分别为

$$\boldsymbol{H}_{\mathrm{i}}(\boldsymbol{r})=\hat{\boldsymbol{y}}\ \frac{E_{\mathrm{i0}}}{\eta_1}\mathrm{e}^{-\mathrm{j}(k_1 x\sin\theta_{\mathrm{i}}+k_1 z\cos\theta_{\mathrm{i}})} \tag{4-64a}$$

$$\boldsymbol{H}_{\mathrm{r}}(\boldsymbol{r})=\hat{\boldsymbol{y}}\ \frac{E_{\mathrm{r0}}}{\eta_1}\mathrm{e}^{-\mathrm{j}(k_1 x\sin\theta_{\mathrm{r}}-k_1 z\cos\theta_{\mathrm{r}})} \tag{4-64b}$$

$$\boldsymbol{H}_{\mathrm{t}}(\boldsymbol{r})=\hat{\boldsymbol{y}}\ \frac{E_{\mathrm{t0}}}{\eta_2}\mathrm{e}^{-\mathrm{j}(k_2 x\sin\theta_{\mathrm{t}}+k_2 z\cos\theta_{\mathrm{t}})} \tag{4-64c}$$

类似于垂直极化波入射情况中的推导过程，可以由平行极化波入射情况下两种理想介质交界面处的边界条件得到反射系数 $r_{/\!/}$和折射系数 $t_{/\!/}$。根据两种理想介质交界面处的边界条件可知，“电场矢量和磁场矢量的切向分量保持连续”，因此在 $z=0$ 的理想介质交界面上，有

$$(E_{\mathrm{i}x}+E_{\mathrm{r}x})\big|_{z=0}=E_{\mathrm{t}x}\big|_{z=0} \tag{4-65a}$$

$$(H_{\mathrm{i}y}+H_{\mathrm{r}y})\big|_{z=0}=H_{\mathrm{t}y}\big|_{z=0} \tag{4-65b}$$

将式(4-62b)、式(4-63)和式(4-64)代入式(4-65)，可得

$$\begin{cases}\dfrac{E_{\mathrm{i0}}}{\eta_1}+\dfrac{E_{\mathrm{r0}}}{\eta_1}=\dfrac{E_{\mathrm{t0}}}{\eta_2}\\ E_{\mathrm{i0}}\cos\theta_{\mathrm{i}}-E_{\mathrm{r0}}\cos\theta_{\mathrm{i}}=E_{\mathrm{t0}}\cos\theta_{\mathrm{t}}\end{cases}$$

联立求解上面两个方程可得反射系数和折射系数表示式分别为

$$r_{/\!/}=\frac{E_{\mathrm{r0}}}{E_{\mathrm{i0}}}=\frac{\eta_1\cos\theta_{\mathrm{i}}-\eta_2\cos\theta_{\mathrm{t}}}{\eta_1\cos\theta_{\mathrm{i}}+\eta_2\cos\theta_{\mathrm{t}}} \tag{4-66a}$$

$$t_{/\!/}=\frac{E_{\mathrm{t0}}}{E_{\mathrm{i0}}}=\frac{2\eta_2\cos\theta_{\mathrm{i}}}{\eta_1\cos\theta_{\mathrm{i}}+\eta_2\cos\theta_{\mathrm{t}}} \tag{4-66b}$$

上式称为平行极化波入射情况下的菲涅耳公式。

$r_{/\!/}$、$t_{/\!/}$之间的关系为

$$1+r_{/\!/}=\frac{\eta_1}{\eta_2}t_{/\!/} \tag{4-67}$$

在平行极化波入射情况下，沿 z 方向的功率反射系数和功率折射系数及其相互关系分别为

$$R_{/\!/}=\frac{S_{\mathrm{avr}z}}{S_{\mathrm{avi}z}}=|r_{/\!/}|^2 \tag{4-68a}$$

$$T_{/\!/}=\frac{S_{\text{avtz}}}{S_{\text{aviz}}}=|t_{/\!/}|^2\frac{\eta_1\cos\theta_t}{\eta_2\cos\theta_i} \tag{4-68b}$$

$$R_{/\!/}+T_{/\!/}=1 \tag{4-68c}$$

上式说明，在垂直交界面的方向上（即 z 方向），电磁波的平均能流密度满足能量守恒关系。

3. 全透射与全反射

平面电磁波入射到两种不同理想介质的交界面时，若反射系数 $r=0$，则功率反射系数 $R=0$，说明沿垂直于交界面方向传播的入射波功率全部进入理想介质2，这就是全透射现象；若反射系数 $|r|=1$，则功率反射系数 $R=1$，说明沿垂直于交界面方向传播的入射波功率全部被反射回理想介质1，这就是全反射现象。

1）全透射

设两种理想介质的参数分别为 ε_1、μ_1 和 ε_2、μ_2，对于一般的非铁磁质媒质，可以认为 $\mu_1\approx\mu_2\approx\mu_0$。

平行极化波入射时，发生全透射的条件是 $r_{/\!/}=0$，$R_{/\!/}=0$。将 $r_{/\!/}=0$ 代入式(4-66a)，可得

$$\eta_1\cos\theta_i=\eta_2\cos\theta_t$$

再将 $\eta_1=\sqrt{\mu_1/\varepsilon_1}=\sqrt{\mu_0/\varepsilon_1}$，$\eta_2=\sqrt{\mu_2/\varepsilon_2}=\sqrt{\mu_0/\varepsilon_2}$ 代入上式，将上式改写为

$$\frac{1}{\varepsilon_1}(1-\sin^2\theta_i)=\frac{1}{\varepsilon_2}(1-\sin^2\theta_t)$$

将上式与折射定律 $k_1\sin\theta_i=k_2\sin\theta_t$ 联立求解，得到满足 $r_{/\!/}=0$ 条件的入射角为

$$\theta_i=\arcsin\sqrt{\frac{\varepsilon_2}{\varepsilon_1+\varepsilon_2}}=\arctan\sqrt{\frac{\varepsilon_2}{\varepsilon_1}}=\theta_B \tag{4-69}$$

将该入射角 θ_i 称为布儒斯特角，记为 θ_B。平行极化波入射时，当入射角等于布儒斯特角时，会发生全透射现象。

垂直极化波入射时，发生全透射的条件是 $r_\perp=0$。将 $r_\perp=0$ 代入式(4-56a)，然后经过与前面类似的推导，可得垂直极化波入射时发生全透射的条件为 $\varepsilon_1=\varepsilon_2$。这说明，在垂直极化入射情况下，只要交界面两侧是不同媒质，即 $\varepsilon_1\neq\varepsilon_2$，则不论平面波以什么角度入射都不会出现全透射现象。

综上所述，对于 $\mu_1\approx\mu_2\approx\mu_0$，$\varepsilon_1\neq\varepsilon_2$ 的两种理想介质交界面，只有平行极化波以布儒斯特角入射时才会出现全透射，垂直极化波不可能发生全透射。根据这个结论可知，若任意极化的平面波以布儒斯特角入射到两理想介质交界面，其中的平行极化分量发生全透射，垂直极化分量既有反射又有折射，则反射波是单纯的垂直极化波，如图4-20所示。这种过程可以用来提取入射波中的垂直极化分量，称为极化滤波，因此布儒斯特角也称为极化角。

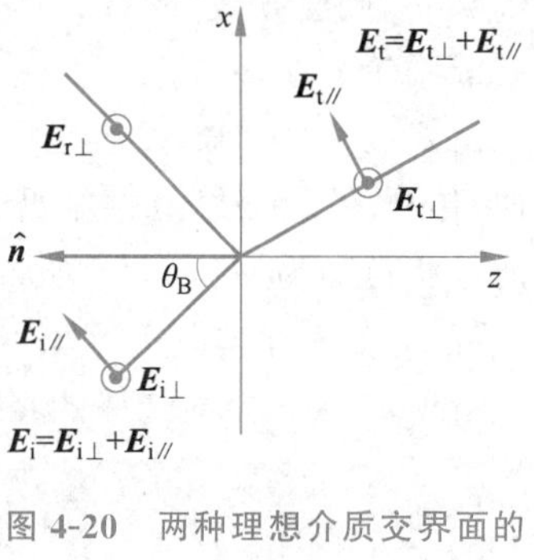

图4-20 两种理想介质交界面的极化滤波

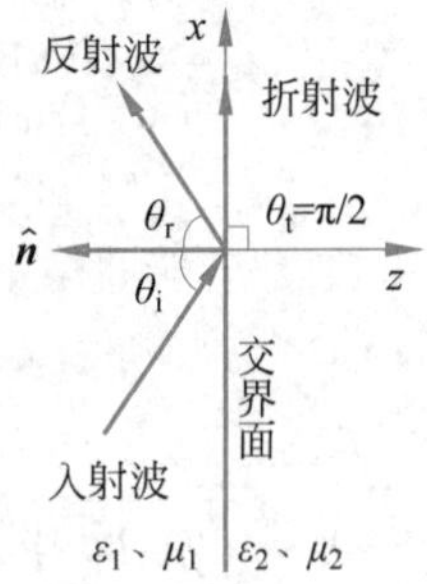

图 4-21　全反射示意图

2) 全反射

全反射情况出现的条件是 $|r|=1, R=1$。由式(4-56a)和式(4-66a)可知,当 $\theta_t=\pi/2$ 时,$r_\perp=r_{/\!/}=1$,如图 4-21 所示。将 $\theta_t=\pi/2$ 代入折射定律 $k_1\sin\theta_i=k_2\sin\theta_t$,并应用 $\mu_1\approx\mu_2\approx\mu_0$,得到满足 $r_\perp=r_{/\!/}=1$ 条件的入射角为

$$\theta_i=\arcsin\sqrt{\frac{\varepsilon_2}{\varepsilon_1}}=\theta_c \tag{4-70}$$

将该入射角 θ_i 称为临界角,记为 θ_c。

反正弦函数 arcsin 的定义域为[−1,1],故只有当 $\varepsilon_2<\varepsilon_1$ 时,θ_c 才有解。因此,只有当平面波从介电常数较大的理想介质以临界角入射到介电常数较小的理想介质表面时,才会发生全反射。若平面波从介电常数较小的理想介质入射到介电常数较大的理想介质表面,不论取什么入射角,均不会发生全反射。

若入射角 $\theta_i>\theta_c$,由折射定律可知

$$\sin\theta_t=\sqrt{\frac{\varepsilon_1}{\varepsilon_2}}\sin\theta_i>\sqrt{\frac{\varepsilon_1}{\varepsilon_2}}\sin\theta_c=\sqrt{\frac{\varepsilon_1}{\varepsilon_2}}\sqrt{\frac{\varepsilon_2}{\varepsilon_1}}=1$$

$\sin\theta_t>1$,说明 θ_t 不是一个真实的角,此时可求出

$$\cos\theta_t=\pm \mathrm{j}\sqrt{\frac{\varepsilon_1}{\varepsilon_2}\sin^2\theta_i-1}=\pm \mathrm{j}q \tag{4-71}$$

将上述 $\cos\theta_t$ 值代入式(4-56a)、式(4-66a)可知,此时仍有 $|r_\perp|=|r_{/\!/}|=1$,因此 $R_\perp=R_{/\!/}=1$,说明此时沿垂直于交界面方向传播的入射波功率全被反射回理想介质 1,这也是全反射,这种全反射称为全内反射。

将式(4-71)给出的 $\cos\theta_t$ 值代入式(4-56b)、式(4-66b)可知,$t_\perp\neq0$,$t_{/\!/}\neq0$,说明理想介质 2 中有折射电磁场。以垂直极化波入射为例,将 $\cos\theta_t$ 代入式(4-50b),得折射电场强度的表示式

$$\boldsymbol{E}_t(\boldsymbol{r})=E_{t0}\mathrm{e}^{-\mathrm{j}k_2x\sin\theta_t}\mathrm{e}^{-k_2z\sqrt{\frac{\varepsilon_1}{\varepsilon_2}\sin^2\theta_i-1}}\hat{\boldsymbol{y}} \tag{4-72}$$

注意到上式中取 $\cos\theta_t=-\mathrm{j}q$,是为了保证 $\boldsymbol{E}_t(\boldsymbol{r})$ 的振幅沿 $\hat{\boldsymbol{z}}$ 方向呈指数规律衰减,若取 $\cos\theta_t=\mathrm{j}q$,则会导致“$\boldsymbol{E}_t(\boldsymbol{r})$ 的振幅沿 $\hat{\boldsymbol{z}}$ 方向呈指数规律增长至无限大”这种不符合物理事实的结论。

由式(4-72)可知,发生全内反射时,媒质 2 中的折射波是沿 x 方向(即平行于交界面方向)传播的平面波,其振幅沿 z 方向(即垂直于交界面方向)呈指数规律衰减。此平面波的等相位面为 $x=C$(C 为常数)的平面,在等相位面上,场矢量随 z 坐标的变化而变化,故而这是一个非均匀平面波。

折射波沿 x 方向传播的相速度为

$$v_{px}=\frac{\omega}{k_2\sin\theta_t}=\frac{v_p}{\sin\theta_t}<v_p \tag{4-73}$$

由上式可知,理想介质 2 中的折射波 $\boldsymbol{E}_t(\boldsymbol{r})$ 沿 x 方向传播的相速度 v_{px} 小于该理想介质

中均匀平面波的相速度 $v_p=\omega/k_2$，因此全内反射情况下折射波是一种沿交界面传播的慢波。该慢波的振幅沿 z 方向衰减，能量主要集中在交界面附近，故又称为表面波。

全反射现象有很多工程应用。例如一根圆柱形介质棒，外面是空气，介质的介电常数大于空气的介电常数 ε_0，若使介质棒中的电磁波以大于临界角 θ_c 的角度入射到介质-空气边界面，则发生全内反射，电磁能量集中在介质棒附近，并沿介质棒轴线传输，这种传输系统称为介质波导。目前在光通信系统中广泛应用的光纤就是一种介质光波导。

【例 4-9】 在满足全反射的条件下，可用介质棒导引电磁能量。有如图 4-22 所示的介质棒，要求电磁波以任意角度入射到棒的端面时，进入介质棒的能量全部都可以到达棒的另一端，求介质棒介电常数的最小值。

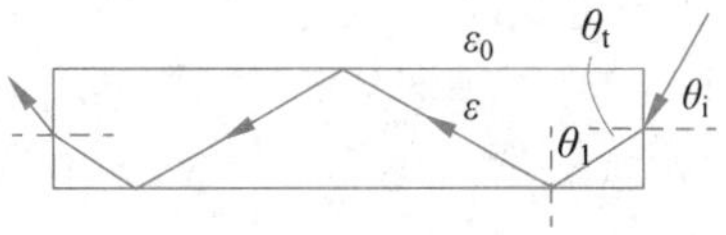

图 4-22 例 4-9 图

解：要求从端面进入介质棒的能量全部传到另一端，则介质棒中必须发生全反射，即 θ_1 大于介质-空气交界面的临界角，有

$$\sin\theta_1 > \sin\theta_c = \sqrt{\varepsilon_0/\varepsilon} = \sqrt{1/\varepsilon_r}$$

由图可知，$\theta_1=\pi/2-\theta_t$，将其代入上式可得

$$\cos\theta_t > \sin\theta_c = \sqrt{1/\varepsilon_r} \tag{*}$$

由折射定律可得

$$\sin\theta_t = \sqrt{1/\varepsilon_r}\sin\theta_i$$

因此，有

$$\cos\theta_t = \sqrt{1-(1/\varepsilon_r)\sin^2\theta_i}$$

将上式代入式(*)，可得

$$\sqrt{1-(1/\varepsilon_r)\sin^2\theta_i} > \sqrt{1/\varepsilon_r}$$

上式成立的条件为

$$\varepsilon_r > 1+\sin^2\theta_i$$

θ_i 的范围是 $0\leqslant\theta_i<\pi/2$，$\sin\theta_i$ 的最大值为 1，因此只要 $\varepsilon_r>2$，不管电磁波以什么角度入射到介质棒的一端，介质棒内均发生全反射，能量都能传输到另一端。玻璃、聚苯乙烯等材料制成的介质棒都满足这个要求。

4.4.2 均匀平面波从理想介质向理想导体入射

设交界面的一侧为理想介质，参数为 ε、μ；交界面另一侧为理想导体，$\sigma=\infty$。电磁波从理想介质一侧入射到理想导体表面。理想导体中不可能存在电磁波，因此理想导体一侧中无折射波，入射波在理想导体表面全部反射回理想介质一侧。

1. 垂直极化波斜入射情况

垂直极化波入射到理想导体表面的情况如图 4-23 所示，由 4.4.1 节的结果可知，入射波、反射波的电场强度可以写为

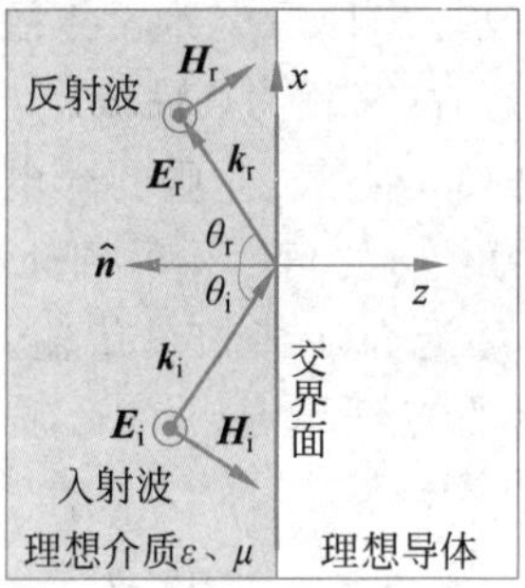

图 4-23　垂直极化波入射到理想导体情况

$$\boldsymbol{E}_i=E_{i0}e^{-j(kx\sin\theta_i+kz\cos\theta_i)}\hat{\boldsymbol{y}} \tag{4-74a}$$

$$\boldsymbol{E}_r=E_{r0}e^{-j(kx\sin\theta_r-kz\cos\theta_r)}\hat{\boldsymbol{y}}=E_{r0}e^{-j(kx\sin\theta_i-kz\cos\theta_i)}\hat{\boldsymbol{y}} \tag{4-74b}$$

式中：$\theta_r=\theta_i$；$k=\omega\sqrt{\varepsilon\mu}$。

理想介质中的总场 $\boldsymbol{E}$ 是入射波与反射波的叠加，即

$$\boldsymbol{E}=\boldsymbol{E}_i+\boldsymbol{E}_r=[E_{i0}e^{-j(kx\sin\theta_i+kz\cos\theta_i)}+E_{r0}e^{-j(kx\sin\theta_i-kz\cos\theta_i)}]\hat{\boldsymbol{y}} \tag{4-75}$$

在理想导体表面 $z=0$ 处，总场应满足“电场切向分量等于零”的边界条件，即

$$\boldsymbol{E}|_{z=0}=\boldsymbol{E}_i|_{z=0}+\boldsymbol{E}_r|_{z=0}=[E_{i0}+E_{r0}]e^{-jkx\sin\theta_i}\hat{\boldsymbol{y}}=[E_{i0}+r_\perp E_{i0}]e^{-jkx\sin\theta_i}\hat{\boldsymbol{y}}=0$$

由上式可以推出垂直极化波入射情况下理想导体表面的反射系数为

$$r_\perp=\frac{E_{r0}}{E_{i0}}=-1 \tag{4-76}$$

将式(4-76)代入式(4-75)，得理想介质中的总电场 $\boldsymbol{E}$，再求出总磁场 $\boldsymbol{H}$，表示式分别为

$$\begin{aligned}\boldsymbol{E}&=\boldsymbol{E}_i+\boldsymbol{E}_r=E_{i0}(e^{-jkz\cos\theta_i}-e^{jkz\cos\theta_i})e^{-jkx\sin\theta_i}\hat{\boldsymbol{y}}\\&=-2jE_{i0}\sin(kz\cos\theta_i)e^{-jkx\sin\theta_i}\hat{\boldsymbol{y}}\end{aligned} \tag{4-77a}$$

$$\begin{aligned}\boldsymbol{H}&=\boldsymbol{H}_i+\boldsymbol{H}_r\\&=-\frac{E_{i0}}{\eta}\cos\theta_i(e^{-jkz\cos\theta_i}+e^{jkz\cos\theta_i})e^{-jkx\sin\theta_i}\hat{\boldsymbol{x}}+\frac{E_{i0}}{\eta}\sin\theta_i(e^{-jkz\cos\theta_i}-e^{jkz\cos\theta_i})e^{-jkx\sin\theta_i}\hat{\boldsymbol{z}}\\&=[-\hat{\boldsymbol{x}}\cos\theta_i\cos(kz\cos\theta_i)-\hat{\boldsymbol{z}}j\sin\theta_i\sin(kz\cos\theta_i)]\frac{2E_{i0}}{\eta}e^{-jkx\sin\theta_i}\end{aligned} \tag{4-77b}$$

从上式可以看出，理想介质中的总场具有如下性质：

(1) 总场 $\boldsymbol{E}$ 的相位随 x 线性变化，等相位面是 $x=C$(C 为常数)的平面，因此理想介质中的总场是沿 x 方向传播的平面波。

(2) 总电场 $\boldsymbol{E}$ 垂直于传播方向，但总磁场 $\boldsymbol{H}$ 有平行于传播方向的 x 分量，故对于传播方向而言，只有电场是横向的，称为横电波(TE 波)。

(3) 总电场的振幅随 z 做简谐变化，在垂直于导体表面的方向(z 方向)呈驻波分布。

(4) 总场在等相位面上的场矢量不是均匀分布的，因此理想介质中的总场是非均匀平面波。

(5) 总场的传播常数为 $k\sin\theta_i$，x 方向上的相速度为

$$v_{px}=\frac{\omega}{\beta_x}=\frac{\omega}{k\sin\theta_i}=\frac{\omega}{k}\frac{1}{\sin\theta_i}=\frac{v_p}{\sin\theta_i}>v_p$$

由上式可知，理想介质中的总场沿 x 方向传播的相速度 v_{px} 大于该理想介质中均匀平面波的相速度 $v_p=\omega/k$，因此总场是一种快波。其原理可以借助图 4-24 来理解。入射波的

等相位面 A 沿 $\boldsymbol{k}_i$ 方向、在一个周期 T 的时间内前进到 A' 处，前进距离为电磁波波长 λ，速度为 $v_p=\lambda/T=1/\sqrt{\varepsilon\mu}$。但如果沿 x 轴来看，等相位面 A 掠过的距离为 $\lambda_x=\lambda/\sin\theta_i$，故 x 方向上的 $v_{px}=\lambda_x/T=v_p/\sin\theta_i>v_p$。但是应注意快波的相速度 v_{px} 只是一种相位的视在速度，并不代表能量传播的速度。图 4-24 中，P' 点的能量仍然是从 P 点，而不是从 P_1 点传来的，因此能量传播的速度仍等于 $v_p=\lambda/T$。

借助理想导体对电磁波全反射的特点，可以用两块平行的理想导体构成平行板波导，如图 4-25 所示，入射到任一理想导体平面上的垂直极化波会在两个理想导体表面间来回反射，电磁波好像被两个平行的导体平面导引着前进一样，因此这种结构称为平行板波导，其中导行的是 TE 波。

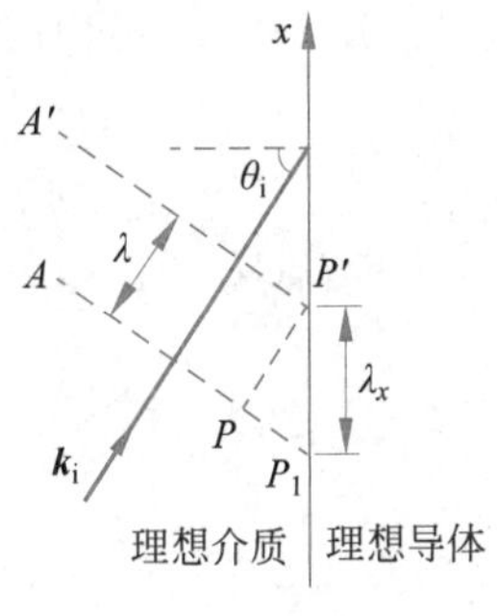

图 4-24　快波

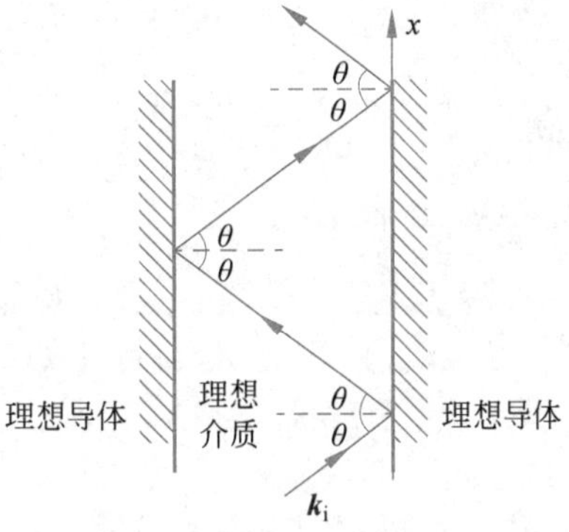

图 4-25　平行板波导

【例 4-10】　均匀平面波从空气以 $\theta_i=60°$ 入射到理想导体表面，入射波为垂直极化，其角频率为 3×10^9 rad/s，当 $z=0,t=0$ 时，其电场强度振幅为 37.7V/m。写出入射波、反射波及空气中总场的表示式，并求总场的传播速度及平均能流密度。

解：空气中的传播常数为

$$k=\omega\sqrt{\varepsilon_0\mu_0}=10(\text{rad/m})$$

$$k\sin\theta_i=8.66,\quad k\cos\theta_i=5$$

采用如图 4-23 所示的坐标系，则入射波、反射波的表示式为

$$\boldsymbol{E}_i=37.7\mathrm{e}^{-\mathrm{j}(8.66x+5z)}\hat{\boldsymbol{y}},\quad \boldsymbol{H}_i=(-0.05\hat{\boldsymbol{x}}+0.0866\hat{\boldsymbol{z}})\mathrm{e}^{-\mathrm{j}(8.66x+5z)}$$

$$\boldsymbol{E}_r=-37.7\mathrm{e}^{-\mathrm{j}(8.66x-5z)}\hat{\boldsymbol{y}},\quad \boldsymbol{H}_i=-(0.05\hat{\boldsymbol{x}}+0.0866\hat{\boldsymbol{z}})\mathrm{e}^{-\mathrm{j}(8.66x-5z)}$$

空气中的总场表示式为

$$\boldsymbol{E}_1=\boldsymbol{E}_i+\boldsymbol{E}_r=75.4\sin(5z)\mathrm{e}^{-\mathrm{j}(8.66x+\pi/2)}\hat{\boldsymbol{y}}$$

$$\boldsymbol{H}_1=\boldsymbol{H}_i+\boldsymbol{H}_r=-0.1\cos(5z)\mathrm{e}^{-\mathrm{j}8.66x}\hat{\boldsymbol{x}}+0.174\sin(5z)\mathrm{e}^{-\mathrm{j}(8.66x+\pi/2)}\hat{\boldsymbol{z}}$$

总场是向 $\hat{\boldsymbol{x}}$ 方向传播的 TE 波，传播常数 $k_x=8.66$rad/m，传播速度为

$$\boldsymbol{v}_{px}=(\omega/k_x)\hat{\boldsymbol{x}}=3.46\times10^8\hat{\boldsymbol{x}}(\text{m/s})$$

平均能流密度为

$$\boldsymbol{S}_{av}=\frac{1}{2}\mathrm{Re}(\boldsymbol{E}_1\times\boldsymbol{H}_1^*)=6.56\sin^2(5z)\hat{\boldsymbol{x}}(\text{W/m}^2)$$

2. 平行极化波斜入射的情况

平行极化波入射到理想导体表面的情况如图 4-26 所示，由 4.4.1 节的结果可知，入射波、反射波的电场强度可以写为

$$\boldsymbol{E}_{\mathrm{i}}=E_{\mathrm{i0}}(\cos\theta_{\mathrm{i}}\hat{\boldsymbol{x}}-\sin\theta_{\mathrm{i}}\hat{\boldsymbol{z}})\mathrm{e}^{-\mathrm{j}(kx\sin\theta_{\mathrm{i}}+kz\cos\theta_{\mathrm{i}})} \tag{4-78a}$$

$$\boldsymbol{E}_{\mathrm{r}}=E_{\mathrm{r0}}(-\cos\theta_{\mathrm{i}}\hat{\boldsymbol{x}}-\sin\theta_{\mathrm{i}}\hat{\boldsymbol{z}})\mathrm{e}^{-\mathrm{j}(kx\sin\theta_{\mathrm{i}}-kz\cos\theta_{\mathrm{i}})} \tag{4-78b}$$

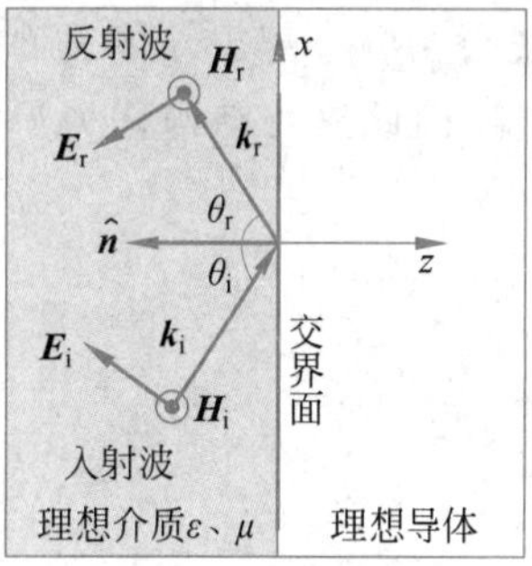

图 4-26　平行极化波入射到理想导体情况

理想介质中的总场为

$$\begin{aligned}\boldsymbol{E}&=\boldsymbol{E}_{\mathrm{i}}+\boldsymbol{E}_{\mathrm{r}}\\&=(E_{\mathrm{i0}}\mathrm{e}^{-\mathrm{j}kz\cos\theta_{\mathrm{i}}}-E_{\mathrm{r0}}\mathrm{e}^{\mathrm{j}kz\cos\theta_{\mathrm{i}}})\cos\theta_{\mathrm{i}}\mathrm{e}^{-\mathrm{j}kx\sin\theta_{\mathrm{i}}}\hat{\boldsymbol{x}}-\\&\quad(E_{\mathrm{i0}}\mathrm{e}^{-\mathrm{j}kz\cos\theta_{\mathrm{i}}}+E_{\mathrm{r0}}\mathrm{e}^{\mathrm{j}kz\cos\theta_{\mathrm{i}}})\sin\theta_{\mathrm{i}}\mathrm{e}^{-\mathrm{j}kx\sin\theta_{\mathrm{i}}}\hat{\boldsymbol{z}}\end{aligned} \tag{4-79}$$

在理想导体表面 $z=0$ 处，总场应满足“电场切向分量等于零”的边界条件，即

$$(E_{\mathrm{i0}}-E_{\mathrm{r0}})\cos\theta_{\mathrm{i}}\mathrm{e}^{-\mathrm{j}kx\sin\theta_{\mathrm{i}}}=(E_{\mathrm{i0}}-r_{/\!/}E_{\mathrm{i0}})\cos\theta_{\mathrm{i}}\mathrm{e}^{-\mathrm{j}kx\sin\theta_{\mathrm{i}}}=0$$

由上式可以推出，平行极化波入射情况下理想导体表面的反射系数为

$$r_{/\!/}=\frac{E_{\mathrm{r0}}}{E_{\mathrm{i0}}}=1 \tag{4-80}$$

将式(4-80)代入式(4-79)，得理想介质中的总电场 $\boldsymbol{E}$、$\boldsymbol{H}$ 的表示式为

$$\begin{aligned}\boldsymbol{E}&=\boldsymbol{E}_{\mathrm{i}}+\boldsymbol{E}_{\mathrm{r}}\\&=-2\mathrm{j}E_{\mathrm{i0}}\cos\theta_{\mathrm{i}}\sin(kz\cos\theta_{\mathrm{i}})\mathrm{e}^{-\mathrm{j}kx\sin\theta_{\mathrm{i}}}\hat{\boldsymbol{x}}-2E_{\mathrm{i0}}\sin\theta_{\mathrm{i}}\cos(kz\cos\theta_{\mathrm{i}})\mathrm{e}^{-\mathrm{j}kx\sin\theta_{\mathrm{i}}}\hat{\boldsymbol{z}}\end{aligned} \tag{4-81a}$$

$$\boldsymbol{H}_1=\boldsymbol{H}_{\mathrm{i}}+\boldsymbol{H}_{\mathrm{r}}=\frac{2E_{\mathrm{i0}}}{\eta_1}\cos(kz\cos\theta_{\mathrm{i}})\mathrm{e}^{-\mathrm{j}kx\sin\theta_{\mathrm{i}}}\hat{\boldsymbol{y}} \tag{4-81b}$$

由上式可知，平行极化波入射时，理想介质中的总场性质与垂直极化波入射时的总场性质相似。总场 $\boldsymbol{E}$ 的相位随 x 线性变化，等相位面是 x 等于常数的平面，在等相位面上场不是均匀分布的，总场是沿 x 方向传播的非均匀平面波，也是快波。不过，由式(4-81)可知，电场强度有平行于传播方向的 x 分量，磁场强度与传播方向垂直，这样的电磁波称为横磁波(TM 波)。

【例 4-11】 如图 4-27 所示，均匀平面波从空气中入射到理想导体平面($z=0$ 的 xOy 平面)，已知入射电场强度为

$$\boldsymbol{E}_{\mathrm{i}}=5(\hat{\boldsymbol{x}}+\sqrt{3}\hat{\boldsymbol{z}})\mathrm{e}^{\mathrm{j}6(\sqrt{3}x-z)}\ (\mathrm{V/m})$$

求入射波的频率、传播矢量、入射角及反射波的表示式。

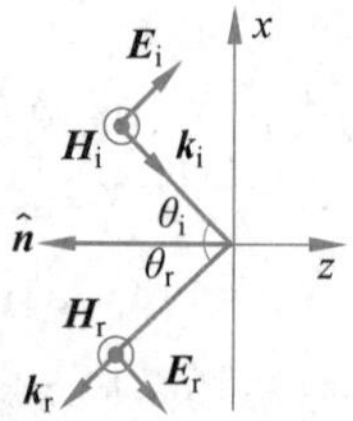

图 4-27　例 4-11 图

解：因为

$$-\mathrm{j}\boldsymbol{k}_{\mathrm{i}}\cdot\boldsymbol{r}=\mathrm{j}6(\sqrt{3}x-z)$$

所以

$$\boldsymbol{k}_{\mathrm{i}}=-6\sqrt{3}\hat{\boldsymbol{x}}+6\hat{\boldsymbol{z}}=k_x\hat{\boldsymbol{x}}+k_z\hat{\boldsymbol{z}}$$

$$|\boldsymbol{k}| = \sqrt{(6\sqrt{3})^2 + 6^2} = 12 = 2\pi f\sqrt{\varepsilon_0\mu_0}$$

所以

$$f = 5.37 \times 10^8\,\text{Hz}$$
$$k_z = |\boldsymbol{k}_i|\cos\theta_i = 12\cos\theta_i = 6$$

所以

$$\theta_i = 60°$$

反射波的传播矢量为

$$\boldsymbol{k}_r = -6\sqrt{3}\hat{\boldsymbol{x}} - 6\hat{\boldsymbol{z}}$$

反射波的表示式为

$$\boldsymbol{E}_r = 5(-\hat{\boldsymbol{x}} + \sqrt{3}\hat{\boldsymbol{z}})e^{j6(\sqrt{3}x+z)}\ (\text{V/m})$$

$$\boldsymbol{H}_r = \frac{|\boldsymbol{E}_i|}{\eta_0}e^{j6(\sqrt{3}x+z)}\hat{\boldsymbol{y}}\ (\text{A/m}) = \frac{10}{\eta_0}e^{j6(\sqrt{3}x+z)}\hat{\boldsymbol{y}}\ (\text{A/m})$$

3. 垂直入射情况

当入射角 $\theta_i=0°$时，入射波传播方向垂直于理想导体表面。此情况下，均匀平面入射波的电场强度始终平行于理想导体表面，不必区分是垂直极化波、平行极化波还是任意极化波。

依据图 4-28 所示坐标及电场方向，入射波、反射波电场分别表示为

$$\boldsymbol{E}_i = E_{i0}e^{-jkz}\hat{\boldsymbol{x}} \tag{4-82a}$$

$$\boldsymbol{E}_r = E_{r0}e^{jkz}\hat{\boldsymbol{x}} = rE_{i0}e^{jkz}\hat{\boldsymbol{x}} \tag{4-82b}$$

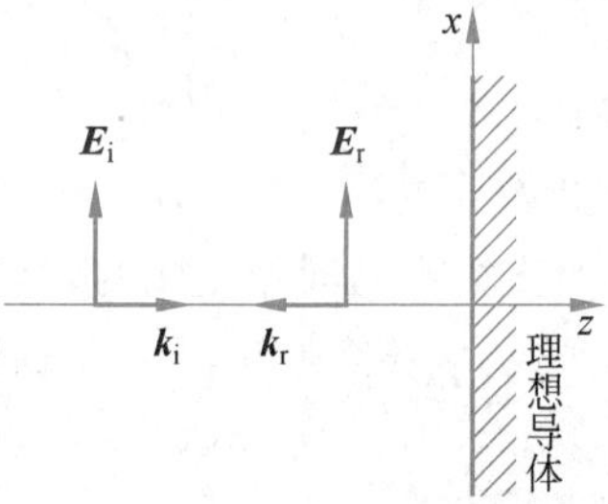

图 4-28 垂直入射情况

根据电磁场在理想导体表面的边界条件，可以推出 $r=-1$。由此可求出理想介质一侧总场的复数表示式及其瞬时表示式为

$$\boldsymbol{E} = \boldsymbol{E}_i + \boldsymbol{E}_r = -2jE_{i0}\sin(kz)\hat{\boldsymbol{x}} \tag{4-83a}$$

$$\boldsymbol{E}(\boldsymbol{r},t) = 2|E_{i0}|\sin(kz)\sin(\omega t + \phi_i)\hat{\boldsymbol{x}} = E_x\hat{\boldsymbol{x}} \tag{4-83b}$$

式中：复数 $E_{i0}=|E_{i0}|e^{j\phi_i}$，$\phi_i$ 为辐角。

由上式可见，$\boldsymbol{E}(\boldsymbol{r},t)$的相位 $\omega t+\phi_i$ 与空间坐标无关，所有空间点处的电场以同样的相位随时间作简谐变化，不存在随时间增大而推移的等相位面运动，但 $\boldsymbol{E}(\boldsymbol{r},t)$的幅度随空间坐标简谐变化。这说明，理想介质中的总场具有波状分布特点，但不具有波动传播特性，这样的电磁波称为驻波。

为讨论方便，假设 E_{i0} 的辐角 $\varphi_i=0$，画出 E_x 在 $t_1,t_2,\cdots,t_8,t_9$ 时刻的空间变化曲线，如图 4-29(a)所示。由图可知，空间各点的电场同相变化，其振幅随 z 坐标简谐变化。在 $z=-(2n+1)\lambda/4(n=0,1,2,\cdots)$处，电场振幅最大，称为电场波腹点；在 $z=-n\lambda/2$ $(n=0,1,2,\cdots)$处，电场振幅为零，称为电场波节点。相邻波腹点之间、相邻波节点之间的距离为 $\lambda/2$，相邻波腹点与波节点之间的距离为 $\lambda/4$。

理想导体表面是电场波节点，因为理想导体表面的电场切向分量 E_x 为零。如果在理想介质中的某个电场波节点处，插入另一个理想导体平面，与原理想导体平面平行，则垂直入射的电磁波在两个理想导体平面之间来回反射，形成稳定的驻波分布。两个理想导体平面之间的距离 L 与驻波波长 λ 的关系为 $L=n(\lambda/2)$，n 为整数。

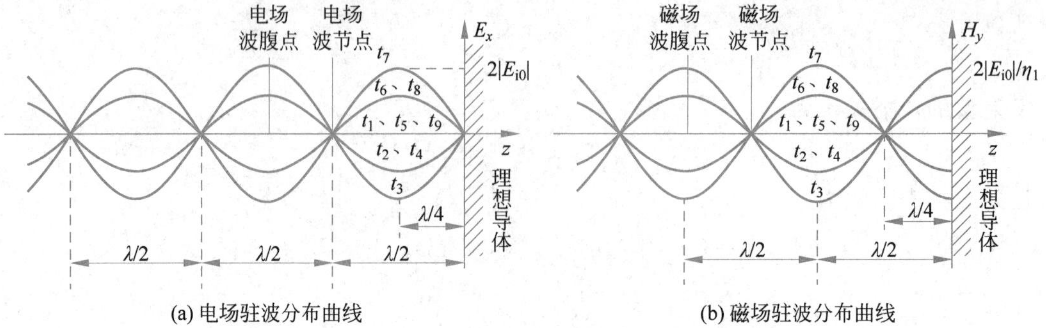

图 4-29 垂直入射情况下不同时刻的驻波分布曲线

由麦克斯韦方程求出总场磁场强度的复数表示式及瞬时表示式为

$$\boldsymbol{H}=\boldsymbol{H}_{\mathrm{i}}+\boldsymbol{H}_{\mathrm{t}}=2\frac{E_{\mathrm{i0}}}{\eta}\cos(kz)\hat{\boldsymbol{y}} \tag{4-84a}$$

$$\boldsymbol{H}(\boldsymbol{r},t)=2\frac{|E_{\mathrm{i0}}|}{\eta}\cos(kz)\cos(\omega t+\phi_{\mathrm{i}})\hat{\boldsymbol{y}}=H_y\hat{\boldsymbol{y}} \tag{4-84b}$$

画出 H_y 在 $t_1,t_2,\cdots,t_8,t_9$ 时刻的空间变化曲线，如图 4-29(b)所示。由图可知，空间各点的磁场也是同相变化的，其振幅随 z 坐标简谐变化。磁场波节点与电场波腹点位置重合，磁场波腹点与电场波节点位置重合。

由式(4-83b)、式(4-84b)可求出驻波的平均能流密度 $\boldsymbol{S}_{\mathrm{av}}=\mathrm{Re}(\boldsymbol{E}\times\boldsymbol{H}^*)/2=0$，因此驻波不传播能量。

【例 4-12】 向 $\hat{\boldsymbol{z}}$ 方向传播的左旋圆极化均匀平面波从空气中垂直入射到理想导体表面($z=0$ 的 xOy 平面)，求反射波的极化状态以及理想导体的面电流密度。

解：入射的左旋圆极化波的表示式为

$$\boldsymbol{E}_{\mathrm{i}}=(E_0\hat{\boldsymbol{x}}+\mathrm{j}E_0\hat{\boldsymbol{y}})\mathrm{e}^{-\mathrm{j}k_0z}$$

由于理想导体表面的反射系数 $r=-1$，可直接写出反射波表示式

$$\boldsymbol{E}_{\mathrm{r}}=(-E_0\hat{\boldsymbol{x}}-\mathrm{j}E_0\hat{\boldsymbol{y}})\mathrm{e}^{\mathrm{j}k_0z}$$

因此，反射波是右旋圆极化波。

要求出理想导体的表面电流，先应求出理想导体表面的磁场强度。依据公式 $\boldsymbol{H}=(\hat{\boldsymbol{k}}\times\boldsymbol{E})/\eta$，可求出入射波、反射波的磁场，因此空气中的总磁场在 $z=0$ 的表示式为

$$\boldsymbol{H}\,|_{z=0}=\boldsymbol{H}_{\mathrm{i}}\,|_{z=0}+\boldsymbol{H}_{\mathrm{r}}\,|_{z=0}=\frac{1}{\eta_0}(\hat{\boldsymbol{z}}\times\boldsymbol{E}_{\mathrm{i}}\,|_{z=0}-\hat{\boldsymbol{z}}\times\boldsymbol{E}_{\mathrm{r}}\,|_{z=0})=\frac{2}{\eta_0}(-\mathrm{j}E_0\hat{\boldsymbol{x}}+E_0\hat{\boldsymbol{y}})$$

理想导体表面电流密度为

$$\boldsymbol{J}_{\mathrm{s}}=\hat{\boldsymbol{n}}\times\boldsymbol{H}\,|_{z=0}=-\hat{\boldsymbol{z}}\times\boldsymbol{H}\,|_{z=0}=\frac{2}{\eta_0}(E_0\hat{\boldsymbol{x}}+\mathrm{j}E_0\hat{\boldsymbol{y}})$$

【例 4-13】 如图 4-30 所示，频率为 10GHz 的均匀平面波从理想介质($\varepsilon_r=16$，$\mu_r=1$)垂直入射到理想导体表面，其在边界面处电场强度的幅度为 100V/m。求入射波、反射波、理想介质中总场的表示式以及最近的电场波节点到边界面的距离。

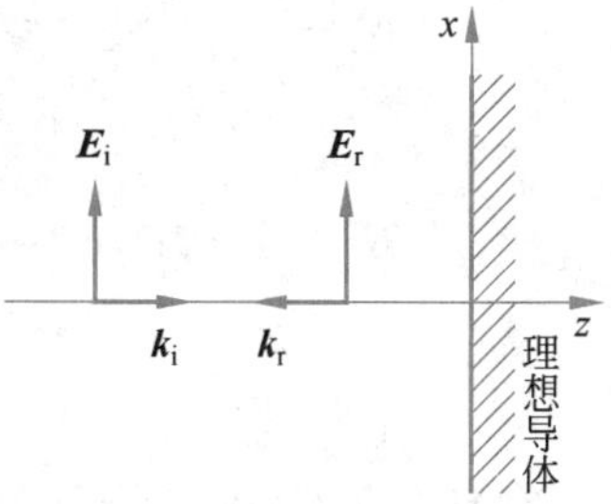

图 4-30 例 4-13 图

解：理想介质中，有

$$k=\omega\sqrt{\varepsilon\mu}=837.8(\mathrm{rad/m})$$

$$\eta=\sqrt{\mu/\varepsilon}=94.25(\Omega)$$

$$\lambda=2\pi/k=0.0075(\mathrm{m})$$

入射波、反射波、总场的表示式为

$$\boldsymbol{E}_i(\boldsymbol{r})=100\mathrm{e}^{-\mathrm{j}837.8z}\hat{\boldsymbol{x}},\quad \boldsymbol{H}_i(\boldsymbol{r})=1.061\mathrm{e}^{-\mathrm{j}837.8z}\hat{\boldsymbol{y}}$$

$$\boldsymbol{E}_r(\boldsymbol{r})=-100\mathrm{e}^{\mathrm{j}837.8z}\hat{\boldsymbol{x}},\quad \boldsymbol{H}_r(\boldsymbol{r})=1.061\mathrm{e}^{\mathrm{j}837.8z}\hat{\boldsymbol{y}}$$

$$\boldsymbol{E}(\boldsymbol{r})=-\mathrm{j}200\sin(837.8z)\hat{\boldsymbol{x}},\quad \boldsymbol{H}(\boldsymbol{r})=2.122\cos(837.8z)\hat{\boldsymbol{y}}$$

最近的电场波节点到边界面的距离为 $\lambda/2=0.00375(\mathrm{m})$。

4.4.3 均匀平面波从理想介质向导电媒质入射

当电磁波入射到有耗媒质上时也会发生反射、折射现象，但情况比理想介质、理想导体的情况更复杂。本节只研究平面电磁波从理想介质中入射到导电媒质表面处的反射、折射，并且假定这些导电媒质的磁导率 $\mu\approx\mu_0$。

假设媒质 1 是理想介质，ε_1、μ_1 为实数，$\mu_1\approx\mu_0$，$\sigma_1=0$，波阻抗 $\eta_1=\sqrt{\mu_1/\varepsilon_1}$。媒质 2 是导电媒质，电磁特征参数为 ε_2、μ_2、σ_2($\mu_2\approx\mu_0$)，其复介电常数 $\tilde{\varepsilon}_2=\varepsilon_2-\mathrm{j}\sigma_2/(\omega\varepsilon_2)$，其复波阻抗 $\tilde{\eta}_2=\sqrt{\mu_2/\tilde{\varepsilon}_2}$。本节先分析均匀平面波从理想介质垂直入射到导电媒质的情况，再简要介绍斜入射的情况。

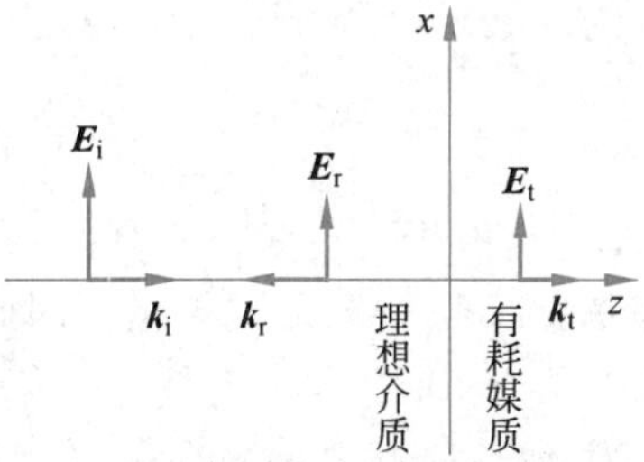

图 4-31 均匀平面波从理想介质垂直入射到有耗媒质界面情况

1. 垂直入射情况

采用如图 4-31 所示的坐标系，此时入射、反射、折射波的电场强度都是平行的且正方向相同，与图 4-17 所示的理想介质-理想介质交界面的垂直极化入射情况相同，只不过入射角、反射角、折射角均等于零。因此可以用式(4-56a)、式(4-56b)来求反射系数、折射系数，并将 $\theta_i=\theta_r=\theta_t=0$ 代入其中，得反射系数、折射系数分别为

$$r=\frac{\tilde{\eta}_2-\eta_1}{\tilde{\eta}_2+\eta_1}=|r|\mathrm{e}^{\mathrm{j}\phi_r} \tag{4-85a}$$

$$t=\frac{2\tilde{\eta}_2}{\tilde{\eta}_2+\eta_1}=|t|\mathrm{e}^{\mathrm{j}\phi_t} \tag{4-85b}$$

二者均是复数。

理想介质 1 中的总场 $\boldsymbol{E}_1$、$\boldsymbol{H}_1$ 表示为

$$\begin{aligned}\boldsymbol{E}_1 &= \boldsymbol{E}_i + \boldsymbol{E}_r = E_{i0}e^{-jk_1z}\hat{\boldsymbol{x}} + rE_{i0}e^{jk_1z}\hat{\boldsymbol{x}} \\ &= E_{i0}(1-|r|)e^{-jk_1z}\hat{\boldsymbol{x}} + 2|r|E_{i0}e^{j\phi_r/2}\cos(k_1z+\phi_r/2)\hat{\boldsymbol{x}}\end{aligned} \tag{4-86a}$$

$$\begin{aligned}\boldsymbol{H}_1(\boldsymbol{r}) &= \boldsymbol{H}_i(\boldsymbol{r}) + \boldsymbol{H}_r(\boldsymbol{r}) = \frac{E_{i0}}{\eta_1}e^{-jk_1z}\hat{\boldsymbol{y}} - \frac{rE_{i0}}{\eta_1}e^{jk_1z}\hat{\boldsymbol{y}} \\ &= \frac{E_{i0}}{\eta_1}(1-|r|)e^{-jk_1z}\hat{\boldsymbol{y}} + \frac{2rE_{i0}}{\eta_1}e^{j(\phi_r-\pi)/2}\sin(k_1z+\phi_r/2)\hat{\boldsymbol{y}}\end{aligned} \tag{4-86b}$$

与电磁波垂直入射到两种理想介质交界面的情况类似，$\boldsymbol{E}_1$、$\boldsymbol{H}_1$ 是沿 z 方向的行驻波，波节点、波腹点的位置与反射系数的辐角 ϕ_r 有关。

有损耗媒质 2 中的折射波为

$$\boldsymbol{E}_2(\boldsymbol{r}) = \boldsymbol{E}_r(\boldsymbol{r}) = tE_{i0}e^{-\alpha_2 z}e^{-j\beta_2 z}\hat{\boldsymbol{x}} \tag{4-87a}$$

$$\boldsymbol{H}_2(\boldsymbol{r}) = \boldsymbol{H}_r(\boldsymbol{r}) = \frac{tE_{i0}}{\tilde{\eta}_2}e^{-\alpha_2 z}e^{-j\beta_2 z}\hat{\boldsymbol{y}} \tag{4-87b}$$

折射波是向 $\hat{z}$ 方向传播的、振幅呈指数规律衰减的均匀平面波(见图 4-32)，衰减常数为 α_2，相移常数为 β_2。显然，媒质 2 中的传播常数 K_2 是复数，且 $K_2=\beta_2-j\alpha_2$。

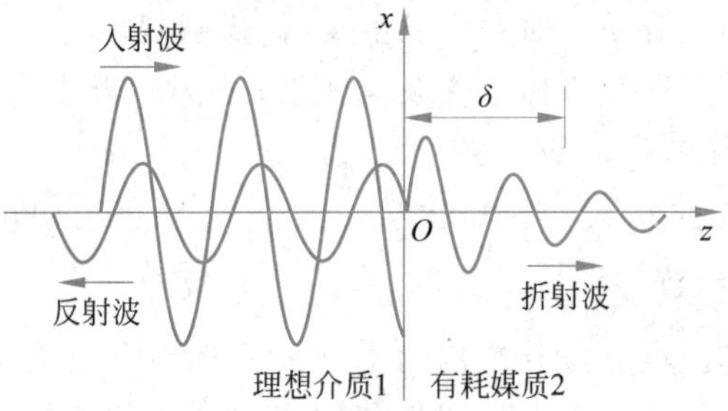

图 4-32 垂直入射到理想介质-有耗媒质交界面

2. 斜入射情况

平面波从理想介质斜入射到有耗媒质表面时，也会发生反射折射现象。有耗媒质中折射波的情况比较复杂，因为其折射角是复角，传播矢量 $\boldsymbol{K}_t=\beta\hat{z}-j\alpha\hat{z}$ 是复矢量。因此，本书不对斜入射情况进行详细讨论，可参阅其他参考书。

可以证明，对于良导体(如微波频段常用的金、银、铜、铝等材料，其电导率都在 10^7 S/m 的数量级)而言，不论平面波以什么角度斜入射到良导体的表面，良导体中折射波的传播方向都近似与交界面垂直而与入射角无关。因此，对于良导体而言，斜入射时的折射波与垂直入射时的折射波近似，垂直入射时的穿透深度、表面阻抗等概念和公式也适用于斜入射的情况。

4.5 案例与实践

1. 均匀平面波的传播及其可视化

均匀平面波是一种 TEM 波，其电场矢量、磁场矢量与传播方向两两垂直，依次构成

右手螺旋关系，并且电场矢量与磁场矢量的幅度之比等于空间波阻抗。对于理想介质而言，波阻抗是一个实数，电场和磁场在传播过程中相位始终保持同步；对于导电媒质而言，波阻抗是一个复数，故而传播过程中磁场的相位始终滞后于电场相位，且电场和磁场的幅度随传播距离呈指数衰减。

[**仿真案例 1**]　仿真均匀平面波在理想介质和导电媒质中的传播过程。假设电磁波频率为 1GHz，沿 $+z$ 方向传播，理想介质的电磁参数为 $\varepsilon=\varepsilon_0, \mu=\mu_0$；导电媒质的电磁参数为 $\varepsilon=\varepsilon_0, \mu=\mu_0, \sigma=5\times10^{-5}$S/m。

图 4-33 中，利用 scatter3 函数以散点图的形式展示了电场矢量和磁场矢量在空间传播过程的包络曲线。也可以用 quiver3 函数来绘制场矢量的矢量线。可以看到，在理想介质中，电场和磁场的相位始终同步，且电场矢量、磁场矢量与传播方向两两垂直，依次构成右手螺旋关系符合预期。

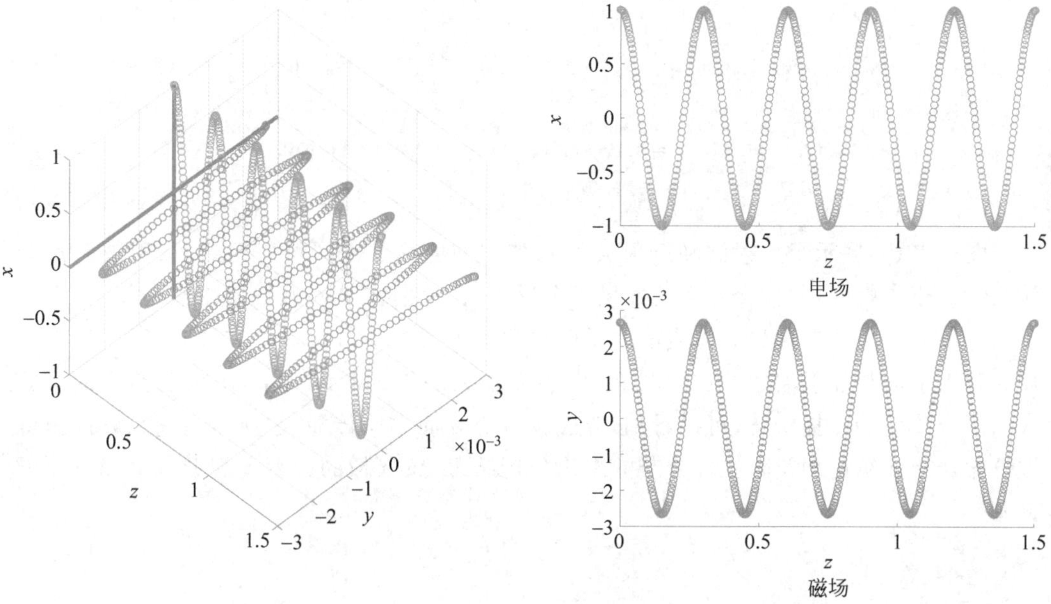

动画

图 4-33　理想介质中均匀平面波的传播示意图

图 4-34 中，利用 plot3 函数以实线图的形式展示了电场矢量和磁场矢量在空间传播过程的包络曲线。可以看到，在导电媒质中，电场矢量、磁场矢量的幅度随传播距离逐渐衰减，磁场的相位滞后于电场相位，且电场矢量、磁场矢量与传播方向两两垂直，依次构成右手螺旋关系，符合预期。

2. 均匀平面波从理想介质向理想导体入射的反射现象及其可视化

根据 4.4.2 节的分析，当均匀平面波从理想介质斜入射到理想导体表面时，会出现全反射现象，理想介质中的合成波沿平行于导体表面方向的传播；在垂直于导体表面方向，合成波呈驻波分布。

[**仿真案例 2**]　仿真垂直极化的均匀平面波从理想介质入射到理想导体表面的全反射现象，观察合成波沿平行交界面和垂直交界面的传播情况。电磁波频率 1GHz，入射

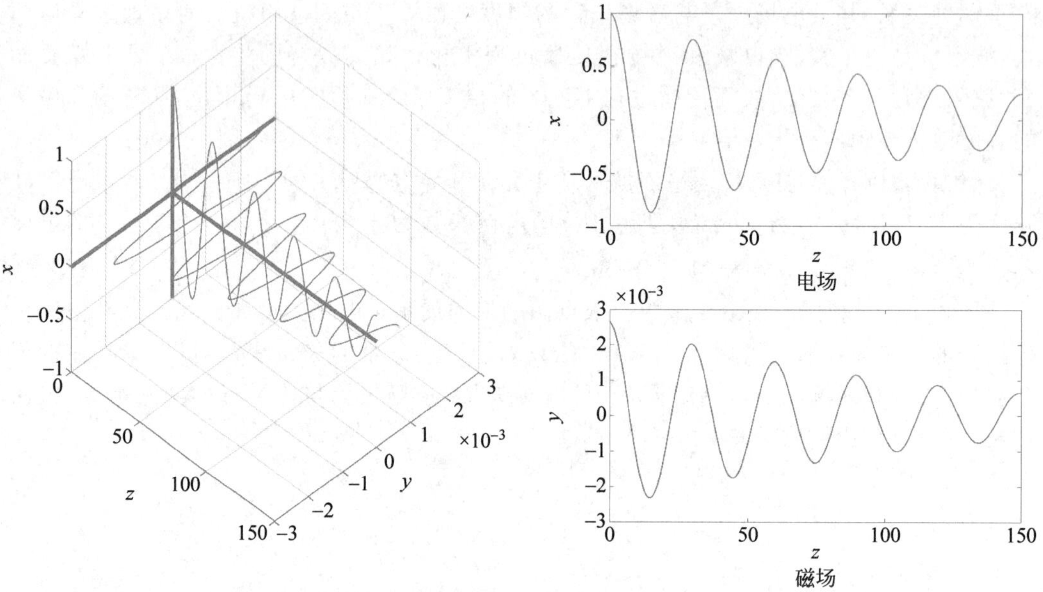

动画

图 4-34　导电媒质中均匀平面波的传播示意图

角 30°。

图 4-35(a)展示了入射波和反射波的三维空间曲线。由图可以看到，入射波和反射波均垂直于入射面，并在交界面处发生了全反射，且反射波与入射波的相位相差 180°，这是因为垂直极化波在理想导体表面的反射系数等于 $r_{\perp}=-1$。图 4-35(b)展示了理想介质一侧入射波与反射波的合成波状态，由于文本无法展示动画效果，图中用箭头的形式表示了合成波的传播状态，可以看到，合成波沿交界面方向传播，在交界面垂直方向呈驻波分布。上述结论均符合 4.2.2 节的理论分析结果，感兴趣的读者请观看本页和下页的动画。

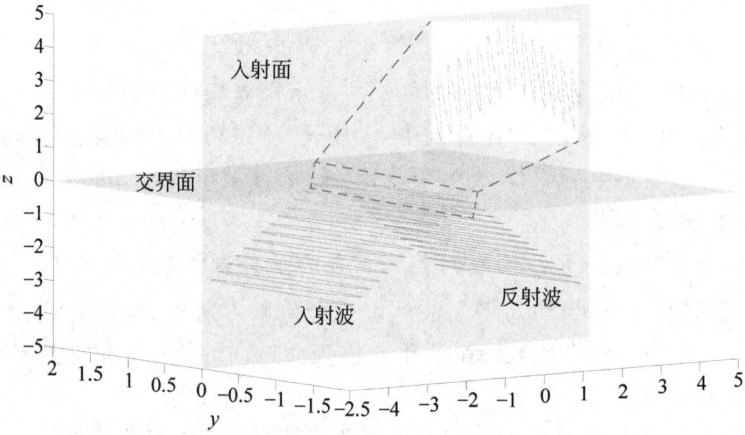

动画

(a) 入射波和反射波（三维）

图 4-35　垂直极化波在理想导体表面的全反射现象

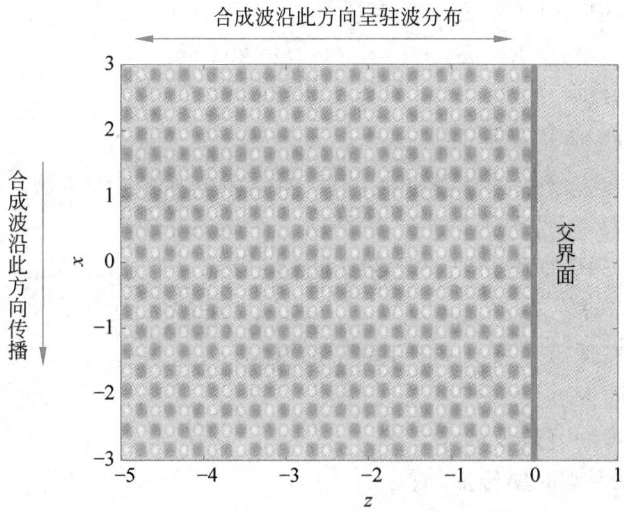

(b) 合成波（二维）

图 4-35 （续）

思考题

4-1 什么是均匀平面波，均匀平面波与非均匀平面波有何区别？

4-2 理想媒质中的均匀平面波有什么特点？何为 TEM 波、TE 波和 TM 波？

4-3 理想媒质中和有耗媒质中均匀平面波的相速度有何差异？

4-4 趋肤深度的定义是什么，同一种媒质中不同频率的电磁波的趋肤深度有何差异？

4-5 如何判断电磁波的极化特征，线极化、圆极化和椭圆极化相互之间的关系是什么？

4-6 发生全反射时，是否意味着第二种媒质中完全没有电磁波？

4-7 什么是表面波，它是如何产生的？

4-8 什么是快波和慢波，在什么情况下会产生快波和慢波？

4-9 均匀平面波向多层理想介质入射时，如何分析？

4-10 极化滤波的概念和物理原理是什么？

练习题

4-1 若电磁波 $\boldsymbol{H}=H_{\mathrm{m}}\mathrm{e}^{\mathrm{j}(\omega t+\beta z)}\hat{\boldsymbol{x}}$，其等相位面是什么形状，在坐标系中取向如何？若电磁波 $\boldsymbol{E}=(E_{\mathrm{m}}/r)\mathrm{e}^{\mathrm{j}(\omega t-\beta r)}\hat{\boldsymbol{\theta}}$，其等相位面是什么形状？

4-2 已知无界媒质中的平面波为

$$\boldsymbol{E}=40\pi\mathrm{e}^{-\mathrm{j}\frac{4}{3}y}\hat{\boldsymbol{z}}(\mathrm{V/m}),\quad \boldsymbol{H}=1.0\mathrm{e}^{-\mathrm{j}\frac{4}{3}y}\hat{\boldsymbol{x}}(\mathrm{A/m})$$

已知媒质的 $\mu_{\mathrm{r}}=1$，求 ε_{r}、ω。

4-3　若自由空间中一平面电磁波的电场为

$$\boldsymbol{E}=E_0\cos(6\pi\times10^8 t-2\pi z)\hat{\boldsymbol{x}}$$

求 f、λ、v_p 以及磁场 $\boldsymbol{H}$。

4-4　某理想介质中有均匀平面波

$$\boldsymbol{E}=10\cos(6\pi\times10^7 t-0.8\pi z)\hat{\boldsymbol{x}}(\text{mV/m})\quad \boldsymbol{H}=\cos(6\pi\times10^7 t-0.8\pi z)/6\pi\ \hat{\boldsymbol{y}}(\text{mA/m})$$

求介质的 ε_r、μ_r。

4-5　理想介质中一平面电磁波的电场强度矢量为

$$\boldsymbol{E}(t)=5\cos(2\pi\times10^8 t-2\pi z)\hat{\boldsymbol{x}}(\text{mV/m})$$

(1) 求该电磁波在理想介质及自由空间中的波长；

(2) 已知理想介质的 $\mu_r=1$，求 ε_r；

(3) 写出磁场强度的复数表示式。

4-6　电磁波在自由空间中传播，有

$$\boldsymbol{E}=(\hat{\boldsymbol{x}}-\mathrm{j}\hat{\boldsymbol{y}})10^{-4}\mathrm{e}^{-\mathrm{j}20\pi z}(\text{V/m})$$

试求工作频率、磁场强度的瞬时表示式以及瞬时坡印廷矢量和平均坡印廷矢量。

4-7　已知自由空间中的均匀平面波电场为

$$\boldsymbol{E}=4\cos(6\pi\times10^8 t-2\pi z)\hat{\boldsymbol{x}}+3\cos(6\pi\times10^8 t-2\pi z-\pi/3)\hat{\boldsymbol{y}}(\text{mA/m})$$

试求磁场强度和平均能流密度。

4-8　判断以下各电磁波的极化形式和波的传播方向：

(1) $\boldsymbol{E}=\mathrm{j}E_m\mathrm{e}^{\mathrm{j}kz}\hat{\boldsymbol{x}}-\mathrm{j}E_m\mathrm{e}^{\mathrm{j}kz}\hat{\boldsymbol{y}}$；

(2) $\boldsymbol{E}=E_m\mathrm{e}^{-\mathrm{j}kz}\hat{\boldsymbol{x}}+\mathrm{j}E_m\mathrm{e}^{-\mathrm{j}kz}\hat{\boldsymbol{y}}$；

(3) $\boldsymbol{E}=(E_m\hat{\boldsymbol{x}}+E_m\mathrm{e}^{\mathrm{j}\phi}\hat{\boldsymbol{y}})\mathrm{e}^{-\mathrm{j}kz}$ ($\phi\neq0$、$\pm\pi/2$、$\pm\pi$)；

(4) $\boldsymbol{H}=(E_m\mathrm{e}^{-\mathrm{j}ky}/\eta)\hat{\boldsymbol{x}}+(\mathrm{j}E_m\mathrm{e}^{-\mathrm{j}ky}/\eta)\hat{\boldsymbol{z}}$；

(5) $\boldsymbol{E}=E_m\cos(\omega t+kz)\hat{\boldsymbol{x}}+E_m\sin(\omega t+kz)\hat{\boldsymbol{y}}$；

(6) $\boldsymbol{E}=E_m\sin(\omega t-kz)\hat{\boldsymbol{x}}+2E_m\sin(\omega t-kz)\hat{\boldsymbol{y}}$；

(7) $\boldsymbol{E}=E_m\sin(\omega t-kz-\pi/4)\hat{\boldsymbol{x}}+E_m\cos(\omega t-kz-\pi/4)\hat{\boldsymbol{y}}$。

4-9　判断以下各电磁波的传播方向及极化类型：

(1) $\boldsymbol{H}=H_1\mathrm{e}^{-\mathrm{j}kz}\hat{\boldsymbol{y}}+H_2\mathrm{e}^{-\mathrm{j}kx}\hat{\boldsymbol{z}}$；

(2) $\boldsymbol{E}=(E_0\ \hat{\boldsymbol{x}}+AE_0\mathrm{e}^{\mathrm{j}\phi}\hat{\boldsymbol{y}})\mathrm{e}^{-\mathrm{j}kz}$

4-10　自由空间中两线极化波传播方向相同、振幅相等、频率相同、相位差为 $\pi/4$。若这两个线极化波方向相互垂直，求任一点的平均坡印廷矢量；若这两个线极化波方向相同，再求任一点的平均坡印廷矢量。

4-11　证明圆极化波携带的平均功率是等幅线极化波平均功率的 2 倍。

4-12　证明两个传播方向及频率相同的圆极化波叠加时，若它们的旋向相同，则合成波仍是同一旋向的圆极化波；若它们的旋向相反，则合成波是椭圆极化波，其旋向与振幅大的圆极化波相同。

4-13　已知某理想介质中均匀平面波电场为

$$\boldsymbol{E}=3\times10^2(\hat{\boldsymbol{x}}+2\hat{\boldsymbol{y}}-E_{z0}\hat{\boldsymbol{z}})\cos\lfloor 30\pi\times10^8t+4\pi(3x+2y-z)+\phi\rfloor(\mathrm{V/m})$$

试求：(1) 波的传播方向；

(2) 频率 f、波长 λ 和相速 v_p；

(3) 该理想介质的 ε_r；

(4) 电场振幅中的常数 E_{z0}；

(5) $\boldsymbol{H}(\boldsymbol{r},t)$和 $\boldsymbol{S}_\mathrm{av}$。

4-14 自由空间中平面电磁波的磁场强度矢量为

$$\boldsymbol{H}=10^{-3}\cos(6\pi\times10^8t-2\pi z)\hat{\boldsymbol{x}}+\sqrt{2}\times10^{-3}\cos(6\pi\times10^8t-2\pi z-\pi/3)\hat{\boldsymbol{y}}(\mathrm{A/m})$$

求电场强度和平均坡印廷矢量。

4-15 自由空间中均匀平面电磁波的电场强度复矢量为

$$\boldsymbol{E}=3(\hat{\boldsymbol{x}}-\sqrt{2}\hat{\boldsymbol{y}})\mathrm{e}^{-\mathrm{j}\frac{\pi}{6}(2x+\sqrt{2}y-\sqrt{3}z)}(\mathrm{V/m})$$

试求：(1) 电场强度的振幅、传播矢量和波长；

(2) 电场强度矢量和磁场强度矢量的瞬时值。

4-16 频率 500kHz 和 100MHz 的电磁波在土壤中传播。

(1) 当土壤干燥时，$\varepsilon_\mathrm{r}=4$，$\mu_\mathrm{r}=1$，$\sigma=10^{-4}\mathrm{S/m}$，分别计算这两种频率的电磁波在其中传播时，场强振幅衰减到原来的一百万分之一所经过的距离。

(2) 当土壤潮湿时，$\varepsilon_\mathrm{r}=10$，$\mu_\mathrm{r}=1$，$\sigma=10^{-2}\mathrm{S/m}$，再重复(1)的计算。

4-17 求频率 $f_1=50\mathrm{Hz}$，$f_2=1\mathrm{MHz}$，$f_3=1\mathrm{GHz}$ 和 $f_4=10\mathrm{GHz}$ 的电磁波在良导体铜中的衰减常数和相移常数，并分析计算结果。已知铜的 $\varepsilon_\mathrm{r}\approx\mu_\mathrm{r}\approx1$，$\sigma=5.8\times10^7\mathrm{S/m}$。

4-18 频率为 540kHz 的广播信号在导电媒质($\varepsilon_\mathrm{r}=2.1$，$\mu_\mathrm{r}=1$，$\sigma/\omega\varepsilon=0.2$)中传播，试求衰减常数和相移常数、相速度和波长及波阻抗。

4-19 均匀平面波电场 $\boldsymbol{E}=E_0(\hat{\boldsymbol{x}}+\mathrm{j}\hat{\boldsymbol{y}})\mathrm{e}^{-\mathrm{j}k_0z}$ 垂直入射到 $z=0$ 处的导体平面上，求反射波和总场，说明反射波、入射波的极化类型，总场沿 z 方向传播的平均功率密度。

4-20 均匀平面波由空气入射到理想导体表面 $z=0$ 处，已知入射波电场强度为

$$\boldsymbol{E}_\mathrm{i}=10\mathrm{e}^{-\mathrm{j}(6x+8z)}\hat{\boldsymbol{y}}(\mathrm{mV/m})$$

(1) 求入射波波长和频率；

(2) 写出入射波电场、磁场的瞬时表示式；

(3) 求入射波的入射角；

(4) 求反射波的电场、磁场；

(5) 求总场。

4-21 一均匀平面波由空气向理想介质表面($z=0$ 平面)斜入射，已知介质的参数为 $\mu=\mu_0$，$\varepsilon=3\varepsilon_0$，入射波的磁场强度为

$$\boldsymbol{H}_\mathrm{i}=(\sqrt{3}\hat{\boldsymbol{x}}-\hat{\boldsymbol{y}}+\hat{\boldsymbol{z}})\sin(\omega t-Ax-2\sqrt{3}z)(\mathrm{A/m})$$

试求：(1) $\boldsymbol{H}_\mathrm{i}$ 中的常数 ω、A；

(2) 入射波电场 $\boldsymbol{E}_\mathrm{i}$ 的瞬时值；

(3) 入射角 θ_i；

(4) 反射波、入射波的电场、磁场。

4-22　设两种介质的参数 $\varepsilon_1=\varepsilon_2$，$\mu_1\neq\mu_2$，当均匀平面波斜入射到界面上时，哪种极化波可以得到全反射？此时的入射角为多大？

4-23　频率 $f=1\text{MHz}$ 的均匀平面波，垂直入射到平静的湖面上。已知湖水电导率 $\sigma=10^{-3}\text{S/m}$，$\varepsilon_r=81$，$\mu_r=1$，计算折射波功率与入射波功率之比值。

4-24　为抑制无线电干扰室内电子设备，通常采用厚度为5个穿透深度的铜皮($\varepsilon_r\approx\mu_r\approx1$，$\sigma=5.8\times10^7\text{S/m}$)包裹该室，若要求屏蔽的频率为10kHz～100MHz，铜皮应多厚？

4-25　自由空间中频率为300MHz、振幅为1mV/m的均匀平面波垂直入射到很大很厚的铜板上，已知铜的 $\varepsilon=\varepsilon_0$，$\mu=\mu_0$，$\sigma=5.8\times10^7\text{S/m}$，试求：

(1) 铜表面的折射电场和磁场；

(2) 铜表面处的体电流密度；

(3) 穿透深度；

(4) 铜表面下0.01mm处的传导电流和位移电流密度。

第5章 导行电磁波

第 4 章研究了电磁波在无界空间的传播特性以及在两种不同媒质交界面处的反射与折射问题。本章要研究电磁波在有界空间内的传播情况，即导波系统中的传播。

导波系统是可以引导电磁波在其中传播的传输结构，被引导传输的电磁波称为导行电磁波，导波系统也称为传输线。工程中常见的传输线有双线传输线、同轴线、矩形波导、圆波导、带线、微带线、介质波导等，如图 5-1 所示。这些传输线特性各异，分别适用于不同的场合。金属波导和同轴线完全将电磁波封闭在金属管中，没有电磁辐射效应，其余几种在传输过程中均存在一定的电磁辐射。随着频率升高，双线的辐射效应显著增强，因此双线适用于传输 100MHz 以下频率较低的电磁波。带线和微带线主要用于分米波段和厘米波段。金属波导常用于传输厘米波及毫米波。光纤用于传输光波。

(a) 双线　(b) 同轴线　(c) 矩形波导　(d) 圆波导

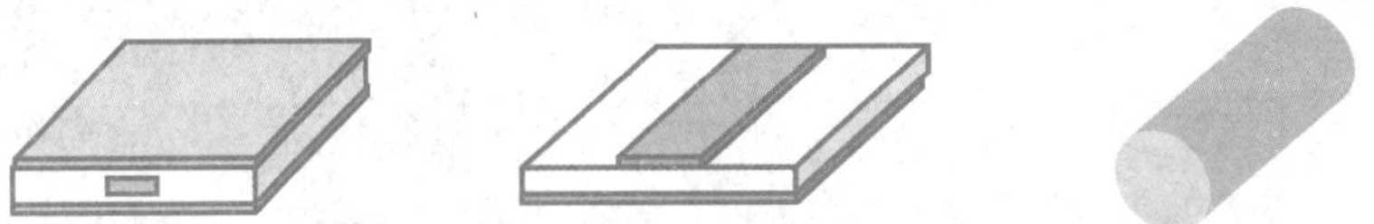
(e) 带线　(f) 微带线　(g) 介质波导

图 5-1　工程中常见的传输线

5.1 导行电磁波的场模式及分析方法

5.1.1 导行电磁波的场模式

场模式是指能够单独在波导传输线中存在的电磁场结构。波导中导行电磁波的求解以及波的传播特性与导行电磁波的模式密切相关，因此在介绍导行电磁波的分析方法及传播特性之前，先对导行电磁波的场模式进行分类，再根据不同的传播场模式介绍其分析和计算方法。

可依据导行电磁波电场方向、磁场方向和传播方向将其划分为 TEM 模、TE 模和 TM 模（或称 TEM 波、TE 波和 TM 波）。假设导行电磁波的传播方向是 z 方向，即纵向方向。TEM 模是指电场方向、磁场方向都与传播方向垂直，即 $E_z=0, H_z=0$。TE 模是指只有电场方向与传播方向垂直，而磁场有传播方向上的分量，即 $E_z=0, H_z\neq 0$。TM 模是指只有磁场方向与传播方向垂直，而电场有传播方向上的分量，即 $E_z\neq 0, H_z=0$。

按导行波有无电磁场的纵向分量（即 z 分量）对其进行分类，便于分析，更重要的还在于上述所有模式合在一起构成传输线中电磁波的一组完备解，即传输线中存在的任何电磁波都可以表示为一个或多个模式的线性组合。对模式划分完后，下面的问题是对波导中的各个模式展开研究。

前面提到的几种传输线并非都能传输三种模式的导行电磁波。例如，双导线、同轴线和带状线可以传输 TEM 模,而空心波导这类单导体结构只能传输 TE 模或者 TM 模式。这是因为 TEM 模的磁场只有横向分量,因此闭合的磁力线一定在传输线的横截面内,如图 5-2(a)所示。根据修正的安培环路定律,这些在横截面内的闭合磁力线必然是由垂直于横截面的纵向传导电流 J_z 或者纵向位移电流 $J_{dz}=\partial D_z/\partial t=\partial(\varepsilon E_z)/\partial t$ 产生的。由于纵向电场分量 $E_z=0$,故纵向位移电流 $J_{dz}=0$。又因为空心金属矩形波导管内充填的是各向同性的、线性的、均匀无耗媒质,没有承载自由电子的导体,不能形成传导电流,故传导电流 $J_z=0$。由于上面两部分纵向电流均为零,横截面内的闭合磁力线必然不存在,即磁场的全部分量为零,相应电场的全部分量也为零,所以 TEM 模在空心的金属矩形波导管内不能存在。但是,若空心金属矩形波导管内中间有纵向导体,形成了双导体结构,如图 5-2(b)所示,则自由电子可以沿纵向导体运动形成传导电流 $J_z(J_z\neq0)$。根据安培环路定律,纵向传导电流 J_z 可以在横截面内产生闭合磁场,进而产生相应的横向电场。因此可以推出,单导体结构的传输线不能传输 TEM 模,但双导体或者多导体传输线结构如平行双线、同轴线、带线等,可以传输 TEM 模式。

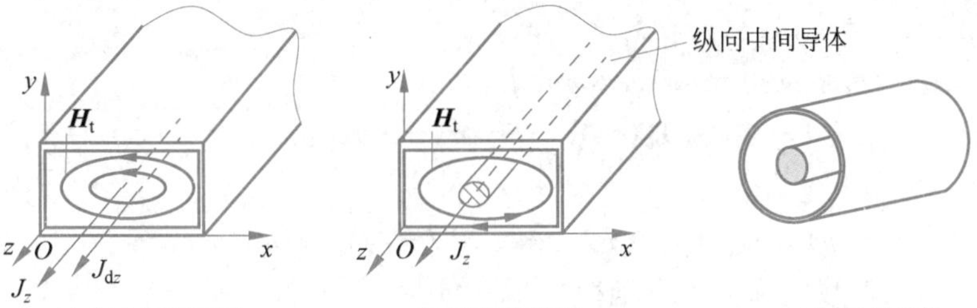

(a) 空心矩形波导　(b) 双导体结构　(c) 同轴传输线

图 5-2　传输线中的 TEM 模

下面研究不同模式的导行电磁波的分析方法。

5.1.2　传输线中 TE 模和 TM 模的分析方法

下面以金属矩形波导为例研究传输线中 TE 模和 TM 模的一般分析方法——纵向场法。

矩形波导的结构如图 5-3 所示,它的横截面形状是矩形,其宽边长度是 a,窄边长度是 b,波导沿纵轴方向向两头无限延伸,横截面的坐标轴为(x,y),轴向坐标轴为 z,横截面的几何形状、尺寸和媒质参数沿轴向坐标轴 z 保持均匀不变。矩形波导周围的壁面材料用金属制成。由于周围的金属壁面材料具有屏蔽作用,矩形波导内的电磁场只能在波导的内部空间存在和传播。

为了分析简单起见,假定:

(1) 波导壁的金属材料是理想导体,即波导壁的 $\sigma=\infty$;

(2) 波导内填充的媒质是均匀、线性、各向同性的无耗媒质,即波导内部空间媒质的参数 ε、μ 为实常数,且 $\sigma=0$;

(3) 波导内无源,即 $\boldsymbol{J}=0$,$\rho=0$;

(4) 波导内的电磁场为时谐电磁场,角频率为 ω。

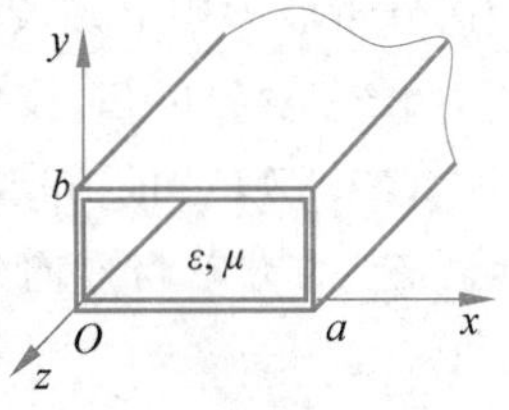

图 5-3　矩形波导及其坐标系

(5) 波导是均匀的,即波导中各横截面的几何形状、几何尺寸和媒质参数都完全相同,且在 z 轴方向无限长。这样,电磁波在里面传输时不会产生反射。

可以与第 4 章介绍平面电磁波的传播特性进行类比,来研究电磁波沿均匀矩形波导中的传播特性。沿着 $+z$ 轴方向传播的均匀平面电磁波的电磁场表达式是 $\boldsymbol{E}(x,y,z)=\boldsymbol{E}_0\mathrm{e}^{-\mathrm{j}kz}$,传播因子是 $\mathrm{e}^{-\mathrm{j}kz}$。因此,如果无限长均匀波导内的导行电磁波沿 $+z$ 轴方向传播,则可以将其电场强度的表达式写成类似的形式,即

$$\boldsymbol{E}(x,y,z)=\boldsymbol{e}(x,y)\mathrm{e}^{-\gamma z} \tag{5-1}$$

式中

$$\boldsymbol{e}(x,y)=e_x(x,y)\hat{\boldsymbol{x}}+e_y(x,y)\hat{\boldsymbol{y}}+e_z(x,y)\hat{\boldsymbol{z}} \tag{5-2}$$

$\boldsymbol{e}(x,y)$是与横向坐标(x,y)有关的矢量函数,其不随 z 变化,它反映了电场在波导横截面内的分布状态,称为电场的横向分布函数。$\mathrm{e}^{-\gamma z}$ 表示场沿波导纵向的传播规律,称为传播因子。γ 是波导中的电磁波沿波导轴向传播的传播常数,其物理意义与平面电磁波的传播常数意义相同。一般情况下,它是一个复数,可以反映导行电磁波在波导内的传输状态,将在 5.2 节中讨论。

同理,波导内传播的电磁波其磁场的表达式可写为

$$\boldsymbol{H}(x,y,z)=\boldsymbol{h}(x,y)\mathrm{e}^{-\gamma z} \tag{5-3}$$

式中

$$\boldsymbol{h}(x,y)=h_x(x,y)\hat{\boldsymbol{x}}+h_y(x,y)\hat{\boldsymbol{y}}+h_z(x,y)\hat{\boldsymbol{z}} \tag{5-4}$$

式中:$\boldsymbol{h}(x,y)$为磁场的横向分布函数。

如果均匀波导内的导行电磁波沿 $-z$ 方向传播,只需将上述式中的 $\mathrm{e}^{-\gamma z}$ 改写成 $\mathrm{e}^{\gamma z}$ 即可。由于两者的性质相同,仅传播方向相反,并不影响对传播规律的分析。因此,在下面的讨论中,只分析向 $+z$ 方向传播的导行电磁波。

同时,电场 $\boldsymbol{E}(x,y,z)$和磁场 $\boldsymbol{H}(x,y,z)$的表达式还可以写成矢量的一般形式:

$$\boldsymbol{E}(x,y,z)=E_x(x,y,z)\hat{\boldsymbol{x}}+E_y(x,y,z)\hat{\boldsymbol{y}}+E_z(x,y,z)\hat{\boldsymbol{z}} \tag{5-5a}$$

$$\boldsymbol{H}(x,y,z)=H_x(x,y,z)\hat{\boldsymbol{x}}+H_y(x,y,z)\hat{\boldsymbol{y}}+H_z(x,y,z)\hat{\boldsymbol{z}} \tag{5-5b}$$

对比式(5-5)与式(5-1)~式(5-4)中表达式的对应项,可以得出

$$E_x(x,y,z)=e_x(x,y)\mathrm{e}^{-\gamma z},\quad H_x(x,y,z)=h_x(x,y)\mathrm{e}^{-\gamma z} \tag{5-6a}$$

$$E_y(x,y,z)=e_y(x,y)\mathrm{e}^{-\gamma z},\quad H_y(x,y,z)=h_y(x,y)\mathrm{e}^{-\gamma z} \tag{5-6b}$$

$$E_z(x,y,z)=e_z(x,y)\mathrm{e}^{-\gamma z},\quad H_z(x,y,z)=h_z(x,y)\mathrm{e}^{-\gamma z} \tag{5-6c}$$

下面将利用这些表达式及其相互关系,使用纵向场法来求解波导中的电场和磁场分布,进而分析波导中电磁波的传播规律。

由式(5-5)可知,波导中的电磁场有六个极化分量,分别是 $\boldsymbol{E}_x$、$\boldsymbol{E}_y$、$\boldsymbol{E}_z$、$\boldsymbol{H}_x$、$\boldsymbol{H}_y$、$\boldsymbol{H}_z$。其中,$\boldsymbol{E}_z$ 和 $\boldsymbol{H}_z$ 的方向与波导的纵向或轴向坐标 z 平行,称为纵向场分量。$\boldsymbol{E}_x$、$\boldsymbol{E}_y$、$\boldsymbol{H}_x$、$\boldsymbol{H}_y$ 的方向与横向坐标 x 或 y 平行,与波导的轴向或纵向坐标 z 垂直,称为横向场分量。

纵向场法的基本思路:第一步求出波导中电磁场的纵向场分量 $\boldsymbol{E}_z$ 和 $\boldsymbol{H}_z$;第二步由

已求得的纵向场分量 $\boldsymbol{E}_z$ 和 $\boldsymbol{H}_z$，求出波导中电磁场的横向场分量 $\boldsymbol{E}_x$、$\boldsymbol{E}_y$、$\boldsymbol{H}_x$、$\boldsymbol{H}_y$，从而得到波导中电磁场的全部场分量的解。下面先研究第一步，如何得到关于纵向场分量 $\boldsymbol{E}_z$ 和 $\boldsymbol{H}_z$ 应满足的方程，从而求出波导中电磁场的纵向场分量 $\boldsymbol{E}_z$ 和 $\boldsymbol{H}_z$。

电磁场在任何存在的区域必须满足麦克斯韦方程组加该区域的边界条件，或者满足波动方程加边界条件。因此，对于上述所研究的矩形波导中的电磁场 $\boldsymbol{E}(x,y,z)$、$\boldsymbol{H}(x,y,z)$ 应当满足无源理想媒质的波动方程，即亥姆霍兹方程，及矩形波导壁面为理想导体表面的边界条件。

$$\nabla^2\boldsymbol{E}(x,y,z)+k^2\boldsymbol{E}(x,y,z)=0 \tag{5-7a}$$

$$\nabla^2\boldsymbol{H}(x,y,z)+k^2\boldsymbol{H}(x,y,z)=0 \tag{5-7b}$$

式(5-7)为矩形波导中电磁场满足的亥姆霍兹方程，其中 $\boldsymbol{E}(x,y,z)$、$\boldsymbol{H}(x,y,z)$ 分别是波导内电场和磁场的复振幅矢量，$k^2=\omega^2\mu\varepsilon$。由于 $\boldsymbol{E}(x,y,z)$ 和 $\boldsymbol{H}(x,y,z)$ 所满足的方程形式及解法完全相同，并且 $\boldsymbol{E}(x,y,z)$ 和 $\boldsymbol{H}(x,y,z)$ 相互不独立，可利用麦克斯韦方程组从其中一个求出另一个。因此下面的求解和分析主要是对电场 $\boldsymbol{E}(x,y,z)$ 进行，所得结果可以类推到磁场 $\boldsymbol{H}(x,y,z)$。

将式(5-1)代入式(5-7a)，可得

$$\left(\frac{\partial^2}{\partial x^2}+\frac{\partial^2}{\partial y^2}+\frac{\partial^2}{\partial z^2}\right)\boldsymbol{e}(x,y)\mathrm{e}^{-\gamma z}+k^2\boldsymbol{e}(x,y)\mathrm{e}^{-\gamma z}=0 \tag{5-8}$$

将上式展开，可以整理成

$$\left(\frac{\partial^2}{\partial x^2}+\frac{\partial^2}{\partial y^2}\right)\boldsymbol{e}(x,y)\mathrm{e}^{-\gamma z}+(k^2+\gamma^2)\boldsymbol{e}(x,y)\mathrm{e}^{-\gamma z}=0 \tag{5-9}$$

令

$$\nabla_{\mathrm{t}}^2=\frac{\partial^2}{\partial x^2}+\frac{\partial^2}{\partial y^2} \tag{5-10}$$

$$k_{\mathrm{c}}^2=\gamma^2+k^2 \tag{5-11}$$

∇_{t}^2 称为横向拉普拉斯算子，仅对横向坐标 (x,y) 作用。k_{c} 为截止波数，是一个本征常数，它的意义及其求解将在后面讨论。由式(5-11)可知，如果求出 k_{c}，即可求出 γ。基于上述表示，式(5-9) 可写成

$$\nabla_{\mathrm{t}}^2\boldsymbol{e}(x,y)\mathrm{e}^{-\gamma z}+k_{\mathrm{c}}^2\boldsymbol{e}(x,y)\mathrm{e}^{-\gamma z}=0$$

即

$$\nabla_{\mathrm{t}}^2\boldsymbol{E}(x,y,z)+k_{\mathrm{c}}^2\boldsymbol{E}(x,y,z)=0 \tag{5-12a}$$

式(5-12a)是波导中电场所满足的方程。同理，波导中磁场应满足的方程具有相同的形式，即

$$\nabla_{\mathrm{t}}^2\boldsymbol{H}(x,y,z)+k_{\mathrm{c}}^2\boldsymbol{H}(x,y,z)=0 \tag{5-12b}$$

式(5-12a)、式(5-12b)是关于电场和磁场的矢量方程，该方程能成立，其每个场分量都应满足形式相同的标量方程。因此，纵向场分量 $E_z(x,y,z)$ 和 $H_z(x,y,z)$ 所应满足的方程为

$$\nabla_{\mathrm{t}}^2E_z(x,y,z)+k_{\mathrm{c}}^2E_z(x,y,z)=0 \tag{5-13a}$$

$$\nabla_t^2 H_z(x,y,z) + k_c^2 H_z(x,y,z) = 0 \tag{5-13b}$$

式(5-13a)、式(5-13b)是关于纵向场分量 $\boldsymbol{E}_z$ 和 $\boldsymbol{H}_z$ 所应满足的方程，对其进行求解，可以得到波导中电磁场的纵向场分量 $\boldsymbol{E}_z$ 和 $\boldsymbol{H}_z$，具体的求解过程将在本节最后详细介绍。

现在研究第二步，已知波导内电磁场的纵向场分量 $\boldsymbol{E}_z(x,y,z)$ 和 $\boldsymbol{H}_z(x,y,z)$ 后，如何求出其余的全部横向分量。

从麦克斯韦方程组出发。将麦克斯韦方程组中的两个旋度方程

$$\nabla\times \boldsymbol{E} = -\mathrm{j}\omega\mu \boldsymbol{H}$$

$$\nabla\times \boldsymbol{H} = \mathrm{j}\omega\varepsilon \boldsymbol{E}$$

展开成六个标量方程，即

$$\frac{\partial E_z}{\partial y} - \frac{\partial E_y}{\partial z} = -\mathrm{j}\omega\mu H_x \tag{5-14a}$$

$$\frac{\partial E_x}{\partial z} - \frac{\partial E_z}{\partial x} = -\mathrm{j}\omega\mu H_y \tag{5-14b}$$

$$\frac{\partial E_y}{\partial x} - \frac{\partial E_x}{\partial y} = -\mathrm{j}\omega\mu H_z \tag{5-14c}$$

$$\frac{\partial H_z}{\partial y} - \frac{\partial H_y}{\partial z} = \mathrm{j}\omega\varepsilon E_x \tag{5-14d}$$

$$\frac{\partial H_x}{\partial z} - \frac{\partial H_z}{\partial x} = \mathrm{j}\omega\varepsilon E_y \tag{5-14e}$$

$$\frac{\partial H_y}{\partial x} - \frac{\partial H_x}{\partial y} = \mathrm{j}\omega\varepsilon E_z \tag{5-14f}$$

由式(5-6)知，波导内电磁场的各个分量 E_x、E_y、E_z、H_x、H_y、H_z 都有因子 $\mathrm{e}^{-\gamma z}$，因此上述展开式中，它们对 z 的偏导数 $\partial/\partial z$ 都可用 $-\gamma$ 代替，这样就可以写成

$$\frac{\partial E_z}{\partial y} + \gamma E_y = -\mathrm{j}\omega\mu H_x \tag{5-15a}$$

$$-\gamma E_x - \frac{\partial E_z}{\partial x} = -\mathrm{j}\omega\mu H_y \tag{5-15b}$$

$$\frac{\partial E_y}{\partial x} - \frac{\partial E_x}{\partial y} = -\mathrm{j}\omega\mu H_z \tag{5-15c}$$

$$\frac{\partial H_z}{\partial y} + \gamma H_y = \mathrm{j}\omega\varepsilon E_x \tag{5-15d}$$

$$-\gamma H_x - \frac{\partial H_z}{\partial x} = \mathrm{j}\omega\varepsilon E_y \tag{5-15e}$$

$$\frac{\partial H_y}{\partial x} - \frac{\partial H_x}{\partial y} = \mathrm{j}\omega\varepsilon E_z \tag{5-15f}$$

通过观察可以发现，式(5-15a)和式(5-15e)是关于 E_y、H_x 的线性代数方程组，式(5-15b)和式(5-15d)是关于 E_x、H_y 的线性代数方程组。联立解上述方程组，可得到横向场分量 E_x、E_y、H_x、H_y 的解，即

$$E_x=-\frac{1}{k_c^2}\left(\gamma\frac{\partial E_z}{\partial x}+\mathrm{j}\omega\mu\frac{\partial H_z}{\partial y}\right) \tag{5-16a}$$

$$E_y=\frac{1}{k_c^2}\left(-\gamma\frac{\partial E_z}{\partial y}+\mathrm{j}\omega\mu\frac{\partial H_z}{\partial x}\right) \tag{5-16b}$$

$$H_x=\frac{1}{k_c^2}\left(\mathrm{j}\omega\varepsilon\frac{\partial E_z}{\partial y}-\gamma\frac{\partial H_z}{\partial x}\right) \tag{5-16c}$$

$$H_y=-\frac{1}{k_c^2}\left(\mathrm{j}\omega\varepsilon\frac{\partial E_z}{\partial x}+\gamma\frac{\partial H_z}{\partial y}\right) \tag{5-16d}$$

从式(5-16)可以看出，如果纵向场分量 E_z 和 H_z 已知，那么可以通过纵向分量求出横向场分量 E_x、E_y、H_x、H_y。

此外，若定义电场和磁场的横向场矢量分别为

$$\boldsymbol{E}_t(x,y,z)=E_x(x,y,z)\hat{\boldsymbol{x}}+E_y(x,y,z)\hat{\boldsymbol{y}} \tag{5-17a}$$

$$\boldsymbol{H}_t(x,y,z)=H_x(x,y,z)\hat{\boldsymbol{x}}+H_y(x,y,z)\hat{\boldsymbol{y}} \tag{5-17b}$$

横向哈密顿算子为

$$\nabla_t=\hat{\boldsymbol{x}}\frac{\partial}{\partial x}+\hat{\boldsymbol{y}}\frac{\partial}{\partial y} \tag{5-18}$$

则式(5-16)还可以整理写成更一般的形式，即

$$\boldsymbol{E}_t=-\frac{1}{k_c^2}(\gamma\nabla_t E_z-\mathrm{j}\omega\mu\hat{\boldsymbol{z}}\times\nabla_t H_z) \tag{5-19a}$$

$$\boldsymbol{H}_t=-\frac{1}{k_c^2}(\gamma\nabla_t H_z+\mathrm{j}\omega\varepsilon\hat{\boldsymbol{z}}\times\nabla_t E_z) \tag{5-19b}$$

至此从方法上完成了纵向场法的第二步，即通过波导内电磁场的纵向分量求出波导内电磁场的横向分量。须指出一点，式(5-19)虽然是从矩形金属波导的具体情况应用纵向场法推导出来的，但方法和结论也适用于横截面形状不为矩形的其他结构形式的均匀波导，例如横截面形状为圆形的均匀圆柱形波导，横截面形状为由两个同心圆构成的均匀同轴传输线等。不过在用于其他结构形式的微波传输线时，横向拉普拉斯算子∇_t^2、横向哈密顿算子∇_t和横向场矢量 $\boldsymbol{E}_t$、$\boldsymbol{H}_t$ 应取合适的正交柱坐标系下的形式，如对圆波导，应取圆柱坐标系下的对应形式。

5.1.3 传输线中 TEM 模的分析方法

TEM 模的纵向场分量 $E_z=0$，$H_z=0$，因此 TEM 模只有横向分量，场分量可写成

$$\begin{aligned}\boldsymbol{E}(x,y,z)&=\boldsymbol{E}_t(x,y,z)=E_x(x,y,z)\hat{\boldsymbol{x}}+E_y(x,y,z)\hat{\boldsymbol{y}}\\&=e_x(x,y)\mathrm{e}^{-\gamma z}\hat{\boldsymbol{x}}+e_y(x,y)\mathrm{e}^{-\gamma z}\hat{\boldsymbol{y}}=\boldsymbol{e}_t(x,y)\mathrm{e}^{-\gamma z}\end{aligned} \tag{5-20a}$$

$$\begin{aligned}\boldsymbol{H}(x,y,z)&=\boldsymbol{H}_t(x,y,z)=H_x(x,y,z)\hat{\boldsymbol{x}}+H_y(x,y,z)\hat{\boldsymbol{y}}\\&=h_x(x,y)\mathrm{e}^{-\gamma z}\hat{\boldsymbol{x}}+h_y(x,y)\mathrm{e}^{-\gamma z}\hat{\boldsymbol{y}}=\boldsymbol{H}_t(x,y)\mathrm{e}^{-\gamma z}\end{aligned} \tag{5-20b}$$

由于 $E_z=0$，$H_z=0$，纵向场为 0，不能用纵向场分量来求解横向场分量 $\boldsymbol{E}_t$，$\boldsymbol{H}_t$。而由

式(5-16)可知，在 $E_z=0, H_z=0$ 的条件下，横向场分量 $\boldsymbol{E}_t$、$\boldsymbol{H}_t$ 有非零解的条件为

$$k_c^2=0 \tag{5-21}$$

将 $E_z=0, H_z=0$ 和 $k_c^2=0$ 代入式(5-12a)和式(5-12b)，得横向场分量 $\boldsymbol{E}_t$，$\boldsymbol{H}_t$ 所满足的方程为

$$\nabla_t^2 \boldsymbol{E}_t(x,y,z)=0 \tag{5-22a}$$

$$\nabla_t^2 \boldsymbol{H}_t(x,y,z)=0 \tag{5-22b}$$

再将式(5-20a)代入式(5-22a)，式(5-20b)代入式(5-22b)，得 TEM 模横向分布函数满足的方程为

$$\nabla^2 \boldsymbol{e}_t(x,y)=0 \tag{5-23a}$$

$$\nabla^2 \boldsymbol{h}_t(x,y)=0 \tag{5-23b}$$

这与无源区中二维静态场所满足的拉普拉斯方程的形式完全相同。因此从数学上讲，求解导波系统中 TEM 模横向分布函数 $\boldsymbol{e}_t(x,y)$ 和 $\boldsymbol{h}_t(x,y)$ 与求解该系统中二维静态场是同一个数学问题。这就告诉我们，凡是能存在二维静态场（电场、磁场可同时存在）的装置，其中一定可以存在 TEM 模；不能存在二维静态场的装置，则不能存在 TEM 模。无限长的空心金属矩形波导管内不能建立静态场，所以它也就不能传输 TEM 模。

接下来将对均匀矩形金属波导中的 TE 模和 TM 模进行数学求解，再对其传播的物理特性进行分析。

5.2 矩形波导

5.2.1 矩形波导中 TE 模的求解

为分析矩形波导中的导行波，取如图 5-3 矩形波导及其坐标系所示的直角坐标系，波导宽边内尺寸为 a、窄边内尺寸为 b，波导内壁为理想导体，波导内填充了均匀、线性、各向同性的理想介质。

对于 TE 模，根据定义有 $E_z=0, H_z\neq 0$。按纵向场法思路，因为 $E_z=0$ 为已知，故只要解出 $H_z(x,y,z)$，再将其代入式(5-16)求出波导中的 E_x、E_y 和 H_x、H_y 分量即可。在直角坐标系下，$H_z(x,y,z)$满足的方程(5-13b)可写成

$$\frac{\partial^2 H_z(x,y,z)}{\partial x^2}+\frac{\partial^2 H_z(x,y,z)}{\partial y^2}+k_c^2 H_z(x,y,z)=0 \tag{5-24}$$

由式(5-6c)知，$H_z(x,y,z)=h_z(x,y)\mathrm{e}^{-\gamma z}$，这里 $h_z(x,y)$的具体表达形式未知。应用分离变量法进行求解，$h_z(x,y)$的形式如下：

$$h_z(x,y)=X(x)Y(y) \tag{5-25}$$

即

$$H_z(x,y,z)=X(x)Y(y)\mathrm{e}^{-\gamma z} \tag{5-26}$$

注意：$X(x)$只是 x 的函数，$Y(y)$只是 y 的函数。把式(5-26)代入式(5-24)，整理可得

$$Y(y)e^{-\gamma z}\frac{d^2}{dx^2}X(x)+X(x)e^{-\gamma z}\frac{d^2}{dy^2}Y(y)=-k_c^2X(x)Y(y)e^{-\gamma z}$$

两边同除以 $X(x)Y(y)e^{-\gamma z}$，可得

$$\frac{1}{X(x)}\frac{d^2}{dx^2}X(x)+\frac{1}{Y(y)}\frac{d^2}{dy^2}Y(y)=-k_c^2 \tag{5-27}$$

由于 $X(x)$只是 x 的函数，$Y(y)$只是 y 的函数，k_c 又是待定常数，故上式成立的条件是左边两项均应为常数。令

$$\frac{1}{X(x)}\frac{d^2}{dx^2}X(x)=-k_x^2 \tag{5-28}$$

$$\frac{1}{Y(y)}\frac{d^2}{dy^2}Y(y)=-k_y^2 \tag{5-29}$$

式中：k_x、k_y 均为待定常数。

不难看出，k_x、k_y、k_c 满足关系式

$$k_x^2+k_y^2=k_c^2 \tag{5-30}$$

式(5-28)、式(5-29)的通解为

$$\begin{cases}X(x)=A\cos(k_xx)+B\sin(k_xx)\\ Y(y)=C\cos(k_yy)+D\sin(k_yy)\end{cases} \tag{5-31}$$

式中：k_x、k_y、A、B、C、D 均为待定常数。

将式(5-31)代入式(5-26)，可得

$$H_z=[A\cos(k_xx)+B\sin(k_xx)][C\cos(k_yy)+D\sin(k_yy)]e^{-\gamma z} \tag{5-32}$$

下面根据矩形波导壁的边界条件来确定这几个待定常数。由于波导壁为理想导体，波导内电磁场必须满足四个波导壁上切向电场为零的边界条件：在 $x=0$ 和 $x=a$ 的面上，电场的切向分量 $E_y=0$；在 $y=0$ 和 $y=b$ 的面上，电场的切向分量 $E_x=0$。根据式(5-16)及上述四个波导壁上切向电场为零的边界条件，可得

$$\left.\frac{\partial H_z}{\partial x}\right|_{x=0,a}=0,\quad \left.\frac{\partial H_z}{\partial y}\right|_{y=0,b}=0 \tag{5-33}$$

将式(5-32)代入式(5-33)，可得

$k_x=\frac{m\pi}{a}(m=0,1,2,\cdots)$ $k_y=\frac{n\pi}{b}(n=0,1,2,\cdots)$($m$、$n$ 不能同时为 0)

$$B=0,\quad D=0$$

令 $H_0=AC$，矩形波导内 TE 模式导行电磁波的电场和磁场各场分量分别为

$$E_x=j\frac{\omega\mu}{k_c^2}\frac{n\pi}{b}H_0\cos\left(\frac{m\pi}{a}x\right)\sin\left(\frac{n\pi}{b}y\right)e^{-\gamma z} \tag{5-34a}$$

$$E_y=-j\frac{\omega\mu}{k_c^2}\frac{m\pi}{a}H_0\sin\left(\frac{m\pi}{a}x\right)\cos\left(\frac{n\pi}{b}y\right)e^{-\gamma z} \tag{5-34b}$$

$$E_z=0 \tag{5-34c}$$

$$H_x = \frac{\gamma}{k_c^2} \frac{m\pi}{a} H_0 \sin\left(\frac{m\pi}{a}x\right) \cos\left(\frac{n\pi}{b}y\right) e^{-\gamma z} \tag{5-34d}$$

$$H_y = \frac{\gamma}{k_c^2} \frac{n\pi}{b} H_0 \cos\left(\frac{m\pi}{a}x\right) \sin\left(\frac{n\pi}{b}y\right) e^{-\gamma z} \tag{5-34e}$$

$$H_z = H_0 \cos\left(\frac{m\pi}{a}x\right) \cos\left(\frac{n\pi}{b}y\right) e^{-\gamma z} \tag{5-34f}$$

$$k_c^2 = \left(\frac{m\pi}{a}\right)^2 + \left(\frac{n\pi}{b}\right)^2 \tag{5-35}$$

由式(5-11)可得

$$\gamma = \sqrt{k_c^2 - k^2} = \sqrt{\left(\frac{m\pi}{a}\right)^2 + \left(\frac{n\pi}{b}\right)^2 - k^2} \tag{5-36}$$

式(5-34)是矩形金属波导中 TE 模的场解，H_0 是由激励源决定的磁场复振幅。从式中可以看出，在横截面上沿 x 和 y 方向的场呈驻波分布，m、n 是正整数，m 和 n 的值分别表示沿 x、y 方向的半驻波个数，也称为模阶数。理论上，它们可以取 0～∞中任意一个正整数值，当 m、n 取某一对具体的正整数值代入式(5-33)时，就得到一个具体的电磁场的表达式(对应一个场结构)，即一个 TE 模式，可称为 TE_{mn} 模。例如：当 $m=1$，$n=0$ 时，称为 TE_{10} 模；当 $m=1$，$n=1$ 时，称为 TE_{11} 模。m、n 不同，就得到不同的 TE 模式。对 TE 模应注意以下三个方面：

(1) 由波动方程解的性质可知，每个 TE_{mn} 模式都是独立地满足波动方程和波导的边界条件，因此每个 TE_{mn} 模式都可在波导中独立存在，构成一个完整的电磁场结构。

(2) 由于 m、n 的取值范围为 0～∞，矩形波导中满足波动方程和边界条件的 TE 模可有无穷多个。但是 m、n 不能同时为零，否则将会得到电场各分量均为零的情况，故在矩形波导中不存在 TE_{00}。

(3) 每个 TE_{mn} 模都有自己的截止波数和传播常数，可分别记为 k_{cmn} 和 γ_{mn}。

5.2.2 矩形波导中 TM 模的求解

TM 模依照与 TE 模相同的求解思路进行求解。根据定义，此时 $E_z \neq 0, H_z = 0$。按纵向场法，只要解出 $E_z(x,y,z)$，再将其代入式(5-16)，即求出波导中的 E_x、E_y 和 H_x、H_y 分量。在直角坐标系下，$E_z(x,y,z)$满足的式(5-13a)可写成

$$\frac{\partial^2 E_z(x,y,z)}{\partial x^2} + \frac{\partial^2 E_z(x,y,z)}{\partial y^2} + k_c^2 E_z(x,y,z) = 0 \tag{5-37}$$

由式(5-6)可知，$E_z(x,y,z) = e_z(x,y)e^{-\gamma z}$，这里 $e_z(x,y)$的具体形式未知。同样，可应用 5.2.1 节中介绍的分离变量法，求得其通解为

$$E_z = [A\cos(k_x x) + B\sin(k_x x)][C\cos(k_y y) + D\sin(k_y y)]e^{-\gamma z} \tag{5-38}$$

然后，根据波导壁电场切向分量等于 0 的边界条件

$$E_z |_{y=0,b} = 0, \quad E_z |_{x=0,a} = 0 \tag{5-39}$$

可推出

$$k_x=\frac{m\pi}{a}(m=1,2,3,\cdots),\quad k_y=\frac{n\pi}{b}(n=1,2,3,\cdots),\quad A=0,\quad C=0$$

令 $E_0=BD$，根据式(5-16)可得到矩形金属波导中 TM 模式各场分量确定解的数学表达式为

$$E_x=-\frac{\gamma}{k_c^2}\frac{m\pi}{a}E_0\cos\left(\frac{m\pi}{a}x\right)\sin\left(\frac{n\pi}{b}y\right)e^{-\gamma z} \tag{5-40a}$$

$$E_y=-\frac{\gamma}{k_c^2}\frac{n\pi}{b}E_0\sin\left(\frac{m\pi}{a}x\right)\cos\left(\frac{n\pi}{b}y\right)e^{-\gamma z} \tag{5-40b}$$

$$E_z=E_0\sin\left(\frac{m\pi}{a}x\right)\sin\left(\frac{n\pi}{b}y\right)e^{-\gamma z} \tag{5-40c}$$

$$H_x=\mathrm{j}\frac{\omega\varepsilon}{k_c^2}\frac{n\pi}{b}E_0\sin\left(\frac{m\pi}{a}x\right)\cos\left(\frac{n\pi}{b}y\right)e^{-\gamma z} \tag{5-40d}$$

$$H_y=-\mathrm{j}\frac{\omega\varepsilon}{k_c^2}\frac{m\pi}{a}E_0\cos\left(\frac{m\pi}{a}x\right)\sin\left(\frac{n\pi}{b}y\right)e^{-\gamma z} \tag{5-40e}$$

$$H_z=0 \tag{5-40f}$$

式中

$$k_c^2=\left(\frac{m\pi}{a}\right)^2+\left(\frac{n\pi}{b}\right)^2 \tag{5-41}$$

$$\gamma=\sqrt{k_c^2-k^2}=\sqrt{\left(\frac{m\pi}{a}\right)^2+\left(\frac{n\pi}{b}\right)^2-k^2} \tag{5-42}$$

式(5-40)是矩形金属波导中 TM 模的场解，E_0 是由激励源决定的电场复振幅。从式中可以看出，在横截面上沿 x 和 y 方向的场呈驻波分布，m、n 是正整数，m 和 n 的值分别表示沿 x、y 方向的半驻波个数，也称为模阶数。理论上，它们可以取 $0\sim\infty$ 中任意一个正整数值。当 m、n 取某一对具体的正整数值，代入式(5-39)时，就得到一个具体的 TM 模式，称为 TM_{mn} 模，如 TM_{11}、TM_{12} 等。对 TM 模应注意以下三方面：

(1) 由波动方程解的数学性质可知，每个 TM_{mn} 模都独立地满足波动方程和波导的边界条件，都可在波导中独立存在，构成一个完整的电磁场结构。

(2) 由于 m、n 的取值范围为 $0\sim\infty$，矩形波导中满足波动方程和边界条件的 TM 模式有无穷多个。但是，m 和 n 均不能为零，否则将出现磁场的各个分量均为零的情况，故在矩形波导中不存在 TM_{m0} 和 TM_{0n} 模。

(3) 每个 TM_{mn} 模都有自己的截止波数和传播常数，也可分别记为 k_{cmn} 和 γ_{mn}。

5.2.3 矩形波导中 TE 模和 TM 模的传输条件与特性

由 5.2.2 节内容可知，TE_{mn} 模和 TM_{mn} 模都是矩形波导内可以独立存在的模式，但并不意味着所有模式都一定能在指定的波导内传输。下面讨论 TE 模和 TM 模的传输条件及传输特性。

1. 模式的传输与截止条件

对于 TE 和 TM 模式，$k_c\neq0$，由式(5-41)可以看出，k_c 值只与波导横截面尺寸 a、b

和 m、n 的取值有关，与频率和填充的介质无关。因此，对于矩形波导来说，尺寸 a、b 一定，m、n 给定，则该模式的 k_{cmn} 也就为一确定值。例如，对于 TE_{10} 模式，$k_{c10}=\pi/a$，为一常数。

下面讨论 γ 随相移常数 k 的变化情况，及其对应的 TE 模和 TM 模的传输特性与截止特性。

当 $k<k_c$ 时，有

$$\gamma=\sqrt{k_c^2-k^2}=\alpha \tag{5-43}$$

式中：α 为实数，$\alpha>0$。

矩形波导中该模式的电场强度和磁场强度可以表示为

$$\boldsymbol{E}(x,y,z)=\boldsymbol{e}(x,y)\mathrm{e}^{-\alpha z} \tag{5-44a}$$

$$\boldsymbol{H}(x,y,z)=\boldsymbol{h}(x,y)\mathrm{e}^{-\alpha z} \tag{5-44b}$$

从式(5-44)中可看出，此时矩形波导中的电场、磁场的幅值沿 $+z$ 轴方向指数规律减小，相位沿 $+z$ 轴没有变化。根据波动的概念，此时电磁场沿 $+z$ 轴方向上并没有波动传播，只是幅度沿 $+z$ 轴方向指数规律减小。把这种只有幅值减小而没有相位的滞后且不传输的波称为凋落波。此时，该模式对矩形波导呈截止状态。

当 $k>k_c$ 时，有

$$\gamma=\sqrt{k_c^2-k^2}=\sqrt{-(k^2-k_c^2)}=\mathrm{j}\beta \tag{5-45}$$

式中：$\beta=\sqrt{k^2-k_c^2}$ 为相移常数，是实数，此时，γ 为纯虚数。

矩形波导中该模式电场、磁场的表达形式可以表示为

$$\boldsymbol{E}(x,y,z)=\boldsymbol{e}(x,y)\mathrm{e}^{-\mathrm{j}\beta z} \tag{5-46a}$$

$$\boldsymbol{H}(x,y,z)=\boldsymbol{h}(x,y)\mathrm{e}^{-\mathrm{j}\beta z} \tag{5-46b}$$

当 $\beta\neq0$ 时，该 TE 模和 TM 模的电磁场沿 $+z$ 轴方向相位连续滞后，电磁波沿波导传输，此时该模式对矩形波导呈传输状态。

通过上述两种情况可以看出，$k=k_c$ 是传输状态和截止状态的临界情况，是某种 TE 模或者 TM 模能否传输的分界线。

在实际工程中往往知道的是电磁波的工作频率 f 或者工作波长 λ，因此接下来将研究导行电磁波的工作频率和波长的变化对模式传输的影响，即通过 f 或者 λ 来判断某种模式在波导内是传输还是截止。

对于某一 TE_{mn} 模式或 TM_{mn} 模式，一定存在一个特定频率 f_c，在该频率点上，$2\pi f_c\sqrt{\mu\varepsilon}=k_c$。$f_c$ 为该模式的截止频率，相应的波长称为该模式截止波长，以 λ_c 表示。可以求得矩形波导中 TE_{mn} 和 TM_{mn} 模式的截止频率为

$$f_c=\frac{k_c}{2\pi\sqrt{\mu\varepsilon}}=\frac{\sqrt{\left(\frac{m}{a}\right)^2+\left(\frac{n}{b}\right)^2}}{2\sqrt{\varepsilon\mu}} \tag{5-47}$$

根据截止频率与截止波数之间的关系可推出，当 $f>f_c$ 时，对应的 TE_{mn} 和 TM_{mn} 模式可以在该矩形波导内传输。也就是对于某一 TE_{mn} 或 TM_{mn} 模而言，若要让其在给定的

波导内能够传输，其工作频率必须高于该模式的截止频率，此时的波导相当于一个高通滤波器。

同理，对于某一 TE_{mn} 模式或 TM_{mn} 模式，一定存在一个特定波长 λ_c，在该频率点上可推出截止波长的表示式为

$$\lambda_c = \frac{v}{f_c} = \frac{2\pi}{k_c} = \frac{2}{\sqrt{\left(\frac{m}{a}\right)^2 + \left(\frac{n}{b}\right)^2}} \tag{5-48}$$

当 $\lambda < \lambda_c$ 时，对应的 TE_{mn} 和 TM_{mn} 模式可以在该矩形波导内传输。

【例 5-1】 有一理想金属矩形波导，宽边尺寸 $a=22.86\text{mm}$，窄边尺寸 $b=10.16\text{mm}$，矩形波导中间的介质是空气，如果工作频率 $f=6000\text{MHz}$，该矩形波导能否传输 TE_{10} 模？如果矩形波导中间的介质不是空气，而是 $\varepsilon_r=2, \mu_r=2$ 的介质，情况又如何？

解：由式(5-48)可得对应的 TE_{10} 模的截止波长为

$$\lambda_{c10} = \frac{2\pi}{k_{c10}} = 2a = 4.572(\text{cm})$$

当工作频率 $f=6000\text{MHz}$ 时，空气介质自由空间的波长为

$$\lambda = \frac{c}{f} = \frac{3\times 10^{10}}{6000\times 10^6} = 5(\text{cm})$$

比较上述 λ 和 λ_{c10}，有 $\lambda > \lambda_{c10}$。根据式(5-48)可知，当工作频率 $f=6000\text{MHz}$ 时，该矩形波导不能传输 TE_{10} 模。

如果矩形波导中间介质的 $\varepsilon_r=2, \mu_r=2$，这时，TE_{10} 模的截止波长为

$$\lambda_{c10} = \frac{2\pi}{k_{c10}} = 2a = 4.572(\text{cm})$$

相应介质中电磁波的波长 λ 为

$$\lambda = \frac{v}{f} = \frac{1}{\sqrt{\mu\varepsilon}} \cdot \frac{1}{f} = \frac{1}{\sqrt{\mu_0\varepsilon_0\mu_r\varepsilon_r}} \cdot \frac{1}{f} = \frac{c}{\sqrt{\mu_r\varepsilon_r}} \cdot \frac{1}{f} = 2.5(\text{cm})$$

比较此时的 λ 和 λ_{c10}，有 $\lambda < \lambda_{c10}$。根据式(5-48)可知，在充填介质 $\varepsilon_r=2, \mu_r=2$ 的情况下，此矩形波导能够传输 TE_{10} 模。

从此例可以看到，如果某一给定频率的电磁波不能在尺寸一定的波导中以某种模式传播，就可以在该波导中填充 ε_r、μ_r 更大的媒质，使得该模式可以传播。这种方法在微波工程中常被采用。

2. TE 模和 TM 模的传输参数

1）相速度

波导中某一 TE 模或 TM 模的相速度是指该波型的等相位面沿波导轴向移动的速度。相速度为

$$v_p = \frac{\omega}{\beta} \tag{5-49}$$

由式(5-45)得该模式的相移常数为

$$\beta=\sqrt{k^2-k_c^2}=\sqrt{\left(\frac{2\pi}{\lambda}\right)^2-\left(\frac{2\pi}{\lambda_c}\right)^2}=\frac{2\pi}{\lambda}\sqrt{1-\left(\frac{\lambda}{\lambda_c}\right)^2}=\frac{\omega}{v}\sqrt{1-\left(\frac{\lambda}{\lambda_c}\right)^2} \tag{5-50}$$

式中：$v=1/\sqrt{\mu\varepsilon}$ 为波在相应介质中的速度；λ 为相应介质中的波长；λ_c 为该模式的截止波长。将该式代入(5-49)，则波导中该模式的 TE 波和 TM 波的相速度为

$$v_p=\frac{\omega}{\beta}=\frac{v}{\sqrt{1-\left(\frac{\lambda}{\lambda_c}\right)^2}} \tag{5-51}$$

由式(5-51)可知，波导中电磁波沿着轴线方向的相速度大于相应介质中的速度。相速度不仅与波型有关，而且与波长(或频率)有关，即相速度是频率的函数，随频率的变化而变化，这种现象称为色散。因此，传输 TE 模式和 TM 模式的波导是色散传输系统。应当注意，波导中的色散并不是波导中所填充的介质(一般是线性媒质)造成的，而是波导本身的特性(边界条件)所造成的，它与有耗媒质中电磁波的色散原因有本质上的区别。

当信号以 TE 波、TM 波在波导中传输，由于色散的存在，信号随传播距离的增加失真会变得越来越严重。如果要减小信号的失真，要想办法应当尽量缩短信号在波导中的传播距离。对于要求高保真传输信号的地方，应当选用同轴线等非色散传输线。

2) 群速度

相速度实际是针对幅度、相位和频率均未受到调制的单频行波而言的，这种波不载有任何信息。若要使波载有信息，则必须对波的幅度、相位或频率进行调制，调制后的波就不再是单频的，而是含有多频率成分。这种由多个频率成分构成的“波群”的速度称为群速度。群速度实际上指的是一群角频率 ω、相移常数 β 都非常相近的波在传播过程中所表现出的“共同”速度，这个速度代表信息的传播速度。如图 5-4 所示的调幅波，包络线所代表的即是载波所携带的信息，包络运动速度就是信号的传递速度，也就是群速度。

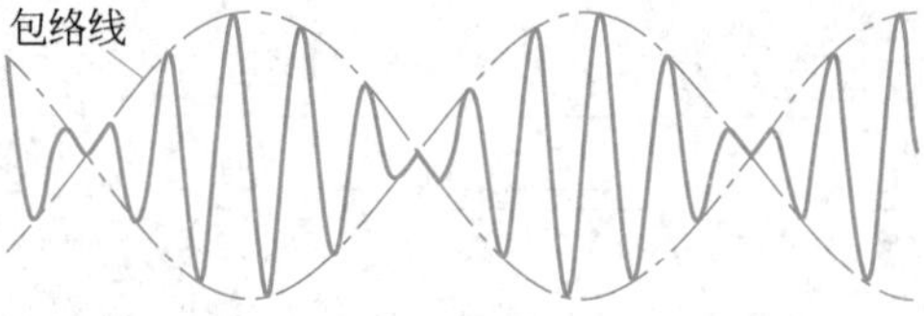

图 5-4　调幅波示意图

传输线中信号传递的群速度为

$$v_g=\frac{d\omega}{d\beta}=v\sqrt{1-\left(\frac{\lambda}{\lambda_c}\right)^2}=v\sqrt{1-\left(\frac{f_c}{f}\right)^2} \tag{5-52}$$

由式(5-52)可知，作为信号传递速度的群速度总小于相同无界介质中同频率 TEM 平面波的相速度。注意，群速度只有在频带很窄时才有意义。

将式(5-51)与式(5-52)相乘，可得

$$v_p\cdot v_g=v^2 \tag{5-53}$$

3) 能速度

能速是电磁波能量在波导中的传播速度，波导传输的功率等于单位时间内通过波导横截面的电磁能量，所以导行波所传输的功率 P 应等于单位长波导中储存的平均能量

W 与能速度 v_e 之积，即

$$P = v_e W$$

据此可以推出能速度为

$$v_e = v\sqrt{1-\left(\frac{\lambda}{\lambda_c}\right)^2} \tag{5-54}$$

与式(5-52)比较可知，导行波的能量传输速度等于群速，与信号传递的群速度相等，直接从物理意义上看，这两者也应该是统一的。

4）波导波长

矩形波导中，在波的传播方向上某 TE 或 TM 模的波型相位相差 2π 等相位面间的距离称为该波型的波导波长，以 λ_g 表示。由于波的传播常数是沿波传播方向传播一个单位距离相位的变化量，所以波导中某 TE 或 TM 模的波导波长为

$$\lambda_g = \frac{2\pi}{\beta} = \frac{\lambda}{\sqrt{1-\left(\frac{\lambda}{\lambda_c}\right)^2}} \tag{5-55}$$

式中：λ 为相应介质中的波长；λ_c 为该模式的截止波长。

显然，波导中波导波长总是大于相应介质中均匀平面波的波长。考虑到 $v_p = \dfrac{\omega}{\beta}$，波导波长又可表示为

$$\lambda_g = \frac{v_p}{f} \tag{5-56}$$

式中：f 为信号的振荡频率。

5）波阻抗

如果将矩形波导的电场横向矢量和磁场横向矢量分别表示为

$$\boldsymbol{E}_t(x,y,z) = E_x(x,y,z)\hat{\boldsymbol{x}} + E_y(x,y,z)\hat{\boldsymbol{y}} = E_t(x,y,z)\hat{\boldsymbol{e}}_t$$

$$\boldsymbol{H}_t(x,y,z) = H_x(x,y,z)\hat{\boldsymbol{x}} + H_y(x,y,z)\hat{\boldsymbol{y}} = H_t(x,y,z)\hat{\boldsymbol{h}}_t$$

式中：$\hat{\boldsymbol{e}}_t$，$\hat{\boldsymbol{h}}_t$ 分别为横向电场矢量和横向磁场矢量的单位矢量；E_t、H_t 分别为横向电场矢量和横向磁场矢量的复振幅。

波导中 TE、TM 模的波阻抗为

$$Z = \frac{E_t}{H_t} \tag{5-57}$$

对矩形波导，式(5-57)还可以写为

$$Z = \frac{E_x}{H_y} = -\frac{E_y}{H_x} \tag{5-58}$$

下面根据定义分别来得出波导 TE、TM 模的波阻抗。

对于 TE 模，将 $H_z \neq 0$，$E_z = 0$ 代入式(5-16)可得

$$E_x = -\frac{1}{k_c^2}\cdot \mathrm{j}\omega\mu\frac{\partial H_z}{\partial y},\quad H_y = -\frac{1}{k_c^2}\cdot\gamma\frac{\partial H_z}{\partial y}$$

将以上两式代入式(5-58),得 TE 模的波阻抗为

$$Z_{\mathrm{TE}}=\frac{E_x}{H_y}=\frac{\mathrm{j}\omega\mu}{\gamma} \tag{5-59}$$

对于传输型 TE 模,$\gamma=\mathrm{j}\beta$,则有

$$Z_{\mathrm{TE}}=\frac{\omega\mu}{\beta}=\sqrt{\frac{\mu}{\varepsilon}}\frac{\lambda_{\mathrm{g}}}{\lambda} \tag{5-60}$$

若波导中填充的是空气介质,则有

$$Z_{\mathrm{TE}}=\eta_0\frac{\lambda_{\mathrm{g}}}{\lambda} \tag{5-61}$$

式中:η_0 为自由空间的波阻抗,且有

$$\eta_0=\sqrt{\mu_0/\varepsilon_0}=120\pi=376.7(\Omega)$$

对于 TM 模,将 $E_z\neq0, H_z=0$ 代入式(5-16)可得

$$E_x=-\frac{1}{k_{\mathrm{c}}^2}\cdot\gamma\frac{\partial E_z}{\partial x}\quad H_y=-\frac{1}{k_{\mathrm{c}}^2}\cdot\mathrm{j}\omega\varepsilon\frac{\partial E_z}{\partial x}$$

将以上两式代入式(5-58),得 TM 模的波阻抗为

$$Z_{\mathrm{TM}}=\frac{E_x}{H_y}=\frac{\gamma}{\mathrm{j}\omega\varepsilon} \tag{5-62}$$

对于传输型 TM 波($\gamma=\mathrm{j}\beta$),则有

$$Z_{\mathrm{TM}}=\frac{\beta}{\omega\varepsilon}=\sqrt{\frac{\mu}{\varepsilon}}\frac{\lambda}{\lambda_{\mathrm{g}}} \tag{5-63}$$

若波导中填充的是空气介质,则有

$$Z_{\mathrm{TM}}=\frac{\beta}{\omega\varepsilon}=\eta_0\frac{\lambda_0}{\lambda_{\mathrm{g}}} \tag{5-64}$$

由式(5-59)和式(5-62)可以看出,波导中的波阻抗取决于工作频率、介质的特性及波导的截面形状和尺寸,与坐标无关。这就是说,在波导的所有截面上波阻抗都是一样的。

5.2.4 矩形波导中的主模和高次模

由上面的分析可知,矩形波导中的 TE 模和 TM 模具有相同的截止波数表示式,因而它们的截止波长和截止频率具有相同的表示式。阶数为 m、n 的 TE 模和 TM 模的截止波长、截止频率分别为

$$(f_{\mathrm{c}})_{mn}=\frac{1}{2\sqrt{\mu\varepsilon}}\sqrt{\left(\frac{m}{a}\right)^2+\left(\frac{n}{b}\right)^2} \tag{5-65}$$

$$(\lambda_{\mathrm{c}})_{mn}=\frac{2}{\sqrt{\left(\frac{m}{a}\right)^2+\left(\frac{n}{b}\right)^2}} \tag{5-66}$$

由上式可见:截止波长与波导横截面尺寸 a、b 和模阶数 m、n 有关;截止频率与波导截面尺寸、模阶数及介质的电磁参数有关。

前面已指出，每一对 m、n 值都对应着波导中的一个模，每个模独立地满足波动方程和波导的边界条件，因此每个模式都可在波导中独立存在。除了前边对 m 和 n 取值的限定以外，m、n 可取任意正整数，因此，满足矩形波导波动方程和边界条件的解有无穷多个，包括无穷多个 TE_{mn} 模和无穷多个 TM_{mn} 模。且同一矩形波导中模阶数(即 m 和 n)相同的 TE 模和 TM 模的截止波长、截止频率均相同，即

$$(\lambda_c)_{TE_{mn}}=(\lambda_c)_{TM_{mn}},\quad (f_c)_{TE_{mn}}=(f_c)_{TM_{mn}}$$

这种不同模式具有相同截止波长、相同截止频率的现象称为模式的"简并"现象。矩形波导中的模式一般具有 TE_{mn} 模式和 TM_{mn} 模式的二重简并。但 TE_{m0} 模和 TE_{0n} 模没有简并，因为不存在 TM_{m0} 模和 TM_{0n} 模。

从上面的分析可知，当波导截面尺寸 a、b 一定时，模阶数 m、n 不同的模式其截止波长(或截止频率)也不同。波导中具有最长截止波长(或最低的截止频率)的模式称为最低次模(或最低阶模)，其他的模式则称为高次模(或高阶模)。一般情况下，矩形波导的宽边尺寸为 a，窄边尺寸为 b，且 $a>b$(一般情况如此)，故矩形波导中的最低次 TE 模是 TE_{10} 模，最低次 TM 模是 TM_{11} 模。又从式(5-66)可知，$(\lambda_c)_{TE_{10}}>(\lambda_c)_{TM_{11}}$，故 TE_{10} 模是矩形波导中所有模式中的最低次模，最低次模又称为主模，所以 TE_{10} 模是矩形波导的主模。

为了说明矩形波导中截止波长的分布情况，下面以一个矩形波导为例来具体进行计算。表 5-1 以从大到小的排列方式给出了 $a=7.2\text{cm}$，$b=3.4\text{cm}$ 的矩形波导中的前几个截止波长值及其对应的模式名称。

表 5-1　$a=7.2\text{cm}$，$b=3.4\text{cm}$ 的矩形波导的截止波长

模式	TE_{10}	TE_{20}	TE_{30}	TE_{01}	TE_{02}	TE_{11} TM_{11}	TE_{21} TM_{21}	TE_{31} TM_{31}	TE_{22} TM_{22}
截止波长/cm	14.40	7.20	4.80	6.80	3.40	6.16	4.95	3.93	2.80

为了便于观察，将计算的数据绘成如图 5-5 所示的截止波长分布图。图中阴影区为截止区，当电磁波波长 λ 在此区域内时，该电磁波不能以任何模式在该波导内传输。当电磁波波长 λ 为 7.2～14.4cm 时，波导只能以 TE_{10} 模传输该电磁波，此区域为仅有主模存在的单模工作区。当电磁波波长 $\lambda<7.2\text{cm}$ 时，波导中将出现高次模，波导将处于可传输多种模式的工作状态。因此，为了使波导中只有一个模式，工作频率应落在单模工作区并以 TE_{10} 模传输电磁波。

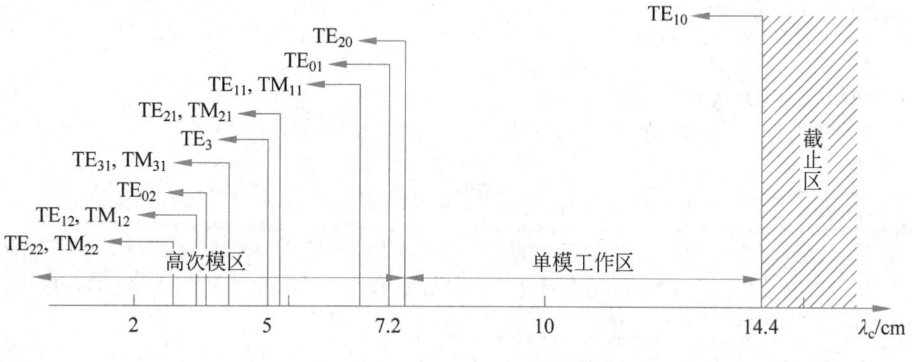

图 5-5　$a=7.2\text{cm}$，$b=3.4\text{cm}$ 的矩形波导截止波长分布

动画

5.3 矩形波导中 TE_{10} 模

当传输线工作时，一般选择主模作为工作模式，TE_{10} 模是矩形波导的主模，下面对 TE_{10} 模进行详细介绍。

5.3.1 TE_{10} 模的场强表达式和传输特性参数

令 $m=1,n=0$，由式(5-34)可得传输型 TE_{10} 模的各场分量为

$$E_y=-\mathrm{j}\frac{\omega\mu a}{\pi}H_0\sin\left(\frac{\pi}{a}x\right)\mathrm{e}^{-\mathrm{j}\beta z} \tag{5-67a}$$

$$H_x=\frac{\mathrm{j}\beta_{10}a}{\pi}H_0\sin\left(\frac{\pi}{a}x\right)\mathrm{e}^{-\mathrm{j}\beta z} \tag{5-67b}$$

$$H_z=H_0\cos\left(\frac{\pi}{a}x\right)\mathrm{e}^{-\mathrm{j}\beta z} \tag{5-67c}$$

$$E_x=E_z=H_y=0 \tag{5-67d}$$

TE_{10} 模的各项传输特性参数如下：

截止波数：$k_c=\dfrac{\pi}{a}$ (5-68)

截止频率：$f_c=\dfrac{k_c}{2\pi\sqrt{\mu\varepsilon}}=\dfrac{1}{2a\sqrt{\mu\varepsilon}}$ (5-69)

截止波长：$\lambda_c=\dfrac{v}{f_c}=\dfrac{2\pi}{k_c}=2a$ (5-70)

相移常数：$\beta=\sqrt{k^2-\left(\dfrac{\pi}{a}\right)^2}=\sqrt{\omega^2\mu\varepsilon-\left(\dfrac{\pi}{a}\right)^2}$ (5-71)

相速度：$v_p=\dfrac{\omega}{\beta}=\dfrac{v}{\sqrt{1-\left(\dfrac{\lambda}{2a}\right)^2}}$ (5-72)

群速度：$v_g=\dfrac{\mathrm{d}\omega}{\mathrm{d}\beta}=v\sqrt{1-\left(\dfrac{\lambda}{2a}\right)^2}=v\sqrt{1-\dfrac{1}{4a^2\mu\varepsilon f^2}}$ (5-73)

能速度：$v_e=v\sqrt{1-\left(\dfrac{\lambda}{2a}\right)^2}$ (5-74)

波导波长：$\lambda_g=\dfrac{2\pi}{\beta}=\dfrac{\lambda}{\sqrt{1-\left(\dfrac{\lambda}{2a}\right)^2}}$ (5-75)

模式阻抗：$Z_{TE_{10}}=\dfrac{\omega\mu}{\beta}=\sqrt{\dfrac{\mu}{\varepsilon}}\dfrac{\lambda_g}{\lambda}$ (5-76)

式中：$v=1/\sqrt{\mu\varepsilon}$ 为与传输线填充介质相同的无界介质中同频率 TEM 平面波的相速度；λ 为相同无界介质中同频率 TEM 平面波的波长。

5.3.2 矩形波导中 TE_{10} 模的场结构

场结构就是传输线中电场和磁场的分布情况。对场结构予以重视是因为它在实用上具有重要意义,在解决传输线的激励耦合以及其他一些实际问题时都需要了解场结构。为了能形象和直观地了解场结构,可利用电力线和磁力线来描绘它。电力线或磁力线上某点的切线方向表示该点处电场矢量或磁场矢量的方向,电力线或磁力线的疏密程度表示该处电场矢量或磁场矢量的强弱。由电磁场理论可知,传输线中电力线和磁力线遵循的规律:①电力线发自正电荷、止于负电荷,也可以环绕时变磁场构成闭合曲线,电力线互不相交,传输线内部的导体表面上(假设为理想导体)电场切向分量为零,电力线与导体表面垂直;②磁力线总是闭合曲线,它围绕着载流导体或者围绕着时变电场,磁力线互不相交,传输线内部的导体表面上磁场的法向分量为零,磁力线与导体表面平行;③电力线与磁力线相互正交。

对于矩形波导而言,给定了 TE_{10} 模式的场分量表示式,就可以绘出该模式的电力线和磁力线,即场结构图。下面研究 TE_{10} 模的场结构。

为便于绘出 TE_{10} 模的场结构图,先要得到 TE_{10} 模的瞬时表示式。根据时谐电磁场瞬时表示式和复数表示式的关系,可得到 TE_{10} 模的各分量的瞬时表示式为

$$E_y=\frac{\omega\mu a}{\pi}H_0\sin\left(\frac{\pi}{a}x\right)\sin(\omega t-\beta_{10}z) \tag{5-77a}$$

$$H_x=-\frac{\beta_{10}a}{\pi}H_0\sin\left(\frac{\pi}{a}x\right)\sin(\omega t-\beta_{10}z) \tag{5-77b}$$

$$H_z=H_0\cos\left(\frac{\pi}{a}x\right)\cos(\omega t-\beta_{10}z) \tag{5-77c}$$

$$E_x=E_z=H_y=0 \tag{5-77d}$$

下面根据 TE_{10} 模的各分量表达式和前边所述传输线中电力线和磁力线遵循的规律就可以绘出 TE_{10} 模的场结构图。

TE_{10} 模的电场只有 E_y 分量,所以电力线是一些平行于 y 轴的直线。电场强度只与 x 有关,与 y 无关,沿 a 边(即宽边)电场按正弦规律变化。在 $x=0$ 及 $x=a$ 处,$E_y=0$,在波导宽壁中线上($x=a/2$ 处)的电场最强。沿 b 边(即窄边),电场无变化。若以电力线的疏密来表示电场的强弱,则电场在横截面上的分布如图 5-6(a)所示。由此可以看出:越接近波导的窄壁,电场越弱,在 $x=0$ 及 $x=a$ 的波导窄壁表面处有 $E_y=0$。再来看电场在波导纵向的分布,由式(5-77a)可知,E_y 沿 z 轴呈正弦分布,相应的电场结构如图 5-6(c)所示。图 5-6(b)是 TE_{10} 模电场在 xz 平面上的分布图,"•"表示电力线指向 $\hat{\boldsymbol{y}}$ 的正方向,"×"表示电力线指向 $\hat{\boldsymbol{y}}$ 的负方向,其密度代表电场强度值。

TE_{10} 模的磁场有 H_x 和 H_z 两个分量,因此总的磁场与波导宽边平行,由于磁力线是闭合曲线,这些闭合曲线必位于与波导宽边平行的 xOz 平面中,如图 5-7 所示。

$$\begin{aligned}\boldsymbol{H}&=\hat{\boldsymbol{x}}H_x+\hat{\boldsymbol{z}}H_z\\&=-\hat{\boldsymbol{x}}\frac{\beta a}{\pi}H_0\sin\left(\frac{\pi}{a}x\right)\sin(\omega t_0-\beta z)+\hat{\boldsymbol{z}}H_0\cos\left(\frac{\pi}{a}x\right)\cos(\omega t_0-\beta z)\end{aligned}$$

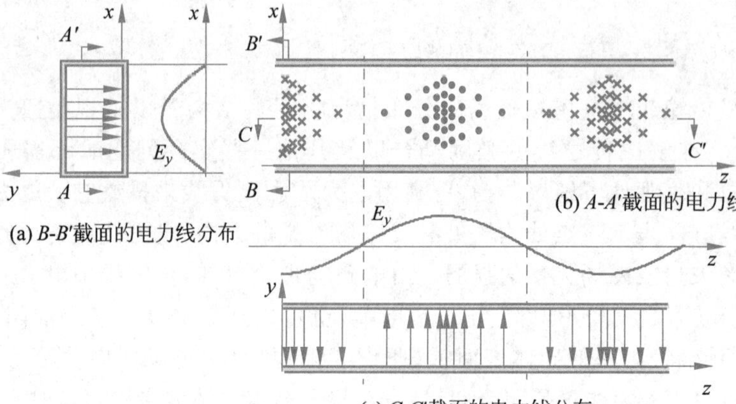

(a) B-B′截面的电力线分布　(b) A-A′截面的电力线分布　(c) C-C′截面的电力线分布

图 5-6　矩形波导 TE_{10} 模的电场分布

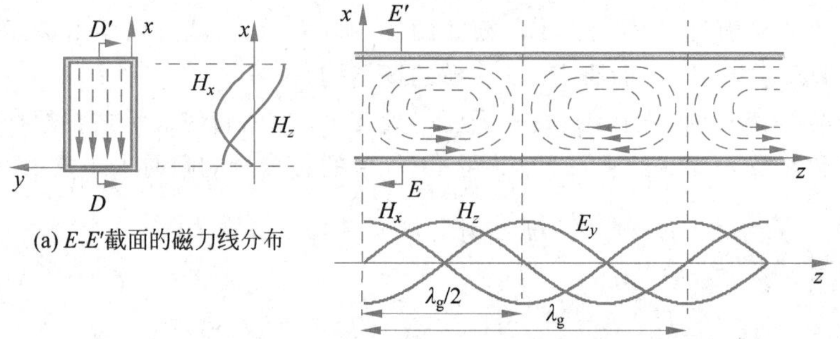

(a) E-E′截面的磁力线分布　(b) D-D′截面的磁力线分布

图 5-7　矩形波导 TE_{10} 模的磁场分布

由图 5-7 及式(5-77)可以看出，TE_{10} 模的横向电场 E_y 与横向磁场 H_x 在波导宽边上都是正弦分布，而纵向磁场 H_z 则沿宽边为余弦分布。在 z 轴方向上，三者均呈简谐分布，E_y 与 $-H_x$ 同相，两者都与 H_z 有 90°相位差，这说明矩形波导中的导行波沿 z 轴方向是行波、沿横向呈驻波分布。

为了得到一个完整的立体概念，图 5-8 显示出了某一时刻 TE_{10} 模电磁场结构的三维结构图。

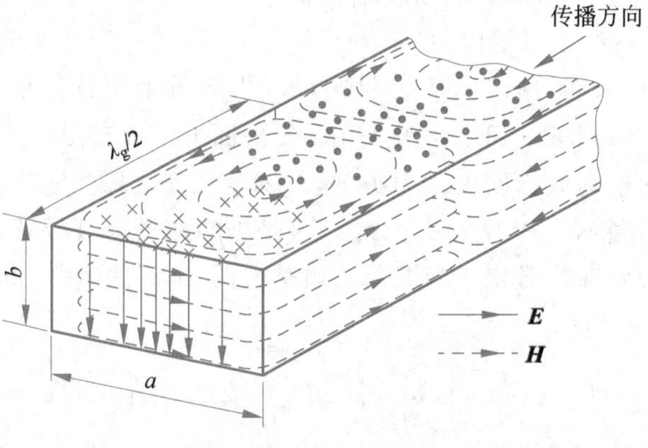

图 5-8　矩形波导 TE_{10} 模的电磁场结构

以上是 $t=t_0$ 时绘制的场结构的静止图像，随时间的增加，图 5-8 中所绘的整个波导场结构保持其形状不变，以相速度 v_p 向 $+z$ 方向运动。

5.3.3 矩形波导中 TE_{10} 模的壁面电流

在上面的分析中，还没有涉及波导管壁上的电流。事实上，当波导中有导行电磁波时，它必将在波导管内壁上产生感应的高频传导电流。实际的波导管虽非理想导体做成，但波导管内壁都是良导体(如铜或镀银的铜管)。由于在微波波段，场对良导体的穿透深度非常小($1\mu m$ 左右)，因此可以认为管壁上的这种电流是面电流。另外，在波导内，电场的变化将产生位移电流。这两种电流之和保证了全电流的连续性。

波导内壁上高频电流的分布完全取决于波导内部的磁场结构，可用理想导体的边界条件 $\boldsymbol{J}_s=\hat{\boldsymbol{n}}\times\boldsymbol{H}$ 来确定波导壁上电流的大小及方向，$\boldsymbol{J}_s$ 为波导内壁上的面电流密度，$\boldsymbol{H}$ 为波导内壁处的磁场强度，$\hat{\boldsymbol{n}}$ 为波导内表面的法向单位矢量。将 TE_{10} 模磁场表达式代入 $\boldsymbol{J}_s=\hat{\boldsymbol{n}}\times\boldsymbol{H}$，可得到 TE_{10} 模在波导管四个壁上的感应面电流密度，即

$$\boldsymbol{J}_s\big|_{x=0}=\hat{\boldsymbol{x}}\times\boldsymbol{H}\big|_{x=0}=-\hat{\boldsymbol{y}}H_0\cos(\omega t-\beta z)$$

$$\boldsymbol{J}_s\big|_{x=a}=(-\hat{\boldsymbol{x}})\times\boldsymbol{H}\big|_{x=a}=-\hat{\boldsymbol{y}}H_0\cos(\omega t-\beta z)$$

$$\boldsymbol{J}_s\big|_{y=0}=\hat{\boldsymbol{y}}\times\boldsymbol{H}\big|_{y=0}=\hat{\boldsymbol{x}}H_0\cos\left(\frac{\pi}{a}x\right)\cos(\omega t-\beta z)+\hat{\boldsymbol{z}}\frac{\beta a}{\pi}H_0\sin\left(\frac{\pi}{a}x\right)\sin(\omega t-\beta z)$$

$$\begin{aligned}\boldsymbol{J}_s\big|_{y=b}&=(-\hat{\boldsymbol{y}})\times\boldsymbol{H}\big|_{y=b}\\&=\hat{\boldsymbol{x}}H_0\cos\left(\frac{\pi}{a}x\right)\cos(\omega t-\beta z)-\hat{\boldsymbol{z}}\frac{\beta_{10}a}{\pi}H_0\sin\left(\frac{\pi}{a}x\right)\sin(\omega t-\beta z)\end{aligned}$$

由这些电流的表达式结合波导内表面的磁场，可画出如图 5-9 所示 $t=t_0$ 时刻矩形波导管内壁上的面电流密度分布图。

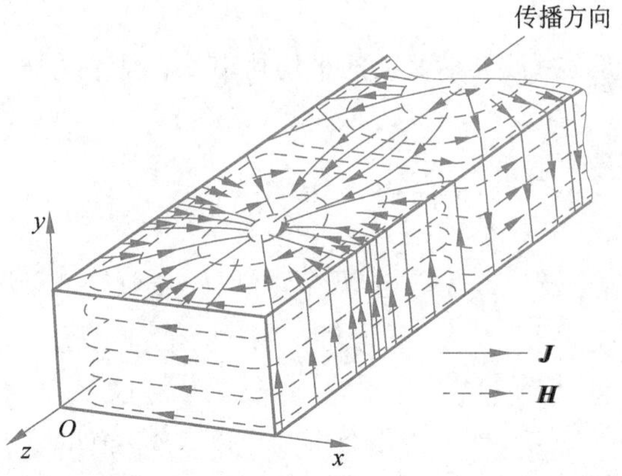

图 5-9 矩形波导传输 TE_{10} 模时的管壁电流分布

研究波导管壁电流的分布具有实际意义。例如，计算波导功率损耗时就需要知道波导管壁上的电流分布。在实用中，波导常是几节连接起来，有时需要在波导壁上开缝或开孔，以测量波导内的功率与传输特性等。这些接头与槽孔所在位置不应该破坏管壁电

流的通路，如果开的缝切断了电流线，改变了均匀波导的边界条件，势必使波导中的场发生改变，严重破坏原来波导内的电磁场分布，引起辐射（功率从缝中漏出去）和反射（功率从缝所在处反射回去）等，影响功率的有效传输。为使辐射和反射都尽量小，就应该使缝尽量不切断电流线，因此缝必须顺着电流线方向开，并尽量窄些，这种不切断高频电流的缝就是无辐射缝。从图 5-9 给出的矩形波导 TE_{10} 模电流分布可见，在宽壁中线上开纵向窄缝或在窄壁开横向窄缝都不会切断电流线，因而这些缝都是无辐射缝。图 5-10 中绘出了这两种无辐射缝。波导宽壁中央的纵向窄槽可被制成驻波测量线，进行波导中各种微波参数的测量。

在另一种情况下，往往需要强辐射缝，例如在波导壁上开缝做成裂缝天线，或在两平行波导的公共边上开缝实现所需要的能量耦合。此时，开缝的目的是使高频电磁能量从波导中大量辐射出来，或者是使外部电磁能量通过缝顺利进入波导中，因此这样的缝应该切断管壁电流，是强辐射缝。开强辐射缝的原则是垂直电流线开缝，故意切断高频电流的通路。这时，流经该处的被切断的管壁电流通过缝隙中的位移电流而继续流通，位移电流表现为垂直于缝隙的强电场，它与平行于缝隙的磁场一起形成指向波导壁外的强电磁辐射。图 5-11 示出的是矩形波导 TE_{10} 模的强辐射缝。

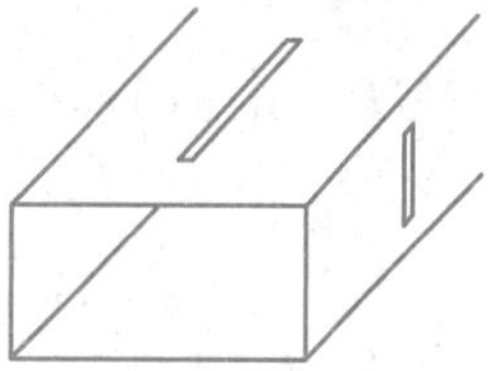

图 5-10　矩形波导传输 TE_{10} 模时的无辐射缝

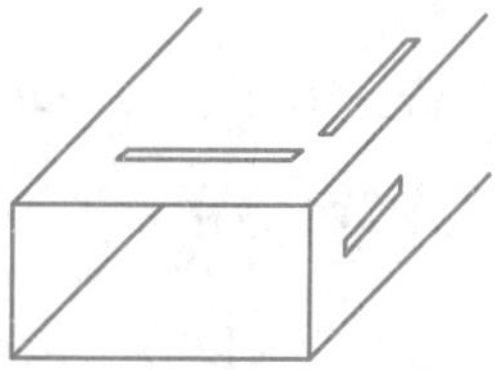

图 5-11　矩形波导传输 TE_{10} 模时的强辐射缝

5.3.4　TE_{10} 模的传输功率

传输功率一般是指通过波导横截面的平均功率。它是平均坡印廷矢量 $\boldsymbol{S}_{av}$ 在波导横截面上的积分，即

$$
\begin{aligned}
P &= \iint_S \boldsymbol{S}_{av} \cdot \mathrm{d}\boldsymbol{s} = \iint_S \mathrm{Re}\left(\frac{1}{2}\boldsymbol{E}\times\boldsymbol{H}^*\right)\cdot \mathrm{d}\boldsymbol{s} \\
&= \iint_S \mathrm{Re}\left[\frac{1}{2}(\hat{\boldsymbol{x}}E_x+\hat{\boldsymbol{y}}E_y+\hat{\boldsymbol{z}}E_z)\times(\hat{\boldsymbol{x}}H_x+\hat{\boldsymbol{y}}H_y+\hat{\boldsymbol{z}}H_z)^*\right]\cdot\hat{\boldsymbol{z}}\,\mathrm{d}s \\
&= \mathrm{Re}\,\frac{1}{2}\left[\int_0^a\int_0^b\left[(E_xH_y^*-E_yH_x^*)\right]\mathrm{d}x\,\mathrm{d}y\right]
\end{aligned}
\tag{5-78}
$$

将式(5-77)代入式(5-78)，即可得出矩形波导以 TE_{10} 模单模工作时传输的功率为

$$
P=\frac{ab}{480\pi}E_0^2\sqrt{1-\left(\frac{\lambda}{2a}\right)^2}
\tag{5-79}
$$

由式(5-77)可知，矩形波导传输 TE_{10} 模时波导宽壁中线上（$x=a/2$ 处）的电场最强，其幅值为 $E_0=(\omega\mu a/\pi)H_0$。波导中通过的功率越大，E_0 值也越大，当 E_0 值大到某个值 E_{br} 时，该处会发生电击穿现象，该处的空气被强电场电离成为等离子体。这不仅

会在局部产生高热而损坏波导内壁，而且由于电离形成的等离子体是电的良导体，会使波导在击穿处"短路"，波在该处被强烈反射，以致影响微波大功率设备的安全运行。这种高频击穿现象是大功率微波设备的一个严重问题，必须设法防止。

设空气的击穿电场强度为 E_{br}，当 $E_0=E_{br}$ 时，波导发生击穿，由式(5-79)可知，矩形波导以 TE_{10} 模工作，在行波状态下可以通过的最大功率(即功率容量)为

$$P_{br}=\frac{ab}{480\pi}E_{br}^2\sqrt{1-\left(\frac{\lambda}{2a}\right)^2} \tag{5-80}$$

由式(5-80)可以看出，波导的功率容量与波导截面尺寸有关，尺寸越大，功率容量就越大。同时还可以看出，波导的传输功率大小与频率有关，频率越高，传输功率越大，而当频率接近截止频率时，传输功率趋近于零。图5-12示出了功率容量 P_{br} 与 λ/λ_c 的关系曲线。由图可见，当 $\lambda/\lambda_c=1$ 时 $P_{br}=0$；当 $\lambda/\lambda_c>0.9$ 时，P_{br} 急剧下降；当 $\lambda/\lambda_c<0.5$ 时，可能出现高次模。因此，当要求 TE_{10} 模单模传输时，应使 $0.5<\lambda/\lambda_c<0.9$，即工作波长应选择在 $a<\lambda<1.8a$，即 $0.56\lambda<a<\lambda$。

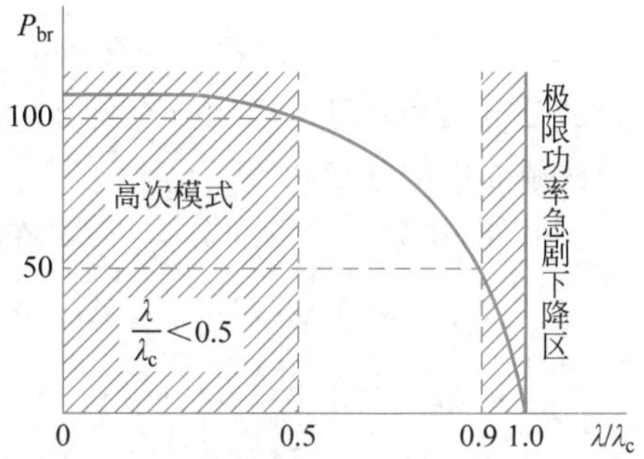

图5-12 极限功率容量 P_{br} 与 λ/λ_c 的关系曲线

计算尺寸为 $a=72.1\text{mm}$，$b=34.04\text{mm}$ 的空气矩形波导在 $\lambda=91\text{mm}$ 时的功率容量。因空气的击穿场强 $E_{br}=30\text{kV/cm}$，故有

$$P_{br}=\frac{1}{480\pi}\times 7.214\times 10^{-2}\times 3.404\times 10^{-2}\times 9\times 10^{12}\times\sqrt{1-\left(\frac{9.1}{14.4}\right)^2}\approx 11300(\text{kW})$$

矩形波导的功率容量是很大的，所以在需要传输大功率的地方都使用矩形波导。

需要指出的是，式(5-80)是在行波状态下得到的。但实际应用中波导终端不可能完全匹配，总存在一定的反射，这将使波导的功率容量降低。事实上，波导的击穿功率还与其他因素有关，如波导内表面不干净，有毛刺或出现不均匀性，都会使波导的功率容量降低。为保证波导安全工作，通常把波导允许的传输功率取为

$$P=\left(\frac{1}{3}\sim\frac{1}{5}\right)P_{br} \tag{5-81}$$

5.4 圆波导中的导行波

在实际工作中除了矩形波导，也常用圆波导。圆波导具有损耗较小和双极化特性，常用于要求双极化的天线馈线中，也用作远距离波导通信及作各种微波谐振腔。圆波导中导行波的分析方法与矩形波导中导行波的分析方法一样，但应采用如图5-13所示的圆柱坐标系 (ρ,ϕ,z)，使得边界条件的表示式以及场的求解、场的表示式最简单。圆波导也是空心金属波导管，其中只能传输TE模和TM模或这两种模式叠加而成的波。设规则金属圆波导是内半径为 a 的无限长圆柱形直波导，波导内壁为理想导体，波导内填充的

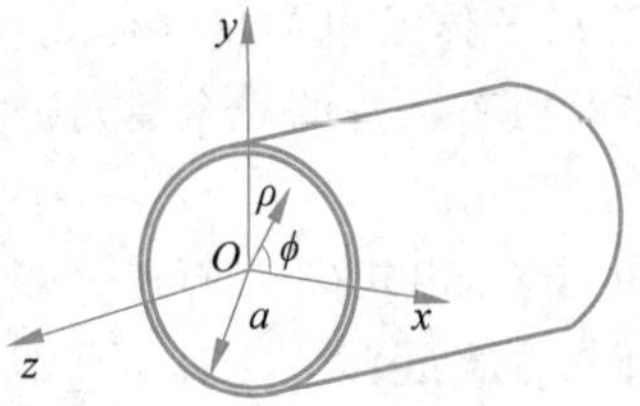

图 5-13　圆波导及其圆柱坐标系

是媒质参数为 ε、μ 的均匀、线性、各向同性的理想介质。

在圆柱坐标 (ρ,ϕ,z) 下，圆波导中电场 $\boldsymbol{E}$ 和磁场 $\boldsymbol{H}$ 的基本表达形式为

$$\boldsymbol{E}(\rho,\phi,z)=\boldsymbol{e}(\rho,\phi)\mathrm{e}^{-\gamma z} \tag{5-82a}$$

$$\boldsymbol{H}(\rho,\phi,z)=\boldsymbol{h}(\rho,\phi)\mathrm{e}^{-\gamma z} \tag{5-82b}$$

式中

$$\boldsymbol{e}(\rho,\phi)=e_\rho(\rho,\phi)\hat{\boldsymbol{\rho}}+e_\phi(\rho,\phi)\hat{\boldsymbol{\phi}}+e_z(\rho,\phi)\hat{\boldsymbol{z}} \tag{5-83a}$$

$$\boldsymbol{h}(\rho,\phi)=h_\rho(\rho,\phi)\hat{\boldsymbol{\rho}}+h_\phi(\rho,\phi)\hat{\boldsymbol{\phi}}+h_z(\rho,\phi)\hat{\boldsymbol{z}} \tag{5-83b}$$

分别是电场和磁场的横向分布函数，它们只与横截面坐标 (ρ,ϕ) 有关的矢量，表示场在波导横截面内的分布状态。

另外，作为一般场的分量形式，在圆柱坐标下电场和磁场的表达式还可以写为

$$\boldsymbol{E}(\rho,\phi,z)=E_\rho(\rho,\phi,z)\hat{\boldsymbol{\rho}}+E_\phi(\rho,\phi,z)\hat{\boldsymbol{\phi}}+E_z(\rho,\phi,z)\hat{\boldsymbol{z}} \tag{5-84a}$$

$$\boldsymbol{H}(\rho,\phi,z)=H_\rho(\rho,\phi,z)\hat{\boldsymbol{\rho}}+H_\phi(\rho,\phi,z)\hat{\boldsymbol{\phi}}+H_z(\rho,\phi,z)\hat{\boldsymbol{z}} \tag{5-84b}$$

对比式(5-83a)和式(5-84a)以及式(5-83b)和式(5-84b)中表达式的对应项，可得：

$$E_\rho(\rho,\phi,z)=e_\rho(\rho,\phi)\mathrm{e}^{-\gamma z},\quad H_\rho(\rho,\phi,z)=h_\rho(\rho,\phi)\mathrm{e}^{-\gamma z} \tag{5-85a}$$

$$E_\phi(\rho,\phi,z)=e_\phi(\rho,\phi)\mathrm{e}^{-\gamma z},\quad H_\phi(\rho,\phi,z)=h_\phi(\rho,\phi)\mathrm{e}^{-\gamma z} \tag{5-85b}$$

$$E_z(\rho,\phi,z)=e_z(\rho,\phi)\mathrm{e}^{-\gamma z},\quad H_z(\rho,\phi,z)=h_z(\rho,\phi)\mathrm{e}^{-\gamma z} \tag{5-85c}$$

与矩形波导一样，这些表达式可以用来求解圆波导中的电场和磁场分布，进而分析圆波导中电磁波的传播规律。圆波导的分析方法与矩形波导一样，利用纵向场法来求解各场分量。即先求解纵向场分量波动方程，再利用圆柱坐标系下用 E_z 和 H_z 表示的横向场分量的表示式，并结合边界条件确定各场分量。

圆波导中的电磁场有六个分量，分别为 E_ρ、E_ϕ、E_z、H_ρ、H_ϕ、H_z。在圆柱坐标 (ρ,ϕ,z) 下，电磁场的纵向场分量 E_z 和 H_z 所满足的式(5-13a)和式(5-13b)可转化为

$$\nabla_\mathrm{t}^2 E_z(\rho,\phi,z)+k_\mathrm{c}^2 E_z(\rho,\phi,z)=0 \tag{5-86a}$$

$$\nabla_\mathrm{t}^2 H_z(\rho,\phi,z)+k_\mathrm{c}^2 H_z(\rho,\phi,z)=0 \tag{5-86b}$$

具体可展开为

$$\frac{\partial^2 E_z}{\partial\rho^2}+\frac{1}{\rho}\frac{\partial E_z}{\partial\rho}+\frac{1}{\rho^2}\frac{\partial^2 E_z}{\partial\phi^2}+k_\mathrm{c}^2 E_z=0 \tag{5-87a}$$

$$\frac{\partial^2 H_z}{\partial\rho^2}+\frac{1}{\rho}\frac{\partial H_z}{\partial\rho}+\frac{1}{\rho^2}\frac{\partial^2 H_z}{\partial\phi^2}+k_\mathrm{c}^2 H_z=0 \tag{5-87b}$$

根据纵向场法，可由场的纵向分量求出横向分量 E_ρ、E_ϕ、H_ρ、H_ϕ，即

$$E_\rho=-\frac{1}{k_\mathrm{c}^2}\left(\gamma\frac{\partial E_z}{\partial\rho}+\mathrm{j}\omega\mu\frac{\partial H_z}{\rho\partial\phi}\right) \tag{5-88a}$$

$$E_\phi=\frac{1}{k_\mathrm{c}^2}\left(-\gamma\frac{\partial E_z}{\rho\partial\phi}+\mathrm{j}\omega\mu\frac{\partial H_z}{\partial\rho}\right) \tag{5-88b}$$

$$H_\rho = \frac{1}{k_c^2}\left(j\omega\varepsilon \frac{\partial E_z}{\rho\partial\phi} - \gamma \frac{\partial H_z}{\partial\rho}\right) \tag{5-88c}$$

$$H_\phi = -\frac{1}{k_c^2}\left(j\omega\varepsilon \frac{\partial E_z}{\partial\rho} + \gamma \frac{\partial H_z}{\rho\partial\phi}\right) \tag{5-88d}$$

下面应用分离变量法求圆波导中 TE 模和 TM 模的表示式,再研究其他的问题。

5.4.1 圆波导中的 TE 型波

对于 TE 型波,$E_z=0$,只需要求解 H_z。应用分离变量法,设

$$H_z(\rho,\phi,z) = R(\rho)\Phi(\phi)e^{-\gamma z} \tag{5-89}$$

式中:$R(\rho)$只是 ρ 的函数;$\Phi(\phi)$只是 ϕ 的函数。

将上式代入式(5-87b),并展开,得到

$$\Phi \frac{\partial^2 R}{\partial\rho^2} + \frac{\Phi}{\rho}\frac{\partial R}{\partial\rho} + \frac{R}{\rho^2}\frac{\partial^2\Phi}{\partial\phi^2} + k_c^2 R\Phi = 0 \tag{5-90}$$

将上式两端都乘以 $\rho^2/R\Phi$,将 R 和 Φ 分别移到等号两边,则式(5-90)可整理为

$$\frac{\rho^2}{R}\frac{\partial^2 R}{\partial\rho^2} + \frac{\rho}{R}\frac{\partial R}{\partial\rho} + k_c^2\rho^2 = -\frac{1}{\Phi}\frac{\partial^2\Phi}{\partial\phi^2} \tag{5-91}$$

由于 $R(\rho)$只是 ρ 的函数,Φ 只是 ϕ 的函数,要式(5-91)成立,就要求等式两边等于一个共同的常数。令此常数为 m^2,则得到

$$-\frac{1}{\Phi}\frac{\partial^2\Phi}{\partial\phi^2} = m^2 \tag{5-92}$$

$$\frac{\rho^2}{R}\frac{\partial^2 R}{\partial\rho^2} + \frac{\rho}{R}\frac{\partial R}{\partial\rho} + k_c^2\rho^2 = m^2 \tag{5-93}$$

式(5-92)的解可写为

$$\Phi(\phi) = C\cos(m\phi + \phi_0) \tag{5-94}$$

式中:为了满足场量沿 ϕ 方向具有单值性,m 应为整数,即 $m=0,1,2,\cdots$;C、ϕ_0 为常数,ϕ_0 与极化面有关,在理想的圆波导中,极化面取决于源激励的极化情况。

式(5-93)可写成

$$\frac{\partial^2 R}{\partial\rho^2} + \frac{1}{\rho}\frac{\partial R}{\partial\rho} + \left(k_c^2 - \frac{m^2}{\rho^2}\right)R = 0 \tag{5-95}$$

这是贝塞尔方程,它的解是贝塞尔函数 $J_m(k_c\rho)$。限于篇幅,关于贝塞尔函数的详尽求解与介绍此处从略,读者可参考有关数学、物理方程方面的书籍。图 5-14(a)、图 5-14(b)示意了前几阶贝塞尔函数及其导函数的变化曲线。

综上可得

$$H_z = H_0 J_m(k_c\rho)\cos(m\phi + \phi_0)e^{-\gamma z} \tag{5-96}$$

将式(5-96)代入式(5-88)可以得到横向场分量表示式为

$$E_\rho = H_0 \frac{j\omega\mu m}{k_c^2\rho} J_m(k_c\rho)\sin(m\phi + \phi_0)e^{-\gamma z} \tag{5-97a}$$

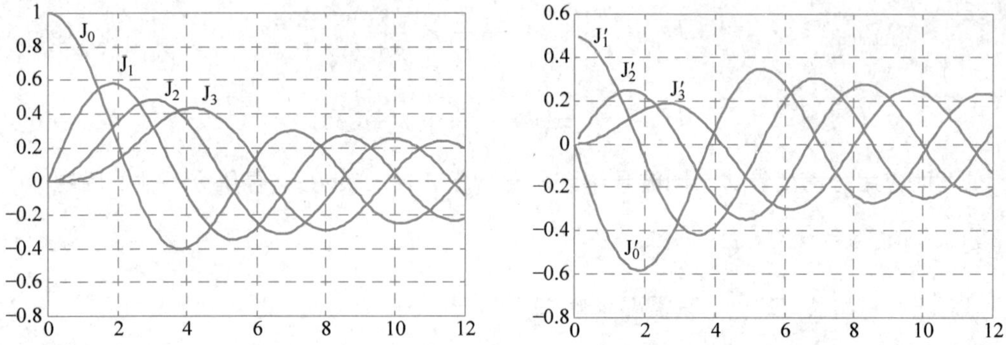

(a) 贝塞尔函数$J_m(k_c\rho)$　　(b) 贝塞尔函数$J_m(k_c\rho)$的导函数

图 5-14　贝塞尔函数与贝塞尔函数的导函数

$$E_\phi = H_0 \frac{j\omega\mu}{k_c} J'_m(k_c\rho)\cos(m\phi+\phi_0)e^{-\gamma z} \tag{5-97b}$$

$$H_\rho = -H_0 \frac{\gamma}{k_c} J'_m(k_c\rho)\cos(m\phi+\phi_0)e^{-\gamma z} \tag{5-97c}$$

$$H_\phi = H_0 \frac{\gamma m}{k_c^2\rho} J_m(k_c\rho)\sin(m\phi+\phi_0)e^{-\gamma z} \tag{5-97d}$$

式中：$J'_m(k_c\rho)$为第 m 阶贝塞尔函数的导数。

根据边界条件，在 $\rho=a$ 处，电场的切向分量为零，即 $E_\phi=0$，由此得关于 k_c 的方程为

$$J'_m(k_c a)=0$$

设 μ_{mn} 为 m 阶贝塞尔函数导函数的第 n 个根的值，对应上述方程有

$$k_c a=\mu_{mn}\quad (n=1,2,3,\cdots)$$

即

$$k_c=\frac{\mu_{mn}}{a} \tag{5-98}$$

圆波导中 TE 型波的截止波长为

$$\lambda_c=\frac{2\pi}{k_c}=\frac{2\pi a}{\mu_{mn}} \tag{5-99}$$

可以求得圆波导中 TE 型波的场分量表示为

$$E_\rho = H_0 \frac{j\omega\mu m}{k_c^2\rho} J_m\left(\frac{\mu_{mn}}{a}\rho\right)\sin(m\phi+\phi_0)e^{-\gamma z} \tag{5-100a}$$

$$E_\phi = H_0 \frac{j\omega\mu}{k_c} J'_m\left(\frac{\mu_{mn}}{a}\rho\right)\cos(m\phi+\phi_0)e^{-\gamma z} \tag{5-100b}$$

$$E_z=0 \tag{5-100c}$$

$$H_\rho = -H_0 \frac{\gamma}{k_c} J'_m\left(\frac{\mu_{mn}}{a}\rho\right)\cos(m\phi+\phi_0)e^{-\gamma z} \tag{5-100d}$$

$$H_\phi = H_0 \frac{\gamma m}{k_c^2 \rho} J_m\left(\frac{\mu_{mn}}{a}\rho\right)\sin(m\phi+\phi_0)e^{-\gamma z} \tag{5-100e}$$

$$H_z = H_0 J_m\left(\frac{\mu_{mn}}{a}\rho\right)\cos(m\phi+\phi_0)e^{-\gamma z} \tag{5-100f}$$

式中

$$\gamma = j\beta = j\sqrt{\left(k^2-\left(\frac{\mu_{mn}}{a}\right)^2\right)} \tag{5-101}$$

对于传输型 TE 型波，有

$$\gamma = \sqrt{k_c^2-k^2} = \sqrt{\left(\frac{\mu_{mn}}{a}\right)^2-k^2}$$

式(5-100)是金属圆波导中 TE 模的场解，其中，m、n 是正整数，当 m、n 取某一对具体的正整数值时，就得到一个具体的 TE 模式，称为 TE_{mn} 模或 H_{mn} 模，如 TE_{11} 模等。与金属矩形波导一样，每个 TE_{mn} 模都独立地满足波动方程和圆波导的边界条件，因此每个 TE_{mn} 模式都可在圆波导中独立存在，每个 TE_{mn} 模式都构成一个完整的电磁场结构。根据 m 和 n 的取值范围，圆波导中的 TE 模可有无穷多个，每个 TE_{mn} 模都有自己的截止波数和传播常数。表 5-2 列出了 m 阶贝塞尔函数导数的一些根值及其对应的 H_{mn} 模的截止波长值。

表 5-2 圆波导中的 TE_{mn} 或 H_{mn} 模的截止波长

模式	TE_{11}	TE_{21}	TE_{01}	TE_{31}	TE_{12}	TE_{22}	TE_{02}	TE_{13}
μ_{mn}	1.84	3.054	3.832	4.201	5.332	6.705	7.016	8.536
λ_c	$3.41a$	$2.06a$	$1.64a$	$1.50a$	$1.18a$	$0.94a$	$0.90a$	$0.74a$

5.4.2 圆波导中的 TM 型波

对于 TM 型波，$H_z=0$，只需要求解 E_z。同样应用分离变量法和边界条件可以求得圆波导中 TM 波的场分量分别为

$$E_\rho = -E_0 \frac{\gamma}{k_c} J'_m\left(\frac{v_{mn}}{a}\rho\right)\cos m\phi\, e^{-\gamma z} \tag{5-102a}$$

$$E_\phi = E_0 \frac{\gamma m}{k_c^2 \rho} J_m\left(\frac{v_{mn}}{a}\rho\right)\sin m\phi\, e^{-\gamma z} \tag{5-102b}$$

$$E_z = E_0 J_m\left(\frac{v_{mn}}{a}\rho\right)\cos m\phi\, e^{-\gamma z} \tag{5-102c}$$

$$H_\rho = -E_0 \frac{j\omega\varepsilon m}{k_c^2 \rho} J_m\left(\frac{v_{mn}}{a}\rho\right)\sin m\phi\, e^{-\gamma z} \tag{5-102d}$$

$$H_\phi = -E_0 \frac{j\omega\varepsilon}{k_c} J'_m\left(\frac{v_{mn}}{a}\rho\right)\cos m\phi\, e^{-\gamma z} \tag{5-102e}$$

$$H_z = 0 \tag{5-102f}$$

式中：v_{mn} 为第 m 阶贝塞尔函数第 n 个根的值，而

$$k_c = \frac{v_{mn}}{a}, \quad \gamma = \sqrt{\left(\frac{v_{mn}}{a}\right)^2 - k^2} \tag{5-103}$$

对于传输型 TE 型波，有

$$\gamma = \mathrm{j}\beta = \mathrm{j}\sqrt{k^2 - \left(\frac{v_{mn}}{a}\right)^2} \tag{5-104}$$

由此可见，圆波导中的 TM 波型也有无穷多个，用 TM_{mn} 或 E_{mn} 模表示。每个 TM_{mn} 模都独立地满足波动方程和圆波导的边界条件，可在圆波导中可独立存在，可构成一个完整的电磁场结构。每个 TM_{mn} 模都有自己的截止波数和传播常数。表 5-3 列出了 m 阶贝塞尔函数导数的一些根值及其对应的 TM_{mn} 模的截止波长值。

表 5-3　圆波导中 TM_{mn} 模的截止波长

模式	TM_{01}	TM_{11}	TM_{21}	TM_{02}	TM_{12}	TM_{22}	TM_{03}	TM_{13}
v_{mn}	2.045	3.832	5.135	5.520	7.016	8.417	8.650	10.173
λ_c	$2.62a$	$1.64a$	$1.22a$	$1.14a$	$0.90a$	$0.75a$	$0.72a$	$0.62a$

5.4.3　圆波导中导行波的一般特性和尺寸选择

由场分量的分析结果可以得出，除 TE_{m0} 模和 TM_{m0} 模不存在，圆波导中可以存在无穷多个 TE_{mn} 模和 TM_{mn} 模。其中，阶数 m 表示场沿 ϕ 方向分布的整驻波数，$m=0$ 表示场沿 ϕ 方向无变化；场沿 ρ 方向按贝塞尔函数或其导数变化，阶数 n 表示场沿 ρ 方向出现零点的次数，也就是场量变化的半驻波个数。

根据各种模的截止波长值按大小排列，即可画出如图 5-15 所示的圆波导各模式截止波长分布图。可以看出，圆波导中截止波长最长的是 TE_{11} 模，故圆波导中的主模是 TE_{11} 模。

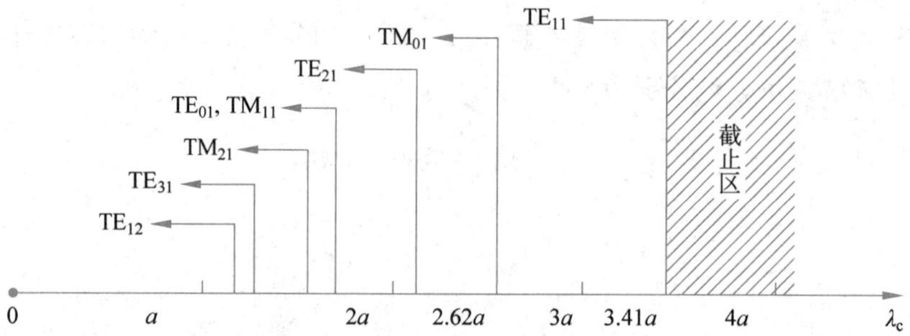

图 5-15　圆波导截止波长分布

关于圆波导中波的其他传输特性，与矩形波导完全相似，这里不再赘述。

在圆波导中如采用 TE_{11} 模传输电磁能量，应使 $\lambda < (\lambda_c)_{\mathrm{TE}_{11}} = 3.41a$，于是得到 $a > \lambda/3.41$。与 TE_{11} 模相邻的高次模是 TM_{01} 模，$(\lambda_c)_{\mathrm{TM}_{01}} = 2.62a$，为抑制它，应选择 $\lambda > 2.62a$，因此又可得到 $a < \lambda/2.62$。由此得到以 TE_{11} 模单模工作的圆波导的半径 a 应满足

$$\lambda/3.41 < a < \lambda/2.62$$

对于以主模 TE_{11} 工作的圆波导，一般选择

$$a=\lambda/3 \tag{5-105}$$

如果选用 TM_{01} 模工作，则应使

$$\lambda<(\lambda_c)_{TM_{01}}=2.62a,\quad \lambda>(\lambda_c)_{TE_{21}}=2.06a$$

因此得到

$$\lambda/2.62<a<\lambda/2.06 \tag{5-106}$$

需要指出的是，当圆波导以 TM_{01} 模工作时，TE_{11} 模也会出现，为保证只有 TM_{01} 模，此时需采取其他措施消除 TE_{11} 模。

5.4.4 圆波导中常用的三种模式

1. 主模 TE_{11} 模

圆波导中的主模是 TE_{11} 模，其截止波长 $(\lambda_c)_{TE_{11}}=3.41a$，最长，当工作波长 λ 为 $(2.62\sim3.41)a$ 时，圆波导只能以 TE_{11} 模单模工作。TE_{11} 模有 5 个场分量，根据这 5 个场分量即可绘出 TE_{11} 模的场结构，如图 5-16 所示。

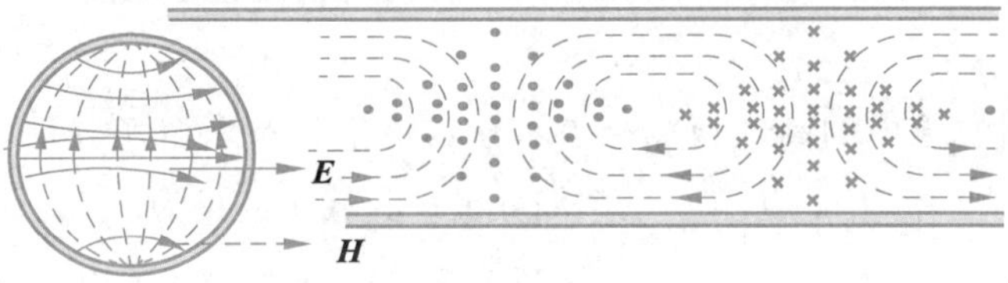

图 5-16 圆波导中的 TE_{11} 模的电磁场结构

由图 5-15 可见，TE_{11} 模的场结构与矩形波导中主模 TE_{10} 模的场结构相似，因此它们之间的模式转换是很方便的。矩形波导至圆波导激励器通常称为矩—圆过渡段，其结构如图 5-17 所示。图 5-17 所示结构的横截面从内尺寸为 a、b 的矩形逐渐圆滑渐变到内半径为 a 的圆。由于矩形波导横截面上 TE_{10} 模的电力线形状及分布与圆波导中 TE_{11} 模横截面上电力线形状及分布相近，由矩形波导传过来进入激励器矩形波导口的 TE_{10} 模，经过激励器之后就很容易在圆波导中激励起圆波导的 TE_{11} 模，只要矩至圆过渡段足够长，使内尺寸从矩形到圆的变化不剧烈，该激励器的不均匀性引起的反射就很小。该激励器也称为矩形波导 TE_{10} 模至圆波导 TE_{11} 模的模式变换器。

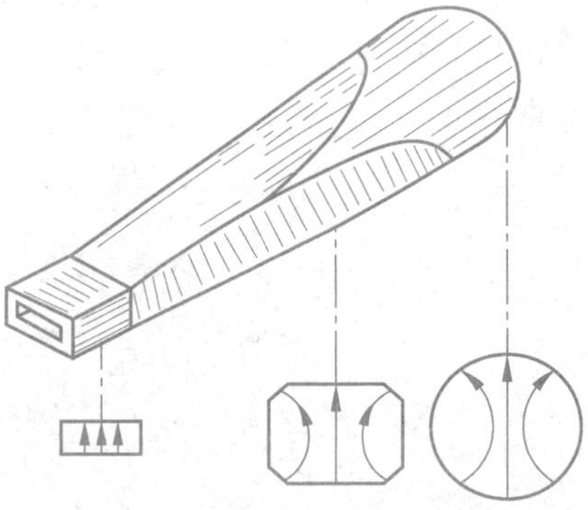

图 5-17 矩形波导—圆波导激励器

（由矩形波导的 TE_{10} 模均匀过渡到圆波导的 TE_{11} 模）

虽然 TE_{11} 模是圆波导的主模，但 TE_{11} 模有极化简并现象，这是 TE_{11} 模的一个基本缺点。极化简并是指对应于同一对 m、n 值（即对应于同一个 TE_{mn} 模或 TM_{mn} 模）有两种场分布，这两种场的场结构完全相同，唯一的差别是极化面相互旋转了 90°。圆波导中

除了 TE_{0n} 模和 TM_{0n} 模以外的模都存在极化简并。极化简并的存在，表明圆波导中传输这些模时极化面是不固定的。在理想的圆波导中，极化面只取决于激励情况。但在实际波导中，由于波导机械加工的公差，波导截面形状不可能保证是正圆，这就会引起传输模极化面旋转，产生极化简并模。一般情况下这种现象对传输是不利的，但在某些场合需利用这种特性构成特殊用途的波导元件。由于圆波导加工时总有一定的椭圆度，这就会使 TE_{11} 模的极化面旋转，分裂成极化简并波，如图 5-18 所示。此外，又由于圆波导中 TE_{11} 模的单模工作频带比矩形波导中 TE_{10} 模的单模工作频带窄，在实际远距离微波能量传输时采用矩形波导的 TE_{10} 模。

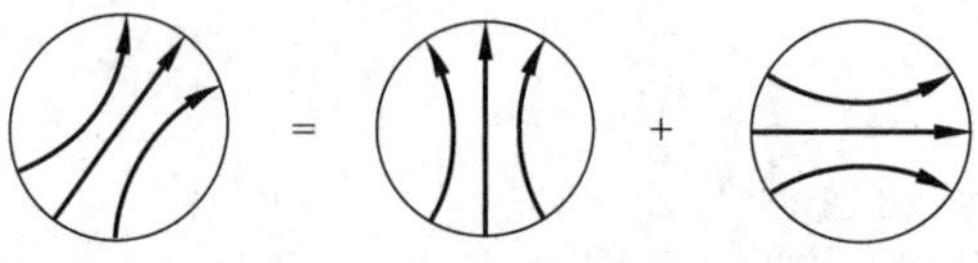

图 5-18　任意极化的 TE_{11} 模分解成两个相互正交的 TE_{11} 模

TE_{11} 模一般应用在特殊情况中，例如，当要求传输圆极化波时，采用 TE_{11} 模比较方便。另外，TE_{11} 模还可用于铁氧体环形器、极化衰减器、极化变换器中。

2. TE_{01} 模

TE_{01} 模是圆波导中的高次模，$m=0$，$n=1$，该模式有六个场分量，其中 $E_z=E_\rho=H_\phi=0$，故该模式仅有 H_z、H_ρ、E_ϕ 三个场分量。其截止波长为

$$\lambda_c=\frac{2\pi b}{3.832}=1.64a \tag{5-107}$$

TE_{01} 模的场结构如图 5-19 所示，场呈轴对称分布。由于 $m=0$，场沿 ϕ 方向没有变化。电场只有 E_ϕ 分量，故电力线只在波导横截面上分布，并且围绕交变磁场纵向分量成闭合曲线。

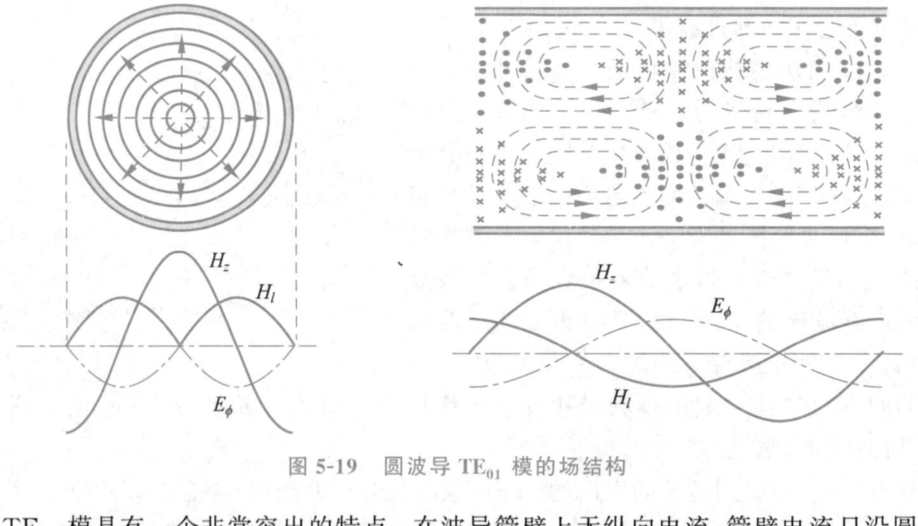

图 5-19　圆波导 TE_{01} 模的场结构

TE_{01} 模具有一个非常突出的特点：在波导管壁上无纵向电流，管壁电流只沿圆周方向流动，如图 5-20 所示(所有 TE_{0n} 模都有此特点)，并且当传输功率一定时，随着频率的

升高，波导管壁的热损耗将下降。TE_{01} 模的这个特点，使它特别适合用作高 Q 谐振腔的工作模式，也特别适用于毫米波远距离波导传输。TE_{01} 模圆波导是目前毫米波波导传输的最有效的结构形式。在毫米波波段，标准圆波导 TE_{01} 模的理论衰减为矩形波导 TE_{10} 模衰减的 1/4～1/8。不过，由于 TE_{01} 模不是圆波导中的主模，因此在使用时需要设法抑制其他模式。

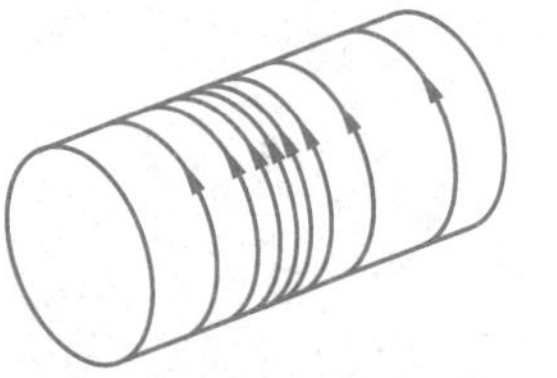

图 5-20　TE_{01} 模管壁电流分布

3. TM_{01} 模

TM_{01} 模是圆波导中的次低次模，也是最低次的 TM 模式，没有简并模式，其截止波长 $\lambda_c=2.62b$。TM_{01} 模的场结构如图 5-21 所示。

$m=0$ 的模式其电磁场沿 ϕ 方向没有变化，其场分布具有轴对称性。由于 TM_{01} 模的场具有轴对称性，并且又是低次模，这一特点使得 TM_{01} 模特别适于作天线机械扫描装置中的旋转关节的工作模式，如图 5-22 所示。不过，由于 TM_{01} 模不是圆波导中的主模，使用时也须设法抑制 TE_{11} 主模。

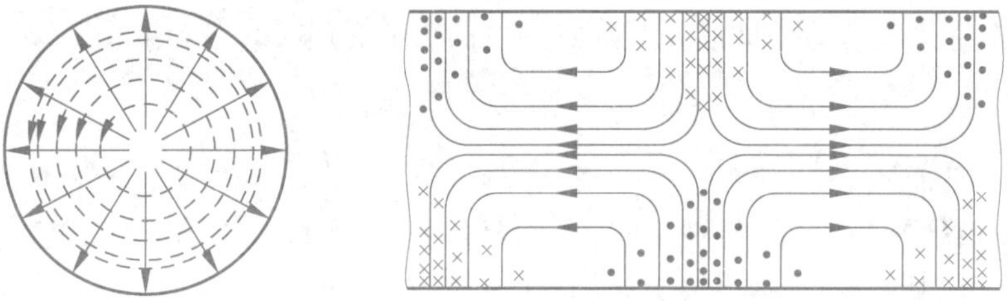

图 5-21　圆波导 TM_{01} 模的场结构

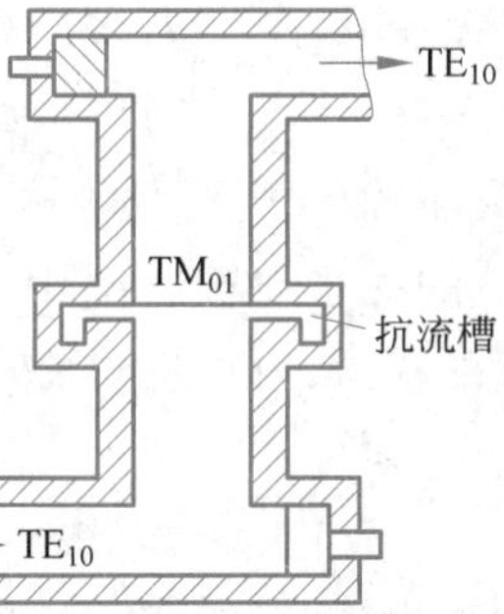

图 5-22　工作于 TM_{01} 模的旋转关节

5.5 同轴传输线

矩形波导和圆波导一般是用于波长 10cm 以下的波段，当用于 10cm 以上的波段时就显得尺寸大、笨重，使用很不方便。在波长大于 10cm 波段时，通常采用尺寸小得多的同轴线或同轴电缆作传输线。同轴线是一种双导体传输线，有内、外两个导体，如图 5-23 所示，图中 a 表示内导体外半径，b 表示外导体内半径，内、外导体之间的空间内填充的是

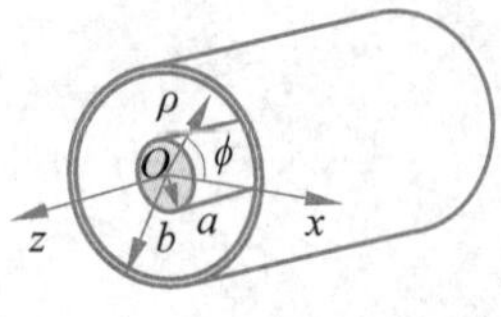

图 5-23　同轴传输线结构

参数为 ε、μ 的均匀媒质。同轴线的结构是圆柱对称的，因而采用圆柱坐标系进行分析。若同轴线中的电磁波沿同轴线中的 $+z$ 纵轴线方向传播，则与矩形波导类似，可以将同轴线内传播的电磁波电场强度和磁场强度的表达式写为

$$\boldsymbol{E}(\rho,\phi,z)=\boldsymbol{e}(\rho,\phi)\mathrm{e}^{-\gamma z} \tag{5-108a}$$

$$\boldsymbol{H}(\rho,\phi,z)=\boldsymbol{h}(\rho,\phi)\mathrm{e}^{-\gamma z} \tag{5-108b}$$

式中

$$\boldsymbol{e}(\rho,\phi)=e_\rho(\rho,\phi)\hat{\boldsymbol{\rho}}+e_\phi(\rho,\phi)\hat{\boldsymbol{\phi}}+e_z(\rho,\phi)\hat{z} \tag{5-109a}$$

$$\boldsymbol{h}(\rho,\phi)=h_\rho(\rho,\phi)\hat{\boldsymbol{\rho}}+h_\phi(\rho,\phi)\hat{\boldsymbol{\phi}}+h_z(\rho,\phi)\hat{z} \tag{5-109b}$$

是只与横截面圆柱坐标(ρ,ϕ)有关的矢量，仅是横向圆柱坐标(ρ,ϕ)的函数，分别表示电场和磁场在同轴线横截面内的分布状态，称为电场的横向分布函数和磁场的横向分布函数。$\mathrm{e}^{-\gamma z}$ 表示场沿同轴线纵向的传播规律，为传播因子。γ 是同轴线中电磁波沿轴向传播的传播常数，其物理意义与矩形波导内电磁波的传播常数意义相同。在一般情况下，它是复数，即 $\gamma=\alpha+\mathrm{j}\beta$，其中，$\alpha$ 为衰减常数，β 为相移常数。

另外，作为一般场的分量形式，在圆柱坐标(ρ,ϕ,z)下，电场和磁场的表达式还可以写为

$$\boldsymbol{E}(\rho,\phi,z)=E_\rho(\rho,\phi,z)\hat{\boldsymbol{\rho}}+E_\phi(\rho,\phi,z)\hat{\boldsymbol{\phi}}+E_z(\rho,\phi,z)\hat{z} \tag{5-110a}$$

$$\boldsymbol{H}(\rho,\phi,z)=H_\rho(\rho,\phi,z)\hat{\boldsymbol{\rho}}+H_\phi(\rho,\phi,z)\hat{\boldsymbol{\phi}}+H_z(\rho,\phi,z)\hat{z} \tag{5-110b}$$

因此，对比式(5-109)和式(5-110)中表达式的对应项，可得

$$E_\rho(\rho,\phi,z)=e_\rho(\rho,\phi)\mathrm{e}^{-\gamma z},\quad H_\rho(\rho,\phi,z)=h_\rho(\rho,\phi)\mathrm{e}^{-\gamma z} \tag{5-111a}$$

$$E_\phi(\rho,\phi,z)=e_\phi(\rho,\phi)\mathrm{e}^{-\gamma z},\quad H_\phi(\rho,\phi,z)=h_\phi(\rho,\phi)\mathrm{e}^{-\gamma z} \tag{5-111b}$$

$$E_z(\rho,\phi,z)=e_z(\rho,\phi)\mathrm{e}^{-\gamma z},\quad H_z(\rho,\phi,z)=h_z(\rho,\phi)\mathrm{e}^{-\gamma z} \tag{5-111c}$$

同轴线是一种双导体传输线，同轴线中可以传输 TEM 波。由于 $k_c=0$，对应的截止波长 $\lambda_c=2\pi/k_c=\infty$，即 TEM 波的截止波长最长，因此 TEM 波是同轴线中的主模。下面先重点讨论同轴线中 TEM 模的求解，再讨论同轴线 TEM 波的一般传播特性。

5.5.1　同轴线 TEM 波的求解

分析同轴线中 TEM 模的传播规律，必须先求出同轴线中电磁场的各个分量。已知 TEM 模的纵向场分量 $E_z=0$，$H_z=0$，因此 TEM 模只有横向电场分量 E_ρ、E_ϕ 和横向磁场分量 H_ρ、H_ϕ。由于 TEM 模的 $k_c=0$，即 $\gamma^2+k^2=0$，同轴线中 TEM 模的传播常数为

$$\gamma=\mathrm{j}k=\mathrm{j}\omega\sqrt{\mu\varepsilon} \tag{5-112}$$

又由于 $E_z=0$，$H_z=0$，纵向场法在此不适用。因此，直接用麦克斯韦方程来求解同轴线 TEM 模的电场和磁场分量。为此，首先在圆柱坐标系中将麦克斯韦方程

$$\nabla\times\boldsymbol{E}=-\mathrm{j}\omega\mu\boldsymbol{H}$$

$$\nabla\times\boldsymbol{H}=\mathrm{j}\omega\varepsilon\boldsymbol{E}$$

展开，写成分量形式

$$\frac{1}{\rho}\frac{\partial E_z}{\partial \phi}-\frac{\partial E_\phi}{\partial z}=-\mathrm{j}\omega\mu H_\rho \tag{5-113a}$$

$$\frac{\partial E_\rho}{\partial z}-\frac{\partial E_z}{\partial \rho}=-\mathrm{j}\omega\mu H_\phi \tag{5-113b}$$

$$\frac{1}{\rho}\frac{\partial(\rho E_\phi)}{\partial \rho}-\frac{1}{\rho}\frac{\partial E_\rho}{\partial \phi}=-\mathrm{j}\omega\mu H_z \tag{5-113c}$$

$$\frac{1}{\rho}\frac{\partial H_z}{\partial \phi}-\frac{\partial H_\phi}{\partial z}=\mathrm{j}\omega\varepsilon E_\rho \tag{5-113d}$$

$$\frac{\partial H_\rho}{\partial z}-\frac{\partial H_z}{\partial \rho}=\mathrm{j}\omega\varepsilon E_\phi \tag{5-113e}$$

$$\frac{1}{\rho}\frac{\partial(\rho H_\phi)}{\partial \rho}-\frac{1}{\rho}\frac{\partial H_\rho}{\partial \phi}=\mathrm{j}\omega\varepsilon E_z \tag{5-113f}$$

将 $E_z=0, H_z=0$，以及式(5-111) 所表达的相互关系代入式(5-113)中各项，再利用同轴线壁面为理想导体的边界条件，可求出同轴线中 TEM 模的电场和磁场分别为

$$\boldsymbol{E}(\rho,\phi,z)=\hat{\boldsymbol{\rho}}E_\rho=\hat{\boldsymbol{\rho}}\frac{E_0}{\rho}\mathrm{e}^{-\mathrm{j}kz} \tag{5-114a}$$

$$\boldsymbol{H}(\rho,\phi,z)=\hat{\boldsymbol{\phi}}H_\phi=\hat{\boldsymbol{\phi}}\frac{E_0}{\rho\sqrt{\mu/\varepsilon}}\mathrm{e}^{-\mathrm{j}kz} \tag{5-114b}$$

式中：E_0 为待定常数，可用边界条件或激励源来确定。

根据波阻抗的定义，同轴传输线的主模 TEM 模的波阻抗 Z 为

$$Z_{\mathrm{TEM}}=\frac{E_\mathrm{t}}{H_\mathrm{t}}=\frac{E_\rho}{H_\phi}=\sqrt{\frac{\mu}{\varepsilon}} \tag{5-115}$$

同轴传输线主模 TEM 的瞬时表达式为

$$\boldsymbol{E}(\rho,\phi,z,t)=\hat{\boldsymbol{\rho}}E_\rho(\rho,\phi,z,t)=\hat{\boldsymbol{\rho}}\frac{E_0}{\rho}\cos(\omega t-kz) \tag{5-116a}$$

$$\boldsymbol{H}(\rho,\phi,z,t)=\hat{\boldsymbol{\phi}}H_\phi(\rho,\phi,z,t)=\hat{\boldsymbol{\phi}}\frac{E_0}{\rho\sqrt{\mu/\varepsilon}}\cos(\omega t-kz) \tag{5-116b}$$

根据 TEM 的瞬时表达式画出同轴线传输 TEM 波时的电磁场结构，如图 5-24 所示。

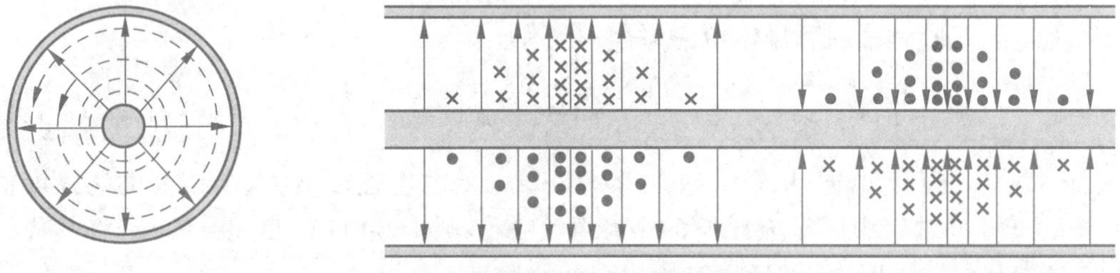

图 5-24　同轴传输线中 TEM 模的场结构

同轴线传输 TEM 波时，$k_\mathrm{c}=0$，其截止波长 $\lambda_\mathrm{c}=2\pi/k_\mathrm{c}=\infty$。这表明任何频率的能

量都能够以 TEM 波形式在同轴线内传输。下面讨论传输 TEM 波时的一些传输特性。

5.5.2 同轴线 TEM 波的传输特性

1. 同轴线 TEM 波的相速度与波长

对于 TEM 波，由 $\gamma^2+k^2=0$，可得 $\beta=\omega\sqrt{\mu\varepsilon}$，因此相速度为

$$v_{\mathrm{p}}=\frac{\omega}{\beta}=\frac{1}{\sqrt{\mu\varepsilon}} \tag{5-117}$$

波长为

$$\lambda=\frac{2\pi}{\beta}=\frac{v_{\mathrm{p}}}{f} \tag{5-118}$$

这表明，同轴线中波的相速度与相应介质中波的传播速度一样，其波长就等于介质中的波长，它不随频率而变化，因此 TEM 模是无色散模。信号在同轴线中以 TEM 模传输时不会出现色散现象，不会产生失真。同轴线可以传输 TEM 波，具有宽频带特性。因此，在需要宽频带使用时，通常采用同轴线结构。

2. 同轴线的损耗与衰减

当传输 TEM 波时，同轴线中波的衰减主要是导体损耗引起的。导体损耗引起的波的衰减常数为

$$\alpha=\frac{R}{2Z_{\mathrm{C}}} \tag{5-119}$$

式中：R 为同轴线单位长度的电阻，其表示式为

$$R=\sqrt{\frac{f\mu_1}{4\pi\sigma_1}}\left(\frac{1}{a}+\frac{1}{b}\right) \tag{5-120}$$

式中：σ_1、μ_1 分别为同轴线导体材料的电导率和磁导率。

3. 同轴线的功率容量

同轴线传输 TEM 模时，其传输功率是平均坡印廷矢量 $\boldsymbol{S}_{\mathrm{av}}$ 在同轴线横截面上的积分。将式(5-114)代入 $\boldsymbol{S}_{\mathrm{av}}=\mathrm{Re}(\boldsymbol{E}\times\boldsymbol{H}^*/2)$，可得同轴线任意横截面上任一点的平均坡印廷矢量为

$$\boldsymbol{S}_{\mathrm{av}}=\mathrm{Re}\left(\frac{1}{2}\boldsymbol{E}\times\boldsymbol{H}^*\right)=\mathrm{Re}\left(\frac{1}{2}\boldsymbol{E}_\rho\times\boldsymbol{H}_\phi^*\right)=\frac{1}{2}\sqrt{\frac{\varepsilon}{\mu}}\frac{|E_0|^2}{\rho^2}\hat{\boldsymbol{z}}\quad(a\leqslant\rho\leqslant b)$$

因此，通过同轴线传输的总传输功率为

$$P=\iint_S\boldsymbol{S}_{\mathrm{av}}\mathrm{d}\boldsymbol{s}=\int_a^b\frac{1}{2}\sqrt{\frac{\varepsilon}{\mu}}\frac{|E_0|^2}{\rho^2}2\pi\rho\mathrm{d}\rho=\pi\sqrt{\frac{\varepsilon}{\mu}}|E_0|^2\ln\frac{b}{a} \tag{5-121}$$

由式(5-116)可知，同轴线中 TEM 模在 $\rho=a$ 处电场强度最大，令该处电场强度值 $|E_0|/a$ 等于同轴线中所填充媒质的击穿强度 E_{br}，则击穿时有 $|E_0|=E_{\mathrm{br}}a$，将其代入式(5-121)得同轴线传输 TEM 模时的功率容量为

$$P_{\mathrm{br}}=\sqrt{\varepsilon_{\mathrm{r}}}\frac{a^2E_{\mathrm{br}}^2}{120}\ln\frac{b}{a} \tag{5-122}$$

5.5.3 同轴线中的高次模及其尺寸选择

在实际工作中,同轴线都以 TEM 模工作。但是,当同轴线尺寸与波长相比够大时,除 TEM 模之外,同轴线中还可能出现一系列高次模 TE 模和 TM 模,这些模是色散型模。讨论这些高次模的意义在于确定高次模的截止波长,以便在频率给定时选择合适的同轴线尺寸 a、b 对这些模进行抑止,保证同轴线内只传输 TEM 模,或者采取其他措施抑制高次模。

1. TE 模和 TM 模的截止波长

分析同轴线中 TE 模和 TM 模的方法与分析圆波导中 TE 模和 TM 模的方法相似。在同轴线边界条件下解波动方程可以得到同轴线中 TM_{01} 模和 TE_{11} 模截止波长近似式,分别为

$$(\lambda_c)_{TE_{11}} \approx \pi(b+a) \tag{5-123}$$

$$(\lambda_c)_{TM_{01}} \approx 2(b-a) \tag{5-124}$$

由以上两式可以看出,同轴线中第一个高次模是 TE_{11} 模。图 5-25 给出了同轴线中各模式的截止波长分布。

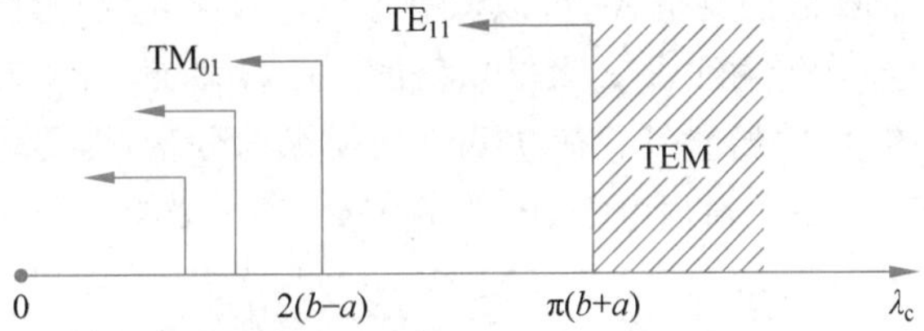

图 5-25 同轴线中各模式的截止波长分布

2. 同轴线中的尺寸选择

为了保证在工作频带内只传输 TEM 模,必须使最短工作波长大于第一个高次模 TE_{11} 模的截止波长,即

$$\lambda_{min} \geqslant (\lambda_c)_{TE_{11}} \approx \pi(b+\mathrm{a})$$

由此可得

$$b+a \leqslant \frac{\lambda_{min}}{\pi} \tag{5-125}$$

该式决定了 a、b 之和的数值范围。为最后确定尺寸,还必须确定 a、b 的比值关系。此关系可根据功率容量最大,或损耗最小来确定。

功率容量最大的条件是 $\mathrm{d}P_{br}/\mathrm{d}a=0$,由此可得

$$\frac{b}{a}=1.65 \tag{5-126}$$

这就是说,当 $b/a=1.65$ 时,同轴线的功率容量最大。

损耗最小的条件是 $\mathrm{d}\alpha/\mathrm{d}a=0$,由此可得

$$\frac{b}{a}=3.592 \tag{5-127}$$

这就是说，当 $b/a=3.592$ 时，同轴线的衰减最小。若采用这种尺寸的同轴线作谐振器，其品质因数 Q 最高。

由式(5-126)和式(5-127)可以看出，获得最大功率容量和最小衰减的条件是不一样的。若要兼顾功率容量大和衰减小这两个指标，则可折中取 $b/a=2.303$。此时的衰减比最佳情况约大 10%，功率容量比最大值约小 15%，其相应的特性阻抗为 50Ω。在微波波段工作，同轴线的特性阻抗通常选用标准值，常采用的是 50Ω 和 75Ω 两种。

5.6 平行双导线传输线

图 5-26(a)是均匀平行双导体传输线的结构，两根细柱形导体的横截面形状相同，两根导体的间距沿轴向坐标轴 z 保持均匀不变，两根导体周围是参数为 ε、μ、σ 的均匀媒质。电磁场由平行双导体引导沿轴向传输。由于是双导体，线上可以传输的电磁波的主模式是 TEM 波，其横截面上的电磁场的横向分布与静态电磁场的分布完全相同，如图 5-26(b)所示。

对于这些传输 TEM 波的传输线，可以像静态场那样来定义电压和电流。图 5-26(c)表示的是均匀平行双导体传输线中 z 为任意值的一个横截面。由于其上传输的是 TEM 波，双导线周围空间的电、磁场就只有横向分量而无纵向分量，即传输线任意横截面上的电磁场可分别写成 $\boldsymbol{E}_{\mathrm{t}}$ 和 $\boldsymbol{H}_{\mathrm{t}}$，根据电压、电流的定义，图 5-26(c)中 z 为任意值时，t 时刻导体 1 和导体 2 间的电压为

$$u(z,t)=\int_a^b \boldsymbol{E}_{\mathrm{t}}\cdot \mathrm{d}\boldsymbol{l}=\int_a^b (E_x\mathrm{d}x+E_y\mathrm{d}y) \tag{5-128}$$

式中：l 为两导体间的一条任意路径。

在 xOy 平面上取仅包围导线 l 的一条有向闭合路径 L，使其正方向与导体 l 上电流方向呈右手螺旋关系，则 t 时刻在 z 处流过导体 l 的电流为

$$i(z,t)=\oint_L \boldsymbol{H}_{\mathrm{t}}\cdot \mathrm{d}\boldsymbol{l}=\oint_L (H_x\mathrm{d}x+H_y\mathrm{d}y) \tag{5-129}$$

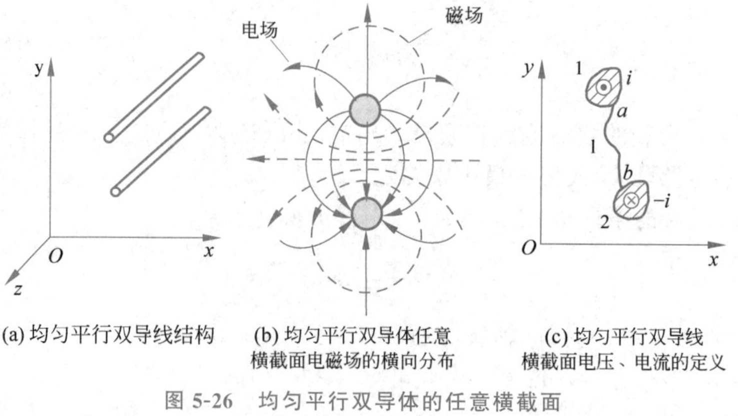

(a) 均匀平行双导线结构　(b) 均匀平行双导体任意横截面电磁场的横向分布　(c) 均匀平行双导线横截面电压、电流的定义

图 5-26　均匀平行双导体的任意横截面

5.7 微带线

微带线(简称微带)是微波集成电路的主要组成部分,它在微波集成电路中用来连接各元件和器件,并用来构成电感、电容、谐振器、滤波器、混合环、定向耦合器等无源元件。

微带线是一种以固体介质绝缘的单接地板传输线,可以看成由平行双导线演变而来的。图 5-27 为其演变过程。在平行双导线两圆柱导体间的平分面上放置一个无限薄的导电平板,由于平分面处所有电力线与导电平板垂直,因此不会扰动原来的电磁场分布。若把导电平板一侧的一根圆柱导体去掉,导电平板另一侧的电磁场分布也不会改变,此时一根圆柱导体与导电平板构成一对传输线。如果把圆柱导体做成薄带敷在均匀介质板的一面,介质板的另一面为接地导电平板,即构成微带线。

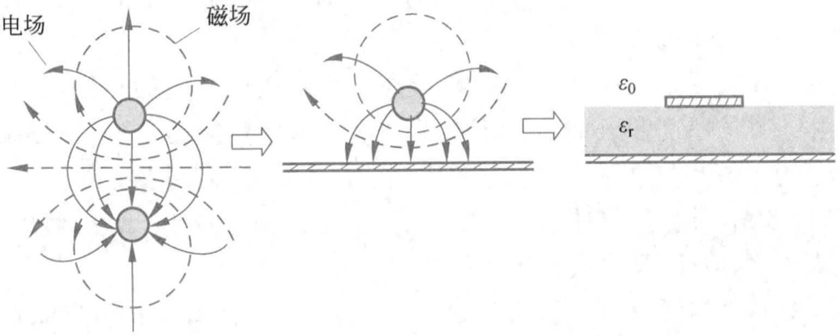

图 5-27 微带线的演变

可以判断微带线中的电磁场分布与平行双导线的类似,如图 5-28 所示。

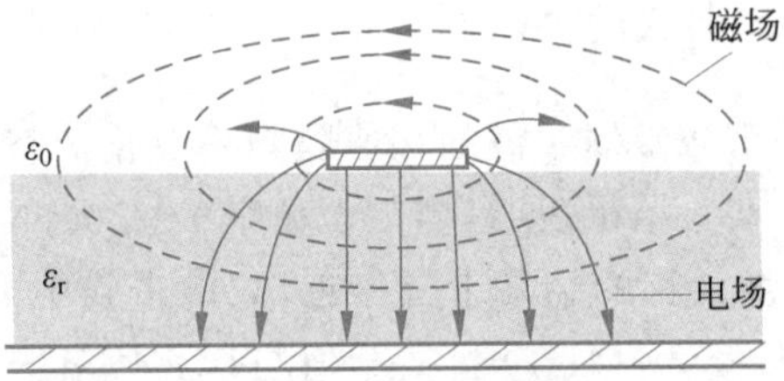

图 5-28 微带线中的电磁场结构

5.7.1 微带线中的工作模式

如果微带线中没有介质片,这种双导体(导体带和接地板)系统可以维持静电场和静磁场,因而可存在无色散的 TEM 模,其截止频率 $f_c=0$,TEM 模是此系统的最低模式。但实用的微带是有介质片的,而且介质片又不是充满双导体系统全部空间,因而在传输系统中不仅有导体与空气的交界面,而且还有介质($\varepsilon_r>1$)与空气($\varepsilon_r=1$) 的交界面,导行波在这种以均匀介质平板为支撑的微带线中传输时,必须同时满足这两种边界条件,或者说在这两种边界处电场切向分量 E_t 和磁场切向分量 H_t 都必须连续。可以证明:在这种具有两种不同介质界面的传输系统中,一般不可能存在的单一的 TEM 波,其中导行波的场一定具有纵向分量,即导行波中的 $H_z\neq0$, $E_z\neq0$。换句话说,纯的 TEM 波不可能在微带线中存在。

实际上，微带线中的工作模式是一种 $H_z \neq 0, E_z \neq 0$ 的混合模式，这种工作模式可以同时满足微带线中的上述两种边界条件，并能在任何频率下传播($f_c = 0$)。但该混合模式是有色散的，而且其纵向场分量的大小也随工作频率而变，当工作频率 f 较低时，其色散较弱，纵向场分量也较小，当 $f \to 0$ 时，可以近似看成 TEM 模，故称为准 TEM 模。实用的微带线总是工作在低频弱色散区，在这种条件下，其准 TEM 模的工作模式与无色散的 TEM 模的工作模式非常接近，工程中可用等效介电常数来分析微带线的特性，此处不展开论述，可查阅相关资料。

5.7.2 微带线的损耗

微带线的损耗主要包括导体损耗和介质损耗两部分。由于微带的尺寸很小，它的损耗比波导和同轴线的损耗大得多。

微带线的导体损耗是导体条带和接地板高频趋肤效应产生的热损耗引起的。导体损耗还与导体条带的厚度和表面粗糙度有关。由于趋肤效应的影响，导体条带越厚，导体损耗越小。为了减小导体损耗，保证流过 98%以上的电流，导体条带的厚度必须大于趋肤深度的 3～5 倍。同时，导体表面粗糙度越低，导体损耗越小。微带线中导体的损耗比介质损耗大得多，因此，微带线中导体损耗是主要的。

微带线还有辐射损耗。由于微带线是半开放系统，必然有一部分能量向外辐射，尤其是在不均匀性处，辐射更为严重。在微带线的开路端，辐射最大。工程中，取微带线基片厚度足够小，并将电路加以屏蔽，就可以避免辐射损耗。

5.7.3 微带线的色散特性和高次模

微带线的色散特性是指微带线中波的相速随频率变化的特性，即微带线的有效介电常数随频率变化的特性。实验结果表明，当工作频率 $f < 5000\text{MHz}$ 时，微带线的相速、特性阻抗等参数与按 TEM 波计算的结果十分接近，故微带线中的导行波就可以近似地按 TEM 模处理。但是，当 $f > 5000\text{MHz}$ 时，实验值与计算值就开始有较大的偏差。因此，准 TEM 波的假设只有在频率较低时才成立。当 $f > 5000\text{MHz}$ 时，色散不能忽略，如仍按 TEM 模处理，所得结果必须修正，否则误差会太大。

微带线中也存在高次模，这些高次模除了使微带特性参数偏离按 TEM 波计算的结果，还增加了辐射损耗，并引起电路中各部分之间相互耦合，使工作状态恶化。关于微带线的高次模这里不作介绍，读者可参阅其他书籍。

思考题

5-1 微波传输线有哪几种？它们各有什么优、缺点？

5-2 什么叫作截止波长？为什么只有 λ 小于截止波长的波才能在传输线中传输？

5-3 何谓相速度和群速度？为什么传输线中波的相速度大于光速，群速度小于光速？

5-4 何谓传输线的色散特性？传输线为何有色散特性？

5-5 矩形波导中的 v_p、v_g、λ_c 和 λ_g 有何区别和联系？它们与哪些因素有关？

5-6 为什么一般矩形波导测量线的纵槽开在波导宽壁的中线上？

5-7 圆波导中的模式指数 m、n 的意义如何？为什么不存在 $n=0$ 的模式？

练习题

5-1 为什么传输线中要保证单一模传输？若 λ_0 为 8mm、3cm、10cm，试问如何保证矩形波导中只有单一模传输？

5-2 空气填充的矩形波导尺寸为 $a=22.86\text{mm}$，$b=10.16\text{mm}$，信号频率为 10GHz，求 TE_{10}、TE_{01}、TE_{11}、TM_{11} 四种模式的截止波数、截止频率、截止波长、波导波长、相移常数、波阻抗。如果波导填充介质，$\varepsilon_r=2.5$，再求上述量值。

5-3 空气填充的矩形波导尺寸为 $a=7.2\text{cm}$，$b=3.4\text{cm}$，传播 TE_{10} 模式，若沿纵向测得波导中的电场强度最大值与相邻的最小值之间的距离为 4.47cm，求信号频率。

5-4 矩形波导尺寸为 $a=22.86\text{mm}$，$b=10.16\text{mm}$，求工作波长为 3cm 的传输 TE_{10} 模的最大传输功率。

5-5 矩形波导尺寸为 $a=22.86\text{mm}$，$b=10.16\text{mm}$，传输 TE_{10} 模，当工作频率为 10GHz 时：

(1) 求 λ_c、λ_g、β 和 $Z_{TE_{10}}$。

(2) 若波导宽边尺寸增大 1 倍，则上述各参量将如何变化？

(3) 若波导窄边尺寸增大 1 倍，则上述各参量又将如何变化？

(4) 若波导尺寸不变，工作频率变为 15GHz，则上述各参量又将如何变化？

5-6 某发射机的工作波长 λ_0 为 7.6～11.8cm。若用矩形波导作馈线，问该波导尺寸应如何选取？

5-7 矩形波导尺寸 $a=22.86\text{mm}$，$b=10.16\text{mm}$，用其作馈线，试问：

(1) 当工作波长分别为 1.5cm、3cm、4cm 时，波导中可能出现哪些模式？

(2) 为保证只传输 TE_{10} 模，其波长范围应为多少？

5-8 频率 $f=3\text{GHz}$ 的 TE_{10} 模式在矩形波导中传输，填充空气，要求 $1.3f_{cTE_{10}}<f<0.7f_{cTE_{20}}$，试确定该波导的尺寸。

5-9 矩形波导 $a=8\text{cm}$，$b=4\text{cm}$，求 TM_{10}、TM_{01} 模式的截止波长。

5-10 同轴线内导体半径 2mm、外导体半径 4mm，填充空气，求同轴线中主模的截止波长、相速度和波阻抗。

第6章 微波传输线理论

第 5 章重点介绍了导行电磁波场的分析方法及常见微波传输线的场结构及模式。本章研究电磁信号沿着微波传输线的传播特性和分布规律。

微波传输线的分析方法有场的方法和路的方法两种。场的方法是根本的方法，它从麦克斯韦方程出发，求解满足边界条件的场的波动方程，得到传输线中的电场和磁场表达式，进而分析传输线的传输特性。第 5 章对矩形波导和圆波导中电场与磁场分布规律的研究用的就是场的方法。

路的方法是在满足似稳条件的情况下把电磁场问题转化为电路的问题来处理，它以传输 TEM 波的平行双线为传输线模型。由于平行双线之间有电压，导线上有电流，而且电压和电流可以通过传输线周围的电场强度和磁场强度的积分得到，因此可以将传输线上的电压、电流作为基本物理量，应用电路理论中的基尔霍夫(Kirchhoff)定律建立关于传输线上的电压、电流的传输线方程，把一个本质上属于电磁场的问题转化成电路问题来分析。接着，从传输线方程出发推导出满足边界条件的电压波和电流波的方程，求出传输线上的电压、电流的表示式，进而分析传输线上的电压、电流的传输特性和规律。

6.1 传输线方程及其解

6.1.1 微波传输线的分布参数与集总参数等效电路

在微波波段工作的各种传输线，其上传输的电磁波的波长都极短。若一根传输线的几何长度比其上所传输的电磁波的波长 λ 大或者可以与之相比拟，则此传输线可称为长线；反之，则称为短线。

传输线的几何长度 l 与其上工作波长 λ 的比值称为传输线的电长度。长线和短线是相对的概念，它们都是相对于工作波长而言的。长线的绝对长度不一定很长。在微波技术中，传输线的长度有时几厘米或几米，但因为这个长度已经大于工作波长或者与波长差不多，所以仍称它为长线。输送市电的电力线工作频率为 50Hz，即使电力线的长度在几千米，但与市电 50Hz 对应的波长 6000km 比较起来还是小得多，所以只能称其为短线。那么，长线和短线的电路性能区别在哪里呢？

比较图 6-1(a)所示传输线上的电流或电压分布图。在图 6-1(a)情况下，某一瞬时，电流波形上的线段 AB 与波长相比很小，线段上各点的电流或电压的大小和方向可近似认为相同，因此线段 AB 此时应被视为短线。这种情况发生在波长较长、频率较低，或者线的电长度很短即 l/λ 很小的情况下。如果频率升高了，虽然线段长仍为 l，但是在某瞬时其上各点的电流或电压的大小和方向均不相同，如图 6-1(b)所示，此时线段 AB 应看成长线。以后讨论的微波传输线均属“长线”。传输线上沿线各点的电压、电流或电场、磁场一般情况下均不相等，既随时间变化又随位置变化。为什么同一根传输线上各点的电压和电流或电场和磁场不相同呢？这可以从传输线的分布参数及其等效电路进行分析。

微波传输线是具有分布参数的电路，以图 6-2(a)所示的平行双导线为例来解释传输线的分布参数概念和传输线的集总参数等效电路。对于平行双导线上任一段长度的线

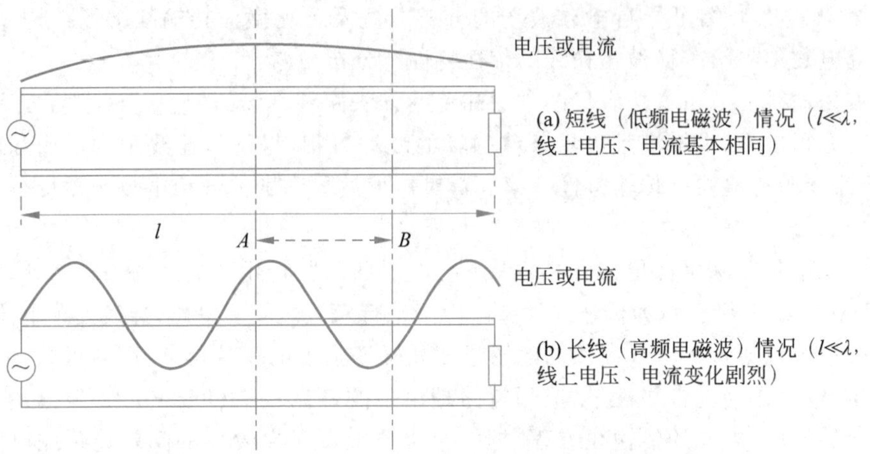

图 6-1　传输线电流或电压的沿线分布

段而言，若双导线本身由非理想导体构成，则此双导线线段本身肯定具有一定的电阻，这表明任何一段传输线都分布了电阻。若双导线间周围的媒质为导电媒质，绝缘不完善，则双导线线段间存在漏电流，导致能量损耗，这表明任何一段传输线都分布了漏电导。由于导线中通过电流时周围有磁场，因而线段上存在电感效应，这表明任何一段传输线都分布了电感；如果导线间有电压，导线间便有电场，于是导线线段间存在电容，即表明任何一段传输线都分布了电容。以上的分析说明，平行双导线传输线其自身结构处处都有电阻、电感、电导、电容，也就是说这些电路参数（电阻、电感、电导、电容）是固有分布在传输线本身上的，因此称为分布参数。然而，在低频电路或信号波长远大于传输线的长度时，传输线上的这些分布参数影响太小，其对电路所产生的效应可以忽略不计。但在高频情况下，传输线的长度与电磁波的波长可以相比拟，这些分布参数的效应就不能忽略不计了。所以，在高频情况下，传输线是具有分布参数的电路，传输线在电路系统中所引起的效应须用新的分析方法和概念即传输线理论来研究。

根据传输线上的分布参数是否均匀分布，可将传输线分为均匀传输线和不均匀传输线。本章讨论的是均匀传输线。

对于均匀传输线，由于分布参数是沿线均匀分布的，可以取一线元 $\mathrm{d}z$ 来讨论。假设 $R_0(\Omega/\mathrm{m})$、$L_0(\mathrm{H/m})$、$C_0(\mathrm{F/m})$、$G_0(\mathrm{S/m})$分别表示传输线单位长度的电阻、电感、电容和漏电导，它们的值与具体传输线的尺寸、导线材料及所填充的介质参数有关。根据上面的分析，线上任一小段 $\mathrm{d}z$ 分布的电阻值应是 $R_0\mathrm{d}z$，电感值应是 $L_0\mathrm{d}z$，它们以串联的形式连接；线上任一小段 $\mathrm{d}z$ 分布的电导值应是 $G_0\mathrm{d}z$，电容值应是 $C_0\mathrm{d}z$，它们以并联的形式连接。由于线元 $\mathrm{d}z$ 的长度极小，可将上述全部分布参数用一集总参数的电路来等效，根据上面所述分布参数 $R_0\mathrm{d}z$、$L_0\mathrm{d}z$、$C_0\mathrm{d}z$、$G_0\mathrm{d}z$ 的物理意义和连接关系可以画出传输线元 $\mathrm{d}z$ 的等效电路，如图 6-2(b)所示的 Γ 形网络。由于每一线元 $\mathrm{d}z$ 均可用这样的集总参数电路来等效，因此，整个传输线就可看成由许多相同线元的集总参数等效电路级联而成，如图 6-2(c)所示。

不同传输线的分布参数可以结合传输线的具体结构、尺寸、填充的媒质来计算。

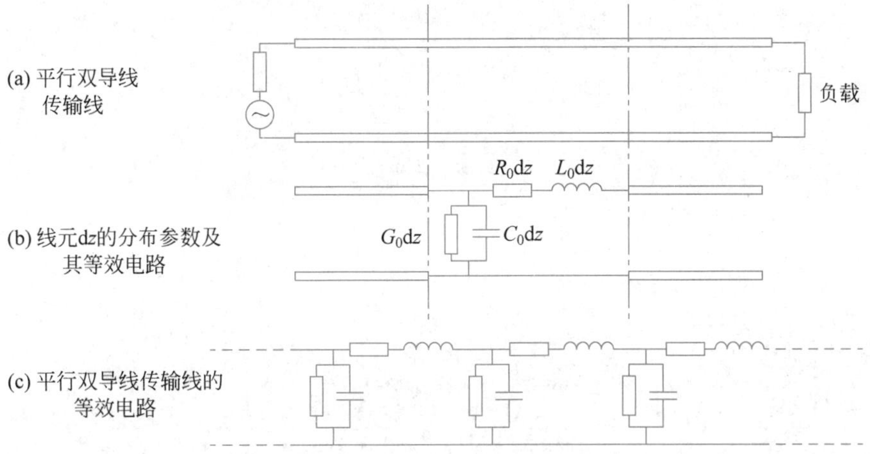

图 6-2　平行双导线传输线及其等效电路

表 6-1 列出了平行双导线和同轴线的四个分布参数值。

表 6-1　平行双导线和同轴线中的分布参数

分布参数	传输线	
	平行双导线 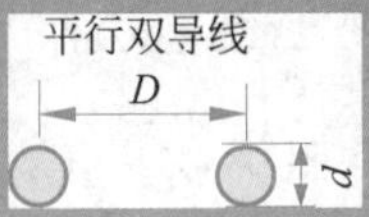	同轴线 
C_0(F/m)	$\pi\varepsilon/\ln\dfrac{D+\sqrt{D^2-d^2}}{d}$	$2\pi\varepsilon/\ln\dfrac{b}{a}$
L_0(H/m)	$\dfrac{\mu}{\pi}\ln\dfrac{D+\sqrt{D^2-d^2}}{d}$	$\dfrac{\mu}{2\pi}\ln\dfrac{b}{a}$
R_0(Ω/m)	$\dfrac{2}{\pi d}\sqrt{\dfrac{\omega\mu}{2\sigma}}$	$\sqrt{\dfrac{f\mu}{4\pi\sigma}}\left(\dfrac{1}{a}+\dfrac{1}{b}\right)$
G_0(S/m)	$\pi\sigma/\ln\dfrac{D+\sqrt{D^2-d^2}}{d}$	$2\pi\sigma/\ln\dfrac{b}{a}$

6.1.2　传输线方程及其时谐稳态解

1. 传输线方程及其通解

根据传输线的等效电路和基尔霍夫电压、电流定律，即可推导出传输线上电压、电流所满足的方程。如图 6-3 所示，选取负载位置为坐标原点，$+z$ 方向是由负载指向源。

设传输线上的电压和电流随时间做简谐变化，则电压、电流可用复数表示，即

$$u(z,t)=\mathrm{Re}[U(z)\mathrm{e}^{\mathrm{j}\omega t}],\quad i(z,t)=\mathrm{Re}[I(z)\mathrm{e}^{\mathrm{j}\omega t}] \tag{6-1}$$

在传输线上距 z 处的复电压和复电流分别为 $U(z)$ 和 $I(z)$，将基尔霍夫电压定律和电流定律用于传输线的 dz 段的等效电路，忽略高阶无穷小量，可得

$$\mathrm{d}U=I(R_0+\mathrm{j}\omega L_0)\mathrm{d}z \tag{6-2a}$$

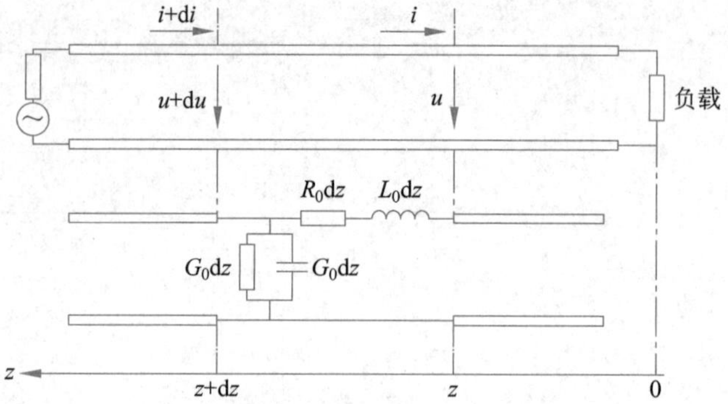

图 6-3　传输线及其等效电路

$$dI = U(G_0 + j\omega C_0)dz \tag{6-2b}$$

式(6-2)是传输线上电压和电流所满足的方程，称为传输线方程。该方程表明，线元 dz 上的电压降是电阻 $R_0 dz$ 和电感 $L_0 dz$ 上的电压降造成的，而 $z+dz$ 处的电流减少量是 dz 上电容 $C_0 dz$ 和电导 $G_0 dz$ 的分流造成的。式(6-2)两边同除以 dz，可得

$$\frac{dU(z)}{dz} = ZI(z) \tag{6-3a}$$

$$\frac{dI(z)}{dz} = YU(z) \tag{6-3b}$$

式中：Z 为传输线单位长度上的串联阻抗，$Z = R_0 + j\omega L_0$；Y 为传输线单位长度上的并联导纳，$Y = G_0 + j\omega C_0$。

式(6-3)两边对 z 求导，并应用式(6-3)消去其中的一阶导数项，可得

$$\frac{d^2U(z)}{dz^2} - ZYU(z) = 0 \tag{6-4a}$$

$$\frac{d^2I(z)}{dz^2} - ZYI(z) = 0 \tag{6-4b}$$

令

$$\gamma^2 = ZY = (R_0 + j\omega L_0)(G_0 + j\omega C_0)$$

则式(6-4)可写为

$$\frac{d^2U(z)}{dz^2} - \gamma^2 U(z) = 0 \tag{6-5a}$$

$$\frac{d^2I(z)}{dz^2} - \gamma^2 I(z) = 0 \tag{6-5b}$$

式(6-5)就是均匀传输线中电压和电流满足的波动方程，它与第 5 章导行波理论中导行电磁波的波动方程类似。其通解为

$$U(z) = A_1 e^{\gamma z} + A_2 e^{-\gamma z} \tag{6-6a}$$

将式(6-6a)代入式(6-3a)，得到

$$I(z) = \frac{1}{Z}\frac{dU(z)}{dz} = \frac{1}{Z_c}(A_1 e^{\gamma z} - A_2 e^{-\gamma z}) \tag{6-6b}$$

在式(6-6)中：A_1 和 A_2 是待定常数；而

$$Z_c=\sqrt{\frac{Z}{Y}}=\sqrt{\frac{R_0+j\omega L_0}{G_0+j\omega C_0}} \tag{6-7}$$

$$\gamma=\sqrt{ZY}=\sqrt{(R_0+j\omega L_0)(G_0+j\omega C_0)}=\alpha+j\beta \tag{6-8}$$

Z_c 具有阻抗量纲，为传输线的特性阻抗，其定义在下节给出。γ 是传输线上电压波和电流波的传播常数，它一般为复数，α 为衰减常数，β 为相移常数。

将式(6-6)写成瞬时表达式，则有

$$u(z,t)=|A_1|e^{\alpha z}\cos(\omega t+\beta z+\varphi_1)+|A_2|e^{-\alpha z}\cos(\omega t-\beta z+\varphi_2) \tag{6-9a}$$

$$i(z,t)=\frac{1}{|Z_c|}[|A_1|e^{\alpha z}\cos(\omega t+\beta z+\theta_1)-|A_2|e^{-\alpha z}\cos(\omega t-\beta z+\theta_2)] \tag{6-9b}$$

如同第5章的概念一样，$e^{-\gamma z}$ 是传播因子，表示传播过程是波动，因此 $A_2e^{-\gamma z}$ 是沿 z 传播的波，$A_1e^{\gamma z}$ 是沿负 z 传播的波，式(6-6a)说明，传输线上的电压是由两个朝相反方向传播的电压波叠加而成的。由于习惯上把传输线上从电源传向负载的波叫入射波，把从负载传向电源的波称为反射波，因此根据图6-3所规定的坐标系，$A_1e^{\gamma z}$ 是入射波，$A_2e^{-\gamma z}$ 是反射波。

2. 给定电路边界条件下传输线方程的解

式(6-6)给出了 $U(z)$ 和 $I(z)$ 最一般的表示式，其中的待定系数 A_1 和 A_2 可根据电路的边界条件来确定，一旦确定了这些常数，也就被确定了 $U(z)$ 和 $I(z)$ 的表示式。电路的边界条件通常有以下三种情况：

(1) 已知传输线的终端电压 U_0 和终端电流 I_0；

(2) 已知传输线的始端电压和电流；

(3) 已知信号源的电动势 E_g、内阻抗 Z_g 和负载 Z_0。

这里只讨论第一种电路边界条件的情况，即已知传输线的终端电压 U_0 和终端电流 I_0，要求出线上任意位置处电压和电流的表示式，这是实际问题中经常遇到的情况。如图6-4所示，若已知 $z=0$ 处的终端电压为 U_0，终端电流为 I_0，则

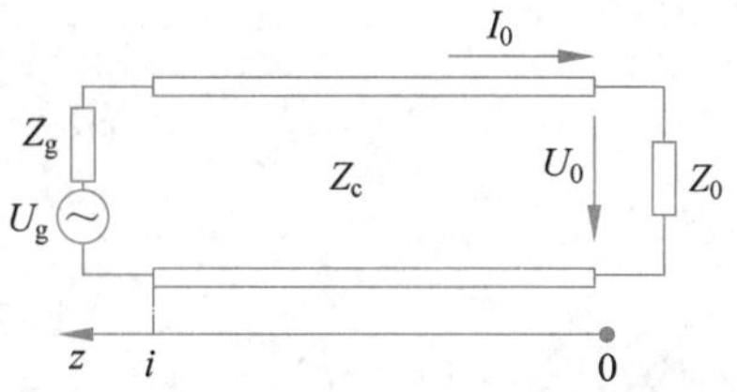

图6-4 传输线的坐标与边界条件

$$U(0)=A_1+A_2=U_0 \tag{6-10a}$$

$$I(0)=\frac{1}{Z_c}(A_1-A_2)=I_0 \tag{6-10b}$$

将其代入式(6-6)中，可以推出

$$A_1=\frac{U_0+I_0Z_c}{2} \tag{6-11a}$$

$$A_2=\frac{U_0-I_0Z_c}{2} \tag{6-11b}$$

将 A_1 和 A_2 代入式(6-6a)中,可得

$$U(z)=\frac{U_0+I_0Z_c}{2}e^{\gamma z}+\frac{U_0-I_0Z_c}{2}e^{-\gamma z} \tag{6-12}$$

令

$$U^+(z)=\frac{U_0+I_0Z_c}{2}e^{\gamma z} \tag{6-13a}$$

$$U^-(z)=\frac{U_0-I_0Z_c}{2}e^{-\gamma z} \tag{6-13b}$$

分别表示传输线上任意位置 z 处的入射波电压(传向负载的波)和反射波电压(传向电源的波),则有

$$U(z)=U^+(z)+U^-(z) \tag{6-14}$$

另外,令负载端处($z=0$)的入射波电压和反射波电压分别为

$$U_0^+=U^+(z=0)=\frac{U_0+I_0Z_c}{2},\quad U_0^-=U^-(z=0)=\frac{U_0-I_0Z_c}{2} \tag{6-15}$$

则入射波电压和反射波电压又可分别写为

$$U^+(z)=U_0^+e^{\gamma z},\quad U^-(z)=U_0^-e^{-\gamma z} \tag{6-16}$$

于是,传输线上 z 处的电压 $U(z)$ 可表示为

$$U(z)=U^+(z)+U^-(z)=U_0^+e^{\gamma z}+U_0^-e^{-\gamma z} \tag{6-17}$$

同理,传输线上 z 处的电流 $I(z)$ 可表示为

$$I(z)=I^+(z)+I^-(z)=I_0^+e^{\gamma z}+I_0^-e^{-\gamma z} \tag{6-18}$$

式中

$$I^+(z)=\frac{U_0+I_0Z_c}{2Z_c}e^{\gamma z}=I_0^+e^{\gamma z} \tag{6-19a}$$

$$I^-(z)=-\frac{U_0-I_0Z_c}{2Z_c}e^{-\gamma z}=I_0^-e^{-\gamma z} \tag{6-19b}$$

分别为传输线上 z 处的入射波电流和反射波电流。而

$$I_0^+=\frac{U_0+I_0Z_c}{2Z_c},\quad I_0^-=-\frac{U_0-I_0Z_c}{2Z_c} \tag{6-20}$$

分别为负载处的入射波电流和反射波电流。

对于无损耗传输线,$\alpha=0$,$\gamma=j\beta$,将以上各式中的 γ 换成 $j\beta$ 即可得到无损耗传输线上 z 处的入射波电压、电流和反射波电压、电流表达式。

至此得到了均匀传输线波动方程在已知传输线的终端电压 U_0 和终端电流 I_0 情况下的定解,利用上述结果可以进一步讨论传输线上反射波、入射波,以及它们与负载之间的相互关系,即各种工作状态。在此之前,需要介绍传输线上工作特性参数。

6.2 传输线的工作参数

6.2.1 传输线的特性阻抗

传输线的特性阻抗是无限长(无反射)传输线上任一点朝向传输线延伸方向看过去的阻抗,即传输线上行波电压与行波电流之比,可表示为

$$Z_c = \frac{U^+(z)}{I^+(z)} = -\frac{U^-(z)}{I^-(z)} \tag{6-21}$$

由式(6-13)、式(6-16)和式(6-8)可得特性阻抗的一般表示式为

$$Z_c = \sqrt{\frac{Z}{Y}} = \sqrt{\frac{R_0 + j\omega L_0}{G_0 + j\omega C_0}} \tag{6-22}$$

对于无损耗传输线,$R_0=0$,$G_0=0$,其特性阻抗为

$$Z_c = \sqrt{\frac{L_0}{C_0}} \tag{6-23}$$

在微波波段构成传输线的导体材料都是良导体,传输线中填充的介质也是良介质,一般有 $R_0 \ll \omega L_0$,$G_0 \ll \omega C_0$,故工作在微波波段的传输线的特性阻抗可以用式(6-23)表示。

由于传输线的分布参数 L_0、C_0 均取决于传输线的结构、尺寸、填充的媒质,其特性阻抗 Z_c 也取决于传输线自身的结构、尺寸、填充的媒质等参数,与源和负载的情况无关。

6.2.2 传播常数、相速度与传输线波长

式(6-8)给出了传播常数的一般表示式,其实部 α 为衰减常数,虚部 β 是相移常数。

对于无损耗传输线,$R_0=0$,$G_0=0$,由式(6-8)可得

$$\alpha = 0,\quad \beta = \omega\sqrt{L_0 C_0},\quad \gamma = j\beta \tag{6-24}$$

对于在微波波段工作的传输线,一般有 $R_0 \ll \omega L_0$,$G_0 \ll \omega C_0$,于是可得

$$\alpha \approx \frac{R_0}{2}\sqrt{\frac{C_0}{L_0}} + \frac{G_0}{2}\sqrt{\frac{L_0}{C_0}} \tag{6-25}$$

$$\beta \approx \omega\sqrt{L_0 C_0} \tag{6-26}$$

传输线中电磁信号传播的相速度为

$$v_p = \frac{\omega}{\beta} \tag{6-27}$$

将式(6-24)代入式(6-26)可得无损耗传输线和微波传输线中电压、电流波的相速度为

$$v_p = \frac{\omega}{\beta} = \frac{1}{\sqrt{L_0 C_0}} \tag{6-28}$$

把传输线上电压(或电流)波的相位相差 2π 的两个等相位面间的距离定义为传输线上的波长 λ,则

$$\lambda = \frac{v_p}{f} = \frac{2\pi}{\beta} \tag{6-29}$$

6.2.3 电压反射系数与电流反射系数

传输线上任意一点 z 处的电压(电流)都是该处入射波电压(电流)和反射波电压(电流)的叠加。反射现象是传输线上最基本的物理现象。为定量地描述反射现象,把传输线上任意一点处的反射波电压与入射波电压之比定义为该处的反射系数,即

$$\Gamma(z) = \frac{U^-(z)}{U^+(z)} = \frac{Z_0 - Z_c}{Z_0 + Z_c} e^{-2\gamma z} \tag{6-30}$$

如图 6-5 所示,对于无损耗传输线,$\gamma = j\beta$,将其代入式(6-16),并考虑到式(6-15),则传输线上的反射系数又可表示为

$$\Gamma(z) = \frac{U_0^- e^{-j\beta z}}{U_0^+ e^{j\beta z}} = \Gamma_0 e^{-j2\beta z} = |\Gamma_0| e^{j(\varphi_0 - 2\beta z)} \tag{6-31}$$

式中

$$\Gamma_0 = \frac{U_0^-}{U_0^+} = |\Gamma_0| e^{j\varphi_0} \tag{6-32}$$

Γ_0 是终端反射系数,φ_0 是其辐角。由于入射波的一部分能量被负载吸收,其余被反射,因此必有 $|U_0^-| \leqslant |U_0^+|$,这说明 $|\Gamma_0| \leqslant 1$。由式(6-31)可知,无损耗传输线上各处反射系数的模都等于负载端反射系数的模,而其辐角则随 z 而变。在传输线上观察点每移动 $\lambda/2$,反射系数的辐角改变 2π。

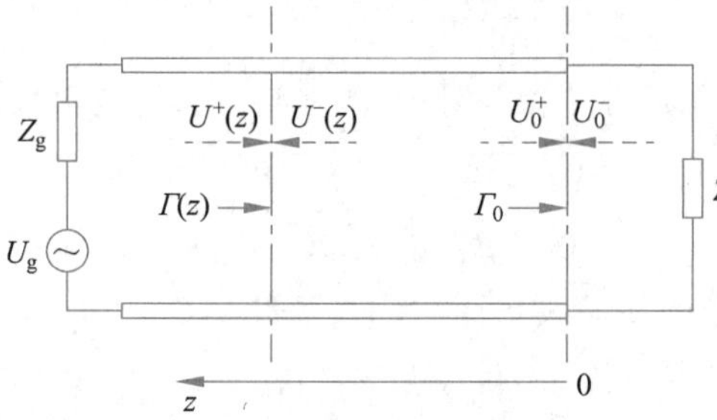

图 6-5 传输线上的反射系数

传输线上任意一点 z 处的电压(电流)都是该处入射波电压(电流)和反射波电压(电流)的叠加。有了反射系数,传输线上任意一点处的电压 $U(z)$ 和电流 $I(z)$ 可由反射系数 $\Gamma(z)$ 来表示。将式(6-30)分别代入式(6-17)、式(6-18)可得

$$U(z) = U^+(z) + U^-(z) = U^+(z)[1 + \Gamma(z)] \tag{6-33a}$$

$$I(z) = I^+(z) - I^-(z) = I^+(z)[1 - \Gamma(z)] \tag{6-33b}$$

6.2.4 输入阻抗和输入导纳

1. 输入阻抗

如图 6-6 所示,传输线上任一位置 z 处的电压 $U(z)$ 与电流 $I(z)$ 之比定义为从 z 处

参考面向负载方向看进去的输入阻抗。其可表示为

$$Z_{\text{in}}(z)=\frac{U(z)}{I(z)} \tag{6-34}$$

将式(6-12)、式(6-18)代入式(6-34),可得均匀无损耗传输线的输入阻抗为

$$\begin{aligned}Z_{\text{in}}(z)&=\frac{U^{+}(z)+U^{-}(z)}{I^{+}(z)+I^{-}(z)}\\&=Z_{c}\frac{Z_{0}+jZ_{c}\tan(\beta z)}{Z_{c}+jZ_{0}\tan(\beta z)}\end{aligned} \tag{6-35}$$

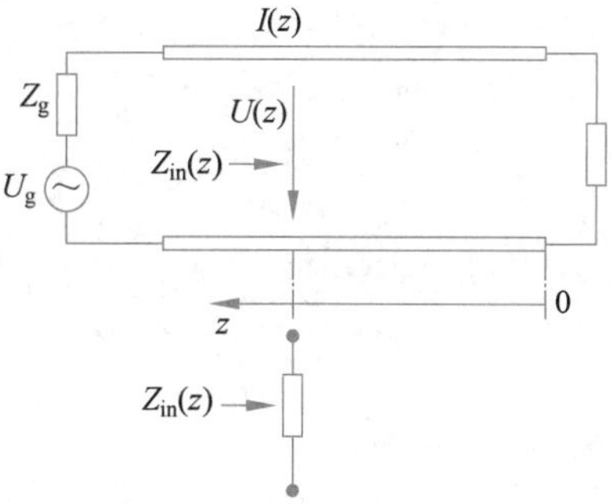

图 6-6 传输线上的输入阻抗

由(6-35)可以看到,传输线上的输入阻抗既随位置的变化而变化,又随终端负载的变化而变化。当 $Z_0=Z_c$ 时,有 $Z_{\text{in}}(z)=Z_c$,传输线上任意位置的输入阻抗都等于 Z_c。当 $Z_0=Z_c$ 时,$U_0=I_0Z_0=I_0Z_c$,将 $U_0=I_0Z_c$ 代入式(6-15)可知,反射波电压 $U^{-}(z)=0$。这说明终端负载 $Z_0=Z_c$ 的传输线上无反射波,这与传输线是无限长的情况等效。

当 $Z_0\neq Z_c$ 时,由式(6-35)可知,输入阻抗随 z 周期变化,周期为 $\lambda/2$。某一给定长度 z 的传输线与其终端负载一起,可以等效为一个阻抗,等效阻抗等于该传输线输入端的输入阻抗 $Z_{\text{in}}(z)$,如图 6-6 所示;看起来如同原来的负载阻抗 Z_0 被这段传输线"变换"为了 $Z_{\text{in}}(z)$,因此一段有限长的传输线段(长度为 $\lambda/2$ 整数倍时除外)具有阻抗变换的功能。

2. 输入阻抗与反射系数间的关系

对无损耗传输线,由式(6-21)、式(6-33)可得

$$Z_{\text{in}}(z)=\frac{U(z)}{I(z)}=\frac{U^{+}(z)[1+\Gamma(z)]}{I^{+}(z)[1-\Gamma(z)]}=Z_c\frac{1+\Gamma(z)}{1-\Gamma(z)} \tag{6-36}$$

将式(6-36)进行变换,可得无耗传输线上 z 处的输入阻抗与该处电压反射系数之间的关系为

$$\Gamma(z)=\frac{Z_{\text{in}}(z)-Z_c}{Z_{\text{in}}(z)+Z_c} \tag{6-37}$$

上两式说明,传输线上任意一点处的输入阻抗与该处的反射系数具有一一对应关系,两者之中只要知道其中一个,就可求出另一个。

在传输线理论中经常应用归一化阻抗的概念。对一个特性阻抗是 Z_c 的传输线,传输线上 z 处的归一化输入阻抗定义为输入阻抗除以特性阻抗,即

$$\bar{Z}_{\text{in}}(z)=\frac{Z_{\text{in}}(z)}{Z_c} \tag{6-38}$$

由式(6-37)、式(6-38)又可得

$$\bar{Z}_{\text{in}}(z)=\frac{1+\Gamma(z)}{1-\Gamma(z)},\quad \Gamma(z)=\frac{\bar{Z}_{\text{in}}(z)-1}{\bar{Z}_{\text{in}}(z)+1} \tag{6-39}$$

式(6-39)说明,对于任何一条均匀无损耗传输线,不论其特性阻抗为何值,其归一化输入阻抗与电压反射系数的一一对应关系都是同一个公式。

在 $z=0$ 的负载终端处，将 $z=0$ 代入式(6-37)和式(6-38)，则终端负载阻抗与终端电压反射系数之间的关系分别为

$$Z_0 = Z_c \frac{1+\Gamma_0}{1-\Gamma_0}, \quad \Gamma_0 = \frac{Z_0 - Z_c}{Z_0 + Z_c} \tag{6-40a}$$

$$\bar{Z}_0 = \frac{1+\Gamma_0}{1-\Gamma_0}, \quad \Gamma_0 = \frac{\bar{Z}_0 - 1}{\bar{Z}_0 + 1} \tag{6-40b}$$

3. 输入导纳

除了输入阻抗，为计算方便，还常用到输入导纳的概念。根据导纳与阻抗互为倒数的关系，由式(6-35)可直接写出输入导纳为

$$Y_{in} = \frac{I(z)}{U(z)} = \frac{1}{Z_{in}} = Y_c \frac{Y_0 + jY_c \tan\beta z}{Y_c + jY_0 \tan\beta z} \tag{6-41}$$

式中：$Y_c = 1/Z_c$ 为传输线的特性导纳；$Y_0 = 1/Z_0$ 为传输线的负载导纳。

输入导纳与反射系数之间的关系为

$$\Gamma(z) = \frac{Y_c - Y_{in}(z)}{Y_c + Y_{in}(z)}, \quad Y_{in} = Y_c \frac{1-\Gamma(z)}{1+\Gamma(z)} \tag{6-42}$$

同理，归一化输入导纳与反射系数之间的关系为

$$\bar{Y}_{in}(z) = \frac{Y_{in}}{Y_c} = \frac{1}{\bar{Z}_{in}(z)} = \frac{1-\Gamma(z)}{1+\Gamma(z)}, \quad \Gamma(z) = \frac{1-\bar{Y}_{in}(z)}{1+\bar{Y}_{in}(z)} \tag{6-43}$$

在 $z=0$ 的负载终端处，有

$$\bar{Y}_0 = \frac{Y_0}{Y_c} = \frac{1}{\bar{Z}_0} = \frac{1-\Gamma_0}{1+\Gamma_0}, \quad \Gamma_0 = \frac{1-\bar{Y}_0}{1+\bar{Y}_0} \tag{6-44}$$

$$Y_0(z) = \frac{1}{Z_0} = Y_c \frac{1-\Gamma_0}{1+\Gamma_0}, \quad \Gamma_0 = \frac{Y_c - Y_0}{Y_c + Y_0} \tag{6-45}$$

6.2.5 驻波系数与行波系数

反射现象是传输线上最基本的物理现象。为了描述传输线上反射现象的程度大小，又可引入电压驻波系数 ρ(又称为电压驻波比)，定义为传输线上电压的最大振幅值与电压的最小振幅值之比，即

$$\rho = \frac{|U(z)|_{max}}{|U(z)|_{min}} \tag{6-46}$$

传输线上任意一点处的电压 $U(z)$ 与电流 $I(z)$ 可由反射系数 $\Gamma(z)$ 来表示如式(6-33a)、式(6-33b)，可得

$$U(z) = U^+(z) + U^-(z) = U^+(z)[1+\Gamma(z)] = U_0^+ e^{j\beta z}[1 + |\Gamma_0| e^{-j(2\beta z - \varphi_0)}] \tag{6-47a}$$

$$I(z) = I^+(z) + I^-(z) = I^+(z)[1-\Gamma(z)] = I_0^+ e^{j\beta z}[1 - |\Gamma_0| e^{-j(2\beta z - \varphi_0)}] \tag{6-47b}$$

它们的幅值分别为

$$|U(z)|=|U_0^+|\sqrt{1+|\Gamma_0|^2+2|\Gamma_0|\cos(2\beta z-\varphi_0)} \tag{6-48a}$$

$$|I(z)|=|I_0^+|\sqrt{1+|\Gamma_0|^2-2|\Gamma_0|\cos(2\beta z-\varphi_0)} \tag{6-48b}$$

由上式可知,电压和电流的幅值是坐标 z 的函数。

对于均匀无损耗传输线,当 $\cos(2\beta z-\varphi_0)=1$ 时,电压振幅取最大值 $|U(z)|_{\max}=|U_0^+|(1+|\Gamma_0|)$;当 $\cos(2\beta z-\varphi_0)=-1$ 时,电压振幅取最小值 $|U(z)|_{\min}=|U_0^+|(1-|\Gamma_0|)$。均匀无损耗传输线的驻波系数为

$$\rho=\frac{|U(z)|_{\max}}{|U(z)|_{\min}}=\frac{1+|\Gamma_0|}{1-|\Gamma_0|} \tag{6-49}$$

可见,在均匀无损耗传输线上,驻波比处处相等。由于 $|\Gamma(z)|$ 的变化范围是 $0\leqslant|\Gamma(z)|\leqslant1$,所以 ρ 的变化范围是 $1\leqslant\rho\leqslant\infty$。由上式还可得到

$$|\Gamma(z)|=|\Gamma_0|=\frac{\rho-1}{\rho+1} \tag{6-50}$$

ρ 同样可以表示传输线上电流的最大振幅值与电流的最小振幅值之比,即

$$\rho=\frac{|I(z)|_{\max}}{|I(z)|_{\min}}=\frac{1+|\Gamma(z)|}{1-|\Gamma(z)|}=\frac{1+|\Gamma_0|}{1-|\Gamma_0|} \tag{6-51}$$

除了驻波比之外,有时还用行波系数来表示传输线上反射波的强弱程度,其定义为

$$K=\frac{|U(z)|_{\min}}{|U(z)|_{\max}}=\frac{|I(z)|_{\min}}{|I(z)|_{\max}} \tag{6-52}$$

行波系数是驻波系数的倒数,即

$$K=\frac{1-|\Gamma(z)|}{1+|\Gamma(z)|}=\frac{1-|\Gamma_0|}{1+|\Gamma_0|}=\frac{1}{\rho} \tag{6-53}$$

显然,行波系数的变化范围是 $0\leqslant K\leqslant1$。

6.3 无损耗传输线的工作状态

传输线上最基本的物理现象是反射。对于无损耗传输线,按反射系数模值的大小,可将传输线的工作状态分为三种:$\Gamma(z)=0$ 的行波工作状态;$|\Gamma(z)|=1$ 的驻波工作状态;$0<|\Gamma(z)|<1$ 的行驻波工作状态。下面分别讨论这三种工作状态下传输线上电压、电流的分布情况及传输线的阻抗特性。

6.3.1 行波状态

若传输线上处处有 $\Gamma(z)=0$,则传输线处于无反射工作状态,也称为行波状态。由 6.2 节内容可知,传输线上 $\Gamma(z)=0$ 时,则 $U^-(z)=0$,$\Gamma_0=0$,$Z_0=Z_c$。传输线上没有反射波,只有从源向负载方向的入射行波。式(6-17)可简化为

$$U(z)=U^+(z)=U_0^+\mathrm{e}^{\mathrm{j}\beta z} \tag{6-54a}$$

$$I(z)=I^+(z)=I_0^+\mathrm{e}^{\mathrm{j}\beta z}=\frac{U_0^+}{Z_c}\mathrm{e}^{\mathrm{j}\beta z} \tag{6-54b}$$

传输线上电压、电流的振幅值为

$$|U(z)|=|U^+(z)|=|U_0^+(z)|, \quad |I(z)|=|I^+(z)|=|I_0^+(z)|$$

而传输线上各点的输入阻抗均为 $Z_{in}(z)=Z_c$。

以上讨论说明，当传输线终端负载阻抗 Z_0 等于传输线特性阻抗 Z_c 时，传输线处于无反射工作状态或称行波工作状态，传输线上电压、电流振幅值不变，其相位随 z 的减小而连续滞后。传输线上任意一点的输入阻抗都等于传输线的特性阻抗。由式(6-51)、式(6-52)可知 $\Gamma(z)=0$ 的无反射工作状态对应驻波系数 $\rho=1$，行波系数 $K=1$。

6.3.2 驻波状态

驻波状态又称全反射状态。由式(6-30)可知，当传输线终端短路、开路或接有纯电抗性(电感性或电容性)负载时，传输线上处处 $|\Gamma(z)|=1$，使得传输线处于全反射工作状态。此时终端负载不吸收能量，从信号源传向负载的入射波能量在终端被负载全反射，传输线上的入射波与反射波叠加，形成了驻波状态。下面讨论这几种情况。

1. 终端短路

终端被理想导体所短路的传输线称为短路线。传输线终端短路时，$Z_0=0$，由式(6-31)可知，$\Gamma_0=-1$。将其代入式(6-47)，并应用欧拉公式，可得传输线上任意位置 z 的电压和电流分别为

$$U(z)=\mathrm{j}2U_0^+\sin\beta z \tag{6-55a}$$

$$I(z)=2I_0^+\cos\beta z=2\frac{U_0^+}{Z_c}\cos\beta z \tag{6-55b}$$

式中：U_0^+、I_0^+ 分别为终端入射波电压和终端入射波电流。

因为 U_0^+ 和 I_0^+ 同相，可以把电压和电流的瞬时值表示为

$$u(z,t)=\mathrm{Re}[U(z)\mathrm{e}^{\mathrm{j}\omega t}]=2|U_0^+|\sin\beta z\cos(\omega t+\phi_0+\pi/2) \tag{6-56a}$$

$$i(z,t)=\mathrm{Re}[I(z)\mathrm{e}^{\mathrm{j}\omega t}]=2\frac{U_0^+}{Z_c}\cos\beta z\cos(\omega t+\phi_0) \tag{6-56b}$$

简便起见，设 $\phi_0=0$。根据式(6-56)可以画出短路线沿线电压、电流的瞬时分布曲线，如图 6-7 (a)所示。由式(6-55)可知，沿线各点电压和电流均随时间做余弦变化，且电压和电流在时间相位上相差 $\pi/2$。当 $\omega t=0$ 时，线上各点电压均为零，而电流模值 $|i(z,t)|$ 则达到各点的最大值，即 $2|\cos\beta z||I_0^+|$；当 t 逐渐增加，在 $0<\omega t<\pi/2$ 时间范围内，线上各点电压模值 $|u(z,t)|$ 逐渐增大，而电流模值则逐渐减小；当 $\omega t=\pi/2$ 时，线上各点电压模值达到各点的最大值，即 $2|\sin\beta z||U_0^+|$，而各点电流均为零；当 t 继续增加，在 $\pi/2<\omega t<\pi$ 时间范围内，传输线上各点电压模值逐渐减小，而电流模值则逐渐增大；当 $\omega t=\pi$ 时，线上各点电压均为零，各点电流模值达到各点的最大值。由此可见，沿线电压、电流的分布曲线虽然是波状曲线，但均随时间做原地上下振动，不存在“随时间变化，等相位面向前推移”的典型行波特征，因此短路线上的电压、电流是停驻不动的波状分布，称为驻波。

由式(6-56)可得沿线电压、电流的振幅分别为

$$|U(z)|=|2U_0^+||\sin\beta z| \tag{6-57a}$$

$$|I(z)|=|2I_0^+||\cos\beta z| \tag{6-57b}$$

振幅分布曲线如图6-7(b)所示。由式(6-57a)可知,当 $\beta z=n\pi(n=0,1,2,\cdots)$ 时,即 $z=n\lambda/2(n=0,1,2,\cdots)$ 处,电压为零,电流振幅具有最大值。这些位置称为电压波节点、电流波腹点,且

$$|U(z)|_{\min}=0\quad,|I(z)|_{\max}=2|I_0^+|$$

当 $\beta z=(2n+1)\pi/2(n=0,1,2,\cdots)$ 时,即在 $z=(2n+1)\lambda/4(n=0,1,2,\cdots)$ 处,电压振幅具有最大值,电流为零。这些位置称为电压波腹点、电流波节点,且

$$|U(z)|_{\max}=2|U_0^+|,\quad |I(z)|_{\min}=0$$

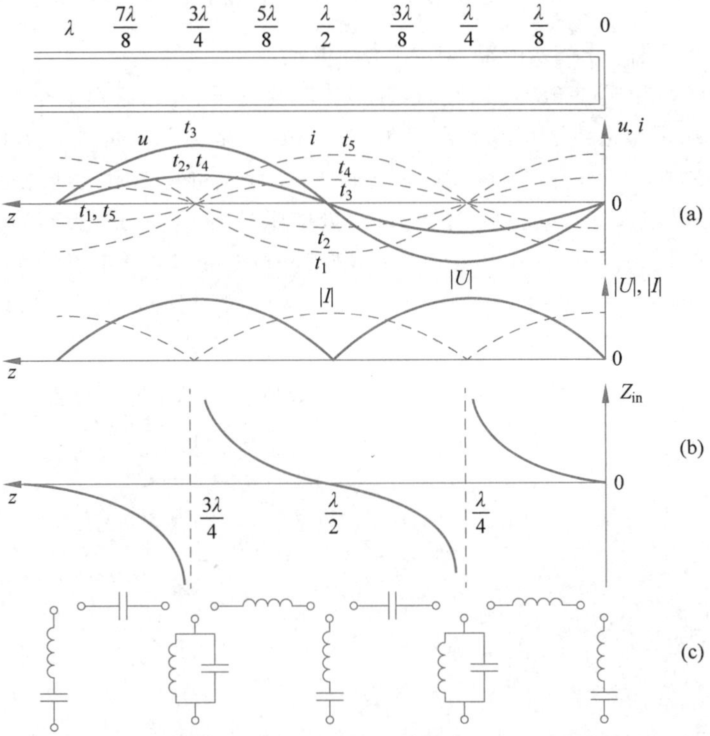

图6-7 无损耗短路线上电压、电流振幅分布及阻抗分布

将式(6-55)代入式(6-34)可得短路线的输入阻抗为

$$Z_{\text{in}}(z)=\text{j}Z_{\text{c}}\tan\beta z \tag{6-58}$$

显然 $Z_{\text{in}}(z)$ 是一个纯电抗。由于短路线输入阻抗是纯电抗性的,短路传输线只起储存能量的作用。图6-7(c)是短路线输入阻抗分布。由图可见,输入阻抗在电压波腹点(电流波节点)相当于低频电路中的并联谐振;在电压波节点(电流波腹点)则相当于串联谐振;在其他位置的输入阻抗或呈感性或呈容性,其输入电抗的变化范围为 $-\infty<X_{\text{in}}<\infty$。根据这个特点,可以用短路线做成具有各种电抗值的电抗元件。

2. 开路线(终端开路传输线)

当传输线的终端开路时，$Z_0=\infty$，$\Gamma_0=1$，$\Gamma(z)=e^{-j2\beta z}$，将它们代入式(6-47)，并应用欧拉公式，可得传输线上任意位置 z 处的电压和电流分别为

$$U(z)=2U_0^+\cos\beta z \tag{6-59a}$$

$$I(z)=j2\frac{U_0^+}{Z_c}\sin\beta z \tag{6-59b}$$

由式(6-34)可得开路线的输入阻抗为

$$Z_{in}(z)=-jZ_c\cot\beta z \tag{6-60}$$

上式还可以写成

$$Z_{in}(z)=jZ_c\tan\left(\beta z+\frac{\pi}{2}\right)=jZ_c\tan\beta\left(z+\frac{\lambda}{4}\right) \tag{6-61}$$

与短路线的情况一样，开路线的输入阻抗为纯电抗。

比较式(6-61)和式(6-58)可以看出，开路传输线电压、电流振幅分布规律和输入阻抗分布特性可用缩短短路线法得到。即只需把图 6-6 的坐标原点向源的方向移动 $\lambda/4$，就可得到如图 6-8 所示的开路线电压、电流振幅分布曲线和输入阻抗变化曲线。由图 6-8 可知，开路线终端以及 $z=n\lambda/2(n=1,2,\cdots)$ 处的阻抗趋于∞，是电压波腹点、电流波节点，相当于并联谐振；$z=(2n+1)\lambda/4(n=0,1,2,\cdots)$ 处的输入阻抗为零，是电压波节点、

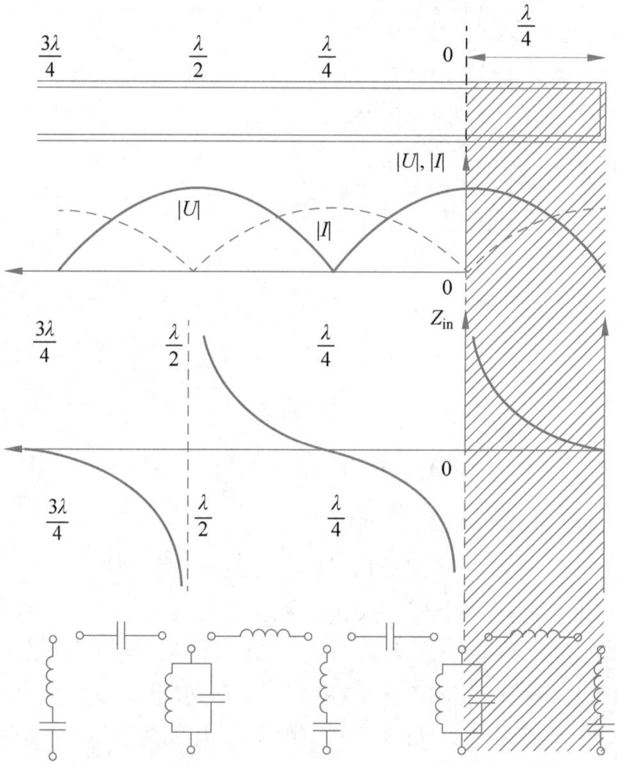

图 6-8　开路线上电压、电流振幅分布及阻抗分布

电流波腹点，相当于串联谐振。在其他位置的输入阻抗或呈感性或呈容性，其输入电抗值的变化范围为$-\infty<X_{in}<\infty$。根据这个特点，可以用开路线做成具有各种电抗值的电抗元件。

3. 传输线终端接纯电抗性负载

若传输线终端接有纯电感性或纯电容性负载，则$Z_0=jX_0$，将其代入式(6-40a)可得

$$\Gamma_0=\frac{Z_0-Z_c}{Z_0+Z_c}=\frac{jX_0-Z_c}{jX_0+Z_c}=e^{j\phi_0}$$

式中：$\phi_0=\arctan[2X_0Z_c/(X_0^2-Z_c^2)]$；$|\Gamma_0|=1$。由于$|\Gamma_0|=1$，入射电压、电流波被终端全反射，使得传输线上处处$|\Gamma(z)|=1$，传输线也呈驻波状态。因为短路线或开路线输入阻抗都是纯电抗，其数值在$-\infty\sim+\infty$之间变化，所以纯电抗性负载可以用一定长度的短路线或开路线来代替。根据上面的分析，为了得到传输线上电压和电流的振幅分布规律，可以把接在传输线终端$Z_0=jX_0$的纯电抗负载换成输入阻抗$Z_{in}(l)=jX_0$的一段长度为l的短路线，这不会改变原传输线(即终端接$Z_0=jX_0$的传输线)上电压、电流振幅分布及阻抗分布。据此只需将短路线电压、电流及阻抗分布曲线图的坐标原点向源的方向移动一个距离l_{eL}或l_{eC}，就可得到如图6-9所示的接纯电抗负载的传输线上电压、电流及阻抗分布曲线。

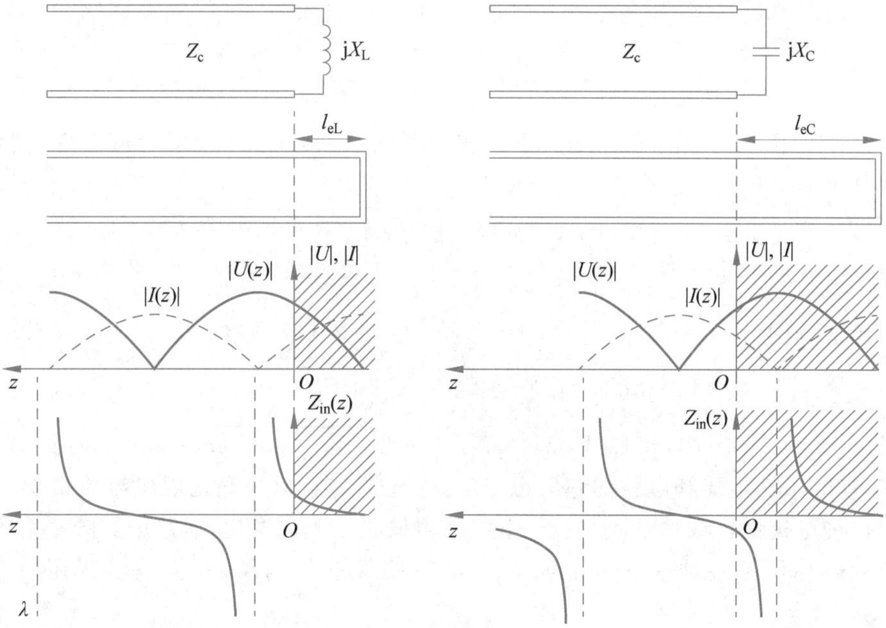

图6-9 终端接纯电抗性负载时电压、电流振幅分布及阻抗分布

当传输线终端接纯电感负载X_L时，坐标原点从短路点向前移动的距离为

$$l_{eL}=\frac{\lambda}{2\pi}\arctan\frac{X_L}{Z_c} \tag{6-62}$$

当传输线终端接纯电容负载X_C时，坐标原点从短路点向前移动的距离为

$$l_{eC}=\frac{\lambda}{4}+\frac{\lambda}{2\pi}\arctan\frac{X_C}{Z_c} \tag{6-63}$$

长度小于 $\lambda/4$ 的短路线的输入阻抗为感抗，相当于一个电感；长度小于 $\lambda/4$ 的开路线的输入阻抗为容抗，相当于一个电容。在微波技术中常用这种短路线或开路线构成电感或电容。

6.3.3 行驻波工作状态

若传输线终端接有复阻抗 $Z_0=R_0\pm jX_0$，此时从信号源传向负载的能量有一部分被负载所吸收，另一部分被反射，在传输线上既有行波成分又有驻波成分，这时传输线处于部分反射工作状态，又称为行驻波状态。

将 $Z_0=R_0\pm jX_0$ 代入式(6-40a)，可得终端电压反射系数为

$$\Gamma_0=\frac{Z_0-Z_c}{Z_0+Z_c}=\frac{R_0-Z_c\pm jX_0}{R_0+Z_c\pm jX_0}=\frac{R_0^2-Z_c^2+X_0^2}{(R_0+Z_c)^2+X_0^2}\pm j\frac{2X_0Z_c}{(R_0+Z_c)^2+X_0^2}=|\Gamma_0|e^{\pm j\phi_0} \tag{6-64}$$

式中

$$|\Gamma_0|=\left[\frac{(R_0-Z_c)^2+X_0^2}{(R_0+Z_c)^2+X_0^2}\right]^{1/2} \tag{6-65}$$

$$\phi_0=\arctan\frac{2X_0Z_c}{R_0^2+X_0^2-Z_c^2} \tag{6-66}$$

$|\Gamma_0|<1$，表明传到负载的入射波能量，一部分被负载所吸收，其余被负载反射，使传输线处于部分反射工作状态。由式(6-47)可得

$$U(z)=U_0^+e^{j\beta z}\left[1+|\Gamma_0|e^{-j(2\beta z-\phi_0)}\right] \tag{6-67a}$$

$$I(z)=I_0^+e^{j\beta z}\left[1-|\Gamma_0|e^{-j(2\beta z-\phi_0)}\right] \tag{6-67b}$$

它们的幅值分别为

$$|U(z)|=|U_0^+|\sqrt{1+|\Gamma_0|^2+2|\Gamma_0|\cos(2\beta z-\phi_0)} \tag{6-68a}$$

$$|I(z)|=|I_0^+|\sqrt{1+|\Gamma_0|^2-2|\Gamma_0|\cos(2\beta z-\phi_0)} \tag{6-68b}$$

由上式可知，虽然电压和电流的幅值也是坐标 z 的函数，但其变化规律与短路线、开路线和终端接纯电抗性负载时不同，电压、电流不再按正弦规律变化，而是按如图 6-12 所示的非正弦的规律周期性地变化。下面讨论行驻波状态下电压、电流及输入阻抗的分布规律。

1. 电压、电流的波腹点和波节点

根据式(6-68)可知，当 $2\beta z-\phi_0=2n\pi(n=0,1,2,\cdots)$ 时，电压振幅取最大值、电流振幅取最小值，分别为

$$|U(z)|_{max}=|U_0^+|(1+|\Gamma_0|) \tag{6-69a}$$

$$|I(z)|_{min}=|I_0^+|(1-|\Gamma_0|) \tag{6-69b}$$

因此，这些位置是电压波腹点、电流波节点，其坐标值为

$$z = z_{\max} = \frac{\phi_0 \lambda}{4\pi} + \frac{n\lambda}{2} \tag{6-70}$$

当 $2\beta z - \phi_0 = (2n+1)\pi (n=0,1,2,\cdots)$ 时，电压振幅取最小值、电流振幅取最大值，分别为

$$|U(z)|_{\min} = |U_0^+|(1 - |\Gamma_0|) \tag{6-71a}$$

$$|I(z)|_{\max} = |I_0^+|(1 + |\Gamma_0|) \tag{6-71b}$$

因此，这些位置是电压波节点、电流波腹点，其坐标值为

$$z = z_{\min} = \frac{\phi_0 \lambda}{4\pi} + \frac{(2n+1)\lambda}{4} \tag{6-72}$$

可见，电压波腹点与相邻的电压波节点相距 $\lambda/4$，或者说，有 $\pi/2$ 的空间相位差。电流波腹点与相邻的电流波节点也相距 $\lambda/4$，有 $\pi/2$ 的空间相位差，如图 6-10 所示。

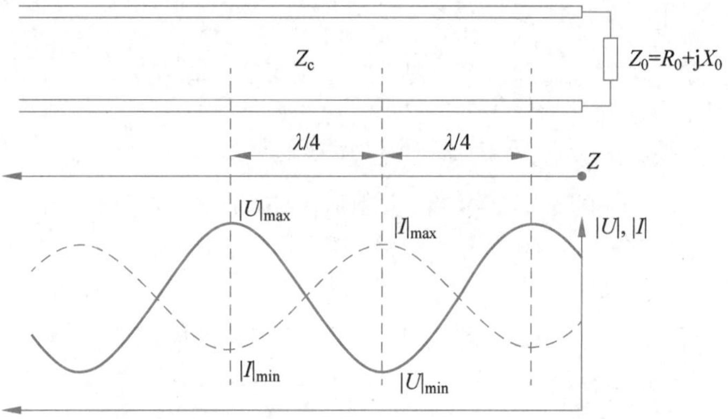

图 6-10 传输线终端接任意复阻抗时电压、电流振幅分布曲线

2. 输入阻抗分布规律

当传输线终端接有任意负载阻抗 $Z_0 = R_0 \pm jX_0$ 时，其输入阻抗的表示式为

$$Z_{in}(z) = Z_c \frac{Z_0 + jZ_c \tan\beta z}{Z_c + jZ_0 \tan\beta z} = R_{in}(z) + jX_{in}(z)$$

式中：$R_{in}(z)$、$X_{in}(z)$分别为 $Z_{in}(z)$的实部和虚部。

根据以上公式，图 6-11 中绘出了传输线终端负载为某一感性阻抗时，$R_{in}(z)$、$X_{in}(z)$和 $Z_{in}(z)$的沿线分布曲线。

由图 6-11 中曲线可知，传输线终端接负载时，输入阻抗有如下分布特点：

(1) 输入阻抗的数值周期性变化，在电压腹点和电压节点处输入阻抗为纯电阻。

在电压波腹点(即电流波节点)处，即 $z = \phi_0 \lambda/4\pi + n\lambda/2$ 处，有

$$U(z) = U_0^+ e^{j\beta z}[1 + |\Gamma_0|] \tag{6-73a}$$

$$I(z) = I_0^+ e^{j\beta z}[1 - |\Gamma_0|] \tag{6-73b}$$

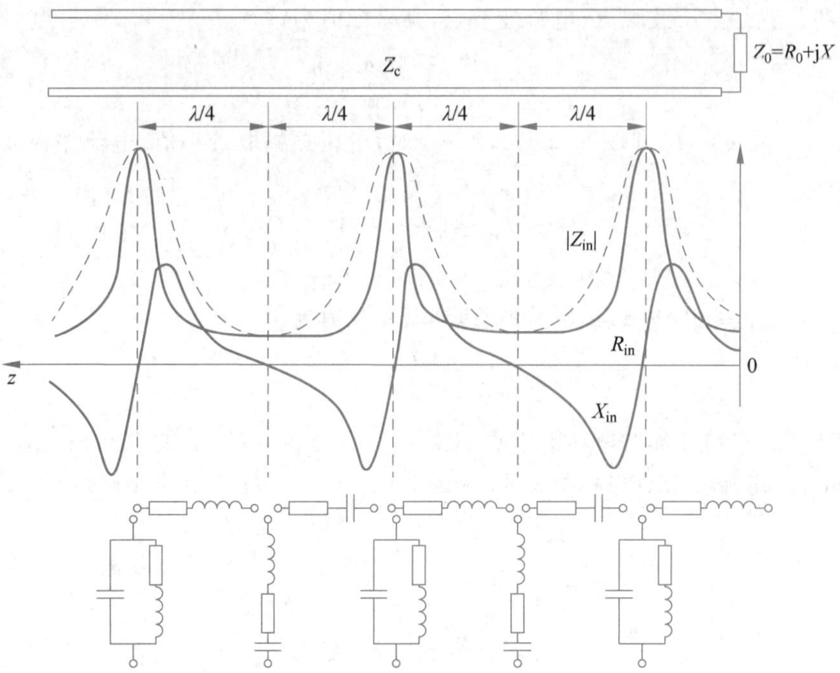

图 6-11 传输线终端接感性阻抗时传输线的输入阻抗分布曲线

输入阻抗

$$Z_{in}(z)=\frac{U(z)}{I(z)}=\frac{U_0^+}{I_0^+}\frac{1+|\Gamma_0|}{1-|\Gamma_0|}=\frac{|U(z)|_{max}}{|I(z)|_{min}}=Z_c\frac{1+|\Gamma_0|}{1-|\Gamma_0|}=\rho Z_c>Z_c \tag{6-74}$$

为纯电阻，其值最大，而此时归一化输入阻抗 $\bar{Z}_{in}(z)=Z_{in}(z)/Z_c=\rho$。

在电压波节点(即电流波腹点)，即 $z=\phi_0\lambda/4\pi+(2n+1)\lambda/4$ 处，有

$$U(z)=U_0^+e^{j\beta z}[1-|\Gamma_0|] \tag{6-75a}$$

$$I(z)=I_0^+e^{j\beta z}[1+|\Gamma_0|] \tag{6-75b}$$

输入阻抗

$$Z_{in}(z)=\frac{U(z)}{I(z)}=\frac{U_0^+}{I_0^+}\frac{1-|\Gamma_0|}{1+|\Gamma_0|}=\frac{|U(z)|_{min}}{|I(z)|_{max}}=Z_c\frac{1-|\Gamma_0|}{1+|\Gamma_0|}=KZ_c<Z_c \tag{6-76}$$

为纯电阻，其值最小，此时归一化输入阻抗 $\bar{Z}_{in}(z)=Z_{in}(z)/Z_c=K$。

由式(6-70)和式(6-72)可知，相邻的 z_{max} 和 z_{min} 之间的距离为 $\lambda/4$。因此，长度为 $\lambda/4$ 的传输线段可以作为电阻变换器，电阻变换器在传输线阻抗匹配中有着广泛应用。

(2) 每隔 $\lambda/4$，阻抗的性质变换一次，容性阻抗变成感性阻抗，感性阻抗变成容性阻抗，即长度为 $\lambda/4$ 奇数倍的传输线具有阻抗变换功能。

(3) 每隔 $\lambda/2$，阻抗重复一次，即阻抗具有 $\lambda/2$ 重复性。因此，长度为 $\lambda/2$ 整数倍的传输线，其输入阻抗等于负载阻抗。

6.4 阻抗圆图和导纳圆图

在微波技术中经常需要根据传输线终端负载阻抗 Z_0 求传输线上某点 z 处的输入阻抗 $Z_{in}(z)$，这类问题的计算程序是

$$Z_0 \longrightarrow \Gamma_0 \longrightarrow \Gamma(z) \longrightarrow Z_{in}(z)$$

即首先由终端负载阻抗 Z_0 计算出终端的反射系数 Γ_0，然后由终端的反射系数 Γ_0 计算出某点 z 处的反射系数 $\Gamma(z)$，再由该 z 点处的反射系数 $\Gamma(z)$ 计算出该 z 点处的输入阻抗 $Z_{in}(z)$。或者经常需要计算上述问题的逆问题，即计算程序由 $Z_{in}(z)$ 到 Z_0。

$$Z_{in}(z) \longrightarrow \Gamma(z) \longrightarrow \Gamma_0 \longrightarrow Z_0$$

输入阻抗与反射系数之间的关系为

$$\Gamma(z)=\frac{Z_{in}(z)-Z_c}{Z_{in}(z)+Z_c},\quad Z_{in}(z)=Z_c\frac{1+\Gamma(z)}{1-\Gamma(z)}$$

因此，应用上述公式按以上顺序一步一步计算 Z_{in} 和 Γ 并不困难，但由于每一步都是复数运算，所以会很烦琐。

其实，输入阻抗 $Z_{in}(z)$ 与反射系数 $\Gamma(z)$ 的关系在数学上是一个分式变换关系。它表明每给一个反射系数 $\Gamma(z)$，可以通过上述分式变换唯一计算出对应的输入阻抗 $Z_{in}(z)$。若反射系数 $\Gamma(z)$ 随坐标位置 z 的变化轨迹用一条曲线来描述，则通过此分式变换 $Z_{in}(z)$ 随坐标位置 z 的变化轨迹就可以用另一条对应的曲线来描述，并且 $Z_{in}(z)$ 曲线上的值与 $\Gamma(z)$ 曲线上的值是一一对应的。这样一来，就有可能通过查对应的曲线由反射系数 $\Gamma(z)$ 求出输入阻抗 $Z_{in}(z)$，或反过来由 $Z_{in}(z)$ 求出 $\Gamma(z)$。在计算机普及应用之前，这种图解式的计算方法是一种非常有效的计算方法。现在它仍然是一种简便、有效的计算方法，其计算精度能满足工程上的一般要求。但更重要的是，它还能为传输线的各种问题在物理原理和物理概念上提供非常直观、明晰的几何意义的阐释，如传输线的工作状态、传输线的阻抗匹配等。

上述的 $\Gamma(z)$ 曲线和对应的 $Z_{in}(z)$ 曲线，由于它们实际上是一些圆，故名圆图。圆图包括反射系数圆、阻抗圆和导纳圆三族圆，下面逐一进行讨论。

6.4.1 反射系数圆

无耗传输线上任一点的反射系数为

$$\Gamma(z)=|\Gamma_0|\mathrm{e}^{\mathrm{j}(\phi_0-2\beta z)}=|\Gamma_0|\mathrm{e}^{\mathrm{j}\phi} \tag{6-77}$$

$\Gamma(z)$ 为复数，将其用直角坐标表示成实部 Γ_a 与虚部 Γ_b 为

$$\Gamma(z)=\Gamma_a(z)+\mathrm{j}\Gamma_b(z) \tag{6-78}$$

显然，有

$$\Gamma_a(z)=|\Gamma_0|\cos(\phi_0-2\beta z) \tag{6-79}$$

$$\Gamma_b(z)=|\Gamma_0|\sin(\phi_0-2\beta z) \tag{6-80}$$

在以实部 Γ_a、虚部 Γ_b 构成的反射系数复平面内，不难得出上述反射系数满足方程

$$\Gamma_a^2 + \Gamma_b^2 = |\Gamma_0|^2 \tag{6-81}$$

这是以坐标原点为中心、以$|\Gamma_0|$为半径的圆，也就是反射系数的模值为常数$|\Gamma_0|$的轨迹。对不同的Z_0，会得出反射系数半径$|\Gamma_0|$不同的圆，从而传输线上全部的反射系数将构成一族以坐标原点为中心、以$|\Gamma_0|$为半径的同心圆。图 6-12(a)分别给出了$|\Gamma|$为0.2、0.5、0.8、1.0 的等反射系数圆。因为所有的反射系数必须满足$|\Gamma_0|\leqslant 1$，所以最大的反射系数圆的是半径等于 1 的圆，其余所有的反射系数圆均位于该圆内。又由于$|\Gamma_0|$可换算成电压驻波比ρ，所以$|\Gamma(z)|$等于常数的圆还代表ρ等于常数的圆。图 6-15(a)同时分别给出了对应于ρ为 1.5、3、9、∞的驻波系数圆。

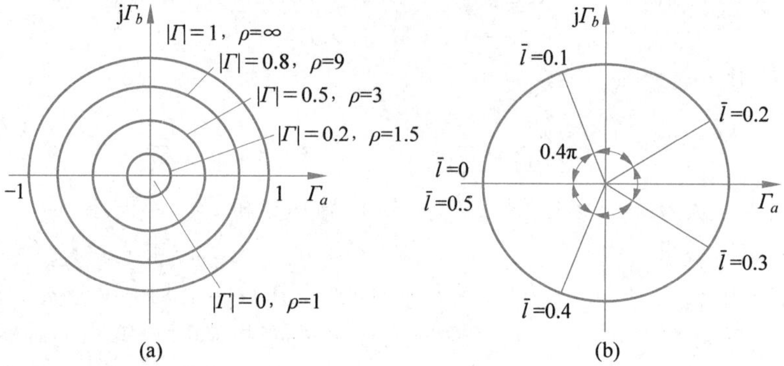

图 6-12 等反射系数圆

反射系数的辐角为

$$\phi = \arctan\left(\frac{\Gamma_b}{\Gamma_a}\right) = \phi_0 - 2\beta z \tag{6-82}$$

ϕ 等于常数的等辐角线是一族从坐标原点出发、终止于单位圆的射线，图 6-12(b)给出了不同辐角 ϕ 所对应的等辐角线。通常在单位圆外侧标出电压反射系数的辐角 ϕ，并规定单位圆与复平面正实轴的交点为计算辐角的起点，从该点逆时针方向旋转一周，ϕ 从 0 增加到 2π。相应的，顺时针的方向是 ϕ 减小的方向，也就是 z 增大的方向，即从终端到源的方向。

在传输线上，两个不同观察点的反射系数的辐角差 $\Delta\phi$ 与这两点的间距 Δz 成正比，即$|\Delta\phi| = 2\beta|\Delta z|$。传输线上两点的间距与波长之比为这两点间的电长度。其表达式为

$$\bar{l} = \frac{\Delta z}{\lambda} \tag{6-83}$$

观察点在传输线上移动 $\lambda/2$ 的距离，电长度变化 0.5，电压反射系数的辐角则变化 $2\beta(\lambda/2) = 2\pi$。因此，由两点间距的电长度 $\bar{l}$ 可以直接推出两点的反射系数的辐角差为 $4\pi\bar{l}$。

通常在单位圆外侧标出电长度值。不论电长度起点选在什么地方，传输线上两点的间距不变。这里将电长度的起点选在 $\phi = \pi$ 处(见图 6-12(b))。这是因为行波系数及归一化电阻、归一化电抗的零值都在 $\phi = \pi$ 处，为使图中只有一个零值点，将电长度 $\bar{l}$ 的零值点也选在此处。

有了等反射系数圆后，若已知传输线终端的反射系数 $\Gamma_0=|\Gamma_0|e^{j\phi_0}$，要求传输线上任意点 z 的反射系数，只需在图上找到 Γ_0 点，以 $|\Gamma_0|$ 为半径作等反射系数圆，从圆心出发过 Γ_0 点作射线，然后将射线按顺时针方向旋转电长度 z/λ，与所作的半径为 $|\Gamma_0|$ 的等反射系数圆相交，则该交点对应的反射系数的值，即为所求点 z 的反射系数 $\Gamma(z)$。若已知任意点 z 的反射系数 $\Gamma(z)$，欲求终端反射系数 Γ_0，则可用类似的方法，只不过射线旋转的方向是逆时针方向。

对反射系数圆，需要注意如下几点：

(1) 当 z 变化 $\lambda/2$ 时，辐角变化 2π 而不是 π。这是因为反射系数 $\Gamma(z)=|\Gamma_0|e^{j(\phi_0-2\beta z)}$ 的变化周期是 $\lambda/2$ 而不是 λ。

(2) 注意旋转方向。顺时针方向是反射系数辐角 ϕ 减小的方向，即从终端到源的方向；逆时针方向是 ϕ 增大的方向，即从源到终端的方向。

(3) 由于 $0\leqslant|\Gamma(z)|\leqslant1$，所以不管均匀无损耗传输线端接什么负载，传输线上任意一点的反射系数只能位于 $|\Gamma(z)|=1$ 的单位圆内或单位圆上。

【例 6-1】 已知 $\Gamma_0=-0.6$，求 $z=0.0625\lambda$ 处的 $\Gamma(z)$。

解：因为

$$\Gamma_0=-0.6=0.6e^{j\phi_0}$$

即得

$$|\Gamma_0|=0.6,\quad \phi_0=\pi$$

由此可找到 Γ_0 在圆图上对应的位置 A 点，见图 6-13。以 A 点为起点，沿 $|\Gamma(z)|=0.6$ 的圆顺时针方向旋转电长度 $z/\lambda=0.0625$，得到 B 点，由该点位置可得

$$\Gamma(z)=0.6e^{j135^\circ}$$

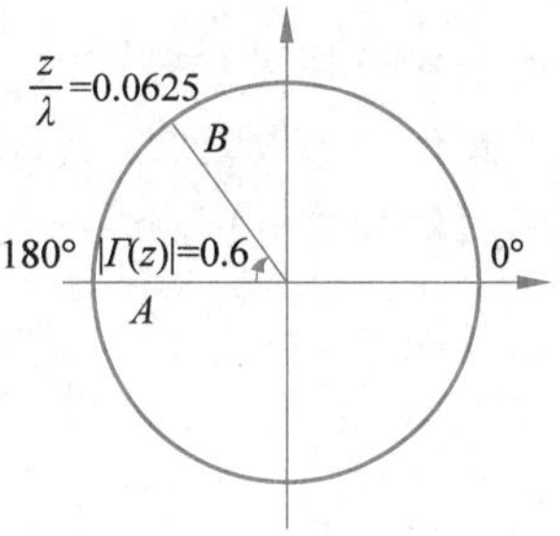

图 6-13 例 6-1 图

6.4.2 阻抗圆图

在电压反射系数复平面上描绘出归一化阻抗 $\bar{Z}_{in}=r+jx$ 的一族等电阻圆和一族等电抗圆，就可得到阻抗圆图。在阻抗圆图中，电压反射系数用极坐标表示的是史密斯阻抗圆图，这里只研究史密斯圆图。

为使圆图适用于任意特性阻抗的均匀无损耗传输线，可应用归一化输入阻抗，即

$$\bar{Z}_{in}(z)=\frac{1+\Gamma(z)}{1-\Gamma(z)} \tag{6-84}$$

为了书写简要，在下面的公式中省略坐标变量 z，将 $\bar{Z}_{in}(z)$ 写成 $\bar{Z}_{in}$，$\Gamma(z)$ 写成 Γ。由于 Z_{in} 一般为复数，故 $\bar{Z}_{in}=Z_{in}/Z_c$ 也为复数，可将它表示成

$$\bar{Z}_{in}=r+jx \tag{6-85}$$

式中：r 为 $\bar{Z}_{in}$ 中的归一化电阻，$r\geqslant0$ 为实数；x 为 $\bar{Z}_{in}$ 中的归一化电抗，也是实数，取值范围是 $-\infty<x<\infty$。

电压反射系数一般也为复数，可将其表示成 $\Gamma=\Gamma_a+\mathrm{j}\Gamma_b$。将该式和式(6-84)代入式(6-85)，可得

$$\bar{Z}_{\mathrm{in}}=r+\mathrm{j}x=\frac{1+\Gamma_a+\mathrm{j}\Gamma_b}{1-\Gamma_a-\mathrm{j}\Gamma_b}=\frac{1-\Gamma_a^2-\Gamma_b^2}{(1-\Gamma_a)^2+\Gamma_b^2}+\mathrm{j}\frac{2\Gamma_b}{(1-\Gamma_a)^2+\Gamma_b^2} \tag{6-86}$$

比较等式两边，可得

$$r=\frac{1-\Gamma_a^2-\Gamma_b^2}{(1-\Gamma_a)^2+\Gamma_b^2} \tag{6-87a}$$

$$x=\frac{2\Gamma_b}{(1-\Gamma_a)^2+\Gamma_b^2} \tag{6-87b}$$

式(6-87)可进一步整理成

$$\left(\Gamma_a-\frac{r}{r+1}\right)^2+\Gamma_b^2=\left(\frac{1}{r+1}\right)^2 \tag{6-88a}$$

$$(\Gamma_a-1)^2+\left(\Gamma_b-\frac{1}{x}\right)^2=\left(\frac{1}{x}\right)^2 \tag{6-88b}$$

这两个式子是圆方程。式(6-88a)是归一化电阻 r 为常数时反射系数 Γ 的圆轨迹方程，画出的圆称为等电阻圆；式(6-88b)是归一化电抗 x 为常数时反射系数 Γ 的圆轨迹方程，画出的圆称为等电抗圆。

由式(6-88a)可见，等电阻圆的圆心坐标是 $\Gamma_a=r/(1+r)$，$\Gamma_b=0$(即圆心在实轴 Γ_a 上)，半径是 $1/(1+r)$。图 6-14(a)表示 r 为 4、2、1、0.5、0.25、0 的等电阻圆。由于等电阻圆的圆心都在实轴 Γ_a 上，而且圆心横坐标 $r/(1+r)$ 与半径 $1/(1+r)$ 之和恒等于 1，等电阻圆都在点(1,0)与 $|\Gamma|=1$ 的等反射系数圆相内切。由于 Γ 的取值范围在单位圆内，等电阻圆必在 $|\Gamma|=1$ 的单位圆内。

由式(6-88b)可见，等电抗圆的圆心坐标是 $\Gamma_a=1$，$\Gamma_b=1/x$，半径是 $1/|x|$。图 6-14(b)表示 x 为 ±4、±1、±0.5、0 的等电抗圆。由于等电抗圆圆心的横坐标都是 1，而圆心的纵坐标($1/x$)和半径($1/|x|$)相等，因此等电抗圆都在点(1,0)处与实轴 Γ_a 相切。由于 Γ 的取值范围在单位圆内，因此等电抗圆是单位圆内的一段段圆弧，单位圆外的部分无意义。

将图 6-12 和图 6-14 的四种轨迹汇集在一起，就得到如图 6-15 所示的阻抗圆图。为使圆图中线条不至于太多，在图中未标出等反射系数圆，也未画出 ϕ 等于常数的射线。由上面分析可知，图 6-15 中任一点都可得出 r、x、$|\Gamma|$ 和 ϕ。只要知道其中两个量，就可根据圆图求出另外两个量。

在具体使用圆图之前，还需要熟悉圆图上归一化输入阻抗的性质及实轴上所标数值的含义。根据反射系数与归一化输入阻抗的关系

$$\Gamma(z)=\frac{\bar{Z}_{\mathrm{in}}-1}{\bar{Z}_{\mathrm{in}}+1}=\frac{r+\mathrm{j}x-1}{r+\mathrm{j}x+1}=\frac{r^2+x^2-1}{(r+1)^2+x^2}+\mathrm{j}\frac{2x}{(r+1)^2+x^2}=\Gamma_a+\mathrm{j}\Gamma_b=|\Gamma_0|\mathrm{e}^{\mathrm{j}\phi} \tag{6-89}$$

可以得到以下结论：

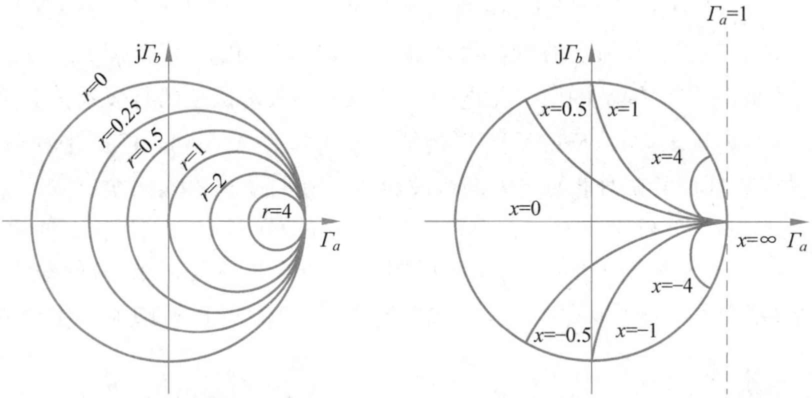

(a) 等电阻圆　　(b) 等电抗圆

图 6-14　等电阻圆图和等电抗圆图

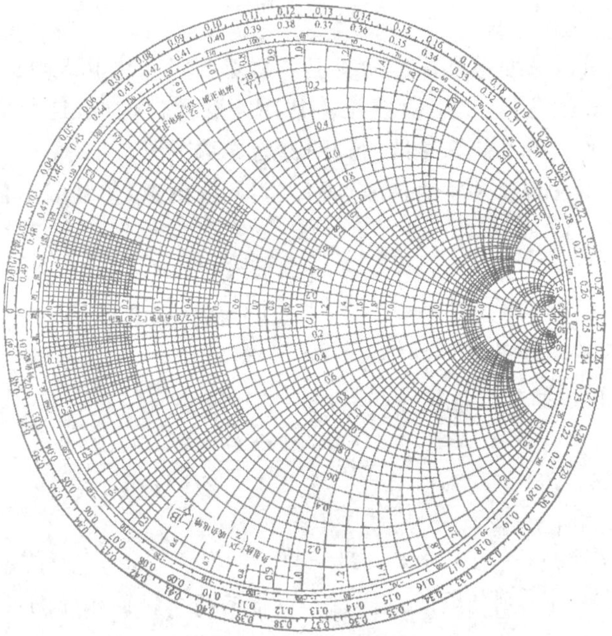

图 6-15　阻抗圆图

(1) 当 $\Gamma_b>0$ 时，$x>0$，这说明若传输线上某点的反射系数值位于实轴之上的上半圆图内(或者说“某点位于上半圆图内”)，则该点的输入阻抗为感性阻抗。

(2) 当 $\Gamma_b<0$ 时，$x<0$，这说明位于下半圆图内的点的输入阻抗为容性阻抗。

(3) 当 $\Gamma_b=0$ 时，$x=0$，说明实轴上的点的输入阻抗为纯电阻。此时

$$\Gamma_a=\frac{r^2-1}{(r+1)^2}=\frac{r-1}{r+1}$$

若此时 $r<1$，则 $\Gamma_a<0$，反射系数 Γ 的辐角 $\phi=\pi$，由式(6-48a)可知此时电压振幅取到最小值。这说明左半实轴上的点为电压波节点，其归一化输入阻抗 $\bar{Z}_{in}=r_{min}=K$，或者 $r=K$。因此，左半实轴上的归一化电阻 r 的数值还表示该点的行波系数 K 的值。

若此时 $r>1$，则 $\Gamma_a>0$，反射系数 Γ 的辐角 $\phi=0$，由式(6-48a)可知此时电压振幅取到最大值。这说明右半实轴上的点为电压波腹点。其归一化输入阻抗 $\bar{Z}_{in}=r_{max}=\rho$，或者 $r=\rho$。因此，右半实轴上的归一化电阻 r 的数值还表示该点的驻波比 ρ 的值。

(4) 若 $r=0,x=0$，则 $\Gamma_a=-1$，说明圆图中实轴的左端点$(-1,0)$的输入阻抗等于0，为短路点；若 $r=\infty,x=0$，则 $\Gamma_a=1$，说明实轴的右端点$(1,0)$的输入阻抗等于∞，为开路点。

(5) 若圆图中心点 $r=1,x=0$，则 $\Gamma_a=0,\Gamma=0$，说明圆图中心点的归一化输入阻抗等于1，是阻抗匹配点。

6.4.3 导纳圆图

利用阻抗圆图可以方便地计算传输线上任意点的归一化输入阻抗。但是，在实际电路中有时需要计算导纳，而且实用微波元件常用并联元件构成，这种情况下用导纳计算比用阻抗计算更方便。用以计算导纳的圆图称为导纳圆图。

传输线上任意一点的输入导纳是该点输入阻抗的倒数，传输线上任意一点的输入导纳可表示成

$$Y_{in}(z)=\frac{1}{Z_{in}(z)}=\frac{1}{Z_c}\frac{1-\Gamma(z)}{1+\Gamma(z)}=Y_c\frac{1-\Gamma(z)}{1+\Gamma(z)} \tag{6-90}$$

式中：$Y_c=1/Z_c$ 为传输线的特性导纳。

由式(6-90)可得传输线上任意一点处的归一化输入导纳为

$$\bar{Y}_{in}=\frac{Y_{in}}{Y_c}=\frac{1-\Gamma(z)}{1+\Gamma(z)} \tag{6-91}$$

令

$$\Gamma'(z)=-\Gamma(z)=-\Gamma_0\mathrm{e}^{-\mathrm{j}2\beta z}=\Gamma'_0\mathrm{e}^{-\mathrm{j}2\beta z}=\Gamma'_a+\mathrm{j}\Gamma'_b \tag{6-92}$$

将式(6-92)代入式(6-91)，则传输线上任意一点处的归一化输入导纳可表示为

$$\bar{Y}_{in}=\frac{1+\Gamma'(z)}{1-\Gamma'(z)}=\frac{1-\Gamma'^2_a-\Gamma'^2_b}{(1-\Gamma'_a)^2+\Gamma'^2_b}+\mathrm{j}\frac{2\Gamma'_b}{(1-\Gamma'_a)^2+\Gamma'^2_b}=g+\mathrm{j}b \tag{6-93}$$

式中：g 为归一化电导；b 为归一化电纳。

比较式(6-93)与式(6-86)，发现这两个公式有完全相同的形式。这表明阻抗圆图也可以当作导纳圆图使用，使用中只须把 r 换成 g、x 换成 b，把电压反射系数 $\Gamma(z)$ 换成 $-\Gamma(z)$，导纳圆图如图 6-16 所示。

导纳圆图之所以与阻抗圆图有完全相同的形式，关键在于引进了 $\Gamma'=-\Gamma$。由于 $\bar{Z}$ 与 Γ 一一对应，而 $\bar{Y}$ 与 $\Gamma'=-\Gamma$ 一一对应，因此导纳圆图与阻抗圆图还是有区别的。其区别在于：

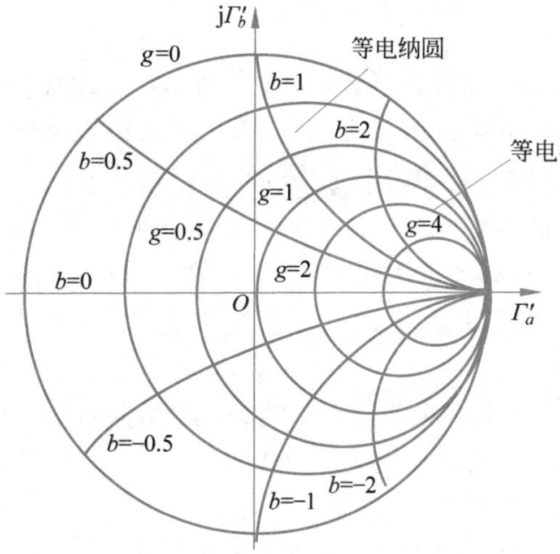

图 6-16 导纳圆图

(1) 短路点与开路点位置对换。因为导纳圆图中的单位圆(即 $g=0$ 的等电导圆)是纯电纳圆,它与正实轴的交点(1,0)对应 $\Gamma'=-\Gamma=1, b=\infty, \overline{Y}=\infty$,所以导纳圆图中(1,0)这一点是短路点;因为纯电纳圆与负实轴的交点(−1,0)对应于 $\Gamma'=-\Gamma=-1, b=0$, $\overline{Y}=0$,所以导纳圆图中(−1,0)这点是开路点。这恰好说明导纳圆图与阻抗圆图中短路点、开路点的位置对换。

(2) 电压波腹点与电压波节点位置对换。导纳圆图中实轴是 $\overline{Y}=g$ 的纯电导线,右半实轴上 $\Gamma=-\Gamma'=-|\Gamma'|e^{j0}$,电压振幅值 $|U|=|U_0^+|(1-|\Gamma'_0|)=|U|_{\min}$,因此右半实轴上的点为电压波节线;在左半实轴上,$\Gamma=-\Gamma'_0=-|\Gamma'_0|e^{j\pi}=|\Gamma'_0|$,电压振幅值 $|U|=|U_0^+|(1+|\Gamma'_0|)=|U|_{\max}$,因此左半实轴上的点为电压波腹点。这恰好说明导纳圆图与阻抗圆图中电压波腹点、电压波节点的位置对换。

(3) 感性半圆与容性半圆位置对换。导纳圆图的上半圆图内,电纳 $b>0$,该半圆是容性半圆;而导纳圆图的下半圆图内,电纳 $b<0$,该半圆是感性半圆。这恰好说明导纳圆图与阻抗圆图中容性半圆、感性半圆的位置对换。

进一步可以证明,利用同一张圆图可以很方便地由归一化输入阻抗求归一化输入导纳,或者反过来。这是因为

$$\overline{Z}_{in}=\frac{1+\Gamma}{1-\Gamma}=\frac{1+|\Gamma_0|e^{j(\phi_0-2\beta z)}}{1-|\Gamma_0|e^{j(\phi_0-2\beta z)}}$$

而

$$\overline{Y}_{in}=\frac{1-|\Gamma_0|e^{j(\phi_0-2\beta z)}}{1+|\Gamma_0|e^{j(\phi_0-2\beta z)}}=\frac{1+|\Gamma_0|e^{j[(\phi_0-2\beta d_1)+\pi]}}{1-|\Gamma_0|e^{j[(\phi_0-2\beta d_1)+\pi]}}$$

比较这两个公式,可得

$$\overline{Z}_{in}(z)=\overline{Y}_{in}\left(z\pm\frac{\lambda}{4}\right) \tag{6-94}$$

由此可见，若已知传输线上某处的归一化输入阻抗，欲求该处的归一化输入导纳，只需在圆图上找到与已知归一化输入阻抗值对应的点，再将该点沿等反射系数圆旋转角度 π 之后，所得的对应点的归一化输入导纳值就是要求的归一化输入导纳。

圆图是从事天线和微波技术工作的重要工具。应用圆图进行工程计算非常简便、直观，并有一定的准确度。阻抗圆图的用途非常广泛，除了可以用来计算阻抗和导纳，以及进行阻抗匹配计算以外，还可以用来设计一些微波元器件。下面举例说明圆图的应用及其运算方法。

【例 6-2】 已知双导线的特性阻抗 $Z_c=50\Omega$，终端负载阻抗 $Z_0=100-j40(\Omega)$，试求：

(1) 终端反射系数与线上的驻波比。

(2) 距终端第一个电压波节点、波腹点的位置。

(3) 距终端 0.12λ 处的输入阻抗 Z_{in} 和输入导纳 Y_{in}。

解：归一化负载阻抗为

$$\overline{Z}_0=\frac{Z_0}{Z_c}=\frac{100-j40}{50}=2-j0.8$$

(1) 在阻抗圆图上找到 $r=2$ 的等电阻圆和 $x=-0.8$ 的等电抗圆的交点 A，此即为负载阻抗在圆图中的位置，如图 6-17(a)所示，电长度刻度值为 0.283。A 点落在 $|\Gamma(z)|=0.41$ 的等反射系数圆上，过圆心 O、点 A 作射线，量得射线与实轴的夹角 $\phi_0=336.3°$，故终端反射系数 $\Gamma_0=0.41e^{j336.3°}$。

过点 A 作等反射系数圆与右半实轴的相交于 B 点，该点落在 $r=2.4$ 的等电阻圆上，因此传输线上的驻波系数 $\rho=2.4$，如图 6-17(a)所示。

(2) 以点 O 为圆心顺时针方向旋转射线 OA，先与左边实轴重合，转过的电长度为

$$\bar{l}_1=0.5-0.283=0.217$$

所以距终端第一个电压波节点的位置是 $z_{min1}=\bar{l}_1\lambda=0.217\lambda$，如图 6-17(b)所示。

以点 O 为圆心继续顺时针方向旋转射线 OA，再与右边实轴重合，转过的电长度为

$$\bar{l}_2=0.25+\bar{l}_1=0.467$$

所以，距终端第一个电压波腹点的位置是 $z_{max1}=\bar{l}_2\lambda=0.467\lambda$，如图 6-17(b)所示。

(3) 以点 O 为圆心将 OA 顺时针方向旋转电长度 0.12，落在 $r=0.57$ 的等电阻圆和 $x=-0.53$ 的等电抗圆的交点 C 上，如图 6-17(a)所示，C 点电长度刻度值为 $0.283+0.12=0.403$，C 点对应的归一化阻抗即为 $\overline{Z}_{in}=0.57-j0.53$，所以该点的输入阻抗

$$Z_{in}=Z_c\overline{Z}_{in}=50\times(0.57-j0.53)=28.5-j26.5(\Omega)$$

将 OC 旋转 180°，落在 $g=0.94$，$b=0.87$ 两圆的交点 D 上，如图 6-17(a)所示，D 点对应的归一化导纳 $\overline{Y}_{in}=0.94+j0.87$，所以该点的输入导纳为

$$Y_{in}=Y_c\overline{Y}_{in}=\frac{1}{Z_c}\overline{Y}_{in}=\frac{1}{50}\times(0.94+j0.87)=0.0188+j0.0174(S)$$

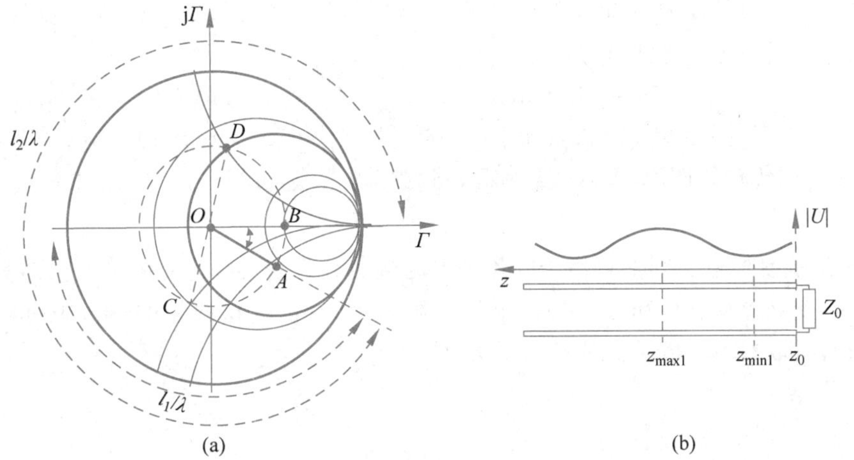

图 6-17 例 6-2 图

6.5 阻抗匹配

在微波技术中阻抗匹配是一个十分重要的问题,包含两方面：一是负载阻抗匹配；二是微波源的阻抗匹配。负载阻抗匹配要解决的是如何消除负载引起的反射、尽量使传输线处于无反射工作状态的问题。它关系到微波传输系统的传输效率,微波测量系统的系统误差和测量精度。源的阻抗匹配要解决的是如何从微波源取得最大功率的问题,它关系到微波传输系统的功率容量及工作稳定性,下面主要介绍负载阻抗匹配。

负载阻抗匹配指的是传输线与负载之间的匹配,其目的是使传输线处于无反射的行波工作状态。传输线处于行波工作状态至少有如下好处：①负载吸收传输线传来的全部功率；②传输线的功率容量大,传输效率高；③负载对波源无影响、波源工作比较稳定。因此,在传输微波信号时,人们总希望传输线处于无反射的行波工作状态。但实际的微波系统中常常出现 $Z_0 \neq Z_c$ 的情况,传输线与负载不匹配,这就需要在传输线与负载之间引入阻抗匹配装置(或称阻抗匹配器),使传输线处于行波工作状态。

在负载与传输线间引入阻抗匹配器后,只要阻抗匹配器和负载各自产生的反射波等幅反相,就能相互抵消,则阻抗匹配器与微波源之间的传输线就会处于无反射的行波工作状态,这是负载阻抗匹配的物理实质。由于对阻抗匹配器产生的反射波有幅度和相位两个要求,阻抗匹配器也应有相应的两个量可以调节。对阻抗匹配器的基本要求是引入的损耗应尽可能小,工作频带要宽,能适应各种终端负载情况。最基本的阻抗匹配器有 $\lambda/4$ 阻抗变换器和支节匹配器两种。下面分别予以介绍。

6.5.1 $\lambda/4$ 阻抗变换器

若主传输线的特性阻抗为 Z_c,负载阻抗为纯电阻 R_0,但 $Z_c \neq R_0$,如图 6-18(a)所示,则可以在传输线与负载之间接入特性阻抗为 Z_{c1}、长度为 $\lambda/4$ 的传输线来匹配,如图 6-18(b)所示。此长度为 $\lambda/4$ 的传输线段称为 $\lambda/4$ 阻抗变换器,其特性阻抗 Z_{c1} 要根据 Z_c 和

R_0 来选择。经过 $\lambda/4$ 阻抗变换器的变换后，参照图 6-18(b)，主传输线的负载阻抗（即 $\lambda/4$ 阻抗变换器的输入阻抗）变为

$$Z_{in}=Z_{c1}\frac{Z_0+jZ_{c1}\tan(\beta\lambda/4)}{Z_{c1}+jZ_0\tan(\beta\lambda/4)}=Z_{c1}\frac{R_0+jZ_{c1}\tan(\pi/2)}{Z_{c1}+jR_0\tan(\pi/2)}=\frac{Z_{c1}^2}{R_0}$$

为了使它与主传输线匹配，要求 $Z_{in}=Z_c$，将它代入上式，可得

$$Z_{c1}=\sqrt{Z_c\times R_0} \tag{6-95}$$

$\lambda/4$ 阻抗变换器原则上只用于匹配纯电阻性负载。当负载为复阻抗而仍然需要用它来匹配时，变换器应在电压波节处或电压波腹处接入（因为这两处的输入阻抗都是纯电阻）。通常采取在电压波节点处接入的方式。

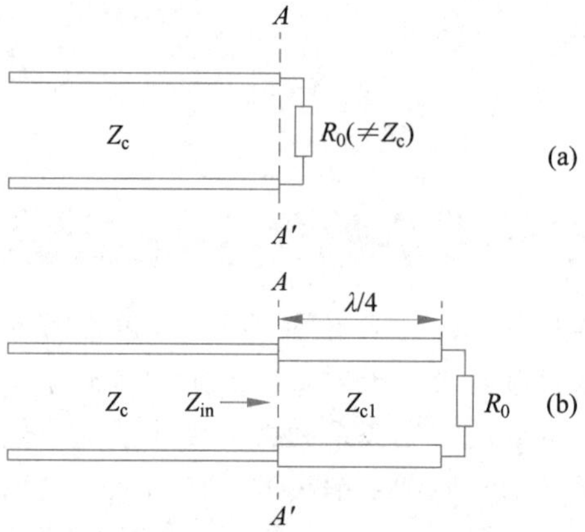

图 6-18 λ/4 阻抗变换器

【例 6-3】 一均匀无耗双导线传输线，特性阻抗 $Z_c=50\Omega$，终端阻抗为 Z_0，测出相邻两波节点之间的距离为 5cm，试用 $\lambda/4$ 阻抗变换器分别对下面两问中的负载阻抗进行阻抗匹配：

(1) 当 $Z_0=72\Omega$ 时，求此时 $\lambda/4$ 阻抗变换器的特性阻抗和接入位置。

(2) 当 $Z_0=50+j100(\Omega)$ 时，求 $\lambda/4$ 阻抗变换器的特性阻抗和接入位置。

解：因为相邻两波节点之间的距离是 $\lambda/2$，故传输线波长为

$$\lambda_g=2\times5=10(\text{cm})$$

传输线上的相移常数为

$$\beta=\frac{2\pi}{\lambda_g}=0.2\pi(\text{rad/cm})=20\pi(\text{rad/m})$$

当 $Z_0=R_0=72\Omega$ 时，负载为纯电阻，此时 $\lambda/4$ 阻抗变换器直接接在负载位置处，如图 6-19(a)所示，阻抗变换器的特性阻抗由(6-95)可得

$$Z_{c1}=\sqrt{Z_c\times R_0}=\sqrt{50\times72}=60(\Omega)$$

当 $Z_0=50+j100(\Omega)$，负载为复数阻抗时，$\lambda/4$ 阻抗变换器不能直接接在负载位置处。如仍想用 $\lambda/4$ 阻抗变换器进行匹配，则可将阻抗变换器接在电压波节处或电压波腹处，因为这两处的输入阻抗都是纯电阻。本题欲将阻抗变换器接在第一电压波节处，如

图 6-19(b)所示。因此须求出第一电压波节处的位置。

传输线上的反射系数为

$$\Gamma(z)=\frac{Z_0-Z_c}{Z_0+Z_c}e^{-j2\beta z}=\frac{50+j100-50}{50+j100+50}e^{-j2\cdot 20\pi z}$$

$$=\frac{\sqrt{2}}{2}e^{j\left(\frac{\pi}{4}-40\pi z\right)}$$

传输线上的驻波系数为

$$\rho=\frac{1+|\Gamma|}{1-|\Gamma|}=\frac{1+\sqrt{2}/2}{1-\sqrt{2}/2}=3+2\sqrt{2}$$

由式(6-68a)可知,第一个电压波节处的位置 $z_{\min 1}$ 发生在

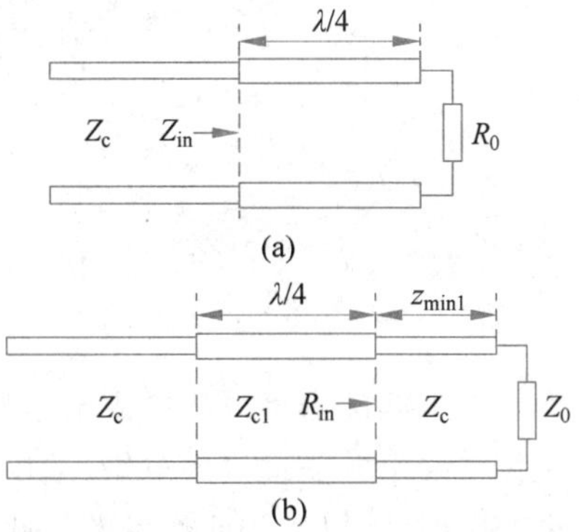

图 6-19　例 6-3 图

$$\frac{1}{4}\pi-40\pi z_{\min 1}=-\pi$$

处,由此得 $z_{\min 1}=\frac{1}{32}\mathrm{m}$。

第一电压波节处的输入阻抗 $R_{in}=Z_c/\rho$,为实数,此输入阻抗就相当于在 $z_{\min 1}$ 处所要接的 $\lambda/4$ 阻抗变换器的负载阻抗,因此,所接 $\lambda/4$ 阻抗变换器的特性阻抗由式(6-95)可得

$$Z_{c1}=\sqrt{Z_c\times R_{in}}=\sqrt{Z_c\times Z_c/\rho}=Z_c/\sqrt{\rho}=50\sqrt{3-2\sqrt{2}}\,(\Omega)$$

可见,通过在电压波节处接入 $\lambda/4$ 阻抗变换器,可对复数阻抗进行匹配。同理,通过在电压波腹处接入 $\lambda/4$ 阻抗变换器也可对复数阻抗进行匹配。

下面分析 $\lambda/4$ 阻抗变换器实现负载阻抗匹配的物理原理。

参照图 6-18(b)所示电路,当入射波到达 AA' 处,由于 $Z_c\neq Z_{c1}$,在 AA' 处一部分入射波被反射形成反射波,另一部分入射波继续前进。由于 $R_0\neq Z_{c1}$,继续前进的这一部分入射波又被负载阻抗反射一部分,该反射波到达 AA' 处多走的距离为 $2\times(\lambda/4)=\lambda/2$。显然,在 AA' 处,$Z_c\neq Z_{c1}$ 引起的反射波与 $R_0\neq Z_{c1}$ 引起的反射波相位相反,当 $Z_{c1}=\sqrt{Z_c\times R_0}$ 时,$Z_c\neq Z_{c1}$ 引起的反射波与 $R_0\neq Z_{c1}$ 引起的反射波不仅相位相反,而且幅度相等,两者完全抵消,故 AA' 处左边传输线上没有反射波,从而 AA' 处左边的传输线处于行波工作状态。所以,当 $R_0\neq Z_c$ 时,若在负载和传输线之间接入阻抗匹配器,只要阻抗匹配器和负载阻抗各自在传输线上引起的反射波等副相反,互相抵消,传输线上就没有反射,传输线处于行波工作状态。这就是负载阻抗匹配的物理实质。

要注意的是 $\lambda/4$ 阻抗变换器只能使中心频率 f_0 得到理想的匹配,对于偏离中心频率的频段,匹配将被破坏,主传输线上反射系数 $|\Gamma(z)|$ 和驻波系数 ρ 都要增大。实际应用中,为了使阻抗变换器能在较宽的频带范围内工作,可采用两节或多节 $\lambda/4$ 变换器。图 6-20 是两节 $\lambda/4$ 阻抗变换器。

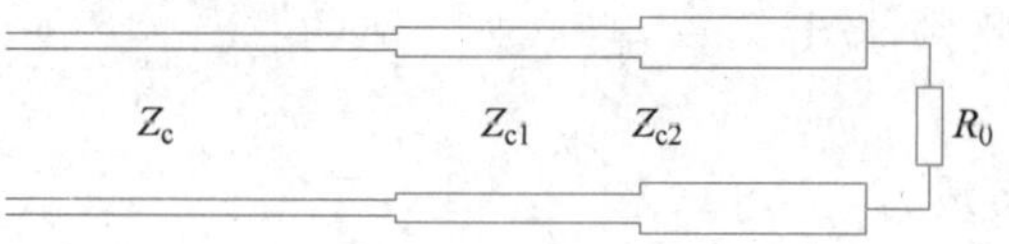

图 6-20　两节 λ/4 阻抗变换器

6.5.2　支节匹配器

支节匹配器可分为单支节匹配器、双支节匹配器和三支节匹配器。这类匹配器是在主传输线上并联适当的电纳(或串联适当的电抗),用附加的反射波来抵消主传输线上原来的反射波,以达到匹配目的。此电纳(或电抗)元件原则上可用一截终端短路或终端开路的传输线来构成。但微波传输线易实现理想短路,不易实现理想开路,所以常用一截短路传输线作支节匹配器。

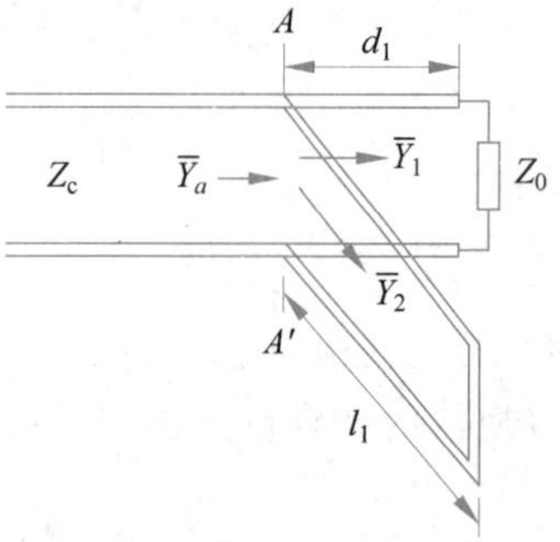

图 6-21　单支节匹配器

1. 单支节匹配器

单支节匹配器如图 6-21 所示,它是在离负载适当的位置并联一长度可调的短路线(称为短路支节)构成的,通过调节支节位置 d_1 和支节长度 l_1 使左边主传输线达到匹配。当负载阻抗 $Z_0 \neq Z_c$ 时,总可以在负载附近找到位置 AA',使得从 AA' 向负载方向看的归一化导纳为 $\overline{Y}_1 = 1 + \mathrm{j}b_1$,只要在该处并联一个电纳 $\overline{Y}_2 = -\mathrm{j}b_1$,就可抵消 $\overline{Y}_1$ 中的电纳分量,使 AA' 处的总归一化导纳 $\overline{Y}_a = \overline{Y}_1 + \overline{Y}_2 = 1$,于是 AA' 左边的传输线上无反射波而获得匹配。

短路传输线的输入导纳为纯电纳,且随长度而变。因此,可以在 AA' 处并联一长度可调的短路线,调节其长度,使其归一化输入导纳 $\overline{Y}_2 = -\mathrm{j}b_1$,即可使 AA' 参考面左边的传输线处于无反射的行波工作状态。

d_1 和 l_1 的数值通常应用圆图进行计算。由于短路支节并联在主传输线上,用导纳计算比较方便。

【例 6-4】 如图 6-22(a)所示,已知双导线的特性阻抗 $Z_c = 200\Omega$,负载阻抗 $Z_0 = 25 - \mathrm{j}75(\Omega)$,用单支节匹配器进行匹配,求支节的位置 d_1 和长度 l_1。

解:(1) 计算归一化负载导纳,即

$$\overline{Y}_0 = \frac{1}{\overline{Z}_0} = \frac{Z_c}{Z_0} = \frac{50}{25 - \mathrm{j}75} = 0.2 + \mathrm{j}0.6$$

在导纳圆图上找到该点 A,A 点对应的电刻度是 0.088,见图 6-22 (b)。

(2) 求 $\overline{Y}_1$ 及支节位置 d_1。将 A 点沿等反射系数圆顺时针旋转,与 $g_1 = 1$ 的圆相交于 B 点,可得对应的归一化输入导纳 $\overline{Y}_1 = 1 + \mathrm{j}2.2$,$B$ 点对应的电刻度是 0.191。从 A 点转到 B 点转过的电长度为

$$\bar{d}_1 = 0.191 - 0.088 = 0.103$$

故支节的位置 $d_1=0.103\lambda$。

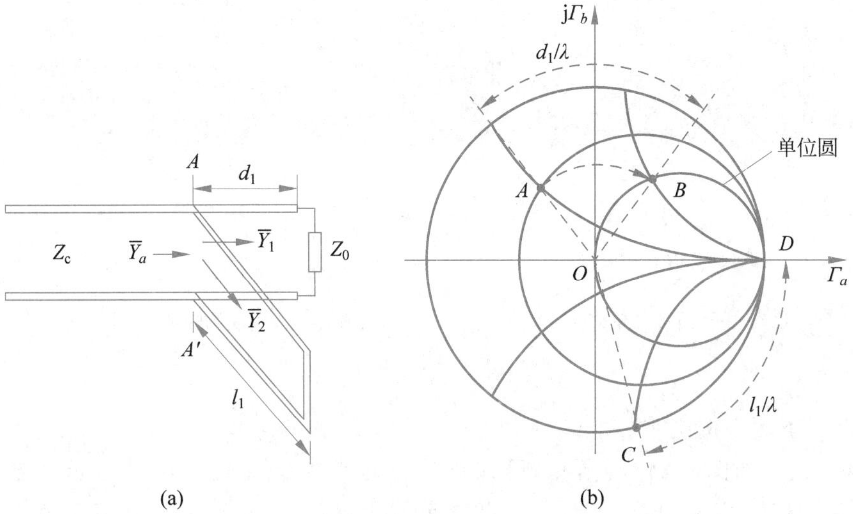

图 6-22　例 6-4 图

(3) 求支节长度 l_1。短路支节的归一化输入导纳为

$$\overline{Y}_2=\overline{Y}_a-\overline{Y}_1=1-(1+j2.2)=-j2.2$$

在圆图上找到与 $\overline{Y}_2$ 对应的 C 点,其对应的电长度是 0.318。将 C 点沿 $|\Gamma(z)|=1$ 的圆逆时针转到短路点 D,转过的电长度为 $\bar{l}_1=0.318-0.25=0.068$

于是并联支节的长度为

$$l_1=\bar{l}_1\lambda=0.068\lambda$$

注意单支节匹配有两组解,通常选取 d_1 和 l_1 都较短的一组。另外,单支节匹配器只能对一个频率达到理想匹配。当频率变化时,因为 d_1 和 l_1 均发生变化,$\overline{Y}_a$ 不再等于 1,匹配即被破坏,在 AA' 点将产生反射。

2. 双支节匹配器

单支节匹配器的优点是简单,缺点是支节的位置 d_1 需要调节,这对于双导线容易实现,但对于同轴线和波导就难实现了。解决的办法是采用如图 6-23 所示的双支节匹配器,两个支节的位置 d_1 和 d_2 可以固定不动,通过调节两个支节的长度 l_1 和 l_2 来实现匹配。d_2 的长度一般取 $\lambda/8$、$\lambda/4$ 和 $3\lambda/8$ 等,但不能取 $\lambda/2$。

双支节匹配器的原理可用圆图来说明。由图 6-23(a)可知,为使 BB' 左边的主传输线匹配(即使 $\overline{Y}_b=1$),就必须使 $\overline{Y}_3=1+jb_3$,即 $\overline{Y}_3$ 应落在 $g=1$ 的等电导圆上,然后调节 l_2 使 $\overline{Y}_4=-jb$ 来抵消 BB' 处的电纳 jb_3,从而达到匹配。以 $d_2=\lambda/8$ 的情况为例,为使 $\overline{Y}_3$ 落在 $g=1$ 的圆上,就应使 $\overline{Y}_a$ 落在图 6-23(b)的辅助圆上(因为只有 $\overline{Y}_a$ 落在辅助圆上,才可能通过 $d_2=\lambda/8$ 的阻抗变换器使 $\overline{Y}_3$ 落在 $g=1$ 的圆上)。通过调节 l_1 可使 $\overline{Y}_a=\overline{Y}_1+\overline{Y}_2$ 落在辅助圆上。

双支节匹配器的关键在于如何改变 l_1 使 $\overline{Y}_a$ 落在辅助圆上,以保证 $\overline{Y}_3$ 落在 $g=1$ 的

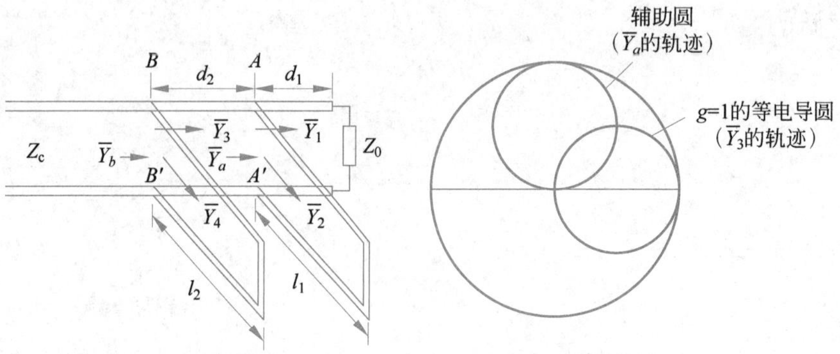

(a) 匹配装置　　(b) $d_2=\lambda/8$时的辅助圆

图 6-23　双支节匹配原理图

单位圆上。下面举例说明。

【例 6-5】　如图 6-24(a)所示,已知双导线的特性导纳 $Y_c=0.02\text{S}$,负载导纳 $Y_0=0.008-\text{j}0.012(\text{S})$,采用双支节匹配,两支节间距 $d_2=\lambda/8$,第一个支节距离负载 $d_1=\lambda/20$,求两个支节的长度 l_1 和 l_2。

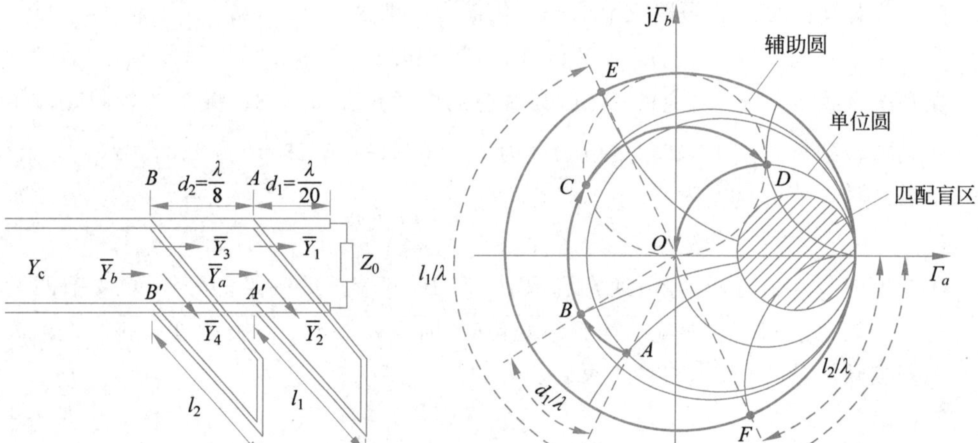

(a)　　(b)

图 6-24　例 6-5 图

解:(1) 计算归一化负载导纳,即

$$\overline{Y}_0=\frac{Y_0}{Y_c}=0.4-\text{j}0.6$$

在导纳圆图上找到与 $\overline{Y}_0$ 相对应的点 A,如图 6-24(b)所示。

(2) 求 $\overline{Y}_1$、$\overline{Y}_a$ 及 l_1。自 A 点沿等反射系数圆顺时针旋转电长度 $d_1/\lambda=0.05$ 至 B 点,可得 B 点的归一化导纳 $\overline{Y}_1=0.31-\text{j}0.26$。将 B 点沿 $g=0.31$ 的等电导圆移动交辅助圆于 C 点,可得 C 点对应的归一化导纳 $\overline{Y}_a=0.31+\text{j}0.27$。由 $\overline{Y}_a=\overline{Y}_2+\overline{Y}_1$ 可计算出第一个短路支节的归一化输入导纳为

$$\overline{Y}_2=\overline{Y}_a-\overline{Y}_1=(0.31+j0.27)-(0.31-j0.26)=j0.53$$

在$|\Gamma(z)|=1$的圆上找到与$\overline{Y}_2=j0.53$对应的点E，将E点反时针旋转到短路点，转过电长度为

$$\overline{l}_1=0.0775+0.25=0.3275$$

故得AA'参考面处并联短路支节长度为

$$l_1=\overline{l}_1\lambda=0.3275\lambda$$

(3) 求$\overline{Y}_3$和l_2。由C点沿等反射系数圆顺时针旋转$d_2/\lambda=0.125$交$g=1$的圆于D点，可得D点对应的归一化导纳$\overline{Y}_3=1+j1.32$，由$\overline{Y}_b=\overline{Y}_4+\overline{Y}_3$计算出在$BB'$处的并联支节$l_2$的归一化输入导纳为

$$\overline{Y}_4=\overline{Y}_b-\overline{Y}_3=1-(1+j1.32)=-j1.32$$

在$|\Gamma(z)|=1$的圆上找到与$\overline{Y}_4=-j1.32$对应的点F，将F点反时针旋转到短路点，转过电长度

$$\overline{l}_2=0.354-0.25=0.104$$

故得BB'参考面处并联短路支节长度为

$$l_2=\overline{l}_2\lambda=0.104\lambda$$

使用双支节匹配器需要注意以下几点：

(1) 双支节匹配器中支节长度的解答有两组，一般选取支节长度较短的一组。

(2) d_2取不同值，问题的解法是相同的，只是辅助圆的位置不同而已。图6-25给出了$d_2=\lambda/4$和$d_2=3\lambda/8$时辅助圆的位置。d_2一般取$\lambda/8$。

(3) d_2不能取$\lambda/2$，这是因为一般有$\overline{Y}_a=g_a+jb\neq1+jb$。若$d_2$取$\lambda/2$，则由于传输线上阻抗具有$\lambda/2$的周期性，使得$\overline{Y}_3=\overline{Y}_a=g_a+jb\neq1+jb$，这时不管如何调节$l_2$，也不会使$\overline{Y}_b=1$。

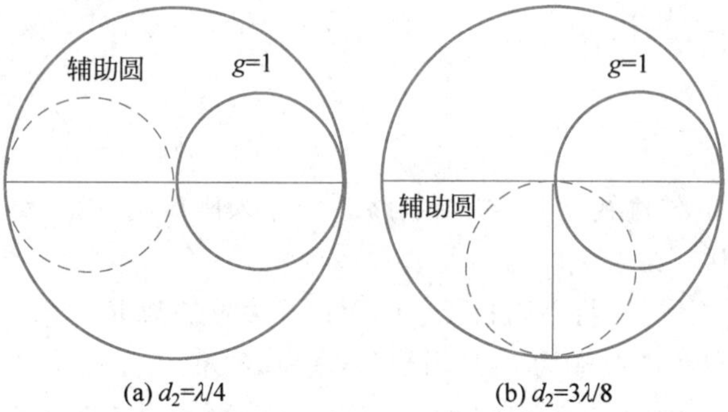

图6-25　$d_2=\lambda/4$和$d_2=3\lambda/8$时辅助圆的位置

(4) 当$d_2=\lambda/4$时，若$\overline{Y}_1=g_1+jb_1$中的$g_1>1$，即$\overline{Y}_1$落在$g=1$的圆内，此时$\overline{Y}_a$不可能与辅助圆相交，于是不能获得匹配；当$d_2=\lambda/8$、$3\lambda/8$时，若$\overline{Y}_1=g_1+jb_1$中的$g_1>2$，即$\overline{Y}_1$落在图6-24中的阴影区内，此时$\overline{Y}_a$也不可能与$d_2=\lambda/8$或$d_2=3\lambda/8$的辅助圆相交，也不能匹配。由此可见，双支节匹配器不是对任意负载阻抗都能匹配的，存在

着得不到匹配的盲区。

思考题

6-1　什么是分布参数电路？它与集总参数电路在概念和处理方法上有何不同？

6-2　传输线有哪几种工作状态？相应的条件是什么？各有什么特点？

6-3　传输线特性阻抗的含义是什么？与什么相关？输入阻抗的含义是什么？

6-4　终端短路和终端开路传输线上的电压电流分布各有何特点？

6-5　当传输线处于行波状态和驻波状态时，反射系数和驻波比分别是多少？

练习题

6-1　已知传输线在 796MHz 时的分布参数为 $R_0=10.4\Omega/\text{mm}$，$C_0=8.35\times10^{-3}\mu\text{F/mm}$，$L_0=3.67\text{mH/mm}$，$G_0=0.8\text{mS/mm}$。试求其特性阻抗与波的衰减常数、相移常数、波长及传播速度。

6-2　特性阻抗为 50Ω 的同轴线，终端负载为 70Ω，求距终端 $\lambda_g/6$ 位置处的输入阻抗和反射系数。

6-3　特性阻抗 $Z_c=50\Omega$ 的同轴线，终端负载阻抗 $Z_0=25+\text{j}25(\Omega)$，试求反射系数、驻波比和传送至负载的入射功率。

6-4　求题 6-4 图各电路中各段的反射系数(假设传输线无损耗)。

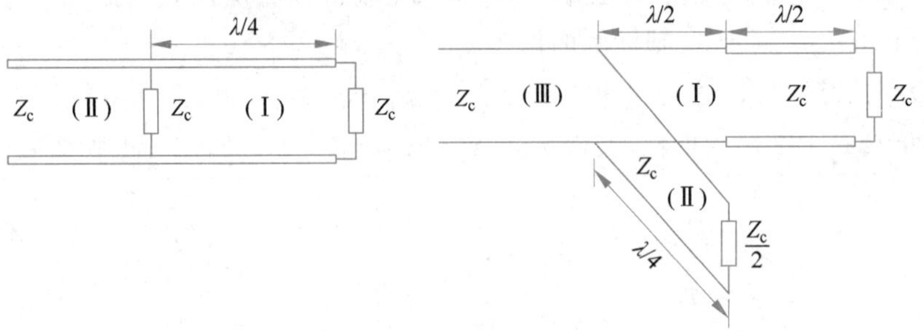

题 6-4 图

6-5　长度为 l 的传输线，测得终端短路时的输入阻抗为 Z_{ins}，终端开路时的输入阻抗为 Z_{ino}，求特性阻抗 Z_c。

6-6　无损耗传输线，其特性阻抗 $Z_c=70\Omega$，端接阻抗为 $R_0+\text{j}X_0$ 时线上驻波比 $\rho=2$，第一个电压最大点距离终端为 $\lambda/12$，试求 R_0 和 X_0 值。

6-7　已知 $\Gamma_0=-0.7+\text{j}0.7$，求 $z=0.06\lambda$ 处的 $\Gamma(z)$。

6-8　如题 6-8 图所示，已知双导线的特性阻抗 $Z_c=400\Omega$，终端负载阻抗 $Z_0=240+\text{j}320(\Omega)$，求终端反射系数与线上的驻波比。

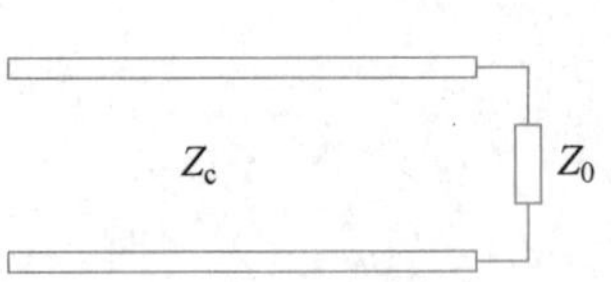

题 6-8 图

6-9　已知特性阻抗 $Z_c=50\Omega$ 的同轴线上的驻波比

$\rho=1.5$，第一个电压最小点距离负载 $z_{\min}=10\text{mm}$，相邻两波节点的间距为 50mm，求负载阻抗。

6-10　已知传输线的归一化负载导纳 $\overline{Y}_0=0.5+\text{j}0.6$，若要求保持其电导 g 不变，而增大或减小其容性，则在圆图上的变化轨迹应如何？若要增大或减小其感性，则轨迹又如何？

6-11　无损耗双导线的归一化负载导纳 $\overline{Y}_0=0.45+\text{j}0.7$，若在负载两端并联一短路支节后，要求总的归一化负载导纳为 $\overline{Y}_0=0.45-\text{j}0.2$，$\overline{Y}_0=0.45+\text{j}0.2$，求支节的长度分别是多少？

6-12　无损耗双导线的特性阻抗 $Z_c=500\Omega$，负载阻抗 $Z_0=300+\text{j}250(\Omega)$，工作波长 $\lambda=3\text{m}$，欲以 $\lambda/4$ 线使负载与传输线匹配，求 $\lambda/4$ 线的特性阻抗及其安放的位置。

6-13　200MHz，终端接有阻抗 $Z=40+\text{j}30(\Omega)$，试求其输入阻抗。

6-14　有一根 75Ω 的无损耗传输线，终端负载阻抗 $Z_0=R_0+\text{j}X_0$。

(1) 欲使线上的电压驻波比等于 3，则 R_0 和 X_0 有什么关系？

(2) 若 $R_0=150\Omega$，则 X_0 为多少？

(3) 求在(2)情况下，距负载最近的电压最小点位置。

6-15　对于一个无损耗传输线，

(1) 当负载阻抗 $Z_0=40+\text{j}30(\Omega)$时，若使线上驻波比最小，则线的特性阻抗应为多少？

(2) 求该最小的驻波比及相应的电压反射系数。

(3) 确定距负载最近的电压最小点位置。

6-16　有一段特性阻抗 $Z_c=500\Omega$ 的无损耗传输线，当终端短路时，测得起始端的阻抗为 250Ω，求该传输线的最小长度；如果该线的终端为开路，长度又为多少？

6-17　如题 6-17 图所示，已知双导线的特性阻抗 $Z_c=200\Omega$，负载阻抗 $Z_0=660\Omega$，用单支节匹配器进行匹配，求支节的位置 d_1 和长度 l_1。

6-18　如题 6-18 图所示匹配装置，设支节和 $\lambda/4$ 线均无损耗，特性阻抗都为 Z_{c1}，主线的特性阻抗 $Z_c=500\Omega$，负载阻抗 $Z_0=100+\text{j}100(\Omega)$，工作频率为 100MHz，试求 $\lambda/4$ 线的特性阻抗与所需短路支节的最短长度。

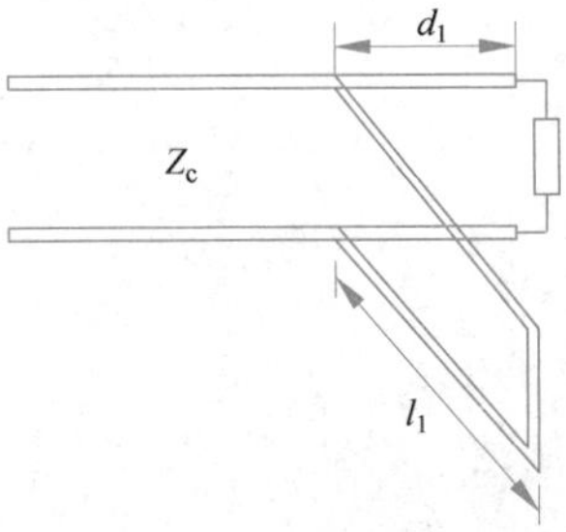

题 6-17 图

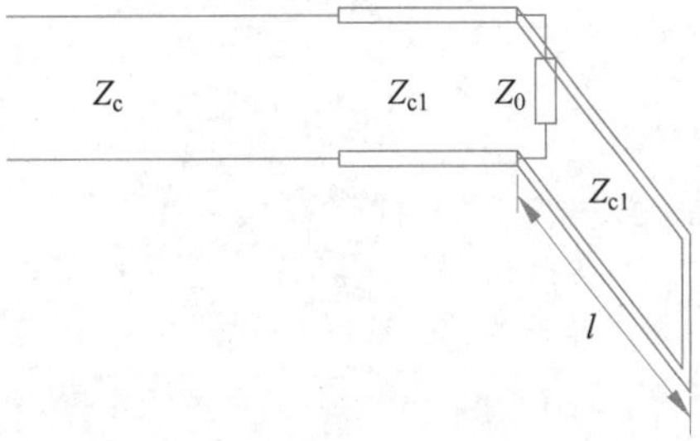

题 6-18 图

6-19　无损耗双导线的特性阻抗 $Z_c=600\Omega$，负载阻抗 $Z_0=300+\mathrm{j}300(\Omega)$，采用双支节匹配器进行匹配，第一个支节距负载 0.1λ，两支节的间距 $d=\lambda/8$，求支节的长度 l_1 和 l_2。

6-20　用间距为 0.25λ 的双支节匹配器来匹配归一化负载导纳 $\overline{Y}_0=0.5+\mathrm{j}1$，求所需的支节电纳。

第 7 章 微波网络理论

第 6 章介绍了微波传输线的知识，传输线的作用是将微波能量从一个器件传输到另一个器件，其不能对信号进行变换和处理。微波系统或微波设备，实现一定功能单靠传输线无法完成，因此需要在传输线上引入微波元器件实现对信号的传输与处理。这些微波元器件的引入对于传输线而言是不连续、不均匀的，而之前讨论的传输线是基于均匀传输线的，所以在引入的这些微波元器件内部及与传输线的连接处就会产生反射以及高次模。

那么如何考虑这些不均匀性带来的影响呢？有两种方法：第一种是经典的方法，运用给定的边界条件，通过求解麦克斯韦方程组得到里面的场，这种方法叫“场解法”。这种方法固然很准确，但是求解非常复杂，而且除了对规则形状的边界条件外，其他边界条件难以求出完整场解，这种方法难以适用于工程应用。如果用这种方法，在工程上一般会采用全波仿真软件如 ADS、HFSS、CST 等来进行辅助，可以帮助人们从场的角度研究它的不连续性。第二种方法采用化“场”为“路”，对于这样一个不连续、不均匀区域，怎么化“场”为“路”呢？之前介绍低频电路的时介绍过低频网络，借助这个概念将传输线等效为 TEM 传输线，将微波元器件不连续、不均匀区域等效为微波网络(或者说“黑匣子”)。网络外部特性可用一组网络参量进行表示。网络内部结构复杂，只关注网络外部，或者关注“黑匣子”外部和传输线连接的这部分所对应的网络参数。

此外，在微波网络中与外界相连接的引出传输线也是网络的组成部分。由于分布参数效应，选择的参考面不同，网络所规定的空间区域也不同，网络参数也随之不同。因此，一个微波元件或系统用一个微波网络表示时必须明确规定参考面的位置。选择参考面的原则是在该参考面以外的传输线只传输主模，即参考面必须选在均匀传输线段上，距离非均匀区足够远。而且，微波网络参数是在微波传输线中只存在单一传输模式下确定的。例如，对矩形波导是指 TE_{10} 模，对微带线是指准 TEM 模，对同轴线与带状线是指 TEM 模。当微波传输线中存在多模传输时，一般按其模式等效为一个多端口网络。网络参数可通过简单计算或实测得到。通过网络参数的研究，可以不用管它内部的结构，只需知道这个不连续结构对外的特性是什么，这就是本章主要的研究思路。

微波网络理论又分为线性网络理论和非线性网络理论，本章只讨论线性网络理论。

7.1 波导传输线的等效

7.1.1 等效电压和等效电流

在 TEM 传输线中，电压、电流、特性阻抗均有确定的定义和数值，并且可以测量。然而波导传输线中，TE 和 TM 模式在其横截面上电压、电流存在着不确定性。因此，要使用化“场”为“路”的方法求解电磁场的问题时，必须要在波导传输线中定义等效电压和等效电流。这样才能将波导传输线等效为 TEM 传输线。

由于在波导传输线和 TEM 传输线中信号的传输都用传输功率表示，可以根据波导传输线中的传输功率和 TEM 传输线中传输功率相等的原则来引入等效电压和等效电流。在单模传输下，波导传输线上的传输功率由该模式的横向电场和横向磁场确定，而与场的纵向分量无关。为此定义等效电压(又称模式电压)U 和等效电流(又称模式电流)I 分别与横向电场 $\boldsymbol{E}_{\mathrm{T}}$ 和横向磁场 $\boldsymbol{H}_{\mathrm{T}}$ 成正比，即

$$\begin{cases}\boldsymbol{E}_{\mathrm{T}}(x,y,z)=\boldsymbol{e}(x,y)U(z)\\ \boldsymbol{H}_{\mathrm{T}}(x,y,z)=\boldsymbol{h}(x,y)I(z)\end{cases} \tag{7-1}$$

式中：$\boldsymbol{e}(x,y)$、$\boldsymbol{h}(x,y)$为二维(x,y)矢量实函数，分别为电压波形函数和电流波形函数，它们表示工作模式的场在传输线横截面上的分布；$U(z)$、$I(z)$为一维标量复函数，即等效电压和等效电流，它们表示导行波在纵向的传播特性。

由于复坡印廷矢量在线横截面上的积分等于线上传输的复功率，则有

$$P=\frac{1}{2}\int_S(\boldsymbol{E}_{\mathrm{T}}\times\boldsymbol{H}_{\mathrm{T}}^{*})\cdot\boldsymbol{e}_z\,\mathrm{d}S \tag{7-2}$$

将式(7-1)代入上式得到

$$P=\frac{1}{2}UI^{*}\int_S(\boldsymbol{e}\times\boldsymbol{h}^{*})\cdot\boldsymbol{e}_z\,\mathrm{d}S \tag{7-3}$$

TEM 传输线传输功率为

$$P=\frac{1}{2}UI^{*} \tag{7-4}$$

比较式(7-3)和式(7-4)，若满足

$$\int_S(\boldsymbol{e}\times\boldsymbol{h}^{*})\cdot\boldsymbol{e}_z\,\mathrm{d}S=1 \tag{7-5}$$

则由式(7-3)得到波导的传输功率为

$$P=\frac{1}{2}UI^{*} \tag{7-6}$$

比较式(7-4)和式(7-6)可知，只要将 TEM 传输线上的电压用等效电压代替，电流用等效电流代替，则波导传输线和 TEM 传输线的传输功率相等。

7.1.2 等效特征阻抗

仅由式(7-1)的定义与式(7-5)的条件还不足以将 U、I 唯一确定。例如：$U'=kU$，$I'=I/k$，即 $\boldsymbol{e}'(x,y)=\boldsymbol{e}(x,y)/k$，$\boldsymbol{h}'(x,y)=k\boldsymbol{h}(x,y)$也满足式(7-1)的定义和式(7-5)的归一化条件。这种不确定性是传输线中特性阻抗的不确定性带来的。因此，为了消除这种不确定性，需进一步规范 $\boldsymbol{e}(x,y)$和 $\boldsymbol{h}(x,y)$之间的关系，也就是确定等效特性阻抗的选用条件。由式(7-1)可写出(以入射波为例)

$$\frac{|\boldsymbol{E}_{\mathrm{T}}|}{|\boldsymbol{H}_{\mathrm{T}}|}=\frac{U_{\mathrm{i}}}{I_{\mathrm{i}}}\frac{|\boldsymbol{e}|}{|\boldsymbol{h}|}=Z_0\frac{|\boldsymbol{e}|}{|\boldsymbol{h}|} \tag{7-7a}$$

将其与

$$\frac{|\boldsymbol{E}_{\mathrm{T}}|}{|\boldsymbol{H}_{\mathrm{T}}|}=\eta \tag{7-7b}$$

比较可得，电压波形函数和电流波形函数的模之比为

$$\frac{|\boldsymbol{e}|}{|\boldsymbol{h}|}=\frac{\eta}{Z_0} \tag{7-8}$$

式中：η 为导行波的波阻抗；Z_0 为波导传输线的等效特性阻抗，也称为特性阻抗。

综合式(7-8)和式(7-5)，且根据

$$\boldsymbol{e}=\frac{\eta}{Z_0}\boldsymbol{h}\times\boldsymbol{e}_z,\quad \boldsymbol{h}=-\frac{Z_0}{\eta}\boldsymbol{e}\times\boldsymbol{e}_z$$

可得

$$\begin{cases}\displaystyle\int_S|\boldsymbol{e}|^2\mathrm{d}S=\frac{\eta}{Z_0}\\ \displaystyle\int_S|\boldsymbol{h}|^2\mathrm{d}S=\frac{Z_0}{\eta}\end{cases} \tag{7-9}$$

Z_0 的选用具有任意性，一般按实用和方便的原则进行，常采用如下三种：

(1) 特性阻抗 Z_0 按某种特定的规则来定义和计算。即先定义出等效电压和等效电流及已知的传输功率来计算 Z_0，这种 Z_0 将与横截面的形状尺寸有关。其基准矢量的关系为

$$\frac{|\boldsymbol{e}|}{|\boldsymbol{h}|}=\frac{\eta}{Z_0},\quad \int_S|\boldsymbol{e}|^2\mathrm{d}S=\frac{\eta}{Z_0},\quad \int_S|\boldsymbol{h}|^2\mathrm{d}S=\frac{Z_0}{\eta} \tag{7-10a}$$

(2) 选取特性阻抗 Z_0 等于波阻抗 η，其关系式为

$$\frac{|\boldsymbol{e}|}{|\boldsymbol{h}|}=1,\quad \int_S|\boldsymbol{e}|^2\mathrm{d}S=1,\quad \int_S|\boldsymbol{h}|^2\mathrm{d}S=1 \tag{7-10b}$$

这时将得到无频率特性的基准场矢量，而且 Z_0 不能完全反映出截面尺寸的变化。

(3) 选取特性阻抗 Z_0 为单位 1，称为归一化特性阻抗，其关系式为

$$\frac{|\boldsymbol{e}|}{|\boldsymbol{h}|}=\eta,\quad \int_S|\boldsymbol{e}|^2\mathrm{d}S=\eta,\quad \int_S|\boldsymbol{h}|^2\mathrm{d}S=\frac{1}{\eta} \tag{7-10c}$$

这时的 Z_0 将完全与截面尺寸无关。

采用这三种特性阻抗，任何单模波导传输线都可以作为如式(7-10(a)～(c))中所示的一种等效 TEM 传输线。

由于选用的特性阻抗不一样，各等效 TEM 传输线中的等效电压和电流都不相同。它们分别与各自的 $\boldsymbol{e}(x,y)$ 和 $\boldsymbol{h}(x,y)$ 相对应，但它们都表示着共同的横向场 $\boldsymbol{E}_\mathrm{T}$ 和 $\boldsymbol{H}_\mathrm{T}$，传输的功率也相同。选取等效特性阻抗的不一样正是为了适应各自的需要，如式(7-10(a))所示的等效形式用在不同截面传输系统的连接和传输系统的匹配计算等方面；由于式(7-10(b))的关系式比较简单，常在电磁场理论中用到；而式(7-10(c))常被微波网络分析所采用，即归一化形式。

下面仍以矩形波导 TE_{10} 模式为例，求出 Z_0 在后两种选取下的各种量的数值。

由式(7-1)可得

$$\begin{cases}\boldsymbol{e}_yE_y=\boldsymbol{e}_yE_\mathrm{m}\sin\left(\dfrac{\pi}{a}x\right)\mathrm{e}^{-\mathrm{j}\beta x}=\boldsymbol{e}U_i=\boldsymbol{e}\,|U_i|\,\mathrm{e}^{-\mathrm{j}\beta x}\\ \boldsymbol{e}_xH_x=-\boldsymbol{e}_x\dfrac{E_\mathrm{m}}{\eta}\sin\left(\dfrac{\pi}{a}x\right)\mathrm{e}^{-\mathrm{j}\beta z}=\boldsymbol{h}I_i=\boldsymbol{h}\,|I_i|\,\mathrm{e}^{-\mathrm{j}\beta z}\end{cases} \tag{7-11}$$

当 Z_0 采用第二种选取方法时，考虑到式(7-11)应满足关系

$$Z_0=\frac{U_i}{I_i}=\eta \tag{7-12a}$$

$$P_i=\frac{E_m^2}{4\eta}ab=\frac{1}{2}U_iI_i^*=\frac{1}{2}\frac{|U_i|^2}{\eta} \tag{7-12b}$$

由式(7-12)解得

$$|U_i|=\sqrt{\frac{ab}{2}}E_m,\quad |I_i|=\sqrt{\frac{ab}{2}}\frac{E_m}{\eta} \tag{7-13}$$

将其代入式(7-11)解出

$$\begin{cases}\boldsymbol{e}=\boldsymbol{e}_y\sqrt{\dfrac{2}{ab}}\sin\left(\dfrac{\pi}{a}x\right)\\ \boldsymbol{h}=-\boldsymbol{e}_x\sqrt{\dfrac{2}{ab}}\sin\left(\dfrac{\pi}{a}x\right)\end{cases} \tag{7-14}$$

用类似的方法可得到 Z 采用第三种选取法的关系式为

$$Z_0=\frac{U_i}{I_i}=1 \tag{7-15a}$$

$$|U_i|=\sqrt{\frac{ab}{2\eta}}E_m=|I_i| \tag{7-15b}$$

$$P_i=\frac{E_m^2}{4\eta}ab=\frac{1}{2}U_iI_i^*=\frac{1}{2}|U_i|^2 \tag{7-15c}$$

$$\boldsymbol{e}=\boldsymbol{e}_y\sqrt{\frac{2n}{ab}}\sin\left(\frac{\pi}{a}x\right) \tag{7-15d}$$

$$\boldsymbol{h}=-\boldsymbol{e}_x\sqrt{\frac{2}{ab\eta}}\sin\left(\frac{\pi}{a}x\right) \tag{7-15e}$$

7.1.3 归一化参量

在实际应用中，微波系统的许多特性与阻抗和特性阻抗的比值有关，因此为了消除不确定性，引入归一化的方法。归一化阻抗可表示为

$$\bar{Z}=\frac{Z}{Z_0}=\frac{1+\Gamma}{1-\Gamma} \tag{7-16}$$

1. 归一化等效电压、归一化等效电流

根据归一化阻抗

$$\bar{Z}=\frac{Z}{Z_0}=\frac{U(z)/I(z)}{Z_0}=\frac{U(z)/\sqrt{Z_0}}{I(z)\sqrt{Z_0}}=\frac{\bar{U}}{\bar{I}} \tag{7-17a}$$

可推导出归一化等效电压、归一化等效电流，即

$$\bar{U}=\frac{U(z)}{\sqrt{Z_0}} \tag{7-17b}$$

$$\bar{I}=I(z)\sqrt{Z_0} \tag{7-17c}$$

传输功率为

$$P=\frac{1}{2}\text{Re}[UI^*]=\frac{1}{2}\text{Re}\left[\left(\frac{U}{\sqrt{Z_0}}\right)(I^*\sqrt{Z_0})\right]=\frac{1}{2}\text{Re}[\bar{U}\bar{I}^*] \tag{7-17d}$$

注意，归一化等效电压、归一化等效电流并不具有电路理论中的“电压”“电流”的意义，只不过是一种方便的运算符号。

当采用归一化阻抗 $\bar{Z}$，即采用 $\bar{U}$、$\bar{I}$ 作参量时，取

$$\beta=\frac{2\pi}{\lambda_g},\quad \lambda_g=\frac{\lambda}{\sqrt{1-\left(\frac{\lambda}{\lambda_c}\right)^2}},\quad \bar{l}=\frac{l}{\lambda_g} \tag{7-18}$$

2. 归一化后波导传输线相关公式

为后面讨论方便，下面列出采用归一化特性阻抗 $Z_0=1$ 时，归一化后的波导传输线中的有关公式。

归一化等效电压为

$$\bar{U}=\bar{U}_i+\bar{U}_r \tag{7-19a}$$

归一化等效电流为

$$\bar{I}=\bar{I}_i+\bar{I}_r=\bar{U}_i-\bar{U}_r \tag{7-19b}$$

归一化特性阻抗为

$$Z_0=\frac{\bar{U}_i}{\bar{I}_i}=-\frac{\bar{U}_r}{\bar{I}_r}=1 \tag{7-19c}$$

有功功率为

$$P=P_i-P_r=\frac{1}{2}\text{Re}[\bar{U}\bar{I}^*] \tag{7-19d}$$

入射功率为

$$P_i=\frac{1}{2}\text{Re}[\bar{U}_i\bar{I}_i^*]=\frac{1}{2}|\bar{U}_i|^2 \tag{7-19e}$$

反射功率为

$$P_r=\frac{1}{2}\text{Re}[\bar{U}_r\bar{I}_r^*]=\frac{1}{2}|\bar{U}_r|^2 \tag{7-19f}$$

反射系数为

$$\Gamma=\frac{\bar{U}_r}{\bar{U}_i} \tag{7-19g}$$

归一化阻抗为

$$\bar{Z}=\frac{\bar{U}}{\bar{I}}=\frac{1+\Gamma}{1-\Gamma} \tag{7-19h}$$

归一化导纳为

$$\overline{Y}=\frac{\overline{I}}{\overline{U}}=\frac{1-\Gamma}{1+\Gamma} \tag{7-19i}$$

7.2 单端口微波网络

把微波系统中的不均匀性等效为网络是基于复坡印廷定理，即时变电磁场中的能量守恒定律。下面以单端口网络来进行分析。

若在一段均匀微波传输线矩形波导的一端接入负载或其他微波元件，则要引入不连续性，激起高次模，产生反射。若传输线只能传输单一主模，则离连续性不远的横截面上高次模衰减得很小，可以忽略。于是，传输线的波只是一个入射波和一个反射波，两者模式相同，横截面上场分布一样。这种微波电路可以看成一段单模传输线端接一个集总元件负载，传输线是输入端口，故叫作单端口网络。研究单端口网络，首先研究负载的等效电路特性，然后研究传输线的等效电路特性，最后单端口网络特性就自然而然地解决了。

研究单端口网络的负载特性时，首先在输入传输线上取一个参考面(即传输线的某一横截面)，然后研究从参考面向负载看去的电磁场能量变化情况，从而得到它的等效电路。在图7-1中，包括参考面作个封闭曲面 S 把负载包围起来，除输入端口的参考面上有电磁场外，其余面上电磁场为零。在封闭曲面所包围的体积 V 内，根据复坡印廷定理可得

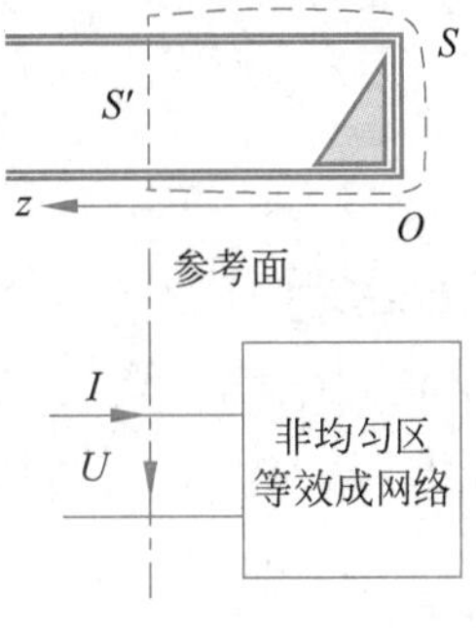

图 7-1 单端口网络

$$-\oint_{S}\left(\frac{1}{2}\boldsymbol{E}\times\boldsymbol{H}^{*}\right)\cdot \mathrm{d}\boldsymbol{S}=\mathrm{j}2\omega(W_{\mathrm{m}}-W_{\mathrm{e}})+P_{1} \tag{7-20}$$

式中：W_{m} 为体积 V 的平均磁场能量；W_{e} 为平均电场能量；P_{1} 为体积 V 内消耗功率。

当端口参考面上只有单模传输时，式(7-20)的左边可写为

$$-\oint_{S'}\left(\frac{1}{2}\boldsymbol{E}\times\boldsymbol{H}^{*}\right)\cdot \mathrm{d}\boldsymbol{S}=\oint_{S'}\left(\frac{1}{2}\boldsymbol{E}_{\mathrm{t}}\times\boldsymbol{H}_{\mathrm{t}}^{*}\right)\cdot(-\hat{z})\mathrm{d}S=\frac{1}{2}UI^{*} \tag{7-21}$$

式中：S' 为网络的输入端口的面积；$\boldsymbol{E}_{\mathrm{t}}$ 和 $\boldsymbol{H}_{\mathrm{t}}$ 为端口处的总场；U 为端口总电压；I 为端口总电流。

于是，单模传输时，式(7-20)变为

$$UI^{*}=\mathrm{j}4\omega(W_{\mathrm{m}}-W_{\mathrm{e}})+2P_{1} \tag{7-22}$$

上式的物理意义是，由端口进入体积 V 内的复功率等于体积 V 内电磁场能量的增加率加上其中消耗的功率，这正是能量守恒定律。

按照电路理论，令 $U=ZI$，Z 为单端口网络参考面处的输入阻抗，也就是负载阻抗，则(7-22)变为

$$ZII^{*}=Z|I|^{2}=2P_{1}+\mathrm{j}4\omega(W_{\mathrm{m}}-W_{\mathrm{e}}) \tag{7-23}$$

即

$$Z=\frac{2P_{1}}{|I|^{2}}+\mathrm{j}\frac{4\omega(W_{\mathrm{m}}-W_{\mathrm{e}})}{|I|^{2}}=R+\mathrm{j}\left(\omega L-\frac{1}{\omega C}\right) \tag{7-24}$$

式中：$R=2P_1/|I|^2$，为负载的损耗电阻，也就是单端口网络参考面处的输入电阻；$L=4\omega W_m/|I|^2$，为负载中磁场能量所相当的电感，也就是参考面处的输入电感；$C=|I|^2/4\omega^2 W_e$ 为负载中电场能量所相当的电容，也就是参考面处的输入电容。

由上面讨论得出，单端口网络的串联等效电路如图 7-2(b)所示。

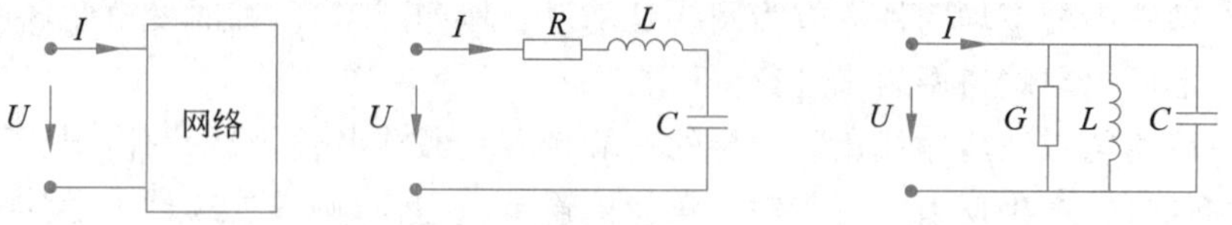

(a) 单端口网络　(b) 单端口网络的串联等效电路　(c) 单端口网络的并联等效电路

图 7-2　单端口网络的等效电路

令 $\boldsymbol{I}=\boldsymbol{YU}$，$\boldsymbol{Y}$ 是单端口网络参考面处的输入导纳，也就是负载导纳，则有

$$Y^*UU^*=Y^*|U|^2=2P_1+\mathrm{j}4\omega(W_m-W_e) \tag{7-25}$$

即

$$Y=\frac{2P_1}{|U|^2}-\mathrm{j}\frac{4\omega(W_m-W_e)}{|U|^2}=G+\mathrm{j}\left(\omega C-\frac{1}{\omega L}\right) \tag{7-26}$$

式中：$G=2P_1/|U|^2$，为负载的损耗电导，也就是单端口网络参考面处的输入电导；$C=4\omega W_e/|U|^2$，为负载中电场能量所相当的电容，也就是参考面处的并联输入电容；$L=|U|^2/4\omega^2 W_m$，为负载中磁场能量所相当的电感，也就是参考面处的并联输入电感。于是网络的并联等效电路如图 7-2(c)所示。

由上面讨论可知，任何一个无源单端口网络都可以用 RLC 串联或 GLC 并联等效电路表示，损耗集总起来用 R 或 G 表示，磁场能量集总起来用电感 L 表示，电场能量集总起来用电容 C 表示，一起组成集总参数电路或集总元件电路。若微波元件中没有平均的电场或磁场能量，则其等效电路只是一个纯电阻或电导；若微波元件没有损耗，则其等效电路只是一个纯电抗或电纳。必须注意，上述的集总只是在某一特定频率上的集总，等效也只是在某一特定频率上的等效，不可能把其整个频率特性都表示出来。要想表示出整个频率特性，可以把损耗集总起来看成电阻或电导，而把电场和磁场能量部分地集总起来分别用 LC 电路表示，成为分布 LC 电路，或者用其他类型的复杂电路表示。总之，这种表示单端口网络频率特性的等效电路不是唯一的。

7.3　双端口微波网络

两个单模传输线所构成的微波接头或具有两个端口的微波元件都可以看成微波双端口网络，如图 7-3 所示。图中每个端口的参考面都选得离不连续性较远，使得参考面上只有主模入射波和反射波；或者，尽量把参考面选在高次模存在的区域，但实质上仍然只考虑主模的作用，而把高次模场起的作用集总起来作为对主模的反射电抗或电纳。需要注意在和其他元件连接时，仍要远离高次模区。总之，参考面的选取始终是决定微波网络特性的关键问题之一。

在网络每个端口上定义出电压和电流后，由于网络是线性的，这些电压和电流之间的关系也一定是线性的，选定不同的自变量和因变量可以得到不同的线性组合。这些不同变量的线性组合可以用不同的网络参量来表征。表征微波网络的参量主要有两大类：一类是反映端口参考面上的电压和电流的关系，主要有阻抗矩阵、导纳矩阵以及转移矩阵；另一类是反映端口参考面上的入射波和反射波关系，如散射矩阵。

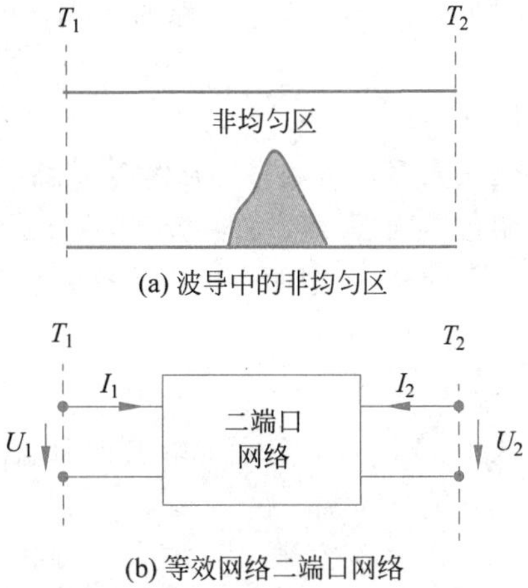

图 7-3　二端口网络

7.3.1　阻抗矩阵和导纳矩阵

研究双端口网络的电压和电流间的关系时，首先了解各端口电压与其电场横向分量成比例，电流与其磁场横向分量成比例。若网络中媒质的 ε、μ、σ 都是常数，则麦克斯韦方程是线性的，各场强间关系也是线性的。既然各端口电压和电流与其相应场强呈线性关系，故它们本身之间也应呈线性关系。例如，研究端口 1 或端口 2 的电压时，可以认为它是各端口电流贡献的总和，即

$$U_1 = Z_{11} I_1 + Z_{12} I_2 \tag{7-27}$$

$$U_2 = Z_{21} I_1 + Z_{22} I_2 \tag{7-28}$$

式中：Z_{11}、Z_{22} 分别是端口 1 和端口 2 的自阻抗，Z_{12}、Z_{21} 是端口 1 与端口 2 间的互阻抗，统称为阻抗参数。

将式(7-27)和式(7-28)写成矩阵形式，即

$$\begin{bmatrix} U_1 \\ U_2 \end{bmatrix} = \begin{bmatrix} Z_{11} & Z_{12} \\ Z_{21} & Z_{22} \end{bmatrix} \begin{bmatrix} I_1 \\ I_2 \end{bmatrix} \tag{7-29}$$

或简写为

$$\boldsymbol{U} = \boldsymbol{Z} \cdot \boldsymbol{I} \tag{7-30}$$

式中：$\boldsymbol{Z}$ 为阻抗矩阵。在微波网络中若没有各向异性媒质，即 ε 或 μ 不是张量，则由电磁场理论可以证明

$$Z_{12} = Z_{21} \tag{7-31}$$

此时，这个网络称为互易网络。

若网络是对称的，则从端口 1 和从端口 2 向网络看去的情况应完全一样，也就是说把网络矩阵中各元素下标 1 和下标 2 互换时矩阵不变。显然，这仅在下列条件下成立：

对于阻抗矩阵

$$Z_{12} = Z_{21}, \quad Z_{11} = Z_{22} \tag{7-32}$$

阻抗参数 Z_{ij} 有明确的物理意义。由式(7-27)可知

$$Z_{11} = \left.\frac{U_1}{I_1}\right|_{I_2=0} \tag{7-33}$$

可见，Z_{11} 是端口 2 开路时 1 端口的输入阻抗，又称为端口 1 的自阻抗。而

$$Z_{21}=\left.\frac{U_2}{I_1}\right|_{I_2=0} \tag{7-34}$$

这说明 Z_{21} 是端口 2 开路时，端口 1 到端口 2 的转移阻抗，又称为端口 1 与端口 2 间的互阻抗。同理，Z_{22} 是端口 2 的自阻抗，Z_{12} 它为是端口 2 与端口 1 间的互阻抗。

同样，若把两个电压看成自变量，两个电流看成因变量，则有

$$I_1=Y_{11}U_1+Y_{12}U_2 \tag{7-35}$$

$$I_2=Y_{21}U_1+Y_{22}U_2 \tag{7-36}$$

式中：Y_{11}、Y_{22} 分别为端口 1 和端口 2 的自导纳；Y_{12}、Y_{21} 分别为端口 1 与端口 2 之间的互导纳。

将式(7-35)和式(7-36)写成矩阵形式，即

$$\begin{bmatrix} I_1 \\ I_2 \end{bmatrix}=\begin{bmatrix} Y_{11} & Y_{12} \\ Y_{21} & Y_{22} \end{bmatrix}\begin{bmatrix} U_1 \\ U_2 \end{bmatrix} \tag{7-37}$$

写成简式则为

$$\boldsymbol{I}=\boldsymbol{Y}\cdot\boldsymbol{U} \tag{7-38}$$

式中：$\boldsymbol{Y}$ 为导纳矩阵。同样可以证明，若网络是互易的，则

$$Y_{12}=Y_{21} \tag{7-39}$$

若网络是对称的，则对于导纳矩阵，有

$$Y_{11}=Y_{22},\quad Y_{12}=Y_{21} \tag{7-40}$$

所以对称网络首先必须是互易网络，其次要求 $Z_{11}=Z_{22}$ 或 $Y_{11}=Y_{22}$。

此外，$\boldsymbol{Z}$ 和 $\boldsymbol{Y}$ 都用来表示同一网络的特性，故两者之间具有一定的关系。由于

$$\boldsymbol{I}=\boldsymbol{Y}\cdot\boldsymbol{U}=\boldsymbol{Y}\cdot\boldsymbol{Z}\cdot\boldsymbol{I} \tag{7-41}$$

比较上式两边可得

$$\boldsymbol{Y}\cdot\boldsymbol{Z}=\boldsymbol{I} \tag{7-42}$$

式中：$\boldsymbol{I}$ 为单位矩阵。

式(7-42)表明，阻抗矩阵和导纳矩阵互为逆矩阵。

7.3.2 转移矩阵

在图 7-4 所示的双端口网络中，U_1、I_1 是输入量，U_2、I_2 是输出量。注意，在此电路中，I_2 由端口 2 向外，以 U_2、I_2 作为自变量，U_1、I_1 作为因变量，即可得到一组线性方程：

$$\begin{cases} U_1=A_{11}U_2+A_{12}I_2 \\ I_1=A_{21}U_2+A_{22}I_2 \end{cases} \tag{7-43}$$

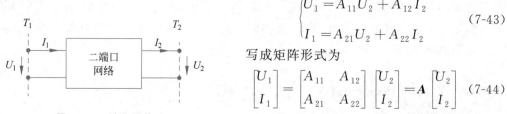

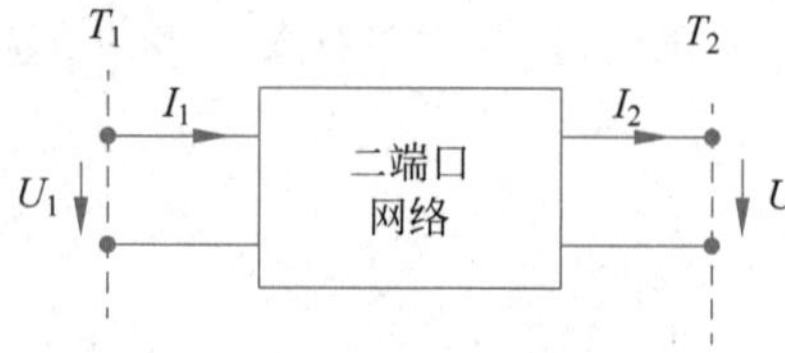

图 7-4　二端口网络

写成矩阵形式为

$$\begin{bmatrix} U_1 \\ I_1 \end{bmatrix}=\begin{bmatrix} A_{11} & A_{12} \\ A_{21} & A_{22} \end{bmatrix}\begin{bmatrix} U_2 \\ I_2 \end{bmatrix}=\boldsymbol{A}\begin{bmatrix} U_2 \\ I_2 \end{bmatrix} \tag{7-44}$$

式中：$\boldsymbol{A}$ 为转移矩阵；矩阵中各参数的意义为

$$A_{11}=\left.\frac{U_1}{U_2}\right|_{I_2=0} \quad \text{(端口 2 开路时的电压转移系数)}$$

$$A_{21}=\left.\frac{I_1}{U_2}\right|_{I_2=0} \quad \text{(端口 2 开路时的转移导纳)}$$

$$A_{12}=\left.\frac{U_1}{I_2}\right|_{U_2=0} \quad \text{(端口 2 短路时的转移阻抗)}$$

$$A_{22}=\left.\frac{I_1}{I_2}\right|_{U_2=0} \quad \text{(端口 2 短路时的电流转移系数)}$$

各 **A** 矩阵参数的性质可以从阻抗参数或导纳参数的性质推导出，因为它们都表示同一网络的参数。对于互易网络，有

$$A_{21}=\left.\frac{I_1}{U_2}\right|_{I_2=0}=\frac{1}{Z_{21}} \tag{7-45}$$

当 $I_1=0$ 时，由(7-43)可得

$$\left.\frac{U_1}{-I_2}\right|_{I_1=0}=\frac{A_{11}A_{22}-A_{12}A_{21}}{A_{21}}=Z_{12} \tag{7-46}$$

因为 $Z_{12}=Z_{21}$，故由式(7-46)可得

$$\det\boldsymbol{A}=A_{11}A_{22}-A_{12}A_{21}=1 \tag{7-47}$$

对于对称网络，则在满足上式的同时，还要满足

$$A_{11}=A_{22} \tag{7-48}$$

许多较复杂的二端口网络往往是由两个或多个二端口网络级联而成，用传输矩阵表示比较方便。两个二端口网络级联，如图 7-5 所示。

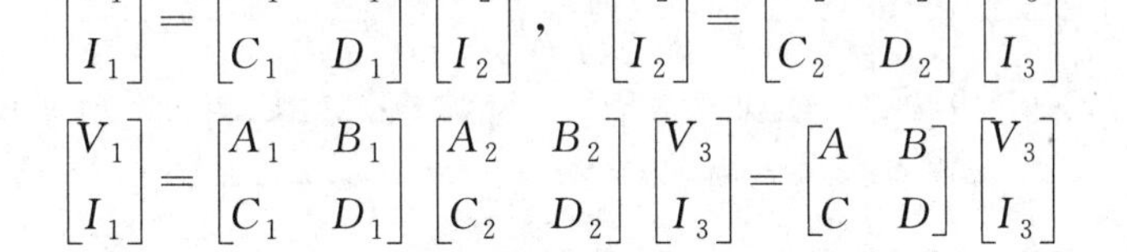

图 7-5 两个二端口网络级联

$$\begin{bmatrix}V_1\\I_1\end{bmatrix}=\begin{bmatrix}A_1 & B_1\\C_1 & D_1\end{bmatrix}\begin{bmatrix}V_2\\I_2\end{bmatrix},\quad \begin{bmatrix}V_2\\I_2\end{bmatrix}=\begin{bmatrix}A_2 & B_2\\C_2 & D_2\end{bmatrix}\begin{bmatrix}V_3\\I_3\end{bmatrix}$$

$$\begin{bmatrix}V_1\\I_1\end{bmatrix}=\begin{bmatrix}A_1 & B_1\\C_1 & D_1\end{bmatrix}\begin{bmatrix}A_2 & B_2\\C_2 & D_2\end{bmatrix}\begin{bmatrix}V_3\\I_3\end{bmatrix}=\begin{bmatrix}A & B\\C & D\end{bmatrix}\begin{bmatrix}V_3\\I_3\end{bmatrix}$$

$$\begin{bmatrix}A & B\\C & D\end{bmatrix}=\begin{bmatrix}A_1 & B_1\\C_1 & D_1\end{bmatrix}\begin{bmatrix}A_2 & B_2\\C_2 & D_2\end{bmatrix} \tag{7-49}$$

从式(7-49)可以看出，两个级联的二端口网络的 **A** 矩阵等于单个网络 **A** 矩阵的乘积。

7.3.3 散射矩阵

7.3.2 节定义了微波网络的阻抗矩阵、导纳矩阵以及转移矩阵。实际上，在微波波段

内应用这些参数是不太方便的，这是因为没有恒定的微波电压源或电流源，也不易得到真正的微波短路或开路终端，而这些参数却是在这些条件下测得的。然而，在微波频段匹配终端比开路、短路终端易于实现，而散射参数是在匹配终端条件下测得的，可以更方便地研究微波网络。下面介绍散射参数。

传输线上的电压和电流(或归一化的电压和电流)是正向传输波与反向传输波叠加而成的，因此也可以从正向传输波与反向传输波(或输入波和输出波)的概念出发描述双端口网络的特性。下面以波导中的非均匀区对场的影响为例作简单分析。如图7-6所示，波导中有一非均匀区，其边界形状及边界条件很复杂。如果有一个主模从端口1输入进来，其归一化输入波为$\overline{U}_1^+$，则当该波入射到非均匀区时，由于非均匀区的边界条件复杂，入射波会在非均匀区产生复杂的电磁场分布。然而，尽管非均匀区的电磁场分布结构复杂，由前面的内容可以推知，该复杂电磁场结构都是由波导中包括主模和各种高次模在内的多个模的线性叠加而成的。这些模在非均匀区产生之后会朝两边传播出去。若波导尺寸的限制，仅允许主模可以传播，则离开非均匀区较远的位置处(如参考面T_1、T_2)，其中的高次模将按指数衰减规律的分布降至零，因此，高次模将主要分布在非均匀区附近，而主模则朝两个方向传播至端口1和端口2。其中，向端口1传回来的波是由端口1入射波$\overline{U}_1^+$的部分能量被非均匀区反射回来的主模，从端口1输出，其归一化输出波是$\overline{U}_1^-$。而传向端口2的波是由端口1入射波$\overline{U}_1^+$的部分能量经由非均匀区传输过去的主模，从端口2输出，其归一化输出波是$\overline{U}_2^-$，如图7-6(a)所示。同理，如果有一个归一化入射波$\overline{U}_2^+$从端口2入射到非均匀区，则按照相同的分析，高次模将主要分布在非均匀区附近，而主模则朝两个方向传播至端口1和端口2。其中，向端口2传回来的波是由非均匀区反射回来的主模，为端口2的归一化输出波$\overline{U}_2^-$，而传向端口1的波是由端口2的归一化入射波经由非均匀区传输过去的主模，为端口1的归一化输出波$\overline{U}_1^-$，如图7-6(b)所示。

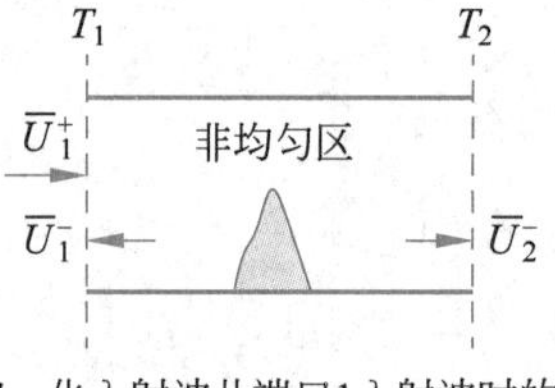

(a)归一化入射波从端口1入射波时的情况

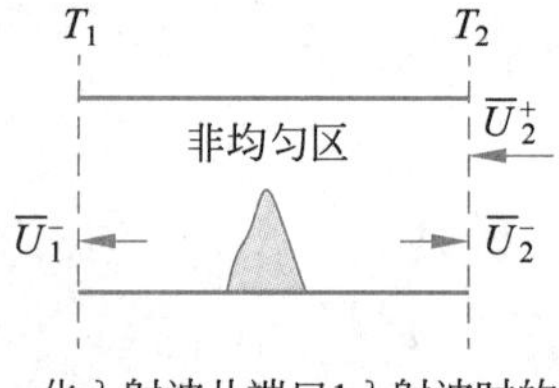

(b)归一化入射波从端口1入射波时的情况

图7-6 双端口网络的归一化入射波和归一化反射波

综合上述过程可以看到，当端口1和端口2均有输入波(或入射波)时，在端口1和端口2会产生输出波，且两个端口的输出波是由两个端口的输入波经由非均匀区(即网络)共同产生而叠加形成的。因此，若把输入波作为激励，输出波作为响应，且非均匀区的媒质是线性的，则输出波与输入波之间的关系可以用两个线性叠加的公式表示为

$$\overline{U}_1^- = S_{11}\overline{U}_1^+ + S_{12}\overline{U}_2^+ \tag{7-50a}$$

$$\overline{U}_2^- = S_{21}\overline{U}_1^+ + S_{22}\overline{U}_2^+ \tag{7-50b}$$

或写为

$$\begin{bmatrix}\bar{U}_1^-\\ \bar{U}_2^-\end{bmatrix}=\begin{bmatrix}S_{11} & S_{12}\\ S_{21} & S_{22}\end{bmatrix}\begin{bmatrix}\bar{U}_1^+\\ \bar{U}_2^+\end{bmatrix} \tag{7-51}$$

为分析方便，记

$$a_i=\bar{U}_i^+=\bar{I}_i^+,\quad b_i=\bar{U}_i^-=\bar{I}_i^-\quad (i=1,2) \tag{7-52a}$$

则式(7-50)写成

$$b_1=S_{11}a_1+S_{12}a_2 \tag{7-52b}$$

$$b_2=S_{21}a_1+S_{22}a_2 \tag{7-52c}$$

写成矩阵形式为

$$\begin{bmatrix}b_1\\ b_2\end{bmatrix}=\begin{bmatrix}S_{11} & S_{12}\\ S_{21} & S_{22}\end{bmatrix}\begin{bmatrix}a_1\\ a_2\end{bmatrix} \tag{7-53}$$

或写成简式

$$\boldsymbol{b}=\boldsymbol{S}\cdot\boldsymbol{a} \tag{7-54}$$

式中：$\boldsymbol{S}$ 为双端口网络的散射矩阵，其中各元素称为散射参数；$\boldsymbol{a}$ 为归一化入射波的列矩阵，$\boldsymbol{b}$ 为归一化反射波的列矩阵，且有

$$\boldsymbol{a}=\begin{bmatrix}a_1\\ a_2\end{bmatrix}\quad \boldsymbol{b}=\begin{bmatrix}b_1\\ b_2\end{bmatrix}$$

其中：a_i 习惯上称为归一化的入射波电压(或归一化入射波)；b_i 为归一化的反射波电压(或归一化反射波，虽然 b_i 不完全是由反射造成的)。

这样一来，任一端口上的归一化总电压和总电流与其归一化入射波和反射波电压之间的关系为

$$\bar{U}_i=\bar{U}_i^++\bar{U}_i^-=a_i+b_i\quad (i=1,2) \tag{7-55a}$$

$$\bar{I}_i=\bar{U}_i^+-\bar{U}_i^-=a_i-b_i\quad (i=1,2) \tag{7-55b}$$

即

$$\begin{cases}\begin{bmatrix}\bar{U}_1\\ \bar{U}_2\end{bmatrix}=\begin{bmatrix}a_1\\ a_2\end{bmatrix}+\begin{bmatrix}b_1\\ b_2\end{bmatrix}\\ \begin{bmatrix}\bar{I}_1\\ \bar{I}_2\end{bmatrix}=\begin{bmatrix}a_1\\ a_2\end{bmatrix}-\begin{bmatrix}b_1\\ b_2\end{bmatrix}\end{cases} \tag{7-56}$$

反之，则有

$$\begin{bmatrix}a_1\\ a_2\end{bmatrix}=\frac{1}{2}\left\{\begin{bmatrix}\bar{U}_1\\ \bar{U}_2\end{bmatrix}+\begin{bmatrix}\bar{I}_1\\ \bar{I}_2\end{bmatrix}\right\} \tag{7-57}$$

$$\begin{bmatrix}b_1\\ b_2\end{bmatrix}=\frac{1}{2}\left\{\begin{bmatrix}\bar{U}_1\\ \bar{U}_2\end{bmatrix}-\begin{bmatrix}\bar{I}_1\\ \bar{I}_2\end{bmatrix}\right\} \tag{7-58}$$

对于归一化入射波，它们模值平方的一半等于入射波功率，即

$$\frac{1}{2}|a_i|^2=\frac{1}{2}a_ia_i^*=\frac{1}{2}\overline{U}_i^+(\overline{U}_i^+)^*=\frac{1}{2}\overline{U}_i^+(\overline{I}_i^+)^*=P_i^+\quad(i=1,2)\tag{7-59}$$

同样，对于归一化的反射波，它们模值平方的一半是反射波功率，即

$$\frac{1}{2}|b_i|^2=\frac{1}{2}b_ib_i^*=\frac{1}{2}\overline{U}_i^-(\overline{U}_i^-)^*=\frac{1}{2}\overline{U}_i^-(\overline{I}_i^-)^*=P_i^-\quad(i=1,2)\tag{7-60}$$

散射参数具有明确的物理意义，可以求解得

$$S_{11}=\left.\frac{b_1}{a_1}\right|_{a_2=0}\quad\text{（端口 2 匹配时，端口 1 的反射系数）}$$

$$S_{12}=\left.\frac{b_1}{a_2}\right|_{a_1=0}\quad\text{（端口 1 匹配时，端口 2 到端口 1 的传输系数）}$$

$$S_{21}=\left.\frac{b_2}{a_1}\right|_{a_2=0}\quad\text{（端口 2 匹配时，端口 1 到端口 2 的传输系数）}$$

$$S_{22}=\left.\frac{b_2}{a_2}\right|_{a_1=0}\quad\text{（端口 1 匹配时，端口 2 的反射系数）}$$

对于下列三种不同的微波网络，散射矩阵的性质不同。

1. 互易网络

在微波网络中若没有各向异性媒质，即 ε 或 μ 不是张量，则这个网络称为互易网络。互易网络中散射矩阵具有性质

$$\boldsymbol{S}=\boldsymbol{S}^{\mathrm{T}}\tag{7-61}$$

即二端口互易网络的散射参数满足

$$S_{12}=S_{21}\tag{7-62}$$

2. 对称网络

在对称网络中，由端口 1 向网络看去，与由端口 2 向网络看去的特性相同，故 $\boldsymbol{S}$ 矩阵中下标 1、2 可以互换，即

$$\begin{bmatrix}S_{11} & S_{12}\\ S_{21} & S_{22}\end{bmatrix}=\begin{bmatrix}S_{22} & S_{21}\\ S_{12} & S_{11}\end{bmatrix}\tag{7-63}$$

因此，对称网络的散射参数具有下列性质：

$$S_{12}=S_{21},\quad S_{11}=S_{22}\tag{7-64}$$

注意，对称网络只有在网络是互易的条件下才能是对称的。

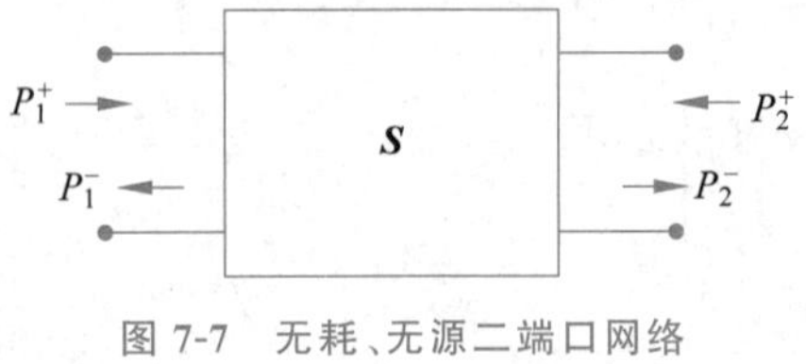

图 7-7　无耗、无源二端口网络

3. 无耗、无源网络

无耗、无源网络本身既不损耗能量也不产生能量，因此从两个端口进入的入射波功率应等于从两个端口出去的反射波功率，如图 7-7 所示，即

$$P_1^++P_2^+=P_1^-+P_2^-\tag{7-65}$$

由式(7-59)、式(7-60)可得

$$\frac{1}{2}|a_1|^2+\frac{1}{2}|a_2|^2=\frac{1}{2}|b_1|^2+\frac{1}{2}|b_2|^2 \tag{7-66}$$

上式写成共轭复数形式,即

$$a_1a_1^*+a_2a_2^*=b_1b_1^*+b_2b_2^* \tag{7-67}$$

再写成矩阵列矢量形式,即

$$[a_1 \quad a_2]\begin{bmatrix}a_1^*\\a_2^*\end{bmatrix}=[b_1 \quad b_2]\begin{bmatrix}b_1^*\\b_2^*\end{bmatrix} \tag{7-68}$$

简写成

$$\boldsymbol{a}^{\mathrm{T}}\boldsymbol{a}^*=\boldsymbol{b}^{\mathrm{T}}\cdot\boldsymbol{b}^* \tag{7-69}$$

将 $\boldsymbol{b}=\boldsymbol{S}\cdot\boldsymbol{a}$ 代入式(7-69)可得

$$\boldsymbol{a}^{\mathrm{T}}\cdot\boldsymbol{a}^*=\boldsymbol{b}^{\mathrm{T}}\cdot\boldsymbol{b}^*=\boldsymbol{a}^{\mathrm{T}}\cdot\boldsymbol{S}^{+}\cdot\boldsymbol{S}\cdot\boldsymbol{a}^* \tag{7-70}$$

式中:$\boldsymbol{S}^{\dagger}=(\boldsymbol{S}^{\mathrm{T}})^*$,“†”代表矩阵转置后再进行取共轭的运算。

将式(7-70)整理成

$$\boldsymbol{a}^{\mathrm{T}}\cdot(\boldsymbol{I}-\boldsymbol{S}^{\dagger}\cdot\boldsymbol{S})\boldsymbol{a}^*=0 \tag{7-71}$$

该式如果欲对任意的入射波矢量 $\boldsymbol{a}$ 都成立,则其充分与必要条件为

$$\boldsymbol{I}-\boldsymbol{S}^{\dagger}\cdot\boldsymbol{S}=0 \quad 或 \quad \boldsymbol{S}^{\dagger}\cdot\boldsymbol{S}=\boldsymbol{I} \tag{7-72}$$

这就是无耗、无源网络散射矩阵的性质,称为幺正性。把式(7-72)写成显式,即

$$\begin{bmatrix}S_{11}^* & S_{21}^*\\S_{12}^* & S_{22}^*\end{bmatrix}\begin{bmatrix}S_{11} & S_{12}\\S_{21} & S_{22}\end{bmatrix}=\begin{bmatrix}1 & 0\\0 & 1\end{bmatrix} \tag{7-73}$$

将式(7-73)展开,可得

$$|S_{11}|^2+|S_{21}|^2=1 \tag{7-74a}$$

$$|S_{12}|^2+|S_{22}|^2=1 \tag{7-74b}$$

$$S_{11}^*S_{12}+S_{21}^*S_{22}=0 \tag{7-74c}$$

$$S_{12}^*S_{11}+S_{21}S_{22}^*=0 \tag{7-74d}$$

式(7-74a)和式(7-74b)决定了无耗、无源二端口网络散射参数的幅度关系。式(7-74c)和式(7-74d)不是互相独立的,因为把其中之一取共轭复数,即可得到另一个。

双端口网络的散射矩阵描述了一个非均匀区(等效为网络)对外部输入电磁信号的反射与传输特性。在微波频段,由于匹配终端比开路、短路终端易于实现,这些参数易于测量,可以帮助人们很好地分析微波网络问题。

7.3.4 网络参数的相互关系

微波网络的外特性既可以用阻抗参数、导纳参数来描述,又可以用散射参数来描述,那么散射参数与阻抗参数和导纳参数之间必定存在转换关系。下面推导出这种关系,以便于工程设计中这两类参数的互换。已知散射矩阵推导出阻抗矩阵的计算公式。为此,把式(7-57)、式(7-58)也写成矩阵形式,即

$$\bar{\boldsymbol{U}}=\boldsymbol{a}+\boldsymbol{b} \tag{7-75a}$$

$$\bar{\boldsymbol{I}}=\boldsymbol{a}-\boldsymbol{b} \tag{7-75b}$$

将散射矩阵方程 $\boldsymbol{b}=\boldsymbol{S}\cdot\boldsymbol{a}$ 代入上式，可得

$$\bar{\boldsymbol{U}}=\boldsymbol{a}+\boldsymbol{S}\cdot\boldsymbol{a}=(\boldsymbol{I}+\boldsymbol{S})\boldsymbol{a} \tag{7-76a}$$

$$\bar{\boldsymbol{I}}=\boldsymbol{a}-\boldsymbol{S}\cdot\boldsymbol{a}=(\boldsymbol{I}-\boldsymbol{S})\boldsymbol{a} \tag{7-76b}$$

将它们代入阻抗参数方程 $\bar{\boldsymbol{U}}=\bar{\boldsymbol{Z}}\cdot\bar{\boldsymbol{I}}$，可得

$$(\boldsymbol{I}+\boldsymbol{S})\boldsymbol{a}=\bar{\boldsymbol{Z}}(\boldsymbol{I}-\boldsymbol{S})\boldsymbol{a} \tag{7-77}$$

要该式对任意列矩阵 $\boldsymbol{a}$ 都成立，只能是

$$(\boldsymbol{I}+\boldsymbol{S})\bar{\boldsymbol{U}}^{+}=\bar{\boldsymbol{Z}}(\boldsymbol{I}-\boldsymbol{S})\bar{\boldsymbol{U}}^{+} \tag{7-78}$$

上式两边右乘$(\boldsymbol{I}-\boldsymbol{S})^{-1}$，即得

$$\bar{\boldsymbol{Z}}=(\boldsymbol{I}+\boldsymbol{S})(\boldsymbol{I}-\boldsymbol{S})^{-1} \tag{7-79}$$

同理，由阻抗矩阵计算散射矩阵的公式可以推得

$$\boldsymbol{S}=(\bar{\boldsymbol{Z}}-\boldsymbol{I})(\bar{\boldsymbol{Z}}+\boldsymbol{I})^{-1} \tag{7-80}$$

散射矩阵与导纳矩阵之间也有相互转换关系，该换算关系可仿照散射矩阵与阻抗矩阵换算公式的推导方法得到。这里不做推导，只给出结果：

$$\boldsymbol{S}=(\boldsymbol{I}-\bar{\boldsymbol{Y}})(\boldsymbol{I}+\bar{\boldsymbol{Y}})^{-1} \tag{7-81}$$

$$\bar{\boldsymbol{Y}}=(\boldsymbol{I}-\boldsymbol{S})(\boldsymbol{I}+\boldsymbol{S})^{-1} \tag{7-82}$$

【例 7-1】 求串联阻抗的散射矩阵。

(1) 归一化：

$$\bar{Z}=\frac{Z}{Z_c}$$

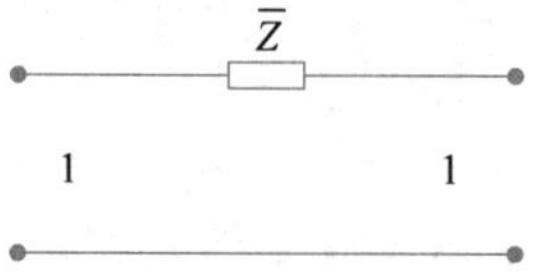

(2) 构建 $\boldsymbol{S}$ 参数计算匹配条件。计算 S_{11}、S_{21}，二端口接匹配负载，如下图所示。

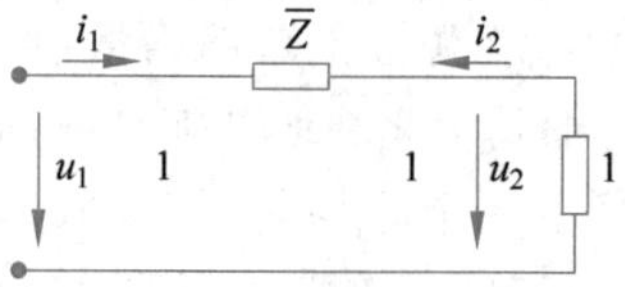

(3) 得出归一化 u、i 关系：

$$\begin{cases} u_1=i_1(1+\bar{Z}) \\ i_2=-i_1 \end{cases}$$

对于归一化总电压、总电流，有

$$\begin{cases} u_n=a_n+b_n \\ i_n=a_n-b_n \end{cases}$$

即有

$$\begin{cases} u_1 = a_1 + b_1 \\ i_1 = a_1 - b_1 \\ i_2 = a_2 - b_2 \end{cases}$$

(4) 代入得出 u、i 与 a、b 的关系：

$$\begin{cases} a_1 + b_1 = (a_1 - b_1)(1 + \bar{Z}) \\ a_2 - b_2 = -(a_1 - b_1) \end{cases}$$

二端口接匹配负载，如下图所示，故有 $a_2 = 0$。

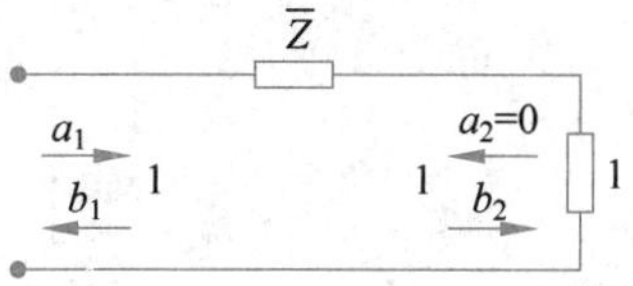

整理可得

$$\begin{cases} b_1 = \dfrac{\bar{Z}}{2 + \bar{Z}} a_1 \\ b_2 = \dfrac{2}{2 + \bar{Z}} a_1 \end{cases}$$

(5) 得出 **S** 参数：

$$S_{11} = \frac{b_1}{a_1}\bigg|_{a_2=0} = \frac{\bar{Z}}{2 + \bar{Z}}, \quad S_{21} = \frac{b_2}{a_1}\bigg|_{a_2=0} = \frac{2}{2 + \bar{Z}}$$

(6) 同理计算 S_{11}、S_{21}，一端口接匹配负载，如下图所示。

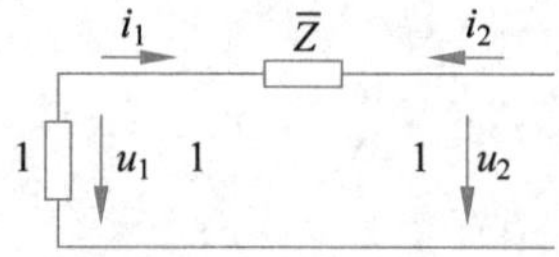

得出归一化 u、i 关系：

$$\begin{cases} u_2 = i_2(1 + \bar{Z}) \\ i_2 = -i_1 \end{cases}$$

对于归一化总电压、总电流，有

$$\begin{cases} u_2 = a_2 + b_2 \\ i_1 = a_1 - b_1 \\ i_2 = a_2 - b_2 \end{cases}$$

代入得出 u、i 与 a、b 的关系

$$\begin{cases} a_2 + b_2 = (a_2 - b_2)(1 + \bar{Z}) \\ a_2 - b_2 = -(a_1 - b_1) \end{cases}$$

一端口接匹配负载，如下图所示，故有 $a_1=0$。

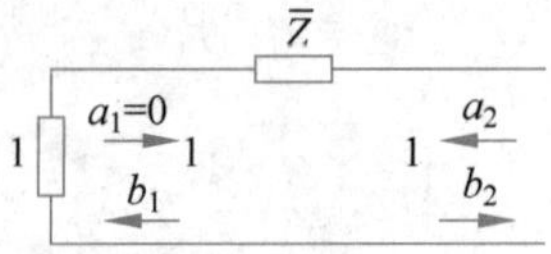

整理可得

$$\begin{cases} b_2=\dfrac{\overline{Z}}{2+\overline{Z}}a_2 \\ b_1=\dfrac{2}{2+\overline{Z}}a_2 \end{cases}$$

得出 **S** 参数：

$$S_{22}=\frac{b_2}{a_2}\bigg|_{a_1=0}=\frac{\overline{Z}}{2+\overline{Z}},\quad S_{12}=\frac{b_1}{a_2}\bigg|_{a_1=0}=\frac{2}{2+\overline{Z}}$$

则串联阻抗的散射矩阵为

$$S_{11}=S_{22}=\frac{\overline{Z}}{2+\overline{Z}},\quad S_{21}=S_{12}=\frac{2}{2+\overline{Z}}$$

可见，串联阻抗网络为互易对称网络，有

$$\boldsymbol{S}=\begin{bmatrix}\dfrac{\overline{Z}}{2+\overline{Z}} & \dfrac{2}{2+\overline{Z}} \\ \dfrac{2}{2+\overline{Z}} & \dfrac{\overline{Z}}{2+\overline{Z}}\end{bmatrix}$$

【例 7-2】 求并联导纳 **S** 参数。

（1）归一化：

$$\overline{Y}=\frac{Y}{Y_c}$$

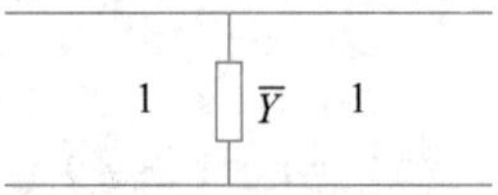

（2）构建 **S** 参数计算匹配条件。计算 S_{11}、S_{21}，二端口接匹配负载，如下图所示。

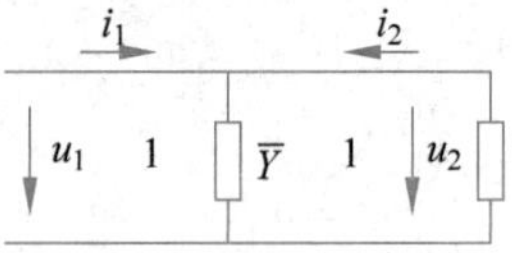

（3）得出归一化 u、i 关系：

$$\begin{cases} i_1=u_1(1+\overline{Y}) \\ u_1=u_2 \end{cases}$$

对于归一化总电压、总电流，有

$$\begin{cases} u_n = a_n + b_n \\ i_n = a_n - b_n \end{cases}$$

即有

$$\begin{cases} u_1 = a_1 + b_1 \\ u_2 = a_2 + b_2 \\ i_1 = a_1 - b_1 \end{cases}$$

(4) 代入得出 u、i 与 a、b 的关系：

$$\begin{cases} a_1 - b_1 = (a_1 + b_1)(1 + \overline{Y}) \\ a_1 + b_1 = a_2 + b_2 \end{cases}$$

二端口接匹配负载，如下图所示，故有 $a_2 = 0$。

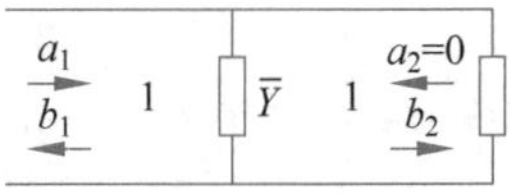

整理可得

$$\begin{cases} b_1 = \dfrac{-\overline{Y}}{2 + \overline{Y}} a_1 \\ b_2 = \dfrac{2}{2 + \overline{Y}} a_1 \end{cases}$$

(5) 得出 $\boldsymbol{S}$ 参数：

$$S_{11} = \frac{b_1}{a_1}\bigg|_{a_2 = 0} = \frac{-\overline{Y}}{2 + \overline{Y}}, \quad S_{21} = \frac{b_2}{a_1}\bigg|_{a_2 = 0} = \frac{2}{2 + \overline{Y}}$$

(6) 同理计算 S_{11}、S_{21}，一端口接匹配负载，如下图所示。

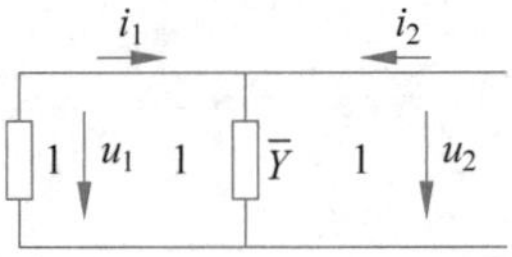

得出归一化 u、i 关系：

$$\begin{cases} i_2 = u_2(1 + \overline{Y}) \\ u_1 = u_2 \end{cases}$$

对于归一化总电压、总电流，有

$$\begin{cases} u_1 = a_1 + b_1 \\ u_2 = a_2 + b_2 \\ i_2 = a_2 - b_2 \end{cases}$$

代入得出 u、i 与 a、b 的关系：

$$\begin{cases} a_2 - b_2 = (a_2 + b_2)(1 + \overline{Y}) \\ a_1 + b_1 = a_2 + b_2 \end{cases}$$

一端口接匹配负载，如下图所示，故有 $a_1 = 0$。

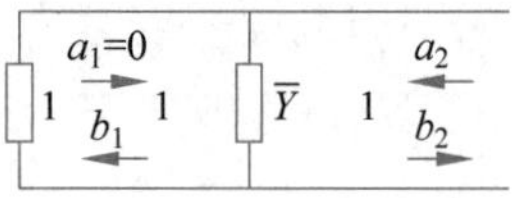

整理可得

$$\begin{cases} b_2 = \dfrac{-\overline{Y}}{2 + \overline{Y}} a_2 \\ b_1 = \dfrac{2}{2 + \overline{Y}} a_2 \end{cases}$$

得出 **S** 参数：

$$S_{22} = \left.\frac{b_2}{a_2}\right|_{a_1=0} = \frac{-\overline{Y}}{2+\overline{Y}}, \quad S_{12} = \left.\frac{b_1}{a_2}\right|_{a_1=0} = \frac{2}{2+\overline{Y}}$$

则串联阻抗的散射矩阵为

$$S_{11} = S_{22} = \frac{-\overline{Y}}{2+\overline{Y}}, \quad S_{21} = S_{12} = \frac{2}{2+\overline{Y}}$$

可见，并联导纳网络为互易对称网络，有

$$\boldsymbol{S} = \begin{bmatrix} \dfrac{-\overline{Y}}{2+\overline{Y}} & \dfrac{2}{2+\overline{Y}} \\ \dfrac{2}{2+\overline{Y}} & \dfrac{-\overline{Y}}{2+\overline{Y}} \end{bmatrix}$$

【例 7-3】 求长度为 l 的传输线 **S** 参数。

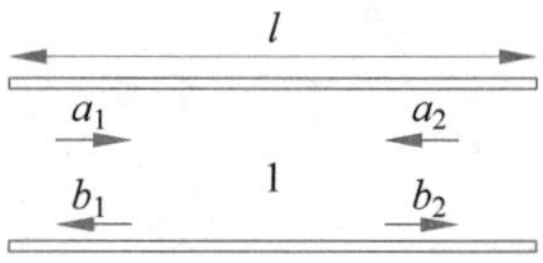

构建 S 参数计算匹配条件

(1) 计算 S_{11}、S_{21}，二端口接匹配负载，如下图所示。

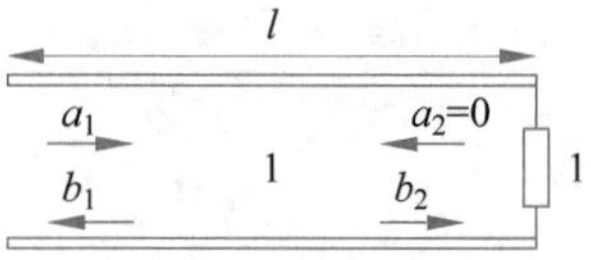

由于二端口接匹配负载，有 $a_2 = 0$。

由传输线传输性质可得

$$\begin{cases} b_2 = a_1 e^{-j\beta l} \\ b_1 = a_2 = 0 \end{cases}$$

则可得 **S** 参数：

$$S_{11}=\left.\frac{b_1}{a_1}\right|_{a_2=0}=0,\quad S_{21}=\left.\frac{b_2}{a_1}\right|_{a_2=0}=\mathrm{e}^{-\mathrm{j}\beta l}$$

(2) 计算 S_{11}、S_{21}，一端口接匹配负载，如下图所示。

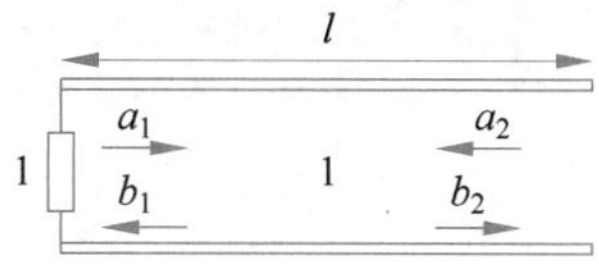

由于一端口接匹配负载，有 $a_1=0$。

由传输线传输性质，可得

$$\begin{cases}b_1=a_2\mathrm{e}^{-\mathrm{j}\beta l}\\ b_2=a_1=0\end{cases}$$

则可得 **S** 参数：

$$S_{22}=\left.\frac{b_2}{a_2}\right|_{a_1=0}=0,\quad S_{12}=\left.\frac{b_1}{a_2}\right|_{a_1=0}=\mathrm{e}^{-\mathrm{j}\beta l}$$

则长度为 l 的传输线 **S** 参数为

$$\boldsymbol{S}=\begin{bmatrix}0 & \mathrm{e}^{-\mathrm{j}\beta l}\\ \mathrm{e}^{-\mathrm{j}\beta l} & 0\end{bmatrix}$$

【例 7-4】 用散射参数计算微波网络的响应。

已知二端口网络散射矩阵为

$$\boldsymbol{S}=\begin{bmatrix}0.15\angle 0^\circ & 0.85\angle -45^\circ\\ 0.85\angle 45^\circ & 0.2\angle 0^\circ\end{bmatrix}$$

(1) 判断网络是互易的还是无耗的。

(2) 若端口 2 接反射系数为 Γ_{L} 的负载，则由端口 1 看去的反射系数是多少？

(3) 若端口 2 接匹配负载，则由端口 1 看去的回波损耗是多少？

(4) 若端口 2 短路，则由端口 1 看去的回波损耗是多少？

解：(1) 由互易性质可知，若网络互易，则散射矩阵对称，即 $S_{ij}=S_{ji}$。

该矩阵不对称，$S_{12}\neq S_{21}$，所以网络非互易。

对于无耗矩阵满足酉条件

$$\boldsymbol{S}^{\mathrm{H}}\cdot\boldsymbol{S}=\boldsymbol{I}$$

对于无耗二端口矩阵，则有

$$\begin{cases}|S_{11}|^2+|S_{21}|^2=1\\ |S_{22}|^2+|S_{12}|^2=1\end{cases}$$

而该矩阵 $|S_{11}|^2+|S_{21}|^2=0.745\neq 1$，故该网络不是无耗矩阵。

(2) 端口 2 接反射系数为 Γ_{L} 的负载，如下图所示。

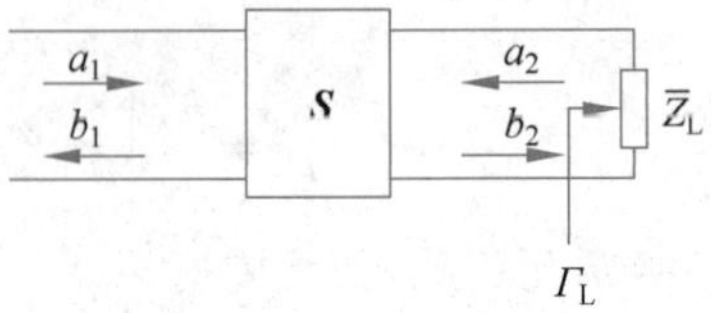

$$\begin{cases} b_1 = S_{11}a_1 + S_{12}a_2 \\ b_2 = S_{21}a_1 + S_{22}a_2 \end{cases} \tag{1}$$

$\Gamma_L = \dfrac{a_2}{b_2}$ 代入式(1)可得

$$b_1 = S_{11}a_1 + S_{12}\Gamma_L b_2 \tag{2}$$

$$b_2 = S_{21}a_1 + S_{22}\Gamma_L b_2 \tag{3}$$

化简式(3)可得

$$b_2 = \frac{S_{21}}{1 - S_{22}\Gamma_L}a_1 \tag{4}$$

将式(4)代入式(2)可得

$$b_1 = \left(S_{11} + \frac{S_{12}S_{21}\Gamma_L}{1 - S_{22}\Gamma_L}\right)a_1$$

则有

$$\Gamma_1 = \frac{b_1}{a_1} = S_{11} + \frac{S_{12}S_{21}\Gamma_L}{1 - S_{22}\Gamma_L} \tag{5}$$

(3) 端口 2 接匹配负载,即 $\Gamma_L = 0$。代入式(5)可得 $\Gamma_1 = S_{11} = 0.15$。

回波损耗为

$$\mathrm{RL} = 10\lg\frac{P_1^+}{P_1^-} = 10\lg\frac{a_1^2}{b_1^2} = 10\lg\frac{1}{|\Gamma_1|^2}$$

$$\mathrm{RL} = -20\lg|\Gamma_1| = 16.5(\mathrm{dB})$$

(4) 端口 2 短路,则 $\Gamma_L = -1$。代入式(5)可得

$$\Gamma_1 = S_{11} - \frac{S_{12}S_{21}}{1 + S_{22}} = -0.452$$

回波损耗为

$$\mathrm{RL} = -20\lg|\Gamma_1| = 6.9(\mathrm{dB})$$

7.4 微波网络的外部特性参数

微波元件或部件的性能指标用工作特性参数表示。显然,这些工作特性参数必定与网络参数有关,因而两者的关系在网络分析和网络综合中都是很重要的。

在微波电路中,常用的元件,如衰减器、移相器、匹配器、滤波器等,多属双端口网络。双端口网络的主要特性参数有衰减、插入驻波比、电压传输系数、插入相移等。首先指出,这些参数均是在网络输出端接匹配负载,输入端接匹配信号源的条件下定义的。

1. 衰减

1）工作衰减

双端口网络的工作衰减是信号源输出的最大功率与负载吸收功率之比的分贝数，简称衰减。信号源输出的最大功率为

$$P_a=\frac{1}{2}|a_1|^2 \tag{7-83}$$

负载吸收的功率为

$$P_L=\frac{1}{2}|b_2|^2 \tag{7-84}$$

故工作衰减为

$$L_A=10\lg\frac{P_a}{P_L}=10\lg\left|\frac{a_1}{b_2}\right|^2=10\lg\frac{1}{|S_{21}|^2} \tag{7-85}$$

对于无损耗网络，由 **S** 矩阵的幺正性可知

$$|S_{11}|^2+|S_{21}|^2=1 \tag{7-86}$$

可得

$$|S_{21}|^2=1-|S_{11}|^2 \tag{7-87}$$

故

$$L_A=10\lg\frac{1}{1-|S_{11}|^2} \tag{7-88}$$

2）插入衰减

插入衰减是指网络插入前负载吸收的功率与网络插入后负载吸收的功率之比的分贝数。网络未插入前负载吸收的功率为

$$P_{L0}=\frac{1}{2}\left(\frac{E_g}{Z_{01}+Z_{02}}\right)^2 Z_{02} \tag{7-89}$$

式中：E_g 为信号源电压。

根据式(7-85)，网络插入后负载吸收的功率为

$$P_L=P_a|S_{21}|^2=\frac{E_g^2}{8Z_{01}}|S_{21}|^2 \tag{7-90}$$

故插入衰减为

$$\begin{aligned}L_I&=10\lg\frac{P_{L0}}{P_L}=10\lg\left[\frac{1}{|S_{21}|^2}\frac{4Z_{01}Z_{02}}{(Z_{01}+Z_{02})^2}\right]\\&=10\lg\frac{1}{|S_{21}|^2}+10\lg\frac{4Z_{01}Z_{02}}{(Z_{01}+Z_{02})^2}\\&=L_A+10\lg\frac{4Z_{01}Z_{02}}{(Z_{01}+Z_{02})^2}\end{aligned} \tag{7-91}$$

可见，工作衰减和插入衰减是不同的。当 $Z_{01}\neq Z_{02}$ 时，两者相差一个常数；只有当 $Z_{01}=Z_{02}$ 时，两者才相等。

对于无源网络，工作衰减包括吸收衰减和反射衰减两部分。式(7-85)又可表示为

$$L_A = 10\lg\left|\frac{a_1}{b_2}\right|^2 = 10\lg\frac{1}{1-|S_{11}|^2} + 10\lg\frac{1-|S_{11}|^2}{|S_{21}|^2} \tag{7-92}$$

式中：等号右边的第一项表示网络输入端的反射引起的衰减，称为反射衰减；第二项代表实际进入网络的功率与负载吸收功率之比，而负载少吸收的功率被网络内部的损耗元件吸收，所以这项称为吸收衰减。

同时，由式(7-85)、式(7-92)可见，只要测出网络散射参数 S_{11}、S_{21}，就可方便地算出网络的衰减。这一原理常作为微波工程上散射参数法测定微波元件衰减的依据。当然，也可以根据衰减的定义，测定有关功率来确定被测微波元件的衰减，称为功率比法。

2. 插入驻波比

当网络输出端接匹配负载时，从网络输入端测得的驻波比称为插入驻波比。它与输入端反射系数的关系为

$$\rho = \frac{1+|S_{11}|}{1-|S_{11}|} \tag{7-93}$$

对于互易无损耗网络，有

$$|S_{21}|^2 = 1-|S_{11}|^2 \tag{7-94}$$

故网络衰减为

$$L_A = 10\lg\frac{1}{|S_{21}|^2} = 10\lg\frac{1}{1-|S_{11}|^2} = 10\lg\frac{(\rho+1)^2}{4\rho} \tag{7-95}$$

因此，只需测出互易无损耗双端口网络的插入驻波比，就可计算出网络衰减。

3. 电压传输系数

当网络输出端接匹配负载时，电压传输系数为

$$T = \left.\frac{b_2}{a_1}\right|_{a_2=0} = S_{21} \tag{7-96}$$

4. 插入相移

插入相移是指电压传输系数 T 的相角。因 $T=|S_{21}|e^{j\varphi_{21}}$，故插入相移为

$$\varphi_{21} = \arg S_{21} \tag{7-97}$$

可见，插入相移就是相移网络插入匹配系统时所引起的相位变化。

7.5 散射矩阵的测量

1. **S** 参数的传输线测量法

对于互易双端口网络，$S_{12}=S_{21}$，故只要测量求得 S_{11}、S_{22}、S_{12} 就可以。设被测网络接入如图 7-8 所示的系统，终端接有负载阻抗 Z_1，令终端反射系数为 Γ_1，则有 $a_2=\Gamma_1 b_2$，代入公式可得

$$b_1 = S_{11}a_1 + S_{12}\Gamma_1 b_2,\quad b_2 = S_{12}a_1 + S_{22}\Gamma_1 b_2 \tag{7-98}$$

于是，输入端参考面 T_1 处的反射系数为

$$\Gamma_{in}=\frac{b_1}{a_1}=S_{11}+\frac{S_{12}^2\Gamma_1}{1-S_{22}\Gamma_1} \tag{7-99}$$

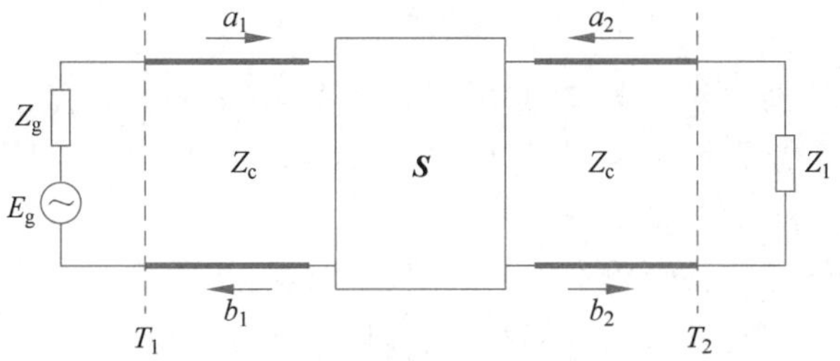

图 7-8 *S* 参数测量

终端短路、开路和接匹配负载时，测得的输入端反射系数分别为 Γ_s、Γ_o 和 Γ_m，代入式(7-99)并解出

$$\begin{cases} S_{11}=\Gamma_m \\ S_{12}=\dfrac{2(\Gamma_m-\Gamma_s)(\Gamma_o-\Gamma_m)}{\Gamma_o-\Gamma_s} \\ S_{22}=\dfrac{\Gamma_o-2\Gamma_m+\Gamma_s}{\Gamma_o-\Gamma_s} \end{cases} \tag{7-100}$$

由此可得 **S** 参数，这就是三点测量法。但实际测量时往往用多点法以保证测量精度。对无耗网络而言，在终端接上精密可移短路活塞，在 $\lambda_g/2$ 范围内，每移动一次活塞位置，就可测得一个反射系数，理论上可以证明这组反射系数在复平面上是一个圆，但由于存在测量误差，测得的反射系数不一定在同一圆上，我们可以采用曲线拟合的方法，拟合出 Γ_m 圆，从而求得散射参数。

2. 网络分析仪测量

工程上常用网络分析仪来测量网络参数。网络分析仪分为标量网络分析仪(SNA)和矢量网络分析仪(VNA)。标量网络分析仪是只能测量网络反射和损耗幅度信息的仪器，矢量网络分析仪可以测量网络参数的幅度信息和相位信息。矢量网络分析仪又分为两端口网络分析仪和多端口(四端口、六端口)网络分析仪。多端口网络分析仪可以使各个端口的输入信号相位不同，从而实现不同幅相特性的测试。

图 7-9 网络分析仪与待测器件的连接示意图

图 7-9 是典型的双端口网络分析仪与待测器件(DUT)的连接示意图。测试前，首先用标准件在需要测量的频段上对每个端口进行校准(包括短路、开路和标准负载)，然后用直通标准件将两个端口连起来进行直通校准，最后将待测器件连接到网络分析仪上。网络分析仪的显示可以是 **S** 参数的幅度与相位，也可以是史密斯圆图。大部分网络分析仪具有标准的与计算机连接的接口(GPIB、RS-232、USB 或 LAN)，用户可以通过编程实现半自动测量或自动测量。另外，当网络的端口数目比网络分析仪的端口多时，

可以通过微波开关电路切换端口来实现多端口的测量。

思考题

7-1　为什么微波网络可以等效为“黑匣子”?

7-2　按照端口数量微波网络可以分为哪几种,对应的典型应用场景分别是什么?

7-3　为什么波导中的参量要进行归一化?

7-4　本章分析了哪几种矩阵?它们之间有什么相互联系?

7-5　微波网络外部特性参数有哪些?它们是如何定义的?

7-6　微波网络外部参数采用什么仪器进行测量?如何进行测量?

练习题

7-1　试求题 7-1 图所示网络的阻抗矩阵和导纳矩阵以及网络的传输矩阵。

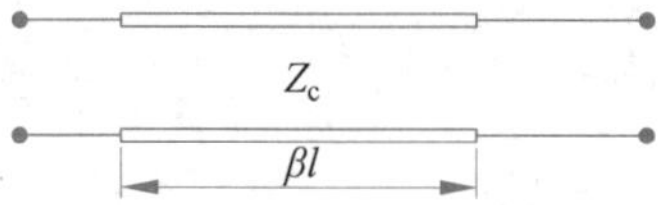

题 7-1 图

7-2　判断由 $S_{11}=S_{22}=0.5e^{-j60^\circ}$,$S_{12}=S_{21}=\sqrt{0.75}\,e^{j30^\circ}$ 所表征的网络能否实现。

7-3　根据散射参数的定义式,试求出题 7-3 图所示两个网络的散射矩阵。

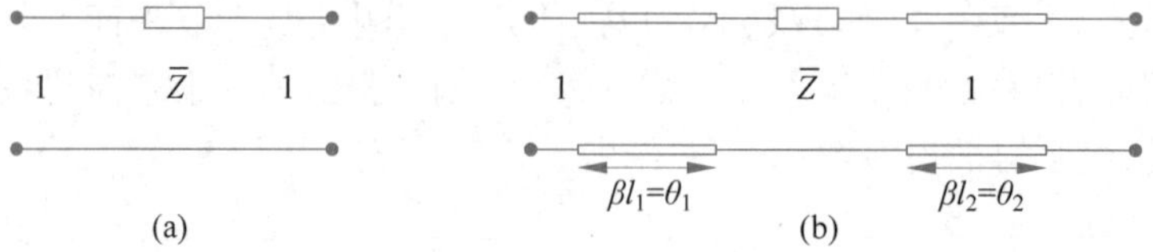

题 7-3 图

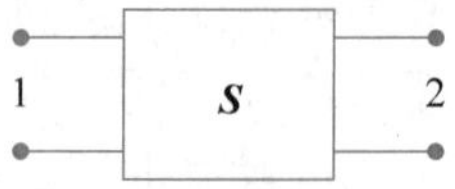

题 7-4 图

7-4　已知互易二端口网络的散射矩阵 $\boldsymbol{S}$,试求:

(1) 端口 2 接匹配负载时,端口 1 的驻波比;

(2) 端口 2 接反射系数为 Γ 的负载时,端口 1 的反射系数;

(3) 端口 2 接 $2Z_c$ 的负载,端口 1 的入射波 $a_1=1$ 时,网络的输入功率和负载的吸收功率。

7-5　已知一互易二端口网络的散射矩阵,当二端口分别开路、短路、接匹配负载时,端口 1 的反射系数是多少?

7-6　四端口网络的散射矩阵如下:

$$\boldsymbol{S}=\begin{bmatrix} 0.1\angle 90^\circ & 0.8\angle -45^\circ & 0.3\angle -45^\circ & 0 \\ 0.8\angle -45^\circ & 0 & 0 & 0.4\angle 45^\circ \\ 0.3\angle -45^\circ & 0 & 0 & 0.6\angle -45^\circ \\ 0 & 0.4\angle 45^\circ & 0.6\angle -45^\circ & 0 \end{bmatrix}$$

(1) 该网络是否无耗?

(2) 该网络是否互易?

(3) 当所有其他端口接有匹配负载时,求端口 1 上的回波损耗。

(4) 当所有其他端口接有匹配负载时,求端口 2 和端口 4 之间的插入损耗。

(5) 若端口 3 的端平面上短路,而所有其他端口接有匹配负载,求从端口 1 看去的反射系数。

7-7 均匀波导中设置两组金属膜片,其间距 $l=\lambda_g/2$,等效网络如题 7-7 图所示。试利用网络级联方法计算插入驻波比、电压传输系数、插入衰减和插入相移。

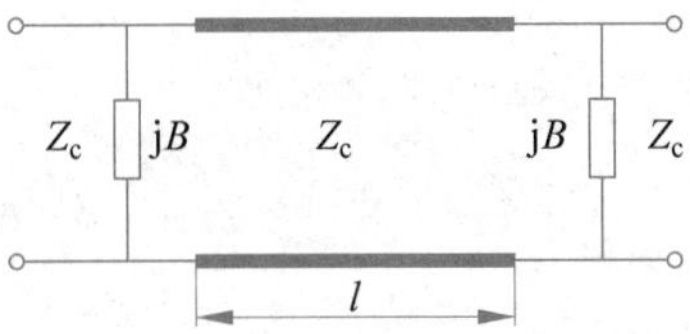

题 7-7 图

7-8 微波元件的等效网络如题 7-8 图所示,其中 $\theta=\pi/2$,试利用网络级联的方法计算该网络的电压传输系数 T、插入衰减、插入相移和插入驻波比。

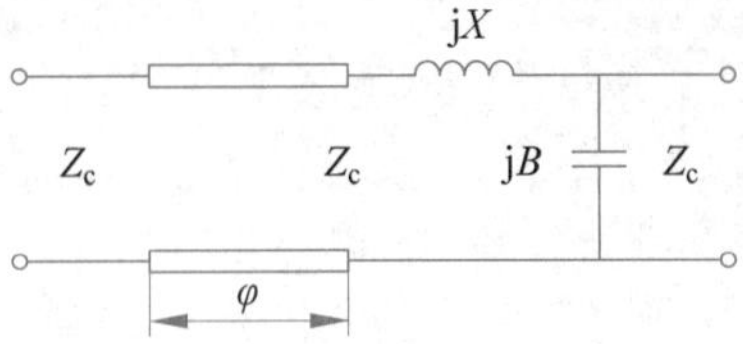

题 7-8 图

第8章 微波元器件

任何一个微波系统都包含有许多的微波元器件，它们对信号进行各种加工处理，完成不同的功能。微波元器件的种类繁多，本章仅介绍一些常用元器件，运用前面的导行波理论、传输线理论和网络理论来介绍微波元器件的结构，分析它们的工作原理和特性，理解这些元器件的功能，掌握场与路相结合的分析方法，了解它们的工程应用。

8.1 基本元件

一般而言，基本元件是利用传输线结构的不均匀或不连续性做成的，不均匀区的边界条件比较复杂，用求解场方程的方法来分析不均匀区一般比较困难。因此工程上大多把基本元件等效为集总参数的电抗性元件，然后采用微波网络方法来分析它们。不过，这些基本元件的具体电抗值仍需用解电磁场边值问题的方法或微波测量的方法来获取。下面分别对矩形波导、同轴线和微带线中的一些基本元件进行定性分析。

8.1.1 矩形波导中的基本电抗元件

在微波元件中表现为感性电抗或容性电抗的简单微波元件称为基本电抗元件。基本电抗元件在电路中起电感、电容或谐振电路的作用，是构成复杂微波元器件的基本电抗单元，也可用来进行阻抗调配。基本电抗元件常由传输线横向尺寸发生突变形成，即可以用传输线中的不均匀区来构成基本电抗元件。矩形波导中的基本电抗元件有膜片、谐振窗、销钉、螺钉、波导阶梯等。

1. 矩形波导中的电容性膜片

膜片是导电性能很好、厚度远小于波导波长、又远大于电磁波趋肤深度的薄金属片。分析时可以把它看作理想导体。膜片有两类：一类是电容性膜片，它又分为对称的和不对称的两种情况；另一类是电感性膜片，它也分为对称的和不对称的两种情况。

在矩形波导某横截面处沿波导宽边插入与波导等宽、具有良好导电性能的金属薄片，即构成如图 8-1(a)所示的电容性膜片。假定膜片是理想导体，则电磁场在膜片表面应满足的边界条件之一是电场的切向分量为零。从矩形波导中主模 TE_{10} 的场结构可知，仅有 TE_{10} 模是满足不了边界条件的，因此为了满足边界条件，膜片周围必然会产生高次模，TE_{10} 模的电场与高次模的电场叠加才能使膜片表面上电场的切向分量为零。由于 TE_{10} 模的电场只有 y 分量，没有 x 分量，而不连续性是 y 方向上的，x 方向上保持连续，高次模电场应没有 x 分量，电场在膜片两边以边缘电场形式分布，且具有 z 方向的分量。因此，在膜片处产生的高次模是 TM 模。由于所选择的波导尺寸只允许主模传输，高次模截止，它们的场强在离开膜片不远的地方很快衰减到零，即高次模能量只能储存于膜片附近。由式(5-43)可知，处于截止状态的 TM 模有 $\gamma=\alpha$，因此其波阻抗为

$$Z_{\mathrm{TM}}=\frac{\gamma}{\mathrm{j}\omega\varepsilon}=-\mathrm{j}\,\frac{\alpha}{\omega\varepsilon} \tag{8-1}$$

这是容性电抗，说明膜片处的电场较集中，电场能量占优势。同时膜片近似无耗，因此相当于在膜片处并联了一个电容。

如果把单模波导等效为均匀、无耗的平行双导线，图 8-1(a)所示的膜片就相当于双

线中并联的一个电容，其等效电路如图 8-1(b)所示。该电容性膜片的容纳值可以通过测量输入端的反射系数来确定。如果在波导的终端接匹配负载，则输入端的反射系数为

$$\Gamma_{\text{in}}=\frac{Y_{\text{c}}-(Y_{\text{c}}+\text{j}B)}{Y_{\text{c}}+(Y_{\text{c}}+\text{j}B)}=-\frac{\text{j}B}{2Y_{\text{c}}+\text{j}B}$$

由上式解得

$$\frac{\text{j}B}{Y_{\text{c}}}=-\frac{2\Gamma_{\text{in}}}{1+\Gamma_{\text{in}}} \tag{8-2}$$

电容性膜片又可分为对称(两膜片等高)和不对称(两膜片不等高，或者只有一个膜片)两种情况。由于波导中电容性膜片的口径处电场比较集中，容易发生击穿，导致波导的功率容量降低，因而在实际应用中较少采用。

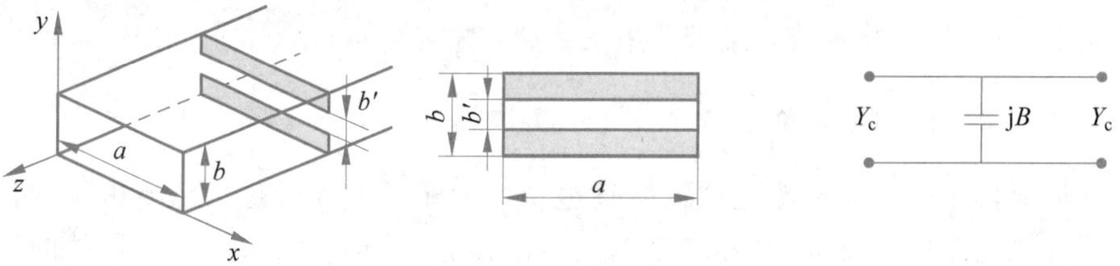

(a) 电容性膜片　　(b) 电容性膜片的等效电路

图 8-1　矩形波导中的电容性膜片

2. 矩形波导中的电感性膜片

把两个与波导等高的薄金属膜片分别置于矩形波导某横截面的左、右两边，就构成了如图 8-2(a)所示的电感性膜片。由于矩形波导中 TE_{10} 模的电场只有 y 方向分量，而磁场没有 y 方向分量，磁力线是与波导宽边平行的闭合曲线。当波导中有图 8-2(a)所示的膜片后，膜片仅使不连续性出现在 x 方向，故这种不连续性引起的高次模应具有以下两个特点：一是该高次模电场也应只有 y 方向分量，二是该高次模磁场也应没有 y 方向分量，但为了满足膜片处的边界条件，与波导宽边平行的闭合磁力线的形状应当发生畸变。据此可知，图 8-2(a)所示的膜片引起的高次模应为场量沿 y 方向不变的 TE_{m0} 模。由于所选波导尺寸只允许 TE_{10} 主模传输，高次模截止，膜片引起的高次模在离开膜片不远处很快衰减到零。由式(5-43)可知，处于截止状态的 TE_{m0} 模有 $\gamma=\alpha$，其波阻抗

$$Z_{\text{TE}}=\frac{\text{j}\omega\mu}{\gamma}=\text{j}\,\frac{\omega\mu}{\alpha} \tag{8-3}$$

为感性电抗。这说明集中在该膜片附近的 TE_{m0} 高次模以储存磁场能量为主，故图 8-2(a)所示矩形波导中的膜片为感性膜片。

如果将矩形波导等效成均匀、无耗的平行双导线，该膜片就相当于并联在双线上的一个电感。其等效电路如图 8-2(b)所示。由于波导中电感性膜片口径处的电场不像电容性膜片那样集中，不容易发生击穿，其传输的功率容量较大，所以在实际工作中应用较多。

需要指出的是，以上介绍的电容性和电感性膜片都是很薄的，可近似认为厚度为零。若膜片较厚，则它们的作用就不能单纯地等效为一个并联于传输线的电容或电感。由于

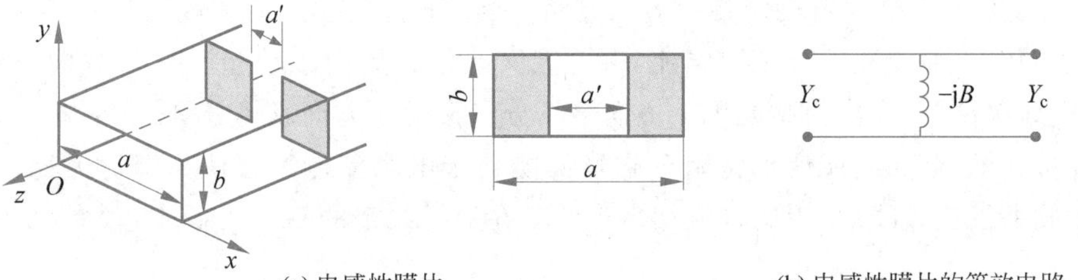

(a) 电感性膜片　　(b) 电感性膜片的等效电路

图 8-2　矩形波导中的电感性膜片

厚度的影响，原来为电容性的膜片结构其等效电路变为 Π 型二端口网络，中间是串联电感，两侧为并联电容。而原来为电感性的膜片结构，其等效电路为 T 型二端口网络；中间为并联电感，两臂为串联电容。

3. 矩形波导中的谐振窗

在微波电真空器件、气体放电器件以及波导中常用到谐振窗。例如，需要将波导分为真空和非真空两个区域，又要求不影响波的传输，则可以用带有小窗口的金属薄片将两部分波导隔开，并用低损耗的介质(如聚四氟乙烯、陶瓷片、玻璃和云母片等)将窗口密封起来。图 8-3 是矩形波导中谐振窗的结构示意图及等效电路。从结构上讲，可以把谐振窗看作由电容性膜片和电感性膜片组成，其作用相当于一个由电感 L 和电容 C 构成的并联谐振回路。

当某一传输波的频率等于谐振窗的谐振频率时，并联回路的电纳为零(并联电抗为无穷大)，波将无反射地通过，此时回路的电场储能与磁场储能相等。当谐振窗处于失谐状态时，若其中的电场储能占优势(工作频率大于谐振频率)，则回路呈容性电抗；若其中的磁场储能占优势(工作频率小于谐振频率)，则回路呈感性电抗。这两种情况都会对主波导中传输波造成较大的反射。

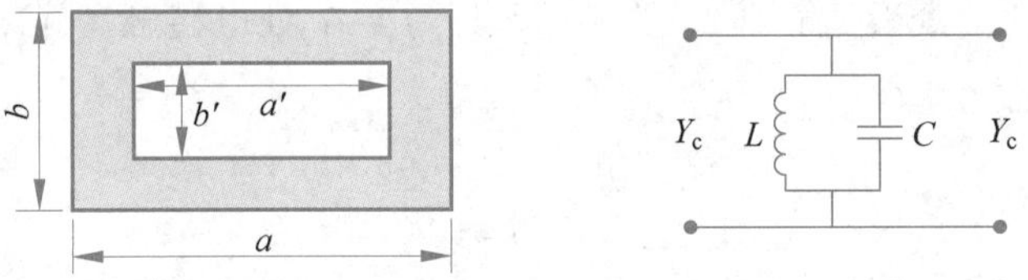

(a) 谐振窗　　(b) 谐振窗的等效电路

图 8-3　矩形波导中的谐振窗及等效电路

4. 矩形波导中的销钉与螺钉

1) 销钉

销钉有电容性销钉和电感性销钉。

图 8-4 是电容性销钉的结构及等效电路。其与电容性膜片类似，不均匀性出现在 y 方向，当 TE_{10} 模传输时，由于销钉与 TE_{10} 模的磁场平行，在它周围必产生与其垂直的电场，引起电场能量集中，而呈现出电容性。若认为销钉无耗，当把波导等效成平行双导线后，该销钉就相当于并联在双导线上的一个电容。

图 8-5 是电感性销钉的结构及等效电路。当 TE_{10} 模在波导中传输时，由 $\boldsymbol{J}=\hat{\boldsymbol{n}}\times\boldsymbol{H}$ 可知，在销钉表面要感应出轴向电流，该电流又要在其周围激励起没有 y 方向分量的磁场，形成高次模，此高次模是既无 z 方向电场分量又无 y 方向磁场分量的 TE 模。同感性膜片分析一样，该高次模使销钉附近磁场储能大于电场储能。若认为销钉无耗，当把波导等效成平行双导线后，该销钉就相当于并联在双导线上的一个电感。

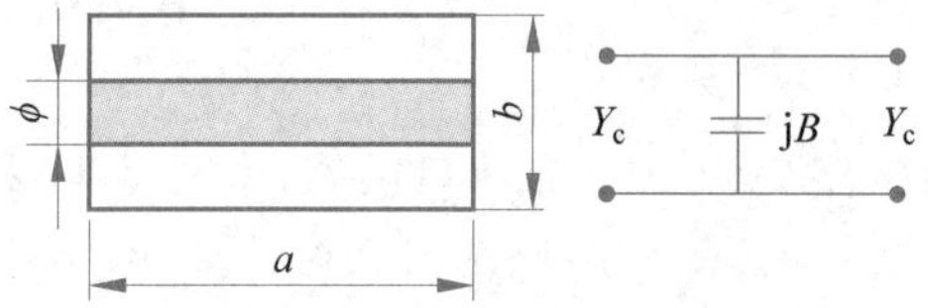

图 8-4　电容性销钉及等效电路

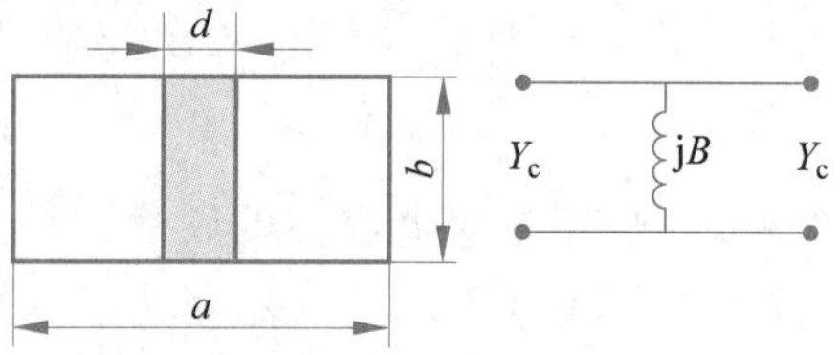

图 8-5　电感性销钉及等效电路

2）螺钉

图 8-6(a)是螺钉结构。螺钉的优点是旋进波导的深度可调，因而可提供不同的电抗量。当旋进较少时，虽然有波导宽壁内表面上的电流流过螺钉，并在其周围产生磁场，但是其等效的电感量并不大，而螺钉附近集中的电场较强，即电场能量占优势，这时螺钉的作用与电容性膜片相似，可以它等效为一个电容；随着旋进深度的增加，磁场能量逐渐增加，当旋进到一定的深度，磁场能量与电场能量达到平衡，螺钉的作用相当于电感和电容的串联谐振；若螺钉旋进深度继续增加，则磁场能量将占优势，螺钉的作用就相当于一个电感。上述过程的等效电路如图 8-6(b)所示。

注意，在高功率下螺钉不能旋进波导太深，否则容易引起波导击穿。另外，当波导处于大功率状态时，为避免螺钉与波导壁间电接触不良而引起打火或损耗，通常采用图 8-7 所示的扼流槽结构，该结构相当于双层 $\lambda/4$ 同轴线，外层同轴线终端短路，内层同轴线终端开路，所以从 A-A' 处看，输入阻抗为零，保证了 A-A' 处电接触良好。

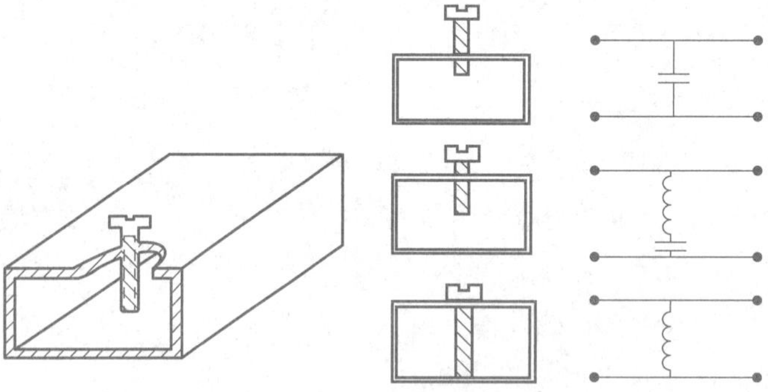

(a) 波导中的螺钉　(b) 螺钉的等效电路

图 8-6　螺钉及其等效电路

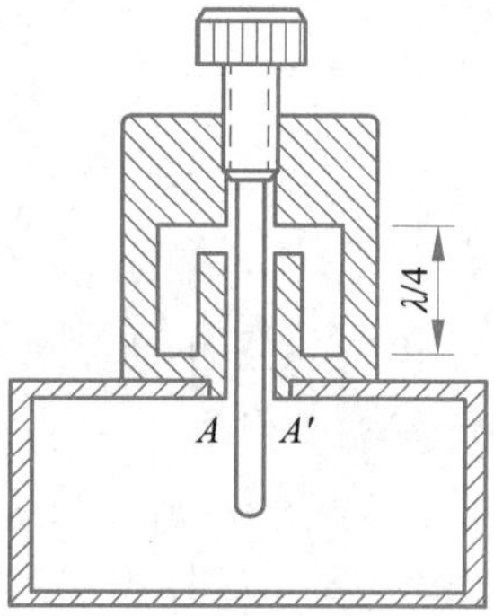

图 8-7　扼流槽结构的螺钉

螺钉可以用作支节调配器中的可调支节。螺钉越粗、旋入越深，等效电容也越大；反之，等效电容则越小。另外，当螺钉位于波导宽壁的中心线处时，等效电容最大；离中心线越远，等效电容越小。实验证明，螺钉和销钉越粗，其频带响应越宽。

5. 矩形波导中的阶梯

当不同截面尺寸的矩形波导相连接时，连接处就要形成波导阶梯，出现不连续性，激发起高次模。常见的是E面阶梯和H面阶梯，下面分别叙述。

1）E面阶梯

图8-8(a)示出矩形波导的E面阶梯，它由两个宽度相等、高度不等的波导连接构成。由于两个波导对称连接，又称为对称E面阶梯。这种阶梯的不连续性沿着 y 方向，x 方向没有不连续性，由于入射的 TE_{10} 模没有电场 x 分量，激发的高次模也没有电场 x 分量，但电力线在阶梯处弯曲，有 z 分量，是TM模。这种模式的电场储能大于磁场储能，故此阶梯呈电容性，可等效为一个集总电容，如图8-8(b)所示。要注意阶梯两侧波导的特性阻抗不等。

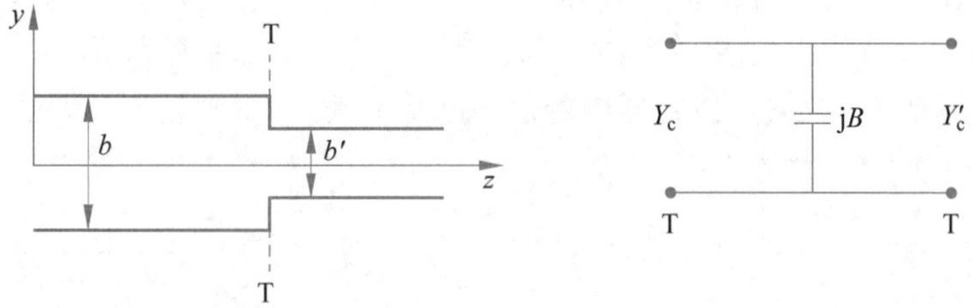

(a) 矩形波导的E面阶梯　　(b) E面阶梯的等效电路

图8-8　矩形波导的E面阶梯

2）H面阶梯

矩形波导中H面阶梯如图8-9所示，它由两个高度相等、宽度不等的矩形波导连接构成。这种情况与电感膜片相似，可等效为一个集总电感，但要注意阶梯两侧波导的特性阻抗不等。

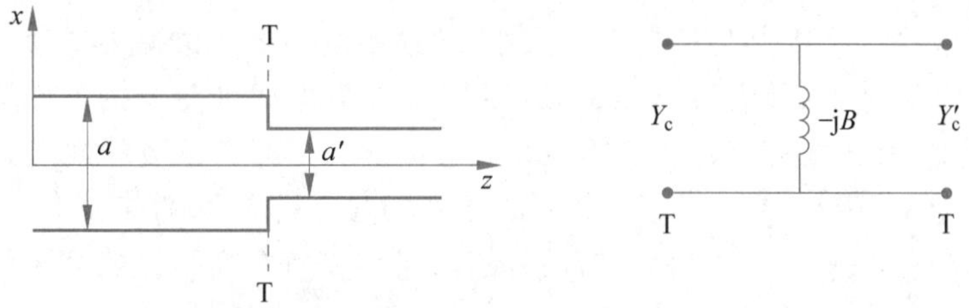

(a) 矩形波导的H面阶梯　　(b) H面阶梯的等效电路

图8-9　矩形波导的H面阶梯及等效电路

8.1.2　矩形波导中的匹配负载

在微波传输系统中波的传输状态与该系统的终端特性有很大关系，因此正确地设计、使用终端元件是很重要的。终端元件种类较多、形式各异。

从网络的观点看，匹配负载是一个单端口元件。理想的匹配负载应能全部吸收入射功率，而不产生反射波。匹配负载的主要技术参数是输入电压驻波比、工作频带宽度和功率容量。匹配负载一般由一段传输线和能够吸收全部微波功率的材料组合而成。按传输线的类型，匹配负载可分为波导式、同轴线式、带状线式等多种。按功率容量，匹配负载又可分为低功率和高功率匹配负载两种，低功率匹配负载一般用于微波测量中，高功率匹配负载可用作大功率发射设备的负载或大功率计的高频头。

实际的匹配负载不可能是理想的，总有少量反射波。在精密的测试系统中希望匹配负载的驻波系数 $\rho \leqslant 1.02$，在一般的测试系统中希望匹配负载的驻波系数 $\rho \leqslant 1.1$。

低功率波导式匹配负载的结构如图 8-10(a)所示，它由一段短路波导和安装在波导中的吸收体组成。吸收体制做成尖劈形，以减少波的反射而获得较好的匹配效果。片式吸收体应安置于波导内电场最强的位置，与电场的极化方向相平行。尖劈的长度越长，匹配程度越好，驻波系数 $\rho \leqslant 1.02$。

高功率匹配负载的一种结构形式如图 8-10(b)所示。它是用水作为吸收材料的，称为水负载。在一段波导内安置一个前半部呈圆锥形、后半部呈圆柱形的一个玻璃容器，其后部装有进水管和出水管，使容器内的水不断地流动，以得到较好的散热性。

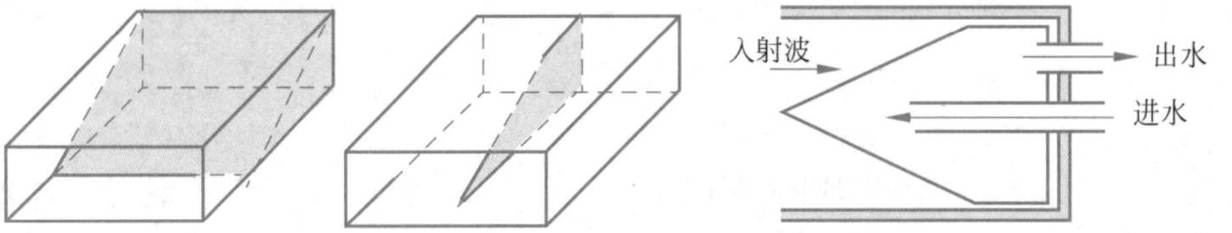

(a) 低功率波导式匹配负载　　(b) 高功率匹配负载

图 8-10　波导匹配负载

8.1.3　矩形波导中的衰减器与移相器

1. 衰减器

在微波系统中为了控制传输功率的大小，常在系统中插入衰减器。衰减器可分为固定衰减器和可变衰减器，前者衰减量固定，后者衰减量连续可变。按工作原理分类可分为吸收式衰减器、截止式衰减器和旋转极化式衰减器。下面介绍吸收式衰减器。

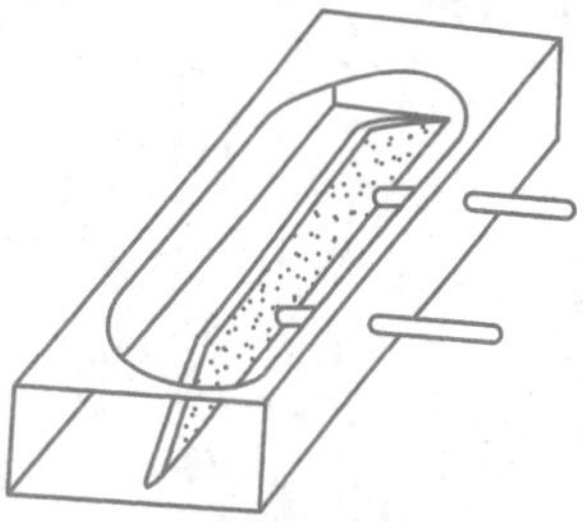

图 8-11　矩形波导吸收式衰减器

图 8-11 是以 TE_{10} 模工作的矩形波导吸收式衰减器。吸收片通常是表面镀有高阻镍铬合金薄膜的薄玻璃片，平行于波导窄壁（y 方向）。通过推拉吸收片上的连杆，可使吸收片从紧贴波导窄壁处向波导中央平行移动。TE_{10} 波电场只有 E_y 分量，波导窄壁处 $E_y=0$，波导中央处 E_y 最强。显然，吸收片紧贴波导窄壁时吸收的电磁能量最小，造成的衰减也最小；随着吸收片向波导中央移动，它吸收的电磁波能量逐渐增加，造成的衰减也增大；吸收片移到波导中央处时吸收的电磁能量最多，衰减量最大。这种衰减器的衰减量取决于吸收片的长度和吸收片上电阻性薄膜的电阻率。通常，吸收片越长、吸收片上电

阻性薄膜电阻率越高，衰减器衰减量越大。

为了减小反射，吸收片的玻璃基板应尽可能薄。吸收片两端应做成如图 8-11 所示的尖劈状，使波导的等效阻抗逐渐变化，达到良好匹配。移动吸收片的两推动连杆应当用强度好、直径小的非金属杆。

2. 移相器

移相器用于改变传输信号的相位。矩形波导中可变移相器的结构与矩形波导中吸收式可变衰减器(图 8-11)的结构几乎一样，不同的是可变移相器中可平行移动的不是吸收片，而是低损耗的纯介质片。移相器的相移量取决于波导移相段(有介质片的波导段)的相移常数 β，而相移常数取决于介质片的相对介电常数、长度和它在矩形波导中的位置。为了减小反射，同时又保证所需相移量，介质要采用相对介电常数大、不易变形并且尽量薄的介质板材，两端也应做成尖劈状。

8.1.4 同轴线中的基本电抗元件

1. 同轴线阶梯

同轴线中的基本电抗元件有同轴阶梯和同轴芯线的电容间隙等。图 8-12(a)示出同轴线的内导体半径发生突变所形成的阶梯。这种阶梯不连续性，会使主模(TEM 模)电磁场分布发生畸变，激起高次模。这些高次模是截止的，只在不连续性附近存在，稍远即衰减为零。由于 TEM 模只有径向电场，而不连续性又只在径向上，在阶梯处电力线弯曲，形成 z 方向的电场分量，高次模应是 TM 模。这些高次模的电场储能大于磁场储能，故可用一个集总元件并联电容来表示，如图 8-12(b)所示。

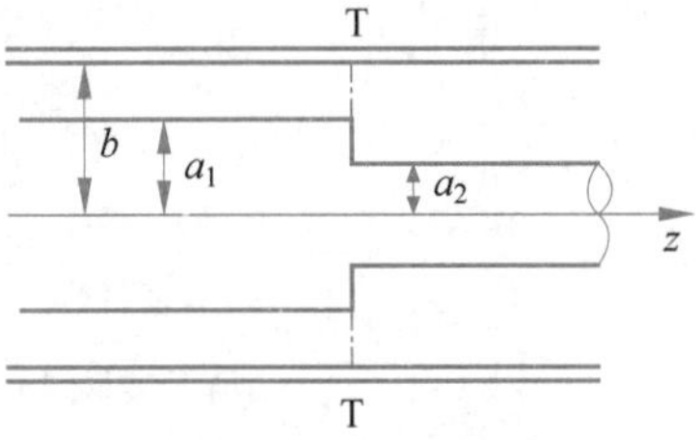

(a) 同轴线阶梯

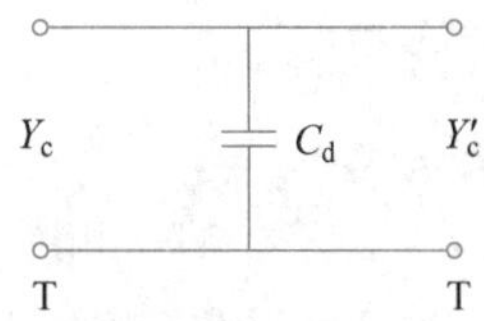

(b) 同轴线阶梯的等效电路

图 8-12 同轴线阶梯及其等效电路

2. 同轴线的电容间隙

为了在同轴线上获得串联电容，可以把同轴线的内导体断开，如图 8-13 所示。这种串联电容可以作为耦合电容，也可以作为隔直流电容。产生所需电容的间隙宽度可用理论或实验方法确定。

设同轴线外导体的内直径为 b，内导体的直径为 a，电容间隙为 d，若 $d \ll \lambda$、$d \ll (b-a)$，则此间隙电容为

$$C = C_p + C_f$$

式中：C_p 为平板电容；C_f 为边缘电容。它们可分别表示为

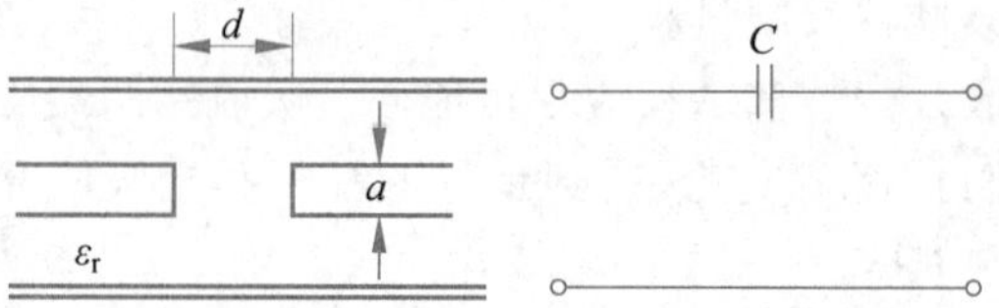

(a) 同轴线间隙　　(b) 同轴线间隙的等效电路

图 8-13　同轴线间隙及其等效电路

$$C_p = \frac{\pi \varepsilon a^2}{4d}$$

$$C_f = \varepsilon a \ln\left(\frac{b-a}{d}\right)$$

以上仅是间隙电容的一种近似计算，准确得到间隙电容，还需用数值方法计算或用实验方法确定。

8.1.5　同轴线匹配负载

同轴线式匹配负载的结构形式很多，这里只介绍常用的几种。如图 8-14(a)所示的同轴线匹配负载，它们的外导体都是圆形，而内导体一种是棒状薄膜电阻器，另一种是具有一定斜度的锥形薄膜电阻器。终端短路，以防止功率泄漏。薄膜的材料可以是碳、钽或镍铬合金等。把电阻器做成锥形，可以使匹配性能更好。还有一种结构形式如图 8-14(b)所示，将吸收材料填充于内外导体之间，并使之成为尖劈形或阶梯形，负载终端也是短路的。

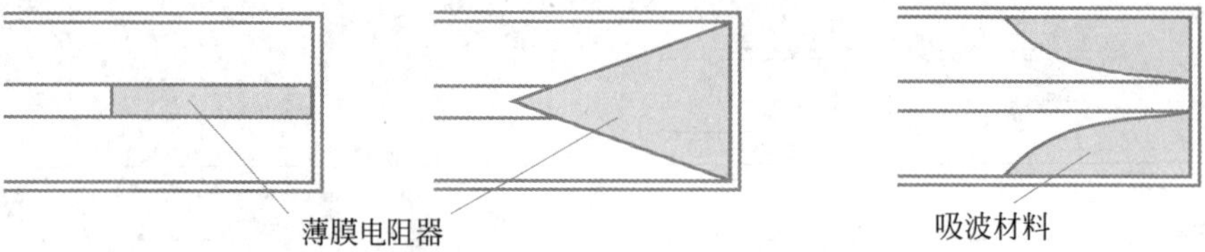

(a) 薄膜电阻匹配负载　　(b) 吸波材料匹配负载

图 8-14　同轴线匹配负载

8.1.6　微带线中的基本电抗元件

微带线中的基本电抗元件有微带线阶梯、电容间隙等。

1. 微带线阶梯

当两根导带宽度不等的微带线相接时，在导带上出现了阶梯。阶梯上的电荷和电流分布与均匀微带线上的分布不同，从而引起高次模。微带阶梯可用两种电路来等效：一种等效电路是在传输线上串联一个电感；另一种等效电路是在传输线上并联一个电容。图 8-15 给出了用串联电感表示的等效电路，电感两边的传输线长度一正一负，表示宽导带的长度被延伸了 l，而窄导带的长度被缩短了 l。在实际应用中，X 值和 l 值一般较小，对电路的影响不太大，故可以忽略。也可以把 l 看成零，只考虑 X 的影响。

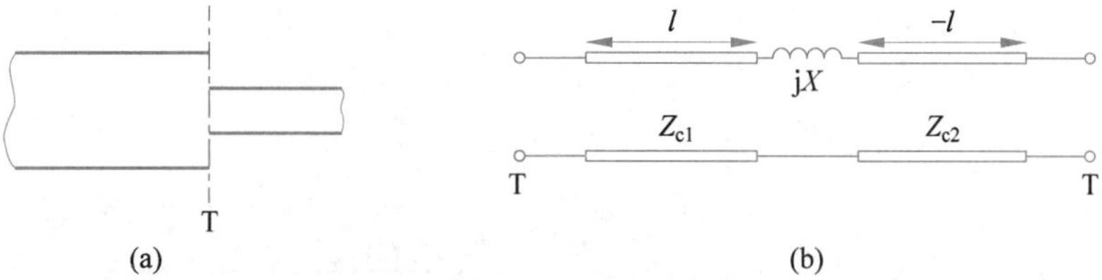

图 8-15 微带线阶梯及其等效电路

2. 微带线的电容间隙

微带线间隙是微带电路中常见的不连续性结构,用它可作为耦合电容和隔直流电容。在间隙很小时可以把它看成一个串联电容,电容 C 值可用近似计算或实验方法来确定,如图 8-16 所示。

图 8-16 微带线间隙及其等效电路

8.1.7 微带式匹配负载

在微波集成电路中常用到的匹配负载如图 8-17 所示,这是一种吸收式匹配负载。阴影部分是电阻性的薄膜或厚膜材料(如镍铬合金电阻膜、钽电阻膜等),用以吸收微波功率。若尺寸选取适当,则可以在较宽的频带内得到良好的匹配效果。

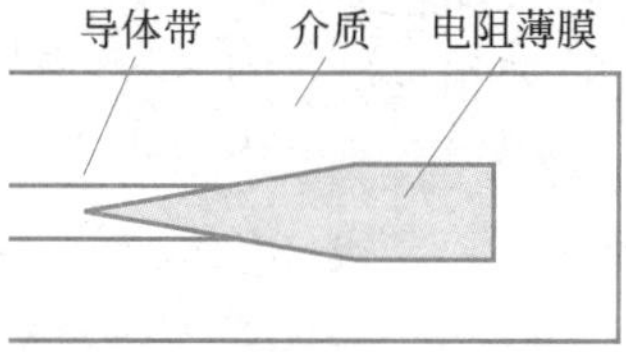

图 8-17 微带式匹配负载

8.2 分支元件

在实际应用中,有时需要将信号源功率分别馈送给若干分支电路的负载,例如,为了将发射机功率分别馈送给天线的多个辐射单元,需要进行功率分配,这就要用到分支元件。分支元件的种类和结构形式很多,而且其功能并不限于功率分配,有时还能起到功率合成、调配以及其他的作用。在这类分支元件中,较常用的有波导 T 型接头及微带线功率分配器,在此,对这两种接头进行介绍。

8.2.1 矩形波导分支接头

1. E-T 型接头

如图 8-18 所示的波导分支结构,由于分支与主波导 TE_{10} 模的电场平面平行,称为 E-T 型接头,也称 E 面 T 型分支。图 8-19 是 E-T 型接头中与 $\boldsymbol{E}$ 平行的纵截面上的电力线分布。

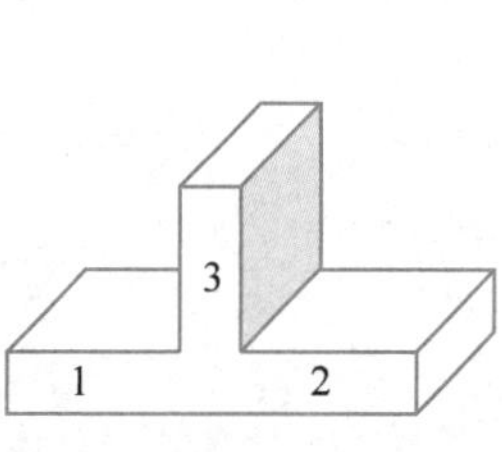

图 8-18 波导 E- T 型接头

从图 8-19 中可得 E-T 型接头的下述性质:当信号从端口 1 输入时,端口 2、3 有输出;当信号从端口 2 输入时,端口 1、3 有输出。当信号从端口 3 输入时,在距对称面 T 相等距离处,端口 1、2 输出的信号等幅

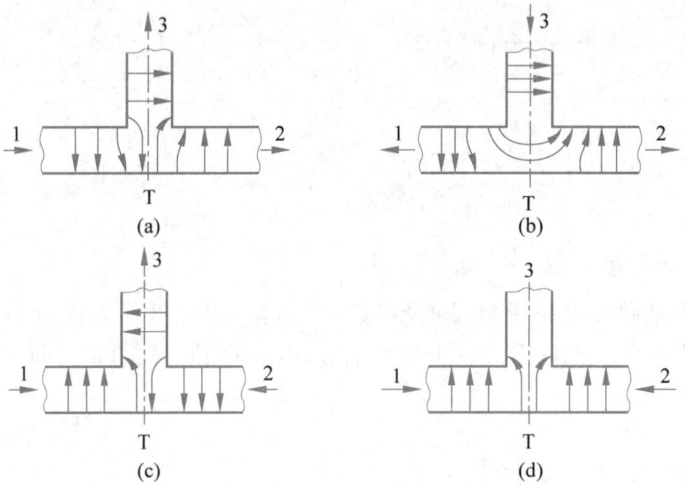

图 8-19　波导 E-T 型接头处电力线分布图

反相，这是因为 1、2 支臂在结构上对于 T 面是对称的，而 3 支臂的 TE_{10} 模电场相对于 T 面而言是反对称的。若距 T 面相等距离的端口 1、2 同时反相输入信号时，端口 3 有最大的输出(同相叠加)；若距 T 面相等距离的端口 1、2 同时等幅同相输入信号时，端口 3 无输出(反相抵消)。

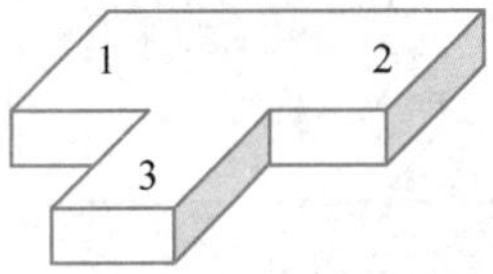

图 8-20　波导 H-T 型接头

2. H-T 型接头

如图 8-20 所示的波导分支结构，由于分支与主波导 TE_{10} 模的磁场平面平行，称为 H-T 型接头，也称 H 面 T 形分支。图 8-21 是 H-T 型接头中与 $\boldsymbol{H}$ 平行的纵截面上的电力线分布。由图可见，H-T 型接头具有以下性质：当信号由端口 1 输入时，端口 2、3 有输出；当信号由端口 2 输入时，端口 1、3 有输出；当信号由端口 3 输入时，在

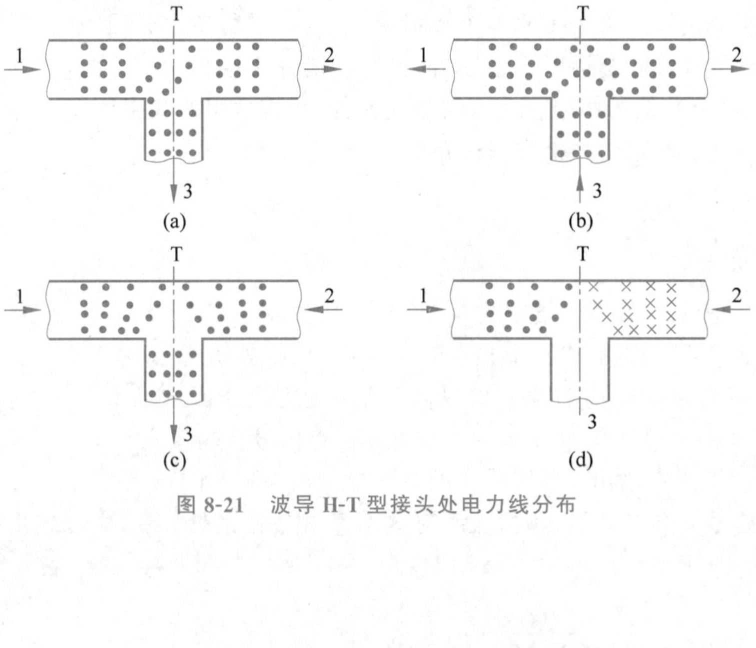

图 8-21　波导 H-T 型接头处电力线分布

距对称面 T 相等距离的端口 1、2 处，输出信号等幅同相；若距 T 面相等距离的端口 1、2 同时同相输入信号，端口 3 有最大的输出（同相叠加）；若距 T 面相等距离的端口 1、2 同时等幅反相输入信号，端口 3 无输出（反相抵消）。

E-T 型接头和 H-T 型接头都是三端口微波元件，可用作功率分配器或功率合成器。

3. 波导双 T 型接头与魔 T 接头

将 E-T 型接头和 H-T 型接头组合起来，就可构成如图 8-22 所示的双 T 型接头。

根据 E-T 型接头和 H-T 型接头的特性，可知双 T 型接头具有下列性质：当信号从端口 4（H 臂）输入时，端口 1、2 输出的信号等幅、同相，端口 3（E 臂）无输出，这是因为 E 臂内的 TE_{10} 模电场与 H 臂内的 TE_{10} 模电场在空间正交，不可能互相激励，所以端口 3 与端口 4 是互相隔离的。当信号从端口 3（E 臂）输入时，端口 1、2 输出的信号等幅、反相，端口 4 无输出；当信号从端口 1、2 同时等幅同相输入时，信号从端口 4 输出，端口 3 无输出；当信号从端口 1、2 同时等幅反相输入时，端口 3 有输出，端口 4 无输出；当信号单独由端口 1 或端口 2 输入时，端口 3、4 均有输出；端口 1 和端口 2 之间的隔离度很低。

双 T 型接头可作功率分配器或功率合成器。若在 E 臂和 H 臂中安置可调短路活塞，调节其位置，就可以在各支臂的交接处产生任意大小的电抗，构成调配器，降低波导系统中的驻波比。

双 T 型接头是互易四端口网络，在忽略损耗的前提下可以全匹配。双 T 型接头的匹配方式有多种，图 8-23 示出了一种常见的匹配形式，其匹配装置关于对称面 T 对称，并由一个半圆锥台和固定在圆锥台面上的一根杆组成。调整锥角、锥高、杆长和它们到波导窄壁之间的距离，可以使端口 3、4 有良好的匹配。上面所介绍的这种匹配装置有良好的驻波频带特性，其驻波比可在 10%带宽内小于 1.1。匹配双 T 型接头之所以能匹配，是因为匹配装置造成的反射波与原来接头处的不连续性结构引起的反射波相互抵消。

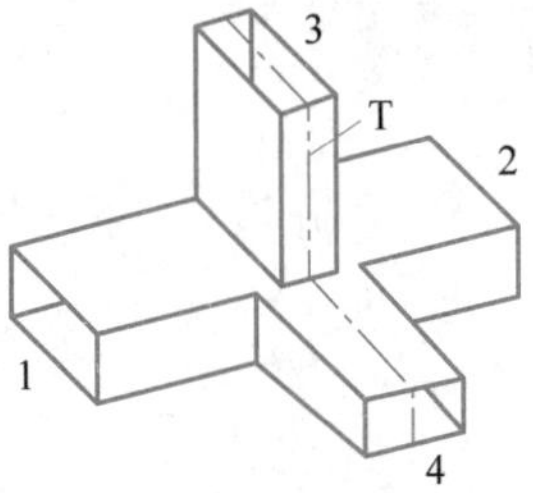

图 8-22　波导双 T 型接头

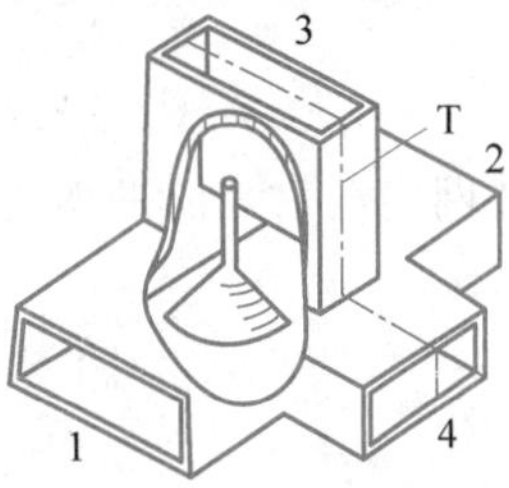

图 8-23　波导双 T 型接头的匹配装置

下面应用网络理论对双 T 型接头及匹配双 T 型接头的散射矩阵性质做定量分析。设双 T 型接头各支臂均以 TE_{10} 模单模工作，因此是一个四端口网络，其散射矩阵为

$$\boldsymbol{S}=\begin{bmatrix} S_{11} & S_{12} & S_{13} & S_{14} \\ S_{21} & S_{22} & S_{23} & S_{24} \\ S_{31} & S_{32} & S_{33} & S_{34} \\ S_{41} & S_{42} & S_{43} & S_{44} \end{bmatrix} \tag{8-4}$$

若双 T 型接头内无耗，则它是无源、线性、互易、无耗四端口网络，其散射矩阵应是对称矩阵，故有

$$\boldsymbol{S}=\begin{bmatrix} S_{11} & S_{12} & S_{13} & S_{14} \\ S_{12} & S_{22} & S_{23} & S_{24} \\ S_{13} & S_{23} & S_{33} & S_{34} \\ S_{14} & S_{24} & S_{34} & S_{44} \end{bmatrix} \tag{8-5}$$

由于端口 3、4 相互隔离，从而有

$$S_{34}=S_{43}=0 \tag{8-6}$$

当信号由端口 3 输入、其余各端口均接匹配负载时，由于端口 3、4 隔离，全部信号从端口 1、2 等幅反相输出，即有

$$S_{13}=-S_{23} \tag{8-7}$$

当信号由端口 4 输入、其余各端口均接匹配负载时，由于端口 3、4 隔离，全部信号从端口 1、2 等幅同相输出，即有

$$S_{14}=S_{24} \tag{8-8}$$

当端口 1、端口 2 以及端口 4 都接匹配负载时，从端口 3 看进去是不匹配的；同样，当端口 1、端口 2 以及端口 3 都接匹配负载时，从端口 4 看进去也是不匹配的。为了使从端口 3 和端口 4 看进去都是匹配的，就需要在双 T 型接头四个支臂的交接处安置如图 8-23 所示的匹配装置。由于端口 3、4 自然隔离，可分别对端口 3、4 调匹配，使得

$$S_{33}=S_{44}=0 \tag{8-9}$$

将式(8-6)～式(8-9)代入式(8-5)，可得

$$\boldsymbol{S}=\begin{bmatrix} S_{11} & S_{12} & S_{13} & S_{14} \\ S_{12} & S_{22} & -S_{13} & S_{14} \\ S_{13} & -S_{13} & 0 & 0 \\ S_{14} & S_{14} & 0 & 0 \end{bmatrix} \tag{8-10}$$

将上式代入无耗网络散射矩阵的酉特性，即 $\boldsymbol{S}^{\dagger}\cdot\boldsymbol{S}=\boldsymbol{I}$。展开该式，令方程两边的对应项相等，则有

$$|S_{11}|^2+|S_{12}|^2+|S_{13}|^2+|S_{14}|^2=1$$

$$|S_{12}|^2+|S_{22}|^2+|S_{13}|^2+|S_{14}|^2=1$$

$$2|S_{13}|^2=1,\quad 2|S_{14}|^2=1$$

解这个方程组可得

$$|S_{13}|=\frac{1}{\sqrt{2}},\quad |S_{14}|=\frac{1}{\sqrt{2}},\quad S_{11}=S_{12}=S_{22}=0 \tag{8-11}$$

可见，在端口 3、4 均匹配的双 T 型接头中，端口 1、2 互相隔离，并且端口 1 和端口 2 达到自然匹配。适当地选择参考面，可使 S_{13} 和 S_{14} 简化为

$$S_{13}=\frac{1}{\sqrt{2}},\quad S_{14}=\frac{1}{\sqrt{2}} \tag{8-12}$$

因此,匹配双 T 型接头的散射矩阵为

$$\boldsymbol{S}=\frac{1}{\sqrt{2}}\begin{bmatrix}0 & 0 & 1 & 1\\0 & 0 & -1 & 1\\1 & -1 & 0 & 0\\1 & 1 & 0 & 0\end{bmatrix} \tag{8-13}$$

应当注意,上述散射矩阵是在匹配双 T 型接头中存在对称面 T 的情况下导出的。要使匹配双 T 型接头具有如式(8-13)所示的散射矩阵,在对端口 3、4 调匹配时,必须保证双 T 型接头关于 T 面的对称性。

由匹配双 T 型接头的散射矩阵,可以看出匹配双 T 型接头具有以下特性:

(1) 匹配性。对双 T 型接头的端口 3、4 分别调匹配后,端口 1、2 自行匹配,所以匹配双 T 型接头是四个端口都匹配的四端口网络。

(2) 隔离性。端口 3、4 互相隔离,端口 1、2 也互相隔离。

(3) 功率平分性。当信号从端口 1(或端口 2)输入时,功率从端口 3、4 平分输出,而端口 2(或端口 1)无输出;当信号从端口 3(或端口 4)输入时,功率从端口 1、2 平分输出,而端口 4(或端口 3)无输出。

正因为匹配双 T 型接头有上面这三条性质,人们通常称它为"魔 T 型接头"。在微波技术中,"魔 T 型接头"有许多应用,典型的是在单脉冲雷达中利用"魔 T 型接头"做成信号的和差比较器。

8.2.2 微带线三端口功率分配器

在微波集成电路中常将微波功率分成两路或多路,因此要使用微带功率分配器。简单的微带 T 型接头不能完成良好的功率分配任务;用定向耦合器,则结构又趋于复杂,不够简便。而应用微带三端口功率分配器可以很好地解决这个问题。下面讨论三端口功率分配器的功率分配原理和设计公式。

图 8-24 为简单的三端口功率分配器,它是在 T 型接头基础上发展起来的。

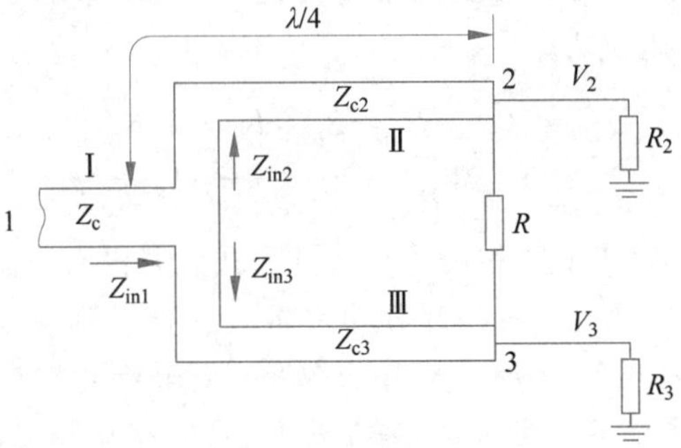

图 8-24 微带线三端口功率分配器

当信号由端口 1 输入时,其功率从端口 2 和端口 3 输出。只要设计恰当,这两个输出功率可按一定比例分配,同时两输出端保持相同的电压,电阻 R 中没有电流,不吸收功率。电阻 R 的作用是实现良好的输出端匹配,并保证两输出端之间有良好的隔离。

推导三端口功率分配器的设计公式时，先设端口 1 输入的信号由端口 2 和端口 3 输出，输出的功率分别为 P_2 和 P_3，并且按下列比例分配，即

$$P_3 = K^2 P_2 \tag{8-14}$$

同时，设 $V_2 = V_3$。端口 2 和端口 3 的输出功率与电压的关系为

$$P_2 = \frac{|V_2|^2}{2R_2}, \quad P_3 = \frac{|V_3|^2}{2R_3} \tag{8-15}$$

考虑到 $V_2 = V_3$，因此有

$$\frac{|V_3|^2}{2R_3} = K^2 = \frac{|V_2|^2}{2R_2} \tag{8-16}$$

即

$$R_2 = K^2 R_3 \tag{8-17}$$

式中：R_2、R_3 分别为端口 2 和端口 3 的输出阻抗。

若选 $R_2 = KZ_c$，$R_3 = Z_c/K$，则可满足式(8-14)。

再考虑特性阻抗的选取。在 T 型接头处，臂Ⅱ的输入阻抗 Z_{in2} 与臂Ⅲ的输入阻抗 Z_{in3} 相并联，则端口 1 的输入阻抗为

$$Z_{in1} = \frac{Z_{in2} Z_{in3}}{Z_{in2} + Z_{in3}} \tag{8-18}$$

考虑到 $Z_{in2} = K^2 Z_{in3}$，同时为了使输入端匹配，令 $Z_{in1} = Z_c$，则有

$$Z_{in1} = \frac{Z_{in2} Z_{in3}}{Z_{in2} + Z_{in3}} = \frac{K^2}{1 + K^2} Z_{in3} = Z_c \tag{8-19}$$

即

$$Z_{in3} = \frac{1 + K^2}{K^2} Z_c \tag{8-20}$$

$$Z_{in2} = K^2 Z_{in3} = (1 + K^2) Z_c \tag{8-21}$$

由于端口 1 到端口 2 和端口 3 之间距离都是 $\lambda/4$，要使端口 2 和端口 3 都是匹配终端，则臂Ⅱ、臂Ⅲ的特性阻抗为

$$Z_{c2} = \sqrt{Z_{in2} R_2} = Z_c \sqrt{K(1 + K^2)} \tag{8-22}$$

$$Z_{c3} = \sqrt{Z_{in3} R_3} = Z_c \sqrt{(1 + K^2)/K^3} \tag{8-23}$$

现在具体讨论隔离电阻 R 的作用及其计算公式。若没有电阻 R，那么当信号由端口 2 输入时，一部分功率进入臂Ⅰ，另一部分功率将经支臂Ⅲ到达端口 3；当信号由端口 3 输入时，一部分功率进入臂Ⅰ，还有一部分功率经支臂Ⅱ到达端口 2。显然端口 2、3 之间相互影响，有耦合。为了消除这种现象，需在臂Ⅱ、Ⅲ间跨接隔离电阻 R。当信号由臂Ⅰ输入时，由于 R 两端电位相等，无电流通过，不影响功率分配(相当 R 不存在一样)。若信号由端口 2 输入，一部分能量直接到达端口 1，余下的能量从电阻 R 和臂Ⅲ这两条路径到达端口 3。只要电阻 R 的安装位置正确，电阻值 R 选择合适，就可使经电阻 R 到达端口 3 的能量与经臂Ⅲ到达端口 3 的能量反相而互相抵消，使端口 3 输出的总能量极少。

同理，当信号从端口 3 输入时，端口 2 的输出能量也极少。R 可由下式计算：

$$R=\frac{1+K^2}{K}Z_{\mathrm{c}} \tag{8-24}$$

对于实际的微带线功率分配器，端口 2、端口 3 的输出阻抗 R_2、R_3 均应等于 Z_{c}（便于与后继电路匹配），因此须在端口 2 和端口 3 处各接一个 $\lambda/4$ 阻抗变换器，如图 8-25 所示。

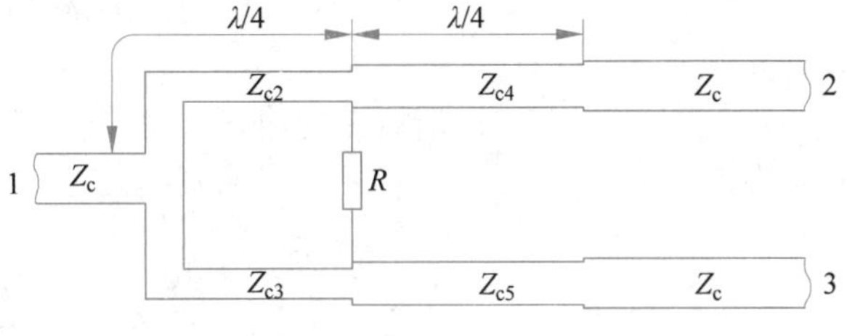

图 8-25　实际的微带线功率分配器

这时，所加的 $\lambda/4$ 阻抗变换器的特性阻抗应分别为

$$Z_{\mathrm{c4}}=\sqrt{Z_{\mathrm{c}}R_2}=Z_{\mathrm{c}}\sqrt{K} \tag{8-25}$$

$$Z_{\mathrm{c5}}=\sqrt{Z_{\mathrm{c}}R_3}=Z_{\mathrm{c}}/\sqrt{K} \tag{8-26}$$

式(8-14)给出了功率按 K^2 比例分配的三端口功率分配器的设计公式，如果该功率分配器是等功率分配器，即 $P_2=P_3$，$K=1$，则有

$$R_2=R_3=Z_{\mathrm{c}},\quad Z_{\mathrm{c2}}=Z_{\mathrm{c3}}=\sqrt{2}Z_{\mathrm{c}},\quad R=2Z_{\mathrm{c}} \tag{8-27}$$

8.3 定向耦合器

定向耦合器是一种具有方向性的功率耦合/分配元件，其结构形式多种多样，但都是四端口元件，且通常由主传输线（简称主线）、副传输线（简称副线）和耦合结构三部分组成。定向耦合器中主、副线通过耦合结构连接，耦合结构使主线传输的电磁波功率的一部分进入副线中，并在副线的某一端口输出，副线的另一端口应无输出，也就是说定向耦合器的功率耦合分配有方向性。耦合结构的形式有多种，常见的有耦合缝、耦合孔和耦合传输线段等。

定向耦合器在微波工程中有广泛的应用。例如，在微波系统的主传输线中插入定向耦合器，将定向耦合器副线的输出端口与微波系统的自检装置或与外部的微波测量设备连起来；当微波系统工作时，定向耦合器的耦合结构从主线中耦合出一小部分微波能量，并通过副线输出端口送到与之相接的自检装置或外接微波测量设备中，就可监控微波系统的工作。

定向耦合器种类繁多，本节只介绍具有代表性的定向耦合器，并分析其工作原理。为便于叙述，下面先介绍定向耦合器的主要技术指标。

8.3.1 定向耦合器的技术指标

为了便于分析，用图 8-26 所示的四端口网络来表示定向耦合器。

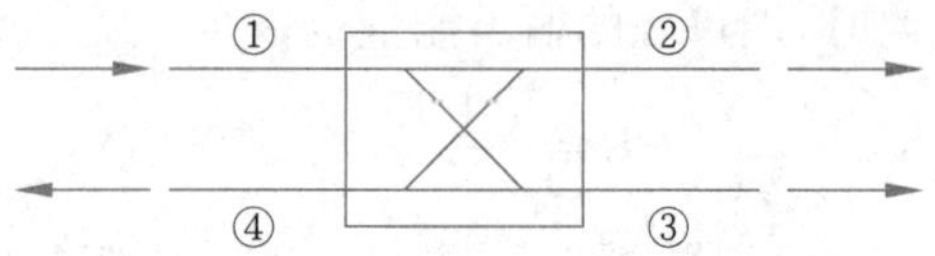

图 8-26　定向耦合器

当端口 1 输入功率时，端口 2 直接输出，端口 3 耦合输出，端口 4 无功率输出。因此，端口 1 为输入端，端口 2 为直通端，端口 3 为耦合端，端口 4 为隔离端。据此，可以把定向耦合器的主要技术指标定义如下：

(1) 耦合度 C：各端口接匹配负载时，端口 1 的输入功率 P_1 与耦合端口 3 的输出功率 P_3 之比，即

$$C = 10\lg\frac{P_1}{P_3} = 20\lg\frac{1}{|S_{31}|}\ (\mathrm{dB}) \tag{8-28}$$

如果耦合功率为输入功率的一半，此时 $C = 3\mathrm{dB}$，则称为 3dB 定向耦合器，又称为 3dB 电桥。

(2) 隔离度 I：端口 1 的输入功率 P_1 与隔离端口 4 的输出功率 P_4 之比，即

$$I = 10\lg\frac{P_1}{P_4} = 20\lg\frac{1}{|S_{41}|}\ (\mathrm{dB}) \tag{8-29}$$

对于理想的定向耦合器，$P_4 = 0, S_{41} = 0, I \to \infty$。

(3) 方向性 D：耦合端口 3 的输出功率 P_3 与隔离端口 4 的输出功率 P_4 之比，即

$$D = 10\lg\frac{P_3}{P_4} = 20\lg\frac{|S_{31}|}{|S_{41}|}\ (\mathrm{dB}) \tag{8-30}$$

对于理想的定向耦合器，$D \to \infty$。

由式(8-28)、式(8-29)和式(8-30)可以得到方向性、隔离度和耦合度三者满足下列关系：

$$D = I - C \tag{8-31}$$

方向性和隔离度都是描述定向耦合器定向性能的参数，但实际中使用较多的是方向性，较少使用隔离度。

(4) 输入驻波比 ρ：各端口接匹配负载时，端口 1 的输入电压驻波比。因为此时输入端口的电压反射系数即为散射参数 S_{11}，因此有以下关系：

$$\rho = \frac{1 + |S_{11}|}{1 - |S_{11}|} \tag{8-32}$$

8.3.2　双孔定向耦合器的工作原理

最简单的波导定向耦合器为双孔定向耦合器。图 8-27 是矩形波导中的双孔定向耦合器的原理示意图，其中主、副波导只能传输主模 TE_{10} 模，二者的公共窄壁上开两个相距 $\lambda_{g0}/4$ 的耦合小孔，其中 λ_{g0} 为中心工作频率的导波波长。耦合孔一般是圆形，也可以是其他形状。

下面简单分析该定向耦合器的工作原理。由图 8-27(b)可知，当 TE_{10} 模由端口 1 输

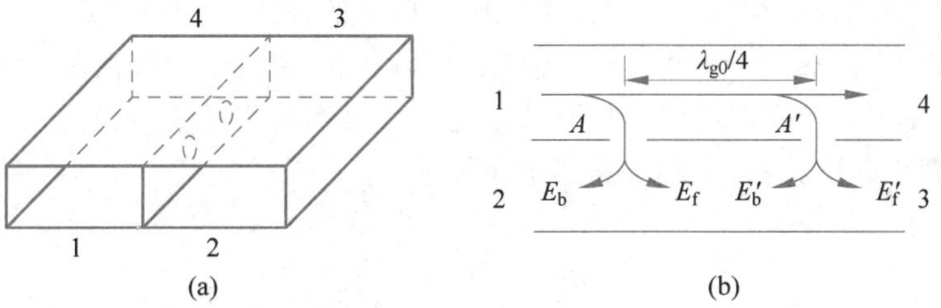

图 8-27 矩形波导中的双孔定向耦合器的原理示意图

入时,大部分电磁能量直接传送到端口 4 输出,余下小部分电磁能量则通过小孔 A 和 A' 耦合到副波导中。在副波导中,设通过小孔 A 耦合的传向端口 2 和端口 3 的 TE_{10} 模电场分别为 E_b 和 E_f,通过小孔 A'耦合的传向端口 2 和端口 3 的 TE_{10} 波电场分别为 E'_b和 E'_f。考虑到耦合孔 A 和 A'很小,通过它们各自耦合到副波导中的电磁能量都很少,故可近似认为主波导中到达小孔 A 和 A'处的电磁能量相等;又考虑到小孔 A 和 A'孔径相等,最终可以认为副波导中经小孔传送到端口 2、端口 3 的 TE_{10} 模满足

$$|E'_b|=|E_b|,\quad |E'_f|=|E_f| \tag{8-33}$$

由于小孔 A 和 A'相距 $d=\lambda_{g0}/4$,显然通过 A'耦合然后传到端口 2 的波 E'_b 比通过小孔 A 耦合然后传到端口 2 的波 E_b 多走 $\lambda_{g0}/2$ 的波程,因此经小孔 A 和 A'耦合并传到端口 2 的波 E_b、E'_b等幅、反相,互相抵消,端口 2 没有输出。由图 8-27(b)还可以看出,经小孔 A 和 A'耦合并传送到端口 3 的波 E_f 和 E'_f等幅、同相,互相叠加,即有

$$E_3=E_f+E'_f=2E_f$$

由以上所述工作原理可知,双孔定向耦合器是一种窄频带的元件,其原因在于偏离中心频率后,两小孔间距不再是 $\lambda_{g0}/4$,在端口 2 处 E'_b、E_b 不再等幅反相,端口 2 有输出,隔离变坏。如果想获得具有宽频带特性的定向耦合器,可采用小孔构成的多孔耦合结构。

8.3.3 微带双分支定向耦合器

微带双分支定向耦合器由主传输线、副传输线和两个耦合分支线组成。分支线长度及其间距均为 $\lambda_{g0}/4$。

图 8-28 为微带双分支定向耦合器的结构示意图,它是通过两个耦合波的波程差引起的相位差来实现定向功能的。当微波信号由端口 1 输入时,信号从 A 点到 C 点有两条路径($A\to B\to C$ 和 $A\to D\to C$),长度均为 $\lambda_{g0}/2$,因而两路波的电压等幅、同相,互相叠加,故端口 3 有信号输出,且端口 3 输出波的相位比端口 1 输入波相位落后 π。同理,信号从 A 点传输到 D 点时也有两条路径:一是由 A 直接到 D,波程为 $\lambda_{g0}/4$;二是沿 $A\to B\to C\to D$ 传输到 D 点,总波程为 $3\lambda_{g0}/4$。显然,沿两条不同路径传输到 D 点的两路波的波程差为 $\lambda_{g0}/2$,对应的相位差为 π。若适当选择各段传输线的特性阻抗,使这两路波的电压振幅相等,则二者互相抵消,使端口 4 成为隔离端。同理,波从 A 点传到 B 点的路径也有两条:一条是 $A\to B$;另一条是 $A\to D\to C\to B$。二者波程差也为 $\lambda_{g0}/2$,但是不能得出端口 2 无输出的结论。因为虽然两路波电压反相,但它们振幅相差很大,因此不能完全

抵消，故端口 2 有输出，且端口 2 的输出波比端口 1 的输入波相位落后 $\pi/2$。总之，当信号从端口 1 输入时，端口 2 为直通端，端口 3 为耦合端，端口 4 为隔离端。由以上分析可见，微带双分支定向耦合器的定向耦合特性是由两路不同路径的传输波互相干涉而形成的。为构成理想隔离，端口 4 的两路输出应等幅。

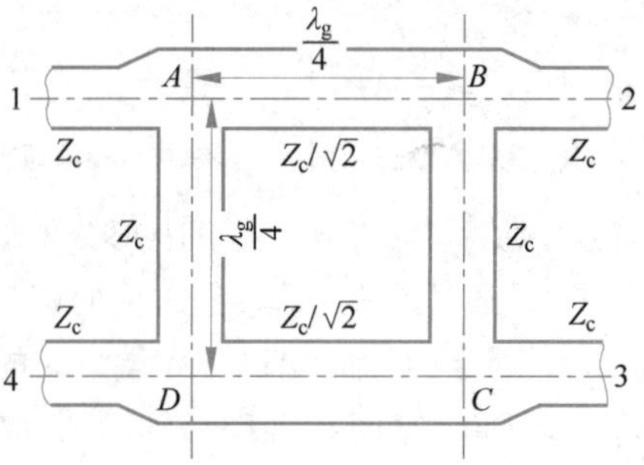

图 8-28　微带双分支定向耦合器的结构示意图

此外，当微带双分支定向耦合器的四个输出端口的传输线特性阻抗和分支线特性阻抗为图 8-28 中所表示的值时，可以分析得到：

(1) 当电磁波从端口 1 输入时，端口 1 本身没有能量反射回来，根据散射参数的物理意义，有 $S_{11}=0$。

(2) 当端口 1 输入时，端口 4 没有输出，即从端口 1 到端口 4 没有传输，根据散射参数的物理意义有 $S_{41}=0$。

(3) 当端口 1 输入时，端口 2 和端口 3 有输出，输出的幅度大小相等，即 $|S_{21}|=|S_{31}|$；端口 2 输出的相位比端口 3 输出的相位要超前 $\pi/2$，即 $S_{21}/S_{31}=\mathrm{j}$。根据散射参数的物理意义和场能量守恒的原则，可得到 $|S_{31}|^2/2+|S_{21}|^2/2=1$。

根据上述三点可以推出微带型双分支定向耦合器散射矩阵的第一列元素为

$$S_{11}=0,\quad S_{21}=-\frac{\mathrm{j}}{\sqrt{2}},\quad S_{31}=-\frac{1}{\sqrt{2}},\quad S_{41}=0 \tag{8-34}$$

由于微带型双分支定向耦合器结构完全对称，它的散射矩阵可以表示为

$$\boldsymbol{S}=\frac{-1}{\sqrt{2}}\begin{bmatrix}0 & \mathrm{j} & 1 & 0\\ \mathrm{j} & 0 & 0 & 1\\ 1 & 0 & 0 & \mathrm{j}\\ 0 & 1 & \mathrm{j} & 0\end{bmatrix} \tag{8-35}$$

8.4 微波谐振器

微波谐振器是微波振荡器中的一个主要器件，把几个微波谐振器组合起来又可以做成微波滤波器或阻抗匹配网络，还可以用它做调试雷达用的雷达信号回波箱。

图 8-29 给出了由集总参数 LC 电路演变到金属空腔谐振器的一个形象性解释。为了提高 LC 谐振电路的谐振频率 $f_0=1/(2\pi\sqrt{LC})$，就应当减少 L 和 C 的值。增加电容器两极板间的距离可以减少 C，减少电感线圈的匝数可以减少 L。将电感变成一段直导

线后，若再想减少 L 的值，可将一段直导线变成由无穷多段直导线并接而成的柱面，最终形成了一个柱形金属空腔，这就是金属空腔谐振器。应当注意，一旦形成了封闭的金属导体空腔，就不能再简单地认为空腔的上、下底构成电容，侧壁构成电感。因为在这个金属空腔谐振器中，处处储存有电场能量，处处也储存有磁场能量，电能和磁能在闭合空间不断相互转换而形成谐振。

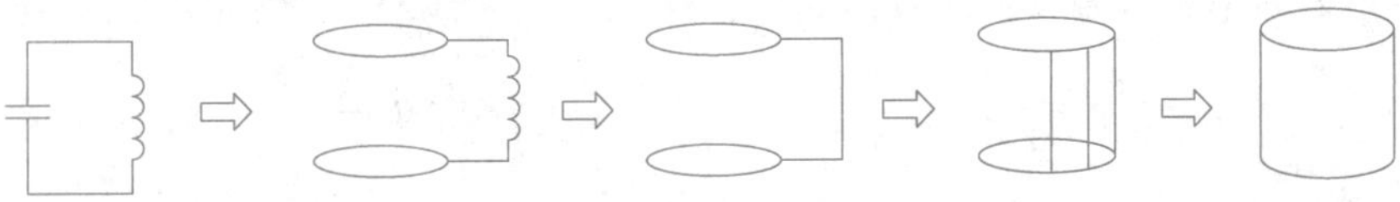

图 8-29　集总参数 LC 电路向空腔谐振器的演变

微波谐振器按结构可分为传输线型和非传输线型。矩形空腔谐振器、圆柱形空腔谐振器、同轴线空腔谐振器等都属于传输线型谐振器。非传输线型谐振器有介质块谐振器、多瓣空腔谐振器(磁控管用)和环形谐振器(速调管用)及径向线谐振器等。

本节首先介绍微波谐振器的基本电参数，其次应用导行波理论的一些现成结果来研究几种传输线型谐振器的场分布，最后根据谐振器中场分布介绍谐振器的激励与耦合。

8.4.1　微波谐振器的基本电参数

微波谐振器最基本的电参数有谐振频率 f_0 和品质因数 Q，这些电参数的定义与低频谐振电路参数的定义类似。但在微波谐振器中有时难以确切定义和计算它的等效电容 C 和等效电感 L，所以其电参数一般不用 L、C 来描述。

1. 谐振频率

谐振频率是指谐振器中工作模式的场发生谐振时的频率。谐振器谐振时，谐振器中电场储能的时间平均值等于磁场储能的时间平均值。谐振频率取决于谐振器的结构形式、尺寸大小和工作模式。谐振波长 $\lambda_0=v/f_0$，谐振频率 f_0 和谐振波长 λ_0 的计算有很多方法，下面介绍两种方法。

1）相位法

许多有实际应用价值的空腔谐振器可看成一段长度为 l、两端用金属板短路的短路系统，如图 8-30 所示。行波从 $z=0$ 和 $z=l$ 两平面间的任意一点 A 出发，沿 z 轴经两导体板反射回到 A 点。由于波沿 z 方向是纯驻波分布，其相位必定满足关系式

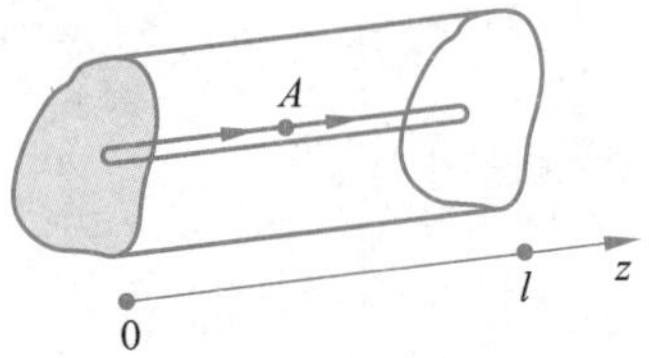

图 8-30　谐振空腔示意图

$$2k_z l+\phi_1+\phi_2=2p\pi \quad (p=0,1,2,\cdots)$$

式中：ϕ_1、ϕ_2 分别为 $z=0$ 和 $z=l$ 处反射波与入射波的相位差。

当两短路板为理想导体时，在 $z=0$ 和 $z=l$ 处反射系数 $\Gamma=-1$，ϕ_1 和 ϕ_2 都等于 π，于是上式可写为

$$k_z l=p\pi \quad 或 \quad k_z=\frac{p\pi}{l} \tag{8-36}$$

将其代入导行波理论中的公式 $k_c^2=k^2+\gamma^2$，并考虑到 $\gamma=\mathrm{j}k_z$，可得

$$k^2 = k_c^2 + k_z^2 = k_c^2 + \left(\frac{p\pi}{l}\right)^2$$

根据

$$k = \omega\sqrt{\mu\varepsilon} = \frac{2\pi f_0}{v}$$

整理可得谐振频率和谐振波长的表达式为

$$f_0 = \frac{v}{2\pi}k = \frac{v}{2\pi}\sqrt{k_c^2 + k_z^2} = \frac{v}{2\pi}\sqrt{k_c^2 + \left(\frac{p\pi}{l}\right)^2} \tag{8-37}$$

$$\lambda_0 = \frac{2\pi}{\sqrt{k_c^2 + \left(\frac{p\pi}{l}\right)^2}} = \frac{1}{\sqrt{(1/\lambda_c)^2 + (p/2l)^2}} \tag{8-38}$$

2）驻波特性分析法

以两端短路的谐振腔为例，由图 6-7 给出的一段终端短路传输线上的驻波电压分布可见，短路处为电压的波节点。因此，在与短路终端相距 $\lambda_g/2$ 整数倍的电压波节点位置插入短路板不会改变这些位置处的边界条件，驻波电压分布不变，两短路面之间可以形成稳定振荡。而在其他位置加短路板，由于边界的限制，无法形成稳定振荡。因此，形成稳定振荡的条件是腔两端壁间的距离 l 等于驻波波节间距 $\lambda_g/2$ 的整数倍，即

$$l = p\frac{\lambda_g}{2} \quad (p = 1, 2, \cdots) \tag{8-39}$$

在一定的腔体尺寸下，只有波长满足式(8-39)的电磁波才能在腔中形成稳定振荡。该电磁波所对应的介质中的波长即为谐振波长 λ_0。

对于非色散波(TEM 波)，因为 $\lambda = \lambda_g$，所以

$$\lambda_0 = \lambda_g = \frac{2l}{p} \tag{8-40}$$

对于色散波(TE、TM 波)，因为

$$\lambda_g = \frac{\lambda}{\sqrt{1 - (\lambda/\lambda_c)^2}}$$

结合式(8-39)可得

$$\lambda_0 = \frac{1}{\sqrt{(1/\lambda_c)^2 + (p/2l)^2}} \tag{8-41}$$

上述两种方法都可以得到谐振波长和频率，本章后面几节将选用驻波特性分析法来研究不同谐振腔的谐振波长 λ_0。

2. 谐振腔的品质因数

品质因数描述了谐振器的频率选择性的优劣和谐振器中电磁能量的损耗程度。其定义为

$$Q_0 = \omega_0 \times \frac{W}{P_L}$$

式中：W 为谐振时谐振器总电磁储能的时间平均值；P_L 为谐振器每秒损耗的电磁能量。

对于与外界无耦合的谐振器，上式的 P_L 包括构成谐振器的金属导体壁的损耗和谐振器中填充媒质的损耗；对于与外界有耦合的谐振器，耦合电路相当于谐振器的等效负载，此时 P_L 中除了以上两种损耗外，还应包含该等效负载吸收的功率。

对于一般的微波谐振器，理论计算出来的 Q_0 值高达几万甚至几十万。实际中由于各种损耗的存在，理论计算出的 Q_0 往往比实测 Q_0 大许多。

8.4.2 矩形谐振腔

矩形谐振腔是由一段两端用导体板封闭的矩形波导构成的腔体，是几何形状最简单的一种空腔谐振器。其可用作微波炉的加热腔体、频率较低的速调管的谐振腔体，以及滤波器和宽带天线开关的腔体等。

矩形腔中电磁振荡的原理可以用驻波特性来分析。当一端短路的矩形波导中输入 TE_{10} 模时（矩形波导坐标见第 5 章），在短路面处将产生全反射，形成纯驻波。在离短路面 $\lambda/2$ 处，即电场波节点处再加一块金属板将波导封闭，则短路板的加入不会破坏原有的驻波分布。此时在这一段封闭的波导内无任何方向的电磁能量传输，只有电磁能量的相互转换，是一个理想的振荡系统，并且电场能量和磁场能量的最大值相等。此外，由于矩形波导中可以存在无穷多个 TE_{mn} 模和 TM_{mn} 模，矩形腔内也存在多种振荡模式，记作 TE_{mnp} 模和 TM_{mnp}，下标 m、n、p 分别表示场沿 x、y、z 方向分布的半驻波个数。对于 TE_{mnp} 模式，m、n 中只能有一个为 0，p 不能为 0；对于 TM_{mnp} 模式，p 可以为 0，但 m、n 都不能为 0；不存在腔中所有场分量都为 0 的模式。

矩形波导的截止波长为

$$\lambda_c = \frac{1}{\sqrt{\left(\frac{m}{2a}\right)^2 + \left(\frac{n}{2b}\right)^2}}$$

根据式(8-41)可求出矩形谐振腔的谐振波长为

$$\lambda_0 = \frac{2}{\sqrt{\left(\frac{m}{a}\right)^2 + \left(\frac{n}{b}\right)^2 + \left(\frac{p}{l}\right)^2}} \tag{8-42}$$

8.4.3 圆柱谐振腔

用金属导体平板把长为 l、半径为 a 的圆波导的两端封闭起来，就构成了如图 8-31 所示的圆柱形谐振腔。由于在圆波导中存在无穷多个 TE_{mn} 模和 TM_{mn} 模，因此在圆柱形谐振腔中也存在对应的 TE_{mnp} 和 TM_{mnp} 振荡模式，其中下标 m 表示场沿着圆周方向的驻波数，n 表示场沿着半径方向的驻波数，p 表示场沿着轴线方向的半驻波数。

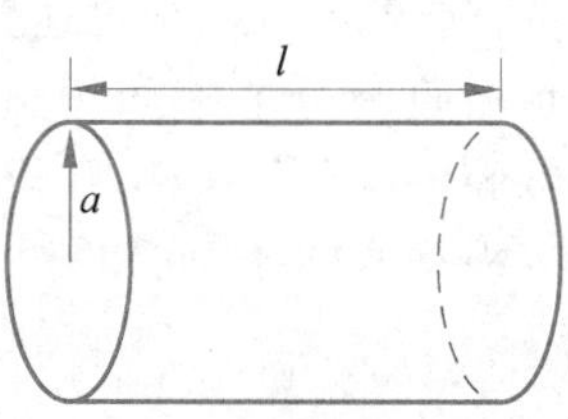

图 8-31 圆柱形谐振腔

圆柱形腔中常用的振荡模有 TM_{010} 模和 TM_{011} 模。

1. TM_{010} 模

TM_{010} 模是 TM_{mnp} 模式中的最低次振荡模式，当腔长

$l<2.1a$ 时，它也是圆柱形腔的最低次模式。图 8-32 绘出了 TM_{010} 模的场结构。由图可知，TM_{010} 模的电场和磁场都呈轴对称分布，电场和磁场与坐标 ϕ、z 无关。由于 TM_{010} 模的场结构简单，易激励，模次最低，所以圆柱形腔常用这种模作为工作模式。

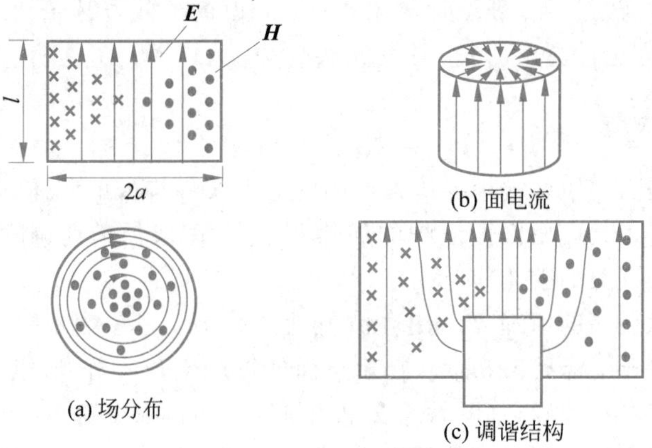

图 8-32　TM_{010} 模的场分布、面电流和调谐结构

TM_{010} 模具有以下特点：

(1) 场分布与尺寸 l 无关，改变 l 不能改变场分布和谐振波长 λ_0。为了调谐，常采用图 8-32(c)所示的可调台阶，这时腔中不是纯 TM_{010} 模，台阶处产生的高次模构成了一个可调电抗分量，改变台阶伸入腔中的深度可以改变谐振频率。用这种谐振腔作波长计，其调谐范围很宽，最高工作频率与最低工作频率之比为 2∶1～3∶1。

(2) 电场集中在圆柱形腔中间，易于与电子交换能量，因此微波振荡器常用它作谐振腔的工作模。

(3) 用该模式工作的谐振腔，其品质因数 Q_0 在中等范围。如厘米波波段 $Q_0<10000$。如图 8-32(b)所示，腔壁感应电流流过底面与侧面的焊接缝，该焊接缝使腔壁损耗增加，造成 Q_0 下降。

根据式(8-41)可以推出 TM_{010} 模的谐振波长为

$$\lambda_0(TM_{010})=2.62a \tag{8-43}$$

2. TE_{011} 模

图 8-33(a)是圆柱形腔中 TE_{011} 模的场分布。场沿圆周均匀分布。TE_{011} 模最主要的特点是场分量中 $H_\phi=0$，因此腔体内壁上只有沿 ϕ 方向流动的感应电流，而无沿 z 方向流动的感应电流。这至少有两点好处：一是侧壁与底之间的焊接缝上没有电流流过，腔壁损耗很小，Q_0 值可达数万甚至数十万，用 TE_{011} 模可作成高 Q 值谐振腔；二是该模式谐振腔调谐方便，可用图 8-33(b)所示非接触式活塞调谐。由于 TE_{011} 模不是圆柱形谐振腔中的最低次模，在设计时要避免出现虚假的谐振模。

根据式(8-41)可以推出 TE_{011} 模的谐振波长为

$$\lambda_0(TE_{011})=\frac{1}{\sqrt{\left(\frac{1}{1.64a}\right)^2+\left(\frac{1}{2l}\right)^2}} \tag{8-44}$$

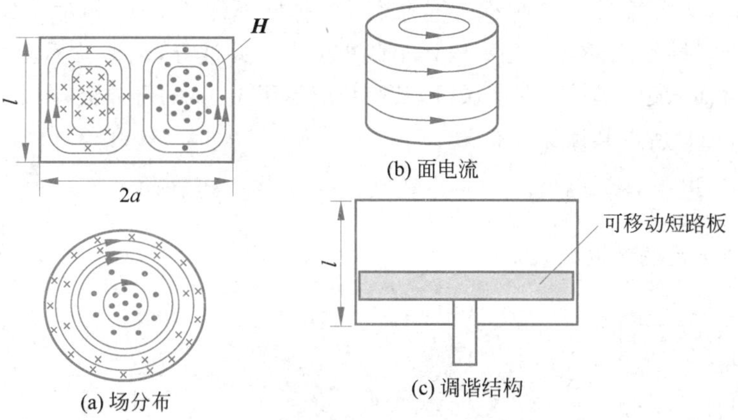

图 8-33　TE_{011} 模的场分布、面电流和调谐结构

8.4.4　同轴谐振腔

同轴谐振腔由同轴线演变而来，常见的有如图 8-34 所示的三种形式。由于同轴谐振腔的工作模式都是 TEM 振荡模，谐振只发生在其纵轴线方向上。下面对图 8-34 所示的三种同轴谐振腔作简单分析，假定同轴腔外导体内直径为 D，内导体直径为 d，腔长为 l。

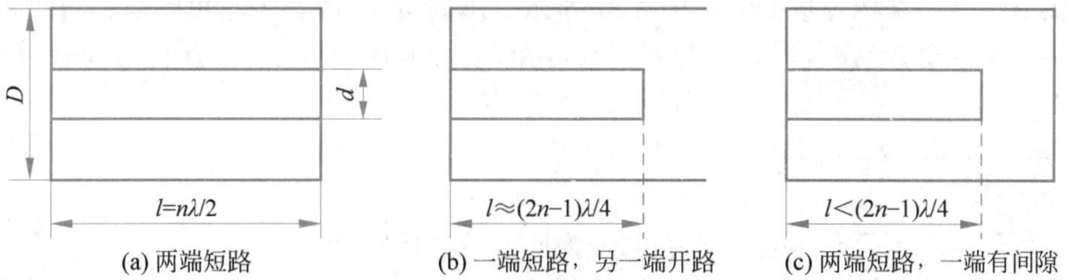

图 8-34　同轴谐振腔的三种基本形式（$n=0,1,2,\cdots$）

1. 两端短路的同轴腔

为了满足腔的两端面为驻波电压波节点的边界条件，在谐振时，其腔长应为半波长的整数倍，即 $l=p\lambda_0/2$。因此谐振波长为

$$\lambda_0=\frac{2l}{p}\quad (p=1,2,\cdots) \tag{8-45}$$

可见，当腔长 l 一定时，p 不同，存在多个谐振波长。在设计同轴腔时，考虑到构成同轴腔的同轴线应只能传输 TEM 波，同轴腔内外导体直径应满足条件

$$\lambda_{\min}>\frac{\pi(D+d)}{2} \tag{8-46}$$

同时，也希望同轴腔导体壁损耗 P_L 小些，品质因素 Q_0 高一些，常取 $D/d=3.6$。图 8-35 给出了半波长型同轴腔内的电磁场分布。

2. 一端短路，另一端开路的同轴腔

简单地切断同轴线并不能得到真正的开路，这是因为开口处有电磁能量向外辐射，为了防止辐射，通常像图 8-36 那样把同轴线外导体向外伸长一些，相对于谐振频率而言，这段向外延伸的同轴线外导体是一段处于截止状态的圆波导，电磁波不能通过它向外辐射。根据两端面的边界条件，在谐振时，其腔长应等于 $\lambda_0/4$ 的奇数倍，即 $l=(2p-1)\lambda_0/4(p=1,2,3,\cdots)$，所以其谐振波长为

$$\lambda_0=\frac{v}{f_0}=\frac{4l}{2p-1}\quad(p=1,2,3,\cdots)\tag{8-47}$$

调节 l 可以连续改变谐振波长 λ_0。

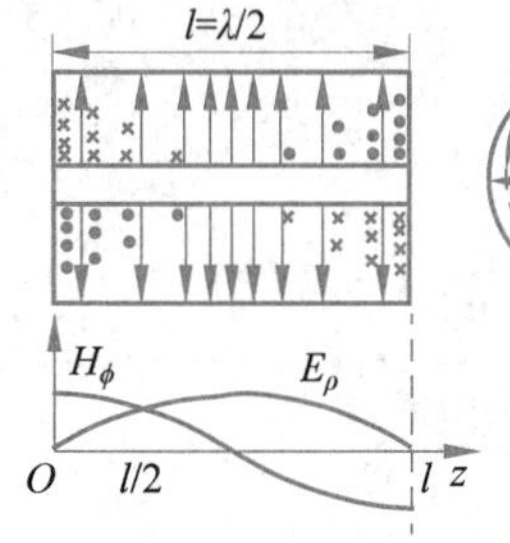

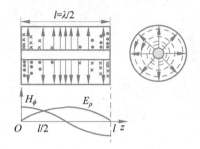

图 8-35　半波长型同轴腔内的场分布

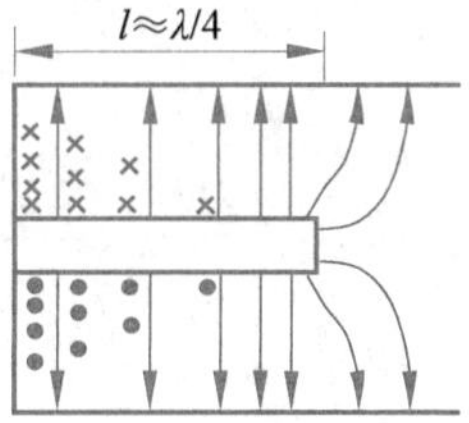

图 8-36　一端短路，另一端开路的同轴腔中的场分布

3. 两端短路，但内导体的一端与短路板间有间隙的同轴腔

该谐振器的结构及场分布如图 8-37 所示。由图可知，内导体与短路板之间的间隙相当于一个集总参数的电容 C_0。由第 6 章可知，从参考面 A-A'向短路板方向看(即向左看)的输入电纳为

$$B_1=-\frac{1}{Z_c}\cot(kl)$$

式中：Z_c 为同轴线的特性阻抗。

由参考面 A-A'向间隙方向向看(即向右看)等效电容为 C_0，即输入电纳 $B_2=\omega C_0$。谐振时参考面 A-A'处总电纳等于零，即有

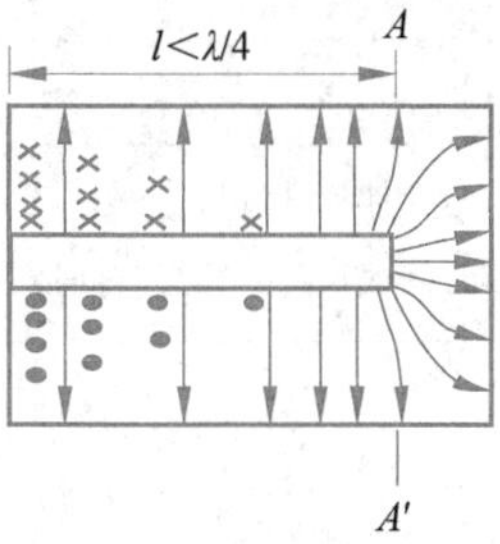

图 8-37　两端短路，一端有间隙的同轴腔中的场分布

$$\omega_0C_0-\frac{1}{Z_c}\cot(kl)=0\quad\text{或}\quad Z_c\omega_0C_0-\cot(kl)=0$$

这是一个超越方程，可用数值法或图解法求出其谐振频率。由上式可知，若 Z_c 和 C_0 已确定，则调节长度 l 可改变谐振频率。

8.5 微波滤波器

微波滤波器是微波系统中用来分离不同频率信号的重要器件，它主要是抑制不需要的频率分量信号，只让需要的频率分量信号通过，因此滤波器具有频率选择和滤除作用，它在微波通信、雷达、电子对抗以及微波测量中具有广泛的应用。

尽管微波滤波器有它自己的特点，但是在分析和设计微波滤波器时仍然采用与之相应的集总参数滤波器。微波滤波器的特殊性在于它的实现，需要用分布电路元件代替集总参数元件。因此本节简要介绍滤波器的基本概念、集总参数滤波器的基本结构，重点

讲述微波滤波器的实现。了解微波滤波器的更详细内容可参阅有关专门书籍。

8.5.1 滤波器的基本概念

1. 滤波器的工作特性

滤波器可以看成一个二端口网络，如图8-38所示。工程中通常用插入衰减来描述滤波器的工作特性。插入衰减定义为当滤波器接匹配负载时，滤波器的输入功率 P_i 与负载所得的功率 P_L 之比。通常用对数表示的滤波器的频率响应可用它的插入衰减来表征：

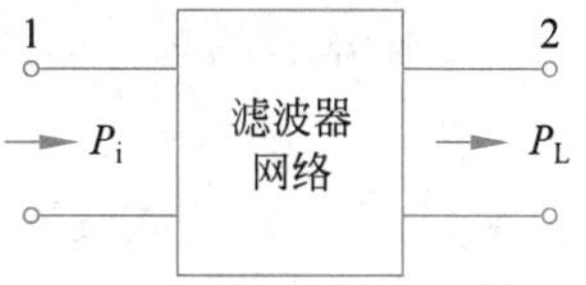

图 8-38 滤波器网络

$$L=10\lg\left(\frac{P_i}{P_L}\right)=10\lg\frac{1}{|S_{21}|^2}(\mathrm{dB}) \tag{8-48}$$

根据滤波器插入衰减的频率响应特性不同，可将滤波器的工作特性分为低通、高通、带通和带阻四类，它们随着角频率 ω 变化的衰减特性如图8-39所示。

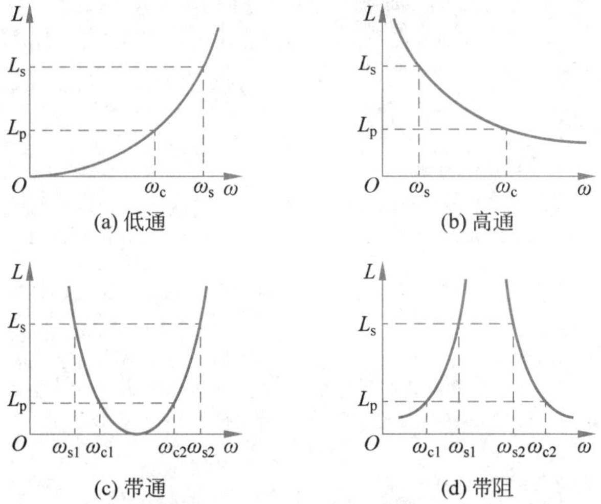

图 8-39 滤波器的分类

微波滤波器有下列主要指标：

(1) 通带：通带截止频率 ω_c，对于带通滤波器有中心频率 ω_0 和通带边频 ω_{c1}、ω_{c2}，带宽是通带内上边频和下边频的频率差。

(2) 阻带：阻带边界频率 ω_s。

(3) 通带插损：通带内最大插入衰减 L_p。

(4) 阻带抑制：阻带内最小插入衰减 L_s。

(5) 寄生通带：微波滤波器采用分布参数元件实现，由于其具有周期性，这些元件的参数和性质会随着工作频率而改变，即可能由感性电抗变成容性电抗或由容性电抗变成感性电抗，导致原本为阻带的频率区间会出现不需要的通带，这就是寄生通带。设计时应避开寄生通带。

2. 滤波器的逼近函数

下面以低通滤波器为例说明滤波器的逼近函数。理想低通滤波器的工作特性如图 8-40(a)所示。通带内信号的完全通过，插入衰减为零；阻带内信号完全不通过，插入衰减无限大；通带与阻带之间突然变化，没有过渡带。实际上，这种滤波器是不存在的。在工程实际中总是用一些函数去逼近理想的衰减特性，常用的逼近函数有二项式、切比雪夫多项式和椭圆函数，这三种逼近函数分别形成如图 8-40(b)、(c)、(d)所示的衰减频率特性，与之对应的滤波器分别称为最平坦滤波器、切比雪夫滤波器和椭圆函数滤波器。这三种滤波器的插入衰减特性也各有特点。最平坦滤波器的插入衰减随着频率的增加而单调地增加，但是随着频率增加的速度比较缓慢，即从通带过渡到阻带的过渡带 $\omega_s-\omega_c$ 较宽，这是它的不足之处。切比雪夫滤波器的插入衰减在通带内有某种程度的起伏(即波纹)，通带外衰减单调增加，与最平坦滤波器相比，其过渡带较窄，即从通带过渡到阻带比较陡。椭圆函数滤波器的插入衰减在通带和阻带内均有波纹，它带来的好处是过渡带更窄，通带与阻带间的变化最陡峭。但是由于其电路复杂，元件数较多，不及前两种使用普遍。

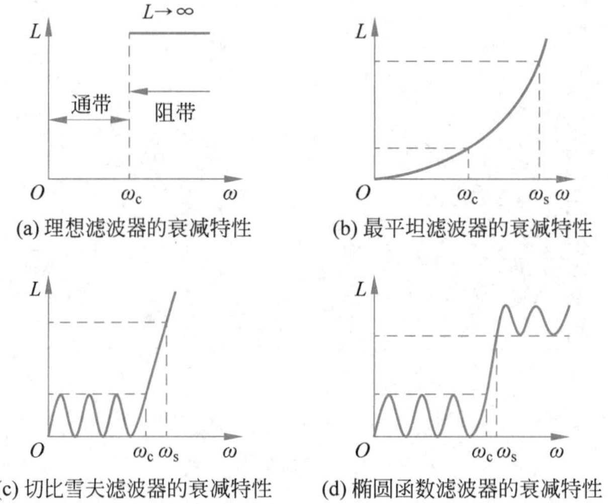

图 8-40　低通滤波器的衰减特性

8.5.2　集总参数滤波器

微波滤波器的理论与实践是在集总参数滤波器的理论与实践上发展起来的，因此有必要先回顾由电感、电容元件构成的集总参数滤波器。这里给出低通、高通、带通、带阻四种集总参数滤波器的基本梯形网络结构，有关四种滤波器的综合设计参阅有关专门书籍。

1. 低通滤波器结构

图 8-41 为低通集总参数滤波器的梯形电路结构。由电路知识可知，图中电感是串联支路，其串联阻抗 $Z_s=j\omega L_i$，串联阻抗具有分压作用，并且频率越低，电感的串联阻抗越

小,分压作用就越小。频率越高,电感的串联阻抗越大,分压作用就越大。对于直流,电感的串联阻抗为零,相当于短路,无分压作用;电容是并联支路,其并联阻抗 $Z_p=1/j\omega C_i$,并联阻抗具有分流作用,并且频率越低,电容的并联阻抗越大,分流作用就越小。频率越高,电容的并联阻抗越小,分流作用就越大。对于直流,电容的并联阻抗为无穷大,相当于开路,无分流作用。可见,图 8-41 中串联 L 和并联 C 组成的结构在频率越低时电感的分压作用和电容的分流作用就越小,流入负载的电压和电流越大,负载吸收的功率就越大,衰减就越小;在频率越高时电感的分压作用和电容的分流作用就越大,流入负载的电压和电流越小,负载吸收的功率就越小,衰减就越大。因而形成了低通的衰减特性,是一个低通滤波器。

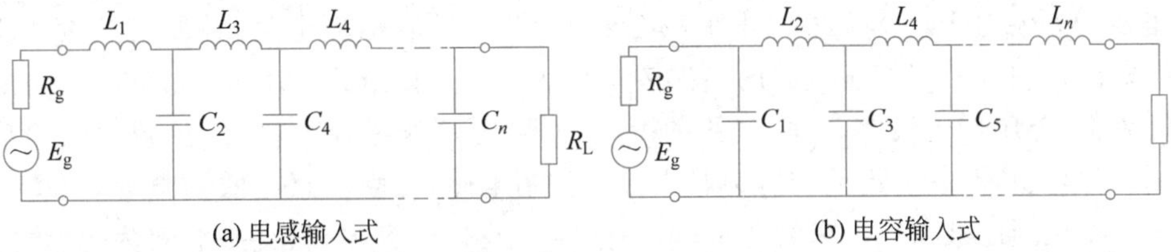

图 8-41 低通滤波器结构

2. 高通滤波器结构

图 8-42 为高通滤波器结构。电容是串联支路,频率越低,电容的串联阻抗越大,分压作用就越大。频率越高,电容的串联阻抗越小,分压作用就越小。电感是并联支路,频率越低,电感的并联阻抗越小,分流作用就越大。频率越高,电感的并联阻抗越大,分流作用就越小。可见,图 8-42 中串联 C 和并联 L 组成的结构在频率越低时电容的分压作用和电感的分流作用就越大,流入负载的电压和电流越小,负载吸收的功率就越小,衰减就越大;在频率越高时电容的分压作用和电感的分流作用就越小,流入负载的电压和电流越大,负载吸收的功率就越大,衰减就越小。因而形成了高通的衰减特性,是一个低通滤波器。

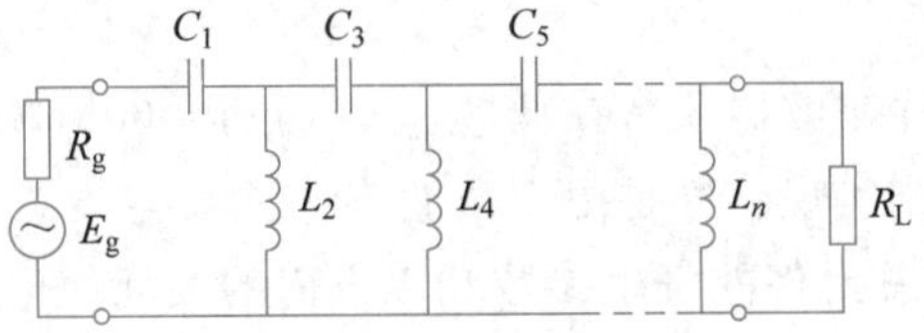

图 8-42 高通滤波器结构

3. 带通滤波器结构

图 8-43 为带通滤波器结构,其中串联支路为 LC 串联谐振电路,其阻抗 $Z_s=j\omega L_i+1/j\omega C_i$。并联支路为 LC 并联谐振电路,其导纳为 $Y_p=1/j\omega L_i+j\omega C_i$。假定所有谐振电路的都有同样的谐振频率 ω_0,即 $\omega_0=1/\sqrt{L_iC_i}$,则在谐振频率 ω_0 上串联支路的阻抗为零,分压作用最小,并联支路的导纳为零,阻抗无穷大,分流作用最小,因而负载吸收的功率最大,衰减最小;频率偏高或偏低 ω_0 时,串联支路的阻抗增大,分压作用增大,并联支

路的导纳增大，分流作用增大，因而负载吸收的功率减小，衰减增大。这样形成了带通的衰减特性，是一个带通滤波器。

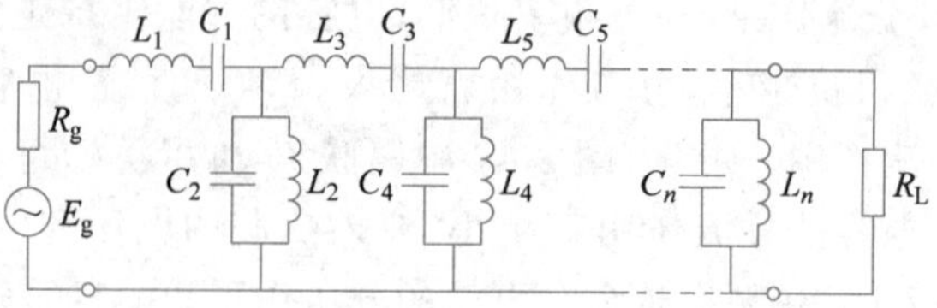

图 8-43　带通滤波器结构

4. 带阻滤波器结构

图 8-44 为带阻滤波器结构，图中串联支路为 LC 并联谐振电路，并联支路为 LC 串联谐振电路。假定所有谐振电路的谐振频率均为 ω_0，则在谐振频率 ω_0 上串联支路的阻抗为无穷大，分压作用最大，并联支路的阻抗为零，分流作用最大，因而负载吸收的功率最小，衰减最大；频率偏低 ω_0 时，串联支路等效为电感，并联支路等效为电容，整个电路相当于一个低通滤波器；频率偏高时，串联支路等效为电容，并联支路等效为电感，整个电路相当于一个高通滤波器。综合这三种情况，该电路的负载在 ω_0 及其附近吸收功率很小，衰减大；在其余频率上负载吸收功率多，衰减小。这样形成了带阻的衰减特性，是一个带阻滤波器。

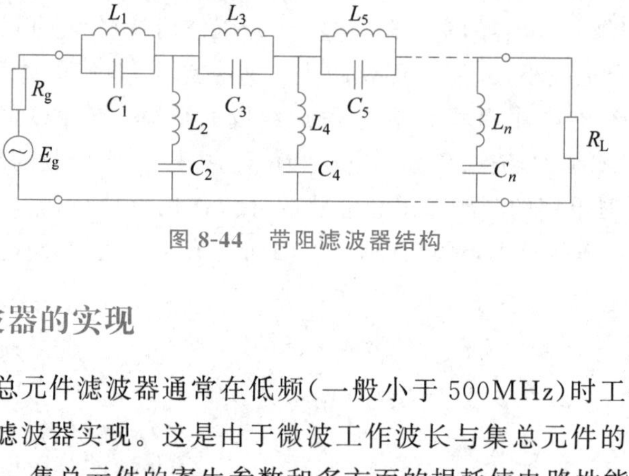

图 8-44　带阻滤波器结构

8.5.3　微波滤波器的实现

前面讨论的集总元件滤波器通常在低频（一般小于 500MHz）时工作良好，但是在微波频率难以用集总滤波器实现。这是由于微波工作波长与集总元件的物理尺寸相近，会出现两个问题：第一，集总元件的寄生参数和多方面的损耗使电路性能严重恶化，以至于无法实现；第二，在微波频率滤波器中元件之间的距离是不可忽略的，所以实际的微波滤波器必须将集总参数元件变换为分布参数元件。下面举例说明微波滤波器中电感、电容以及它们组成的串联或并联谐振电路的微波实现方法。

1. 用短截线实现电感、电容

一段长度为 l 的微波传输线，其特性阻抗为 Z_c，特性导纳为 Y_c，当终端短路或开路时，其输入阻抗和输入导纳分别为

$$Z_{in}=jZ_c\tan(\beta l)=jZ_c\tan\left(\frac{2\pi}{\lambda_g}l\right) \tag{8-49a}$$

$$Y_{in} = jY_c \tan(\beta l) = jY_c \tan\left(\frac{2\pi}{\lambda_g} l\right) \tag{8-49b}$$

当线长较短($l \leqslant \lambda_g/8$)时,$\tan 2\pi l/\lambda_g \approx 2\pi l/\lambda_g$,式(8-49a)和式(8-49b)可分别写为

$$Z_{in} \approx jZ_c \frac{2\pi}{\lambda_g} l = j\omega \frac{Z_c l}{v_g} = j\omega L \tag{8-50a}$$

$$Y_{in} = jY_c \frac{2\pi}{\lambda_g} l = j\omega \frac{Y_c l}{v_g} = j\omega C \tag{8-50b}$$

可见,短的短路线等效为一个电感,短的开路线等效为一个电容,其等效的集总参数 L、C 分别为

$$L = \frac{Z_c l}{v_g}, \quad C = \frac{Y_c l}{v_g} \tag{8-51}$$

因此,微波滤波器中的电感可以用短的短路线来实现,电容可以用短的开路线来实现,如图 8-45 所示。具体实现有两种方法:一是固定特性阻抗或导纳,改变线长获得不同数值的电感和电容;二是固定线长,改变传输线的特性阻抗或导纳来获得不同数值的电感和电容。第二种方法对于微带传输线是非常方便实现的,所有短截线的电长度均相等,通过改变线宽来改变特性阻抗,从而获得不同的电感和电容。图 8-46(a)所示的低通滤波器可用图 8-46(b)所示的短路线和开路线来实现。

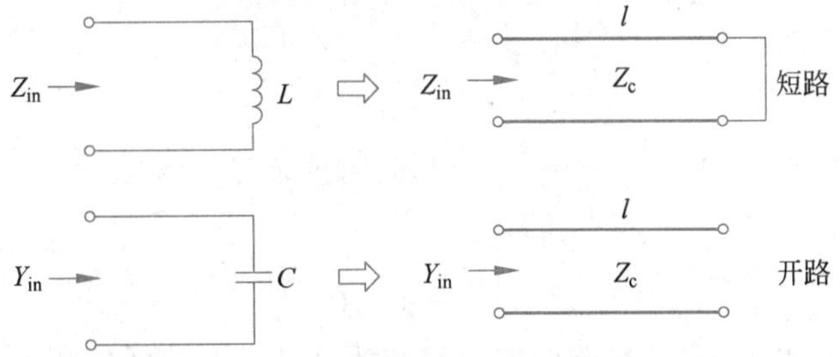

图 8-45 短路线和开路线实现电感和电容

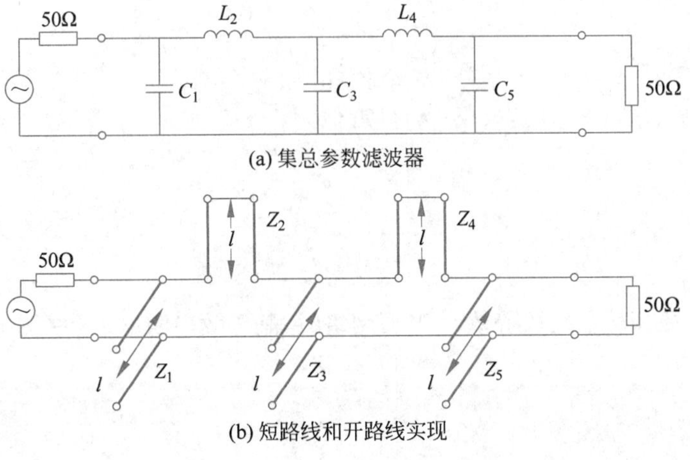

图 8-46 低通滤波器的微波实现

需要说明的是，按照图 8-46(b)所示的低通滤波器用微带形式实现比较困难。原因有两个：一是串联短截线用微带形式难以实现；二是实际电路中短截线是有距离的，而且不能忽略，而图 8-46(b)中短截线之间是没有距离的。因此，必须将串联短截线通过适当变换变为并联短截线，同时在短截线之间引入传输线段进行分隔，这样才能方便用微带形式实现。

2. 用高低阻抗线实现电感、电容

特性阻抗为 Z_0、长度为 l 的微波传输线段可用 T 型等效电路表示，如图 8-47(b)所示。

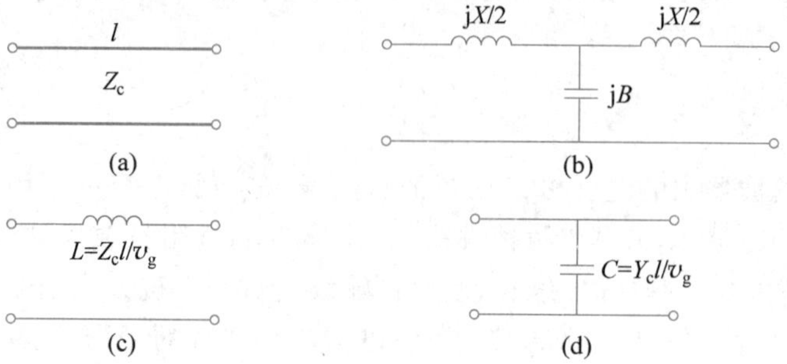

图 8-47　传输线段的等效电路

对于均匀传输线段，根据微波网络知识，其阻抗矩阵参数为

$$\begin{cases} Z_{11}=Z_{22}=-\mathrm{j}Z_{\mathrm{c}}\cot(\beta l) \\ Z_{21}=Z_{12}=-\mathrm{j}Z_{\mathrm{c}}\csc(\beta l) \end{cases} \tag{8-52}$$

对于 T 型等效电路，根据微波网络知识，其阻抗矩阵参数为

$$\begin{cases} Z_{11}=Z_{22}=\mathrm{j}X/2+1/\mathrm{j}B \\ Z_{21}=Z_{12}=1/\mathrm{j}B \end{cases} \tag{8-53}$$

电路等效的充要条件是两电路的网络参数矩阵的各对应元素相等，比较式(8-52)和式(8-53)，可得

$$\begin{cases} \dfrac{X}{2}=Z_{\mathrm{c}}\tan\left(\dfrac{\beta l}{2}\right) \\ B=Y_{\mathrm{c}}\sin(\beta l) \end{cases} \tag{8-54}$$

当线长很短($l<\lambda_{\mathrm{g}}/8$)时，式(8-54)可近似为

$$\begin{cases} X\approx\omega\dfrac{Z_{\mathrm{c}}l}{v_{\mathrm{g}}} \\ B\approx\omega\dfrac{Y_{\mathrm{c}}l}{v_{\mathrm{g}}} \end{cases} \tag{8-55}$$

可见，将一段短传输线段等效为 T 型网络时，其等效串联电感和并联电容分别为

$$\begin{cases} L\approx\dfrac{Z_{\mathrm{c}}l}{v_{\mathrm{g}}} \\ C\approx\dfrac{Y_{\mathrm{c}}l}{v_{\mathrm{g}}} \end{cases} \tag{8-56}$$

对于高特性阻抗的短传输线段，式(8-56)可近似简化为

$$\begin{cases} L \approx \dfrac{Z_c l}{v_g} \\ C \approx 0 \end{cases} \tag{8-57}$$

这对应图 8-47(c)所示的电路。此时并联电容很小，可以忽略，只考虑串联电感。对于低特性阻抗的短传输线段，式(8-56)可近似简化为

$$\begin{cases} L \approx 0 \\ C \approx \dfrac{Y_c l}{v_g} \end{cases} \tag{8-58}$$

这对应于图 8-47(d)所示的电路。此时串联电感很小，可以忽略，只考虑并联电容。

由此可见，微波滤波器中的串联电感可以用高阻抗线段($Z_c=Z_h$)代替，并联电容可以用低阻抗线段($Z_c=Z_l$)代替。Z_h/Z_l 应该尽可能大，所以 Z_h 和 Z_l 的实际值通常设置成实际能做到的最高和最低特性阻抗。

例如，用高低阻抗线实现图 8-48(a)所示的低通滤波器。高低阻抗线通常可用微带线、带线和同轴线实现。对于微带线和带线，改变导带的宽度即可实现高低阻抗线，导带越窄，阻抗越大，一般可实现 120Ω 的高阻。导带越宽，阻抗越小，一般可实现 20Ω 的低阻。微带形式的高低阻抗线低通如图 8-48(c)所示。对于同轴线，在外导体直径不变的情况下，改变内导体的直径即可实现高低阻抗线，内导体直径越小，阻抗越高；内导体直径越大，阻抗越低，同轴形式的高低阻抗线低通如图 8-48(d)所示。

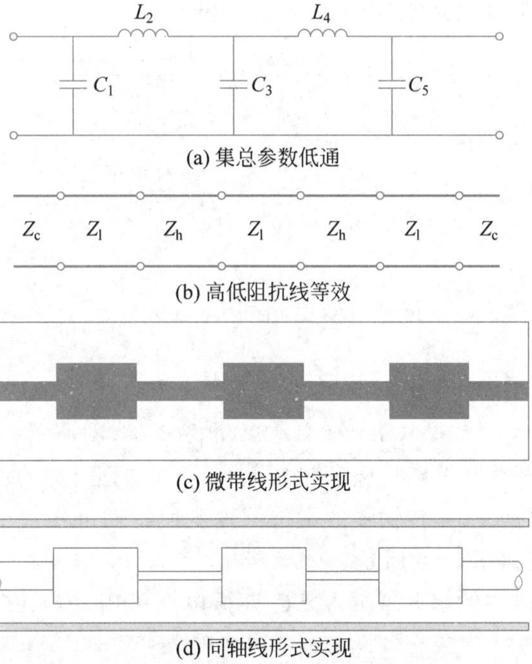

图 8-48 低通滤波器的高低阻抗线实现

3. 用传输线谐振器实现 LC 谐振电路

由第 6 章可知，用长度为 $\lambda_g/4$ 的开路和短路传输线可以实现 LC 串联和并联谐振电路，用长度为 $\lambda_g/2$ 的开路和短路传输线可以实现 LC 并联和串联谐振电路。下面分别给出其等效电路和等效参数。

先求 $\lambda_g/4$ 开路线的等效电路和等效参数，如图 8-49(a)所示。

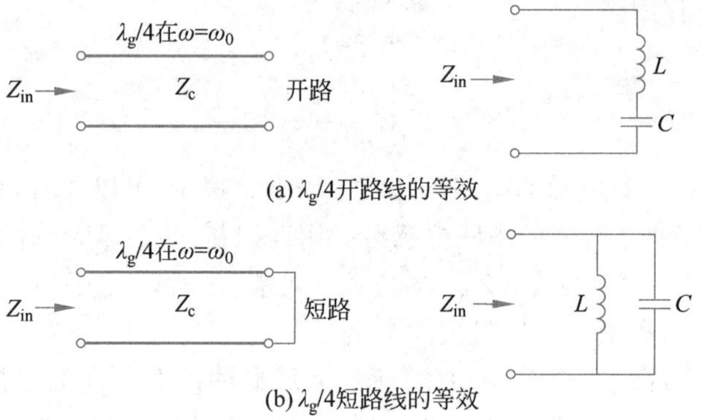

图 8-49　$\lambda_g/4$ 传输线谐振器的等效

由于特性阻抗为 Z_c 的 $\lambda_g/4$ 开路传输线的输入阻抗为

$$Z_{in}=-jZ_c\cot\theta \tag{8-59}$$

对于 $\omega=\omega_0$，有 $\theta=\pi/2$。令 $\omega=\omega_0+\Delta\omega$，其中 $\Delta\omega\ll\omega_0$，则 $\theta=\pi/2(1+\Delta\omega/\omega_0)$，所以对于在中心频率 ω_0 附近的频率，该阻抗可以近似为

$$Z_{in}=jZ_c\tan\frac{\pi\Delta\omega}{2\omega_0}\approx\frac{jZ_c\pi(\omega-\omega_0)}{2\omega_0} \tag{8-60}$$

串联 LC 电路的输入阻抗为

$$Z_{in}=j\omega L+\frac{1}{j\omega C}=j\sqrt{\frac{L}{C}}\left(\frac{\omega}{\omega_0}-\frac{\omega_0}{\omega}\right)\approx 2j\sqrt{\frac{L}{C}}\left(\frac{\omega-\omega_0}{\omega_0}\right)\approx 2jL(\omega-\omega_0) \tag{8-61}$$

式中：$LC=1/\omega_0^2$。

由式(8-60)和式(8-61)可得到等效电路的 L、C 为

$$L=\frac{\pi Z_c}{4\omega_0},\quad C=\frac{4}{\pi Z_c\omega_0} \tag{8-62}$$

同样，$\lambda_g/4$ 短路线的等效电路和等效参数如图 8-49(b)所示。

长度为 $\lambda_g/2$ 的开路和短路传输线可以看作 $\lambda_g/4$ 的开路和短路传输线再经过 $\lambda_g/4$ 传输线变换得到。根据 $\lambda_g/4$ 传输线的阻抗倒置变换特性可知，长度为 $\lambda_g/2$ 的开路和短路传输线的等效电路如图 8-50 所示。

因此，微波滤波器中的串联或并联 LC 谐振电路可用 $\lambda_g/4$ 或 $\lambda_g/2$ 开路或短路传输线实现。

电感膜片耦合的波导带通滤波器如图 8-51(a)所示，其等效电路如图 8-51(b)所示。它是采用并联电感作为阻抗倒置变换结构，而用 $\lambda_g/2$ 波导传输线作为串联谐振电路。

(a) $\lambda_g/2$开路线的等效

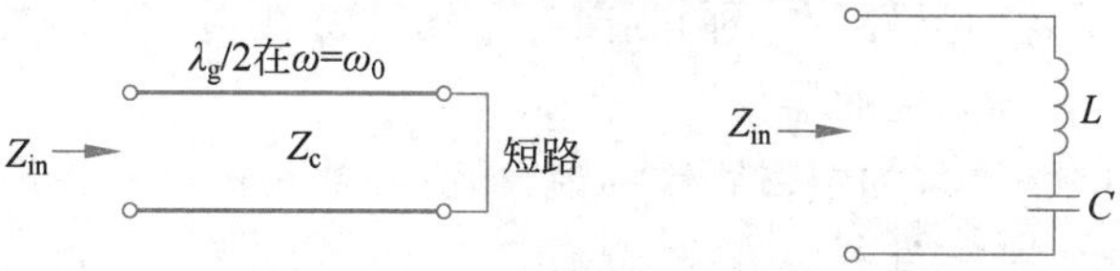

(b) $\lambda_g/2$短路线的等效

图 8-50 $\lambda_g/2$ 传输线谐振器的等效

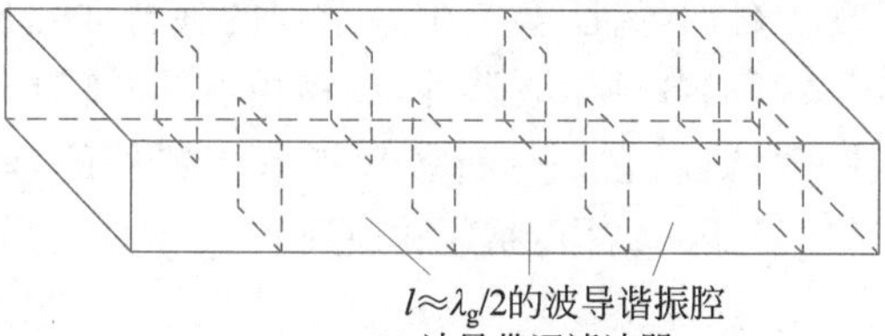

(a) 波导带通滤波器

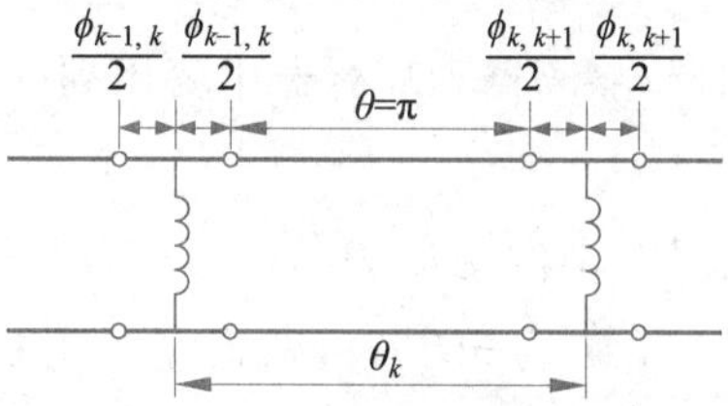

(b) 等效电路

图 8-51 波导带通滤波器

图 8-52 给出了两种由 $\lambda_g/2$ 谐振器构成的平行耦合线带通滤波器结构示意，传输线谐振器平行放置构成平行耦合线，也就构成了谐振器之间的耦合传输，两两耦合的耦合区间长度均为 $\lambda_g/4$。图 8-52(a)的每个 $\lambda_g/2$ 谐振器两端均短路，图 8-52(b)的每个 $\lambda_g/2$ 谐振器两端均开路，这两种带通滤波器可用带状线和微带线来实现，而且两端开路式的结构形式特别适合于微带电路。

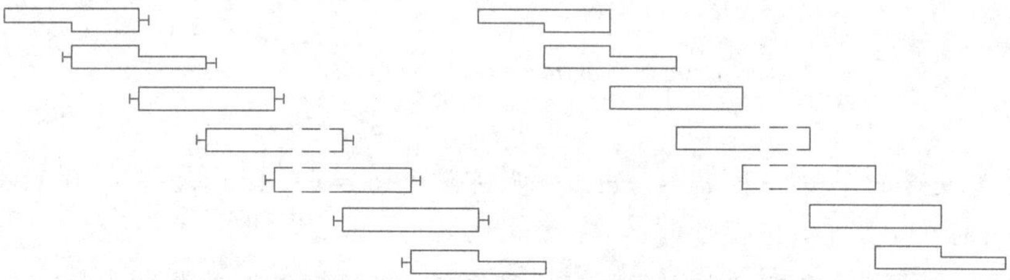

(a)　　(b)

图 8-52 由 $\lambda_g/2$ 谐振器构成的平行耦合线带通滤波器

8.6 微波铁氧体器件

前面讨论的元件和网络都是互易的。也就是说，一个器件在任何二端口 i 和 j 之间的响应与信号的方向无关(即 $S_{ij}=S_{ji}$)。由无源和各向同性材料组成的器件总是具有互易性，但是若使用了各向异性(在不同方向有不同的特性)材料，则能得到非互易特性，这有助于设计各种具有方向性的器件。

由铁氧化物和其他元素(如铝、钴、镁和镍)构成的铁氧体具有极高的电阻率($10^8\,\Omega\cdot$cm)，其微波损耗很小，损耗角正切 $\tan\delta$ 为 $10^{-3}\sim10^{-4}$，在微波波段其相对介电常数 ε_r 为 10～20，所以微波铁氧体属于高介电常数、低损耗介质材料。更为重要的是，在给铁氧体外加一恒定磁场的情况下，铁氧体被磁化，此时若再外加一合适的微波时变磁场，它对在其中传播的电磁波呈现出各向异性，会产生一系列的独特非互易效应。该效应在微波工程中有广泛应用，可用来制成各种微波器件，如移相器、隔离器、环行器等。

本节主要讨论铁氧体的特性，它是分析各种铁氧体器件的基础。在此基础上，介绍铁氧体移相器、隔离器和环行器的结构、原理和应用。

8.6.1 铁氧体的特性

这里只简单介绍在移相器、隔离器和环行器中要用到的一些特性。

1. 铁氧体的旋磁特性

在外加恒定磁场 $\boldsymbol{H}_0$ 和时变微波磁场 $\boldsymbol{H}$ 的共同作用下，铁氧体呈现出各向异性，磁导率不再是标量，而是张量。当 $\boldsymbol{H}_0=\hat{z}\boldsymbol{H}_0$ 时，磁感应强度 $\boldsymbol{B}$ 与 $\boldsymbol{H}$ 之间的关系可表示为

$$\begin{bmatrix}B_x\\B_y\\B_z\end{bmatrix}=\mu_0\bar{\bar{\boldsymbol{\mu}}}_r\begin{bmatrix}H_x\\H_y\\H_z\end{bmatrix}\tag{8-63}$$

式中：$\bar{\bar{\boldsymbol{\mu}}}_r$ 为相对磁导率，它是张量，可用 3×3 矩阵表示，即

$$\bar{\bar{\boldsymbol{\mu}}}_r=\begin{bmatrix}\mu & j\kappa & 0\\-j\kappa & \mu & 0\\0 & 0 & 1\end{bmatrix}\tag{8-64}$$

式中

$$\mu=1+\frac{\omega_0\omega_m}{\omega_0^2-\omega^2},\quad \kappa=\frac{\omega\omega_m}{\omega_0^2-\omega^2}\tag{8-65}$$

式中：ω_0 为铁磁谐振角频率，$\omega_0=\gamma H_0$，γ 为旋磁比，$\gamma=(1/4\pi)\times2.8\times10^3\,\text{Hz/(A/m)}$；$\omega_m=\gamma M_0$，$M_0$ 为直流磁化强度值。

由式(8-63)可知，在外加恒定磁场 $\boldsymbol{H}_0$ 和微波时变磁场 $\boldsymbol{H}$ 的共同作用于铁氧体时，时变磁场相对于恒定磁场 $\boldsymbol{H}_0$ 方向垂直的横向分量 H_x 和 H_y 不仅产生与其平行的磁感应强度 B_x、B_y，同时还产生与其垂直的磁感应强度 B_y、B_x，这就是铁氧体的旋磁特性。这是其他任何具有标量磁导率的介质所不具有的特性。

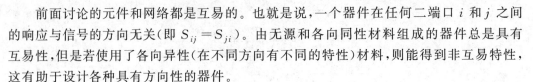

2. 圆极化波的磁导率

铁氧体的旋磁特性使得铁氧体在不同的外加磁场作用下表现出各种不同的不可逆现象,由此可构成各种各样的微波非互易器件。下面来看铁氧体在恒定磁场 $\boldsymbol{H}_0$ 加圆极化时变磁场 $\boldsymbol{H}$ 共同作用下的表现。

设 $\boldsymbol{H}$ 为圆极化磁场,即

$$\boldsymbol{H}^{\pm}=H^{\pm}(\hat{\boldsymbol{x}}\mp \mathrm{j}\hat{\boldsymbol{y}}),\quad H_z=0 \tag{8-66}$$

式中:$\boldsymbol{H}^{+}$ 为相对于 $+z$(即 $\boldsymbol{H}_0$ 的方向)的右旋圆极化场;$\boldsymbol{H}^{-}$ 为相对于 $+z$(即 $\boldsymbol{H}_0$ 的方向)的左旋圆极化场。注意:本节所提到的左、右旋圆极化场均是相对于外加恒定磁场 $\boldsymbol{H}_0$ 的方向而言的,而不是相对于时变场的传播方向而言的。将式(8-66)代入式(8-63)中,可得

$$B_x=\mu_0(\mu\boldsymbol{H}^{\pm}\pm\kappa\boldsymbol{H}^{\pm})=\mu_0(\mu\pm\kappa)\boldsymbol{H}^{\pm}=\mu_0(\mu\pm\kappa)H_x \tag{8-67a}$$

$$B_y=\mu_0(-\mathrm{j}\kappa\boldsymbol{H}^{\pm}\mp\mathrm{j}\mu\boldsymbol{H}^{\pm})=\mu_0(\mu\pm\kappa)(\mp\mathrm{j}\boldsymbol{H}^{\pm})=\mu_0(\mu\pm\kappa)H_y \tag{8-67b}$$

$$B_z=0 \tag{8-67c}$$

即

$$\boldsymbol{B}=\mu_0(\mu\pm\kappa)\boldsymbol{H}$$

这时的磁导率不是张量而又还原成标量。右旋、左旋场的相对磁导率分别为

$$\mu_{r+}=\mu+\kappa=1+\frac{\omega_m}{\omega_0-\omega} \tag{8-68a}$$

$$\mu_{r-}=\mu-\kappa=1+\frac{\omega_m}{\omega_0+\omega} \tag{8-68b}$$

μ_{r+}、μ_{r-} 随着外加恒定磁场 $H_0(\omega_0=\gamma H_0)$ 的变化曲线如图 8-53 所示。

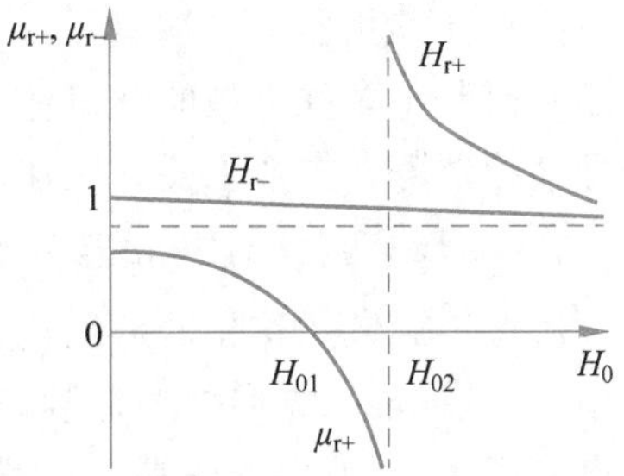

图 8-53 铁氧体的右旋、左旋波的相对磁导率

3. 铁氧体的特性

由式(8-68)和图 8-53 可以看出铁氧体具有以下特性:

(1) 在恒定磁场 $\boldsymbol{H}_0$ 加圆极化时变磁场 $\boldsymbol{H}$ 共同作用下,铁氧体磁导率不是张量而又还原成标量,但是相对于 $\boldsymbol{H}_0$ 来说的右旋、左旋圆极化场具有不同的量值 μ_{r+}、μ_{r-}。左旋圆极化场的磁导率 $\mu_{r-}>1$,并随恒定磁场 $\boldsymbol{H}_0$ 的变化很小;右旋圆极化场的磁导率 μ_{r+} 随恒定磁场 $\boldsymbol{H}_0$ 的变化很大。可见,在恒定磁场 $\boldsymbol{H}_0$ 加圆极化时变磁场 $\boldsymbol{H}$ 共同作用下,铁氧体是非线性各向异性磁性材料。

(2) 当微波时变场的角频率 ω 与铁氧体的进动角频率 ω_0 相等时,μ_{r+} 为无穷大,这一现象称为铁磁谐振。铁磁谐振现象是具有张量磁导率的铁氧体的又一重要特性。利用此特性,可以让铁氧体材料对通过它的左、右旋圆极化波分别产生不同的能量吸收效应,从而构成单向器件,如谐振式隔离器。

(3) 一个线极化波可以分解成幅度相等的左旋圆极化波和右旋圆极化波的叠加。当一个线极化波沿$+\boldsymbol{H}_0$或$-\boldsymbol{H}_0$方向传输(即通过铁氧体的微波传播方向与施加于铁氧体的恒定磁场方向平行,称为"纵场"工作方式),由于左、右圆极化波的磁导率不同,使得两个圆极化波的传播速度、传播常数也不同,则线极化波在铁氧体内传播一段距离后,其合成波仍为线极化波,但其极化面相对于起始极化面已旋转了一个角度,即合成波的极化面在传播过程中不断地以$\boldsymbol{H}_0$为轴旋转前进。这就是法拉第效应。具体地说,在低$\boldsymbol{H}_0$区域,由于$\mu_{r+}<\mu_{r-}$,故$v_+>v_-$,$\beta_+<\beta_-$,当两种极化经过相同距离l后,右旋圆极化波的转角$\theta_+=\omega t-\beta_+ l+\varphi$,左旋圆极化波的转角$\theta_-=-(\omega t-\beta_- l+\varphi)$,由于$\beta_+ l<\beta_- l$,因此合成波的极化面相对于初始极化面右转了一个角度。在高$\boldsymbol{H}_0$区域,由于$\mu_{r+}>\mu_{r-}$,故$v_+<v_-$,$\beta_+>\beta_-$,当两种极化经过相同距离l后,合成波的极化面相对于初始极化面左转了一个角度。注意:在低$\boldsymbol{H}_0$时极化面相对于$\boldsymbol{H}_0$方向右旋;在高$\boldsymbol{H}_0$时极化面相对于$\boldsymbol{H}_0$方向左旋;极化面的旋转方向与波的传播方向无关,只与$\boldsymbol{H}_0$方向的方向有关。由此特性可构成移相器、隔离器。

(4) 当外加恒定磁场$\boldsymbol{H}_0$的值选在$\boldsymbol{H}_{01}\sim\boldsymbol{H}_{02}$之间时,左旋圆极化波的磁导率$\mu_{r-}>1$,而右旋圆极化波的磁导率$\mu_{r+}<0$,因此铁氧体对右旋圆极化场有"排斥"作用,对左旋圆极化场有"吸收"作用,使得铁氧体周围对右旋圆极化波和左旋圆极化波的场有不同的分布。这就是铁氧体的场移效应。利用该效应可以构成隔离器。

在了解电磁波在外加恒定磁场的铁氧体中的传播特性后,就可以分析微波铁氧体器件。下面简单介绍铁氧体移相器、隔离器和环行器的结构、工作原理和应用。

8.6.2 铁氧体移相器

铁氧体移相器是二端口器件,它通过改变铁氧体的恒定磁场来提供可变的相移。人们已经研制出多种类型的铁氧体移相器,如法拉第旋转式移相器、H 面波导移相器、锁式波导移相器等。本节主要介绍法拉第旋转式移相器。

1. 法拉第旋转式移相器的结构

法拉第旋转式移相器的结构如图 8-54 所示,其中间段为圆波导,铁氧体棒置于圆波导中心,沿棒轴线方向外加低静态磁场$\boldsymbol{H}_0$的偏置,$\boldsymbol{H}_0$由绕在圆波导外侧的线圈中的直流电流产生,圆波导的两端内放置有$\lambda_p/4$长的介质片,并通过一段矩—圆过渡段与矩形波导相接。可见,法拉第旋转式移相器中的静态磁场$\boldsymbol{H}_0$的方向与微波传播方向平行,此类器件称为"纵场器件"。

2. 法拉第旋转式移相器的工作原理

设TE_{10}波从左端矩形波导输入,经过矩—圆过渡后变换为圆波导的TE_{11}模。随后,与电场矢量成45°角的$\lambda_p/4$介质片使得与介质片平行和垂直的场分量之间出现90°相移,从而将原来的线极化波转换成右旋圆极化波(RHCP),相对于图中$\boldsymbol{H}_0$来说也是右旋的,由于$\boldsymbol{H}_0$选择低场区,由图 8-53 可见,此时μ_{r+}较小,v_+较大,β_+较小,通过长度为l铁氧体后所产生的相移量$\beta_+ l$较小,再经过$\lambda_p/4$介质片后变成线极化波输出。设TE_{10}波从右端矩形波导输入,经$\lambda_p/4$介质片后变成相对于传播方向来说为右旋的圆极

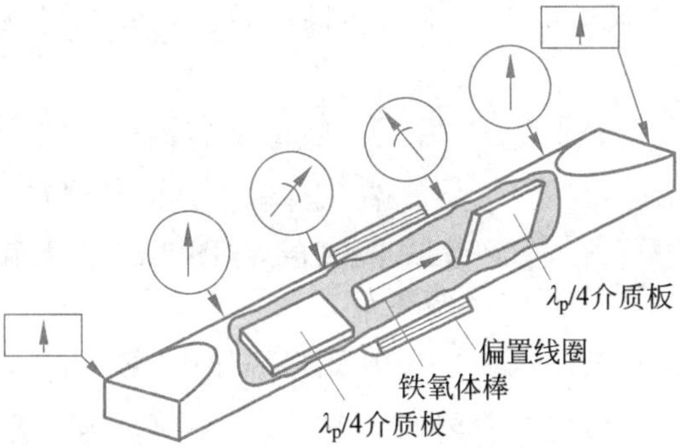

图 8-54　法拉第旋转式移相器的结构

化波，但此时相对于 $\boldsymbol{H}_0$ 来说为左旋，由图 8-53 可见，μ_{r-} 较大，v_- 较小，β_- 较大，通过铁氧体后所产生的相移量 $\beta_- l$ 较大，再经过 $\lambda_p/4$ 介质片后变成线极化波输出。由此可见，正、反方向传播时波的相移特性是不同的，即相移是非互易的。改变线圈中电流的大小可改变偏置场的大小，从而改变移相量的大小。由于该移相器的相移量取决于正、反两方向插入相位的差值，故又称为差移相器。

3. 法拉第旋转式移相器的应用

在测试和测量系统中会用到移相器，最为重要的应用是在相控阵天线中，相控阵天线的波束指向可通过电控移相器来实现。虽然基于 PIN 二极管的集成移相器有更小的体积，但铁氧体移相器价格低、功率容量大，在有些系统中处于优势。

8.6.3　铁氧体隔离器

1. 隔离器的特性

隔离器是最常用的铁氧体器件之一，它是有单向传输特性的二端口器件，如图 8-55 所示。理想隔离器的 $\boldsymbol{S}$ 矩阵的形式为

$$\boldsymbol{S}=\begin{bmatrix}0 & 0\\1 & 0\end{bmatrix} \tag{8-69}$$

图 8-55　隔离器网络

理想隔离器具有以下特性：

(1) 两个端口都是匹配的，即 $S_{11}=S_{22}=0$；

(2) 端口 1 到端口 2 方向(正向)无衰减传输，即 $S_{21}=1$；

(3) 端口 2 到端口 1 方向(反向)完全隔离，衰减无限大，即 $S_{12}=0$。

可见，隔离器是非互易单向性器件，用"→"表示传输方向。

实际隔离器不可能完全满足以上特性，通常用下列参数来描述其性能：

(1) 驻波比：两个端口不是完全匹配的，总有反射，描述反射大小，一般小于 1.5。

(2) 插入损耗：端口 1 到端口 2 的正向传输有很小衰减，描述衰减大小，一般只有 0.5dB。

(3) 隔离度：端口 2 到端口 1 的反向传输有较大的衰减，描述隔离程度，一般达到 20～30dB。

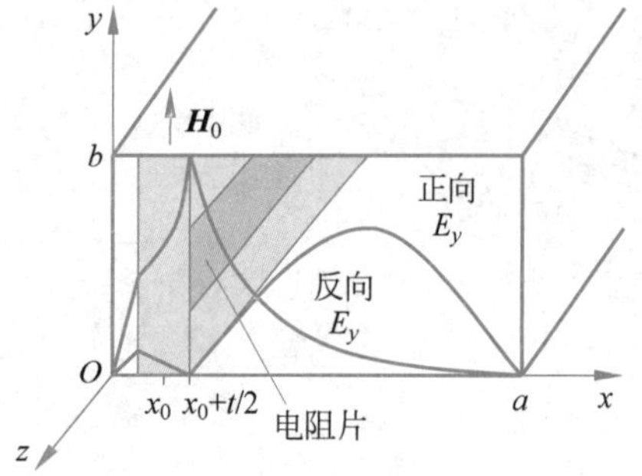

图 8-56　场移式隔离器的结构和电场分布

2. 隔离器的工作原理

铁氧体隔离器的类型有多种，如谐振隔离器、场移式隔离器等，图 8-56 为场移式隔离器的结构和电场分布。

在矩形波导中，靠近波导窄壁（yOz 面）的某一适当位置 x_0 处放置一定长度且两端呈尖劈状（匹配用，减少反射）厚度为 t（一般 $t=a/10$）的铁氧体薄片，它的表面与波导窄壁平行，表面上涂覆了一层能吸收电磁波能量的电阻性材料（如石墨、镍铬合金等）。波导外部有一永久磁铁，它产生的恒定磁场 $\boldsymbol{H}_0$ 垂直于波导宽壁（xOz 面）。场移式隔离器的工作原理如下：

对于 $+z$ 方向传播的 TE_{10} 波，有

$$H_x=\frac{\beta}{\mu}\frac{\pi}{a}\sin\left(\frac{\pi}{a}x\right)\mathrm{e}^{\mathrm{j}\omega t}$$

$$H_z=\mathrm{j}\frac{\pi^2}{\mu a^2}\cos\left(\frac{\pi}{a}x\right)\mathrm{e}^{\mathrm{j}\omega t} \tag{8-70}$$

当 H_x 和 H_z 振幅相等时(即圆极化点)，解出 x_0 为

$$x_0=\frac{a}{\pi}\mathrm{arctg}\frac{\pi}{\beta a} \tag{8-71}$$

因此，在靠近波导窄壁 x_0 处，对于正向（$+z$ 方向）传播的 TE_{10} 波，H_x 和 H_z 幅度相等，相位差 $\pi/2$，即 $\boldsymbol{H}^+=\boldsymbol{H}^+(\hat{\boldsymbol{x}}+\mathrm{j}\hat{\boldsymbol{z}})$，相对于恒定磁场 $\boldsymbol{H}_0=\hat{\boldsymbol{y}}H_0$ 而言，此时磁场为右旋圆极化波。由图 8-53 可知，此时铁氧体呈现的磁导率为 $\mu_{\mathrm{r}+}$，在特定恒定磁场情况下（$H_{01}<H_0<H_{02}$），$\mu_{\mathrm{r}+}<0$，右旋圆极化波被“排斥”于铁氧体之外，绝大部分 TE_{10} 波集中在矩形波导的空气介质中传播，电场分布如图 8-56 所示。而且在有吸波材料的表面上，电场强度的幅度等于零，因此正向波的衰减很小，故正向波几乎无衰减地通过隔离器。

对于反向（$-z$ 方向）传播的 TE_{10} 波，同样的道理，在靠近波导窄壁 x_0 处，有 $\boldsymbol{H}^-=H^-(\hat{\boldsymbol{x}}-\mathrm{j}\hat{\boldsymbol{z}})$，相对于恒定磁场 $\boldsymbol{H}_0=\hat{\boldsymbol{y}}H_0$ 而言，此时磁场为左旋圆极化。由图 8-53 可知，此时铁氧体呈现的磁导率为 $\mu_{\mathrm{r}-}$，$\mu_{\mathrm{r}-}>1$，左旋圆极化波被“吸收”到铁氧体之内，绝大部分 TE_{10} 波集中在铁氧体薄片处。并且在有吸波材料的表面上，电场强度的幅度最大，绝大部分反向波能量被该电阻片吸收，因此对反向波的衰减很大。

可见，在铁氧体加载的波导中，正向波和反向波的磁导率不同，导致电场分布不同，呈现场移效应。在铁氧体片表面正向波电场有一个零点，而反向波有一个峰值，致使正向波基本不受影响，而反向波受到较大衰减，表现出非互易性。这种隔离器称为场移式隔离器。

3. 隔离器的应用

在微波系统中,信号源与传输线、传输线与负载都不一定匹配,它们的失配都会产生向信号源方向传播的反射波,使信号源工作不稳定。解决这个问题的方法是在信号源与传输线间插入一个具有单向传输特性的隔离器或环行器,让信号源输出的功率几乎无衰减地通过,而沿传输线回来的反射波功率几乎全部被吸收,如图 8-57 所示。

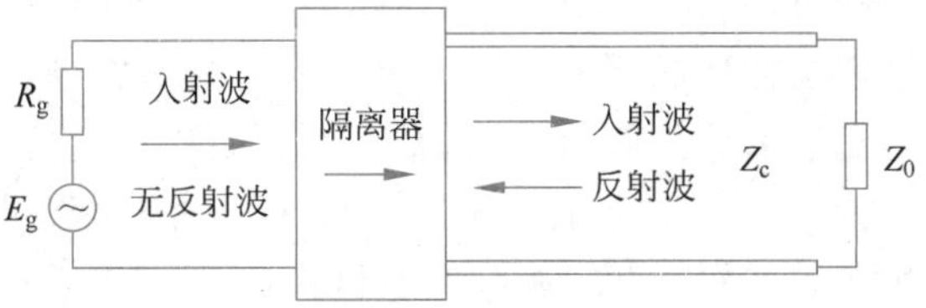

图 8-57　隔离器的应用

8.6.4　铁氧体环行器

1. 环行器的特性

环行器是三端口器件,如图 8-58 所示。

图 8-58(a)所示的理想顺时针环行器的散射矩阵为

$$\boldsymbol{S}=\begin{bmatrix}0&0&1\\1&0&0\\0&1&0\end{bmatrix}\tag{8-72}$$

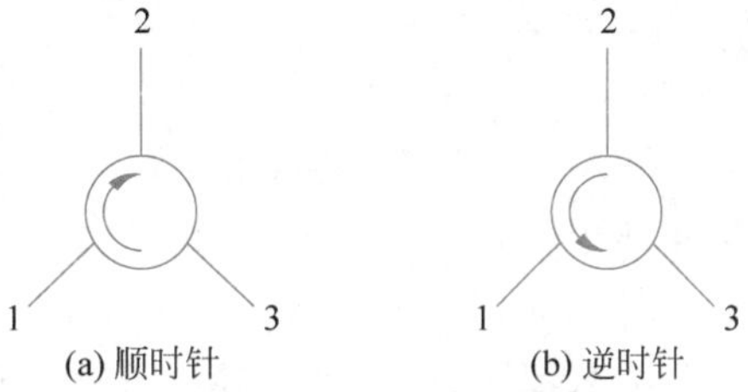

图 8-58　两种类型的环行器

可以看出顺时针环行器具有的特性：当电磁能量从端口 1 输入时,只有端口 2 有输出,端口 3 无输出；当电磁能量从端口 2 输入时,只有端口 3 有输出,端口 1 无输出；当电磁能量从端口 3 输入时,只有端口 1 有输出,端口 2 无输出。这个特性简述成电磁能量按 1→2→3→1 的顺序环流。

若将上述环行器中 $\boldsymbol{H}_0$ 反向,则得到逆时针环行器,如图 8-58(b)所示,电磁能量将按 1→3→2→1 的顺序环流,对应的散射矩阵为

$$\boldsymbol{S}=\begin{bmatrix}0&1&0\\0&0&1\\1&0&0\end{bmatrix}\tag{8-73}$$

2. Y 形结环行器

1) 环行器的结构

环行器也是一种填充有磁化铁氧体材料的非互易元件。目前用得最多的是对称 Y 形结环形器,与端口相连的传输线可以是矩形波导,也可以是带状线。图 8-59 是矩形波导型对称 Y 形结环行器,Y 形波导结由三根尺寸完全相同的矩形波导互成 120°配置而成,结中心放置一块铁氧体圆柱,并在其中心轴线方向上加有外加恒定磁场 $\boldsymbol{H}_0$,使铁氧体磁化。$\boldsymbol{H}_0$ 的值一般选图 8-53 中 $H_{01}\sim H_{02}$ 的某个值。

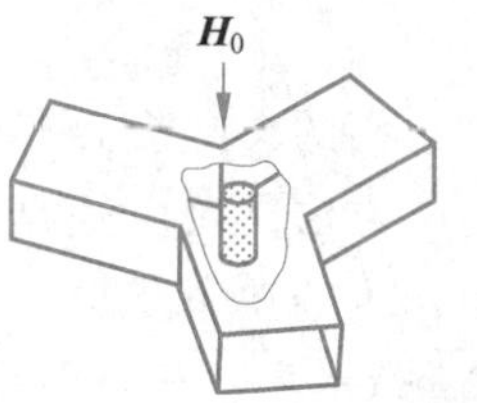

图 8-59 波导型对称 Y 形结环行器

2）环行器的工作原理

下面以图 8-59 所示环行器为例来说明环行器的工作原理。

当 TE_{10} 波从端口 1 输入时，只要对称 Y 形结中心放置的铁氧体圆柱直径合适，就可使它处于端口 2、端口 3 对应波导的圆极化磁场处。由于 $\boldsymbol{H}_0$ 的值是图 8-53 中 $H_{01}\sim H_{02}$ 的某个值，由该图可知 $\mu_+<0,\mu_->1$。如果 $\boldsymbol{H}_0$ 的方向使端口 2 对应波导磁化铁氧体处的圆极化磁场为反旋圆极化磁场，则端口 3 对应波导磁化铁氧体处圆极化磁场必为正旋圆极化磁场。考虑到 $\mu_+<0$，$\mu_->1$，显然从端口 1 传来的 TE_{10} 波电磁能量向端口 2 对应的波导集中，而端口 3 对应波导的磁化铁氧体也把传过来的 TE_{10} 波电磁能量排斥到端口 2 对应的波导中，于是从端口 1 输入的 TE_{10} 波从端口 2 输出，端口 3 基本上无输出。根据同样的分析可知：当 TE_{10} 波从端口 2 输入时，端口 3 有输出，端口 1 无输出；当 TE_{10} 波从端口 3 输入时，端口 1 有输出，端口 2 无输出。

由上面所述环行器工作原理可知，它与场移式隔离器一样，都是利用低外加恒定磁场磁化铁氧体的场移性质工作的。

3. 环行器的应用

1）环行器作为收发共用天线

在微波工程中，环行器也有广泛的应用。图 8-60 是环行器在雷达中作为收发共用天线的一种典型应用。由图可知，发射机送过来的大功率微波信号进入环行器端口 1，经环行器端口 2 送到天线辐射出去，而不会经端口 3 进入接收机；天线接收到目标反射回来的微弱信号，进入环行器端口 2，经环行器从端口 3 送入接收机，而不会经端口 1 进入发射机。在这里环行器起到了收、发隔离的作用，使发射机和接收机互不干扰地同时工作。

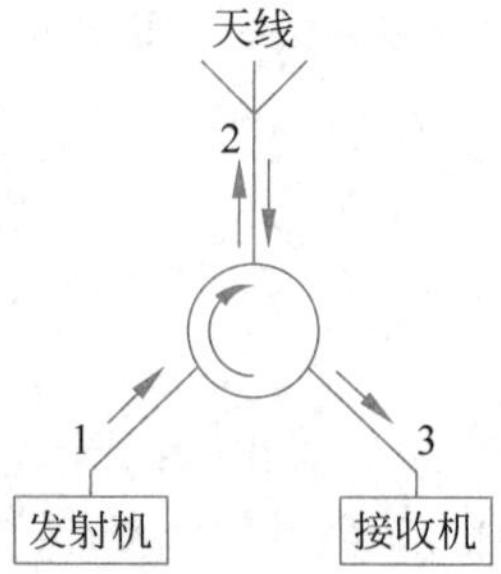

图 8-60 环行器在雷达中的应用

2）环行器作为隔离器

环行器也可作隔离器用，这时只需在任意一个端口上接匹配负载，就构成了一个二端口非互易性隔离器。

3）环行器作为单刀双掷开关

大多数环行器采用永磁作为偏置场，若采用电磁铁，则它可以用电的方法快速改变偏置场 $\boldsymbol{H}_0$ 的方向。假设开始是顺时针环行器，从端口 1 输入的功率从端口 2 输出，端口 3 无输出。改变电磁铁状态，从而改变偏置场 $\boldsymbol{H}_0$ 的方向，环行器变为逆时针，从端口 1 输入的功率从端口 3 输出，端口 2 无输出，从而起到单刀双掷开关的作用。

最后应当指出，隔离器和环行器都是具有单向传输特性的非互易性微波元件，使用时一定要注意器件上所标出的功率传输方向，按所标出的功率传输方向将其接入系统中，系统才能正常工作。

思考题

8-1 简要说明定向耦合器为什么会有方向性；在工作于 TE_{10} 模的矩形波导中，若在主、副波导的公共窄壁上开一小圆孔，能否构成一个定向耦合器；波导双孔定向耦合器的基本工作原理。

8-2 在场移式隔离器中，若把外加恒定磁场的方向改为与原来相反的方向，则隔离性能有什么变化；若外加恒定磁场的方向不变，但把铁氧体片移到波导另一窄壁附近的相应位置处后，则隔离性能又有什么变化？

8-3 一个"魔T型接头"，在端口1接匹配负载，端口2内置以短路活塞，当信号从端口3(H臂)输入时，端口3与端口4(E臂)的隔离度如何？

8-4 一个空气填充的谐振腔，谐振波长为 λ_0，谐振频率为 f_0，设腔体尺寸不变，当腔中全填充相对介电常数为 ε_r 的介质时，试问：λ_0 和 f_0 如何变化？若要求 f_0 不变，λ_0 如何变化？

8-5 微波谐振腔的基本参量有哪些？这些参量与低频集总参数谐振回路的参量有何异同？

8-6 将一段 $\lambda/2$ 长的工作于 TEM 模式的同轴线两端短路时，储存电能的时间平均值与储存磁能的时间平均值是否相等？

8-7 试解释为什么在矩形谐振腔中 TE_{mnp} 的 p 值不能为零，而 TM_{mnp} 模的 p 值可以为零。

练习题

8-1 有一个已匹配的矩形波导，长边 $a=24\text{mm}$，$b=10\text{mm}$，在其中某处插入容性膜片，设其归一化电纳值为 $\boldsymbol{Y}=\text{j}3$，试求：

(1) 该膜片处的反射系数的模值？

(2) 在什么位置再插入一相同膜片，可以恢复匹配？

8-2 一微带三端口功率分配器，$Z_c=50\Omega$，要求端口2和端口3输出的功率之比 $P_2/P_3=1/2$，试计算 Z_{c2}、Z_{c3} 及隔离电阻 R。

8-3 E-T型接头分支的2端口接短路活塞，如题8-3图所示，短路活塞与对称中心面的距离 L 分别为多少时，端口3负载可得到最大功率或得不到功率？

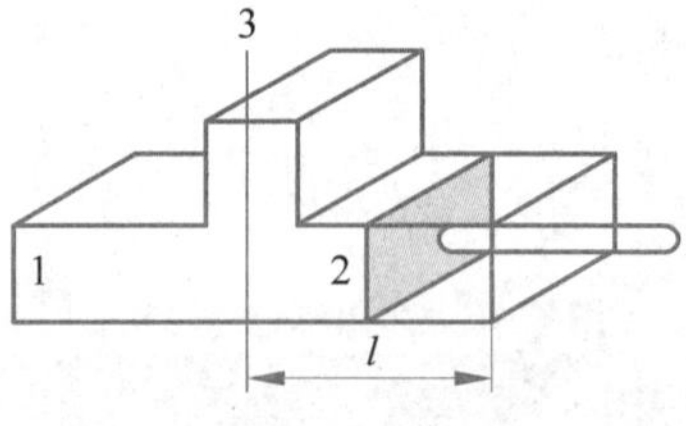

题 8-3 图

8-4 两个相同的90°耦合器($C=8.34\text{dB}$)，如题8-4图所示，试求端口2′和端口3′相对于端口 1 的相位和幅度。

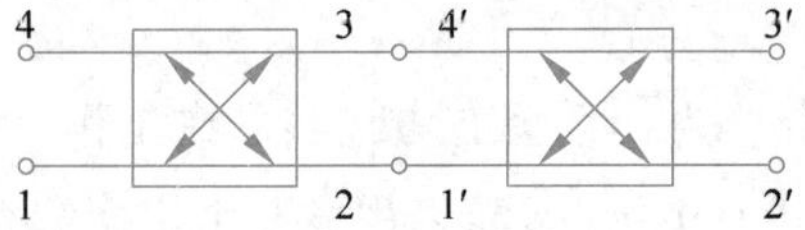

题 8-4 图

8-5　同轴线两端均接感抗 X_L，若等效为一个两端短路的同轴谐振腔，则此同轴线的长度如何确定？

8-6　2W 的功率源接到定向耦合器的输入端，该耦合器的 $C=20\text{dB}$，$D=25\text{dB}$，插入损耗为 0.7dB。求在直通端、耦合端和隔离端的输出功率。（假设所有端口是匹配的）

8-7　空气填充的矩形波导腔尺寸为 $a=6\text{cm}$，$b=3\text{cm}$，$l=8\text{cm}$，求 TE_{101} 和 TE_{102} 模的谐振波长。

8-8　空气填充的矩形谐振腔，前三个谐振模式分别在频率 5.2GHz、6.5GHz 和 7.2GHz 处，求该腔体的尺寸。

8-9　设计 TM_{010} 模式的圆柱形谐振腔，谐振波长为 3cm，求单模振荡下的腔体尺寸。

8-10　已知三臂环行器的散射矩阵为

$$\boldsymbol{S}=\begin{bmatrix}0 & 0 & 1\\ 1 & 0 & 0\\ 0 & 1 & 0\end{bmatrix}$$

当端口 2、3 均接反射系数为 Γ_1 的负载时，试求端口 1 的反射系数。

天线原理相关资源下载（动画、CST模型）

第9章 天线基础

第 4 章介绍了平面电磁波传播的有关内容，了解了电磁波在特定媒质中的传播特性。但是，在实际工作中如何产生可以传播的空间电磁波呢？实际辐射的电磁波与前面所学的平面电磁波有何联系与区别呢？这就是本章要研究的内容——天线。

天线将电路中的高频振荡电流或馈线上的导行波有效地转变为某种极化的空间电磁波，并保证电磁波按所需的方向传播（发射天线），或将来自空间特定方向的某种极化的电磁波有效地转变为电路中的高频振荡电流或馈线上的导行波（接收天线）。可见，天线是可以辐射或接收无线电波的装置，它是无线电设备射频前端的重要组件。

天线的研究主要集中在两个问题：一是如何实现自由空间传播的电磁能量与无线电设备中的高频电流（或电磁场）能量的相互转换，并使这种转换的效率尽可能高。例如，对于发射机而言，可以将发射天线看成发射机的一个负载，要使发射机输出的电磁能量尽可能变成电磁波辐射出去，就必须使尽可能多的能量落到“负载”（天线）上。由电路的基本理论可知，必须使发射机的输出阻抗与天线的输入阻抗匹配。因此，必须研究天线的输入阻抗特性。就实际应用而言，无线电设备往往是在一定的频率范围内工作的，所以还需要研究天线的阻抗随频率的变化特性。二是天线的方向特性。它是指根据无线电设备的实际要求，将天线的辐射能量集中在空间的某一特定区域内，如手机天线、相控阵天线等。为此，人们建立了一套电参数来精确地描述天线的方向特性。

天线的诞生可以追溯到 19 世纪 80 年代中后期赫兹验证无线电波存在的实验。如果用目前的技术概念来表述，赫兹的实验系统可以视作米波频段无线电收发系统，如图 9-1 所示，发射天线是采用大小铜球及铜杆组成的电火花发生器，接收天线由一个开口线圈和开口处的两个小铜球组成。20 世纪初，马可尼在赫兹实验系统的基础上添加了调谐电路，并建成了工作波长很长的大型天线系统，成功地完成了横跨大西洋的无线电报试验，“天线”一词正式诞生。之后的一百多年，随着无线电技术的发展，天线的工程应用已经从早期的无线电报、航海通信逐渐扩展到民用、军事应用的众多环节。在遨游太空的卫星上，在飞机、船舶的通信设备中，在办公室的无线局域计算机网络设备里，在移动通信手机上，在用于目标探测的雷达中，在航行于水下的潜艇上，天线几乎无处不在，人们的生活空间弥漫着各种天线辐射的电磁波。天线的理论与工程研究越来越深入。

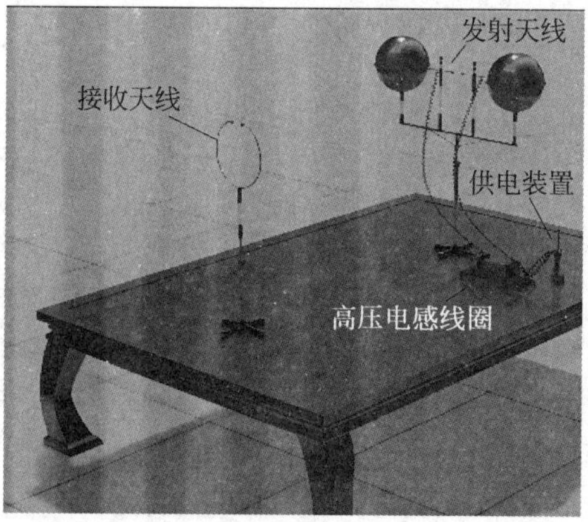

图 9-1　电磁波验证装置

作为天线理论研究与工程应用的基础，本章介绍天线的基本概念、基本原理和基本分析方法。

9.1 基本电振子

时变电流和时变电荷是产生辐射电磁波的源。天线的辐射问题归根结底就是由天线上分布的时变电流或电荷求解空间中的辐射场。如图 9-2 所示，以时变电荷为例，简谐运动的电荷之所以会产生向外辐射的电磁波，是因为电荷按照简谐规律变加速运动时，它周围的电场线需要随之调整以适应电荷的新位置和运动，这会导致电场线“变形”和“扩张”，电场线的变化则以光速从运动电荷处传播出去，而变化的电场会产生变化的磁场，变化的磁场也会产生变化的电场，这些场中的自维持振荡就导致了电磁波的产生和传播。

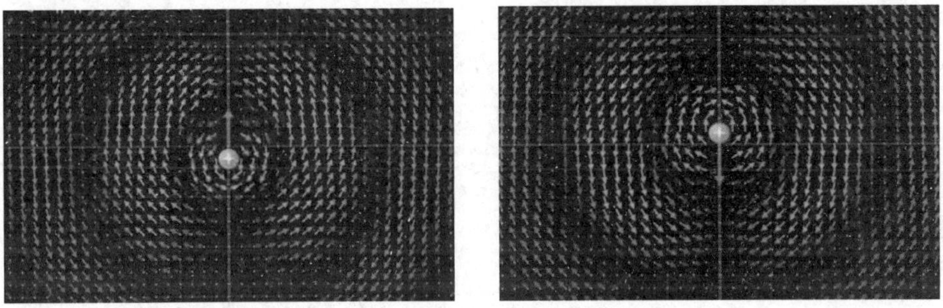

图 9-2　时变电荷产生电磁波的示意图

本节介绍一种最简单的源分布对应的天线——基本电振子。

9.1.1 基本电振子的概念和场解

1. 基本电振子的概念

长度 l 远小于工作波长 λ、等幅同相的正弦电流 i 称为基本电振子，也称基本电流元，如图 9-3 所示。

任何一个线天线上的源分布都可以看成由许多基本电振子按一定的结构形式拼接而成的，即“微积分”思想。分析天线时先将其复杂的电流分布通过“求微”变成简单的基本振子问题，再通过叠加原理“求积”，将基本振子产生的场进行矢量叠加，就可得到整个天线的辐射特性。

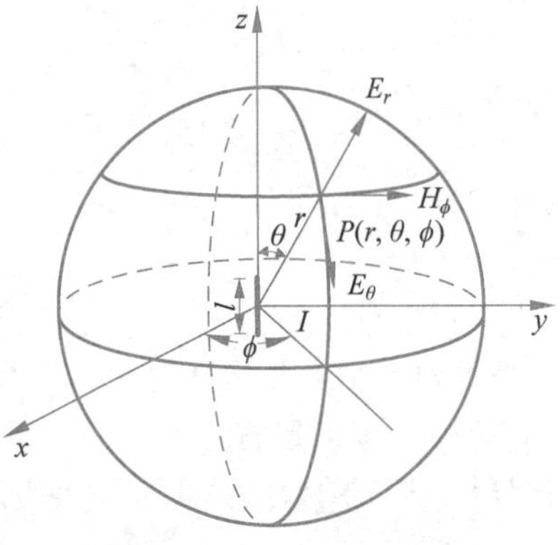

图 9-3　基本电流元

基本电振子的定义表明它只是一个理想的概念。因为客观上并不存在末端电流不为零的物体，等幅同相的孤立电流元是不存在的。另外，假设电流为正弦电流，也是为了分析方便。虽然时变电流并不一定都按正弦规律变化，但可以通过傅里叶变换分解为若干正弦电流的叠加，所以具有任意时变电流分布的线天线最终可以分解为基本电振子的组合。

2. 基本电振子的场解

为分析方便，在自由空间中取如图 9-3 所示的坐标系，其中 $\hat{\boldsymbol{x}}$、$\hat{\boldsymbol{y}}$、$\hat{\boldsymbol{z}}$ 和 $\hat{\boldsymbol{r}}$、$\hat{\boldsymbol{\theta}}$、$\hat{\boldsymbol{\phi}}$ 分别为直角坐标系和球坐标系中的单位矢量，且 $\hat{\boldsymbol{z}}=\hat{\boldsymbol{r}}\cos\theta-\hat{\boldsymbol{\theta}}\sin\theta$。将长度为 l、横截面积为 $\mathrm{d}s'$、体积 $V=l\mathrm{d}s'$、载有时谐电流 $i=I\mathrm{e}^{\mathrm{j}\omega t}$ 的基本电振子沿 $+z$ 轴方向放置，其中点置于坐标原点处。应用第 3 章介绍的矢量位知识，可知该电流产生的磁场为

$$\boldsymbol{H}(\boldsymbol{r})=\frac{1}{4\pi}\nabla\times\iiint_V\frac{\boldsymbol{J}(\boldsymbol{r}')\mathrm{e}^{-\mathrm{j}k|\boldsymbol{r}-\boldsymbol{r}'|}}{|\boldsymbol{r}-\boldsymbol{r}'|}\mathrm{d}v' \tag{9-1}$$

式中：$\boldsymbol{r}'$为基本电振子上源点对应的位置矢径；$\boldsymbol{r}$ 为场点 P 的位置矢径；k 为传播常数，$k=\omega\sqrt{\mu_0\varepsilon_0}$。

由于基本电振子的长度 $l\ll\lambda$，所以，可认为$\boldsymbol{r}'$，$|\boldsymbol{r}-\boldsymbol{r}'|\approx r$，同时，有

$$\boldsymbol{J}(\boldsymbol{r}')\mathrm{d}v'=(\hat{\boldsymbol{z}}I/\mathrm{d}s')\mathrm{d}l'\mathrm{d}s'=I\mathrm{d}l'\hat{\boldsymbol{z}}$$

式(9-1)中的体积分可改写为

$$\iiint_V\frac{\boldsymbol{J}(\boldsymbol{r}')\mathrm{e}^{-\mathrm{j}k|\boldsymbol{r}-\boldsymbol{r}'|}}{|\boldsymbol{r}-\boldsymbol{r}'|}\mathrm{d}v'\approx\hat{\boldsymbol{z}}\,\frac{I\mathrm{e}^{-\mathrm{j}kr}}{r}\int_l\mathrm{d}l'=\hat{\boldsymbol{z}}\,\frac{Il\mathrm{e}^{-\mathrm{j}kr}}{r} \tag{9-2}$$

将式(9-2)代入式(9-1)，可得

$$\boldsymbol{H}(\boldsymbol{r})=\frac{1}{4\pi}Il\,\nabla\times\left(\hat{\boldsymbol{z}}\,\frac{\mathrm{e}^{-\mathrm{j}kr}}{r}\right)=\hat{\boldsymbol{\phi}}\,\frac{Il\sin\theta}{4\pi}\left(\frac{\mathrm{j}k}{r}+\frac{1}{r^2}\right)\mathrm{e}^{-\mathrm{j}kr} \tag{9-3}$$

将式(9-3)代入麦克斯韦方程组，可解出 $\boldsymbol{E}(\boldsymbol{r})$和 $\boldsymbol{H}(\boldsymbol{r})$的其他分量，进而得到基本电振子的空间场解为

$$\begin{cases}E_r=\dfrac{Il\cos\theta}{2\pi}\sqrt{\dfrac{\mu_0}{\varepsilon_0}}k^2\left[-\mathrm{j}\left(\dfrac{1}{kr}\right)^3+\left(\dfrac{1}{kr}\right)^2\right]\mathrm{e}^{-\mathrm{j}kr}\\ E_\theta=\dfrac{Il\sin\theta}{2\pi}\sqrt{\dfrac{\mu_0}{\varepsilon_0}}k^2\left[-\mathrm{j}\left(\dfrac{1}{kr}\right)^3+\left(\dfrac{1}{kr}\right)^2+\mathrm{j}\left(\dfrac{1}{kr}\right)\right]\mathrm{e}^{-\mathrm{j}kr}\\ H_\phi=\dfrac{Il\sin\theta}{2\pi}\sqrt{\dfrac{\mu_0}{\varepsilon_0}}k^2\left[\left(\dfrac{1}{kr}\right)^2+\mathrm{j}\left(\dfrac{1}{kr}\right)\right]\mathrm{e}^{-\mathrm{j}kr}\\ E_\phi=H_r=H_\theta=0\end{cases} \tag{9-4}$$

9.1.2 基本电振子的辐射特性

由式(9-4)可见，基本电振子的场解比较复杂，绘制出的完整电场如图 9-4 所示。为更好地分析基本电流元空间场分布的特性，必须对式(9-4)分情况进行讨论。观察式(9-4)可以发现，其中都包含 $1/kr$ 项，因此，可把整个空间按到基本电振子的远近距离划分为近区($kr\ll1$)、远区($kr\gg1$)和中间区。

1. 近区场

当 $kr\ll1$ 时，式(9-4)中的$(kr)^{-2}$ 项和$(kr)^{-3}$ 项是主要项，其他低次幂项在数值上

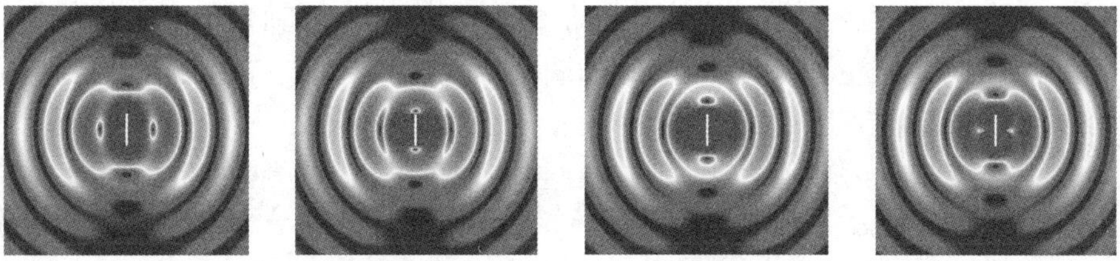

图 9-4 基本电流元的电场分布

可忽略，且 $e^{-jkr}\approx 1$，此时近区场可以化简为

$$\begin{cases} E_r=-jIl\cos\theta/(2\pi j\omega\varepsilon_0 r^3) \\ E_\theta=-jIl\sin\theta/(4\pi j\omega\varepsilon_0 r^3) \\ H_\phi=Il\sin\theta/(4\pi r^2) \end{cases} \tag{9-5}$$

通过对式(9-5)的分析可以得到如下近区场特性：

(1) 由于场解中没有波动因子项 e^{-jkr}，近区场解表示的不是波，而是一个随电流 i 的时变振动。

(2) 场幅度随距离 r 的增大按二次方或三次方迅速减小。

(3) 基本电振子近区磁场和静磁场中恒定电流在周围空间产生的磁场形式相同，电场则与静电场中电偶极子所产生的电场形式一致，这是由于基本电振子上有电荷存在，而电荷周围的场就必须满足电荷存在时的“边界条件”。

(4) 从 E 分量和 H 分量的常系数中有虚数 j 和没有 j(j 表示移相 $\pi/2$，-1 表示移相 π)，可以看出磁场分量和电场分量相位差为 $\pi/2$，平均能流密度 $\boldsymbol{S}_{av}=\mathrm{Re}(\boldsymbol{E}\times\boldsymbol{H}^*/2)=0$，这说明近区电磁场能量被场源束缚，仅在空间与基本电流元之间相互交换而不向外辐射，如同 LC 谐振回路中的无功功率，能量表现为电感存储的磁能与电容存储的电能相互转换，因此，近区场又称为“电抗场”或“束缚场”，从图 9-4 中各时刻的电场图可以看出，在基本电振子周围会一直存在此“束缚场”。

必须指出，上述性质是近似的，它是在忽略掉 $1/kr$ 的低次幂项的情况下得到的，实际上近区内仍有辐射场，只是电抗场比辐射场占有更显著的地位。

2. 远区场

当 $kr\gg 1$ 时，式(9-4)中$(kr)^{-2}$、$(kr)^{-3}$ 项与$(kr)^{-1}$ 项相比小到可以忽略不计，于是远区场仅有 E_θ 与 H_ϕ 两个分量，其表达式为

$$\begin{cases} E_\theta=j\dfrac{W_0 Il}{2\lambda r}\sin\theta e^{-jkr} \\ H_\phi=j\dfrac{Il}{2\lambda r}\sin\theta e^{-jkr} \end{cases} \tag{9-6}$$

通过对式(9-6)的分析可以得到如下远区场特性：

(1) 由于场解中包含波动因子项 e^{-jkr}，远区场解表示的是一个可以传播的电磁波。由于等相位面是以 r 为半径的球面，辐射场是球面波。

(2) 场量幅度正比于 $1/r$，这是由于能量的以球面扩散引起的。

(3) $\boldsymbol{E}$（只剩 E_θ 分量）、$\boldsymbol{H}$（只剩 H_ϕ 分量）与波传播方向 $\hat{\boldsymbol{r}}$ 三者两两正交，构成右手螺旋关系，因此辐射场是 TEM 波。

(4) E_θ 与 H_ϕ 同相，幅度之比等于自由空间波阻抗 η_0。这是因为 $\boldsymbol{E}$ 和 $\boldsymbol{H}$ 是完全相关的两个量，知道一个就可知道另一个，所以二者只需研究一个即可。远区的电场与磁场有如下关系

$$\boldsymbol{H}=\frac{1}{\eta_0}[\hat{\boldsymbol{r}}\times\boldsymbol{E}] \tag{9-7}$$

式中：η_0 为自由空间波阻抗，$\eta_0=\sqrt{\mu_0/\varepsilon_0}\approx377(\Omega)$。

(5) E_θ 与 H_ϕ 同相，故平均能流密度 S_{av} 为正实数，其矢量表达式为

$$\boldsymbol{S}_{\mathrm{av}}=\frac{1}{2}[\boldsymbol{E}\times\boldsymbol{H}^*]=\frac{1}{2}(E_\theta H_\phi^*)\hat{\boldsymbol{r}}=\hat{\boldsymbol{r}}\frac{\eta_0}{8}\left(\frac{Il\sin\theta}{\lambda r}\right)^2 \tag{9-8}$$

可见，电磁场能量沿矢径 $\hat{\boldsymbol{r}}$ 的方向传播而不再返回波源，故称远区场为辐射场。

(6) 方向性。由式(9-6)可知，辐射场的幅度不仅与空间距离有关，还与空间方向 θ 有关，即使在距离相同的等相位球面上，不同的空间方向上场的幅度也不同，所以辐射场是一个(幅度)非均匀的(等相位)球面波。以基本电振子为例，在一定的球面上，$\theta=0$ 或 $\theta=\pi$ 的方向上场强恒为零，没有能量辐射；$\theta=\pi/2$ 的方向上，场的振幅最大，辐射最强；$0<\theta<\pi/2$ 的方向上，场的振幅按 $\sin\theta$ 变化。这说明天线辐射的大小是与空间方向有关的。把这种"在离天线相同距离处，天线辐射场的幅度与空间方向的关系称为此天线的方向性"。一般来说，用天线的方向性函数来描述天线的方向性。在天线工程中，天线辐射场表示式中幅度项仅与方位有关的函数称为方向性函数，记为 $f(\theta,\phi)$。以基本电振子为例，由式(9-6)可知其方向性函数为

$$f(\theta,\phi)=\sin\theta$$

将天线方向性函数用图形描绘出来，称为天线的方向图。图 9-5(a)表示的是基本电振子的三维方向图，在振子轴向(θ 为 $0,\pi$)场强为零，在垂直振子轴的方向($\theta=\pi/2$)场强有最大值。天线的三维方向图比较形象，天线在整个空间的辐射分布可一目了然，但绘制烦琐。一般情况下不需要对空间每一点都仔细地研究，在天线的设计和测试中往往只采用两个主平面上的二维方向图来表征天线在整个空间的辐射情况。主平面一般是指通过天线对称轴或最大辐射方向的两个相互垂直的特殊平面，其选取方法视具体天线而异。例如，架设在地面上的线天线，习惯取与地面平行的水平面和与地面垂直的垂直面作为主平面；对于绝大多数天线，最通用的是取与电场矢量平行的 E 面和与磁场矢量平行的 H 面作主平面。E 面是指与辐射场电场矢量平行的平面；H 面是指与辐射场磁场矢量平行的平面。

以基本电振子为例，其辐射场为

$$\boldsymbol{E}=\boldsymbol{E}_\theta=E_\theta\boldsymbol{a}_\theta=\mathrm{j}\frac{\eta_0 Il}{2\lambda r}\sin\theta\mathrm{e}^{-\mathrm{j}kr}\boldsymbol{a}_\theta\triangleq\mathrm{j}\frac{\eta_0 Il}{2\lambda r}f(\theta,\phi)\mathrm{e}^{-\mathrm{j}kr}\boldsymbol{a}_\theta \tag{9-9}$$

由于电场矢量是方向的 $\hat{\boldsymbol{\theta}}$，$E$ 面就是与 $\hat{\boldsymbol{\theta}}$ 方向平行的平面，结合图 9-5(a)，即为过 z 轴

的平面，如 yOz 平面。该平面与基本电振子相切后，对应的截面形状如图 9-5(b)所示，这就是基本电振子的 E 面方向图，为“∞”字形，习惯上称为子午面方向图。同理，由于基本电振子的磁场是 $\hat{\boldsymbol{\phi}}$ 方向的，H 面就是 xOy 平面，对应的 H 面方向图如图 9-5(c)所示，为一个圆，习惯上称其为赤道面方向图。另外，由于基本电振子的 H 面方向图是一个圆，也就是说，在 xOy 平面中距离相同的场点其辐射场的场强是相等的。天线的这种辐射特点称为无方向性(或称全向性)。

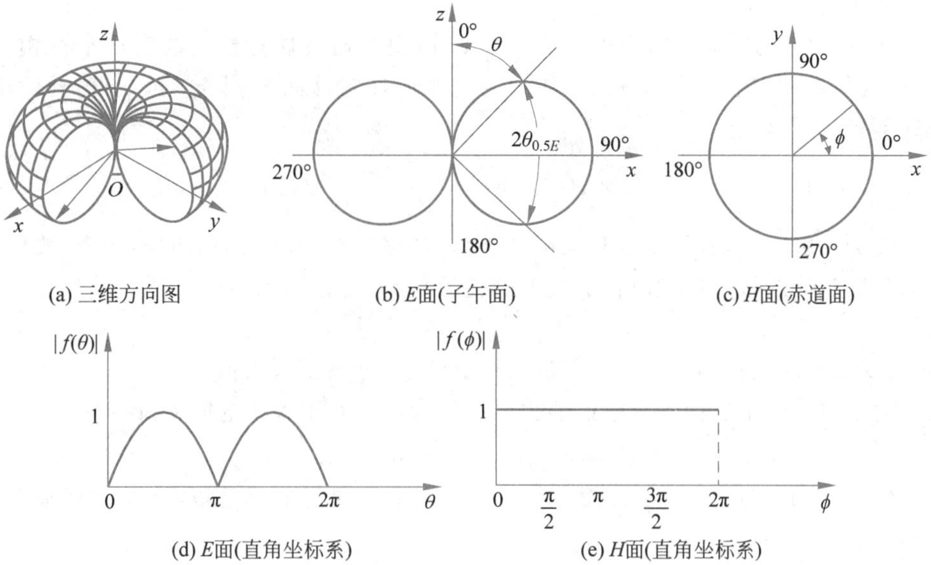

图 9-5 基本电振子方向图

绘制平面方向图的方法有很多种，常在极坐标系和直角坐标系下绘制方向图。前者以极角表示空间方向，径向长度表示该方向的相对电场强度，直观性强，适合于绘制波束较宽、副瓣较大的方向图；后者以横坐标表示空间的角度变化，纵坐标表示相应方向上的相对电场强度，它精确度高，适合于绘制主瓣窄、副瓣小的方向图。图 9-5(b)、(c)是基本电振子在极坐标系下的方向图。直角坐标系下对应的方向图如图 9-5(d)、(e)所示。

综合上述，基本电振子辐射的是非均匀的 TEM 球面波。上述的远区辐射特性中，(2)、(3)、(4)虽然是从基本电振子分析得到的，但它们具有普遍的适用意义，也称为远区辐射条件或无限远条件。

9.1.3 辐射功率与辐射电阻

当天线位于无耗和无源的媒质空间，沿包围天线封闭面 S 取复数坡印廷矢量的面积分，可得到流出该面的全辐射功率(复数功率)为

$$P_{\mathrm{f}}=\oint_S \frac{1}{2}(\boldsymbol{E}\times\boldsymbol{H}^*)\cdot\hat{\boldsymbol{n}}\,\mathrm{d}s \tag{9-10}$$

式中：$\hat{\boldsymbol{n}}$ 为封闭面 S 的外法向单位矢量。

取 S 为一包围基本电振子的半径 r 很小的球面，将式(9-4)代入式(9-11)，考虑到

$\hat{\boldsymbol{n}}=\hat{\boldsymbol{r}}$，$(\hat{\boldsymbol{r}}\times\hat{\boldsymbol{\phi}})\cdot\hat{\boldsymbol{n}}=0$，$(\hat{\boldsymbol{\theta}}\times\hat{\boldsymbol{\phi}})\cdot\hat{\boldsymbol{n}}=1$ 则

$$P_{\mathrm{f}}=\frac{1}{2}\int_{0}^{2\pi}\int_{0}^{\pi}(E_{\theta}H_{\phi}^{*})r^{2}\sin\theta\mathrm{d}\theta\mathrm{d}\phi=40\pi^{2}\left(\frac{Il}{\lambda}\right)^{2}-\mathrm{j}\frac{5I^{2}l^{2}\lambda}{r^{3}} \tag{9-11}$$

P_{f} 的实部表示从天线辐射出去再不能返回的耗散功率，故称其为辐射功率，它取决于天线的辐射场；P_{f} 的虚部 P_x 为无功功率，与电抗场相关，这部分场是由于源（电荷）存在而必须相应存在的，并不向外辐射。实际上，将式(9-5)和式(9-6)分别代入式(9-11)，也可得到同样的 P_{f} 结果。

由式(9-12)可见，辐射功率 P_{r} 与 r 无关，这说明通过任意球面的实功率是相等的。因此，求辐射功率时积分可在 $r\gg\lambda$ 的远区范围的任意球面 S_{f} 上进行，显然，此时 $\boldsymbol{E}$、$\boldsymbol{H}$ 就为远区场。于是，有

$$P_{\mathrm{r}}=\frac{1}{2}\oint_{S_{\mathrm{f}}}\mathrm{Re}(\boldsymbol{E}\times\boldsymbol{H}^{*})\cdot\hat{\boldsymbol{n}}\mathrm{d}s=\frac{1}{2\eta_{0}}\int_{0}^{2\pi}\int_{0}^{\pi}|E|^{2}r^{2}\sin\theta\mathrm{d}\theta\mathrm{d}\phi \tag{9-12}$$

扩展到一般天线，若天线本身无损耗，辐射功率应等于电源供给的实功率，故可将辐射功率等效于馈线接入负载时在负载上的耗散功率。辐射电阻为

$$R_{\mathrm{r}}=2P_{\mathrm{r}}/|I|^{2} \tag{9-13}$$

式中：I 为天线上任一点的电流，习惯上取为天线的电流的最大值。

辐射电阻是一个表征天线辐射能力强弱的参数。对于基本电振子，$I_{0}=I_{\mathrm{m}}$，所以有

$$R_{\mathrm{r}}=80\pi^{2}(l/\lambda)^{2}\approx 800(l/\lambda)^{2} \tag{9-14}$$

当$(l/\lambda)=0.1$ 时，$R_{\mathrm{r}}=8\Omega$。可见，基本电振子的辐射电阻是很小的，即其辐射能力是很弱的。

天线的辐射阻抗为

$$Z_{\mathrm{r}}=2P_{\mathrm{f}}/|I|^{2}=2(P_{\mathrm{r}}+\mathrm{j}P_{x})/|I|^{2}=R_{\mathrm{r}}+\mathrm{j}X_{\mathrm{r}} \tag{9-15}$$

辐射电抗 X_{r} 取决于天线的电抗功率。式(9-11)中的电抗功率与 r^{3} 成反比，当积分面接近基本电振子表面时，这一项将趋于无穷，即辐射电抗趋于无穷，因此理论上无限细小的基本电振子的电抗是无穷大，故此时计算它的辐射电抗没有多大意义。在实际工程应用中，接近基本电振子尺寸的电小天线辐射电抗也是很大的，需要各种措施进行匹配，故从性能上说算不上一种好天线。

9.2 发射天线的电参数

天线的功能是辐射和接收电磁波，并会表现出一定的阻抗特性、方向特性、极化特性和频率特性。本节和下一节将分别从发射天线和接收天线的角度介绍如何用一整套参数来定量地描述天线的特性。另外，根据将在下节介绍的天线的互易定理可知，在一定条件下收、发天线具有互易性，即同一天线分别用作发射和接收时，其电参数在数值上是相等的。所以本节只以发射天线为例介绍，其主要的电参数如图 9-6 所示。

9.2.1 效率与辐射电阻

图 9-7 表示一个发射机通过馈线与发射天线相连接。图 9-7 中，P_{G} 表示发射机输入

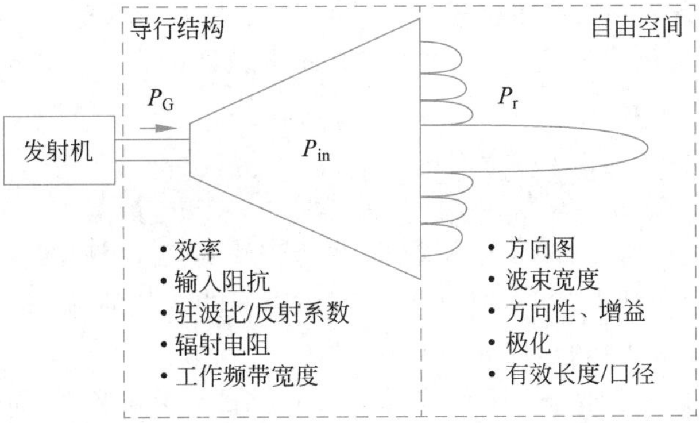

图 9-6　发射天线电参数

到馈线的功率，Γ 表示反射系数，它表示天线与馈线不匹配的程度（$|\Gamma|=1$ 表示全反射），P_{in} 表示输入天线的功率。显然，有 $P_{in}=(1-|\Gamma|^2)P_G$。P_r 表示天线实际辐射出去的功率，它可用 9.1.3 节中介绍的方法计算。

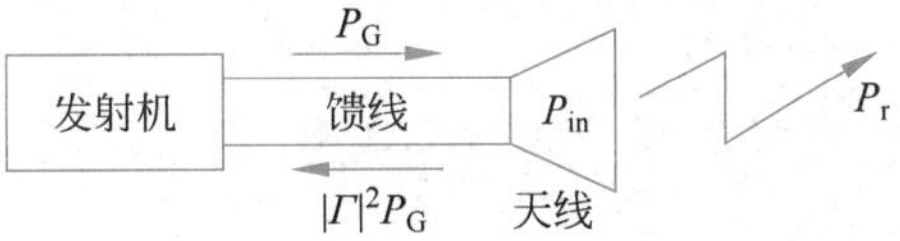

图 9-7　天线效率说明图

发射天线的效率定义为天线辐射到外部空间的实功率与输入天线上的实功率之比，即

$$\eta_A=\frac{P_r}{R_e[P_{in}]}=\frac{P_r}{P_r+P_\Omega} \tag{9-16}$$

式中：P_Ω 为损耗功率，它表征天线自身的损耗，如构成天线的材料损耗、接地损耗等。

类似"辐射电阻"的概念，可假定一"损耗电阻"的概念，即认为损耗功率全被损耗电阻吸收了，记为 R_Ω，则 $R_\Omega=2P_\Omega/I^2$，其中，I 表示天线上某点的电流。

所以天线的效率又可写为

$$\eta_A=\frac{R_r}{R_r+R_\Omega} \tag{9-17}$$

应强调指出，若用式(9-17)计算天线的效率，则必须保证计算 R_r 和 R_Ω 时取的是天线上同一位置的电流。

一般来说，辐射电阻 R_r 大的超短波天线阵及微波天线的 η_A 较大，可接近 1；而 R_r 小的长中波发射天线 η_A 可低至百分之几。

若考虑到馈线设备的效率 η_ϕ，则整个天线馈电系统的总效率为

$$\eta=\eta_A\eta_\phi \tag{9-18}$$

9.2.2　输入阻抗

天线的输入阻抗是指天线馈电点处所呈现的阻抗值。只有在天线的输入阻抗与馈

线的特性阻抗或发射机的输出阻抗完全匹配时，才能使整个天馈系统有较高的效率，所以天线设计时需要优化输入阻抗以实现与馈线的阻抗匹配。一般输入阻抗与输入功率、电压、电流之间的关系为

$$Z_{in}=\frac{2P_{in}}{|I_{in}|^2}=\frac{V_{in}}{I_{in}}=R_{in}+jX_{in} \tag{9-19}$$

式中：P_{in} 为输入天线的复功率；R_{in}、X_{in} 分别为天线的输入电阻和输入电抗。如图 9-3 所示，输入功率包含辐射功率和损耗功率，若天线是理想无耗的，则输入阻抗应等于归于输入电流 $I_{in}=I_0$ 的辐射阻抗，即 $R_{in}=R_{r0}$。

天线的输入阻抗主要取决于天线本身的尺寸、结构、工作频率，同时，它也受天线周围环境的影响，所以只有极少数天线的输入阻抗可以严格求解，绝大多数天线的输入阻抗只能用数值法计算或由实验直接测出。在知道天线的输入阻抗后，就可以采用第 6 章介绍的阻抗匹配原理设计匹配网络使它跟天线馈线匹配。

9.2.3 方向图

1. 方向图与方向性函数

在 9.1 节初步了解了基本电振子的方向特性，下面给出适应于一般天线的描述方法。

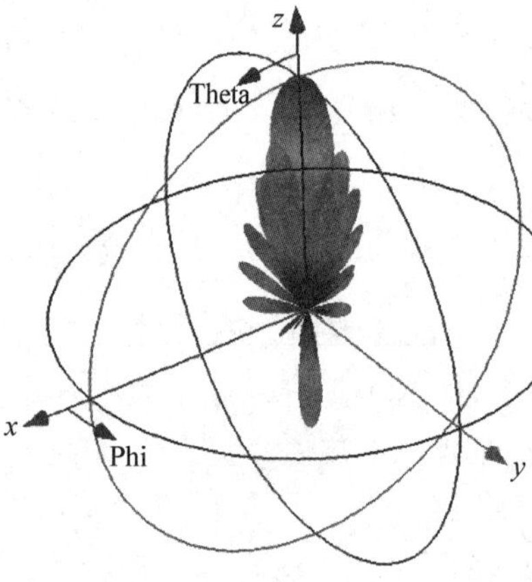

图 9-8 天线的三维方向图

以天线为中心，某一距离为半径作球面(三维)或圆周(二维)，按照球面或圆周上各点场强与该点所在方向角而绘出的对应图形，就是天线方向图，如图 9-8 所示。为了工程使用的方便，绘制平面方向图，如图 9-9 所示。当方向图绘出的是相同距离上各点功率密度与该点所在方向角的对应图形时，称为功率方向图。方向图中一般不标示电场强度或功率密度的绝对数值而取其相对值，即常将方向图用最大值(E_{max}，p_{max})归一，称为归一化方向图。场强或功率密度的相对值通常用分贝表示，按下式计算：

$$F(\theta,\phi)_{dB}=10\lg\frac{p(\theta,\phi)}{p_{max}}=20\lg\frac{|E(\theta,\phi)|}{|E_{max}|}(dB) \tag{9-20}$$

采用分贝值时，最大辐射方向为 0dB，其他方向为负分贝值，即该方向的场强相对于最大辐射方向的场强低若干分贝。分贝表示法不但可以清楚地表示相对强度相差悬殊的情况，而且通过式(9-20)的定义使得场强方向图和功率方向图是同一条曲线，以后看到方向图可不必再分辨是场强方向图还是功率方向图。

因为天线方向图一般呈花瓣状，故又称为波瓣图。最大辐射方向两侧第一个零辐射方向线以内的波束称为主瓣，与主瓣方向相反的波束称为背瓣，其余零辐射方向间的波束称为副瓣或旁瓣。

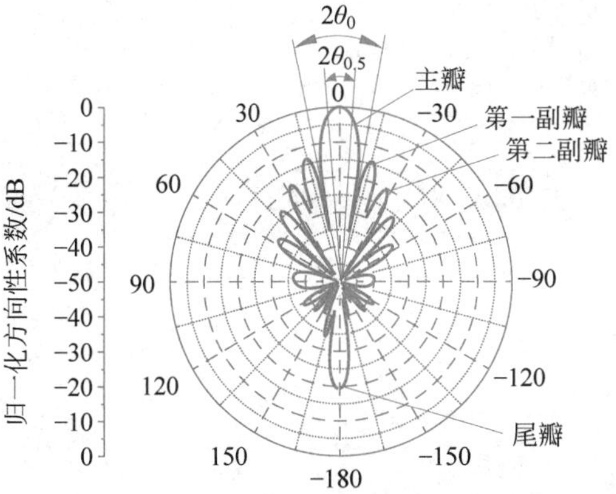

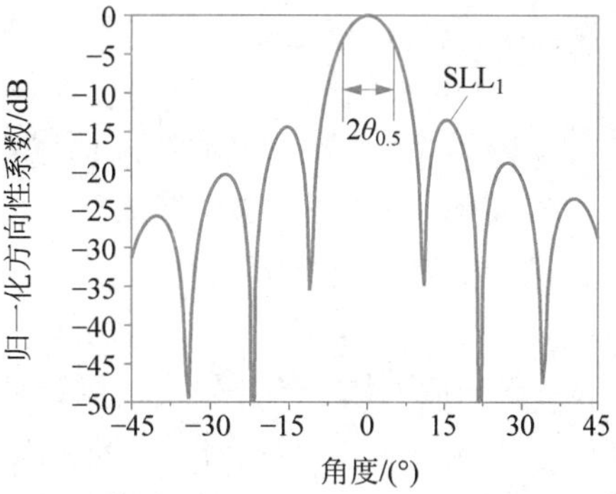

图 9-9 天线的二维方向图

2. 半功率宽度、零功率宽度和副瓣电平

用方向图来描述天线的方向性有时不够方便，为了实现方向图的定量分析，常采用半功率宽度、零功率宽度和副瓣电平（Side Lobe Level，SLL）等参数来表示天线辐射电磁场能量在空间的分布概貌。

半功率宽度（又称波瓣宽度）是指方向图的主瓣内功率密度等于最大功率密度的一半（或场强为最大值的 0.707）的两方向间的夹角，用 $2\theta_{0.5}$ 或 $2\theta_{0.5E}$、$2\theta_{0.5H}$ 表示（下标 E、H 分别表示 E 面、H 面）。当用 dB 表示时，$0.5p_{\max}$ 和 $0.707E_{\max}$ 均相当于比 $p_{\max}$ 或 $E_{\max}$ 低 3dB，故半功率宽度又常说成是 3dB 宽度。

零功率宽度（又称主瓣张角）是指主瓣两侧第一个零点间的夹角，用 $2\theta_0$ 表示，在此角度范围内聚集了天线辐射的绝大部分功率。

副瓣电平是指副瓣最大值与主瓣最大值之比，通常用分贝表示，即

$$\mathrm{SLL}_i = 10\lg\frac{p_{i\max}}{p_{\max}} = 20\lg\frac{|E_{i\max}|}{|E_{\max}|}(\mathrm{dB}) \tag{9-21}$$

式中：$p_{i\max}$，$E_{\max}$ 是指第 i 个副瓣的功率密度最大值和场强最大值。

这样，对于各个副瓣均可求出其副瓣电平值，实用中是指最大的一个副瓣的电平，一般是主瓣旁的第一个副瓣，用SLL_1 表示。

9.2.4 方向性系数

上面介绍了天线的方向图和方向性函数，它表示了天线在各方向辐射的相对大小，却不能明确表示场在某特定方向上集中的程度，为此引入“方向性系数”的概念。

方向性系数是指在同一距离及相同辐射功率的条件下，某天线在最大辐射方向上辐射的功率密度 $p_{\max}$（或$|E_{\max}|^2$）与无方向性天线（点源）的辐射功率密度 p_0（或$|E_0|^2$）之比，即

$$D = \left.\frac{p_{\max}}{p_0}\right|_{P_r\text{相同}} = \left.\frac{|E_{\max}|^2}{|E_0|^2}\right|_{P_r\text{相同}} \tag{9-22}$$

设天线的归一化方向性函数为 $F(\theta,\phi)$，则在任意方向上的场强为

$$|E(\theta,\phi)|=|E_{\max}||F(\theta,\phi)|$$

将上式代入式(9-12)可得

$$P_{\mathrm{r}}=\frac{1}{240\pi}\int_0^{2\pi}\int_0^{\pi}|E_{\max}|^2\cdot|F(\theta,\phi)|^2r^2\sin\theta\mathrm{d}\theta\mathrm{d}\phi$$

对于点源天线而言，$|F(\theta,\phi)|\equiv1$，所以

$$P_{\mathrm{r0}}=\frac{1}{240\pi}4\pi r^2|E_0|^2$$

对于一般天线，$F(\theta,\phi)$ 为一函数，所以

$$P_{\mathrm{r}}=\frac{r^2}{240\pi}\int_0^{2\pi}\int_0^{\pi}|E_{\max}|^2\cdot|F(\theta,\phi)|^2\sin\theta\mathrm{d}\theta\mathrm{d}\phi$$

当 $P_{\mathrm{r0}}=P_{\mathrm{r}}$ 时，有

$$D=\frac{|E_{\max}|^2}{|E_0|^2}=\frac{4\pi}{\int_0^{2\pi}\int_0^{\pi}|F(\theta,\phi)|^2\sin\theta\mathrm{d}\theta\mathrm{d}\phi}\tag{9-23}$$

上式即为方向性系数的一般计算公式。

若归一化方向图 $F(\theta,\phi)$ 与 ϕ 无关，即方向图是围绕 $\theta=0$ 的轴旋转对称图形，则式(9-23)可简化为

$$D=\frac{2}{\int_0^{\pi}|F(\theta)|^2\sin\theta\mathrm{d}\theta}\tag{9-24}$$

例如：对于点源天线，有 $D=1$；对基本电振子和基本磁振子，有

$$D=\frac{2}{\int_0^{\pi}\sin^3\theta\mathrm{d}\theta}=1.5$$

可见，基本电振子 D 值是比较小的，是一种弱方向性天线。但是，若用某种方法组成振子阵，则它的 D 值可达数百。微波大型面天线的 D 值可达数千。因此，为了表示的方便，也常把它写成 dB 的形式，即 $D_{(\mathrm{dB})}=10\log D$。

通过上面的介绍可看出，当天线总的辐射功率固定时，若天线在某些方向上的辐射功率密度增加，则必然伴随有其他一些方向上辐射功率密度的减小。因此，D 越大，天线的方向性越强，辐射就越集中，对应到天线的主瓣而言，就越尖锐。反之，D 越小，天线的方向性越弱，辐射就散在一个较宽的范围，天线方向图的主瓣就越宽。

在实际应用中还可用下面的公式来近似计算天线的方向性系数：

$$D\approx\frac{C}{2\theta_{0.5\mathrm{E}}\times2\theta_{0.5\mathrm{H}}}$$

其中：C 为待定常数，它与天线的特性有关。对于副瓣电平较高(例如高于－10dB)且副瓣范围较宽的天线，C 取 15000～20000；对于副瓣较低(例如低于－20dB)的天线，C 取 35000～40000。

9.2.5 增益系数

增益系数与方向性系数在形式上有时完全相同。但方向性系数仅从空间场分布相对大小的角度描述天线的方向特性，而增益系数则同时描述天线的方向特性和效率。

天线的增益定义为天线在最大辐射方向上的辐射功率密度 P_{max} 与馈有相同的输入功率 P_{in} 的无损耗、无方向性的理想天线在该方向上、相同距离下的辐射功率密度 P_0 之比，即

$$G=\frac{P_{max}}{P_0}=\frac{P_{max}}{P_{in}/4\pi r^2}=\frac{P_{max}}{\frac{P_r}{\eta_A}\cdot\frac{1}{4\pi r^2}}=\eta_A\cdot\frac{P_{max}}{\frac{P_r}{4\pi r^2}}=\eta_A\cdot\frac{P_{max}}{p_0}=\eta_A\cdot D \tag{9-25}$$

可见，增益系数与方向性系数的计算类似，差别在于前者要求辐射功率 P_0 相同，后者要求天线的实际输入功率 P_{in} 相同。

同样，为了表示方便，也常把增益系数写成分贝数的形式，即 $G_{(dB)}=10\lg G$。

9.2.6 极化

1. 定义

天线的极化是指在该天线的最大辐射方向上电场矢量端点运动的轨迹。根据这一定义，电磁场理论中关于波的极化的结论均可直接应用于天线的极化。如图 9-10 所示，垂直方向的电流元 I，其最大辐射方向远场的极化也是垂直极化。但是，天线中极化的定义与"电磁场理论"中的定义是有区别的。天线中的"极化"是指特定方向上的"极化"，通常指天线最大辐射方向上的电场极化，换句话说，对于同一个天线，远区辐射场在不同方向上的极化也会有差别。不过，当一个天线的方向图有较尖锐的主瓣时，主瓣范围内辐射场的极化还是可以相对保持恒定的，但其副瓣范围内辐射场的极化和主瓣辐射场的极化会有所不同。

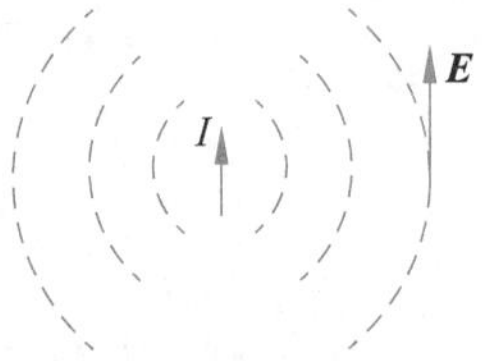

图 9-10 电流元辐射远场的极化方向

2. 分类

不同天线辐射场的极化形式不尽相同，可分为线极化、圆极化或椭圆极化，对应的有线极化天线、圆极化天线和椭圆极化天线。圆（椭圆）极化天线又可分为右旋圆（椭圆）极化或左旋圆（椭圆）极化天线。

若天线除辐射预定极化的波以外还辐射非预定极化的波时，则前者称为主极化，后者称为交叉极化。线极化天线的交叉极化方向与主极化方向垂直；圆极化天线的交叉极化是与主极化旋向相反的圆极化分量。

3. 极化匹配

若接收天线与空间传来的电磁波的极化形式一致，称为极化匹配；否则，称为极化失配，对应的损耗称为极化损耗。作为一种特例，当接收天线的极化与来波的极化正交时，接收天线将完全不能接收能量。例如，垂直极化天线不能接收水平极化天线。为了定量

的描述天线极化失配带来的损耗，引入极化失配因子 ν：

$$P'_{re}=\nu P_{re}$$

式中：P_{re} 为极化匹配时的接收功率；P'_{re} 极化失配后实际的接收功率。

4. 应用

一般的通信、雷达天线多采用线极化天线，在干扰侦察设备或通信设备的一方或双方处于剧烈摆动或旋转物体上时，则应采用圆极化天线。例如，收音机多用线极化天线工作，而人造卫星或导弹在空中按一定轨道运动时，其天线指向经常改变，所以常采用圆极化天线来跟踪。

9.2.7 有效长度

在线天线场的计算中，有时利用“有效长度”(对地面上直立天线，也称“有效高度”)的概念较为方便。有效长度是一个假想的电振子的长度，该振子上的等幅电流等于原天线输入端电流 I_{in}，并在最大辐射方向上具有和原天线相同的场强。

由式(9-6)，实际天线的辐射场可写为

$$|E_{max}|=\int_{-l}^{l}\frac{\eta_0 I(l)}{2\lambda r}\mathrm{d}l$$

长度为 l_e、电流为 I_{in} 的电振子的最大辐射方向上场强的幅度为

$$|E_{emax}|=\frac{\eta_0 I_{in} l_e}{2\lambda r}$$

所以

$$l_e=\frac{1}{I_{in}}\int_{-l}^{l}I(l)\mathrm{d}l \tag{9-26}$$

上式反映了有效长度的几何意义，如图 9-11 所示。将实际天线的电流分布的面积(虚线下面积)等效成宽度为 I_{in}、长度为 l_e 的矩形面积(阴影面积)，则在最大辐射方向上长度为 l_e 的电振子与实际天线的场强相同。

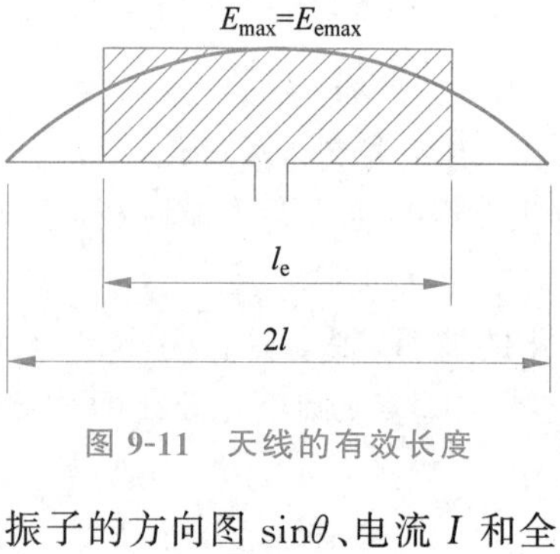

图 9-11　天线的有效长度

引入有效长度以后，可写出线天线辐场的统一表达式：

$$E(\theta,\phi)=E_{max}F(\theta,\phi)=E_{emax}(\theta,\phi)$$
$$=\mathrm{j}\frac{\eta_0 I_{in} l_e}{2\lambda r}\mathrm{e}^{-\mathrm{j}kr}F(\theta,\phi) \tag{9-27}$$

式(9-27)与基本电振子的辐射场在形式上是一致的，区别仅在于用天线的归一化方向性函数 $F(\theta,\phi)$、输入电流 I_{in} 和有效长度 l_e 分别取代基本电振子的方向图 $\sin\theta$、电流 I 和全长 l。

9.2.8 工作频带宽度

天线或天线系统的方向图、方向性系数(增益)、输入阻抗和极化特性等电参数都和

工作频率有关。当工作频率偏离原设计的中心频率时，天线的上述性能将变坏，而其变坏的容许程度则取决于天线所在设备系统的工作特性要求。天线的特性参数（方向图、阻抗、极化等）保持在规定的技术要求范围之内的频率范围，称为天线的带宽。由于天线的结构形式不一，不同设备对天线提出的要求也不同，天线的带宽不是一个统一的、确定的、唯一的定义。根据设备对天线的不同电参数提出的要求，可分为以下四种：

（1）方向图带宽：方向图的变化（如主最大方向偏离预定方向、主瓣展宽或副瓣电平增高等）不超过允许限额的频率范围。

（2）方向性系数（增益）带宽：方向性系数或增益降到允许值（一般为预定值的50%）的频率范围。

（3）阻抗带宽：一般指馈线上的电压驻波比 ρ 或者反射系数 S_{11} 不超过某一限额（如 $\rho \leqslant 2.0$ 或 $S_{11} < -10\text{dB}$）的频率范围。

（4）极化带宽：一般指主辐射（最大）方向上的轴比 K_A 不超过某一限额（如 $K_A \leqslant 2$）来规定圆极化天线的极化带宽。

若某设备对天线的几个参数都提出了频带要求，则该天线的带宽只能取几种带宽中最窄的一个。

限制天线带宽的主要因素因天线形式不同而异。当振荡频率偏离中心频率时，对称振子的方向图及方向性系数的变化并不明显，但天线的输入阻抗将出现显著的电抗分量使天线与馈线失配，从而阻抗失配导致输入到天线上的电流减小。因此，阻抗特性的变坏是限制对称振子带宽的主要因素。圆极化天线的主要限制因素往往是其极化特性（如轴比），而最大辐射方向偏离预定方向的允许程度则是某些天线阵带宽的主要考虑因素。

9.2.9 功率容量

输入天线上的功率不可能无限制的增大，其主要限制在于天线表面的电场和介质材料的特性，即由天线周围的空气及天线绝缘子的介质强度决定。

若场强超过允许值，则空气开始电离，可能发生空气被击穿现象。电离一般从局部某点开始，引起温度上升，像火焰一样，称为“火炬放电”。电离形成的火苗沿空气运动方向或沿线向上运动，当落到低场强区域时火苗熄灭。产生自发火炬放电的场强称为起始场强，约为30kV/cm；维持进行火炬放电的场强称为临界场强，不是一成不变的，它与天线周围空气的温、湿度有关，经验表明，允许场强的振幅为6～8kV/cm。

以上介绍了发射天线的电参数，尽管接收天线的电参数和该天线用作发射时是一致的，但两者工作方式是不同的，因此，对接收天线的电参数还应重新定义，这将在下节中介绍。

9.3 接收天线的电参数

9.3.1 天线接收电磁波的物理过程

天线接收的物理过程是天线导体在外电场作用下激励起感应电动势并在导体表面

产生电流，该电流流进天线负载(接收机)，使接收机输入回路中产生电流。可见，接收天线是一个把空间电磁波能量转换为高频电流能量(或传输系统内部能量)的变换装置，其工作过程是发射天线的逆过程。现以基本电振子为例说明接收天线的性质。

一般而言，接收天线距发射天线是相当远的，可以认为作用在接收天线的电磁波是平面波，如图 9-12 所示。设来波方向与振子轴夹角为 θ，来波的电场矢量 $\boldsymbol{E}$ 与入射平面(振子轴与来波方向组成的平面)成某一角度。此时可将 $\boldsymbol{E}$ 分解为垂直于入射平面的分量 $\boldsymbol{E}_{\perp}$ 和平行于入射平面的分量 $\boldsymbol{E}_{/\!/}$，显然，前者对振子不起作用，只有 $\boldsymbol{E}_{/\!/}$ 才能使振子感应起电动势。电场矢量 $\boldsymbol{E}_{/\!/}$ 与天线相切的分量等于 $E_{/\!/}\sin\theta$，该分量激励起感应电动势 U_{re}，由于 $l \ll \lambda$，该电动势以及由此建立的天线电流是等幅、同相的，即 $U_{re}=-E_{/\!/}\mathrm{d}l\sin\theta$。由此可见，接收天线的感应电动势与来波方向 θ 有关，也就是说接收天线是有方向性的，且基本电振子的接收方向性函数就是 $\sin\theta$，与它发射时的方向性函数 $\sin\theta$ 相同。另外，由于 $\boldsymbol{E}_{/\!/}$ 与振子用作发射天线时辐射场的电场矢量有相同的极化方向，故基本电振子用作接收天线时，其极化方向也与它用作发射天线时相同。综上所述，当同一副天线作接收天线时，可采用极化、方向图、方向性系数、输入阻抗等来描述接收天线的性能。特别有意义的是，这些参数和它用作发射天线时是一致的，由此可得出一个结论：任意形式的天线用作接收天线时，它的极化、方向性、阻抗等均和它用作发射天线时相同，称为天线的收发互易性。这一事实使得许多设备的收发可以共用一个天线。当然，接收天线也有其区别于发射天线的特殊性，如承受功率的大小，结构上的不同特点以及噪声问题等。

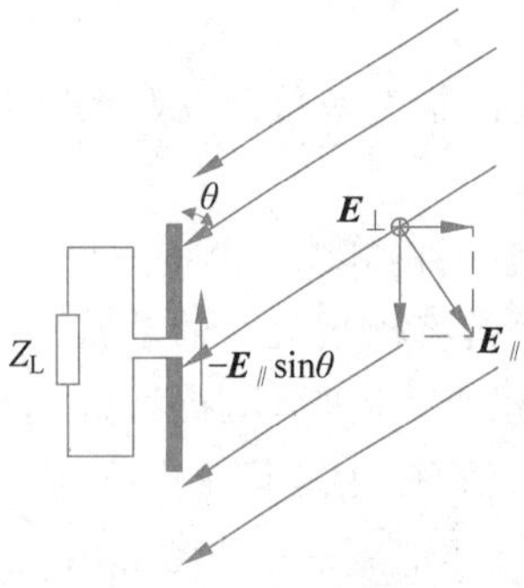

图 9-12　天线的接收过程

9.3.2　电参数

根据收发天线互易性，描述发射天线的电参数均可用于描述接收天线。同一天线用作收、发天线时的电参数在数值上是相同的，但由于接收与发射是两种不同的工作方式，对接收天线的这些参数还应重新定义。例如，接收天线的方向性函数是指在同一距离上不同方向的来波在天线端口感应电势(电流)的相对数值；有效长度的定义为 $l_e=|\varepsilon_{remax}|/|E|$，即为最大接收方向上单位来波场强所对应的接收端口感应电势。本节给出其他一些参数的定义。

1. 接收功率与最大接收功率

任何接收天线均可绘成如图 9-13 所示的等效电路。图中 Z_{in} 为天线用于接收时的内阻抗(数值上等于天线用于发射时的输入阻抗)；Z_L 为接入天线端口的负载阻抗，即从天线端口看入的接收机输入阻抗。根据电路理论，当 Z_L 与 Z_{in} 共轭匹配时，负载 Z_L 上可获得最大功率。从接收机的角度来说，即接收机可获得最大接收功率。此时，接收机的工作状态称为最佳工作状态。以下的讨论均设

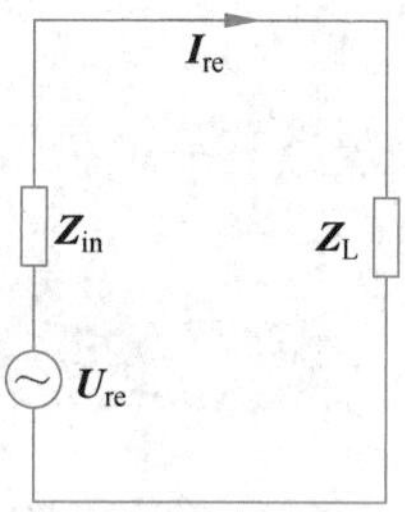

图 9-13　接收机天线的等效电路

接收机处于这种状态。

因为 $Z_L=Z_{in}^*$，即 $R_L=R_{in}$，$X_L=-X_{in}$，所以接收机所收到的接收功率为

$$P_{re}(\theta,\phi)=\frac{1}{2}I_{re}^2R_L=\frac{1}{2}\left[\frac{E'l_eF(\theta,\phi)}{2R_{in}}\right]^2R_L=\frac{E'^2\cdot l^2}{8R_{in}}F^2(\theta,\phi) \tag{9-28}$$

若天线的最大接收方向与来波方向一致(即 $F(\theta,\phi)=1$)，且天线的极化也与来波极化一致(即 $E'=E$)，则接收机可获得最大接收功率为

$$P_{remax}=E^2l_e^2/8R_{in} \tag{9-29}$$

若天线无耗，则 $R_{in}=R_r$(天线的辐射电阻)。此时，接收机可获得最佳接收功率为

$$P_{reopt}=E^2l_e^2/8R_r \tag{9-30}$$

2. 效率

接收天线的效率定义为输入负载的最大接收功率与该天线无损耗时输入负载的最大接收功率(最佳接收功率)之比。由式(9-29)和式(9-30)可知

$$\eta_A=\frac{R_r}{R_r+R_\Omega} \tag{9-31}$$

式中：R_Ω 为接收天线的损耗电阻。

显然，式(9-31)与表示发射天线效率的表示式(9-16)是一致的。

3. 方向性系数

设空间各方向的来波场强相同，天线在最大接收方向接收时向匹配负载输出的接收功率与天线从各方向接收而送入负载的接收功率平均值之比称为方向性系数。其可用公式表示为

$$D=\frac{P_{re}}{P_{reav}} \tag{9-32}$$

已知

$$P_{re}=\frac{1}{2}\left(\frac{e_A}{Z_L+Z_{in}}\right)^2R_L,\quad e_A=E_\theta l_eF(\theta)$$

$$P_{reav}=\frac{1}{4\pi r^2}\int_0^{2\pi}\int_0^{\pi}P_{re}(\theta,\phi)r^2\sin\theta\mathrm{d}\theta\mathrm{d}\phi=\frac{1}{4\pi r^2}\int_0^{2\pi}\int_0^{\pi}\frac{E'^2l_e^2}{8R_{in}}F^2(\theta,\phi)r^2\sin\theta\mathrm{d}\theta\mathrm{d}\phi$$

则有

$$D=\frac{e_A^2}{\frac{1}{4\pi r^2}\int_0^{2\pi}\int_0^{\pi}e_A^2r^2\sin\theta\mathrm{d}\theta\mathrm{d}\phi}=\frac{4\pi F^2(\theta,\phi)}{\int_0^{2\pi}\int_0^{\pi}F^2(\theta,\phi)\sin\theta\mathrm{d}\theta\mathrm{d}\phi}=D_{发}F^2(\theta,\phi) \tag{9-33}$$

其中：$D_{发}$ 表示发射天线的方向性系数。在最大接收方向上，$F(\theta,\phi)=1$，所以 $D=D_{发}$。这与式(9-22)所表示的发射天线的方向性系数是一致的。

4. 增益系数

设空间各方向的来波场强相同，天线在最大接收方向上接收时向匹配负载输出的接收功率和天线从各方向接收且天线是无损耗时向匹配负载输出功率的平均值之比称为

增益系数。其可用公式表示为

$$G = D\eta_{\mathrm{A}} \tag{9-34}$$

既然 η_{A}、D 与此天线作为发射天线时的相同，G 也必然和该天线发射时的 G 相同。

5. *有效接收面积*

在天线的极化与来波极化完全匹配以及负载与天线阻抗共轭匹配的最佳状态下，天线在某个方向上所接收的功率与入射电磁波能流密度之比称为有效面积。记为 $S_{\mathrm{e}}(\theta,\phi)$。其可用公式表示为

$$S_{\mathrm{e}}(\theta,\phi) = \frac{P_{\mathrm{re}}(\theta,\phi)}{p_{\mathrm{i}}} = \frac{P_{\mathrm{re}}(\theta,\phi)}{|E|^2/2W_0} \tag{9-35}$$

接收功率 $P_{\mathrm{re}} = p_{\mathrm{i}}S_{\mathrm{e}}$。可见，有效面积代表接收天线吸收相同极化的外来电磁波的能力。换句话说，也可把接收天线所接收到的功率看成通过面积为 S_{e} 的口面流入的能流密度为 p_{i} 的入射波能流。

接收天线的 G、D、R_{in}、l_{e} 等与它用作发射天线时的对应参数一致，由发射天线增益的定义式可得

$$G(\theta,\phi) = \frac{|E(\theta,\phi)|^2/2W_0}{P_{\mathrm{in}}/4\pi r^2} = \frac{\left[\dfrac{W_0 I_{\mathrm{in}} l_{\mathrm{e}}}{2\lambda r}F(\theta,\phi)\right]^2}{2W_0} \cdot \frac{4\pi r^2}{\dfrac{1}{2}|I_{\mathrm{in}}|^2 R_{\mathrm{in}}} = \frac{W_0 \pi l_{\mathrm{e}}^2 F^2(\theta,\phi)}{\lambda^2 R_{\mathrm{in}}}$$

上式和式(9-28)联立，可得

$$P_{\mathrm{re}}(\theta,\phi) = \frac{E'^2}{8}\,\frac{\lambda^2 G(\theta,\phi)}{\pi W_0} = \frac{E'^2}{2W_0}\,\frac{\lambda^2}{4\pi}G(\theta,\phi) \tag{9-36}$$

当来波场强的极化方向与天线的极化方向一致（即 $E'=E$）时，比较式(9-35)和式(9-36)可知

$$S(\theta,\phi) = \frac{\lambda^2}{4\pi}G(\theta,\phi) \tag{9-37}$$

一般情况下，有效面积是指主最大方向上的有效面积，即

$$S_{\mathrm{e}} = \frac{\lambda^2}{4\pi}G \quad 或 \quad G = \frac{4\pi}{\lambda^2}S_{\mathrm{e}} \tag{9-38}$$

这和面天线中发射天线的有效面积一致。

当 $G=1$ 时，$S_{\mathrm{e}} = \lambda^2/4\pi$，即一个无损耗无方向性天线的有效面积为 $\lambda^2/4\pi$。

微课

9.4 弗利斯传输公式

如图 9-14 所示，设处于最佳工作状态的接收天线 R 和发射天线 T 的极化一致，间距为 r，对应方位角分别为 (θ,ϕ) 和 (θ',ϕ')，两天线增益分别为 $G_{\mathrm{R}}(\theta,\phi)$ 和 $G_{\mathrm{T}}(\theta',\phi')$。若发射天线的输入实功率为 P_{Tin}，则由式(9-25)、式(9-35)和式(9-37)，可得接收功率为

$$P_{\mathrm{re}}(\theta,\phi) = p_{\mathrm{i}}S_{\mathrm{e}}(\theta,\phi) = \frac{P_{\mathrm{Tin}}G_{\mathrm{T}}(\theta',\phi')}{4\pi r^2}\,\frac{\lambda^2}{4\pi}G_{\mathrm{R}}(\theta,\phi)$$

$$=\left(\frac{\lambda}{4\pi r}\right)^2 P_{\mathrm{Tin}} G_{\mathrm{T}} F_{\mathrm{T}}^2(\theta',\phi') G_{\mathrm{R}} F_{\mathrm{R}}^2(\theta,\phi) \tag{9-39}$$

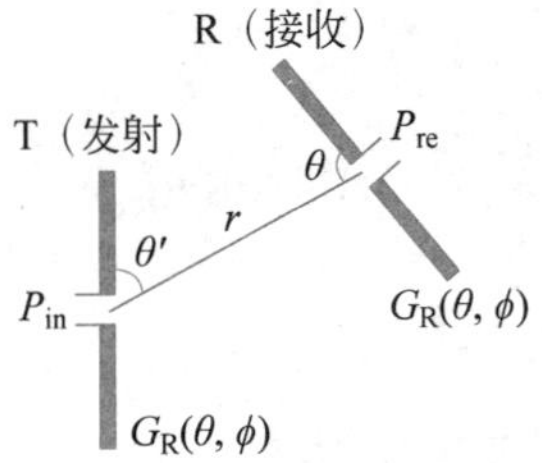

图 9-14　弗利斯传输公式示意图

式中：$F_{\mathrm{T}}(\theta',\phi')$、$F_{\mathrm{R}}(\theta,\phi)$分别为发射天线和接收天线的归一化方向性函数。

当式(9-39)中的 $F_{\mathrm{R}}(\theta,\phi)=1$，即当接收天线的主最大方向与来波方向一致时，接收机可获得最大接收功率；当接收与发射天线的主最大方向相互对准，即 $F_{\mathrm{T}}(\theta',\phi')=F_{\mathrm{R}}(\theta,\phi)=1$ 时，有

$$P_{\mathrm{remax}}=\left(\frac{\lambda}{4\pi r}\right)^2 P_{\mathrm{Tin}} G_{\mathrm{R}} G_{\mathrm{T}} \tag{9-40}$$

式(9-39)和式(9-40)称为弗利斯(Friis)传输公式，在天线测量以及雷达中很有用。

【例 9-1】　在同步卫星与地面的卫星通信系统中，卫星位于高度 36000km，工作频率为 3GHz，卫星天线的输入功率为 10W，地面站抛物面接收天线增益系数为 50dB，假如接收机所需的最低输入功率为 1pW，这时卫星上发射天线在接收天线方向上的增益系数至少应为多少？

解：根据弗利斯传输公式可得

$$P_{\mathrm{re}}=\left(\frac{\lambda}{4\pi r}\right)^2 P_{\mathrm{Tin}} G_{\mathrm{R}} G_{\mathrm{T}} \geqslant P_{\mathrm{remin}}$$

于是，有

$$G_{\mathrm{T}} \geqslant \frac{P_{\mathrm{remin}}(4\pi r)^2}{P_{\mathrm{Tin}} G_{\mathrm{R}} \lambda^2}$$

根据题目中给出的已知条件：

$$r=3.6\times10^7\,\mathrm{m},\quad f=3\mathrm{GHz},\quad \lambda=0.1\mathrm{m},\quad P_{\mathrm{Tin}}=10\mathrm{W}$$

$$P_{\mathrm{remin}}=1\times10^{-12}\,\mathrm{W},\quad G_{\mathrm{r}}=50\mathrm{dB}=10^5$$

因此，有

$$G_{\mathrm{T}} \geqslant 20.47 \approx 13.11(\mathrm{dBi})$$

故卫星上发射天线在接收天线方向上的增益系数至少应为 13.11dBi。

9.5 自由空间的对称振子

对称振子是应用非常广泛的一种天线，它在通信、雷达等无线电设备中既可作独立天线使用，也可作面天线的馈源或阵列天线的单元，其从普通平行双线演变为对称振子的过程如图 9-15。如图 9-16 所示，对称振子由两臂长都为 l、直径 $2\rho_0 \ll \lambda$ 的直导线或金属管构成。它的两个内端点和馈线相连，其距离 $d \ll \lambda$。振子臂受电源电压激励产生电流，进而在空间产生辐射电磁场。

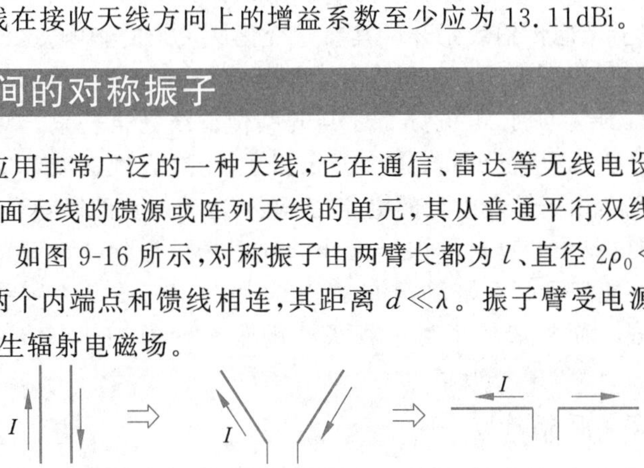

图 9-15　平行双线向对称振子的演变过程

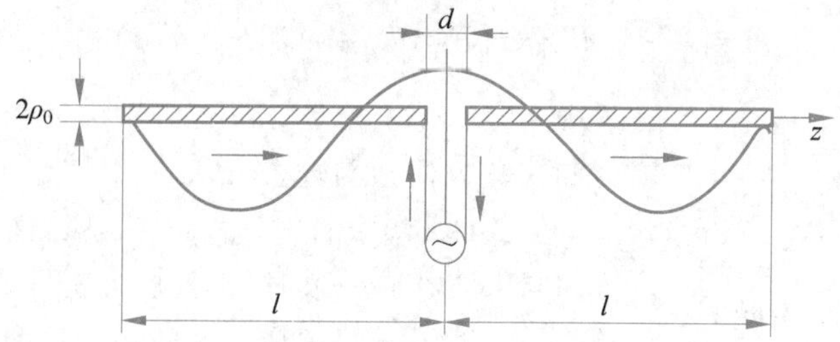

图 9-16　对称振子带上的电流分布

9.5.1　对称振子的辐射场

对于对称振子这种形式的天线该如何来分析呢？通过前面基本电振子的例子可以看出，要研究天线的辐射特性，关键是求它的空间辐射场，而空间辐射场又是由天线上分布的电流决定的。因此，要想了解对称振子的空间辐射特性和有关的天线参数，关键是求出对称振子上的电流分布。对称振子天线电流分布的严格确定属于电磁边值问题，详细分析可以参考有关资料，此处不作阐述。即使对称振子这样简单的天线，通过求边值问题的解来确定其电流分布也是困难的。这里介绍一种工程上的近似方法，其所得结果的精度已足以应用于工程设计，其思路：首先将图 9-16 所示的对称振子看成终端开路的传输线（平行双导线）张开 180°而得到的，并假定张开前后两臂上电流的驻波分布维持不变，因此可根据传输线理论得到对称振子上的电流分布；然后将对称振子分割成无限多个首尾相接的基本电振子，则对称振子在空间任一点产生的辐射场就是这些基本电振子辐射场在该空间点干涉叠加的结果。

1．对称振子上的电流分布

根据传输线理论，对称振子上电流分布为驻波分布。按图 9-16 所示的坐标系，其形式为

$$I(z)=I_{\mathrm{m}}\sin k(l-|z|) \tag{9-41}$$

式中：I_{m} 为振子上驻波波腹点电流；$k=2\pi/\lambda$。

严格地说，双线张开后它上面的实际电流分布与均匀开路长线上的电流分布是有区别的。因为它既没有考虑传输线张开后其参量变化所带来的影响，也没有考虑到双线张开后将产生电磁辐射，因而沿线有能量损耗。根据严格的理论计算和实验均可证明只有当天线为无限细（$l/a=\infty$）时，电流分布才与开路传输线完全一致。对于实际带有一定粗细的对称振子，其上的电流分布与正旋分布相比，主要表现在波节点附近差别大。但对于远区辐射场而言，由于节点附近的电流值很小，这种差别的影响是很小的。因此，在工程上用正旋分布电流来计算对称振子天线的辐射场可得到令人满意的结果。一般要求 $2a/\lambda\ll1$，通常都能满足。例如，对于电视天线，假定其工作频率 $f=300\mathrm{MHz}$，则相应的工作波长 $\lambda=1\mathrm{m}$。而一般振子类电视天线的直径约为 1cm，显然满足 $2a/\lambda\ll1$ 的要求。

2．对称振子的远区辐射场

如图 9-17 所示，当观测点 P 距对称振子很远时，可将对称振子上电流视为位于轴线

上的线电流，而且由于两内端点间距 $d \ll \lambda$，可认为由 $z=-l$ 到 $z=l$ 该线电流连续分布。

如前所述，可用叠加原理求解对称振子的远区辐射场。把对称振子分成无数个长为 $\mathrm{d}z$ 的微分段，对称振子就可看作由无数个首尾相连的基本电振子的组合，对称振子在空间 P 点产生的辐射场就是这些基本电振子在该点辐射场的矢量叠加。

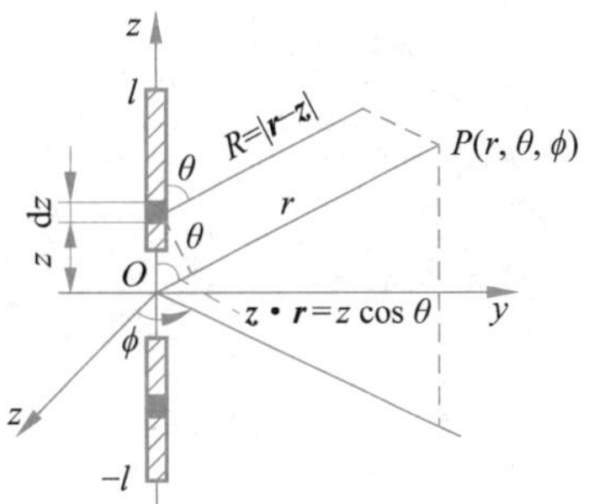

图 9-17　对称振子远区场计算图

当 $r \to \infty$ 时，有

$$R=|\boldsymbol{r}-\boldsymbol{z}| \approx r-z\cos\theta \tag{9-42}$$

由式(9-6)可知，在 z 处的基本电振子辐射场为

$$\mathrm{d}E_\theta=\mathrm{j}\,\frac{\eta_0 I(z)\mathrm{d}z}{2\lambda r}\sin\theta\,\mathrm{e}^{-\mathrm{j}kr}\,\mathrm{e}^{\mathrm{j}kz\cos\theta} \tag{9-43}$$

由此可求得对称振子的辐射场为

$$\begin{cases} E_\theta=\int \mathrm{d}E_\theta=\mathrm{j}\,\dfrac{\eta_0 I_{\mathrm{m}}}{2\lambda r}\sin\theta\cdot\mathrm{e}^{-\mathrm{j}kr}\displaystyle\int_{-l}^{l}\sin k(l-|z|)\mathrm{e}^{\mathrm{j}kz\cos\theta}\mathrm{d}z \\ \quad =\mathrm{j}\,\dfrac{60 I_{\mathrm{m}}}{r}\mathrm{e}^{-\mathrm{j}kr}\cdot\sin\theta\left[\dfrac{\cos(kl\cos\theta)-\cos kl}{\sin^2\theta}\right] \\ H_\phi=E_\theta/\eta_0 \end{cases} \tag{9-44}$$

9.5.2　对称振子的方向图

根据 9.2 节介绍的天线方向性函数的定义，式(9-44)中后两项就是对称振子天线的方向性函数，即

$$f(\theta)=\frac{\cos(kl\cos\theta)-\cos kl}{\sin\theta} \tag{9-45}$$

式中：θ 为振子的轴线与射线间夹角。

由式(9-44)可知，对称振子天线的磁场只有 $\hat{\boldsymbol{\phi}}$ 方向分量，故 H 面为垂直于对称振子轴线的 xOy 平面，表示的是辐射场强随角度变量 ϕ 的变化关系。而由式(9-45)可知，方向性函数与坐标变量 ϕ 无关，因此，对称振子天线 H 面方向图是以振子为中心的圆，表现出全向性。同理，对称振子天线的电场只有 $\hat{\boldsymbol{\theta}}$ 方向分量，故 E 面为通过对称振子轴线的平面，表示的是辐射场强随角度变量 θ 的变化关系。由式(9-45)可知，对称振子天线 E 面方向图形状与 l/λ 有关，如图 9-18 所示。下面分析不同长度对称振子的特性。

1. 短振子$\left(\dfrac{l}{\lambda}\ll 1\right)$

当短振子长度满足 $\dfrac{l}{\lambda}\ll 1$ 时，可认为 $\dfrac{2\pi l}{\lambda}=kl$，$kl\ll 1$，可将式(9-45)的分子展开成 (kl) 的升幂级数，并略去高次项，则得

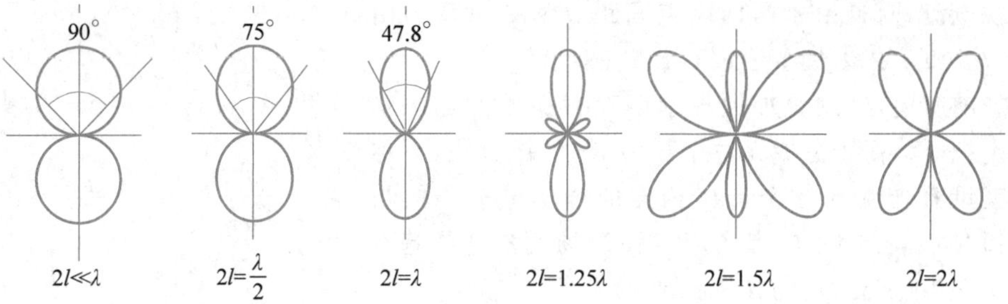

图 9-18　对称振子 E 面方向图

$$f(\theta)\mid_{(l/\lambda)\ll 1}=\frac{\left[1-\frac{(kl\cos\theta)^2}{2}+\cdots\right]-\left[1-\frac{(kl)^2}{2}+\cdots\right]}{\sin\theta}\approx\frac{(kl)^2}{2}\sin\theta \quad (9\text{-}46)$$

将式(9-46)代入式(9-44)，并考虑到 $kl\ll 1$ 时，可得

$$I_{\text{in}}=I_{\text{m}}\sin kl\approx I_{\text{m}}kl$$

式中，I_{in} 为振子输入端电流，则

$$E_\theta\mid_{(l/\lambda)\ll 1}=\text{j}\,\frac{\eta_0 I_{\text{in}} l}{2\lambda r}\sin\theta\,\text{e}^{-\text{j}kr} \quad (9\text{-}47)$$

与基本电振子辐射场比较可看出，两者的辐射场表达式完全相同。注意，电振子的长度为 l，而短振子的长度为 $2l$，即一个短振子等效于一个长度为其一半的基本电振子。

2. 半波振子$\left(2l=\dfrac{\lambda}{2}\right)$和全波振子($2l=\lambda$)

半波振子和全波振子是两种广泛应用的振子，其方向性函数分别如下：

对于半波振子，有

$$f(\theta)\mid_{\lambda/2}=\frac{\cos\left(\frac{\pi}{2}\cos\theta\right)}{\sin\theta} \quad (9\text{-}48)$$

显然，半波振子 E 面方向图为“8”字形，半功率宽度 $2\theta_{0.5\text{E}}\approx 78°$，略比基本电振子窄一些，无副瓣。

对于全波振子，有

$$f(\theta)\mid_{\lambda}=\frac{\cos(\pi\cos\theta)+1}{\sin\theta}=\frac{2\cos^2\left(\frac{\pi}{2}\cos\theta\right)}{\sin\theta} \quad (9\text{-}49)$$

显然，全波振子 E 面方向图也为“8”字形，半功率宽度 $2\theta_{0.5\text{E}}=47.8°$，无副瓣。

3. $2l>\lambda$

方向图出现副瓣，而且随着长度 l 的增大，主瓣变窄而副瓣加大。例如，当 $2l=1.25\lambda$ 时，$2\theta_{0.5\text{E}}=33°$，副瓣电平为 -10.3dB；当 $2l=1.5\lambda$ 时，原来第一象限的副瓣最大值超过 $\theta=90°$ 的波瓣最大值；当 $2l=2\lambda$ 时，原来 $\theta=90°$ 的主瓣消失，整个波束分裂为四个相等的波瓣。

可见，对称振子的方向性不同于基本电振子。对称振子天线方向图随振子长度变化的特性可用波的干涉概念作定性说明。如前所述，对称振子的辐射场是许多基本电振子辐射场的叠加，对于短天线，由于 $2l \ll \lambda$，各基本电振子到同一观测点的波程差可以忽略，其辐射场均同相叠加，故对称振子的方向图只取决于基本电振子的方向图。当对称振子的长度与波长可比拟且 $2l \leqslant \lambda$ 时，振子臂上的电流同相分布，在赤道面($\theta = 90°$)上由于各电流元到场点无波程差，其辐射场均同相叠加，使得 $\theta = 90°$为对称振子的最大辐射方向，在其他方向上各基本电振子到观察点的波程差不同，使得各基本电振子辐射场的相位各异，在观察点矢量叠加的结果引起方向图变化。对称振子电长度越长，波程差随角度变化得越快，因而主瓣越来越窄。当 $2l > \lambda$ 时，对称振子上出现反相电流，这时不仅主瓣变得更窄，而且出现了副瓣。当 $2l < 1.25\lambda$ 时，长度增大的主要作用是使主瓣变窄，天线的方向性也逐渐增强；当 $2l > 1.25\lambda$ 以后，长度的增加主要使副瓣增大，天线的方向性将随长度 l 的增加而减弱。当 $2l = 2\lambda$ 时，赤道面上虽然各元之间无波程差，但振子臂上分布形式相同的反向电流同样可使各元辐射场完全抵消，而原来的一对副瓣就取代中央波瓣成为有最大辐射的波瓣，出现了两个幅度相同的主瓣。显然，当长度继续增长时，主瓣分裂的现象将更加明显。

9.5.3 对称振子的辐射电阻和方向性系数

1. 辐射电阻

对称振子上电流为不均匀分布，因此据式(9-13)求出的辐射电阻将随所选参考点而异。若 $I = I_m$，则辐射电阻以波腹电流为参考，称为归于波腹电流的辐射电阻，仍记为 R_r；若 $I = I_{in}$，则辐射电阻称为归于输入电流的辐射电阻，记为 R_{rin}。假设振子电流为正弦分布，$I_{in} = I_m \sin kl$，故有

$$R_{rin} = \frac{2P_r}{|I_{in}|^2} = \frac{2P_r}{I_m^2 \sin^2 kl} = \frac{R_r}{\sin^2 kl} \tag{9-50}$$

当 $l = n\lambda/2$ 时，按正弦分布计算的输入电流出现零值，是开路状态，$R_{rin} \to \infty$。这是不合理的，原因是实际电流分布并非真正的正弦分布，二者的差别虽然不大，但当 $l = n\lambda/2$ 附近时实际电流分布与正弦分布之差的影响很大。所以，对于 $l = n\lambda/2$ 的对称振子，辐射电阻不采用 R_{rin} 而是采用 R_r。

对称振子的辐射阻抗 R_r 与 l/λ 的关系曲线如图 9-19 所示，其中：半波振子，$R_r = 73.1\Omega$；全波振子，$R_r = 200\Omega$。对于长为 $2l$ 的短振子，由式(9-50)可知，其 R_{rin} 与长为 l 的基本电振子的辐射电阻有相同的表示式，即

$$R_{rin}\big|_{(l/\lambda) \ll 1} = 80\pi^2 \left(\frac{l}{\lambda}\right)^2 = 20(kl)^2 \tag{9-51}$$

而

$$R_r\big|_{(l/\lambda) \ll 1} = R_{rin} \cdot \sin^2 kl = 20(kl)^4 \tag{9-52}$$

2. 方向性系数

$$D = \frac{4\pi}{\int_0^{2\pi}\int_0^{\pi} |F(\theta,\phi)|^2 \sin\theta \mathrm{d}\theta \mathrm{d}\phi}$$

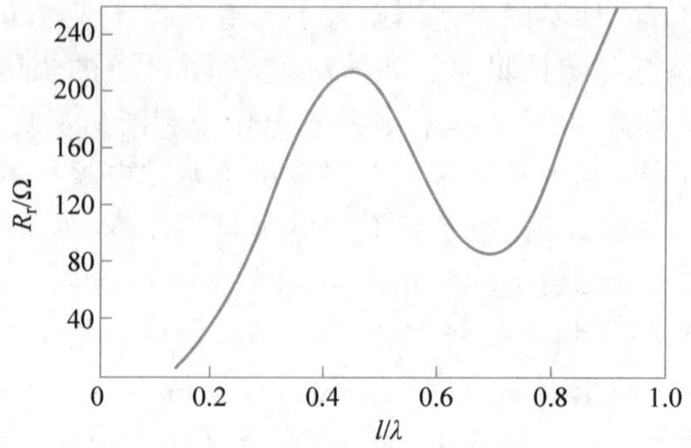

图 9-19 对称振子的辐射阻抗

根据上式可绘出对称振子 D 与 l/λ 的关系曲线，如图 9-20 所示。

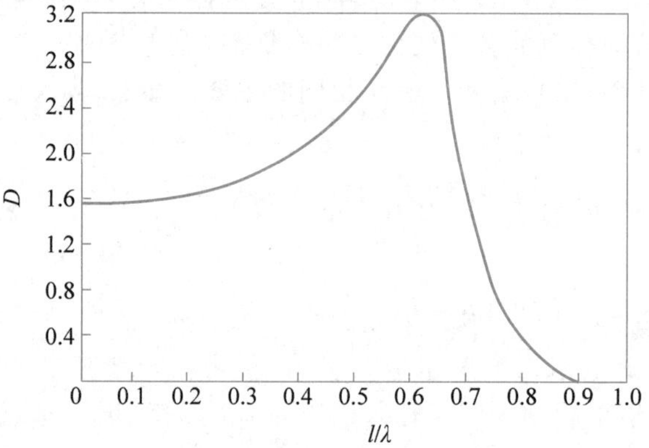

图 9-20 D 与 l/λ 的关系图曲线

可见，随着 l/λ 的增大，D 增大。当 $l/\lambda=0.625$ 时，D 达到最大值，当 $l/\lambda>0.7$ 时，D 值下降并随着 l/λ 的继续加大而迅速下降，这与方向图的变化规律是一致的，这时天线的最大辐射方向已不在 $\theta=90°$方向上。

9.5.4 对称振子的输入阻抗

对辐射方向图而言，由于是对振子上全部的电流积分，小区域、低幅度的电流失真不会对辐射场产生大的影响。而计算输入阻抗则不同，它指的就是馈电点的电流，较小的不同也可能导致很大的误差。当 $l=n\lambda/2$ 时，按正弦分布计算的输入电流出现零值，此时 $R_{\text{rin}}\to\infty$，显然是不合理的。原因在于实际电流分布并非真正的正弦分布，二者的差别虽然不大，但当 $l=n\lambda/2$ 附近时，实际电流分布与正弦分布之差的影响是很大的。因此，如果精确地计算对称振子的输入阻抗，就必须对正旋电流分布的假设做修正。

工程上计算对称振子输入阻抗最简单的方法是等效传输线法，或称为有耗传输线法。它是将对称振子等效成终端开路的长线，并用开路长线的阻抗公式来计算对称振子的阻抗。这种方法有以下两个重要的假定：

(1) 把对称振子这种“不均匀长线”看作均匀长线，取振子沿线各点特性阻抗的平均值作为等效均匀长线的特性阻抗。

(2) 将振子的辐射功率看成长线上的损耗，且此损耗均匀地分布在长线上。

已有的研究表明，对称振子的输入阻抗与 l/λ 的关系曲线如图 9-21 所示。图中，横轴为对称振子天线的电长度，纵轴分别表示对称振子天线的输入电阻和电抗，Z'_{c0} 表示对称振子的平均特性阻抗。

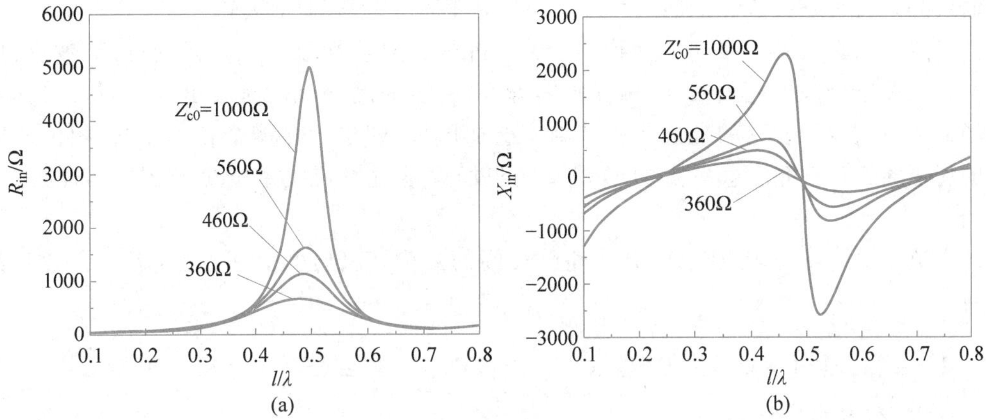

图 9-21 对称振子的输入阻抗

分析图 9-21 可得以下对称振子天线输入阻抗特性：

(1) 对称振子输入阻抗特性与有耗均匀开路传输线的输入阻抗有相同的特性；当 $l<\lambda/4$ 时，输入阻抗呈容性并有不大的输入电阻；当 $l\approx\lambda/4$（半波振子）时，输入电抗为零，相当于串联谐振，此时，$Z_{in}=R_{in}=R_r=73.1\Omega$，而且 Z_{in} 与振子臂半径 a 的关系不大；当 l 继续增大，$\lambda/4<l<\lambda/2$ 时，输入阻抗呈感性；当 $l\approx\lambda/2$（全波振子），输入电抗为零，相当于并联谐振，此时输入电阻有最大值，且该值与振子臂半径 a 有很大的关系。

半波振子或全波振子的输入阻抗为纯电阻，因而易于和馈线匹配，这也是工程上多选用半波振子或全波振子天线的原因。又由于半波振子的输入阻抗基本和振子臂半径 a 无关，且半波振子的输入阻抗随频率的变化也较全波振子缓慢，工程上更多采用半波振子天线。

(2) 对称振子越粗，频带越宽。对称振子臂半径 a 值越大，即振子臂越粗，它的平均特性阻抗越小，即 Z'_{c0} 越小。由图 9-21 可看出，对称振子阻抗的频率响应越平坦，工作频带越宽。

9.6 天线阵概念

天线的主要任务是把尽可能多的能量辐射出去，也就是说天线的增益要尽可能高。而单个天线受各种条件的制约，其增益往往很低。为了解决这一问题，人们提出了用单个天线组阵的设想。天线阵是指把许多形式相同的辐射器按一定方式排列，并馈以适当的激励，从而构成较为复杂的辐射系统。其也可称为阵列天线。组成天线阵的辐射器称为阵元，阵元可以是任意一种辐射器，如对称振子、缝隙天线、喇叭天线等，原则上阵元本身也可以是一个阵列。阵列按阵元分布方式可分为离散阵列和连续阵列两类，前者可视为后者的采样近似。

天线阵按阵元的排列方式可分为线阵、面阵和立体阵。显然，面阵可看成线阵的组合，立体阵可看成面阵的组合。因此，实际研究中可只研究线阵。线阵又可分为直线阵和曲线阵。天线阵按阵元的间距可分为均匀间距阵和非均匀间距阵。

天线阵的辐射是干涉现象的特例。天线阵的辐射特性取决于阵元的类型、数目、排列方式以及整个阵上电流的幅、相分布等因素，天线阵的分析就是找出这些因素与其空间场的关系或规律。它的理论分析基础是叠加原理，即当存在多个频率相同、相位差恒定的场源时，将空间任意一点的场看成这些场源独立存在时在该点产生的场的矢量叠加。

本节主要讨论均匀直线阵，并忽略阵元间的互耦，互耦问题的讨论读者可参考有关资料。

9.6.1 二元阵和方向图乘积定理

1. 二元阵的辐射场

二元阵是最简单且有实际意义的天线阵，也是分析多元天线阵的基础。它是由两个空间取向一致、形式相同且间距固定的天线组成的，如图 9-22 所示。

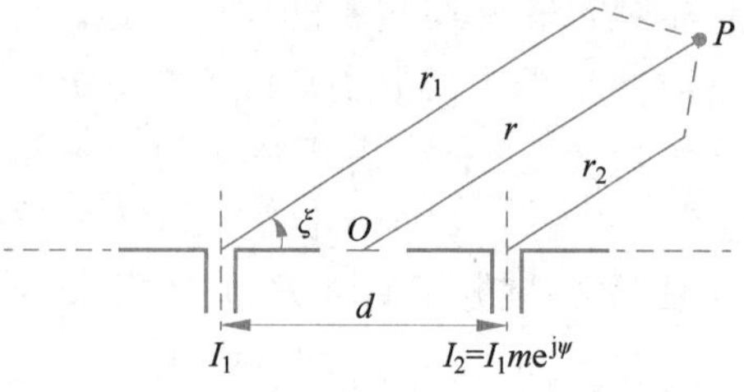

图 9-22 二元阵

设两个相同的对称振子以间距 d 平行排列，馈以相同频率的电流 I_1、I_2，两电流关系为 $I_2=I_1me^{-j\psi}$，即振幅比为 m，I_1 超前 I_2 的相角为 ψ。按叠加原理，观测点 P 的总场 $\boldsymbol{E}=\boldsymbol{E}_1+\boldsymbol{E}_2$，由于两振子在空间的取向一致，在远区 $\boldsymbol{E}_1$、$\boldsymbol{E}_2$ 有相同的极化，有 $E=E_1+E_2$。由 9.5 节可知

$$E_1=\mathrm{j}\frac{60I_{\mathrm{m}}}{r_1}\mathrm{e}^{-\mathrm{j}kr_1}f_0(\xi)$$

$$E_2=\mathrm{j}\frac{60I_{\mathrm{m}}}{r_2}m\mathrm{e}^{-\mathrm{j}\psi}\mathrm{e}^{-\mathrm{j}kr_2}f_0(\xi)$$

式中：$f_0(\xi)$为单个对称振子的方向图，且有

$$f_0(\xi)=\frac{\cos(kl\cos\xi)-\cos kl}{\sin\xi}$$

其中：ξ 为振子轴线与射线间夹角。

取两振子间中点 O 为参考点，对于远区观测点，矢径 $\boldsymbol{r}_1$、$\boldsymbol{r}$、$\boldsymbol{r}_2$ 可看成平行的，当计算远区场时，各射线长度均是大值，所以对于振幅项可以认为

$$1/r_1\approx1/r_2\approx1/r$$

但是，由于波程差项反映的是相位变化，要与波长比较，不能做上述近似。在如图 9-22

所示的坐标下，有

$$kr_1 \approx k\left(r + \frac{d}{2}\cos\eta\right)$$

$$kr_2 \approx k\left(r - \frac{d}{2}\cos\eta\right)$$

式中：η 为阵的轴线与射线间夹角。

由此可得

$$E = E_1 + E_2 = \mathrm{j}\,\frac{60 I_{\mathrm{m}}}{r}\mathrm{e}^{-\mathrm{j}kr} f_0(\xi)\left[\mathrm{e}^{-\mathrm{j}k\frac{d}{2}\cos\eta} + m\,\mathrm{e}^{\mathrm{j}\left(\frac{kd}{2}\cos\eta - \psi\right)}\right] \tag{9-53}$$

或者

$$E = \mathrm{j}\,\frac{60 I_{\mathrm{m}}\mathrm{e}^{-\mathrm{j}\frac{\psi}{2}}}{r}\mathrm{e}^{-\mathrm{j}kr} f_0(\xi)\left[\mathrm{e}^{-\mathrm{j}\left(\frac{kd}{2}\cos\eta - \frac{\psi}{2}\right)} + m\,\mathrm{e}^{\mathrm{j}\left(\frac{kd}{2}\cos\eta - \frac{\psi}{2}\right)}\right]$$

$$\triangleq \mathrm{j}\,\frac{60 I_{\mathrm{m}}\mathrm{e}^{-\mathrm{j}\frac{\psi}{2}}}{r}\mathrm{e}^{-\mathrm{j}kr} f_0(\xi) f_{\mathrm{ar}}(\eta)\mathrm{e}^{\mathrm{j}\phi(\eta)} \tag{9-54}$$

2. 方向图乘积定理

由式(9-54)可得

$$|E| = \frac{60\,|I_{\mathrm{m}}|}{r} f_0(\xi) f_{\mathrm{ar}}(\eta) \triangleq \frac{60\,|I_{\mathrm{m}}|}{r} f(\xi,\eta) \tag{9-55}$$

二元阵的方向性函数为

$$f(\xi,\eta) = f_0(\xi) f_{\mathrm{ar}}(\eta) \tag{9-56}$$

这就是方向图乘积定理，即任何相同阵元组成的天线阵的方向性函数等于各阵元单独存在时的方向性函数与阵元组成的阵函数的乘积。式中，$f_0(\xi)$为阵元独立存在时的方向性函数，称为元因子，它只取决于阵元本身，与阵元的排列情况和间距无关。$f_{\mathrm{ar}}(\eta)\mathrm{e}^{\mathrm{j}\phi(\eta)}$是因两个阵元同时存在而产生的结果，称为阵函数或阵因子。$f_{\mathrm{ar}}(\eta)$为阵因子的振幅方向性函数，$\phi(\eta)$为阵因子的相位方向性函数。就空间方向图而言，显然我们只关心振幅方向性函数。所以阵函数一般指它的振幅方向性函数。由式(9-54)可知

$$f_{\mathrm{ar}}(\eta)\mathrm{e}^{\mathrm{j}\phi(\eta)} = \mathrm{e}^{-\mathrm{j}\left(\frac{kd}{2}\cos\eta - \frac{\psi}{2}\right)} + m\,\mathrm{e}^{\mathrm{j}\left(\frac{kd}{2}\cos\eta - \frac{\psi}{2}\right)} \tag{9-57}$$

所以

$$f_{\mathrm{ar}}(\eta) = \sqrt{1 + m^2 + 2m\cos(kd\cos\eta - \psi)} \tag{9-58}$$

阵函数取决于阵的状态，如阵元数目、阵元排列、间距和阵上电流的幅相分布等，与阵元是何种辐射器无关。

应用方向图乘积定理要注意以下几点：

(1) 阵元必须满足相似性。

(2) 应使 $f_0(\xi)$和 $f_{\mathrm{ar}}(\eta)$处于同一坐标系下计算，例如在球坐标中为 $f(\theta,\phi) = f_0(\theta,\phi) f_{\mathrm{ar}}(\theta,\phi)$。若图 9-22 中振子轴线在 y 轴，阵的轴线为 x 轴时，则有

$$f(\theta,\phi)=\frac{\cos(kl\sin\theta\sin\phi)-\cos kl}{\sqrt{1-\sin^2\theta\sin^2\phi}}\cdot\sqrt{1+m^2+2m\cos(kd\sin\theta\cos\phi-\psi)}$$

(3) 当 $f_0(\xi)=1$，即阵元为无方向性点源时，天线阵的方向性函数等于阵函数，$f(\theta,\phi)=f_{ar}(\theta,\phi)$。阵元为无方向性点源只是理论假定，但它可以使人们在分析天线阵的方向性时只研究其阵函数。当阵的尺寸相当大、阵元数目很多时，决定阵的方向性的主要是阵函数。后面对于阵列天线将侧重研究其阵函数。

(4) 在式(9-58)中，当 $kd\cos\eta_m-\psi=0$ 时，$f_{armax}=(1+m)$，即在 η_m 方向上点源二元阵有最大辐射。而 $kd\cos\eta_m=\psi$ 表明此时的电流相位差恰好补偿了波程差引起的相位差，故各元辐射场同相叠加。从补偿观点看，最大辐射方向总是偏向电流相位滞后的阵元一侧。

(5) 式(9-54)表明，二元阵的辐射相当于一个放在阵中心的等效天线的辐射，该等效天线的电流相位是两个元电流相位的平均值$(-\psi/2)$，其方向性函数 $f=f_0\cdot f_{ar}$，式(9-57)等号右边的相位项 $kd\cos\eta/2-\psi/2$ 则表示每个阵元在观测点的辐射场与假想中心元的辐射场间的总相位差(波程差引起的相位差与电流相位差之和)。

下面讨论“二元等幅阵”的几种特例情况。

3. 二元等幅阵

对于二元等幅阵，有 $m=1$。由式(9-58)可知

$$f_{ar}(\eta)=2\left|\cos\frac{kd\cos\eta-\psi}{2}\right|$$

(1) 同相$(\psi=0)$时，有

$$f_{ar}(\eta)=2\left|\cos\left(\frac{\pi d}{\lambda}\cos\eta\right)\right|$$

当 $d=\lambda/2$ 或 $d=\lambda$ 时，阵因子为“8”字形，如图 9-23 所示；当 $\frac{\pi d}{\lambda}\cos\eta=n\pi(n\in\mathbf{Z})$ 时，$f_{ar}=1$，对应解出的 η_{max} 为最大辐射方向；当 $\frac{\pi d}{\lambda}\cos\eta=(2n+1)\frac{\pi}{2}(n\in\mathbf{Z})$ 时，$f_{ar}=0$，对应解出的 η_0 为零辐射方向。

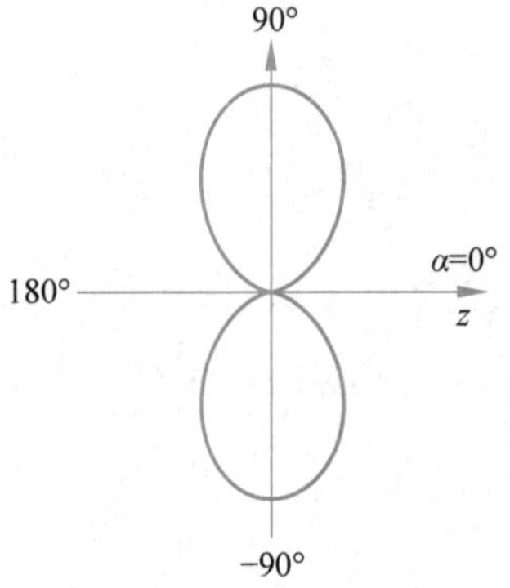

图 9-23　等幅同相二元阵阵因子图

(2) 反相$(\psi=\pm\pi)$时，此有

$$f_{ar}(\eta)=2\left|\sin\left(\frac{\pi d}{\lambda}\cos\eta\right)\right|$$

当 $d=\lambda/2$ 或 $d=\lambda$ 时，阵因子为“8”字形，如图 9-24 所示。当 $\frac{\pi d}{\lambda}\cos\eta=(2n+1)\frac{\pi}{2}(n\in\mathbf{Z})$ 时，$f_{ar}=1$，为最大辐射方向；当 $\frac{\pi d}{\lambda}\cos\eta=n\pi(n\in\mathbf{Z})$ 时，$f_{ar}=0$，为零辐射方向。与“同相”时正好相反。

(3) 当正交$\left(\psi=\pm\frac{\pi}{2}\right)$时，此有

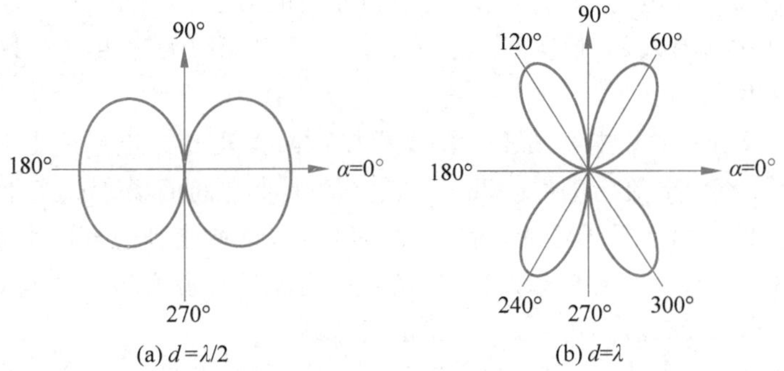

图 9-24 等幅反相二元阵阵因子图

$$f_{ar}(\eta)=2\left|\cos\left(\pm\frac{\pi}{4}+\frac{\pi d}{\lambda}\cos\eta\right)\right|$$

式中："+"表示 I_2 超前 I_1 90°相位；"−"表示 I_2 滞后 I_1 90°相位。

图 9-25 绘出了 $\psi=-\pi/2$ 时，$d=\lambda/2$ 和 $d=\lambda/4$ 的阵因子图。若 $\psi=\pi/2$，则方向图应以原点为中心旋转 180°。

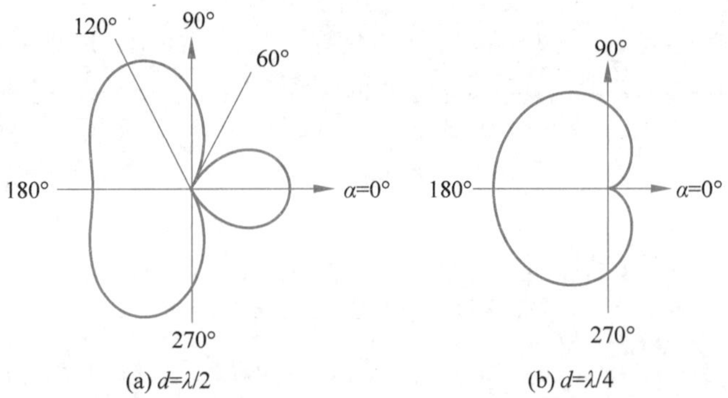

图 9-25 $\psi=-\pi/2$，$d=\lambda/2$ 及 $d=\lambda/4$ 的阵因子图

9.6.2 导电平面对邻近天线的影响

前面均假设天线处于无穷大的自由空间中，实际上天线都是架设在地面上或靠近其他物体的，这些导电（金属）、半导电媒质（地面）受天线产生的辐射场的作用会激励起感应电流。显然，这种感应电流也要在空间产生辐射场，一般称二次场或散射场。所以，实际空间中除了天线本身的辐射场，还有感应电流产生的次级场，空间某点的场是这两个场的矢量和。由"电磁场理论"知，当地面或邻近金属导体可以看成无限大时，可采用镜像法来处理。

"镜像法"的概念在"电磁场理论"中已做过介绍，天线分析所用的镜像法与电磁场中的完全一致，即用假想的镜像电荷或电流来代替原来的边界上的感应电流。根据唯一性定理，要使两种情况在所研究的空间中具有相同的解，则必须有两种情况下的边界条件相同。这也是找出镜像电荷、电流位置、大小和取向的方法。另外，必须注意镜像法只对原问题研究空间的解有效，其他空间不能等效。下面以无限大理想导电平面上垂直放置的基本电振子为例说明。

参看图 9-26，当一个基本电振子垂直放置在无限大理想导电平面上时，导电平面上产生感应电流，该感应电流与基本电振子共同产生上半空间的场。直接计算感应电流的分布及其所产生的场显然是困难的，所以采用镜像法，即取走理想导电平面，代之以在对称位置上的源的"镜像"(见图 9-26(b))，再按自由空间计算源和镜像共同产生的场，则上半空间的场将与图 9-26(a)的场一致，这就是镜像原理。

图 9-26(b)中镜像电流的方向、大小均与源电流一样，由式(9-4)求出 E_r 和 E_θ 分量，不难得出在 PP'平面上仍维持切向电场为零的边界条件。这与图 9-26(a)的边界条件一致，根据唯一性定理，上半空间的场也将与图 9-26(a)的场相同。由此可以看出，垂直放置在无限大理想导电平面上的基本电振子的镜像是放置在关于导电平面对称位置的，方向、大小均与源电流一样的基本电振子。

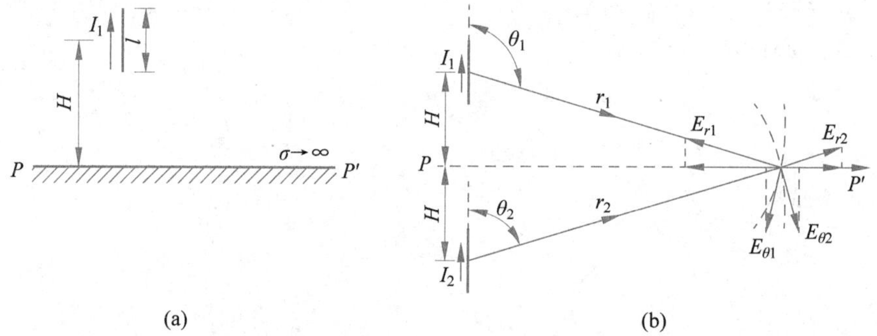

图 9-26　垂直振子及其镜像

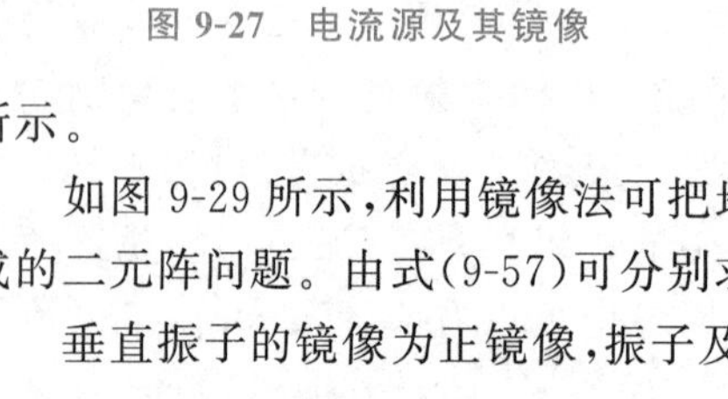

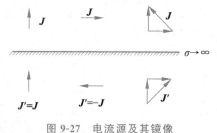

图 9-27　电流源及其镜像

图 9-27 给出了电流源 $\boldsymbol{J}$ 与理想导电无限大地平面平行或垂直放置时，其镜像电流、镜像磁流的大小和方向。当电流源对地平面斜置时，可将它们分解为平行与垂直两个分量后予以判定。

对于电流分布不均匀的线天线，可以把它看成很多个电流元的组合，每个电流元均有其相应的镜像，合起来就是整个天线的镜像，如图 9-28 所示。

如图 9-29 所示，利用镜像法可把地面对天线方向图的影响归结为求天线及其镜像组成的二元阵问题。由式(9-57)可分别求出不同取向的振子天线及其镜像的阵函数。

垂直振子的镜像为正镜像，振子及其镜像组成一个等幅同相二元阵：

$$f_{\mathrm{ar}\perp}(\Delta)=\mathrm{e}^{\mathrm{j}kh\sin\Delta}+\mathrm{e}^{-\mathrm{j}kh\sin\Delta}=2\cos(kh\sin\Delta)\quad\left(0\leqslant\Delta\leqslant\frac{\pi}{2}\right)\tag{9-59}$$

水平振子的镜像为负镜像，振子及其镜像组成了一个等幅反相二元阵：

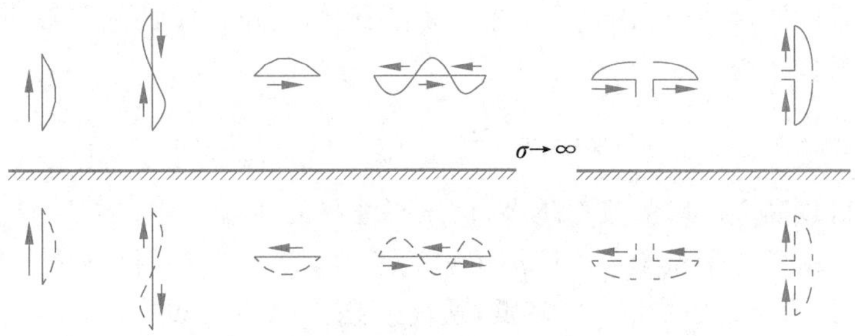

图 9-28 驻波单导线和对称振子的镜像

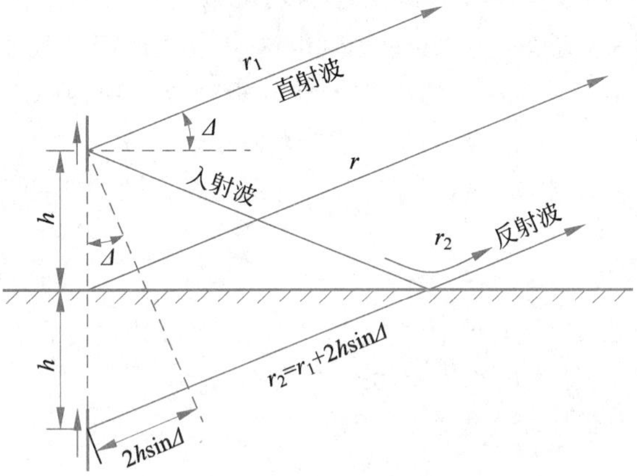

图 9-29 天线与其镜像构成二元阵

$$f_{\mathrm{ar}/\!/}(\Delta)=\mathrm{e}^{\mathrm{j}kh\sin\Delta}-\mathrm{e}^{-\mathrm{j}kh\sin\Delta}=2\mathrm{j}\sin(kh\sin\Delta)\quad\left(0\leqslant\Delta\leqslant\frac{\pi}{2}\right)\tag{9-60}$$

式中："j"恰是置于阵中心的等效天线的电流相位 $\mathrm{e}^{\mathrm{j}\frac{\pi}{2}}$。

图 9-30(a)为垂直地面半波振子的方向图，可见在水平方向($\Delta=0°$)有最大辐射，且随 h/λ 的增大(λ 不变，h 增高)将出现波束分裂现象。图 9-30(b)为不同 h/λ 时平行地

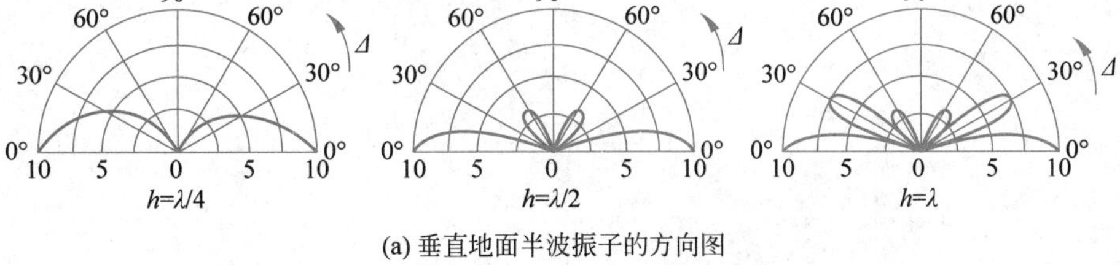

(a) 垂直地面半波振子的方向图

(b) 平行地面半波振子的方向图

图 9-30 地面对半波振子的影响

面半波振子的方向图，可见在$\Delta=0°$方向上没有辐射，且随h/λ的增高波束成多瓣状，每个瓣的最大辐射仰角为

$$\Delta_{i\max}=\arcsin\left(\frac{2i-1}{4h}\lambda\right)\quad (i=1,2,\cdots) \tag{9-61}$$

天线架设得越高方向图的波瓣越多，而第一波瓣的仰角$\Delta_{1\max}$越低，这一现象在实际应用中有重要。由于水平振子广泛应用于短波通信，传播主要是靠电波经过电离层的反射，第一波瓣的最大辐射方向$\Delta_{1\max}$越低，通信距离就越远，因此，天线的架高h应由通过距离决定。但是，在警戒雷达中第一波瓣的上翘形成了有害的"盲区"，必须设法弥补。

当地面为非理想导电平面时，近似计算仍然可以用天线镜像代替地面的影响，因而仍按二元阵计算。但是，镜像电流的幅度和相位应考虑地面的反射，在此不具体讨论。其特点是非理想导电地面情况下的方向图形状与理想导电地面时大致相同，但各瓣的绝对值较理想导电地面时为小，两瓣间的零点变为最小值。实际地面上垂直振子的方向图与理想导电地面时的差别比水平振子的要大，特别是在仰角很小的方向上差别更大。

9.6.3 均匀直线阵

N元均匀直线阵如图9-31所示，阵元以等间距d排列在一直线上，各元电流幅度相等($I_0=I_1=\cdots=I_{N-1}=I$)，相位依次递增$-\psi$。

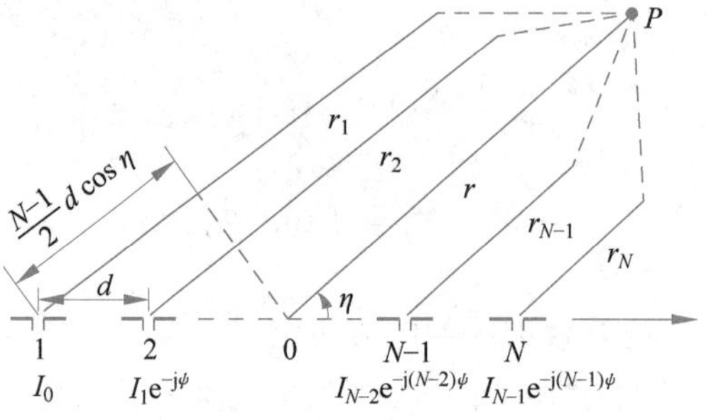

图9-31 N元均匀直线阵

设观测点P与阵中心距离$r\to\infty$，所有振子至P点的射线与阵轴线夹角为η，则第i元在P点的辐射场为

$$E_i=A\frac{I_{i-1}e^{-j(i-1)\psi}}{r_i}f_0e^{-jkr_i} \tag{9-62}$$

式中：f_0为阵元的方向性函数；A为常数；r_i为

$$r_i=r_1-(i-1)d\cos\eta \tag{9-63}$$

对振幅项，$r_i\approx r$。令相邻元的辐射场的总相差为

$$u=kd\cos\eta-\psi \tag{9-64}$$

则P处的总辐射场为

$$E=\sum_{i=1}^{N}E_i=\frac{A}{r}Ie^{-jkr_1}f_0[1+e^{ju}+e^{2ju}+\cdots+e^{j(N-1)u}] \tag{9-65}$$

化简得到P处的总辐射场为

$$E=\frac{A}{r}I\mathrm{e}^{-\mathrm{j}\left(kr_1-\frac{N-1}{2}u\right)}f_0\frac{\sin\frac{Nu}{2}}{\sin\frac{u}{2}} \tag{9-66}$$

式中：r 为阵中心至 P 的距离；为

$$\mathrm{e}^{-\mathrm{j}\left(kr_1-\frac{N-1}{2}u\right)}=\mathrm{e}^{-\mathrm{j}k\left(r_1-\frac{N-1}{2}d\cos\eta\right)}\mathrm{e}^{-\mathrm{j}\frac{N-1}{2}\psi}=\mathrm{e}^{-\mathrm{j}kr}\mathrm{e}^{-\mathrm{j}\frac{N-1}{2}\psi}$$

其中：$\mathrm{e}^{-\mathrm{j}\frac{N-1}{2}\psi}$ 为阵中各元电流的平均相位，当 N 为奇数时恰是中心元的电流相位。将式(9-66)写为

$$E=\frac{A\mathrm{e}^{-\mathrm{j}hr}}{r}\left(I\mathrm{e}^{-\frac{N-1}{2}\psi}\right)\left[f_0\frac{\sin\left(\frac{Nu}{2}\right)}{\sin\left(\frac{u}{2}\right)}\right] \tag{9-67}$$

这表明，整个天线阵的辐射场相当于一个置于阵中心的等效天线的辐射场，等效天线的电流相位是阵中各元电流的平均相位，它发出球面波，方向性函数为($f_0\cdot f_{\mathrm{ar}}$)。可见，N 元均匀直线阵的方向性函数也是由两部分组成的：第一个因子 f_0 是单元天线独立存在时的方向性函数，即元因子；第二个因子 f_{ar} 与组成天线的天线元的形式及方向无关，而只与各元的电流相位及间距有关，即阵函数(阵因子)。这就是均匀直线阵的方向图乘积定理。这一结论可以推广至一般天线阵，就是方向图乘积定理，即天线阵的方向图都可以写成元因子与阵因子的乘积。

均匀直线阵的阵函数表达式为

$$f_{\mathrm{ar}}(\eta)=\frac{\sin\frac{Nu}{2}}{\sin\frac{u}{2}}=\frac{\sin\frac{N}{2}(kd\cos\eta-\psi)}{\sin\frac{1}{2}(kd\cos\eta-\psi)} \tag{9-68}$$

通常将阵函数归一化，当 $u\to0$，$f_{\mathrm{ar}}=N$，这相当于各元辐射场同相叠加的情况，因而是阵函数的最大值。于是，归一化的阵函数可写为

$$F_{\mathrm{ar}}(\eta)=\frac{\sin\frac{Nu}{2}}{N\sin\frac{u}{2}}=\frac{\sin\frac{N}{2}(kd\cos\eta-\psi)}{N\sin\frac{1}{2}(kd\cos\eta-\psi)} \tag{9-69}$$

N 元均匀直线阵的归一化阵函数如图 9-32 所示。显然，随着阵元数目 N 的增加，天线阵的波束变窄，波瓣增多。这是随着阵元个数的增加，干涉现象加剧引起的。

若要求在 $\eta=\eta_{\mathrm{m}}$ 的方向上产生最大辐射，则由式(9-64)可知，此时相邻阵元间馈电电流相位差 $\psi=kd\cos\eta$(因为此时 $\mu=0$)。一般，根据 η_{m} 值可分为三种情况：

(1) 当 $\eta_{\mathrm{m}}=\pm90^\circ$时，$\psi=0$，阵的最大辐射方向在垂直于阵轴的方向上，称为侧射阵或边射阵；

(2) 当 $\eta_{\mathrm{m}}=0^\circ$或 $\eta_{\mathrm{m}}=180^\circ$时，$\psi=\pm kd$，阵的最大辐射方向是沿阵轴的，称为端射阵；

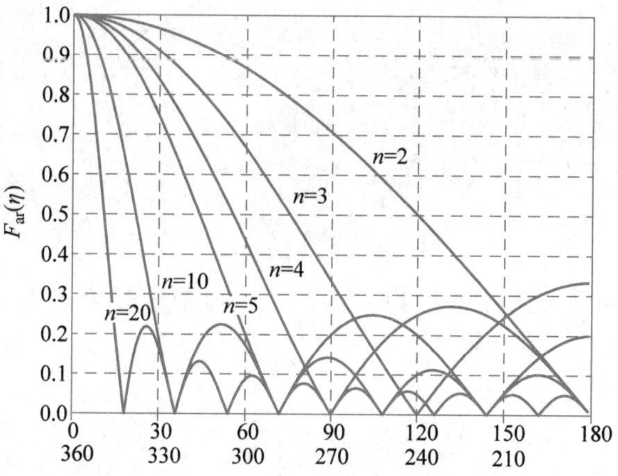

图 9-32 均匀直线阵的阵函数

(3) 当 $0°<\eta_m<180°$时，$-kd<\psi<kd$，反过来说，就是可以通过控制阵元馈电电流相位来实现最大辐射方向的改变，称为相控阵。

9.6.4 均匀直线边射阵、端射阵和斜射阵

1. 边射阵

根据上面的介绍，此时($\psi=0$)，即均匀直线阵各阵元馈电电流同相，于是有

$$F_{ar}(\eta)=\frac{\sin\left(\frac{N}{2}kd\cos\eta\right)}{N\sin\left(\frac{1}{2}kd\cos\eta\right)} \tag{9-70}$$

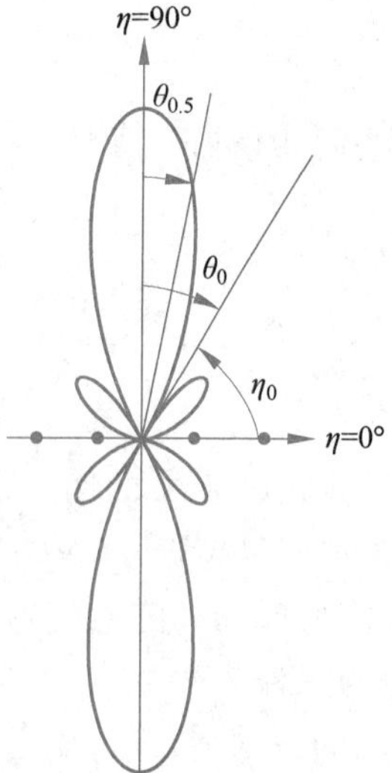

图 9-33 边射阵方向图 ($d=\lambda/2$)

图 9-33 示出了 $N=4,d=\frac{\lambda}{2}$的边射阵方向图。

1) 最大辐射方向

当 $u=0$，即 $\eta_m=\frac{\pi}{2}$时，$F_{ar}\left(\frac{\pi}{2}\right)=1$ 最大辐射方向与阵轴线垂直，因此称为边射阵(垂射阵、侧射阵)。

2) 零功率宽度

式(9-70)的零点在$\frac{Nu}{2}=n\pi$($n=\pm1,\pm2,\cdots,n$ 不能取 0，$n=0$ 时对应的 $\eta=\eta_m$)，当 $Nd\gg\lambda$ 时，第一零点发生在

$$\frac{N}{2}kd\cos\eta_0=\frac{N}{2}kd\sin\theta_0\approx\frac{Nkd}{2}\theta_0=\pi$$

故零功率宽度为

$$2\theta_0\approx\frac{2\lambda}{Nd}\approx\frac{2\lambda}{L}(\text{rad}) \tag{9-71}$$

式中：L 为阵的全长，$L=(N-1)d$。由上式可见，阵的电长

度(L/λ)越大,$2\theta_0$ 越小,阵的方向性越强。这是一个一般性的结论。

3) 半功率宽度

令式(9-70)的值为 0.707,用试探法可求得

$$\frac{Nu_{0.5}}{2}=\frac{N}{2}kd\cos\eta_{0.5}=\frac{N}{2}kd\sin\theta_{0.5}\approx 1.39$$

即

$$2\theta_{0.5}=0.89\frac{\lambda}{L}(\text{rad})=51^\circ\frac{\lambda}{L} \tag{9-72}$$

4) 副瓣电平

$$\text{SLL}_1=20\lg F_{\text{ar}}(u_1)=-13.2(\text{dB}) \tag{9-73}$$

当阵元数较少时,副瓣电平略大于此值。

5) 方向性系数

阵函数是对阵轴旋转对称的图形,当 $\frac{L}{\lambda}\gg 1$ 时,有

$$D\approx\frac{2L}{\lambda} \tag{9-74}$$

2. 端射阵(顶射阵)

当 $\psi=kd$ 时,所在元在 $\eta=0$ 方向电流相位差与空间波程差引起的相位差相互抵消,各元辐射场同相叠加,最大辐射方向在阵轴线方向,故这种直线阵称为端射阵。由于各元电流相位依次落后 kd,恰恰相当于有一沿阵轴传播的行波激励各元,行波的相速等于光速。必须指出,有端射特性的阵,相速不一定等于光速。

当 $\psi=kd$ 时,归一化阵函数为

$$F_{\text{ar}}(\eta)=\frac{\sin\left[\frac{N\pi d}{\lambda}(1-\cos\eta)\right]}{N\sin\left[\frac{\pi d}{\lambda}(1-\cos\eta)\right]} \tag{9-75}$$

图 9-34 示出了 $d=\lambda/4$ 和 $d=\lambda/2$ 情况下四元端射阵的方向图,其中 $d=\lambda/2$ 的端射阵,在 $\eta=180^\circ$方向也出现最大值。

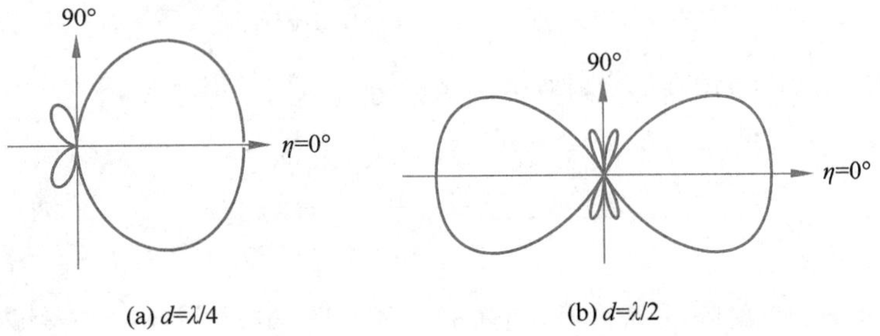

图 9-34 端射阵方向图

下面仍然讨论 $L\gg\lambda$ 时端射阵的参量。

1）最大辐射方向

当 $u=0$，即 $\eta_m=0°$ 时，$F_{ar}(0)=1$，最大辐射方向沿阵轴线，因此称为端射阵（顶射阵）。

2）零功率宽度 $2\theta_0$

因为

$$\frac{Nu_0}{2}=\frac{N\pi d}{\lambda}(1-\cos\eta_0)=\pi,\quad \eta_0\ll 1,\cos\eta_0\approx 1-\frac{1}{2}\eta_0^2$$

故得 $\eta_0\approx\sqrt{\frac{2\lambda}{L}}$，即

$$2\theta_0\approx 2\sqrt{\frac{2\lambda}{L}}(\text{rad}) \tag{9-76}$$

3）半功率宽度

与侧射阵中的讨论类似，利用试探方法得出

$$2\theta_{0.5}\approx 1.33\sqrt{\frac{2\lambda}{L}}(\text{rad})=108°\sqrt{\frac{\lambda}{L}} \tag{9-77}$$

4）副瓣电平

方法与侧射阵相同，即有

$$\text{SLL}_1\approx -13.2\text{dB} \tag{9-78}$$

5）方向性系数

$$D=\frac{kL}{\text{Si}(kL)-\dfrac{1-\cos kL}{kL}}\approx\frac{4l}{\lambda} \tag{9-79}$$

端射阵的 D 比同尺寸的侧射阵大 1 倍。这是由于两者的方向图都是关于 η 轴旋转对称的，侧射阵的主波束是"饼形"，而端射阵主波束是"锥形"，后者分布的空间立体角较小。

3. 斜射阵

在最大辐射方向 η_m 上应有 $u_m=kd\cos\eta_m-\psi=0$，即

$$\psi=kd\cos\eta_m \quad 或 \quad \eta_m=\arccos\frac{\lambda\psi}{2\pi d} \tag{9-80}$$

将式(9-80)代入式(9-69)，可得斜射阵的阵函数为

$$F_{ar}(\eta)=\frac{\sin\dfrac{Nkd}{2}(\cos\eta-\cos\eta_m)}{N\sin\dfrac{kd}{2}(\cos\eta-\cos\eta_m)} \tag{9-81}$$

图 9-35 示出了斜射阵的等相面，此面的法线与阵轴线的夹角为斜射阵的最大辐射方向。

由式(9-80)可见，当 ψ 变动时，阵的最大辐射方向随之变动，用控制阵元电流相位 ψ 的方法进行天线波束扫描的阵称为相控阵。还可控制振荡器的频率变化，使连接各阵元

的馈线上相位随之做线性变化，也可进行波束扫描，这种方法为频率扫描。

1）零功率宽度

$$2\theta_0 = 2\frac{\lambda}{L\sin\eta_m} \tag{9-82}$$

式(9-82)与式(9-71)相比较，在分母上多了因子 $\sin\eta_m$，这说明斜射阵的主波束比侧射阵的主波束宽。由图 9-35 可知，$L\sin\eta_m$ 相当于阵长度在等相面上的投影，即斜射阵等效于按投影比例缩短的侧射阵。

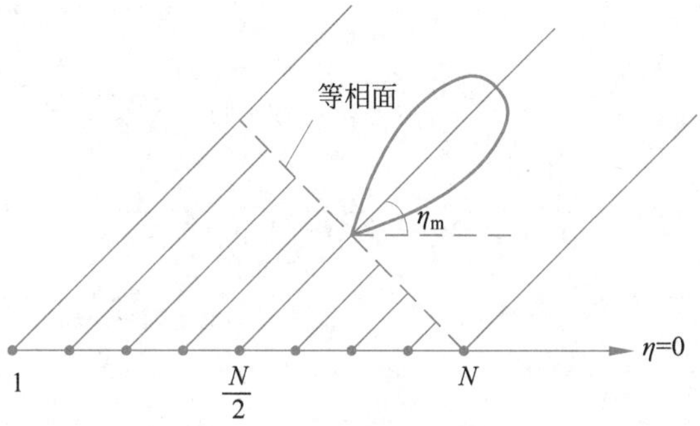

图 9-35　斜射阵的等相面

2）副瓣电平

副瓣电平与侧射阵相同，为－13.2dB。

3）方向性系数

方向性系数与零功率宽度的讨论相同，阵尺寸 L 等效缩短为 $L\sin\eta_m$，故方向性系数也在侧射阵的方向性系数上乘因子 $\sin\eta_m$，即

$$D \approx 2\frac{L\sin\eta_m}{\lambda} \tag{9-83}$$

当 η_m 较小时，天线增益下降很大，这也是规定直线(或平面)相控阵扫描范围($\eta_m \approx 30° \sim 150°$)的一个重要原因。

4. 栅瓣及其抑制

图 9-36 示出了 η 与 u 的关系。由 u 轴原点 O 左移 ψ 取点 O'，以 O' 点为圆心、kd 为半径作圆。圆上与 u 轴成 η 角的半径 $O'A$ 在横轴上的投影长度 $O'B = kd\cos\eta$，B 在 u 轴上的对应值 B' 即为与 η 角对应的 u 值($u = kd\cos\eta - \psi$)。

由图 9-36 可知，在对应 $\eta = 0 \sim \pi$ 的整个空间内(波瓣是对阵轴对称的)，u 值的变化范围为

$$-(kd+\psi) \leqslant u \leqslant (kd-\psi) \tag{9-84}$$

这一范围称为可见区，可见区之外称为非可见区。$F_{ar}(\eta)$ 曲线在可见区内代表实际空间的波束，在非可见区内代表虚空间的波束。可见区的大小和中心分别为

$$|u_{max} - u_{min}| = 2kd, \quad u_{O'} = -\psi$$

可见，改变相邻单元相位差 ψ 可以改变可见区的位置，改变间距 d 会改变可见区的大小。

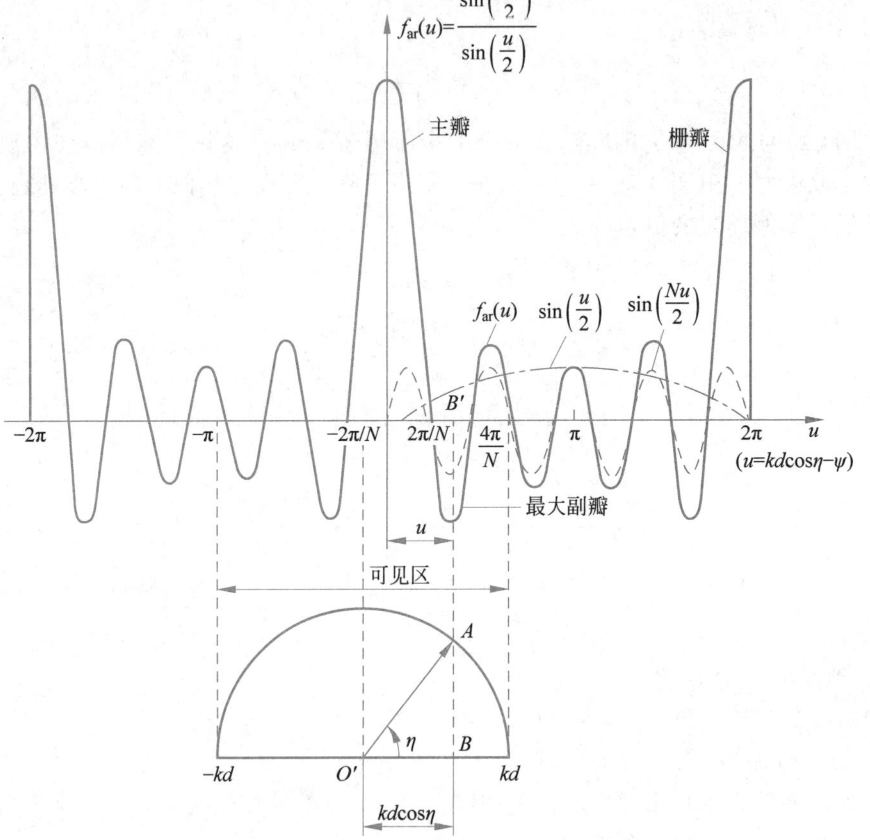

图 9-36 栅瓣说明示意图

由式(9-84)又可知，可见区随 d/λ 的增加而扩大，这样就会出现 $u=2n\pi(n=\pm1,\pm2,\cdots)$"落入"可见区的情况。此时相邻阵元在观察点的辐射场的总相位差为 $2n\pi$，各阵元的辐射场同相叠加，这就意味着在天线阵的辐射空间出现与主瓣相同的另一个最大值。这种可见区内出现的与主瓣一样大的波瓣称为栅瓣。栅瓣不但使能量分散，而且会造成对目标的观测位置的错误判断，必须予以抑制。抑制的条件是令 $u_{\max}<2\pi$，即

$$kd\ |\cos\eta-\cos\eta_{\mathrm{m}}|_{\max}<2\pi$$

$$d<\frac{\lambda}{1+|\cos\eta_{\mathrm{m}}|} \tag{9-85}$$

对侧射阵：$\eta_{\mathrm{m}}=\pi/2,d<\lambda$。

对端射阵：$\eta_{\mathrm{m}}=0,d<\lambda/2$。

对斜射阵：η_{m} 应为扫描范围的边缘角，例如当 $\eta_{\mathrm{m}}=30°$时，$d<0.53\lambda$。

如果不仅要求不出现栅瓣，还要求副瓣逐个减小，则应有 $kd'|\cos\eta-\cos\eta_{\mathrm{m}}|_{\max}<\pi$（对应一半是 $\pi/2$，余弦函数单调下降，如图 9-36 所示），其中

$$d'<\frac{\lambda}{2(1+|\cos\eta|)} \tag{9-86}$$

抑制条件式(9-85)和式(9-86)只适用于由无方向性阵元组成的天线阵。考虑元函数 f_0 后,特别是当栅瓣出现的方位上 f_0 只有很小的电平(如零点)时,上述条件可适当放宽。

9.7 几种常用天线

9.7.1 垂直接地振子

在某些情况下,天线结构或通信等方面的要求,需要使用垂直极化天线。例如在长、中波波段,主要采用地波传播方式,当波沿地表面传播时,水平极化由于电场与大地平行,可以在大地中引起感应电流,衰减很大。为了减小损耗,要求天线辐射垂直极化波。因此,在长、中波波段主要采用垂直于地面架设的天线,垂直接地天线就是此波段中应用常见的天线形式。

1. 结构形式

垂直接地天线为立于大地之上或金属地面上的垂直单极子天线。图 9-37 为垂直接地天线的示意图,馈源接在天线臂与大地之间。设地面为无限大导电平面,如前所述,地面的影响可用其镜像来代替。天线臂与其镜像构成长度为 $2l$ 的对称振子。

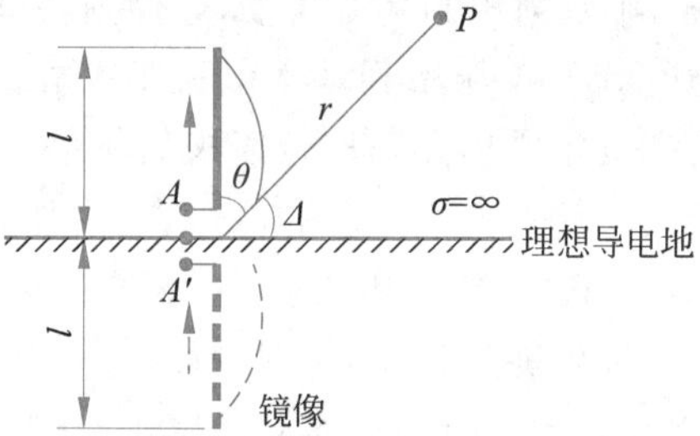

图 9-37 垂直接地天线

2. 分析方法

根据 9.5.2 节可知,在地面上半空间垂直接地振子的方向图与长为 $2l$ 的对称振子的方向图相同,它在下半空间的辐射场则为零(这是近似的,实际 $\sigma \neq \infty$,地下仍有较弱的场),即

$$\begin{cases} E(\Delta)=\mathrm{j}\dfrac{60I_{\mathrm{m}}}{r}\mathrm{e}^{-\mathrm{j}kr}\dfrac{\cos(kl\sin\Delta)-\cos kl}{\cos\Delta} & (0\leqslant\Delta\leqslant\pi) \\ E(\Delta)=0 & (-\pi<\Delta<0) \end{cases} \tag{9-87}$$

垂直接地振子的方向性系数为相应对称振子方向性系数的 2 倍,即

$$D_{\mathrm{v}}=\frac{2}{\int_{2}^{\pi/2}F^{2}(\theta)\sin\theta\mathrm{d}\theta}=\frac{2}{\frac{1}{2}\int_{0}^{\pi}F^{2}(\theta)\sin\theta\mathrm{d}\theta}=2D_{\mathrm{d}} \tag{9-88}$$

由 $R_{\mathrm{rv}}=2P_{\mathrm{r}}/|I_{\mathrm{m}}|^2$ 可知,当波腹电流 I_{m} 相同时,由于垂直接地振子只向上半空间辐射,辐射功率只有相应的对称振子的一半,故辐射电阻也只是对称振子辐射电阻的一半,即

$$R_{\mathrm{rv}}=R_{\mathrm{rd}}/2 \tag{9-89}$$

由于垂直接地振子的输入电流与计入镜像后构成的对称振子相同，而输入电压仅为后者的一半，垂直接地振子的输入阻抗与相应对称振子的输入阻抗之间的关系为

$$Z_{\mathrm{inv}}=Z_{\mathrm{ind}}/2 \tag{9-90}$$

3. 加顶与地网

垂直接地振子天线多用于长中波段，天线长度（高度）受结构的限制往往比波长小很多，因此天线的辐射能力很弱，辐射电阻很小；另外，天线的损耗电阻却相当大，以致天线效率很低，为百分之几到百分之十几。因此，提高天线效率就成为长中波段垂直接地天线的主要问题。由 $\eta_{\mathrm{A}}=R_{\mathrm{r}}/(R_{\mathrm{r}}+R_{\Omega})$ 可知，提高 η_{A} 的途径是增加辐射电阻和减小损耗电阻，为此在垂直接地振子上采用了各种形式的加顶以及埋设地网等措施。

1）天线的加顶

已知 $2l\ll\lambda$ 的对称振子上的电流近似为三角形分布，所以 $l\ll\lambda$ 的垂直接地振子的以输入电流为参考的辐射电阻为

$$R_{\mathrm{rv(in)}}=\frac{1}{2}(20k^2l^2)\approx 400(l/\lambda)^2 \tag{9-91}$$

若 $\lambda=5000\mathrm{m}$，$l=100\mathrm{m}$，则辐射电阻为 0.16Ω，即使损耗电阻为 3Ω，天线效率也只有 5%。若垂直接地振子上的电流分布能做到基本电振子一样的均匀分布，则辐射电阻将增加到原来的 4 倍，天线效率也相应提高到接近原来的 4 倍。要使垂直接地振子上的电流接近均匀分布，必须在天线顶部加电容（终端效应），通常加金属导线比较方便，称为顶线。因顶线形式不同可区分出 T 形、Γ 形和伞形等，如图 9-38 所示。顶线及其镜像由于电距离小可视为平行双线，其辐射能量很小，可以忽略不计，产生空间辐射的主要是垂直部分。顶线通常不是一根而是若干根导线的组合，这等效于加粗顶线从而加大单位长度电容以缩短顶线长度。

2）地网

采用加顶措施后，天线效率最多只能提高到原来的 4 倍，进一步提高效率还要设法降低损耗电阻。对于垂直接地天线而言，大地是天线电流回路的一部分，电流流经大地时产生的损耗显然大于电流流经天线自身（金属）产生的损耗，所以损耗电阻以地中损耗为主。

通常认为大地的损耗是由两方面的因素引起的：一是天线电流在天线周围空间以位移电流形式经地面流入天线的接地系统返回信号源，称为电场损耗；二是天线电流产生的磁场作用在地表上，根据边界条件将在地面产生径向电流，此电流流过有耗地层时将产生损耗，称为磁场损耗。总的损耗电阻等于电场损耗电阻与磁场损耗电阻值之和。它与天线形式、接地条件以及大地的等效电参数有关。

因此，降低损耗电阻，就必须降低大地中的损耗，就增加大地的导电能力。人们通常采用在天线下面埋设地网的方法来提高大地的电导率。地网是指按一定方式埋入地内的若干金属条，它不仅使地内的电导率增加，而且使进入地内的电力线通过地网导体构成回路，减少了电流在半导电媒质（大地）中的传播，从而减少了地中损耗。良好的地网

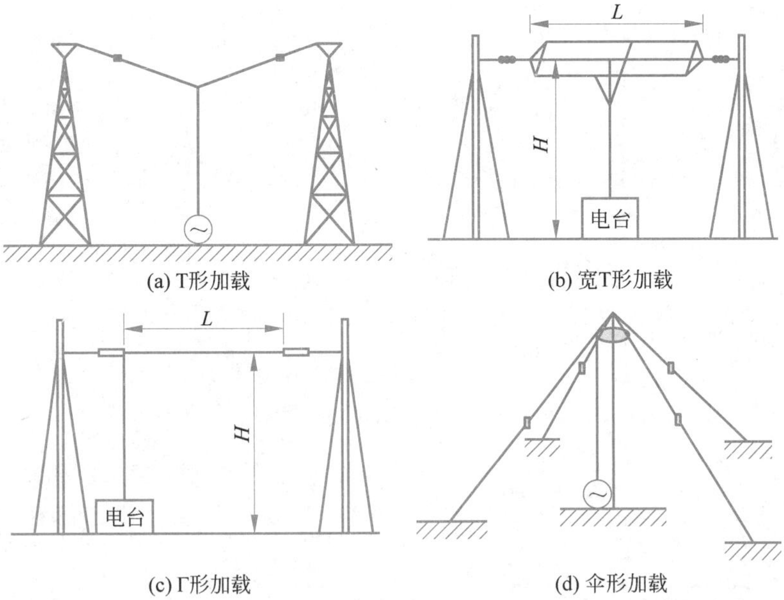

图 9-38 垂直接地振子天线常见加顶方式

可使损耗电阻下降到 1Ω 左右。

【仿真案例】 为了进一步了解垂直接地天线的空间辐射特性，这里给出一个垂直接地振子天线的仿真案例。

图 9-39 为垂直接地振子天线的结构，接地振子的长度为 h，并假定地面为无限大理想导电平面。图 9-40 为该天线在 h 为 $\lambda/4$、$2\lambda/3$、$3\lambda/4$、λ 四种情形下的 E 面方向图。不难看出，随 h 变化，E 面方向图发生变化。这是因为地面的镜像作用，长度为 h 的垂直接地振子的方向图和长度为 $2h$ 的对称振子天线在半空间的方向图是完全一样的。

图 9-39 垂直接地振子天线的结构

彩图

4. 应用

垂直接地振子天线在长、中波波段得到广泛应用。在此波段天线的几何高度很高，除用高塔(木杆或金属)作为支架将天线吊起，也可以直接用铁塔作为辐射体，称为铁塔天线或桅杆天线。此外，这种天线还广泛应用于短波和超短波波段的移动通信电台中，一般由 1 节或数节金属棒或金属管构成，节间可以用螺接、卡接或拉伸等方法连接。此波段天线的高度并不长，外形像鞭，故又称为鞭天线。图 9-41 为加顶垂直接地天线在军用短波电台中的应用。

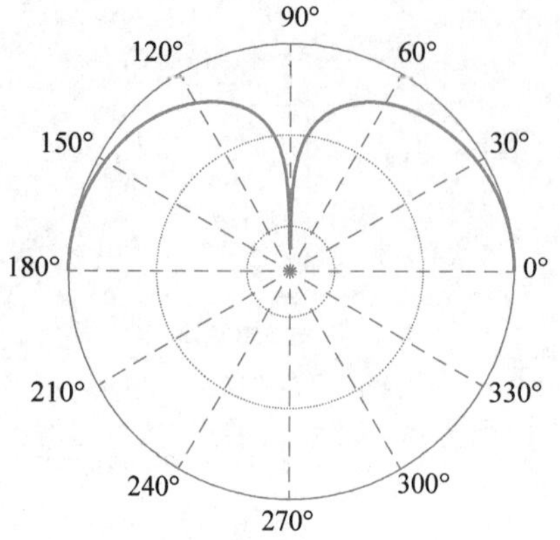

(a) $h=\lambda/4$

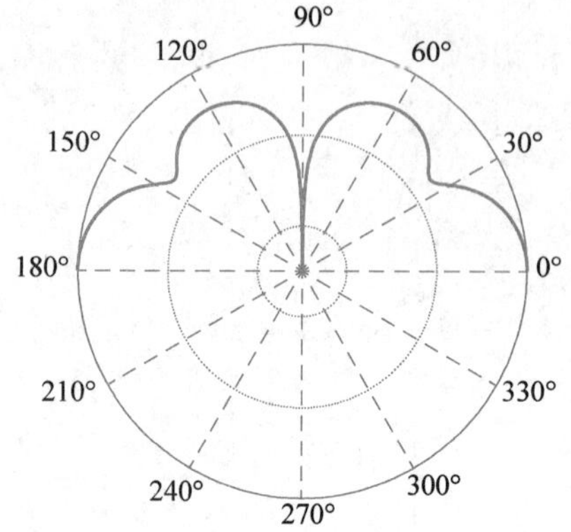

(b) $h=2\lambda/3$

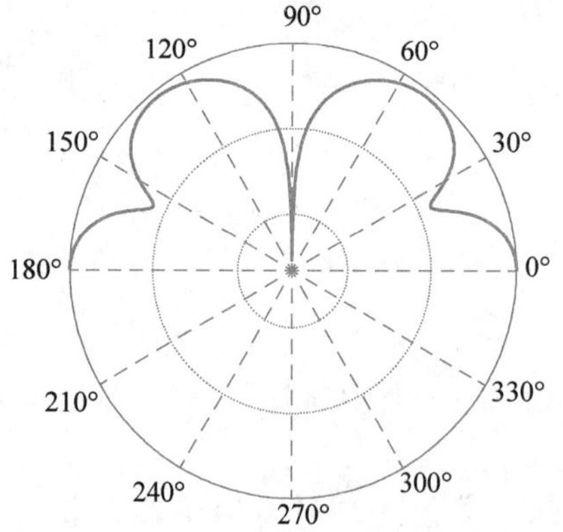

(c) $h=3\lambda/4$

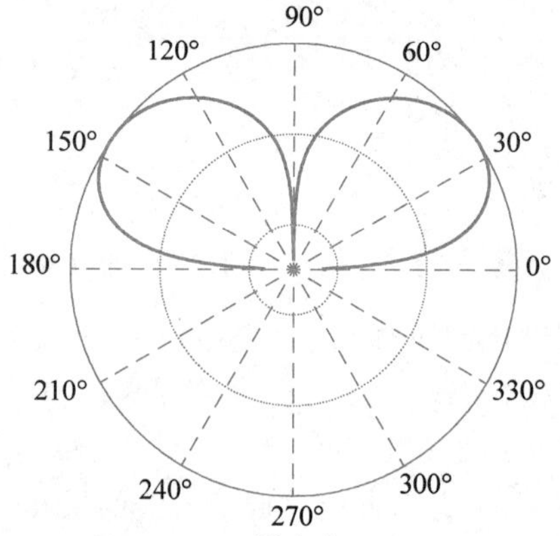

(d) $h=\lambda$

图 9-40　不同长度垂直接地振子的 E 面方向图

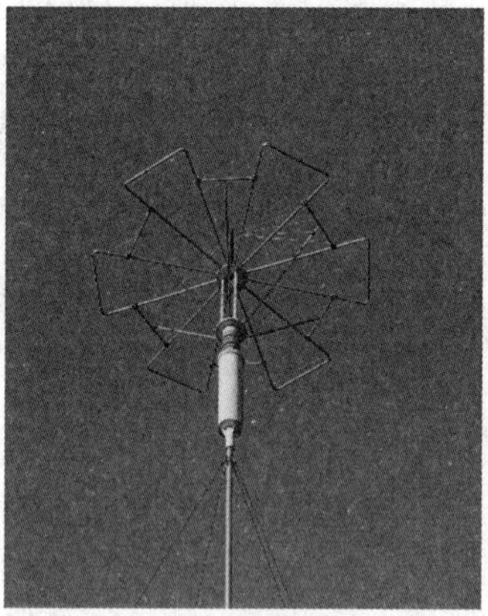

图 9-41　加顶电台天线

9.7.2　引向天线

引向天线又称为八木-宇田天线，简称八木天线。日本东北大学的宇田太郎最早设计了这种天线,他的导师八木秀次也帮助设计和测试了这种天线。1928 年八木秀次访问美国时,将宇田的论文翻译成了英文并在电气工程师学会上发表,受到了欧美无线电行业的关注。之后,八木天线被运用在短波通信等领域。第二次世界大战以后,随着无线电技术的迅速发展,八木天线得到了更为广泛的应用。

1. 结构形式

八木天线的结构由一个有源振子、一个无源的反射振子(反射器)和若干无源的引向振子(引向器)组成,所有振子均排列在一个平面上并且垂直于连接它们中心的金属杆,如图 9-42 所示。金属杆位于无源振子上的电压波节点且和振子辐射的电场相垂直,故对天线的场结构不会有显著的影响,只起固定、支撑的作用。

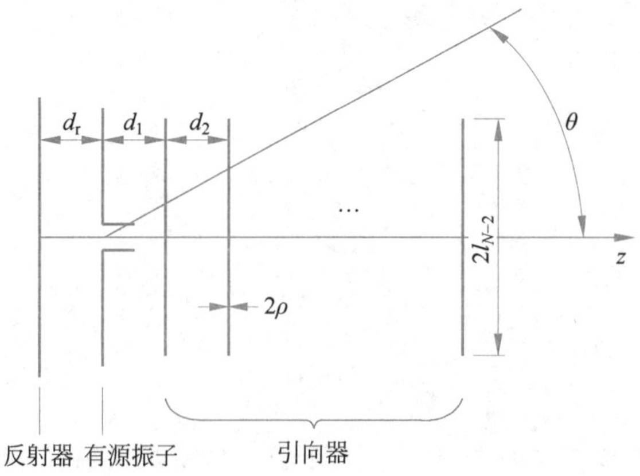

图 9-42　八木天线结构示意图

有源振子一般选用半波振子,用馈线与发射机或接收机相连。反射器常用一根比有源振子长 5%～15%的无源振子,也可用两根与有源振子等间距的平行金属杆或一个金属网;反射器与有源振子的距离 d_r 一般取(0.1～0.25)λ。无源引向振子的长度比有源振子短 5%～15%。当引向器与有源振子间以及引向器间的距离 d_d 取(0.1～0.2)λ 时,一般用 2～3 个引向振子;当 d_d 取(0.25～0.35)λ 时,一般用 5 个或更多的引向振子。一般来说,引向器的数目越多,引向能力越强,但太多时结构困难,并且由于相互耦合强使天线难于调整,引向器一般不超过 12 个。引向振子尺寸和间距均相同的引向天线称为均匀引向天线;否则,称为非均匀引向天线。

2. 工作原理

八木天线可看成由长度接近于 $\lambda/2$ 的有源振子和若干个无源阵子组成的天线阵。以三单元(单元数为引向器、反射器、有源振子数目之和)八木天线为例。反射器略长于 $\lambda/2$,因此呈感性,其感应电流滞后于感应电动势 90°。有源振子位于反射器前方 $\lambda/4$ 处,其感应电动势超前反射器的感应电动势 90°,而因为有源振子谐振,所以有源振子的电动势和电流同相。故有源振子电流超前反射器电流 180°,而反射器电流所感应出的磁场落后电流 90°,感应磁场在振子上感应的电动势比磁场本身落后 90°。最终,反射器在振子上的感应电动势与振子自身的感应电动势同相,二者叠加增强。引向器也依据类似的原理加强了振子的感应电动势。

【仿真案例】 为了进一步了解八木天线的空间辐射特性，这里给出八木天线的仿真案例。图 9-43 为一个 6 元八木天线的仿真结构，单元 1 为反射器，单元 2 为有源振子，单元 3～6 为引向器。各单元长度 $2l_r=0.50\lambda$，$2l_0=0.47\lambda$，$2l_1=2l_2=2l_3=2l_4=0.43\lambda$，两单元间距 $d_r=0.25\lambda$，$d_1=d_2=d_3=d_4=0.30\lambda$，振子直径 $2a=0.0052\lambda$。

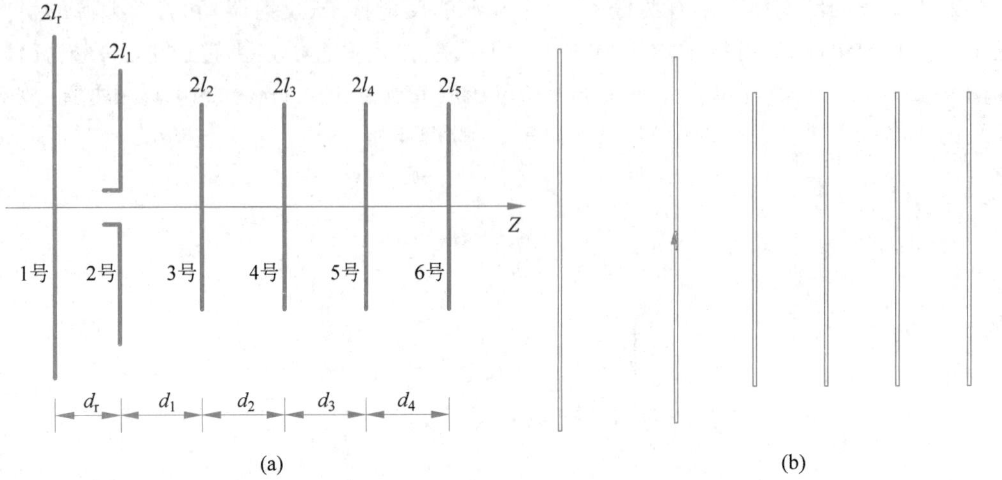

图 9-43 八木天线结构与仿真图

图 9-44 为八木天线二维面方向图，可以看到天线的最大辐射方向指向引向单元的引导方向。

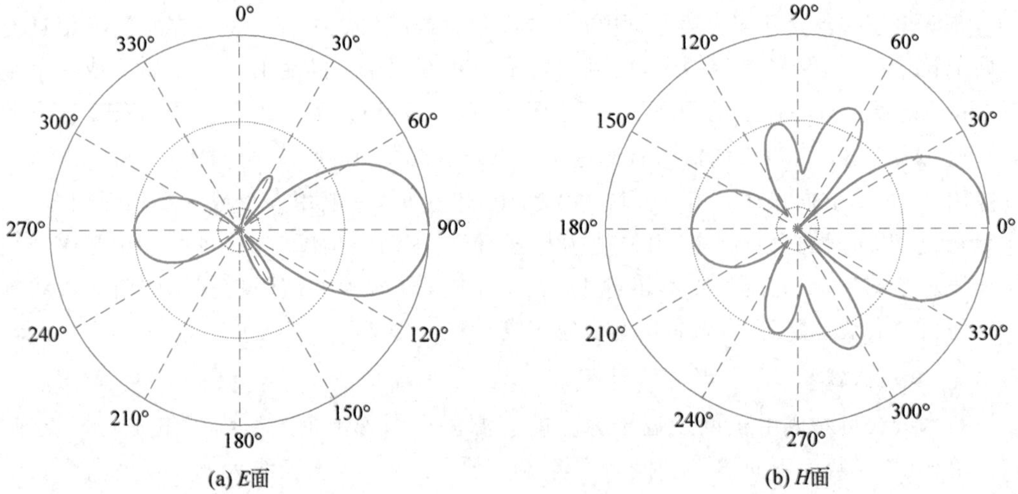

图 9-44 八木天线二维面方向图

八木天线的性能一般有如下规律：

(1) 随着 d_r 减小，天线的输入电阻减小，后瓣电平降低；

(2) 随着 d_i 增大($d_i<0.4\lambda$)，天线增益增大，副瓣电平升高；

(3) 振子的尺寸 $l_r > \lambda/2$，$l_i < \lambda/2$，$l_0 = \lambda/2$，但要考虑终端效应；

(4) 振子直径越粗，阻抗带宽越宽。

表 9-1 列出了八木天线增益和引向器数目的关系，一般而言，引向器的数目越多，天线的增益越高，通常为 6～12 个引向器，再增加引向器的数目对增益影响不大，且会造成天线阻抗匹配困难。

表 9-1 八木天线增益和引向器数目的关系

元数	反射器数	引向器数	增益/dBi
2	1	0	3～4.5
2	0	1	3～4.5
3	1	1	6～8
4	1	2	7～9
5	1	3	8～10
6	1	4	9～11
7	1	5	9.5～11.5
8	1	6	10～12
9	1	7	10.5～12.5
10	1	8	11～13

3. 应用

八木天线为驻波天线，其结构与馈电简单，制作与维修方便，体积不大，重量轻，转动灵活；天线效率很高，增益可达 15dBi；还可用它作阵元组成引向天线阵以获取更高的增益。因而被广泛应用于分米波段的通信、雷达、电视和其他无线电设备中，如图 9-45 和图 9-46 所示。其缺点主要是工作频带窄，结构参数较多，调整较为困难。

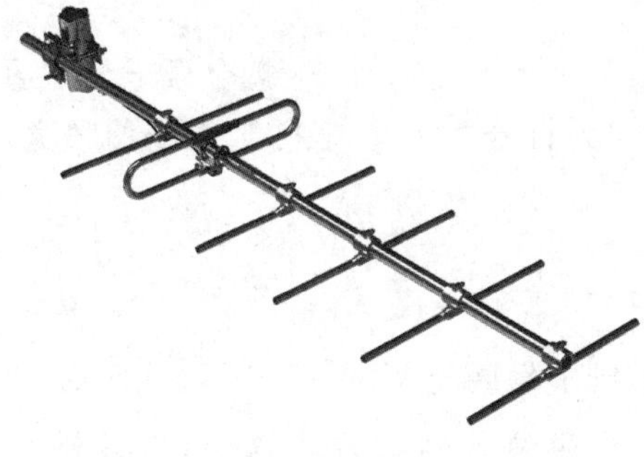

图 9-45 短波定向通信中的八木天线

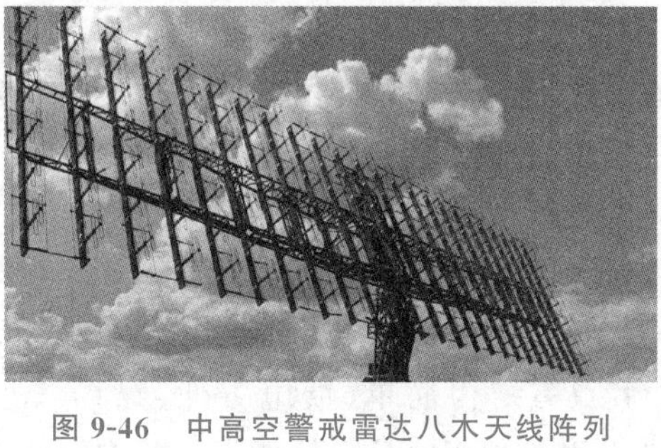

图 9-46 中高空警戒雷达八木天线阵列

4. 折合振子

由于各无源振子的感应辐射电阻常为负值，使有源振子的输入阻抗降低，为提高八木天线的输入电阻，可采用折合振子等形式来提高有源振子的输入阻抗，从而有利于和馈线的匹配。

折合振子是用导线弯成扁环状，如图 9-47 所示。两导线距离 d 远小于振子长度 $2l$，

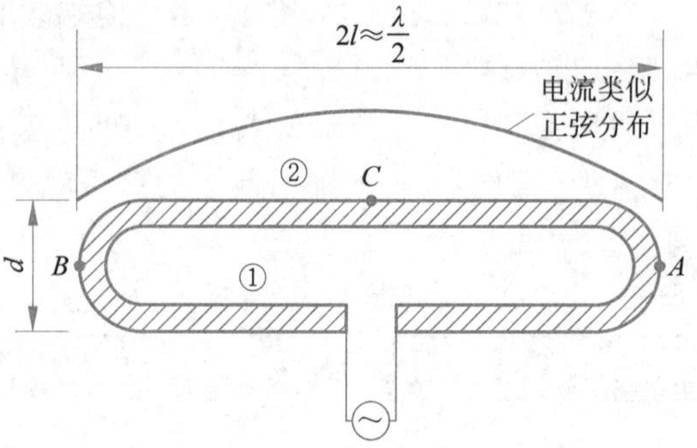

图 9-47　折合振子

$2l$ 可以是任意的，常用的是 $\lambda/2$ 长度。半波折合振子可近似看作一根终端短路的 $\lambda/2$ 传输线从中部拉开而成，这样上、下两臂电流分布相同而且等幅同相。因此，可以看作两个相距很近的 $\lambda/2$ 振子末端相连而成。由于相连 A、B 处电流为 0，可将折合振子在此处断开，进而将折合振子看成一对长 $\lambda/2$ 的耦合对称振子，两振子电流振幅相等、相位相同。显然，辐射场可看成两个 $\lambda/2$ 振子辐射场的叠加。又由于两振子间距很小(可忽略)，折合振子的方向图和半波振子相同。

从辐射功率的角度考虑，因为两振子间距 d 很小，两振子上电流又等幅同相，就远区辐射场而言，两振子可等效为一个粗振子，其电流为两电流之和，即 $2I_{\mathrm{m}}$。因此，等效粗振子的辐射功率为

$$P_{\mathrm{r}}=\frac{1}{2}(2I_{\mathrm{m}})^{2}R_{\mathrm{r}}=4\left(\frac{1}{2}I_{\mathrm{m}}^{2}R_{\mathrm{r}}\right) \tag{9-92}$$

归于天线输入电流的输入阻抗为

$$Z_{\mathrm{in}}=\frac{2P_{\mathrm{r}}}{I_{\mathrm{m}}^{2}}=4R_{\mathrm{r}}\approx 300(\Omega) \tag{9-93}$$

这一阻抗可与 300Ω 特性阻抗的平行双线良好匹配。综合而言，折合振子与普通振子的特性阻抗—频率曲线类似，3dB 阻抗相对带宽为百分之十几，较普通振子的稍宽，这是由于相当于振子加粗。

9.7.3　背射天线

背射天线是 20 世纪 60 年代初在引向天线基础上发展起来的一种天线，如图 9-48 所示。其具有结构简单、馈电方便、纵向长度短、增益高和副瓣背瓣较小(可分别达到 −20dB 和 −30dB 以下)等优点。其中短背射天线具有效率高、能平装及可用介质材料密封等优点，更得到重视和应用。

1. 背射天线

引向天线的末端引向器后面再加一个金属反射圆盘 T，就构成背射天线，如图 9-48(a)所示。当电波沿引向天线的慢波结构传播到反射盘 T 后即发生反射，再一次沿慢波结构向相反方向传播，最后越过无源反射振子向外辐射，故又称为反射天线。它相当于将原

来的引向天线长度增加了1倍，故同样长度上可望多获得3dB的增益；此外，由于反射盘的镜像作用，增益还可以再加大一些(理想情况下是再增加3dB)，反射盘一般称为表面波反射器，它的直径大致与同一增益的抛物面天线的直径相等；反射盘到无源反射振子之间的距离应为$\lambda/2$的整倍数。若在反射盘的边缘上再加一圈反射环(边框)，则可使增益再加大2dB左右。设计良好的背射天线可以实现比同样长度的引向天线高8dB的增益，其增益可用下式大致估算：

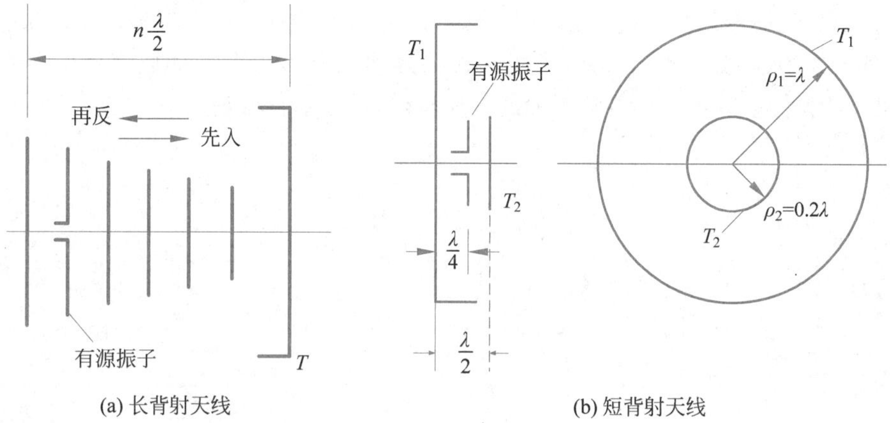

图 9-48 背射天线

$$G = 60L/\lambda \tag{9-94}$$

当要求天线的增益为15～30dBi时，采用背射天线是比较恰当的，因为在此增益范围内，引向天线的长度太大不易实现，对称振子阵列的馈电系统复杂，而抛物面天线时，结构、工艺上均不经济。

2. 短背射天线

短背射天线由一根有源振子(或开口波导、喇叭)和两个反射盘组成，如图9-48(b)所示。小反射盘的直径为$(0.4\sim0.6)\lambda$，大反射盘的直径为2λ，边缘上有宽度$W=(1/4\sim1/2)\lambda$的边框——反射环。电波在两个反射盘之间来回反射，其中一部分越过小反射盘向外辐射。这种各部分的组合形成了一个较为理想的开口电磁谐振腔，使其定向辐射性能加强而杂散能量减弱，因而能获得较高效益和较低副瓣。其增益为8～17dBi，在同样增益下，其长度为引向天线的1/10。这种天线主要依靠经验数据进行设计，再通过试验调整。

背射天线和短背射天线的优点是：结构简单，馈电方便；纵向长度短，增益高和副瓣，背瓣较小(可分别达到−20dB和−30dB以下)等。此外，短背射天线具有效率高、能平装及可用介质材料密封等优点，得到更大重视和应用，被广泛用于宇航、卫星领域。图9-49为2.4GHz定向通信短背射天线。

图 9-49 2.4GHz短背射通信天线实物

9.7.4 螺旋天线

Kraus 于 20 世纪 40 年代发明了螺旋天线，其灵感来源于行波管的螺旋导波结构。1951 年，Kraus 设计并建造了用于射电望远镜的大型螺旋天线阵列，并利用该天线首次测绘出最广幅的射电天文图。

1. 结构形式

由金属导线或金属带绕制成圆柱螺线，一端用同轴馈电，另一端处于自由状态或与同轴线外导体相连，如图 9-50 所示。同轴线外导体向垂直方向延伸成直径 $D=(0.8\sim1.5)\lambda$ 的金属盘，以减弱同轴线外表面的感应电流，减小后向辐射。

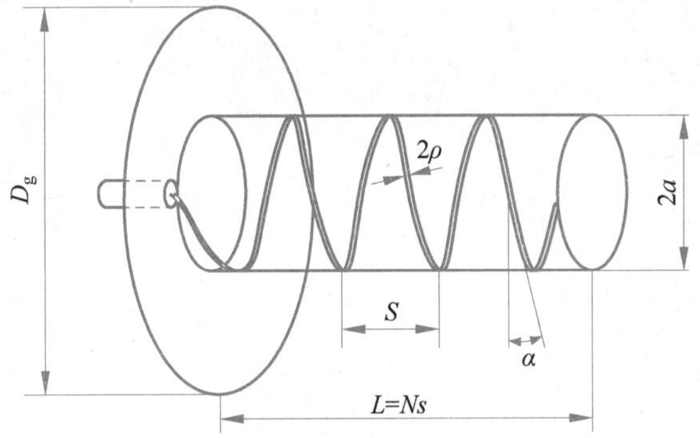

图 9-50　圆柱螺旋天线

圆柱螺旋天线可用螺旋半径 a、螺距 s、圈数 N 等结构参数来描述，各参数之间有如下关系：

螺距角为

$$\alpha=\arctan\frac{s}{2\pi a}$$

圈长为

$$l=\sqrt{(2\pi a)^2+s^2}=\frac{s}{\sin\alpha}$$

轴向长度为

$$L=Ns$$

2. 工作原理

螺旋天线上的波不仅直接沿导线传播，也通过各圈间的空间耦合传输，且在天线终端还有反射。所以，其上电流分布十分复杂，对螺旋慢波结构的分析表明，螺旋天线上的电流可用 T_0、T_1、T_2 三种主要传输模式的组合来表示。这些电流模具有不同的相位分布和传播相速。T_0 模经过几圈螺线相位变化一周，T_1 模每圈螺线相位变化一周，T_2 模每圈螺线相位变化两个周期。T_0 模相速 $v_0=v_c$，T_1 模相速 $v_1<v_c$，T_2 模相速 $v_2<v_c$。

上述三种模式在螺旋天线总电流中所占的地位与螺旋圈长 l 有很大的关系，如图 9-51 所示。

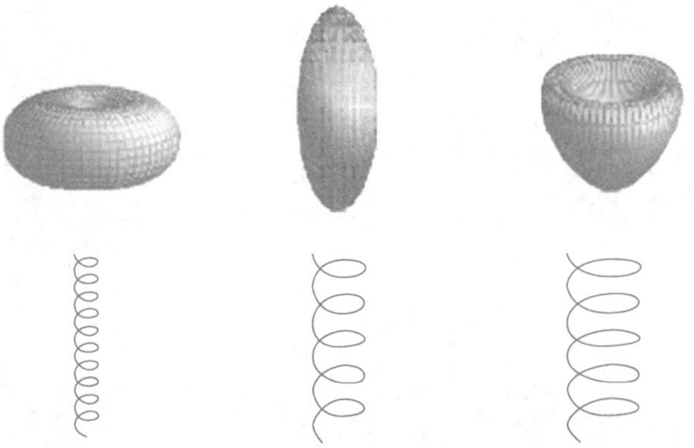

(a) 法向T_0模式（$l<0.5\lambda$） (b) 轴向T_1模式（$l=(0.8\sim1.3)\lambda$） (c) 非轴向T_2模式（$l>1.25\lambda$）

图 9-51 螺旋天线的三种辐射状态

1）$l<0.5\lambda$

T_0 模占主导地位，几乎无衰减地传输。由于终端反射，形成驻波电流分布，可看成基本电流环与基本电振子的组合，其方向图与基本圆极化天线方向图相似，最大辐射方向在垂直于天线轴线的法向，故称为法向辐射状态。

2）$l=(0.8\sim1.3)\lambda$

T_1 模占优，T_0 模很快衰减，T_1 模传输到终端后激励起 T_0 模反射波和小幅度的 T_1 模反射波，T_0 模反射波又很快衰减，故天线上的电流近似为行波分布。此时，在天线轴向有最大辐射，称为轴向辐射状态。这也是圆柱螺线天线常用的工作状态。此时，天线在轴向上的辐射场是圆极化的，偏离轴向的辐射场是椭圆极化波。其详细情况读者可参见有关资料。

3）$l>1.25\lambda$

T_2 模占优，T_1 模衰减，波束在轴向上分裂，方向图为圆锥形，称为非轴向辐射状态。

【仿真案例】 为了进一步了解螺旋天线的空间辐射特性，这里给出一个 6 圈螺旋天线的仿真案例。图 9-52 为该天线的结构图，螺旋半径为 96mm，螺距为 47.7mm。

图 9-52 螺旋天线仿真模型

假定天线的工作频率 $f=1\text{GHz}$，由已知结构参数得 $L=286.2\text{mm}\approx0.95\lambda$，此时 T_1 模占优，天线工作在轴向辐射状态，这可以从天线的辐射方向图中得到验证，图 9-53 分别为该天线的 E 面和 H 面方向图。E 面的半功率波束宽度为 48.5°，H 面的半功率波束宽度为 48.3°。一般地，随着圈数的增加，波束变得尖锐。

3. 应用

螺旋天线具有结构简单、增益高和圆极化等特点，使得它们无论是单独使用，还是组阵或用作抛物面天线的馈源，在电话、电视和数据空间通信等领域获得了广泛应用。例

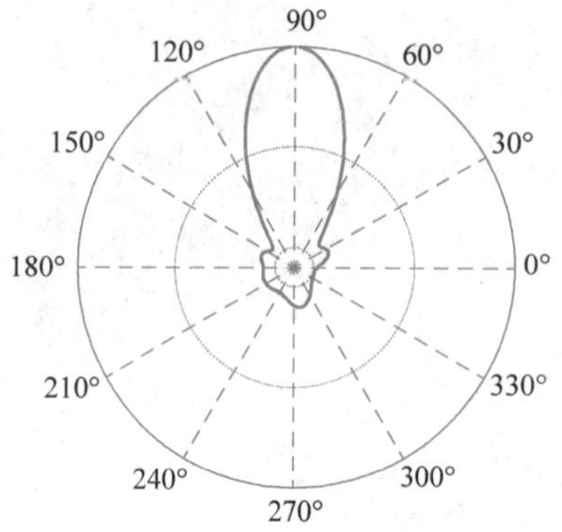

(a) E面

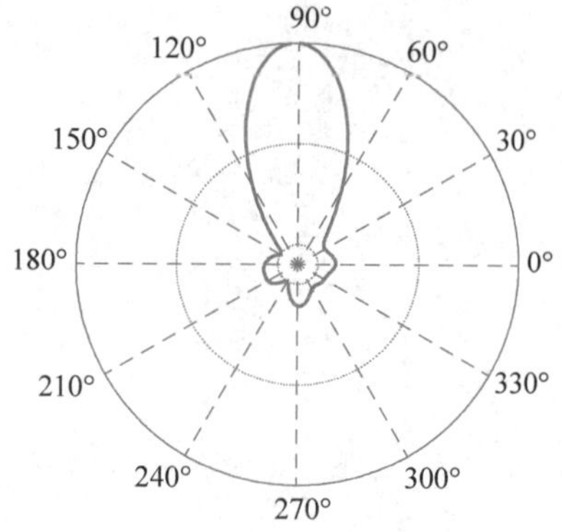

(b) H面

图 9-53 螺旋天线的二维方向图

如，美国的气象卫星、通信卫星、舰队通信卫星、全球环境卫星、全球定位卫星、西联卫星以及跟踪与数据中继卫星等都装有各种形式的螺旋天线，俄罗斯的荧光屏级卫星都配置了由 96 个螺旋天线组成的阵列天线。图 9-54 为用于车载移动通信的螺旋天线，图 9-55 为导航卫星上的螺旋天线阵列。

图 9-54 用于车载移动通信的螺旋天线

图 9-55 导航卫星上的螺旋天线阵列

9.7.5 宽频带天线

宽频带天线在雷达系统中占有重要的地位。为了提高雷达的测距精度和距离分辨力，要求发射信号具有较大的带宽，相应地对天线的带宽提出了较高的要求。随着电子技术的不断发展，能携带更多信息的宽带天线也必将在民用通信领域发挥重要的作用。

在介绍宽频带天线之前，先介绍相似原理。相似原理又称为"比例原理"或"缩比原理"，是指若将天线所有尺寸按波长成比例变化，则天线工作特性不变。可用麦克斯韦方程组证明相似原理正确性。把相似原理应用到同一个天线上可以叙述为"若天线以任意比例尺变换后仍等于它原来的结构(称为自相似结构)，则其性能将与工作频率无关"。因此，对于实际的天线而言，要实现非频变特性，就必须满足如下两个条件：

1）角度条件

只有其形状仅仅取决于角度而与任何特殊的尺寸无关的结构（即满足“角度条件”的结构）才是自相似结构。这有两种类型：一种是角度等于常数的图形，如无限长双圆锥天线，如图 9-56(a)所示；另一种是按比例放大或缩小天线时仅相当于将原天线绕固定轴转了一个角度，这就是等角螺旋天线，如图 9-56(b)所示。

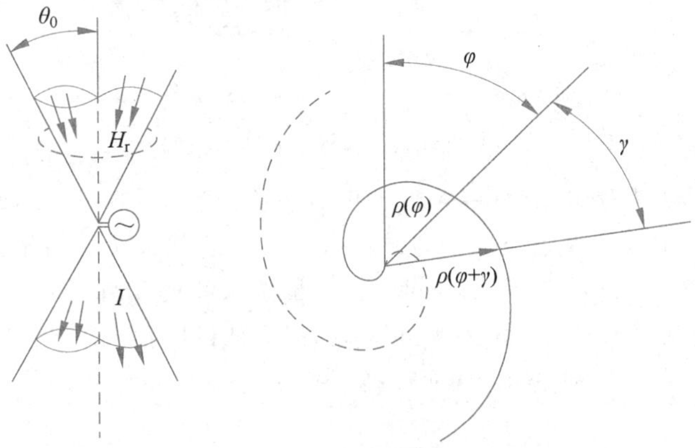

(a) 无限长双圆锥天线　　(b) 等角螺旋天线

图 9-56　非频变天线

2）终端效应弱

角度条件是包含无限长条件的，因为任何有限尺寸都不仅是角度有函数，也是长度的函数。然而实际天线总是有限尺寸的。对它们提出的问题是天线有限，是否仍具有近似无限长的特性。有限长天线与无限长天线不同之处在于它有一个终端的限制，所以这一问题常用“终端效应”来描述。如果有限长天线能接近无限长天线的特性，就说明有限称终端对天线特性没有显著影响，称为终端效应弱；反之，称为终端效应强。终端效应的强弱可以这样理解：天线的辐射和阻抗特性取决于电流在天线上的分布，若天线上的电流或场强的衰减比 $1/L$ 更快（L 为伸展的长度），则决定天线辐射的只是电流大的有限长度，电流小的延伸部分影响很小，将其截除自然没有显著影响，这就是终端效应弱；反之，就是终端效应强。终端效应的强弱取决于天线结构的形式。双锥天线可看成波导，若双锥由理想导体做成，则在波导的任一截面上（以原点为中的球面）传输能量相同，总电流保持常数。当截取有限尺寸的双锥时，终端将有反射，从而改变了场强及电流分布，因而不同于无限长双锥的特性，表现为终端效应强。而等角螺旋天线上电流衰减得很快，试验表明对它的辐射起作用的部分实际上随波长正比变化，故其终端效应弱。这是一种能实际应用的在一定频率范围内有近似非频变特性的天线。

1. 平面等角螺旋天线

实际的平面等角螺旋天线是由四条具有相同参数的等角螺线组成的两个反向放置的“金属臂”，第二臂相对于第一臂绕转了 180°，如图 9-57(a)所示，也可以在金属板上开缝隙，如图 9-57(b)所示，两者的工作原理是一样的。

(a) 平面等角螺旋线　　　(b) 平面等角螺旋天线实物

图 9-57　平面等角螺旋天线

试验表明，当在两臂始端馈电时，臂上电流在流过臂上约为一个波长后迅速衰减到20dB以下，因此可以看作臂上电流有“截止点”，其后的臂长对天线辐射没有显著作用，符合终端效应弱的条件要求。当波长改变时，虽然天线的实际长度并没有成比例地变化，但截止点位置随波长改变而成比例的移动，故天线的“有效臂长”(对辐射起主要作用的部分)将与波长成比例地变化，从而保持了臂上电流分布基本不变，能近似满足相似原理。

由于电流迅速衰减，臂上电流是行波状态的。这样，当两臂反相馈电时，最大辐射方向在平面两侧的法线方向，主瓣宽度为 70°～100°，称为轴向辐射状态，这也是该天线常用的使用模式；而当两臂同相馈电时，最大辐射方向在螺旋平面内，且近似有全方向性，称为法向辐射状态。在轴向辐射状态下，在很宽的频带范围内(一般是 5∶1～10∶1)天线具有椭圆极化的特性，而在天线轴向，辐射场接近圆极化。

图 9-58　平面等角螺旋天线仿真模型

平面等角螺旋天线的工作频带取决于天线的结构。天线的最大外形尺寸 r_2 决定天线的最低可用频率(下限频率)；馈电区 r_1 的大小和馈线的影响(馈线的直径在馈电点可与导体带或缝宽相比拟)决定天线的最高可用频率(上限频率)，一般最短波长 $\lambda_{\min} \approx 8r_1$。

【仿真案例】　为了进一步理解宽频带天线的空间辐射特性，这里给出一个平面等角螺旋天线的仿真案例。图 9-58 为该天线的结构。图 9-59 为天线在 f 为 1.5GHz、2.5GHz、3.5GHz 的 E 面和 H 面方向图。可以看到，该天线是双向辐射的，且具有宽带特性，在 1.5～3.5GHz 范围内方向图特性基本保持不变。

2. 对数周期天线

对数周期天线(Log Periodic Antenna，LPA)是非频变天线的一种类型，它基于以下的相似概念：若天线按某一特定比例因子 τ 变换后仍等于它原来的结构，则天线在频率为 f 和 τf 时性能相同。当 f 与 τf 间隔不大时，在 f 和 τf 的中间频率上天线性能变化也不大。

对数周期天线有多种形式，目前应用最广的是对数周期振子天线(Log Periodic

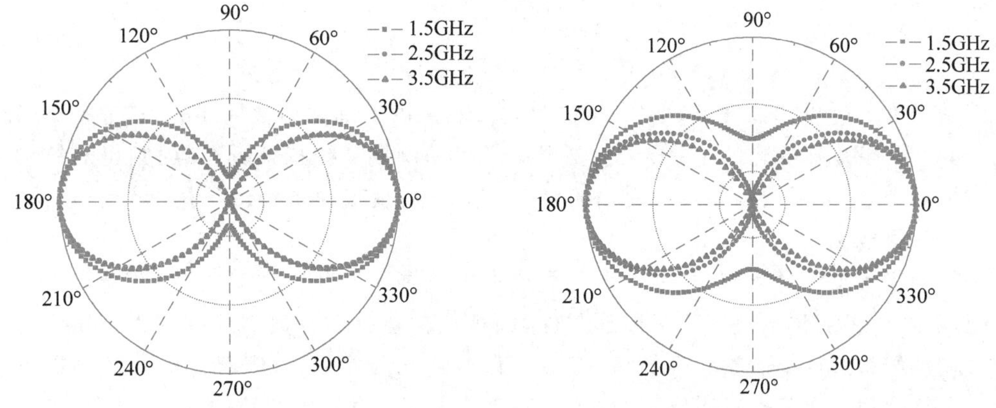

(a) E面 (b) H面

图 9-59 平面等角螺旋天线方向图

Dipole Antenna,LPDA)。它结构简单、造价低、重量轻,频带宽度可达 10∶1。下面以 LPDA 为例进行说明。图 9-60 为 LPDA 的结构示意图。此类型天线的馈线通常从最短振子输入,且相邻振子间交叉馈电,末端振子馈电处接有一短路支节,以减少馈线在终端处反射。在实际中往往采用将将振子臂轮流接到馈线的两根导线上来实现交叉馈电,如图 9-60(b)所示。

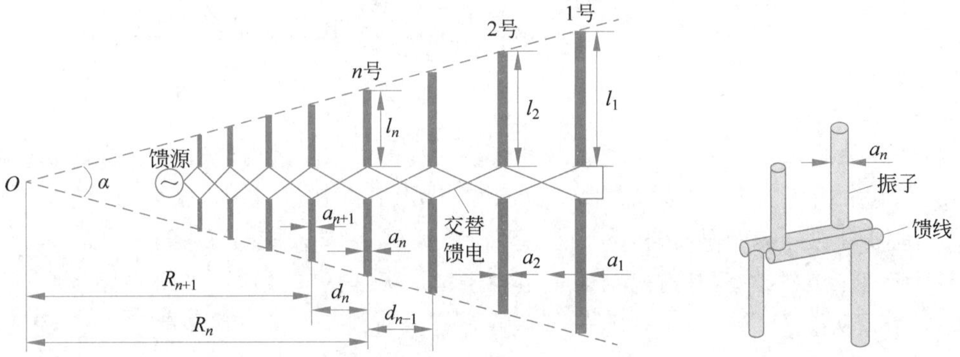

(a) 结构及参数 (b) 实际馈电结构

图 9-60 对数周期天线

LPDA 通常由结构角 α、比例因子 τ 和间隔因子 σ 三个参数决定,但只须确定两个即可。比例因子的计算公式为

$$\tau=\frac{d_{n+1}}{d_n}=\frac{l_{n+1}}{l_n}=\frac{R_{n+1}}{R_n}=\frac{a_{n+1}}{a_n} \tag{9-95}$$

随着振子序号的增加,振子的长度和振子距端点 O 的距离依次增加 τ 倍,即

$$\ln l_{n+1}-\ln l_n=\ln R_{n+1}-\ln R_n=\ln\tau \tag{9-96}$$

式(9-96)表明,结构尺寸的对数以 $\ln\tau$ 为周期。相应地,天线呈现相同性能时的频率也有同样的对数周期,即

$$\begin{cases} f_n = \tau f_{n-1} = \cdots = \tau^{n-1} f_1 \\ \ln f_2 - \ln f = \ln f_3 - \ln f_2 = \cdots = \ln\tau = 常数 \end{cases} \tag{9-97}$$

从上面分析可知，之所以称为对数周期天线，是因为周期通常描述的是“等差”规律，而针对“等比”规律变化的宽带天线，要想用简单的周期变化描述其特点，则可对结构参数先取对数，这样天线相关尺寸变化的“等比”规律就变成对数情况下的“等差”规律，即对数周期天线。

由于振子尺寸是跳变的，在一个对数周期的范围内改变频率时，天线性能就有某种变化，只要这种变化不超过某指标的限度，即可认为在整个对数周期范围内可用。上述对数周期结构理论上应是无限结构，但只要做到终端效应弱，有限尺寸的对数周期天线也可以满足要求。显然，振子的所有几何尺寸都应满足对数周期结构条件。即振子的直径(2ρ)也应与长度成正比变化。但是，对振子的辐射起主要作用的是振子的长度，振子的直径对辐射的影响是次要的，所以每隔几个振子变换一次直径即可。

根据 LPDA 上电流分布的情况，可将整个天线分成以下三个起不同作用的区域：

(1) 传输区：包括馈电点的前面几个较短的振子。在这个区域里振子的长度小于$\lambda/2$。振子的输入阻抗很大并且主要是电抗部分，所以振子上电流很小，辐射很弱，电磁能量在这一区域的衰减很小，绝大部分通过传输线传输到后面的有效区。

(2) 有效区(工作区)：由几个长度近于$\lambda/2$的振子组成。在这个区域里对称振子的输入阻抗不大但是输入电阻增大了，故振子上电流振幅比较大而有很强的辐射，能量在这一区域有很大的衰减。对数周期振子天线的方向图和方向性系数均取决于有效区内振子上电流分布。

(3) 未激励区：有效区之后直到天线末端的部分。未激区内的对称振子的长度显著地大于$\lambda/2$。由于能量在有效区内已基本上辐射出去，未激区只剩下很少的能量，这个区内的对称振子处于未激励状态，恰好保证了天线满足“终端效应弱”的条件。

对于每个工作频率，都有确定的一组振子构成天线的有效区。如果在频率 f_0 上有效区振子是从第 i 个到第 $i+v$ 个振子，则在 τf_0 上有效区的振子将是第 $i+1$ 个到第 $i+v+1$ 个振子。每当频率变化 τ 倍，有效区就移动一个振子，直到有效区移到天线最边缘上的振子为止，天线的电特性也随之周期重现。

【仿真案例】 为了进一步了解对数周期天线的空间辐射特性，这里给出一个带有 T 形加载振子的印制对数周期天线的仿真案例，是在覆铜板两侧分别腐蚀形成的。图 9-61 为该天线的结构图的一面。图 9-62 为天线在 f 为 0.5GHz、1.0GHz、1.5GHz 的 E 面和 H 面方向图。在 1.5～3.5GHz 范围内，天线在主瓣方向的辐射特性基本保持不变。

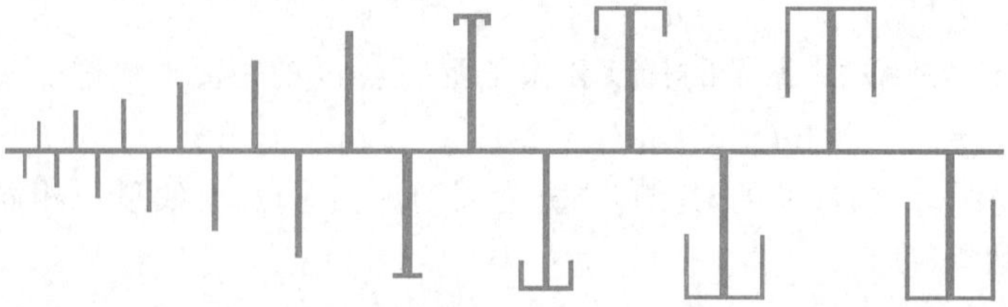

图 9-61　印制对数周期振子天线仿真模型

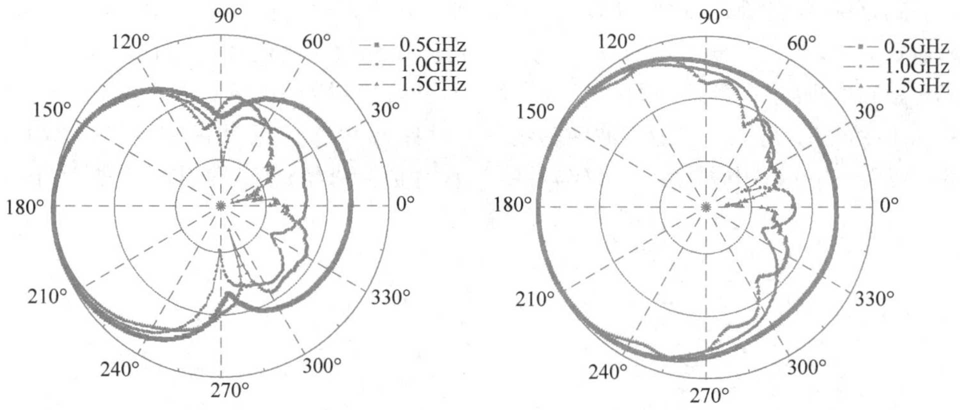

(a) E面　(b) H面

图 9-62　对数周期振子天线方向图

目前，对数周期天线在短波、超短波和微波波段范围内获得了广泛应用，例如，在短波波段可作为通信天线，在微波波段可作为抛物面天线或透镜天线的初级辐射器。图 9-63 和图 9-64 为对数周期振子天线应用的两个例子。

图 9-63　适用于测试和手机通信的紧凑型对数周期天线

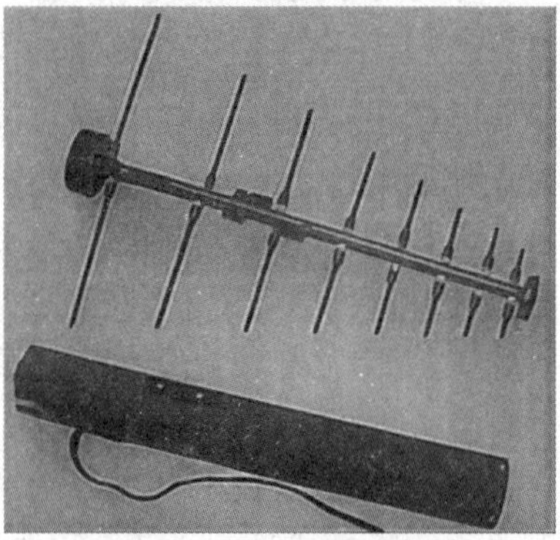

图 9-64　适用于战术通信的可折叠对数周期天线

9.7.6　波导缝隙天线

在波导壁的适当位置和方向开的缝隙也可以有效地辐射和接收无线电波，这种开在波导上的缝隙天线称为波导缝隙天线。缝隙天线是无突出部的平面天线，特别适用于高速飞行体，也比较容易组成阵列天线。

1. 单缝辐射原理

最基本的缝隙天线是由开在矩形波导壁上的半波谐振缝隙构成的。对 TE_{10} 波而言，如图 9-65 所示，在波导壁上有纵向和横向两个电流分量，横向电流沿宽边呈余弦分布，中心处为零；纵向电流沿宽边呈正弦分布，中心处最大。波导窄壁上只有横向电流，且沿窄边均匀分布。若波导壁上所开的缝隙能切割电流线，则中断的电流线将以位移电流的形式延续,缝隙因此得到激励,波导内的传输功率通过缝隙向外辐射,这样的缝隙也称为辐射缝隙,如图 9-65 中的 a、b、c、d、e 所示。当缝隙与电流线平行时,不能在缝隙区内建立激励电场,这样的缝隙因得不到激励,不具有辐射能力,因而称为非辐射缝隙,如图 9-65 中的 f、g 所示。当缝与波导轴线平行时称为纵缝,有宽壁纵缝(图 9-65 中 b)和窄宽壁纵缝(图 9-65 中 d)两种;缝与轴线垂直时称为横缝,横缝仅开在宽壁上(图 9-65 中 a);此外,还有开在窄壁和宽壁上的斜缝(图 9-65 中 c、e)。

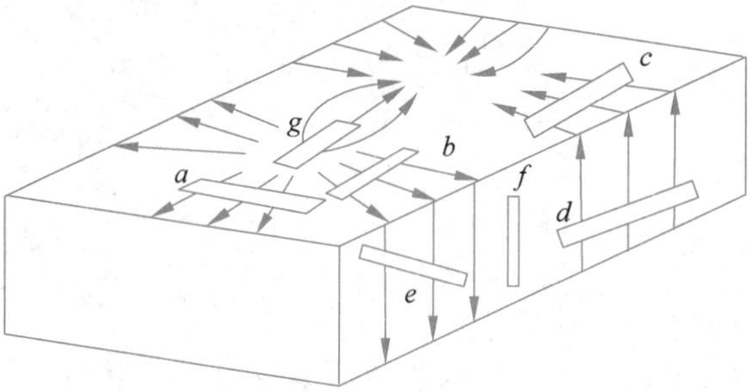

图 9-65　TE_{10} 波内壁电流分布与缝隙配置示意

波导上的辐射缝隙给波导内的传输带来的影响,不仅是将传输的能量经过缝隙辐射出去,还引起了波导内等效负载的变化,从而引起波导内部传输特性的变化。根据波导缝隙处电流和电场的变化,可以把缝隙等效为传输线中的并联导纳或串联阻抗,从而建立起各种波导缝隙的等效电路。

由微波技术知识可知,波导可等效为双线传输线,所以波导上的缝隙可以等效为和传输线并联或串联的等效阻抗。由于宽壁横缝截断了纵向电流,纵向电流以位移电流的形式延续,其电场的垂直分量在缝隙的两侧反向,导致缝隙两侧的总电场发生突变,故此种缝隙可等效为传输线上的串联阻抗。而波导宽壁纵缝却使得横向电流向缝隙两侧分流,因而造成此种缝隙两端的总纵向电流发生突变,所以矩形波导宽壁纵缝等效成传输线上的并联阻抗或导纳。若某种缝隙同时引起纵向电流和电场的突变,则可以把它等效为一个四端网络。表 9-2 给出了矩形波导壁上典型缝隙的等效电路。

表 9-2　矩形波导壁上典型缝隙的等效电路

名　称	宽壁偏置纵缝	宽壁中心斜缝	宽壁偏置斜缝	窄壁中心斜缝
结构图	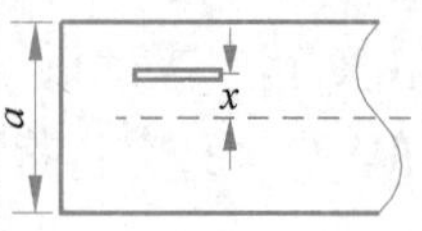	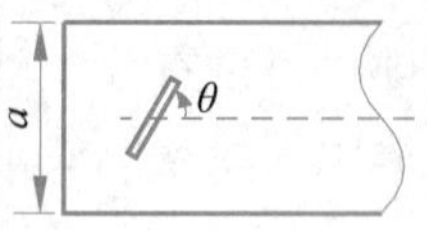	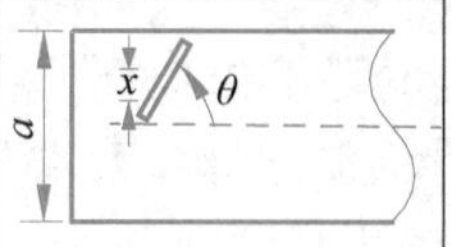	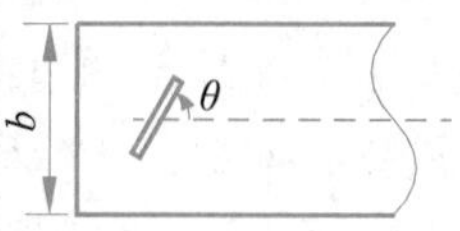
等效电路	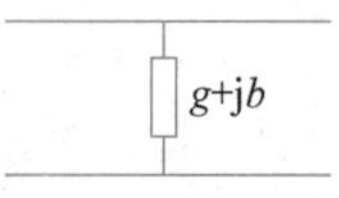	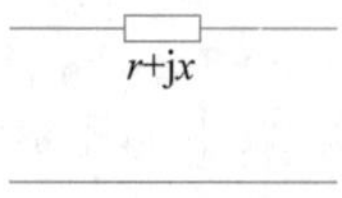	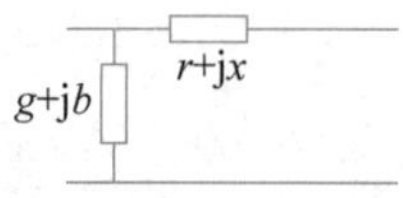	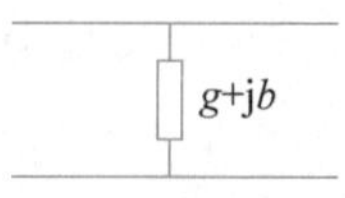

有了相应的等效电路,波导内的传输特性就可以依赖微波网络理论来分析,例如后向散射系数 $\lvert S_{11}\rvert$ 及其频率响应曲线,从而更方便地计算矩形波导缝隙天线的电特性,例

如传输效率及匹配情况等。

【仿真案例】 为了进一步了解波导单缝的空间辐射特性，以矩形波导宽壁纵缝为例给出一个仿真案例，如图 9-66 所示。对应的天线结构：波导宽边尺寸 $a=22.86\text{mm}$，波导窄边尺寸 $b=5.08\text{mm}$，波导壁厚度 $t=1.27\text{mm}$。中心工作频率 $f=9.375\text{GHz}$。

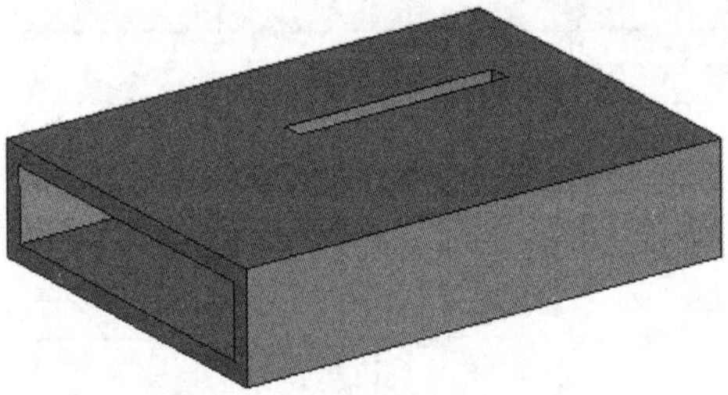

图 9-66 波导宽壁纵缝仿真模型

图 9-67 为相应的 E 面和 H 面方向图，最大辐射方向为波导宽壁的法线方向，由于波导宽壁并非无限大导体平面，有后瓣存在。

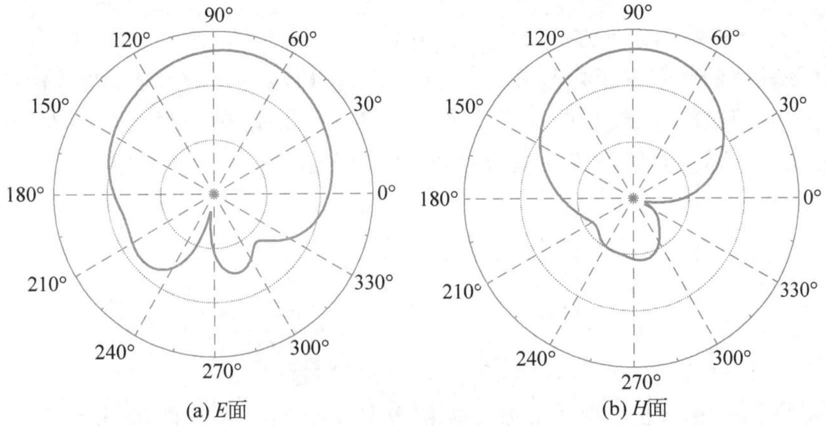

图 9-67 单个波导宽壁纵缝的方向图

2. 波导缝隙阵列天线

为提高缝隙天线的方向性并获得所需的波束形状，可以在波导壁上开出一系列缝隙，组成波导缝隙阵列天线。波导缝隙阵列天线有谐振式缝隙阵列和非谐振式缝隙阵列两种。

若波导内传播的电磁波满足驻波分布，且各辐射缝隙是同相激励的，则此种缝隙阵列称为谐振式缝隙阵列。谐振式缝隙阵列的特点之一是相邻缝隙间距为 λ_g 或 $\lambda_g/2$（λ_g 为波导波长），如图 9-68 所示。在图 9-68(a)中，若辐射缝隙均在波导中心线的一侧放置，则相邻缝隙的间距为 λ_g 时才能满足同相激励；若相邻缝在波导中心线两侧交替放置，从波导内壁电流分布可知，偏离波导中心线同等位置处的电流恰好反相，此时，要实现同相激励，相邻辐射缝隙的间距应为 $\lambda_g/2$。显然，后一种方式天线的尺寸比前一种要小得多。这也是工程上往往采用后一种组阵方式的原因。同理，对于图 9-68(b)所示的窄壁斜缝阵列,可使各缝对称地交叉倾斜以获得同相激励。谐振式缝隙天线阵的末端一般安装有可调的短路活塞,以获得良好的匹配性能。

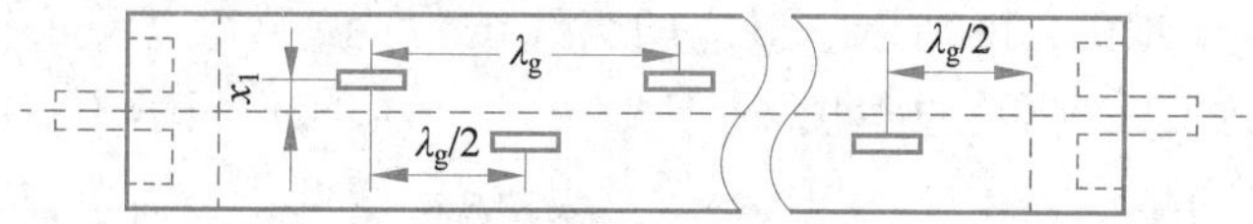

(a) 宽边缝隙阵列

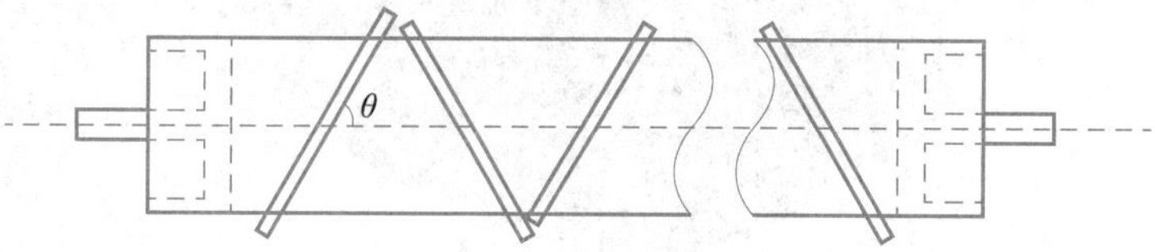

(b) 窄边斜缝阵列

图 9-68　谐振式缝隙阵列

非谐振式缝隙天线阵的缝间距 d 大于或小于 $\lambda_g/2$(对宽壁纵缝),或小于 λ_g(对宽壁横缝),波导终端用吸收负载匹配,如图 9-69 所示。吸收负载所吸收的功率通常为总输入功率的 5%～10%,整个波导上有很高的行波系数(一般 $K>0.9$),故各缝是由行波激励的,天线能在较宽的频带内很好地匹配。由于各缝的激励不同相,使最大辐射方向与阵的法线成一定的角度。只要利用移相器进行合理控制相差,就可以实现最大辐射方向的电控扫描,因此非谐振式缝隙阵列适合用作电扫描天线。

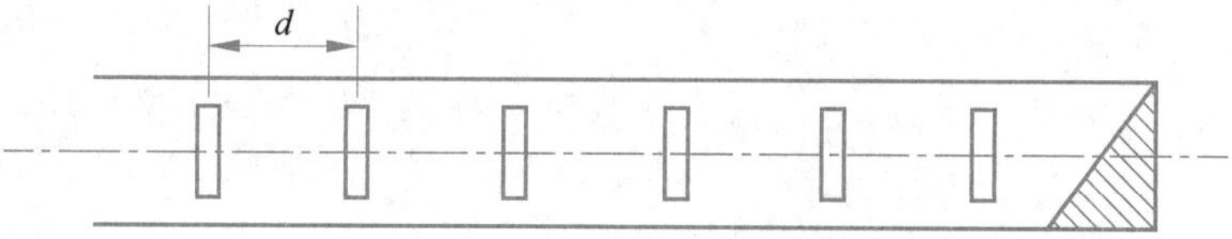

图 9-69　非谐振式缝隙阵列

【仿真案例】　为了进一步了解波导缝隙阵列的空间辐射特性,这里给出一个 10 元波导宽壁纵缝线阵的仿真案例。图 9-70 为天线的结构图,波导尺寸:宽边 $a=22.86\text{mm}$,窄边 $b=5.08\text{mm}$,波导壁厚度 $t=1.27\text{mm}$。中心工作频率 $f=9.375\text{GHz}$,相邻缝隙间距为 $\lambda_g/2$(λ_g 为波导波长),距离最后一个缝隙 $\lambda_g/4$ 处短路,根据前面分析,这是一个谐振式缝隙阵列。

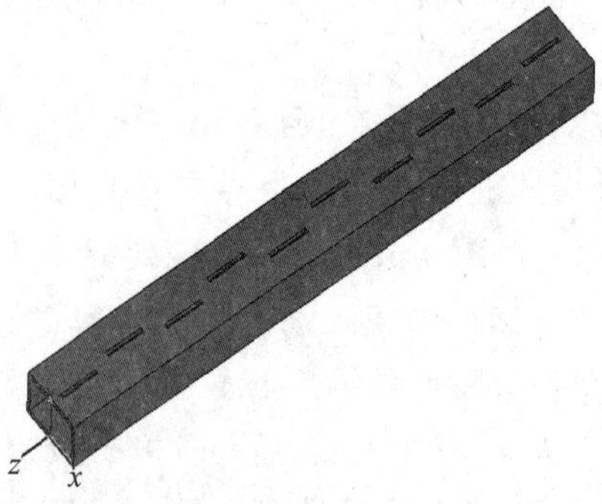

图 9-70　10 元波导缝隙线阵仿真模型

图 9-71 为天线 H 面的方向图。随着阵元数目增加，天线主瓣变窄，可以进一步提高天线的空间分辨能力。通过合理控制各阵元的幅度可以实现低副瓣甚至超低副瓣。

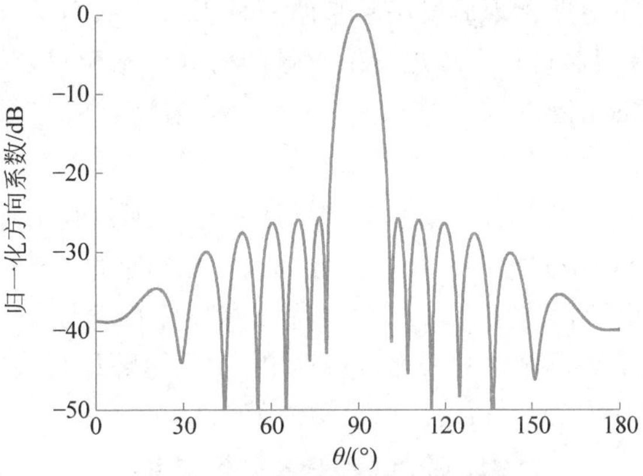

图 9-71　10 元波导缝隙线阵 H 面方向图

3. 应用

缝隙阵列天线有着广泛的应用，尤其是在机载、弹载等要求低剖面或嵌入式安装的场合。波导缝隙阵列天线具有口径场幅度控制灵活、口径面利用效率高、体积小、易于实现低副瓣等优点，因而在各种地面、舰载、机载、弹载、导航、气象等雷达领域获得广泛应用。例如，E3A“望楼”预警机采用的 AN/APY-1 型 S 波段脉冲多普勒雷达，对应的隙缝阵列天线装在转速 6r/min 的天线罩内，可根据不同作战条件把 360°方位圆分成 32 个扇区，选用不同的工作模态和抗干扰措施，如图 9-72 所示。

图 9-72　E3A 上面的缝隙阵列天线

微课

9.7.7 微带天线

微带天线是在微带电路出现后发展起来的一种天线。从 20 世纪 70 年代中期开始，人们从理论、技术到应用对这种天线进行了大量的研究。本节只介绍微带贴片天线的基本工作原理及其常见的组阵方式。

1. 结构形式

微带贴片天线的金属贴片可以是矩形、圆形、椭圆形或其他几何形状，它可以用微带线直接馈电（侧馈），也可用同轴探针从接地板插入馈电（底馈）。常见的侧馈的矩形贴片如图 9-73 所示，它是由矩形导体薄片粘贴在背面有导体接地板的介质基片上形成的天线。利用微带传输线从矩形贴片的一侧进行馈电，使导体贴片与接地板之间激励起高频电磁场，并通过贴片四周与接地板之间的缝隙向外辐射。

图 9-73　矩形微带贴片天线结构示意图

微带天线的制作和微带电路相似。一般来说，微带天线所用基板的相对介电常数较低（$\varepsilon_r=2\sim4$），这样可使辐射元的尺寸不致过小，对性能和加工都有利。通常用聚四氟乙稀玻璃纤维层压板做基板，基板厚度 h 为$(0.1\sim0.001)\lambda$。

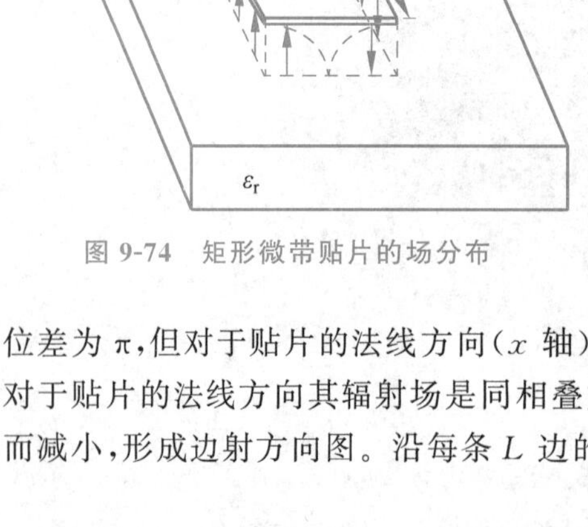

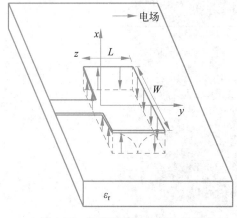

图 9-74　矩形微带贴片的场分布

2. 工作原理

微带贴片也可以看作宽为 W、长为 L 的一段微带传输线，其终端处（$y=L$ 边）呈现开路，将形成电压波腹和电流的波节。一般取 $L\approx\lambda_g/2$，λ_g 为微带线的工作波长。于是，另一端（$y=0$ 边）也呈现电压波腹和电流的波节。此时贴片和接地板之间的电场分布如图 9-74 所示。

该电场强度可近似表示为

$$E_x=E_0\cos\left(\frac{\pi y}{L}\right) \tag{9-98}$$

可以分析出，沿两条 W 边的电场是反向的，相位差为 π，但对于贴片的法线方向（x 轴），由于（$y=L$ 边）与（$y=0$ 边）的波程差也为 π，对于贴片的法线方向其辐射场是同相叠加的，呈最大值，且随偏离此方向的角度的增大而减小，形成边射方向图。沿每条 L 边的电场都由反对称的两个部分构成，它们在 H 面

(xOz 面)上各处的辐射相互抵消；而两条 L 边的电场又彼此呈反对称分布，因而在 E 面(xOy 面)上各处它们的辐射场也都抵消。在其他平面上，这些缝隙处场的辐射不会完全抵消，但与沿两条 W 边的辐射相比都相当弱，成为交叉极化分量。因此，矩形微带天线的辐射主要由沿两条 W 边的缝隙产生。

【仿真案例】 为了进一步了解矩形微带贴片天线的空间辐射特性，这里给出一个仿真案例。天线的结构图如图 9-73 所示，天线为尺寸为 190mm×114mm，介质基板相对介电常数为 2.47。其对应的方向图如图 9-75 所示。

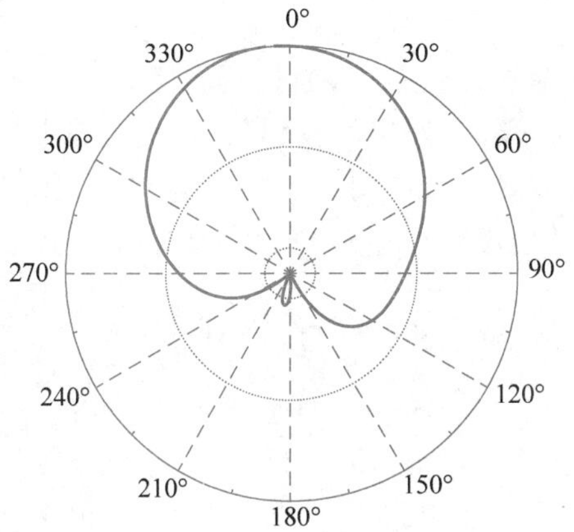

(a) E面

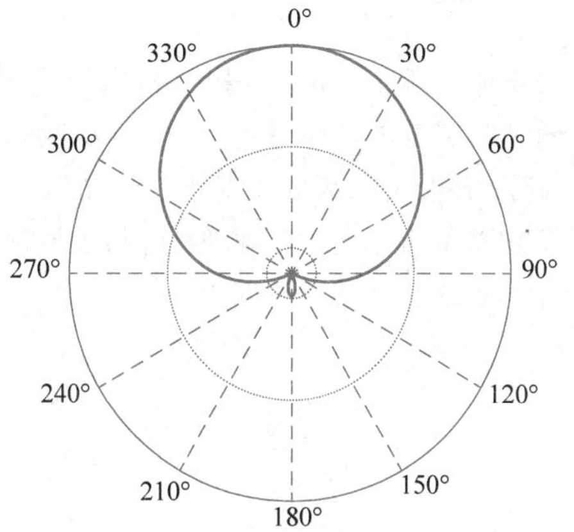

(b) H面

图 9-75 矩形微带贴片的方向图

3. 微带阵列天线

为了实现更大的增益或特定的方向特性，常采用由微带天线单元组成的微带天线阵，如图 9-76 所示。对阵元可采用串联馈电或并联馈电。串联馈电可采用行波式或驻波式，线阵终端接匹配负载构成行波式馈电，若终端开路或短路则构成驻波式馈电。行波式馈电具有较宽的阻抗带宽，但方向图是倾斜的，并对频率敏感，即方向图带宽很窄。驻波式馈电阻抗带宽很窄，但方向图带宽较宽，波束在边射方向。并联馈电通常采用级联 T 形分支，这种结构从输入端到各阵元的传输路径等长，可实现各阵元同相馈电，形成边射波束。对于平面阵还可以利用接收/发射模块直接对每一阵元单独馈电，称为分布式馈电。

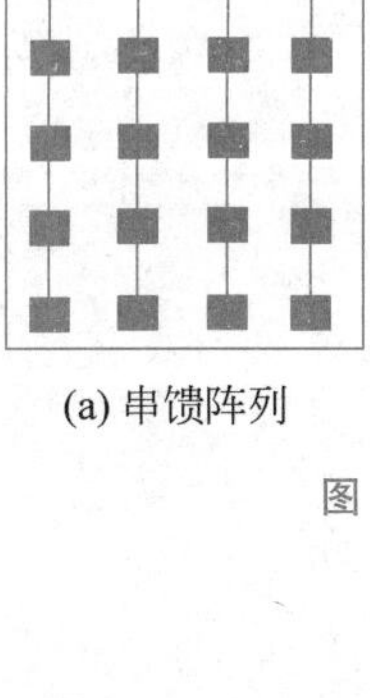

(a) 串馈阵列

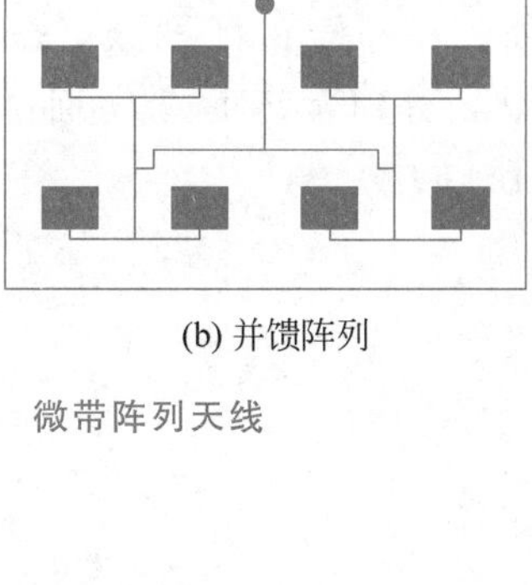

(b) 并馈阵列

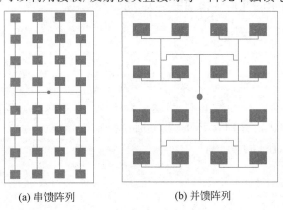

图 9-76 微带阵列天线

4. 应用

微带天线的显著特点是剖面低、体积小、重量轻，可共形，易于集成，成本低，适于批量生产。它还可以方便实现线极化、圆极化和双频工作，因此在通信、雷达、微波医疗等各方面应用广泛。微带天线的主要缺点是频带较窄，效率较低，功率容量小。有时为了达到设计指标，也采用陶瓷等介电常数较大的基板材料，但这样一般会使微带天线的带宽、效率等指标下降。近年来微带天线新技术的发展已部分地弥补了这些缺点。

9.7.8 喇叭天线

把一根金属波导的一端开路，由于不满足理想开路条件，通过金属波导口实际上是可以辐射电磁波的。但由于口径较小，其增益不高。为此，可以将开口面逐渐扩大、延伸，这就形成了喇叭天线。喇叭的功能是在比波导更大的口径上产生均匀的相位波前，从而获得较高的方向性。喇叭天线的出现与早期应用可追溯到 19 世纪后期，现在它广泛应用于微波工程的各个领域。

1. 结构形式

基本喇叭天线结构形式如图 9-77 所示。

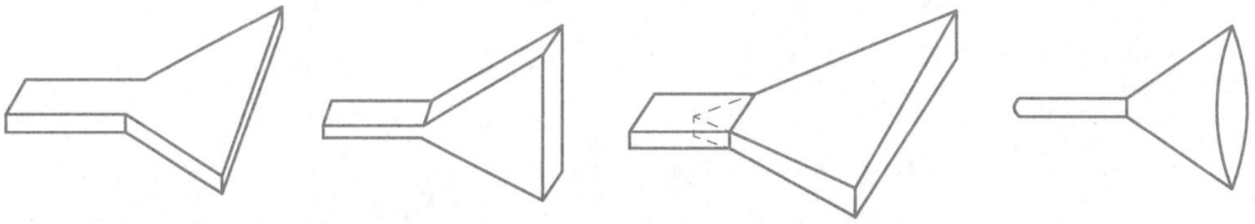

图 9-77 基本喇叭天线结构形式

喇叭天线具有结构简单、频带较宽、功率容量大、易于制造和调整的特点，广泛应用于微波波段。喇叭天线的增益一般为 10～30dB。既可以作为单独的天线，也可以作为反射面天线或透镜天线的馈源。

2. 工作原理

下面以如图 9-78 所示的角锥喇叭（也称棱锥喇叭）为例作详细分析。从相位角度考虑，可以从图 9-78 所示的几何结构中得到关系式

$$\begin{cases} \cos\dfrac{\theta}{2}=\dfrac{L}{L+\delta} \\ \sin\dfrac{\theta}{2}=\dfrac{a}{2(L+\delta)} \end{cases} \tag{9-99}$$

式中：$\theta=\theta_E$ 或 θ_H，分别为 E 面或 H 面张角；$\delta=\delta_E$ 或 δ_H，分别为 E 面或 H 面口径场的波程差；$a=a_E$ 或 a_H，分别为 E 面或 H 面口径。

一般来说 $\delta \ll L$，所以有

$$L \approx \frac{a^2}{8\delta} \tag{9-100}$$

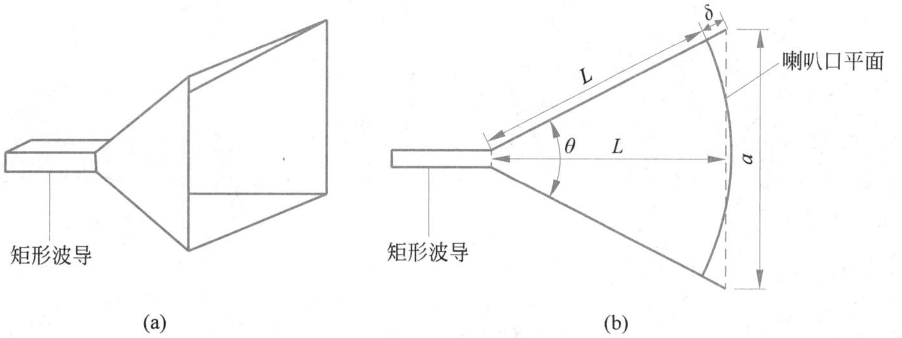

图 9-78　角锥喇叭天线

$$\theta \approx 2\arctan\frac{a}{2L}=2\arccos\frac{L}{L+\delta} \tag{9-101}$$

若 δ 相对于 λ(λ 为自由空间中波长,与空腔波导类似,喇叭中的波长总要大于 λ,且与喇叭尺寸相关)足够小,则口径场相位近似均匀。当喇叭长度 L 给定时,天线增益随口径尺寸 a 和张角 θ 的增大而提高。若口径和张角过大,以致 $\delta>0.5\lambda$,则口径边沿场将与口径中心场反相,导致副瓣电平上升,增益下降,严重时还会引起主瓣分裂、出现栅瓣。在喇叭 E 面通常限定 $\delta\leqslant 0.25\lambda$。在喇叭 H 面通常限定 $\delta\leqslant 0.4\lambda$。

喇叭天线的辐射场特性取决于口径场分布。简单地说,口径场幅度、相位分布越均匀,天线方向性就越强,增益也越高。一般来讲,要获得尽可能均匀的口径场分布,对喇叭的要求是长度大、张角小。如果仅从这点考虑,高增益设计时将会使得天线体积、质量都加大。

工程上设计天线时常遵循最佳尺寸原则,此时天线具有最佳增益体积比。在只有增益要求、没有严格波束宽度要求的前提下,角锥喇叭尺寸设计可参照文献资料给出的数据完成。除了角锥喇叭,常用的喇叭天线还有圆锥喇叭天线、加脊喇叭天线和波纹喇叭天线,还有其他实现了降低副瓣电平、加宽频带宽度等改进的变形设计、发明,读者可以查阅有关文献资料,获取详细信息。

【仿真案例】 为了进一步了解喇叭天线的空间辐射特性,这里给出一个角锥喇叭天线的仿真案例。图 9-79 为喇叭天线的结构,该天线采用同轴探针馈电。

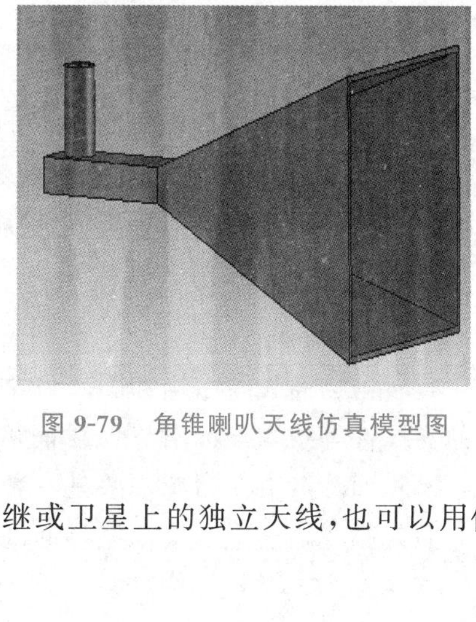

图 9-79　角锥喇叭天线仿真模型图

图 9-80 示出了角锥喇叭的 E 面和 H 面方向图。喇叭天线的波束很宽,E 面波束宽度约为 110°,H 面波束宽度为 115°。

3. 应用

喇叭天线是最广泛应用的微波天线之一,它具有结构简单、重量轻、易于制造、工作频带宽和功率容量大和增益高等优点。喇叭天线可以作为微波中继或卫星上的独立天线,也可以用作

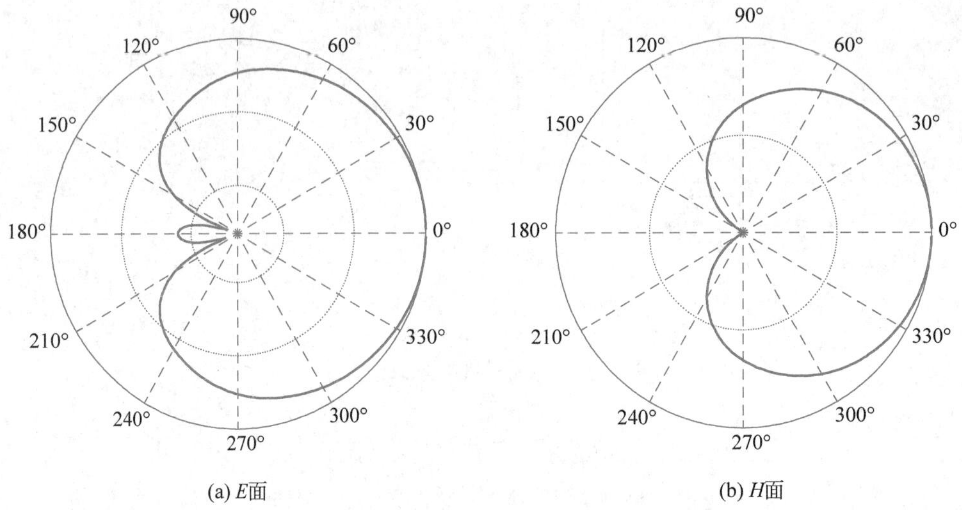

图 9-80　角锥喇叭天线的方向图

反射面天线及透镜天线的馈源,它也是相控阵天线单元的常用形式。在天线测量领域,喇叭天线被广泛地用作标准天线,进行增益的测量,如图 9-81 和图 9-82 所示。

图 9-81　角锥喇叭天线

图 9-82　圆锥喇叭天线

9.7.9　旋转抛物面天线

旋转抛物面天线是反射面天线的主要形式。在馈源辐射方向上采用了具有较大或很大电尺寸的反射面,比较容易实现高增益和大的主瓣背瓣电平比。反射面天线的口径场可以利用光学原理近似分析,进而根据口径场绕射理论可以得到旋转抛物面天线的辐射特性。

1. 结构形式

旋转抛物面天线结构如图 9-83 所示,图上画出了馈源和抛物反射面两部分,馈源必需的支撑件等结构未标出。反射面可以是完整的金属面,也可以由金属栅网构成,馈源置于抛物面焦点上。馈源一般是一种弱方向性的天线,通常为振子、小喇叭等,辐射球面波并照射到抛物面上。根据抛物面的聚焦作用,从焦点发出的球面波经过抛物面反射后将形成平面波，在抛物面开口面上形成同相场，可以使天线达到很高的增益。

抛物面天线的极化特性取决于馈源类型与抛物面的形状、尺寸。即使初级馈源辐射的是线极化波，经抛物面反射在抛物面口径上的场也会出现交叉极化分量，即出现了与期望的极化分量正交的另一个分量。前者称为主极化分量，后者称为交叉极化分量。图 9-84(a)是喇叭作馈源时的口径场分布，图 9-84(b)是振子作馈源时的口径场分布。

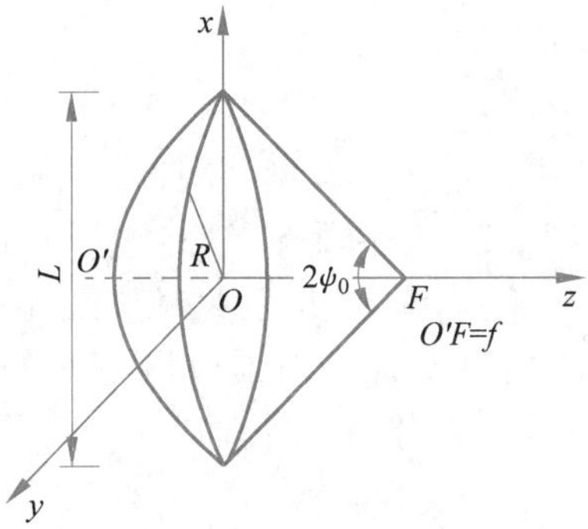

图 9-83　旋转抛物面天线结构

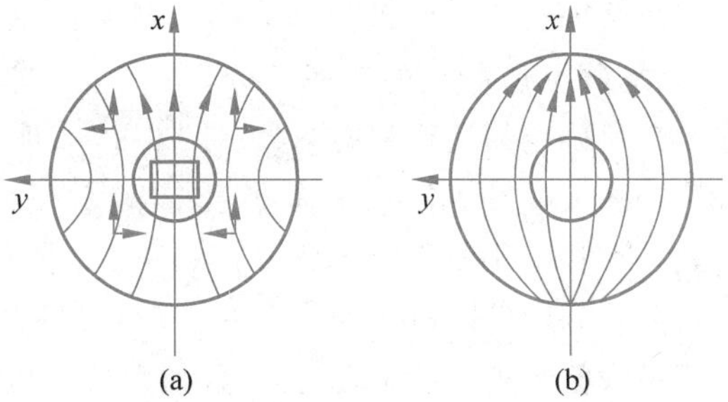

图 9-84　抛物面口径场分布

2. 方向性

旋转抛物面天线的口径效率与抛物面的半张角之间的关系曲线如图 9-85 所示。

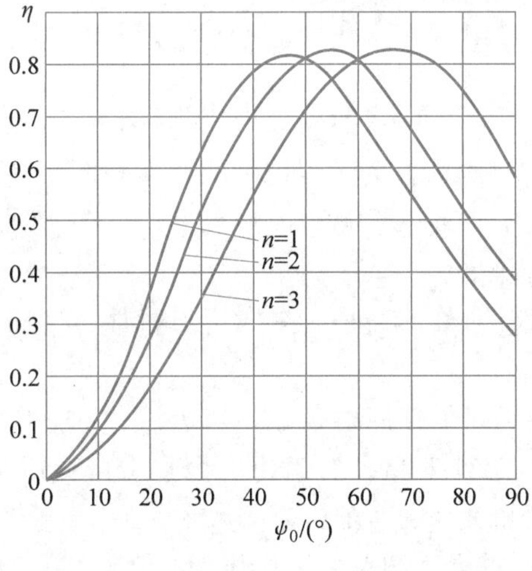

图 9-85　旋转抛物面 η 与 ψ_0 之间的关系

图 9-85 中，n 表示用于拟合口径场分布函数的阶数，n 越大，馈源的波束越尖锐，口径场分布越不均匀。由图 9-85 可见：

(1) 若 n 值固定，即对于同一个辐射器，当抛物面张角 ψ_0 增大时，η 先随之增大，达到最大值后又减小，此极值 η_{opt} 对应的张角称为最佳张角 ψ_{opt}。

(2) 不同 n 值对应的 ψ_{0opt} 也不同。n 越大，ψ_{0opt} 越小，但 η_{opt} 几乎不变，约为 0.8。

上述特点是抛物面天线的普遍规律，可以用图 9-86 对此做出解释。

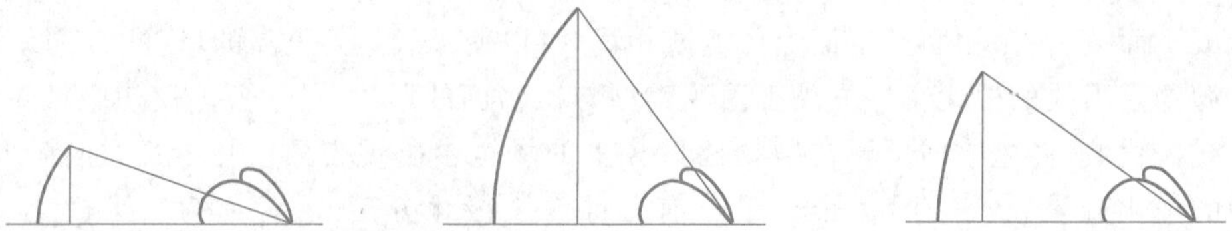

(a) 张角过小　　(b) 张角过大　　(c) 最佳张角

图 9-86　最佳照射与最佳张角示意图

抛物面天线的效率 $\eta=\eta_1\cdot\eta_2$，其中：η_1 为截获效率，$\eta_1=P_1/P$，P 为馈源总功率，P_1 为抛物面所截获的功率部分，$P-P_1$ 称为漏失功率；η_2 为口面效率，即由口径场分布函数所确定的面积利用系数。图 9-86 表明，当 ψ_0 很小时，口径照射均匀，$\eta_2\approx1$，但因漏失功率大，η_1 很小，故 η 是小值；若 ψ_0 很大，截获效率高；$\eta_1\approx1$，但此时口径场不均匀，η_2 很小，η 仍然很小。故 η_{opt} 和 $\psi_{0\mathrm{opt}}$ 发生在 η_1 已相当大而 η_2 下降得不多的位置。在得到较为均匀的口面场分布的同时，又保证功率漏失不大，致使抛物面天线口径效率达到最大值的工作状态，称为最佳照射。对应的半张角称为最佳张角。

检查在最佳张角下口径场分布和漏失情况，发现在抛物面边缘初级方向图 $F(\psi_{0\mathrm{opt}})\approx1/3$，口径边缘场低于口径中心 11dB 左右，这些值仅随 n 值做缓慢变化。这表明，在最佳照射下，不同 n 值的口径场分布是很接近的，并且漏失也很小，这就解释了特点(2)。

以上特点是设计抛物面天线的一个重要依据。在最佳张角时，次级方向图的半功率宽度约为 $1.2\lambda/L$，副瓣电平约为 -24dB。

3. 馈源

能够作为馈源的天线形式很多，如喇叭天线、对称振子、缝隙天线、螺旋天线等。馈源对整个抛物面天线的影响很大。为了保证天线的良好性能，馈源应满足以下条件：

(1) 具有确定的相位中心且位于抛物面焦点上。这样，馈源辐射的球面波经反射后形成的口径场才会是平面波。

(2) 方向图最好是旋转对称的并具有单向辐射特性。这样才能提供最佳照射、减小后向辐射和漏失。

(3) 馈源的方向图应满足最佳照射条件，即 $2\theta_{10\mathrm{dB}}=2\psi_{0\mathrm{opt}}$。

(4) 馈源应当尽量小，减小对口径的遮挡；否则，会降低增益并提高副瓣。

(5) 具有足够的带宽和良好的匹配。

(6) 满足功率容量、机械强度和恶劣工作环境的要求。

常见的抛物面天线馈源如图 9-87 所示。

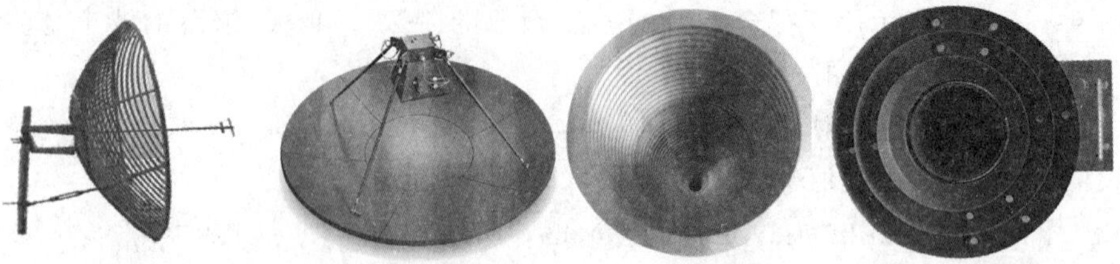

(a) 对称振子　　(b) 喇叭天线　　(c) 波纹喇叭　　(d) 凸缘喇叭

图 9-87　常见的抛物面天线馈源

4. 影响抛物面天线辐射的因素

根据对抛物面天线的上述分析，已知天线的效率可达 0.8 左右。实际上这一数值很难达到，只有利用特殊设计的辐射器（如波纹喇叭），以及精密的抛物面结构，才能使效率接近这一数值。抛物面天线的效率仅为 0.4～0.6。产生这一差别的原因是，上面的分析太理想化，许多实际因素没有考虑，例如：

（1）辐射器的后辐射。以上的分析均假设辐射器在 $|\psi|>90°$ 时无辐射，实际上这种辐射是存在的，并且有时还相当大，它相当于漏失，使天线效率降低。

（2）口径场的相位偏移。有许多因素使抛物面天线的口径场不能保持同相。例如，抛物面制作不准确，馈源安装不准确，馈源辐射波不是严格的球面波（没有统一的相位中心）等。已有的研究表明，口径场有非线性相位偏移时，方向性系数减小，方向图变劣。

（3）馈设备及支杆的阻挡。馈源要用同轴线或波导馈电，并应安放在抛物面的焦点上，通常为了使馈源的相对位置保持固定，还要用支杆等将馈源固定在抛物面上，这些装置将挡住一部分来自抛物面的次级反射波，从而在来波作用下感应起电流而产生散射，因而使副瓣电平升高，效率降低。

（4）抛物面的边缘效应。用以计算面电流或口径场的公式仅对无限大理想导电平面才是准确的。对于抛面天线来说，应用此公式将引入一些误差。例如，表面电流的互耦会使电流或口径场分布有所改变。特别是在抛物面的边缘区域，此外边界条件和无限延伸的导体面不同，因而电流或口径场将有显著变化，这种变化称为边缘效应。可以把这种变化归结于在抛物面边缘有一个环电流带，它参与辐射的结果使天线辐射场发生变化，一般来说，它主要影响副瓣，特别是远副瓣。抛物面天线的馈源偏离焦点叫作偏焦。偏焦可分为横向偏焦和纵向偏焦。横向偏焦是指馈源在与抛物面轴线垂直的平面内发生位置偏移，纵向偏焦是指馈源沿天线轴线发生位移。偏焦会使口径场的相位发生变化，引起方向图发生畸变。

（5）馈源的偏焦。若馈源横向偏焦不大，仅使主瓣偏离轴线，则增益变化、方向图畸变都不大。馈源小幅度横向偏焦来回移动或横向偏焦的馈源绕天线轴旋转，可以使得天线波束偏轴摆动或绕轴做圆锥运动，实现小角度扫描。

纵向偏焦引起口径场相位的二次方偏移，辐射波束仍然是对称的；但是主瓣展宽，增益下降。利用纵向偏焦，一副天线可以兼顾搜索（要求宽波束）和跟踪（要求窄波束）。

5. 抛物面反射场对馈源的影响

馈源会对抛物面的反射场形成遮挡。实际上，馈源将截获一部分反射场，此部分场通过馈线传向信号源成为馈线上的反射波，因而影响馈线内的匹配。为消除此反射波对馈源的影响，可进行匹配。但是，在馈线内加匹配元件的只能工作于极窄的频带。常用下列方法来改善馈线内的匹配状况。

1）顶片补偿法

如图 9-88 所示，在抛物面顶点附近放置了一个金属圆盘，此圆盘称为顶片。显然，顶片受入射波照射后也要反射，所以是一个新反射源。适当选择顶片的直径 d 及它离顶点的距离 t，可以使它的反射波与原反射波抵消。由于两个反射源距离很近，对频率变化就

不敏感了，可得到较宽频带的匹配。顶片直径为

$$d=\sqrt{4f\lambda/\pi} \tag{9-102}$$

式中：f 为焦距 OF。

根据抛物面和顶片各自的反射场在馈源处应当反相的要求，可确定顶片离抛物面顶点的距离 t，理想情况下，有

$$t=(2n+1)\lambda/4 \tag{9-103}$$

式中：n 为整数。

实际上，t 常做成可调的，可用实验方法找出最佳的 t。

因为顶片很小，可以忽略它对抛物面反射的影响。顶片匹配是一种简单易行的方法，但由于它尺寸小，有较宽的方向图，因而它将干扰抛物面天线的方向图，特别是会使副瓣上升。

2）馈源偏照

如图 9-89 所示，将抛物面切除一部分，使反射波不进入馈源，馈源对反射波不能形成遮挡，故这是一种消除遮挡影响的较彻底的解决办法。此种抛物面称为切割抛物面。为适应偏照情况，馈源的最大辐射方向应偏向切割抛物面的中心部位，使切割后的口径边缘受到等强度照射。切割后的口径可以是椭圆、矩形、扇形等形状，馈源的方向图应根据切割抛物面的轮廓形状做相应的设计调整。

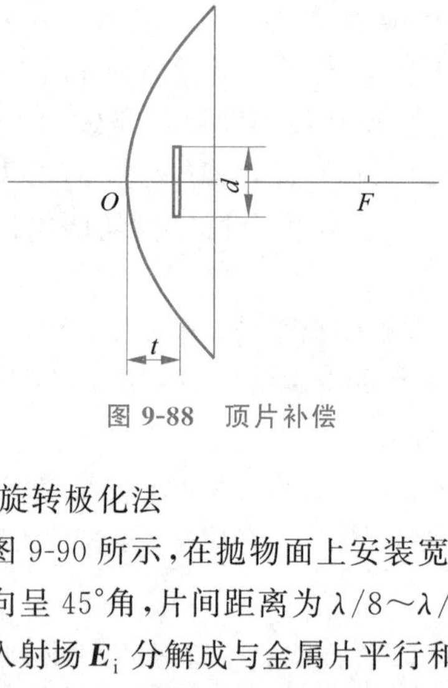

图 9-88　顶片补偿

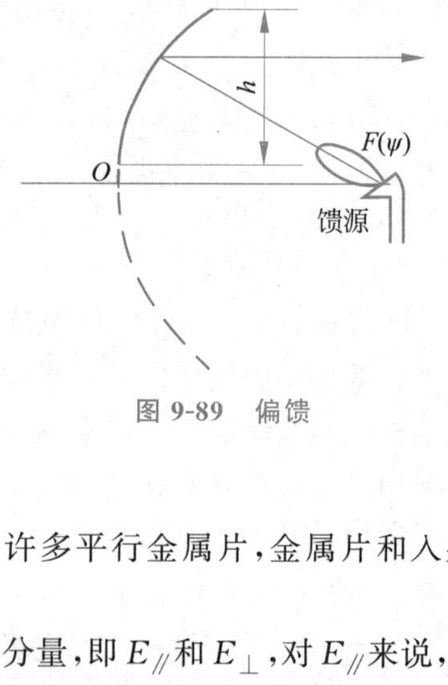

图 9-89　偏馈

3）旋转极化法

如图 9-90 所示，在抛物面上安装宽度为 $\lambda/4$ 的许多平行金属片，金属片和入射电场矢量方向呈 45°角，片间距离为 $\lambda/8\sim\lambda/10$。

将入射场 $\boldsymbol{E}_{\mathrm{i}}$ 分解成与金属片平行和垂直的两个分量，即 $E_{/\!/}$ 和 $E_{\perp}$，对 $E_{/\!/}$ 来说，金属片间区域相当于截止波导，故入射场的 $E_{/\!/}$ 分量将在片的外缘直接反射。$E_{\perp}$ 则可穿过此区域到达抛物面，在抛物面处反射，所以反射波中 $E_{\perp}$ 分量比 $E_{/\!/}$ 分量波程长 $\lambda/2$，合成的反射场矢量就和入射场矢量垂直。这就是说，当馈源是单一线极化时，反射波将不能进入馈源。

为了进一步了解反射面天线的空间辐射特性，这里给出一个抛物面天线的仿真案例。图 9-91 为旋转抛物面天线的仿真模型。抛物面天线的半径为 432mm，工作频率为 12.5GHz，馈源采用圆锥喇叭天线。其仿真得到的 E 面和 H 面方向图如图 9-92 所示，是比较典型的高方向性天线。

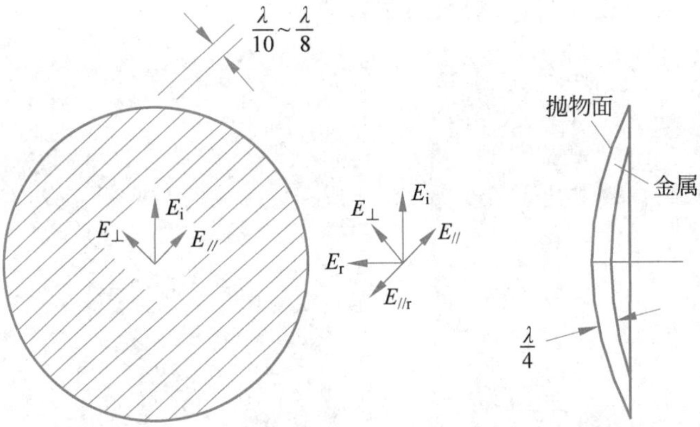

图 9-90 旋转极化

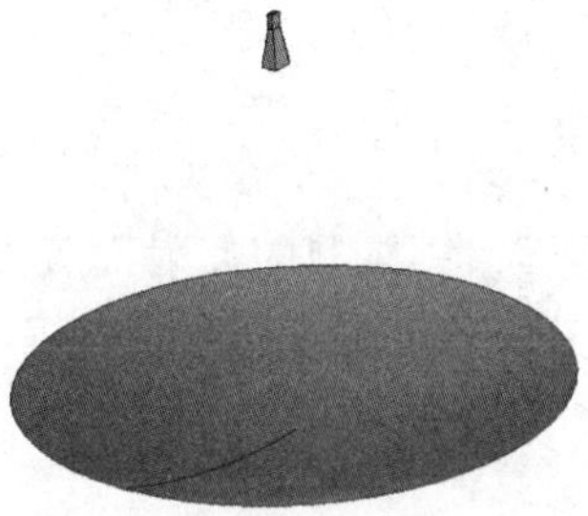

图 9-91 抛物面天线仿真模型图

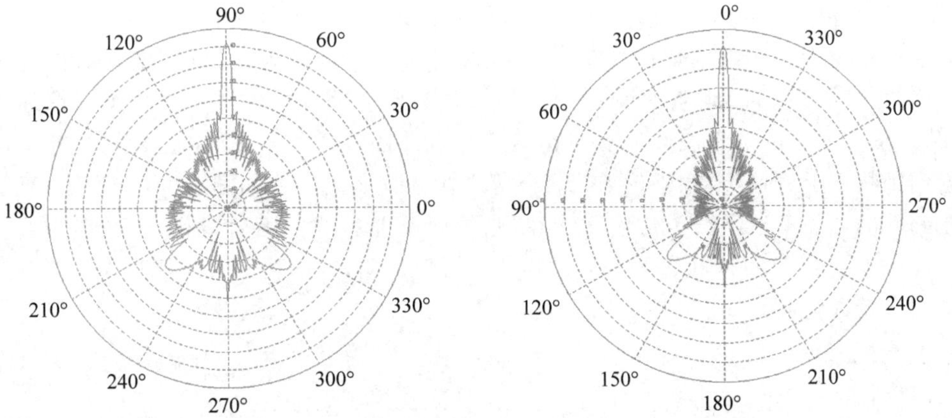

(a) E面　　(b) H面

图 9-92 抛物面天线的方向图

6. 应用

抛物面天线广泛应用于雷达、通信以及射电天文学等领域，是面天线家族最重要的分支。图 9-93 为用于卫星电视接收的旋转抛物面天线。图 9-94 为美国国家射电天文台的甚大阵天线，由 27 面直径 25m 的抛物面天线组成，呈 Y 形排列，是目前世界上最大的综合孔径射电望远镜。其最高分辨角为 0.13″，已经优于地面上的大型光学望远镜，天文学家可以利用甚大阵天线来研究黑洞、星云等宇宙各种现象。

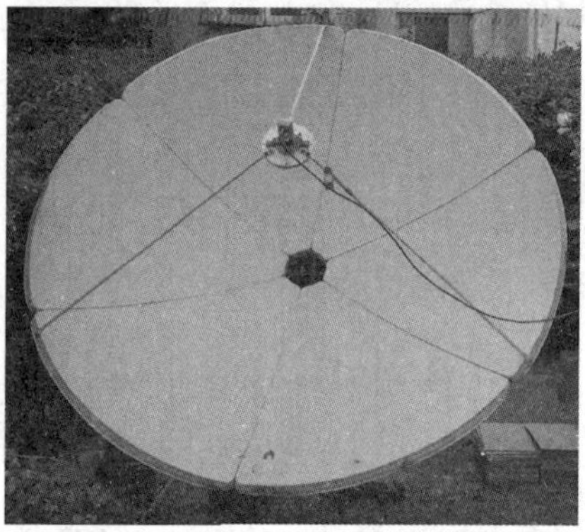

图 9-93　卫星电视接收的旋转抛物面天线

图 9-94　美国国家射电天文台的甚大阵天线

9.7.10　其他反射面天线

除了上节介绍的旋转抛物面天线，典型的反射面天线还包括卡塞格伦天线、切割抛物面天线、柱形面反射面天线、二面角反射面天线和平面反射面等。本节主要介绍卡塞格伦天线和切割抛物面天线两种常见的反射面天线。

1. 卡塞格伦天线

卡塞格伦天线（简为卡氏天线），它属于双反射面天线，增益很高，可以达到 50～60dBi，广泛应用于雷达、通信、精密跟踪测量及射电天文学等领域。

卡塞格伦天线的结构如图 9-95(a)所示，它的主反射面为抛物面，副反射面为双曲面，抛物面焦点与双曲面的右焦点重合，馈源安装于双曲面的左焦点。根据双曲面的特点，从左焦点发出的球面波经反射后相当于从双曲面的右焦点发出的球面波，此球面波照射到抛物面上，所以卡塞格伦天线可以等效为抛物面天线。如图 9-95(b)所示，延长馈源至副面的任一条射线直至与该射线经副、主面反射后的实际射线相交，交点为 Q。按照此方法得到的 Q 点的轨迹为一条抛物线。可以证明，卡塞格伦天线等效为一个焦距放大了的旋转抛物面天线。

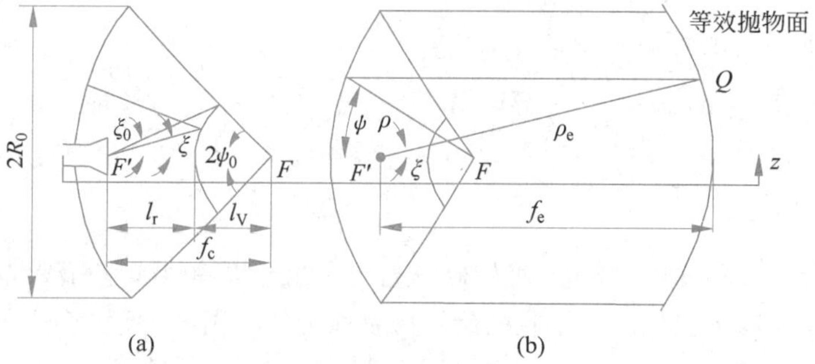

图 9-95　卡塞格伦天线结构示意图

卡塞格伦天线具有以下优点：

(1) 馈源安装在抛物面顶点附近，因而可以大大缩短馈线长度(特别是大尺寸天线)，减小损耗，提高效率。由于馈源的输入端位于抛物面顶点之外，馈电结构受到反射面的屏蔽，对次级场没有影响。

(2) 馈源是前向辐射的，因而馈源的漏失指向前方，对于工作时都是"仰望"天空的射电天文望远镜和卫星地面站天线来说，漏失的方向指向冷空而不是指向地面，这就大大降低了环境噪声，有利于提高接收机的灵敏度。

(3) 馈源的方向图只要覆盖副反射面，因此方向图的－10dB宽度小得多，对于大型卡塞格伦天线，仅要求为20°左右，因而馈源可以做得较大，后辐射很小，有利于提高效率。

(4) 天线有两个反射面，增加了设计的自由度，采用修改反射面的方法还可提高天线的性能。

(5) 对于单镜面天线而言，焦距大时，天线的性能好；但天线结构将变得非常复杂。而对于卡塞格伦这种双镜面天线而言，它通过短焦距抛物面实现了长焦距抛物面的性能，大大缩短了天线的纵向尺寸，因此很好地解决了上述矛盾。

卡塞格伦天线的主要缺点是副反射面尺寸较大，直径一般不小于5λ；否则，绕射损失较大，因而遮挡比普通抛物面天线大，它的结构及调试也较为复杂。

图9-96和图9-97是卡塞格伦天线应用的实例。

图 9-96　定点通信天线

图 9-97　卫星测控天线

2. 切割抛物面天线

旋转抛物面天线和卡塞格伦天线一般形成针状波束，它们自有应用场合，如卫星地面接收、微波中继接力通信、炮瞄雷达等。但由于这两种天线波束窄，在某一瞬间只能占据很小的一个立体角，若用于目标观测，则为了发现目标而扫描一定的空域就需要花较长时间。如果能把天线波束做得在一个主平面内很窄(如水平平面)，而在另一个主平面内很宽(如垂直平面)，则天线系统只须在方位上做一维的圆周扫描就可很快地发现目标。这种在两个相互垂直的主平面内方向图波瓣宽度一宽一窄的天线称为扇形波束天线。产生扇形波束主要有两个途径：一是对旋转抛物面进行切割；二是不采用旋转抛物面天线反射面，而是采用抛物柱面式反射面。本节主要介绍切割抛物面天线。

对于图9-98所示的对称切割的抛物面，照射器直接放置在口面的中心线上，反射面对照射器匹配影响较大，而且照射器本身连同支架对口径面的遮挡，由于口面面积的减小而会相对地增大。为此,对于切割抛物面,通常采用偏照的办法,如图 9-99(a)所示,即照射器仍放置在抛物面的焦点处,但其最大辐射方向不是对准抛物面顶点而与抛物面轴线成上夹角。采用偏照技术后,不能还是对旋转抛物面做上、下对称式切割,而应如图 9-99(b)那样做不对称的切割。

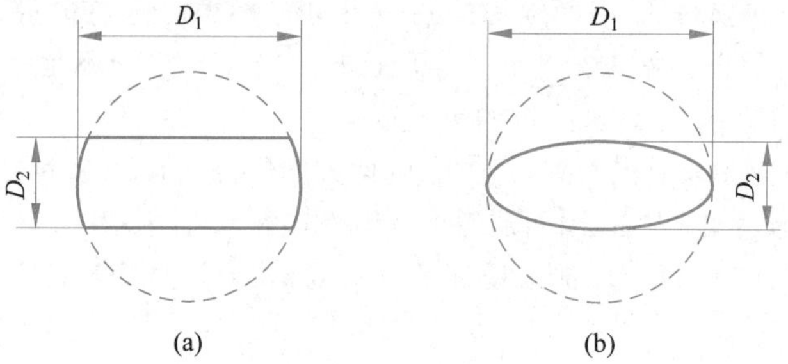

图 9-98 对称切割法

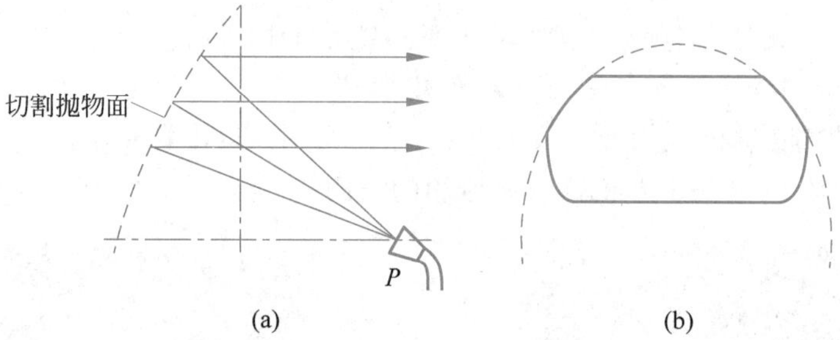

图 9-99 偏照式切割

图 9-100 和图 9-101 是切割抛物面的应用实例。

图 9-100 AN-SPS 对空搜索雷达天线

图 9-101 SPS-49 对空搜索雷达天线

思考题

9-1 什么是电流元?如何计算电流元的电磁场?

9-2 电流元的近区场与远区场有如何特性,哪些特性是所有天线辐射场的共性?

9-3 什么是天线的方向性?零功率宽度、半功率宽度、方向性系数、效率及增益的定义是什么?

9-4 天线的增益与电路中放大器的增益有何区别与联系？

9-5 阵列天线的相位分布是如何改变辐射方向的？

练习题

9-1 求基本电流元的方向性系数。

9-2 某卫星导航定位系统用户机圆极化接收天线增益为 2dB，工作频率为 2492MHz，要使得用户机天线接收到的功率不低于－130dBm，地球同步轨道卫星天线的辐射功率与增益乘积最少为多少？设收发天线极化完全匹配，两者距离为 36500km。

9-3 设无线局域网发射机发射功率为 100mW，工作频率为 2.45GHz，发射天线增益为 3dB，相距 100m 的接收机灵敏度为－90dBm，求接收天线最小增益（不考虑传输过程中的其他损耗）。

9-4 三元同相直线天线阵元间距为 d，如题 9-4 图所示方式放置，设各元辐射电场为 $E_i = AI_i\mathrm{e}^{-\mathrm{j}kr_i}/r_i(i=1,2,3;\ I_1=I_3=I_2/2=I_0)$，求该三元阵辐射电场 E。

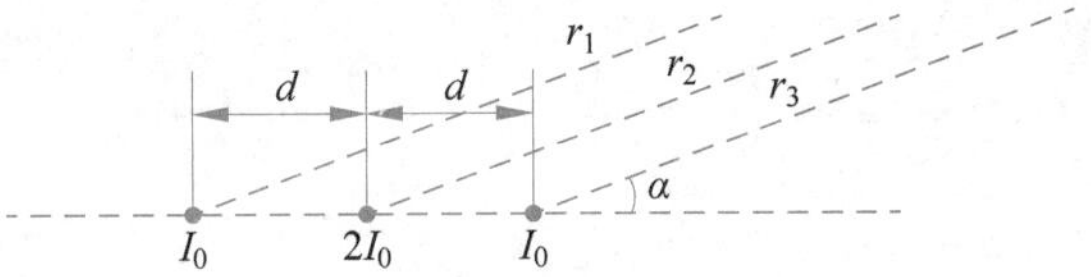

题 9-4 图

9-5 在长度 $2h(h\ll\lambda)$ 和中心馈电的短振子上的电流分布可用下述三角函数来近似表示：

$$\tau(z)=I_0\left(1-\frac{|z|}{h}\right)$$

试求远区的电场和磁场强度、辐射电阻和方向性系数。

9-6 已知在一根长度为 L 的行波天线上的电流分布为

$$I(z)=I_0\mathrm{e}^{-\mathrm{j}\beta z}$$

(1) 求出远区的矢量磁位 $\boldsymbol{A}(r,\theta)$。

(2) 由 $\boldsymbol{A}(r,\theta)$ 确定 $\boldsymbol{H}(r,\theta)$ 和 $\boldsymbol{E}(r,\theta)$。

(3) 画出 $L=\lambda/2$ 的辐射方向图。

9-7 半波天线的电流振幅为 1A，求离开天线 1km 处的最大电场强度。

9-8 在二元天线阵中，设 $d=\lambda/4,\xi=90°$，画出阵因子的方向图。

9-9 两个 $\lambda/2$ 天线平行放置，相距 $\lambda/2$，它们的电流振幅相等，同相激励。试用方向图乘积定理画出两个主平面上的方向图。

9-10 有两个长度均为 $2h$ 的振子天线沿 z 轴排列，它们中心之间的间距为 $d(d>2h)$。两个天线都以相同的振幅和相位激励。

(1) 写出二元共线阵的远区电场的一般表示式。

(2) 当 $h\ll\lambda,d=\lambda/2$ 时，画出归一化 E 面方向图。

(3) 当 $h\ll\lambda,d=\lambda$ 时，画出归一化 E 面方向图。

第10章 电波传播

人们广泛应用无线电波进行信息传递，如各种无线通信、广播、雷达和遥感等电子系统，它们都包含"电波发射—无线电波传播—电波接收"这三个环节。可见，无线电波传播是其中的重要环节。

发射天线或自然辐射源辐射的无线电波通过自然条件下的媒质到达接收天线的传播过程称为无线电波传播。无线电波在传播过程中可能被反射、折射、绕射、散射或吸收。本章主要研究电磁波在各种媒质中的传播规律，以及媒质的电特性对电波传播的影响。电波传播的规律性，对工作在不同频段的无线电通信系统、无线电广播系统以及各种用途的无线电测量系统的计算和设计都有着十分重要的意义。

本章将简单介绍电波传播的基础知识，读者可以从其他书籍中获取更为详细的信息，也可以查阅相应的国家标准或国际电报电话公司(ITT)、国际无线电咨询委员会(CCIR)的手册、系列报告和技术文档，获得工程上更为实用的技术资料。

10.1 电波传播的基本概念

10.1.1 电磁波频谱

人类正在观测和利用的电磁波，频率从低至千分之几赫(地磁脉动)到高达 10^{30}Hz(宇宙射线)，相应的波长从 10^{11}m 到 10^{-20}m(小于电子半径，电子半径为 10^{-11}m)。由于各种电磁波的波长范围不同，它们的性质有着明显的差异。X 射线和 γ 射线波长极短，可穿透人体；可见光因不同的波长而具有不同的颜色；无线电波可以用于通信、感知、导航等。通常频率低于 3000GHz 的电磁波称为无线电波，频率为 300MHz～300GHz 的电磁波称为微波。表 10-1 给出了常用的无线电波谱各波段的波长和频率范围。

表 10-1 无线电波谱

频段	波段	频率	波长
极低频(ELF)	极长波	＜30Hz	＞10^4km
超低频(SLF)	超长波	30～300Hz	10^4～10^3km
特低频(ULF)	特长波	300～3000Hz	10^3～10^2km
甚低频(VLF)	甚长波	3～30kHz	10^2～10km
低频(LF)	长波	30～300kHz	10^4～10^3m
中频(MF)	中波	0.3～3MHz	10^3～10^2m
高频(HF)	短波	3～30MHz	10^2～10m
甚高频(VHF)	超短波	30～300MHz	10～1m
特高频(UHF)	分米波	0.3～3GHz	1～0.1m
超高频(SHF)	厘米波	3～30GHz	10～1cm
极高频(EHF)	毫米波	30～300GHz	10～1mm
超极高频	亚毫米波	300～3000GHz	1～0.1mm

10.1.2 无线电波主要的传播方式

由于无线电波传播涉及整个地球及其外部空间，在研究无线电波传播之前，首先应对地球及其外部空间有一个初步的认识。无线电波从发射点到接收点必定要经历一定的空间场所，这个经历的过程就是无线电波传播的过程。其最基本的空间场所就是地球及其周围附近的区域(或称为近地空间)，近地空间是指地球周围附近的区域，通常是指地球的大气层和磁层，是实现地面通信与空间通信的无线电波的基本传播场所。大气层是包围地球表面的一层气体层，其厚度可达上千千米，地面上空的大气是分层的。按大气温度随高度垂直分布的特性可分为对流层、平流层、中层、热层和外层等。按电离或非电离状态可分为电离层或非电离层。在 60km 以下的高空称为非电离层。在 60km 以上的大气，气体电离现象十分显著，该区域称为电离层。大气通常是按对流层、平流层、电离层进行划分的。

传输无线电信号的媒质主要有地表、对流层、电离层等。这些媒质的电特性对不同频段的无线电波的传播有着不同的影响。根据媒质及不同媒质分界面对电磁传播产生的主要影响，可将电磁传播方式分为地面波传播、天波传播、视距传播和散射传播。

10.1.3 无线电波在自由空间内的传播

自由空间，严格来说应指真空，是一种理想情况，实际上不可能达到这种条件的。因此，自由空间通常是指充满均匀、无耗媒质的无限大空间，即该空间媒质具有各向同性、电导率为零、相对介电常数和相对磁导率均恒为 1 的特点。

实际上，电波传播受到各类媒质不同程度的影响。在研究具体的无线电波传播问题时，为了能够比较各种传播情况，提供一个比较标准，并简化各种信道传输损耗的计算，引出自由空间传播的概念是很有意义的。无线电波在自由空间中的传播称为自由空间传播。本节主要讨论无线电波在自由空间内传播时场强及传输损耗的计算公式。

设天线置于自由空间，在其最大辐射方向上、距离为 d 的接收点处产生的场强振幅为

$$|E_0| = \frac{\sqrt{60P_tG_t}}{d}(\mathrm{V/m}) \tag{10-1}$$

式中：P_t 为发射天线输入功率(W)；G_t 为发射天线增益；d 为距离(m)。

为便于应用，式(10-1)写为

$$|E_0| = \frac{245\sqrt{P_tG_t}}{d}(\mathrm{mV/m}) \tag{10-2}$$

式中：P_t 单位为 kW；d 的单位为 km。

在实际工程中常需要计算接收设备的接收功率。由第 9 章天线理论可知，接收天线接收空间电磁波的功率可通过有效面积来计算，根据弗利斯传输公式，接收天线的接收功率为

$$P_r = SA_e = \frac{P_tG_t}{4\pi d^2}\frac{\lambda^2}{4\pi}G_r = \left(\frac{\lambda}{4\pi d}\right)^2 P_tG_tG_r(\mathrm{W}) \tag{10-3}$$

式中：S 为坡印廷矢量($\mathrm{W/m^2}$)；A_e 为接收天线的有效口径($\mathrm{m^2}$)；P_t 为发射天线的输入功率(W)；G_t、G_r 分别为发射天线和接收天线的增益；λ 为自由空间内电磁波的波长(m)。

式(10-3)就是接收天线与接收机匹配时送至接收机的输入功率。

例如,设计一条通信链路,为了对发射机功率、天线增益、接收机灵敏度等技术指标提出合理要求,一般进行信道计算,其中之一就是计算信道的传输损耗,用以度量电波在传输过程中信号电平衰减的程度。就自由空间而言,电波的衰减情况可用"自由空间传输损耗"来表示。设自由空间内相距为 d 的两个理想点源天线($G=1$)作收发天线,若发射天线的输入功率为 P_t、接收天线的输出功率为 P_r,自由空间传输损耗为

$$L_{bf}=\frac{P_t}{P_r}\quad (G_t=G_r=1) \tag{10-4}$$

将式(10-3)代入上式,可得

$$L_{bf}=\left(\frac{4\pi d}{\lambda}\right)^2 \tag{10-5}$$

若单位以分贝(dB)表示,则有

$$L_{bf}=10\lg\frac{P_t}{P_r}=20\lg\left(\frac{4\pi d}{\lambda}\right)(\mathrm{dB}) \tag{10-6}$$

或

$$L_{bf}=32.45+20\lg f(\mathrm{MHz})+20\lg d(\mathrm{km})(\mathrm{dB}) \tag{10-7}$$

需要指出的是,自由空间是真空,不吸收电磁能量,其传输损耗是球面波在传播过程中随传播距离的增大,功率密度越来越稀疏而引起的损耗。从式(10-7)可见,自由空间传输损耗只与频率和传播距离有关,当电波频率提高 1 倍或传播距离增加 1 倍时,自由空间传输损耗增加 6dB。

10.1.4 传输媒质对电波传播的影响

实际上,电波是在各种空间场所内(如沿地表,或在低空大气层、电离层内)传播的,实际环境总是涉及各种各样的媒质,在一般情况下,电波传播的过程就是电磁波与媒质相互作用的物理过程。在电磁波的作用下媒质中产生极化、磁化及传导等各种电磁效应,这些效应又对传播中的电磁波产生各种影响。在传播过程中,媒质吸收电磁能量使信号衰减,媒质的不均匀性、地貌地物的影响、多径传输等都会使信号畸变、衰落,或电波传播方向改变等。总之,电波传播特性既与媒质特性参数(介电常数、磁导率和电导率及其时空变化)有关,又与电波特征参数(主要的是频率和极化)有关,后者可使同样的媒质表现出极不相同的特性和边界条件。在实际媒质中的电波传播问题主要涉及以下三方面:

(1) 媒质的电磁性质、空间结构与边界特性以及规则的和随机的时空变化。各种媒质的特性差异很大,其中包括损耗、色散、各向异性和非线性,不均匀的空间变化以及非平稳的随机时间变化过程等复杂现象,是电波传播的时、空、频域效应的根源。

(2) 电波传播的物理机制与传播模式。电磁波在各种特性媒质中的传播机制可能涉及吸收、折射、反射、散射、绕射、导引和谐振,以及多径干涉和多普勒频移效应等一系列物理过程。这些过程既取决于媒质的特性,也与波的特性密切相关。同一媒质对于不同

频段的电磁波可表现出极不相同的特性，如电离层对低于 30MHz 的电波产生强烈的反射，而对其高频段以上电波则是透明的；对于其高频段为粗糙边界的实际地面，对其低频段可能视为平滑的曲面等。电波传播的状况取决于电波特性参数与媒质特性及边界条件的匹配，在特定条件下可能出现一些相对占优的传播模式。

(3) 信号的媒质效应和传播特性。电磁信号在各种媒质传播的过程中可能遭受衰减、衰落、极化偏转，以及时、频域畸变等效应，并因此而具有复杂的时、频、空域变化特性。这些媒质效应对信息传输的质量和可靠性常产生不利的影响；但经过特殊设计，一些媒质效应也是可被用以作为信息传输的支撑，比如电离层反射和对流层散射，相应地构成了短波和超短波超视距通信的基础。

各频段不同特性的电磁信号通过各种媒质与各种边界条件的传播模式和传播特性是电波传播在工程应用中的基本问题；同时，电波在不同媒质传播过程中必将携带有关媒质特性的信息，是对环境进行电磁波探测的基础。因此，各种媒质中各频段电磁波的传播效应是电波传播研究的主要对象。

1. 传输损耗

在实际应用中，电波是在有能量损耗的媒质中传播的。这种能量损耗是大气对电波的吸收或散射引起，或者电波绕过球形地面或障碍物的绕射而引起，这些损耗都会使接收场强小于自由空间传播时的场强。在传播距离、工作频率、发射天线和发射功率相同的情况下，接收点的实际场强和自由空间场强之比，定义为该电路的衰减因子，即

$$A=\frac{|E|}{|E_0|} \tag{10-8}$$

若用分贝表示，则为

$$A=20\lg\frac{|E|}{|E_0|}(\mathrm{dB}) \tag{10-9}$$

一般情况下，$E<E_0$，故 A(dB)为负数。衰减因子是一个很重要的量，讨论衰减因子与工作频率、传播距离、地球电参数、地形起伏、大气分布、传播方式以及和时间的关系等是电波传播的重要内容之一。

引入衰减因子后，实际传输电路接收点场强可表示为

$$|E|=|E_0|A=\frac{\sqrt{60P_t\cdot G_t}}{d}A(\mathrm{V/m}) \tag{10-10}$$

相应地，坡印廷矢量模值和接收功率分别为

$$S=\frac{P_tG_t}{4\pi d^2}A^2(\mathrm{W/m^2}),\quad P_r=\left(\frac{\lambda}{4\pi d}\right)^2A^2G_tG_rP_t(\mathrm{W}) \tag{10-11}$$

对于某一传输电路，发射天线输入功率和接收天线输出功率(匹配情况时)之比定义为该电路的传输损耗，即

$$L=\frac{P_t}{P_r}=\left(\frac{4\pi d}{\lambda}\right)^2\cdot\frac{1}{A^2G_tG_r} \tag{10-12}$$

若用分贝表示，则为

$$L = 20\lg\left(\frac{4\pi d}{\lambda}\right) - A(\mathrm{dB}) - G_t(\mathrm{dB}) - G_r(\mathrm{dB}) \tag{10-13}$$

因为衰减因子小于1，A(dB)为负值，故$-A$(dB)为正值，即媒质对电波能量的吸收作用使电路的传输损耗增加。由式(10-13)可见，传输损耗与工作频率、传播距离、传播方式、媒质特性及收、发天线增益有关，一般为几十分贝到200dB。

注意，若式(10-13)中舍去设备因素的影响，令$G_t = G_r = 0$dB，即仅考虑第一、二项，则反映的是信道(即传输媒质)中功率的传输情况，通常称为基本传输损耗。于是有

$$L_b = 20\lg\left(\frac{4\pi d}{\lambda}\right) - A(\mathrm{dB}) = L_{bf} - A(\mathrm{dB}) \tag{10-14}$$

它表示某一传输电路，无方向性发射天线的输入功率与无方向性接收天线输出功率之比。由于L_b与天线增益无关，仅取决于电路的传输情况，因此又称为路径损耗。一般为100～250dB。

若为自由空间传播，则A(dB)$=0$，式(10-14)就退化为(10-6)，这就是自由空间基本传输损耗。

由于衰减因子随不同的传播方式、不同的传播情况而异，因此衰减因子的计算将结合各种具体的传输方式分别进行。

2. 衰落

衰落一般是指信号电平随时间而随机起伏的现象。信号电平有从几分之一秒至几秒或几分钟的快速短周期变化，也有几十分钟或几小时乃至几天、几个月的缓慢长周期变化。根据引起衰落的原因大致可分为吸收型衰落和干涉型衰落。

吸收型衰落是指传输电参数的变化，使得信号在媒质中的衰减发生相应的变化而引起的。例如，大气中的氧、水蒸气以及由后者凝聚而成的云、雾、雨、雪等都对微波电波能量有吸收作用，由于气象变化的随机性，这种吸收的强弱也有起伏，形成信号的衰落。又如，电离层的电子浓度有明显的日变化、月变化、年变化等，使得电离层的等效电参数也发生改变，经电离层反射的信号电平也相应起伏变化，从而形成信号的衰落。由于媒质的变化是随机的、缓慢的，由这种机理形成信号电平的变化也是缓慢的，故吸收型衰落是慢衰落。

干涉型衰落主要是随机多径干涉现象引起。在某些传播方式中收、发两点之间信号有若干条传播途径，传输媒质的随机性使得到达接收点的各条路径的时延随机变化，则合成信号的幅度和相位都发生随机起伏。这种起伏的周期很短，信号电平变化很快，故称为快衰落。

事实上，信号的快衰落与慢衰落兼而有之，快衰落往往叠加在慢衰落之上，只不过在较短时间内后者不易被察觉，而前者表现明显。信号电平的衰落情况如图10-1所示。由于信号的衰落情况是随机的，无法预知某一信号随时间变化的具体规律，只能掌握信号随时间变化的统计规律。通常用信号电平中值、衰落幅度(或衰落深度)、衰落率、衰落持续时间等参数来说明信号的衰落统计特性。信号的衰落现象严重地影响电波传播的可靠性及系统的可靠性。

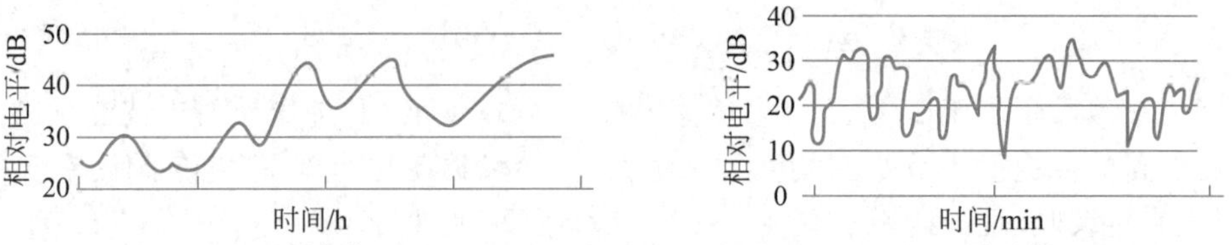

(a) 慢衰落　　(b) 快衰落

图 10-1　信号衰落

3. 传输失真

无线电波除通过媒质产生传输损耗，还会产生失真，即振幅失真和相位失真。一般来说，产生失真的原因是媒质的色散效应和随机多径传输效应。

色散效应是不同频率的无线电波在媒质中的传播速度差别引起的信号失真。载有信息的无线电信号往往是占据一定频带的，当电波通过媒质传播到达接收点时，各频率成分传播速度不同而不能保持原来信号中的相位关系，引起波形失真。对模拟信号而言是信号波形的畸变，对数字信号而言是误码率的上升。具有色散效应的媒质称为色散媒质；反之就是非色散媒质。对流层对 20GHz 以下的无线电波呈无色散效应；电离层对频率远大于 30MHz 的无线电波呈无色散效应，而对 30MHz 以下的无线电波则有色散效应。

多径传输也会引起信号畸变，这是因为无线电波在传播时通过两个以上不同长度的路径到达接收点，接收天线接收的信号是由几个不同路径传来的电波场强矢量之和。由于路径长度有差别，它们到达接收地点的时间延迟（简称时延）不同，最大的传输时延和最小的传输时延的差值称为多径时延，以 τ 表示。多径时延过大就会引起较明显的信号失真。以天波传播中两条路径的传输情况为例说明，如图 10-2 所示，接收点场强是由两条路径传来的、相位差 $\phi=\omega\tau$ 的两个电场的矢量和。对传输信号中的每一个频率成分而言，相同的 τ 值却引起不同的相位差，例如：对频率为 f_1 的分量，若 $\phi_1=\omega_1\tau=\pi$，则因两矢量反向相消，此分量的合成场强呈现最小值；对频率为 f_2 的分量，若 $\phi_2=\omega_2\tau=2\pi$，则此分量的合成场强呈最大值；其余各频率成分的情况以此类推。很明显，由于多径效应，信道（即传输媒质）对不同的频率成分有着不同的响应。显然，信号带宽过大就会引起较明显的失真，即信道的多径效应使得对所传输的信号带宽提出一定的限制。

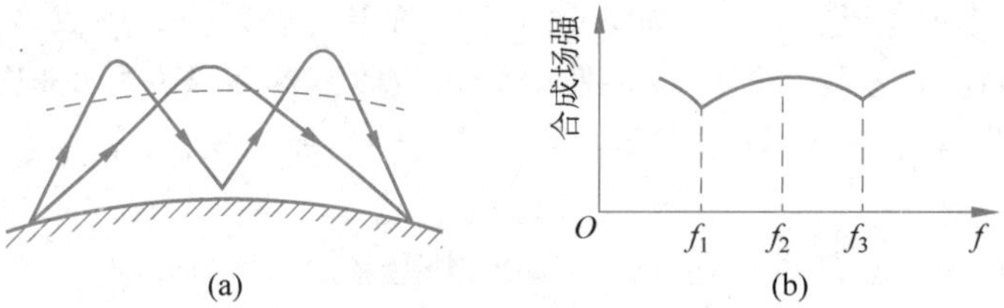

(a)　　(b)

图 10-2　多径效应

如图 10-2(b)所示，f_1 和 f_3 是两个相邻的合成场强为最小值的频率，它们之间的相位差等于 2π，即

$$\phi_3-\phi_1=(\omega_3-\omega_1)\tau=2\pi \tag{10-15}$$

则

$$\Delta\omega = \omega_3 - \omega_1 = \frac{2\pi}{\tau} \tag{10-16}$$

$$\Delta f = \frac{1}{\tau} \tag{10-17}$$

由此可见，两相邻场强为最小值的频率间隔与多径时延 τ 成反比。式(10-17)通常称为多径传输媒质的相关带宽，式中，若频率 f 的单位为 Hz，则 τ 的单位为 s。显然，若所传输的信号带宽很宽，与 $1/\tau$ 可比拟时，则所传输的信号波形将产生较明显畸变。

4. 电波的折射、反射、散射与绕射现象

当电波在无限大均匀、线性媒质内传播时，射线沿直线传播。然而，由于实际的电波传播所经历的空间非常复杂，电波传播的方向可能会发生改变，例如：球形地面和障碍物将使电波产生绕射；地貌、地物等将使电波产生折射、反射或散射；对流层中的湍流团、雨滴等水凝物使电波特别是微波产生散射；即使电波在对流层内传播，由于温度、湿度随高度而异，对流层的折射指数也随高度而变化，使得电波射线产生连续的小角度的折射，结果使射线轨迹弯曲。总之，上述现象都会使电波传播方向发生变化，将对于利用电波传播完成通信、雷达、遥控、遥测等系统的工作带来一定的麻烦或影响精度。因此，在系统设计或实际工作中必须予以考虑。

10.2 地波传播

无线电波沿着地球表面的传播称为地波传播。工作在低频段的无线电系统，接收天线和发射天线架设在地面上或靠近地面，且其最大辐射方向平行于地面时，主要是地波传播。地波传播实质上是电磁波绕着地面-空气的分界面传播，是电磁波绕射现象的体现。

在讨论地波传播问题时，一般是将对流层视为均匀媒质，不考虑电离层的影响，主要考虑地球表面对电波传播的影响，包括地面以及地层内部介质的影响。由于地形地貌的起伏变化或介质的变化(尤其是陆地和海洋的变化)，实际的地面并不是均匀光滑的，但是当电波波长比地面粗糙度大得多时，可以近似认为地面是光滑的。当地面电参数变化不大时，也可以认为地面是均匀的。如果收、发天线相距不远，如几十千米，可以认为地面是平面。当收、发天线相距较远时，必须考虑地球的曲率。当电波频率较低时，渗入地面的深度较大，当地层深部的电参数和表面电参数有显著差异时，还必须考虑其影响。

地波传播基本上没有多径效应，也基本上不受气象条件的影响，所以信号较稳定。但随着电波频率的提高，传输损耗迅速增加。因此，这种传播方式适用于中、长波和超长波传播。长波、超长波和极长波沿地面传播可达几千至几万千米，中波可以沿地面传播几百千米，短波可以沿地面传播 100 多千米。其具体的距离取决于波长、功率及传播途径经过的地面电参数等。

10.2.1 地球表面的电特性

概括地说，地面对电波传播的影响主要表现为地面不平坦性和地质情况。当地面起伏不平的程度相对于电波波长来说很小时，地面可看成光滑的。对长、中波传播，除高山外均可视地面为平坦的。而后者主要是地面的电磁特性，影响着电波传播情况。描述大地电磁性质的主要参数是介电常数(或相对介电常数)，电导率和磁导率。根据实际测量，绝大多数地质(磁性体除外)的磁导率都近似等于真空中的磁导率，若不作说明，本书均以 $\mu=\mu_0$ 处理。表 10-2 列出了常见地质地面的电参数。

表 10-2　地质地面的电参数

地质地面	电参数			
	ε_r		$\sigma/(\mathrm{S/m})$	
	均值	变化范围	均值	变化范围
海水	80	80	4	1～4.3
淡水(湖泊等)	80	80	10^{-3}	$10^{-3}\sim2.4\times10^{-2}$
湿土	10	10～30	10^{-2}	$3\times10^{-3}\sim3\times10^{-2}$
干土	4	2～6	10^{-3}	$1.1\times10^{-5}\sim2\times10^{-3}$
森林	—	—	10^{-3}	—
山地	—	—	7.5×10^{-4}	—

由于大地是半导体媒质，必须考虑电导率对电波传播的影响。电波在各向同性、半导电媒质内传播时，媒质的电参数可用复介电系数表示，即

$$\varepsilon_c=\varepsilon-\mathrm{j}\frac{\sigma}{\omega}\tag{10-18}$$

式中：实部是大地的介电常数，它反映媒质的极化特性；σ/ω 表示媒质的导电性，$\sigma\neq0$ 说明媒质是有耗媒质。

引入复介电系数后，其相对复介电系数可表示为

$$\varepsilon_r'=\frac{\varepsilon_c}{\varepsilon_0}=\varepsilon_r-\mathrm{j}\frac{\sigma}{\omega\varepsilon_0}\tag{10-19}$$

将真空的介电系数 ε_0 代入上式(10-19)，可得

$$\varepsilon_r'=\varepsilon_r-\mathrm{j}60\lambda_0\sigma$$

式中：λ_0 为自由空间波长。

若 $60\lambda_0\sigma\gg\varepsilon_r$，则大地具有良导体性质；若 $60\lambda_0\sigma\ll\varepsilon_r$，则可将大地视为电介质。

表 10-3 给出了常见地质中 $60\lambda_0\sigma/\varepsilon_r$ 随频率的变化情况(所列数值仅就平均状况而言)。

表 10-3　常见地质中 $60\lambda_0\sigma/\varepsilon_r$ 随频率的变化

地质	频率					
	300MHz	30MHz	3MHz	300kHz	30kHz	3kHz
海水($\varepsilon_r=80,\sigma=4\mathrm{S/m}$)	3	3×10	3×10^2	3×10^3	3×10^4	3×10^5
湿土($\varepsilon_r=20,\sigma=10^{-2}\mathrm{S/m}$)	3×10^{-2}	3×10^{-1}	3	3×10	3×10^2	3×10^3
干土($\varepsilon_r=4,\sigma=10^{-3}\mathrm{S/m}$)	15×10^{-3}	15×10^{-2}	15×10^{-1}	15	15×10	15×10^2
岩石($\varepsilon_r=6,\sigma=10^{-7}\mathrm{S/m}$)	10^{-6}	10^{-5}	10^{-4}	10^{-3}	10^{-2}	10^{-1}

由表 10-3 可见：海水在中长波甚至短波波段都呈现良导体性质，只有到微波波段才呈现介质性质；而湿土和干地只在中长波波段才呈现良导体性质，在短波以上波段就呈介质性质；至于岩石，几乎在整个无线电波波段都呈现介质性质。海水在中波段的电性质类似良导体，在微波波段则类似电介质。湿土和干地在中、长波波段都呈现良导体性质。

10.2.2 地波传播的基本特性

从天线辐射理论可知，无线电波在自由空间传播时是一个球面波，即等相位面是一个球面，如果收、发两地的距离较远，接收天线所接收的球面波都可以看作视平面波，把波阵面看作一个平面。因此，其电场和磁场都在波前的平面内，没有沿传播方向的纵向分量。

然而，当电磁波沿地面传播时，就会产生沿传播方向上的电场分量，如图 10-3 所示，设电磁波沿 z 方向传播，在地界面上的场分量用下标"1"表示，在地界面下的场分量用下标"2"表示。

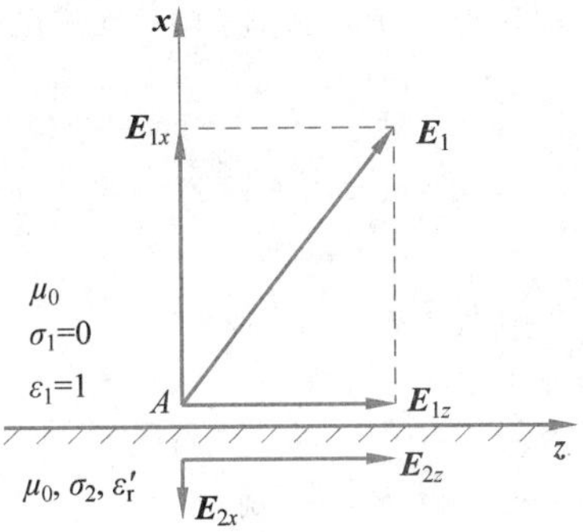

图 10-3　地平面上的平面波传播

设 E_{1x} 为传输波的电场矢量，xOy 平面为波阵平面，在某瞬间波阵面位于图中 A 点。由于地面是半导电媒质，有导体性质，在 A 点地界面上必然出现感应电荷。当波朝 z 方向传播时，在 A 点的电荷随着 E_{1x} 沿着 z 方向移动，产生了沿 z 方向的传导电流 J_z。由于大地不是理想导体，存在着一定的电阻，沿 z 方向的传导电流在 z 方向上产生的电场分量 $E_{2z}=J_z/\sigma$。又由边界条件 $E_{2z}=E_{1z}$ 可知，在地面上一定有沿传播方向的电场分量 E_{1x}，地面上的合成场 $\boldsymbol{E}_1$ 应为 E_{1z} 与 E_{1x} 的矢量和，使合成矢量 $\boldsymbol{E}_1$ 向传播方向（z 方向）倾斜。此现象就是波前倾斜现象。

电场纵向分量的出现是大地损耗引起的，出现电场纵向（传播方向）分量使波前倾斜。地面上的功率流密度斜向地面，该矢量有两个分量，一个朝着传播方向，另一个朝着地面向里的方向。流入地里的那部分电矢量就被大地所吸收，这就是大地损耗。大地损耗与大地电导率和电磁波波长有关，电导率越大，波长越长，E_{1z}、E_{2z} 分量越小，波前倾斜越小，大地损耗越小；反之，大地损耗越大。由此可见，中、长波利于地面波传播，而短波、超短波地面波传播只能用作短距离通信。

通过分析场的各分量之间的关系，由于 $\varepsilon_r \gg 1$，可得

$$|E_{1x}| \gg |E_{1z}|, \quad |E_{2z}| \gg |E_{2x}|$$

即在空气中电场的垂直分量 E_{1x} 远大于其水平分量 E_{1z}（纵向分量），而在土壤中电场的水平分量 E_{2z} 远大于其垂直分量 E_{2x}。因此，在空气中较适宜使用直立天线来接收地面波，在地下接收无线电波，宜选用水平天线进行接收。可以利用水平低架天线、水平埋地天线接收该纵向分量。

10.2.3 平面地上的地面波场强计算

在实际工作中，使用地面波这种传播方式时，发射天线通常采用直立天线，并在沿地面的方向上产生较强的辐射，即产生较大的 E_{1x} 分量。本讨论远区场 E_{1x} 的计算问题。

从场源-直立天线辐射出的电磁波是以球面波的形式向外传播的，并在传播过程中又不断地遭到媒质的吸收。因此，接收点场强(有效值)可写成

$$E_{1x}=\frac{173\sqrt{P_{\text{in}}G_{\text{t}}}}{r}\cdot A \tag{10-20}$$

式中：第一项因子表示电波能量的球面扩散作用，使场强随距离 r(km)成反比的减小，P_{in}(kW)为发射天线的输入功率，G_{t} 为考虑了地面影响后发射天线的增益系数，对于短直立天线，一般 $G_{\text{t}}\approx 3$；第二项因子 A 表示地面的吸收作用，故称为地面波衰减因子。

衰减因子可以通过一个辅助参量数值距离 ρ 求出，它是一个无量纲的量。数值距离为

$$\rho=\frac{\pi r}{\lambda_0}\cdot\frac{\sqrt{(\varepsilon_{\text{r}}-1)^2+(60\lambda_0\sigma)^2}}{\varepsilon_{\text{r}}^2+(60\lambda_0\sigma)^2} \tag{10-21}$$

当 $60\lambda_0\sigma\gg\varepsilon_{\text{r}}$ 时，有

$$\rho\approx\frac{100\pi r}{6\lambda_0^2\sigma} \tag{10-22}$$

数值距离是由频率或波长、大地电参数及传播距离决定的。对于沿电导率大的地面上传播低频无线电波的情况来说，数值距离与距离及频率的平方成正比，而与大地电导率近似成反比。知道了数值距离后，衰减因子可按下列公式计算：

$$A\approx\frac{2+0.3\rho}{2+\rho+0.6\rho^2} \tag{10-23}$$

当 $\rho>25$ 时，式(10-23)可简化为

$$A\approx\frac{1}{2\rho} \tag{10-24}$$

该关系式说明，当数值距离大时，A 与 ρ 成反比。也就是说，此时地面波的电场强度与传播距离的平方近似成反比。

【例 10-1】 电波在湿土($\varepsilon_{\text{r}}=10$，$\sigma=0.01\text{S/m}$)上传播，天线输入功率 $P_{\text{in}}=10\text{kW}$，增益系数 $G_{\text{t}}=3$，波长 $\lambda_0=1200\text{m}$，求离开天线 250km 处的场强 E_{1x}。

解：由于 $60\lambda_0\sigma=720\gg\varepsilon_{\text{r}}$，由式(10-22)可得

$$\rho=\frac{100\pi r}{6\lambda_0^2\sigma}=\frac{100\pi\times 250}{6\times 1200^2\times 0.01}=0.91$$

$$2\rho=1.82$$

由式(10-23)可得，

$$A=\frac{2+0.3\rho}{2+\rho+0.6\rho^2}\approx 0.667$$

由式(10-20)计算出接收点场强,即

$$E_{1x}=\frac{173\sqrt{P_{\mathrm{in}}G_{\mathrm{t}}}}{r}\cdot A=\frac{173\sqrt{10\times 3}}{250}\times 0.67=2.54\ (\mathrm{V/m})$$

当通信距离较远时,必须考虑地球曲率的影响,此时到达接收地点的地面波是沿着地球弧形绕射传播的。但是,在超长波和极长波波段 A 几乎与土壤的电导率无关,因此当传播路径中的地质结构发生较明显变化时,对超长波和极长波传播的影响不大,具有较高的传播可靠性。

10.2.4 地下传播与水下传播

在实际工作中,除了需要地面上的探测、遥感以及信息传递,还常对地下、水下进行探测、定位及通信等,因此涉及地下和水下电波传播问题。从地面波传播规律可知,当电波沿着半导电地面传播时,由于大地对电波的吸收作用,出现波前倾斜现象,电场出现了沿传播方向(z 方向)上的纵向分量,此时电磁波的能流密度可分解为两个分量(见图 10-4),即

$$\boldsymbol{S}_1=\boldsymbol{S}_{1z}+\boldsymbol{S}_{1x} \tag{10-25}$$

而

$$\boldsymbol{S}_{1z}=\frac{1}{2}\mathrm{Re}(\boldsymbol{E}_{1x}\times\boldsymbol{H}_{1y}^{*}) \tag{10-26}$$

$$\boldsymbol{S}_{1x}=\frac{1}{2}\mathrm{Re}(\boldsymbol{E}_{1z}\times\boldsymbol{H}_{1y}^{*}) \tag{10-27}$$

式中: $\boldsymbol{S}_{1z}$ 为电磁波沿地面向 z 方向传播的那部分能流密度的平均值; $\boldsymbol{S}_{1x}$ 为电磁波向地下($-x$ 方向)传播的那部分能流密度的平均值,也就是大地所吸收的那部分能量; $\boldsymbol{S}_1$ 为大地与空气较界面处总能流密度。在地面波通信中,S_{1z} 是有用能流,用以传递信息。S_{1x} 是损耗能流,在向地里传播过程中以转成热能的形式损耗掉。但从地下传播的观点看,可以利用这部分电磁波的传播来完成地下通信,或对地下目标进行探测、识别和定位。

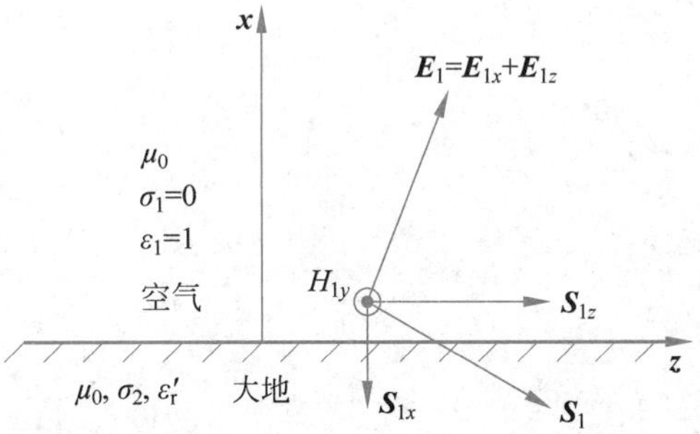

图 10-4 地面波能流密度示意图

地下波基本上是沿着地面的法线方向,朝地里传播的衰减行波。在空气中,电场基本上是垂直于大地表面的,而大地内的电场则是水平的。磁场在进入大地后方向不变,因此使用环形天线接收磁场更为方便。若使用振子天线,则应使振子与 E_{2x} 平行。

当电磁波向地里传播时，随着传播距离的增加，其场强值按指数下降。若大地的电导率越大，电波频率越高，则衰减常数 α 越大，其场强衰减得越快。因此，地下传播要求使用低频、甚低频波段。

表 10-4 列出了电波在海水内传播的特性，即衰减常数，穿透深度及海水中的波长。

表 10-4 电波在海水中的参数($\varepsilon_r=81$，$\sigma=4\text{S/m}$)

参数名称		频率/kHz				
		100	30	15	10	1
波长/m	自由空间波长	3×10^3	10^4	2×10^4	3×10^4	10^5
	海水中的波长	5	9.12	12.9	15.8	50
衰减常数/(Np/m)		1.26	0.688	0.49	0.4	0.126
穿透深度/m		0.8	1.45	1.84	2.5	8

水下通信的电波传播方式与地下通信有极大的相似性。但由于海水是高电导率的媒质，电波在其中传播损耗很大，必须选用频率很低的波段。目前通常使用的频率为 3～60kHz。

地下或水下传播主要应用于探地雷达、探矿、对潜通信等。事实上，对潜通信既使用了地波传播方式，也使用了水下传播方式，属于混合传播。它的绝大部分传播路径在地面上，一小部分传播路径在水下，如图 10-5 所示。对于超长波对潜通信，由于超长波在海水中传播深度不大，潜艇需要采用浮标天线接收，浮标由潜艇拖曳，悬浮在水下 10 多米处。而对于极长波对潜通信，由于极长波在海水中传播深度可达上百米，可直接将拖曳式天线拖在潜艇后面。

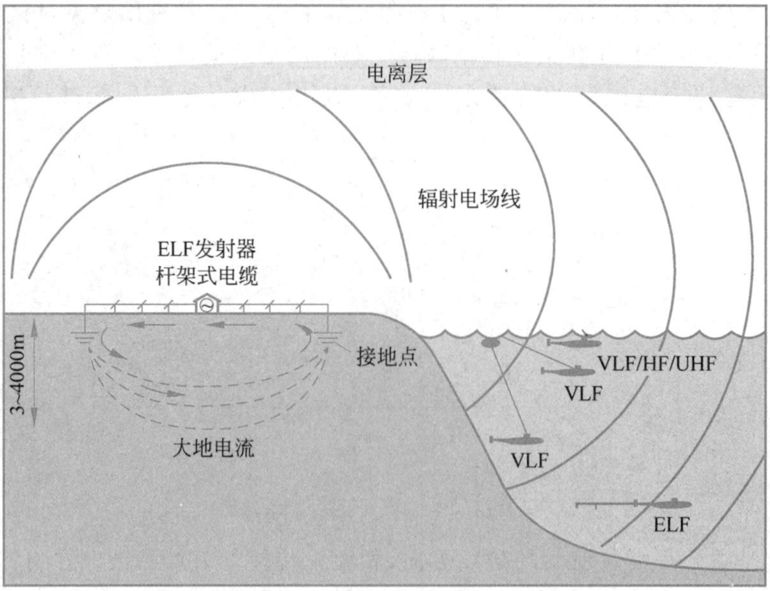

图 10-5 对潜通信的传播方式

10.2.5 地波传播特性

从以上讨论中可以得出有关地面传播的以下结论：

(1) 沿地表传播的地面波主要是横磁波模式，即沿传播方向(z 轴方向)上的电场分量 E_z 不为零。并且在传播过程中紧贴地面空气中的电场横向分量 E_{1x} 远大于电场的纵向分量 E_{1z}，相位也不同，因而合成场 E_1 是一椭圆极化波。沿一般地质传播时可以近似认为合成场是在椭圆长轴方向上的线极化波。通常，地上的天线宜选用直立天线。

(2) 地面电导率越大或电波频率越低，E_{1z} 分量就越小，传输损耗也就越小。因此，地波传播方式特别适用于长波、超长波段。中波可进行近距离地波传播。

(3) 地面波传播过程中的波面倾斜现象具有很大的实用意义。可以采用相应形式的天线以便有效的接收 E_{1x}、E_{1z} 或 E_{2z} 等电场分量。

在空气中电场的垂直分量远大于水平分量，而在大地中水平分量远大于垂直分量，因此，在接收地面上的无线电波时既可用直立天线接收 E_{1x} 分量，又可用低架设或铺地的水平天线接收 E_{1x} 分量，但由于 $E_{1x} \gg E_{1z}$，在地面上采用直立天线接收较为适宜。接收地面下的无线电波时，必须用水平天线接收 E_{2z} 分量。随着地下深度的增加，地下波的场强振幅将以指数规律迅速衰减，因此接收天线切忌埋地过深，埋地天线宜选择电导率低的干燥地。

另外，由于地面波是紧贴着地表传播的，除了大地吸收使电波场强随距离的增加而迅速衰减，地球曲率和地面的障碍物对电波传播也有一定的阻碍作用，产生绕射损失。电波的绕射损失与障碍物高度和波长的比值有关，障碍物高度与波长的比值越大，绕射损失越大，甚至使通信中断。一般来说，长波绕射能力最强，中波绕射能力次之，短波绕射能力较弱，而超短波绕射能力最弱。

(4) 地波是沿着地表传播的，由于大地的电特性及地貌、地物等并不随时间很快地发生变化，并且基本上不受气候条件的影响，特别是无多径传输现象，地波传播信号稳定。这是突出的优点。

(5) 地波传播主要的传播缺点是大气噪声电平高，工作频带窄。

10.3 天波传播

天波传播通常是指由高空电离层反射的一种传播方式。长波、中波和短波都可以利用天波通信。天波传播的主要优点是传输损耗小，因而可以利用较小的功率进行远距离通信。但由于电离层是一种随机的、色散及各向异性的媒质，电波在其中传播时会产生各种效应，如多径传输、衰落、极化旋转等，有时电离层爆等异常现象使短波通信中断。但是，随着科学技术的发展与进步，特别是高频自适应通信系统的使用，大大提高了短波通信的可靠性，因此，天波通信仍是一种十分重要的通信手段。本节主要以短波传播为例介绍天波的基本概念。

10.3.1 电离层概况

电离层是地面上空大气层的一部分，它从 60km 起一直延伸到 1000 多千米的高度，是由自由电子、正/负离子、中性分子和原子等组成的等离子体介质。太阳紫外线和X射线的辐射、其他星体的紫外辐射以及宇宙射线中高速粒子的碰撞等作用，使得大气层中的气体分子电离，这种电离现象十分显著的区域称为电离层。通常用电子浓度 N（个电子/m^3）来描述其电离程度。事实上，大气分子在不断地被电离的同时，自由电子和离子又不断地复合成中性分子或原子，动态平衡状态下的电子浓度是电离层的重要参数之一。

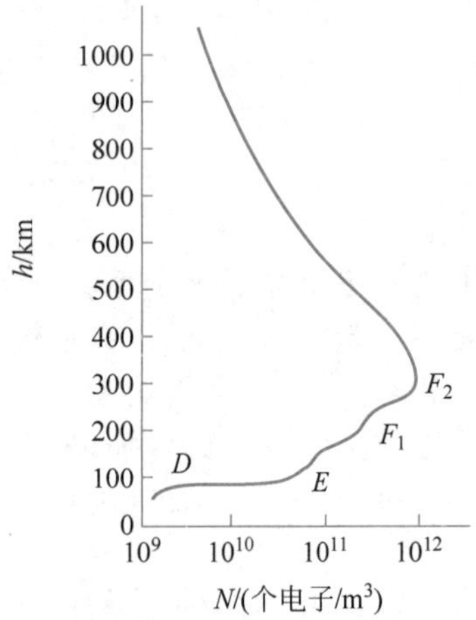

图 10-6　电离层电子浓度的高度分布

根据电离层观测站的观测以及利用先进的探空手段均已证实，电子浓度的高度分布有几个峰值区域，按这些峰值区域划分，电离层又分为四个区域，从低到高分别称 D 区、E 区、F_1 区和 F_2 区，如图 10-6 所示。各区之间没有明显的分界线，也没有非电离的空气间隙。每个区都有一个电子浓度的最大值，整个电离层的最大电子浓度区域在 F_2 区，在此以上随着高度的增加电子浓度缓慢地减少。

D 区处于高度 60～90km，最大电子浓度 $N_{max} \approx 2.5 \times 10^9$；随着夜晚的来临，太阳辐射减弱，$N$ 逐渐减小，在黑夜中 D 区几乎完全消失。E 区发生在高度 90～150km，$N_{max} \approx 2 \times 10^{11}$，在高度 110km 较稳定，夜间电子浓度下降。$F_1$ 区出现在夏季白天高度 170～220km，N_{max} 为 $(2 \sim 4) \times 10^{11}$，夜间及冬季常消失。$F_2$ 区出现在高度 225～450km，N_{max} 为 $(0.8 \sim 2) \times 10^{12}$，其高度为 250～300km，$F_2$ 区电子浓度特点是白天大、夜间减小，冬季大、夏季小。

除上述正常的分层结构外，在电离层中还“嵌”着尺度不等的电离“云块”，其电子浓度相对于周围的电子浓度要大，并有随机的起伏。这种“云块”状结构称为电离层的不均匀体，可以反射或散射较高频率的无线电波。

电离层是一种随机的、色散及各向异性的半导电媒质，它的参数如电子浓度、分布高度、电离层厚度等都是随机变化的，一般分为正常变化和异常变化。

正常变化是指电子浓度、分布高度、电离层厚度等参数的中值（小时中值、日中值、月中值和年中值等）随昼夜、季节、年有规律的变化。电离层的正常变化有：一是日变化，即日出之后，各区的电子浓度不断增加，到正午稍后时分达到最大值，以后又逐渐减小，如 D 区深夜时消失。一日之内，在黎明和黄昏时分电子浓度变化最快。二是季节变化，例如 F_1 区多出现在夏季白天。F_2 区的高度夏季高、冬季低，而电子浓度却是冬季大、夏季小，并且在一年的春分和秋分时节两次到达最大值。三是随太阳黑子 11 年周期的变化，太阳活动峰年，太阳辐射增强并可喷射出大量带电粒子，电离层的电子浓度明显增大，特别是 F_2 区受太阳活动影响最大。

异常变化是指电离层的不可预测的不规则变化，它具有非周期性的随机特性。电离层的异常变化中对电波传播影响最大的是电离层骚扰和电离层暴。电离层骚扰的成因是当太阳耀斑爆发时，辐射出极强的紫外线和X射线，以光速传播到达地球，当穿透高层大气到达D区后，使D区电子浓度突然增大，增加了对短波的吸收，可能造成短波通信中断。由于耀斑爆发时间很短，电离层骚扰持续时间通常为几分钟到几小时，只发生在地球上的日照区。此外，在太阳耀斑爆发时，还喷射出大量带电粒子流，若进入电离层，则使电离层的正常结构发生剧烈变动。这种现象称为电离层暴。此时F_2区受其影响最大，有时会使F_2区电子浓度增大，有时使电子浓度下降。当出现后者情况时，有可能使频率较高的短波信号穿透F_2区而不再返回地面，造成短波通信中断。为了维持通信，必须降低工作频率。电离层暴的持续时间从几小时到几天。由于太阳耀斑爆发喷射出的带电粒子流的空间分布范围较窄，在电离层骚扰之后不一定会发生电离层暴。

10.3.2 电离层的介电特性

电离层是一种弱游离的等离子体，是由带电粒子(电子，正、负离子)、中性分子、原子组成的电离气体，并处于电磁场中。电离层在宏观上是属电中性的。

无线电波在电离层内传播时，自由电子在入射波电场作用下做简谐运动。由于电离层内有大量的做无规则热运动的中性分子、离子等，电子在运动过程中(必须考虑电子本身的热运动)必然与中性分子等碰撞，将部分电波能量转换成电离层的热耗，这就是电波在电离层内传播时有衰减的物理原因。整体上，可将电离层看成一种具有等效介电常数及等效电导率的半导电媒质。其等效相对复介电常数为

$$\varepsilon_r' = \varepsilon_r - j\sigma/(\omega\varepsilon_0) \tag{10-28}$$

$$\varepsilon_r = 1 - \frac{Ne^2}{m\varepsilon_0(\nu^2+\omega^2)} \tag{10-29}$$

$$\sigma = \frac{Ne^2}{m(\nu^2+\omega^2)} \tag{10-30}$$

式中：ε_r为等效相对介电常数；σ为等效电导率；e为单个自由电子的电量；m为电子的质量；ν为碰撞频率，代表一个电子在1s内与中性分子的平均碰撞次数。

实际上，电离层处于地磁场之中，因此电离层中电子运动必然要受到地磁场的影响。地磁场对运动电子施加洛伦兹力，不同的电波传播方向、不同的极化形式都会引起不同的电子运动情况，表现出不同的电磁效应。这时，电离层就具有各向异性的媒质特性，等效介电常数为张量。

综上所述，电离层的介电特性具有以下基本特征：电离层是一种处于地磁场作用下的弱电离的等离子体，具有各向异性的介电性质；由于自由电子在入射电磁场作用下运动，与其他分子、原子碰撞而使电波能量衰减，电离层可等效为$\sigma \neq 0$的半导电媒质；由于电离层的折射率$n=\sqrt{\varepsilon_r}$是与频率有关的量，电离层是色散媒质；由于电离层的电子浓度(中值)随高度不同而变化，其等效电参数ε_r、σ是高度的函数，电离层呈现不均匀的性质；大气气体分子的湍流及电离源的随机变化使电子浓度有随机的小尺度起伏，因此电离层的等效电参数具有随机过程的性质。概括地说，电离层是色散、各向异性、常发生时空变化的半导电媒质。

10.3.3 短波天波传播

频率为 3～30MHz(波长 100～10m)的无线电波称为高频无线电波,又称短波。

短波是经电离层的反射而到达地面的,可以广泛应用于各种距离的定点通信、国际通信及广播、船岸间的航海移动通信等。短波使用天波传播方式时,传播损耗小,因此能以较小的功率进行远距离通信。由于短波天线波束较宽,射线发散性较大,同时电离层是分层的,短波传播时在一条传播路径上可能有多跳传播(多次反射),如图 10-7 所示。

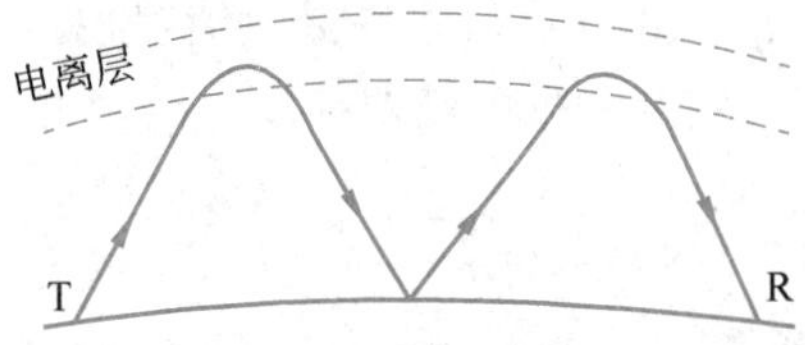

图 10-7 多跳传播

当电波以与地表面相切的方向反射时,可以得到一跳最长的地面上距离。平均来说,从 E 区反射的一跳最远距离约为 2000km,从 F 区反射的一跳最远距离约为 4000km,通信距离小于 4000km 通常是通过 F 区的一次反射来实现的。在某些情况下,可以进行第二跳达到更远的距离。对于一定的传播距离而言,可能存在着几种传播模式和几条射线路径,这种现象称为多径传输现象,见图 10-7。

这种传播方式具有两个突出的优点:一是电离层这种传输媒质抗毁性好。只有在高空核爆炸时才会在一定时间内遭到一定程度的破坏;二是传输损耗小,因而能以较小的功率进行远距离通信,通信设备简单、成本低,机动灵活。以上两点相对于卫星通信系统而言更显示出巨大的优越性,因而短波的天波传播模式仍是目前广泛应用的传播方式之一。

1. 反射条件

本节主要讨论电波在电离层中的传播问题,实际上这是电磁波在不均匀媒质中的传播问题。在讨论中不考虑地磁场的影响,而把电离层看成各项同性的媒质,即电离层的等效相对介电常数为一标量。对于天波通信常使用的短波波段来说,通常满足 $\omega^2 \gg \nu^2$ 的条件,则式(10-29)可写为

$$\varepsilon_r = 1 - \frac{Ne^2}{\varepsilon_0 m\omega^2} \tag{10-31}$$

将 e、m、ε_0 等值代入式(10-31),可得

$$\varepsilon_r = 1 - \frac{80.8N}{f^2} \tag{10-32}$$

电离层媒质的折射率为

$$n = \sqrt{\varepsilon_r} = \sqrt{1 - 80.8\frac{N}{f^2}} \tag{10-33}$$

式(10-33)给出了电离层的折射率与电子浓度和入射电波频率的关系。

设电离层的电子浓度,只沿高度变化,因此大气层的介电常数在某一与地球同心的球面上都相同,而在不同的球面上则不相同,形成球面分层大气层。通常认为中、短波波段的无线电波在正常情况下的电离层中的传播是满足几何光学近似条件的,因而可以利

用射线理论来分析(即第2章有关平面电磁波入射、反射和折射的知识)。为使电波传播的理论计算和讨论简化并能建立起明确的物理概念,在以下讨论中都是以此假设为前提的。

电离层中的电子浓度随高度而变化。假设电离层是由很多平行薄片层构成,在每一薄片层中电子浓度是均匀的。设第一层电子浓度为 N_1,第二层为 N_2,…,相应的折射率为 n_1、n_2…,若

$$0 < N_1 < N_2 < \cdots < N_n < N_{n+1} \tag{10-34}$$

则有

$$n_0 > n_1 > n_2 > \cdots > n_n > n_{n+1} \tag{10-35}$$

当频率为 f 的无线电波以一定的入射角 θ_0 从空气射入电离层后,电波在通过每一薄片层时折射一次;当 N 随高度的增加而加大,折射率 n 将随高度的增加而减小时,射入电离层的无线电波将不沿直线传播而是沿折射曲线传播。在一定条件下,无线电波经过在电离层中的连续折射而会返回地面,当薄片层数目无限增多时,电波的折射轨迹变成一条光滑的曲线。在图10-8中,$R_n=R_0+h_n$,R_0 为地球半径,h_n 为自地面算起的电离层高度,$r_0+n\lambda/2$ 为电离层下缘的高度,考虑到 $R_0 \gg h_n$,忽略地球曲率的影响,近似认为分层界面是无限大平面,因而可以利用平面电磁波的折射定理。得出

$$n_{n-1}\sin\theta_{n-1}=n_n\sin\theta'_{n-1} \tag{10-36}$$

式中

$$n_{n-1}=\sqrt{\varepsilon_{r(n-1)}},\quad n_n=\sqrt{\varepsilon_m} \tag{10-37}$$

由图10-8可知

$$\theta'_{n-1}=\theta'_n \tag{10-38}$$

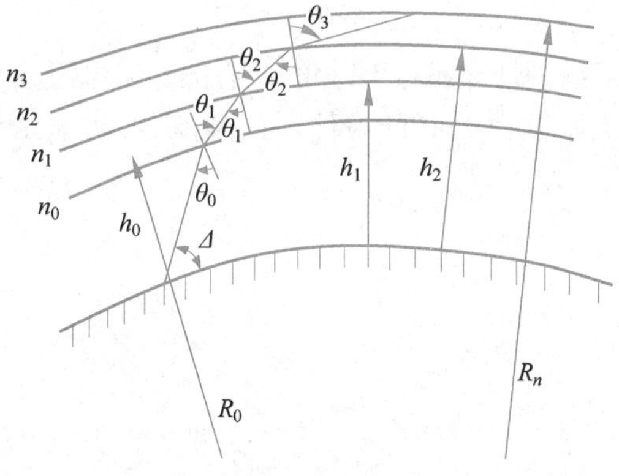

图10-8 在电离层折射时的高度

于是,由式(10-36)和式(10-38)可得

$$n_{n-1}\sin\theta_{n-1}=n_n\sin\theta_n \tag{10-39}$$

从而可进一步得到

$$n_0\sin\theta_0=n_1\sin\theta_1=\cdots=n_n\sin\theta_n \tag{10-40}$$

由于随着高度的增加 n 值逐渐减小,电波进入电离层后将连续地沿着折射角大于入

射角地轨迹进行传播，即 $\theta_0<\theta_1<\theta_2<\cdots<\theta_n$。当电波深入到电离层的某一个高度 h_n 时，该处电子浓度 N_n 恰使折射角 $\theta_n=90°$，即电波轨迹到达最高点，而后射线将沿着折射角逐渐减小的轨迹由电离层深处逐渐折回地面。由于电子浓度随高度的分布是连续变化的，电波的轨迹是一条光滑的曲线。根据式(10-40)就可得出电波从电离层反射的反射条件。

因为

$$n_0\sin\theta_0=n_n\sin\theta_n \tag{10-41}$$

将 $n_0=1,\theta_n=90°$，代入式(10-41)，可得

$$\sin\theta_0=n_n=\sqrt{1-80.8\frac{N_n}{f^2}} \tag{10-42}$$

式(10-42)表示电波能从电离层中返回地面，电波频率 f、入射角 θ_0 和反射点电子浓度 N_n 之间的关系。由式(10-42)可以看出：

(1) 电离层反射电波的能力与电波频率有关。在入射角 θ_0 一定时，频率越高，反射条件要求的 N_n 值越大，则电波需要在电离层的深处才能返回，如图 10-9 所示。若电波频率过高，使反射条件所要求的 N_n 值大于电离层的最大电子浓度 $N_{\max}$ 值，则电波将穿透电离层进入太空而不再返回地面。由于长波波段的电波频率较低，由式(10-42)可知，所需反射点的电子浓度较小，白天在 D 层反射，夜间 D 层消失则在 E 层底部反射。中波需要在较大的电子浓度处反射，但白天 D 层对电波吸收较大，故中波仅能在夜间由 E 层反射回来。而短波波段的电波将穿过 D 层、E 层而在 F 层反射。通常当电波频率高于 30MHz 时由于反射点所需要的电子浓度超过了客观存在的电离层的电子浓度最大值，电波将穿透电离层进入星际空间而不再返回地面。一般来说，超短波不能利用天波传播。

(2) 电波从电离层反射的情况还与入射角 θ_0 有关。当电波频率一定时，入射角 θ_0 越大，稍经折射电波射线就满足 $\theta_n=90°$ 的条件，而使电波从电离层中反射下来，如图 10-10 所示。

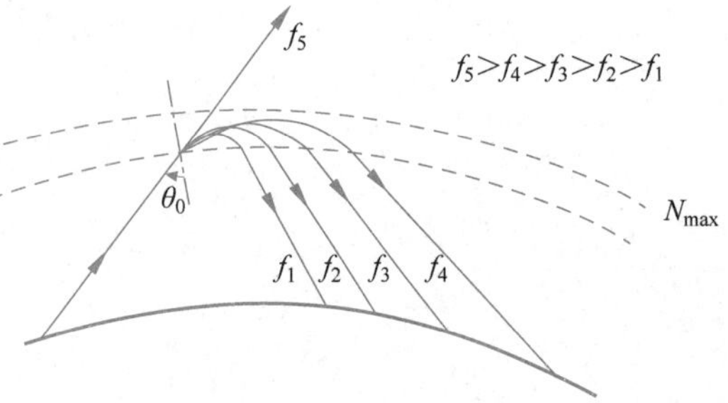

图 10-9　不同频率时电波的轨迹(入射角 θ_0 相同)

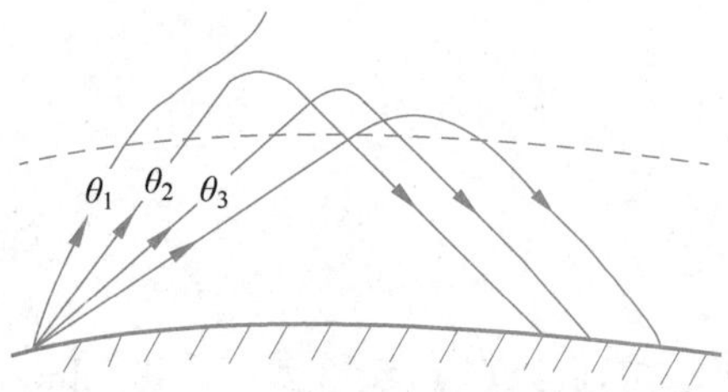

图 10-10　不同入射角时电波的轨迹(电波频率相同)

当电波垂直投射时，即 $\theta_n=0°$，由式(10-42)可知，垂直投射频率与反射点电子浓度间应满足

$$f_v = \sqrt{80.8N_n} \tag{10-43}$$

将式(10-43)代入式(10-42)中,可得

$$f = f_v \sec\theta_0 \tag{10-44}$$

此式称为正割定律。它说明斜投射时的频率和垂直投射时的频率在同一电子浓度 N_n 处反射时,此二频率之间应满足的关系。由此可见,当反射点电子浓度 N_n 一定时(即 f_v 一定),通信距离 d 越大,θ_0 越大,允许使用的频率也就越高,如图 10-11 所示。

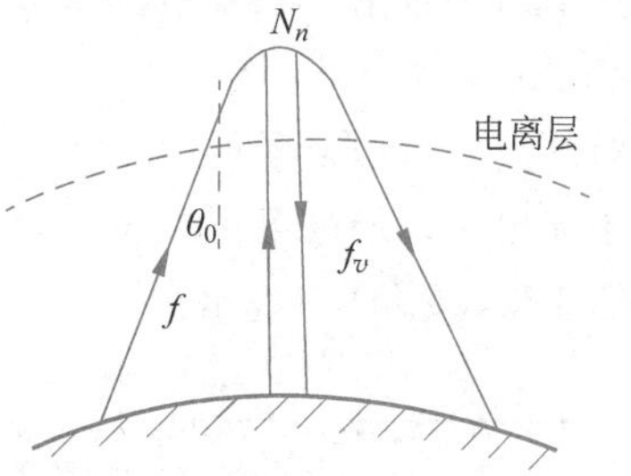

图 10-11 正割定理

当反射点电子浓度 $N_n = N_{max}$ 时,式(10-43)和式(10-44)可写为

$$f_c = \sqrt{80.8N_{max}} \tag{10-45}$$

$$f_{max} = f_c \sec\theta_0 \tag{10-46}$$

式中:f_c 为临界频率,它是电波垂直投射时所能反射回来的最高频率。f_c 是一个重要的物理量,它不仅说明电离层最大电子浓度 N_{max} 的情况,而且说明电离层对不同频率电波的反射情况。例如,频率 $f \leqslant f_c$ 的电波以任意入射角反射时都能从电离层反射下来,而 $f > f_c$ 电波的反射情况则受式(10-46)的限制。

以上是用射线理论分析得出的重要结果。讨论中所涉及的反射点高度是以真高计算的。理论上已证明,如图 10-12 所示,电波沿实际波径 TBR 传播所需的时间等于电波以光速沿 TAR 路径传播所需的时间(称为第一等效定理);斜投射和垂直投射的虚高相等时,它们的真高也相等(称为第二等效定理)。因此,当垂直投射和斜投射有同一真高时也必然有同一虚高,这样,利用电离层频高图和正割定律就可以求出一定通信距离的两点投射时的应用频率。

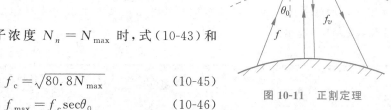

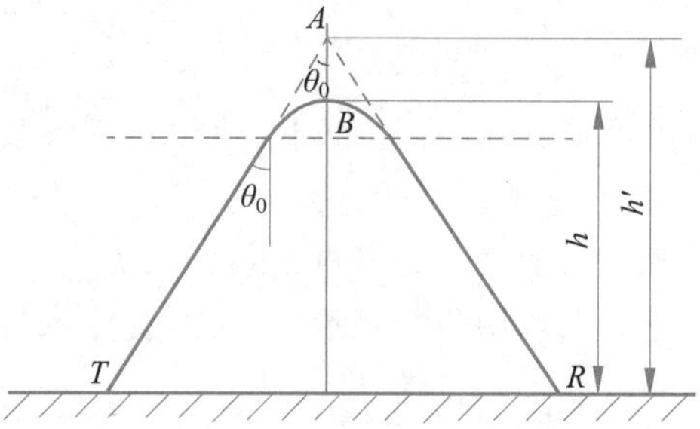

图 10-12 电离层等效定理

2. 工作频率

欲建立可靠的短波通信,在短波频段内任意选择一个频率是不行的,在给定距离和方向的路径上,一定时间内短波通信只能应用一个有限的频带,即最高可用频率(MUF)和最低可用频率(LUF)两者之间的频带。

1) 最高可用频率

最高可用频率又分基本最高可用频率和工作最高可用频率。

在确定时间,收、发两端之间仅计及电波靠电离层折射传播时有一个最高频率,超过此频率时,电波将穿透电离层而不返回地面,这个频率称为基本最高可用频率,即基本最高可用频率,靠 E 层传播的最高频率称为 E 层基本最高可用频率,靠 F 层传播的最高频率称为 F 层基本最高可用频率。

当频率高于基本最高可用频率时,仍常收到信号,这除了电离层观测的衰减和理论公式不完全适当,还有其他一些未计及的传播机制,如 E_s 层可反射的电波频率很高,它对电波的直接反射使得高于基本最高可用频率的电波仍可由电离层反射传播。由实际统计出工作最高可用频率与路径基本最高可用频率之比 R_{op} 来度量前者对后者的偏离。CCIR340 报告中给出了 R_{op},见表 10-5。

表 10-5　由基本最高可用频率表求工作最高可用频率的因子 R_{op}

等效各向同性辐射功率/dBW	夏季		春、秋季		冬季	
	晚上	白天	晚上	白天	晚上	白天
≤30	1.20	1.10	1.25	1.15	1.30	1.20
>30	1.25	1.15	1.30	1.20	1.35	1.25

2) 最低可用频率

一定发射类型的业务,要求一定的信号强度与噪声强度之比。若到达接收点的信噪比低于业务要求,则接收到的信号成为无用信号。为了改善信号质量,就需增大接收场强,用提高工作频率来减少路径电离层吸收损耗是增大接收场强的有效方法之一。因为工作频率越低,电离层吸收损耗越大,所以工作频率存在着一个最低的限界,也就是说短波通信中存在着一个最低可用频率。在给定时间和特定工作条件下,信号经电离层传播到接收点处的信噪比等于最低所需信噪比时,该信号的频率即为最低可用频率。

3. 短波天波传输特性

1) 传输损耗

电离层是随时空变化的有耗媒质,有很多因素对传输损耗及接收点场强有影响。根据引起损耗的各种物理原因,将电波在传播过程中引起的基本传输损耗分成自由空间基本传输损耗 L_{bf}、电离层的吸收损耗 L_a、地面的反射损耗 L_g 及额外系统损耗 Y_p,这些损耗均有相应的计算方法。若各项均用分贝表示时,则天波传播的基本损耗为

$$L_b = L_{bf} + L_a + L_g + Y_p \tag{10-47}$$

它们是工作频率、传输模式、通信距离和时间的函数。

(1) 自由空间基本传输损耗:电波在传播过程中,随着距离的增大,能流扩展到越来越大的面积上而引起的电波能量的“衰减”,L_{bf} 计算公式为

$$L_{bf} = 32.45 + 20\lg f + 20\lg r(\text{dB}) \tag{10-48}$$

式中:r 为电波传播空间路径;L_{bf} 为短波传播中基本传输损耗中的主要项。

(2) 电离层的吸收损耗:天波传播中引起电波传播能量衰减的第二个主要原因。

(3) 地面的反射损耗:在多跳模式传播的情况下,电波经地面反射后引起信号功率的损耗。

(4) 额外系统损耗：包括除上述三种损耗以外的其他所有原因引起的损耗。

天波传播的基本特点是靠高空电离层反射来实现的，因此受地面的吸收及障碍物的影响较小。此外，这种方式的传输损耗，主要是自由空间的传输损耗，而电离层吸收反射损耗等较小。

2) 衰落

天波传输衰落时信号强度有几十倍到几百倍的变化，衰落周期(即两个相邻最大值或最小值之间的时间)从零点几秒到几十秒，也可能以日、月、年为周期，前者属快衰落，后者为慢衰落。

慢衰落即吸收型衰落，它是 D 区吸收特性的缓慢变化引起的。这种缓慢变化通常是用小时中值曲线，即日变化曲线来描述的。如果电离层没有其他干扰存在，吸收衰落可能使接收点中值电平变化 10dB 左右，频率越低，电离层吸收的日变化越明显，即昼夜信号电平起伏越大。此外，信号电平随季节变化和太阳黑子 11 年周期性的变化都属于慢衰落。对于信号电平的慢变化，可以在接收设备中采取一些技术措施(如自动电压控制)在一定程度上抑制这种影响。此外，在通信电路系统设计中必须考虑有慢衰落的电平储备量，以备在信号严重下降时仍能保持系统的质量及可靠性。

通常所讲的短波衰落都是快衰落。干涉性衰落是快衰落的一种主要形式，是随机多径传输现象引起的，电离层媒质的随机性、各路径场强的相对时延和随机变化使得合成信号发生随机起伏而形成快衰落。

此外，还有极化衰落和跳越衰落等。由于电离层具有各向异性的性质，线极化波经电离层反射后变为椭圆极化波，当电离层电子浓度随机变化时，使得椭圆主轴方向及轴比也相应地改变，从而影响接收点场强的稳定。这种原因引起的快衰落称为极化衰落，一般占快衰落出现率的 10%～15%。跳越衰落主要发生在日出和日落时分。由于电离层电子浓度和日照情况密切相关，在日出和日落时电子浓度发生显著的变化。例如，在日落时电子浓度急剧下降，就有可能使较高的日频(白天使用的工作频率)电波穿出电离层，有时随机变化的电子浓度又可以使电波从电离层反射下来，因此接收点信号出现时断时续的“衰落”。这种现象称为跳越衰落。为避免这种影响，可以适时改换工作频率。

克服干涉性快衰落较为行之有效的办法是分集接收法。顾名思义，“分集”含有“分散”与“集合”的两重含义，一方面希望载有相同信息的两路或几路信号通过相互独立的途径分散传输，另一方面设法将分散传输到达接收点的几路信号最有效地收集起来以降低信号电平的衰落幅度，具有优化接收的含义。较普遍使用的分集方式有空间分集、频率分集、时间分集和极化分集等。空间分集使用尤为广泛，只要两副天线之间距离为 $(5\sim10)\lambda$ 即可。

3) 多径时延

短波天波传播中随机多径传输现象是严重的，它不仅引起信号幅度的快衰落，而且使信号产生失真或信道的传输带宽受到限制。

多径时延通常指在多径传输中最大传输时延与最小传输时延之差，以 τ 表示。根据理论分析与实际测量，时延与通信距离、工作频率、时间等有关。

在 200～300km 的短程电路上多径时延最大可达 8ms，在 2000～5000km 的距离上多径时延最大在 3ms 左右，而在 2×10^5 km 以上的长程电路上多径时延最大达 6ms 左右。这主要是因为在几百千米的短程电路上通常使用双极天线等弱方向性天线，电波传播的模式比较多，射线仰角相差不大，故在接收到的信号分量中各模式都有相当的贡献，这样在短电路中就会造成严重的多径时延。当传输路径增长时，传输模式减少，因此多径时延减小。但当通信距离超过 5000km 时，已不存在单跳模式，传输条件变得复杂，可能存在 2F、2E、1E1F 等多跳模式，多径时延因而又增大。

当工作频率接近最高可用频率时，多径时延最小，特别是在中午时分，D、E 区吸收较大，多跳传播难以出现，容易得到真正的单径传输。当频率降低时，传输模式的种类就会增加，因而多径时延增大。当频率进一步降低时，由于电离层吸收增强，某些模式可能遭到较大吸收而减弱，甚至可以忽略不计，多径时延有可能减小。因此，要减小多径时延，必须选用较高的工作频率。在短波数据通信中，多径时延会引起码元畸变，增大误码率。因此，选用的工作频率一般比短波模拟通信时略高。

事实上，各种通信系统对多径时延的要求也是不一样的，如快速通信系统要求多径时延为 1～2ms，而有的系统要求则低些。这样在选用频率时就可以有一定的范围，只要工作频率不低于一定值，多径时延就不会超过限定的数值。从多径时延的角度考虑，最低可用工作频率与最高可用频率之比称为多径缩减因子(MRF)。MRF 通常取 0.5～0.95。工作频率选择当否，除影响通信电路的传播可靠性，还影响数据通信的质量。显然，f/MUF 越小，从电波反射的观点来看，传播可靠性越高，但多径时延也就越大。因此，在确定工作频率时应全面考虑。此外，还可以采用抗多径的措施，以保证数据传输有较高的质量。

即使在一条通信链路处，多径时延也不是固定不变的，它随着时间而变化。在微明时刻(日出和日落时)，多径时延现象最严重、最复杂，而中午和子夜时多径时延一般较小且较稳定。这是因为在日出和日落时电离层电子浓度急剧变化，定点通信中，短波传播的最高可用频率也随之迅速改变。日出时仍然用固定频率(夜频)工作，会偏离最高可用频率而造成严重的多径时延现象。

总之，多径时延是衡量短波传播质量的重要指标之一。在一般条件下要完全避免多径时延的影响是不可能的，通过正确选择工作频率可以减小其不利影响。

4) 静区和跃距现象

短波传播重要现象之一是有静区的存在。假设发射天线是无方向性的，则静区就是围绕发射机的某一环形区域，在这个区域内几乎接收不到信号，而在离开发射机较近或较远的距离处却可接收到信号，这种现象称为越距。收不到信号的地区称为静区，也称盲区，如图 10-13 所示。

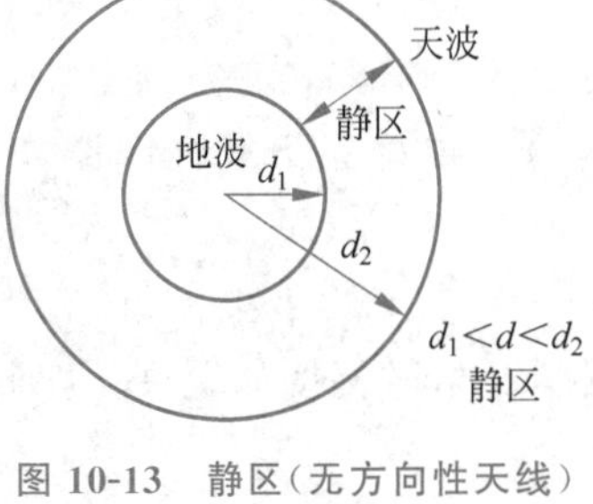

图 10-13　静区(无方向性天线)

产生静区的原因：在短波波段地面波随距离的增加衰减很快，在离发射机不远处，地波受到强烈吸收而能达到的最远距离设为 d_1；若电波以一定的频率、一定的入射角向电离层投射时，按照如图 10-14 射线中的轨迹“1”从电离层反射下来，则减小入射角，电波将在较大的电子浓度处反射下来，同时反射波到达地面处也越来越靠近发射点，如图中的轨迹“2”“3”“4”所示，随着入射角的减小，所需反射点的电子浓度 N_n 越大，这就使得电波更加深入电离层内部，当所需反射点电子浓度 $N_n>N_{\max}$ 时，电波将穿透电离层而不再返回地面，如轨迹“6”“7”所示。显然，天波传播有一个所能达到的最近距离 d_2，d_2 与 d_1 之间的区域即为静区。需要注意的是，当电子浓度接近 $N_{\max}$ 时，由于该处附近电子浓度随高度变化较小，电波在该处传播时折射较小，电波轨迹弯曲缓慢，故从电离层反射下来的距离增加，如“5”射线轨迹所示。

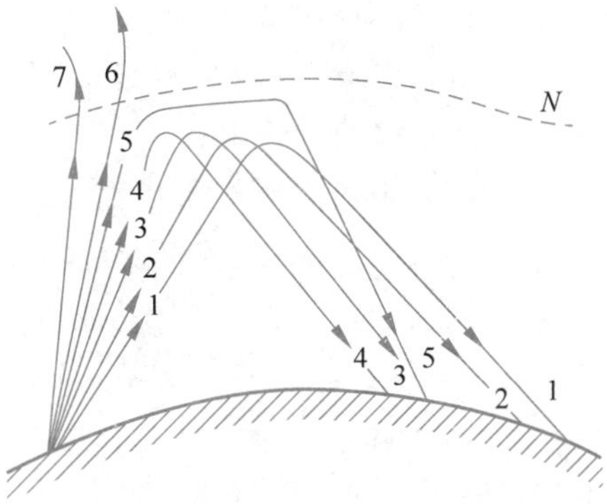

图 10-14　不同入射角时的射线轨迹

每一频率都可能存在一定的静区范围。频率越低，地波传播距离 d_1 越大，而天波则允许以较小的入射角投射、d_2 减小，静区可以缩小甚至消失。此外，由于天波传播情况与昼夜时间有关，静区也要相应变化。如果天线增益较高、方向图比较合理，那么也可以缩小静区。

5）环球回波

短波天波传播在某些适当的传播条件下，即使在很大的距离上也只有较小的传输损耗，电波可能连续地在电离层内多次反射或在电离层与地表之间来回反射，有可能环绕地球再度出现，称为环球回波。在接收机中，若出现了信号重复，犹如在山谷中出现的回声那样，这往往是由于回波出现。

环球回波可以分为正回波和反回波，如图 10-15 所示。设 A 点和 B 点分别为发射台和接收台，正常情况是按射线“1”传播的。但在适当条件下，B 点还可以接收到由射线“2”传播的信号，因为它是顺着正常传播方向环绕地球一次再次到达接收地点的，故称为正回波。与正常传播方向相反的环球波称为反回波，如射线“3”所示。无论是正回波还是反回波，环绕地球一次的滞后时间约为 0.13s。滞后时间较大的回波信号将使接收机中出现不断的回响，影响正常通信，故应尽可能地消除回波。

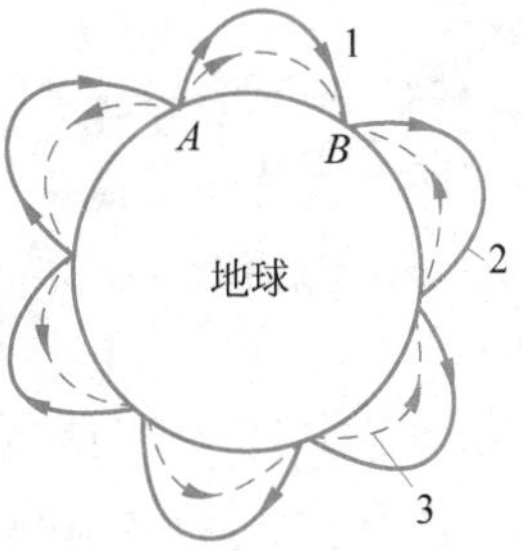

图 10-15　全球回波

用强方向性的收、发天线可以消除反回波。克服正回波比较困难，可以通过适当降低辐射功率和选择适当的工作频率来防止回波。

6）电离层暴对短波天波传播的影响

在收听信号时，即使收、发设备正常，也会出现信号突然中断的现象（排除衰落因素），这往往是电离层暴或电离层骚扰引起的。由于太阳黑子突然增加，发射出强大的紫外线或大量的带电粒子，电离层的正常结构受到强烈的破坏，特别是对 F_2 区影响最为显著，有可能造成短波通信中断。

防止电离层暴变等对短波通信的影响，通常采用下述方法：

（1）加强电离层暴变的预报，以便事先采取适当的措施；

（2）选择工作频率，例如使用较低频率，利用 E 区反射；

（3）增大发射机功率，减小电离层吸收的影响；

（4）在电离层暴变最严重时，可采用迂回的传播路线，以绕过暴变地区。

总之，短波天波传播由于电离层传输媒质的随机变化，信号传输损耗、多径时延、噪声和干扰等都随频率、时间、地点等而随机变化。并且短波信号、噪声和干扰往往还有一种短期的突发变化，难以准确预报，这些都较严重地影响着短波通信的可靠性，尤其是对短波的数据传输影响更大。此外，对短波信道的某些理论问题，如地磁场的影响、传输损耗的精确计算等问题也尚未完全解决。但总的说来，人们经过几十年的实践已对短波天波传播规律有了较深刻的认识，遵其规律，扬长避短，趋利避害，为提高短波通信的可靠性，已经有了许多行之有效的措施，应用短波自适应通信系统就是其中的一种有效措施。

10.3.4 短波传播的基本特点

短波传播具有以下基本特点：

（1）能以较小的功率进行远距离传播。由于天波传播是靠高空电离层反射来实现的，受地面的吸收和障碍物的影响较小。此外，这种传播方式的传输损耗主要是自由空间的传输损耗，而电离层吸收和地面反射损耗等则较小。在中等距离（如 1000km 左右）电离层的吸收损耗（中值）为 10dB 左右，加上考虑衰落的随机性而附加的衰落电平（储备），共 20～30dB。由此可见，利用较小功率的无线电台完全可以完成远距离的通信。

（2）在一定的通信距离上选择工作频率是天波通信的重要问题。频率太高，接收点可能落入静区或电波穿透电离层射向太空；频率太低，电离层吸收增大，以致不能保证接收点必需的信噪比。最低可用频率与发射机功率、天线增益、天波传播损耗、接收点噪声电平以及工作方式等因素有关。从电波传播的观点看，在 MUF 和 LUF 之间的频率都可用于通信，但应尽可能地选用靠近 MUF 的工作频率。假定电离层状态相同，通信距离近，MUF 低；通信距离远，MUF 高，以至远距离的通信频率扩展到 30MHz 以上。由于电离层电子浓度有明显的日变化规律，对一条固定的通信电路而言，MUF 与 LUF 值也有明显的日变化。为了可靠通信，最好在不同时刻选用不同的工作频率，但为了避免换频次数太多而导致通信意外中断，通常一日使用两个（日频和夜频）或三个频率，一般是在日出和日落时间换频。为了适应电离层的时变性特点，使用技术先进的实时选频系统即时地确定信道的最佳工作频率，可极大地提高短波通信的质量。

(3) 天波传播不太稳定，衰落严重。在设计电路时必须考虑衰落的影响。大尺度衰落发生时，衰落幅度可达 30dB 以上，因此在电路设计中必须留有足够的电平裕量。此外，在接收系统中还可以采用分集接收的方法。

(4) 天波传播由于随机多径效应严重。多径时延较大，则多径传输媒质的相关带宽 $\Delta f=1/\tau$ 较小。因此，对传输的信号带宽有较大的限制，特别是对数据通信来说，必须采取多种抗多径传输的措施，以保证必要的通信质量。

(5) 短波波段用频拥挤。天波由于需靠电离层反射才能构成两地通信，而电离层所能反射的上限频率范围又是有限的，一般是短波波段，只有在太阳活动峰年反射频率可达 50MHz 左右。所以短波波段内电台拥挤，电台间的干扰很大，尤其是在夜间。由于电离层吸收减弱，电波传播条件有所改善，夜间干扰更大，这也是当前短波传播的难点之一。

总的来说，电离层媒质抗毁性好，对电波能量的吸收作用小；特别是短波通信电路，建立迅速，机动性好，设备较简单及价格低等突出优点，加强了对短波电离层信道的研究，并不断改进短波通信技术，使通信质量有明显的提高。尽管目前已有性能优良的卫星通信、微波中继通信、光纤通信等多种通信方式，然而短波通信仍然是一种十分重要的通信手段。

10.4 视距传播

视距传播是指在发射天线和接收天线间能相互"看见"的距离内，电波直接从发射点传到接收点(有时包括有地面反射波)的一种传播方式，它又称为直接波或空间波传播。视距传播适合于微波波段，由于该波段频率很高，波长很短，沿地面传播时衰减很大，投射到高空时会穿过电离层而不能被反射回地面。视距传播大体上可分为三类：一是指地面上的视距传播，例如无线电中继通信、电视广播以及地面上的移动通信和微波中继电路等；二是指地面与空中目标如飞机、通信卫星等之间的视距传播；三是指空间通信系统之间的视距传播，如飞机之间、宇宙飞行器之间等。

10.4.1 自由空间电波传播的菲涅耳区

自由空间通常是指充满均匀、无损耗媒质的无限大空间。电波在自由空间内传播时，可以把电波传播所经历的空间区域分成重要和非重要的空间区域，前者是指对传播到接收点的能量起主要作用的那部分空间，而后者是指其余的空间区域，它对电波传播的影响不明显。只要前一种区域符合自由空间的条件，就可以认为电波在自由空间传播。收、发天线的直射波传播满足自由空间的传播条件，对电路的设计及提高传播可靠性等都是有好处的。下面应用惠更斯-菲涅耳原理来分析出对电波传播起主要影响的空间区域——菲涅耳区。

1. 惠更斯-菲涅耳原理

惠更斯-菲涅耳原理指出，波在传播过程中，波面上的每点都是一个进行二次辐射球面波（子波）的波源，任意时刻这些子波的包络就是新的波面。如图 10-16 所示，在时刻 t 的波面为 AA'，经过 Δt 时间之后的波面为 BB'。这个波面 AA' 就是原来面上无数个子波源 $a_1, a_2, a_3, \cdots$ 在时刻 t 发出的子弹，经过 Δt 时间之后到达 $b_1, b_2, b_3, \cdots$ 点所形成的波的包络面。波在传播过程中，空间任一点的辐射场是包围波源的任意封闭面上各点的二次波源发出的子波在该点相互干涉叠加的结果，这些二次波源称为惠更斯源。在应用惠更斯原理时要注意的是某一波面上的惠更斯源只对构成传播方向上的下一波面有作用，它对原波面后方的场不起作用。

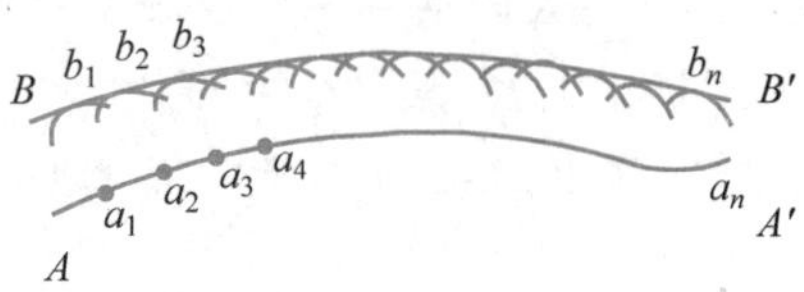

图 10-16　惠更斯原理

如图 10-17 所示，电磁波源周围空间产生电磁场，根据上述原理，在包围源的任意封闭面 S 上的电磁矢量都是 S 面外任一点的波源。因此，空间任一点的场强就是这些波源（惠更斯元）二次辐射的干涉结果。现在应用惠更斯-菲涅耳原理来研究在自由空间内收、发两点之间电波传播的空间区域与接收点场强之间的关系。参看图 10-18，在 Q 点放置一各向均匀辐射的点源，P 点为观察点。根据惠更斯-菲涅耳原理，封闭面 S 可以是任意的封闭曲面，为计算简单起见，取 S 面为点源所辐射的球面波的一个波面，其半径为 ρ_0。令 ρ_0 及 r_0（r_0 是 P 点至波面 S 的垂直距离）均远大于波长 λ。在此条件下研究 P 点的场强情况。

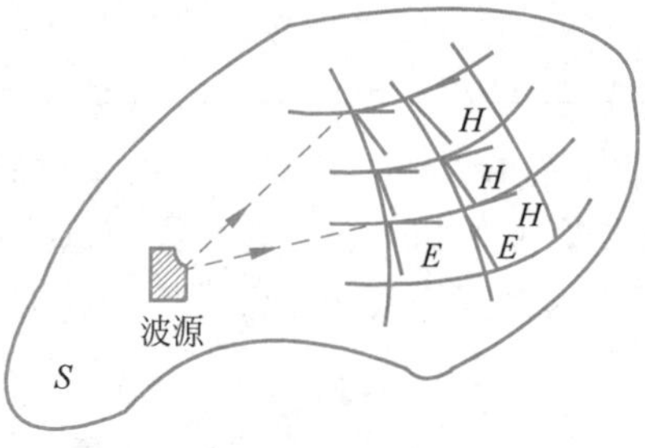

图 10-17　二次波源图

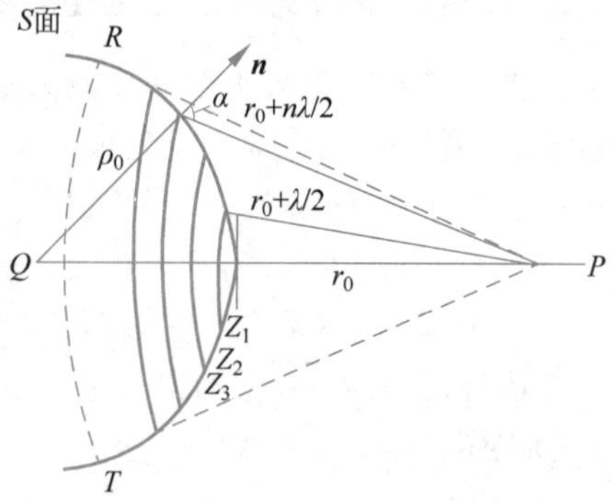

图 10-18　菲涅耳带示意图

以观察点 P 为中心，依次用 $r_0+\lambda/2, r_0+2\lambda/2, r_0+3\lambda/2, \cdots$ 为半径作球面，这些球面与 S 球面相交截出许多环状带 $Z_1, Z_2, Z_3, \cdots, Z_n$。显然，每个环带外边缘上任一点所发出的次级波与其内边缘上的一点发出的次级波在到达 P 点时具有恒定的相反的相位差。具有上述基本特征的环带称为菲涅耳带，$Z_1, Z_2, \cdots$ 分别称第一菲涅耳带，第二菲涅耳带，…。则 P 点的辐射场就是各个菲涅耳带辐射场的总和。首先计算每个菲涅耳带在 P 点建立的场强。例如，第一菲涅耳带辐射到 P 点的场强是由该带里的每个子波源在 P 点叠加而成，设场强值等于 E_1，同理可以求出第二菲涅耳带辐射场的场强值等于 E_2。由于两相邻菲涅耳带在 P 点产生的辐射场相位是相反的，在计及第二菲涅耳带作用后，

P 点的场强值为 E_1-E_2，被削弱了。由于各带的二次波源在 P 点产生的场强，与射线行程 $r_0+n\lambda/2$ 及角度 α 有关，α 表示环带面元的法线方向与该点指向 P 点方向之间的夹角，显然，$\alpha=0$ 时的环带对 P 点场的贡献最大。所以 S 面上半径越大的环带，在 P 点产生的场强振幅就越小，因此 $E_2<E_1$。同理，$E_3<E_2$，$E_4<E_3$，…。P 点的总辐射场(即源通过整个自由空间在 P 点所产生的场 $E_{自}$)是由所有菲涅耳带在 P 点的产生的场强值的叠加，表示为

$$\begin{aligned}E_{自}&=E_1-E_2+E_3-E_4+E_5-E_6+\cdots\\&=\frac{E_1}{2}+\left(\frac{E_1}{2}-E_2+\frac{E_3}{2}\right)+\left(\frac{E_3}{2}-E_4+\frac{E_5}{2}\right)\end{aligned}\tag{10-49}$$

式中：正、负号表示相位的变化。

上式 n 项级数之和收敛，由于级数中的每一项与它的相邻两项的算数平均值相差较小，同时 $\lim\limits_{n\to\infty}E_n=0$，所以上式可以近似写为

$$E_{自}\approx\frac{E_1}{2}\tag{10-50}$$

由以上讨论可以得出以下结论：

(1) 对 P 点场强起重要作用的只是整个球面 S 上 $n=1,2,3,\cdots$ 的有限数目的环带。而其他菲涅耳带的辐射场可以忽略不计，例如 $\alpha\geqslant90°$ 的环带。

(2) 第一菲涅耳带在 P 点产生的辐射场 E_1 为自由空间场强的 2 倍，即等于 $2E_{自}$，这一结论已被严格的理论分析和实验所证实。

(3) 要使 P 点场强的幅度达到自由空间的数值，不一定需要很多个菲涅耳带，而只要有第一个菲涅耳带面积的 1/3 即可。这 1/3 中心带在 P 点产生的场 E_0 等于 $E_1/2$，即 $E_{自}$。

2. 菲涅耳区

根据上述原理可以推导自由空间传播中菲涅耳区的几何尺寸。假想在 Q、P 间插入一块无限大的平面 S，它垂直 QP 线，如图 10-19(a)所示。由于这种情况相当于以无限大的球面包围波源 Q，前面讨论的原理和方法仍然适用。在平面 S 上划分菲涅耳带，并有如下关系式：

$$\begin{cases}\rho_1+r_1=d+\lambda/2\\\rho_2+r_2=d+2\lambda/2\\\cdots\\\rho_n+r_n=d+n\lambda/2\end{cases}\tag{10-51}$$

式中：ρ_n、r_n 分别为源点 Q 及接收点 P 到 S 面上第 n 个菲涅耳带的距离；d 为 Q、P 之间的距离。ρ_n、r_n 及 d 远大于波长。

由式(10-51)可知，由于传播距离及波长都是固定值，对于每个固定的 n 来说，各等式的右边都是常数，即 $\rho_n+r_n=d+n\lambda/2=$ 常数。若 S 面上的位置左右移动，使 ρ、r 为变数，而 $\rho+r=$ 常数，根据几何知识可知，这些点的轨迹是以 Q、P 为焦点的旋转椭球面。

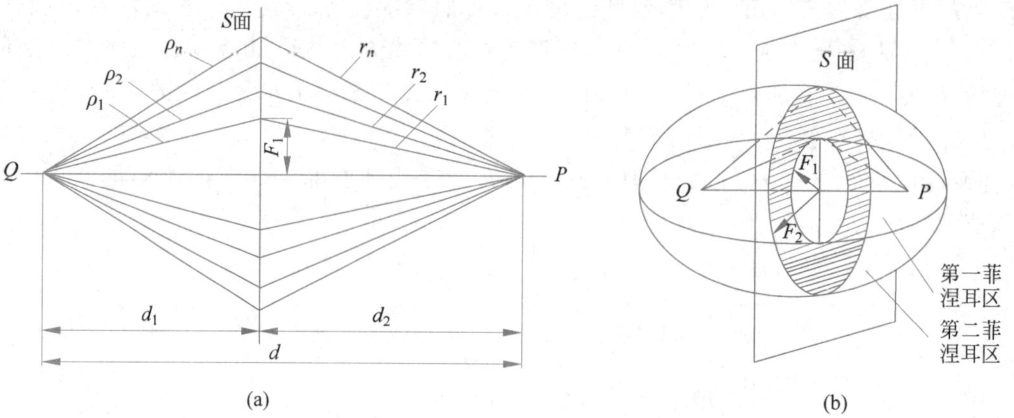

图 10-19　菲涅耳区

这些椭球面所包围的空间区域称为菲涅耳区。如图 10-19(b)所示。图中 $n=1$ 的椭球体称为第一菲涅耳(椭球)区，$n=2,3,\cdots$就分别称为第二，第三，…菲涅耳区，它们代表一系列的椭球形壳体。这一系列的椭球形壳体与平面 S 相截就在平面上出现一系列环带，即为菲涅耳带。由此可见，在自由空间中，从波源 Q 辐射到达接收点 P 的电磁能量是通过以 Q、P 为焦点的一系列菲涅耳区来传播的。

为了获得自由空间传播条件，只要能保证一定的菲涅耳区不受地形和地物的阻碍就可以了。由上节讨论可知，S 面上第一个菲涅耳带产生的场强比自由空间场强值大 1 倍，而 1/3 个第一菲涅耳带产生的场强恰好等于自由空间场强振幅。因此，工程上把第一菲涅耳区和"最小"菲涅耳区(即指 S 面上截面积为第一菲涅耳区面积 1/3 的相应的空间椭球区)当作对电波传播起主要作用的空间区域，只要它们不被阻挡，就可获得近似自由空间传播的条件。

在 d_1 和 d_2 分别远大于波长 λ 的情况下，可以算出第一菲涅耳区半径为

$$F_1=\sqrt{\frac{\lambda d_1 d_2}{d}} \tag{10-52}$$

式中各量都用同一长度单位。

令"最小"菲涅耳区半径为 F_0，根据其定义可得

$$\pi F_0^2=\frac{1}{3}(\pi F_1^2) \tag{10-53}$$

$$F_0=0.577F_1=0.577\sqrt{\frac{\lambda d_1 d_2}{d}} \tag{10-54}$$

它表示接收点能得到与自由空间传播相同的信号强度时所需要的最小空中通道("最小"菲涅耳椭球区)的半径。在研究微波中继通信的电波传播问题时，第一菲涅耳区半径 F_1 和"最小"菲涅耳区半径 F_0 是两个重要的物理量。由式(10-54)也可以看出，当 d 一定时，波长 λ 越短，对传播起主要作用的区域半径越小，椭球就越细长，最后退化为直线。这就是通常认为光的传播是光线的根据。

10.4.2 传播余隙

在微波地面视距电路的设计中，当电波传播的线路遇到障碍物时，为了确保通信质量，从电波传播的技术角度来说，重要的是确定天线的高度，使电波传播线路不被障碍物阻挡，而天线高度的确定又要通过合理地选择传播余隙这个重要参数来完成。

传播余隙是收发两天线中心的连线与地形障碍物中最高点的垂直距离 H_c，如图 10-20 所示。图 10-20(a)、(c)的选择是不合理的，图 10-20(b)的选择是比较合理的。图 10-20(c)显然把直线波挡住了。为了避免电波被挡住，设计线路时希望 H_c 越大越好。但 H_c 也不能片面地加大，H_c 选得太大，天线要相应地架得很高，实际工程难度大，也无必要。在处理这类障碍物对电波传播的影响时，一般可以采用一个半无限大金属导体屏(厚度远小于波长)来代替障碍物，从而可以求出确定的函数表示式，以便估算实际障碍物对超短波、微波所引起的传输损耗。如图 10-21(a)，Q 点为发射点，P 为接收点，电路中的几何参数如图所示。根据惠更斯-菲涅耳原理，经过理论计算得出接收点场强表示式，在 ρ、$r \gg \lambda$ 的条件下，障碍物的衰减因子 A 曲线如图 10-21(b)所示。纵坐标是 A 的分贝值，即 $20\lg(E/E_{自})$(E 表示接收点场强)，横坐标是传播余隙 H_c 与第一菲涅耳区半径 F_1 之比。当视线受阻时，H_c 为负，则 H_c/F_1 也为负值。视线不受阻时，H_c 为正，此时 H_c/F_1 也为正值。若视线恰从山脊顶上通过，则 $H_c/F_1=0$。

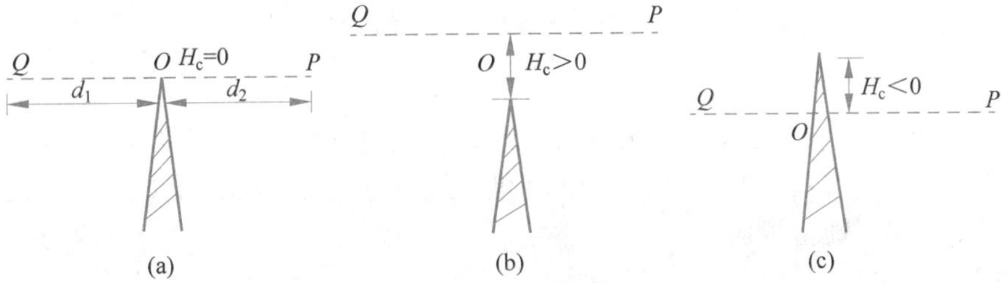

图 10-20　三种不同的余隙

分析图 10-20(b)可以看出，当电波通过障碍物时，接收点场强与障碍物高度有明显的关系。例如，当 $H_c/F_1=0$ 时，$A=-6\text{dB}$，此时接收点场强 E 恰为自由空间场强 $E_{自}$ 的一半。随着 H_c/F_1(正值)的增加，接收点场强 E 就在自由空间场强 $E_{自}$ 附近上下波动。当 H_c/F_1 为负值时，接收点场强 $E_{自}$ 随着障碍物高度的升高而明显地下降。

利用菲涅耳带的概念可以很好地说明电波通过障碍物时接收点的场强所具有的上述特点。惠更斯-菲涅耳原理指出，空间任一点处的辐射场可以认为是包围波源的任一曲面上二次波源在该点的辐射场的叠加。若通过障碍物作一垂直无限大的平面 S，则平面上的各菲涅耳带就是二次波源。显然，当 $H_c/F_1=0$ 时，半无限大的障碍屏正好阻挡了 S 面上的所有菲涅耳带的一半面积，只有露出的一半起作用，因而接收点场强 E 只有自由空间场强 $E_{自}$ 的一半，此即为图 10-21(b)曲线中 $A=-6\text{dB}$ 的由来。当 $H_c/F_1\approx 0.577$ 时，$A=0\text{dB}$，即接收点场强 E 第一次等于自由空间的电平值 $E_{自}$。这是因为此时的传播余隙 H_c 恰好等于最小菲涅耳区半径 F_0。随着 H_c/F_1(正值)的加大，S 面上二次波源-菲涅耳带被阻挡的数目和面积越来越小，电波传播的空间通道越来越接近自由空间的传播情况；同时，由于各菲涅耳带辐射场的干涉作用，接收点场强 E 将在自由空间场强 $E_{自}$ 附近上下摆动，不过随着 H_c/F_1 的继续增大波动越来越小而趋近于 $E_{自}$ 值，表明此时障碍的影响已越来越小。但当 H_c/F_1 为负值时，收、发两点之间的视线传播受阻，接收点已进入阴影区。当然，随着障碍物的增高，场强越来越小（A 值为负电平数），传输损耗越来越大。

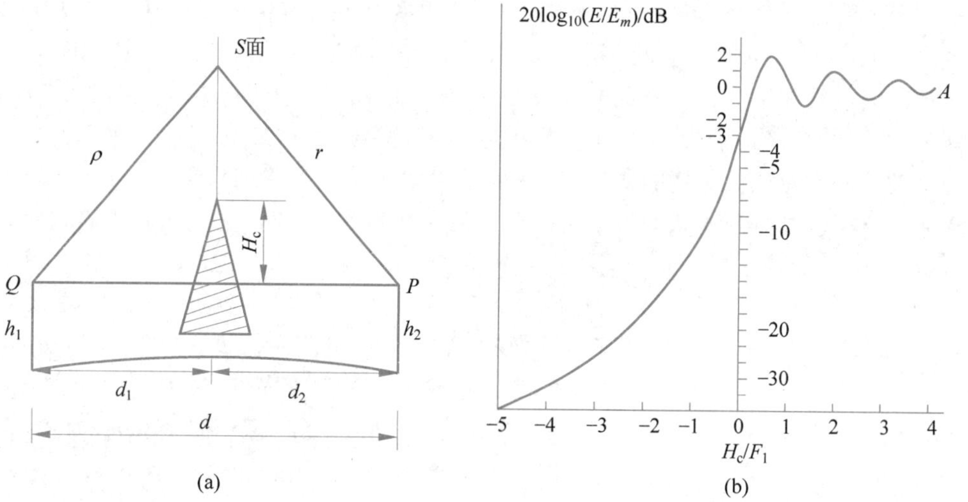

图 10-21 接收点场强随余隙的变化趋势

另外，接收点场强与电波频率有关，当视线受阻（$H_c<0$）时，对于一定高度的障碍物，波长越短接受场强就越小。因为波长越短，各菲涅耳区的尺寸都变小，一定高度的障碍物遮蔽的菲涅耳带数目就越多，接受电平也就越低。也就是说，频率越高的无线电波绕过障碍物传播的能力越弱。

10.4.3 地面对电波传播的影响

地面对电波传播的影响可以通过两方面来研究：一方面是地面的电特性；另一方面是地球表面的物理结构，包括地形起伏、植物和任意尺寸的人造结构等。地面的电特性可以用磁导率、介电常数和电导率三个参量来表示，它们对地面波的传播特性有很大的影响。但在微小视距传播中天线都是高架的，可以完全忽略地面波成分，地质情况仅影响地面反射波的振幅和相位，因此相对而言地面的几何结构的影响是主要的。

1. 视线距离

由于地球是球形，凸起的地表面会挡住视线。视线所能到达的最远距离称为视线距离。如图 10-22 所示，发射天线 Q 和接收天线 P 的高度分别为 h_1 和 h_2，连线 QP 与地球表面相切与 C 点，则视线距离 $d_0=d_1+d_2$。可以推导出 d_0 的计算公式为

$$d_0=3.57(\sqrt{h_1}+\sqrt{h_2}) \tag{10-55}$$

式中：d_0 的单位为 km；h_1、h_2 的单位为 m。

由此可见，视线距离取决于收发天线的架设高度。天线架设越高，视线距离越远，因

此在实际通信中应尽量利用地形、地物把天线适当架高。

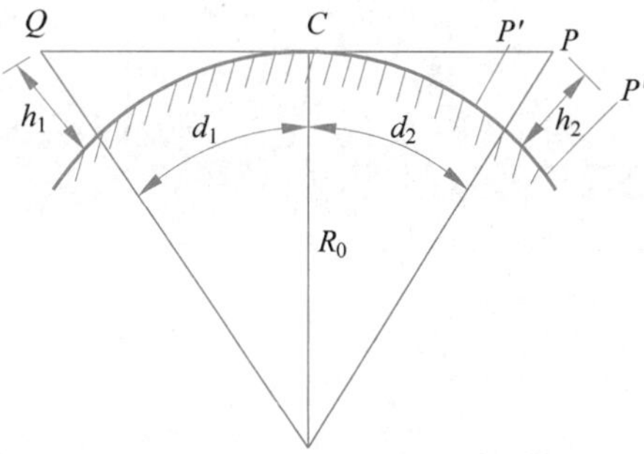

图 10-22 视线距离

实际上直射波传播所能到达的视线距离，如果考虑大气折射对电波传播轨迹的影响时，上述公式的系数由 3.57 修正为 4.12，即

$$d_0 = 4.12(\sqrt{h_1} + \sqrt{h_2}) \tag{10-56}$$

2. 地表面的菲涅耳区

在视距传播方式中，收、发两点之间除有直射波外，还经常存在着经由地面反射（或散射）后而到达接收点的反射波（或散射波），因此必要研究地面对电波传播的影响。

若天线的架设高度比波长大得多，而且地面又可视为无限大的理想导电地时，则地面的影响可以用镜像来进行分析。如图 10-23(a)所示，Q'为 Q 的镜像。这里经过反射点 D 到达接收点 P 的射线可以认为是来自镜像波源 Q'。也就是对地面以上的接收点场强来说，可以把天线 Q 辐射的电磁波在地面上激发的二次波源产生的作用，用一个地面下的镜像天线 Q'来代替。

根据 10.4.1 节中所讨论的电波传播菲涅耳区的概念可知，在镜像天线 Q'和接收点 P 之间电波传播的主要空间通道，就是 Q'、P 为焦点的椭球体，见图 10-23，该椭球体与地面相交处形成一个以椭圆为边界的地区。可以认为，只有这一地区的反射才具有重要意义，而在这一地区范围以外所产生的反射（或散射）在接收点均不产生显著的影响。这一地区就称为反射地面上的有效反射区。工程上常常把第一菲涅耳区视为对传播起主要作用的区域，因此可以得出相应的地面上有效反射区的大小。地面上第一菲涅耳椭圆区的几何尺寸为：

椭圆中心点（一般情况下不在反射点）在

$$y_{01} \approx \frac{d}{2} \frac{\lambda d + 2h_1(h_1 + h_2)}{\lambda d + (h_1 + h_2)^2} \tag{10-57}$$

椭圆的长半轴为

$$a_1 \approx \frac{d}{2} \frac{\sqrt{\lambda d(\lambda d + 4h_1 h_2)}}{\lambda d + (h_1 + h_2)^2} \tag{10-58}$$

椭圆的短半轴为

$$b_1 \approx \frac{a_1}{d} \sqrt{\lambda d + (h_1 + h_2)^2} \tag{10-59}$$

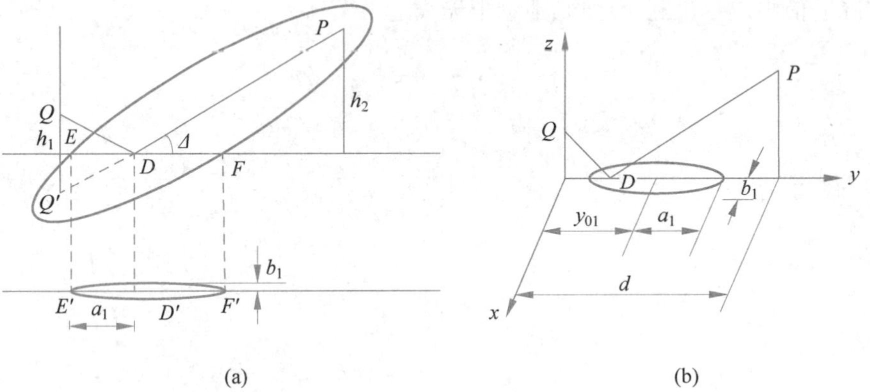

图 10-23　地面上的菲涅耳区

当波长、收发点距离及收、发天线高度确定后，即可计算出对电波反射起主要影响的地区——第一菲涅耳椭圆区的尺寸。上述近似计算公式是在地面为平面地，天线架设高度 $h_1, h_2 \gg \lambda$，通信距离 $d \gg \lambda$，且 $d \gg h_1 + h_2$ 的条件下得到的。在地面视距通信中完全可以满足上述条件。例如，设发射天线架高 $h_2 = 100\text{m}$，接收天线架高 $h_1 = 50\text{m}$，通信距离 $d = 300\text{m}$，工作波长 $\lambda = 1\text{m}$，求地面上第一菲涅耳区的位置及尺寸。利用式(10-57)～式(10-59)计算，得椭圆中心点距发射端的距离 $y_{01} \approx 17.14\text{km}$，椭圆长半轴 $a_1 \approx 11\text{km}$，短半轴 $b_1 \approx 84\text{m}$。然后根据这一地区的地质及地面情况，再来讨论地面反射或散射波对视距传播的影响。

10.4.4　低空大气层对电波传播的影响

视距传播方式，无论是地—地或地—空的电波传播，射线至少有一部分在对流层中传播，因而它必然受到对流层这种传输媒质的影响。

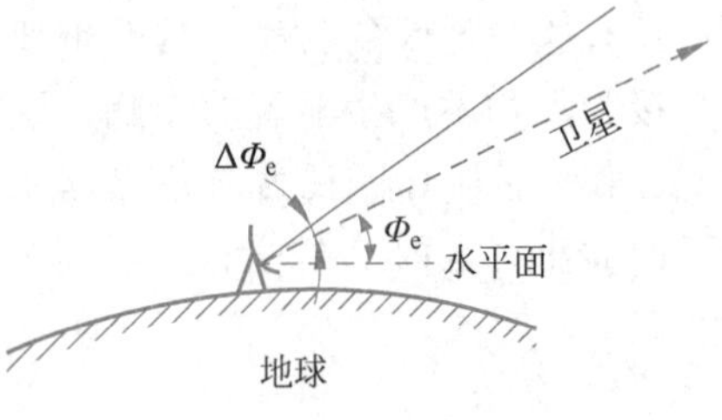

图 10-24　由大气折射引起的波束上翘

1. 大气折射

电波射线传播路径上折射率随高度变化产生弯曲，波束会向上或向下偏移角度 $\Delta\Phi_e$，图 10-24 给出了波束上翘的情况。因为地波传播途中大气折射率随时间变化，所示 $\Delta\Phi_e$ 也会随时间变化。

按大气折射的情况大致可分为正折射、无折射和负折射三种。正折射时，电波射线轨迹向下弯曲，$\Delta\Phi_e < 0$，射线弯曲方向趋向地面。无折射时，对流层表现为均匀媒质的特性，故电波射线沿直线传播。负折射时，折射指数随高度而增加，$\Delta\Phi_e > 0$，射线轨迹向上弯曲。

2. 大气吸收

从海平面算起直到 90km 的高度范围内，大气成分除水蒸气外，还有氮(质量分数约为 75.5%)、氧(质量分数约为 23.2%)、氩(质量分数约为 1.28%)等。其中水蒸气(H_2O)及氧分子(O_2)对微波起主要的吸收作用。水蒸气分子具有固有的电偶极矩，氧分子具有固有的磁偶极矩，它们都具有各自的谐振频率。当电波频率与之相同时，即产生强烈的吸收。氧分子的吸收峰为 60GHz($\lambda=0.5$cm)和 118GHz($\lambda\approx0.25$cm)。水蒸气分子的吸收峰为 22GHz($\lambda=1.36$cm)和 183GHz($\lambda=0.164$cm)。如果把大气吸收最小的频段称作大气传播"窗口",则在 100GHz 以下的频段共有三个"窗口"频率,分别为 19GHz、35GHz 和 90GHz。在 20GHz 以下,氧的吸收作用与频率关系较小,在 4GHz 时约为 0.0062dB/km;而水蒸气的吸收则与频率关系较明显,在 2GHz 时为 0.00012dB/km、8GHz 时为 0.0012dB/km、20GHz 时为 0.12dB/km。大气吸收引起的微波衰减主要是氧和水蒸气吸收所致。$f<10$GHz 时可不考虑大气吸收的影响。

3. 降雨影响

电波投射到离散的随机媒质雨滴上时,雨滴对电波的散射和吸收会使微波衰减,电波穿过雨滴后极化面旋转引起去极化(也称"退极化")现象,雨滴对电波的散射可能会引起散射干扰。

雨滴对无线电波的吸收和散射所产生的降雨衰减,可以降低 10GHz 以上频率,特别是毫米波波段处卫星通信链路的信号电平还会增加噪声温度和降低交叉极化鉴别,这是造成卫星通信系统性能降低的主要因素之一。在 3GHz 以上的频段,随着频率的升高,降雨使衰减增大。在 10GHz 以下频段,必须考虑中雨以上的影响;在毫米波段,中雨以上的降雨引起的衰减相当严重。例如,在中雨(雨量为 4mm/h)情况下,电波穿过雨区路径长度约为 10km 时,C 波段的上行线路衰减约为 1dB,下行线路的衰减仅为 0.4dB 左右。在暴雨(雨量 100mm/h)情况下,虽然每千米的损耗强度较大,但雨区高度一般小于 2km,这时 C 波段的上行线路每千米的衰减为 0.5dB,总的衰减值约为 1dB。但是,对于 Ku 波段和 Ka 波段,每千米暴雨引起的衰减将超过 10dB。

去极化是雨滴的非球形以及风的影响使得雨滴相对于波的传播方向有一倾斜角度而引起的。当雨滴较大时,其外形一般呈椭球形,并在下落的过程中,不同高度上风速不同,使得雨滴倾斜角度 θ。令电波传播方向与雨滴长轴之间的夹角为 α。线极化波沿雨滴的长轴方向传播,即 $\alpha=0°$ 时,电场的极化方向在雨滴的圆形横截面内,电波通过雨滴时,虽然幅度和相位都有变化,但其极化状态保持不变。当电波以 $\alpha=90°$ 方向入射到雨滴上时,如图 10-25 所示,电波沿 z 方向传播,穿过雨滴的每一个截面均为椭圆,若入射波电场 $\boldsymbol{E}_1$ 到达雨滴时的方向为 y 方向,即电场 $\boldsymbol{E}_1$ 有平行和垂直于雨滴长轴方向上的两个分量,由于波经过雨滴的每个横截面都是椭圆,这两个分量穿过雨滴的衰减和相移是不同的,两个分量不同程度的衰减之差称为差分衰减 ΔA,两个分量不同程度的相移称为差分相移 $\Delta\phi$,差分衰减和差分相移使得波的极化状态发生偏转,如 $\boldsymbol{E}_{R1}$ 所示,显然,$\boldsymbol{E}_{R1}$ 在与主极化方向(即 $\boldsymbol{E}_1$ 方向)正交的方向上存在分量,交叉极化的产生表明电波发生了去极化现象。

此外,雨滴对电波的散射可能造成台站之间的相互干扰。如图 10-26 所示,当两个站的无线波束交叉时,一旦在波束交叉区内降雨,雨滴的散射作用就会造成两站信号之间的相互干扰。在频段 4～6GHz 上发生过相距 200～400km 的两站,降雨散射造成的干扰。

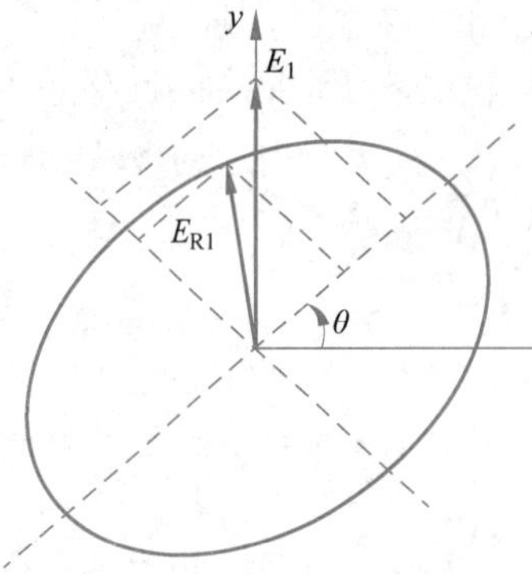

图 10-25　雨滴的退极化作用($\alpha=90°$)

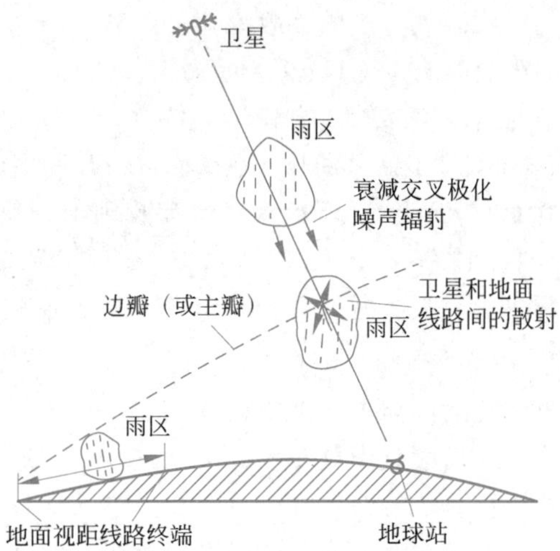

图 10-26　雨滴对电波的散射造成的干扰

4. 云、雾引起的衰减

云、雾由直径为 0.001～0.1mm 的液态水滴和冰晶粒子群组成。对 100GHz 范围内的电波来说，它们的直径远小于波长，因此，云、雾对电波的衰减主要是吸收引起的，散射效应可以忽略不计。

图 10-27 给出了垂直地面方向上典型的云块衰减率(实线)与降雨率 R 分别为 1mm/h、2.5mm/h 和 10mm/h 的小雨衰减率(虚线)间的对比，云块的衰减率是在含水量从 $(0.05\sim2.5)\mathrm{g/m^3}$ 的情况下计算得出的。这个含水量的范围包括通常出现各类云层的情况，因而适用范围较广。可见，云衰减率和小雨衰减率相当。一般云层厚度通常为 2～8km，这和陆地—太空线路中雨区的垂直高度属于同一数量级，因而二者对电波的衰减大致相当。当发生 $R>10\mathrm{mm/h}$ 的降雨情况时，雨衰减将大于云衰减，而成为陆地—太空线路中电波传播的主要衰减来源。

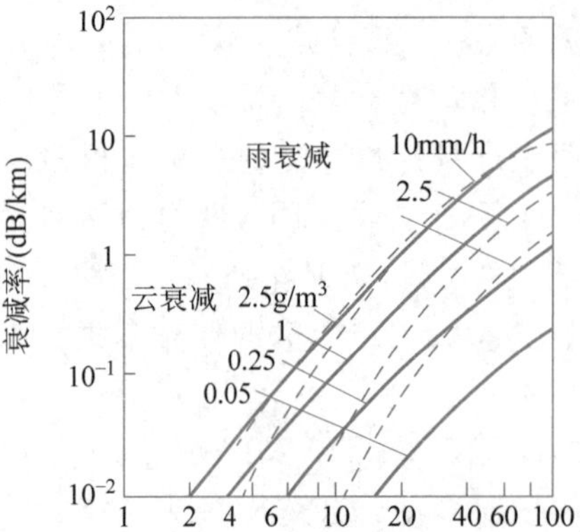

图 10-27　云块和小雨的衰减率（垂直地面方向）

雾是大气中水蒸气凝聚形成的悬浮微粒。雾典型的含水量为 $0.4\mathrm{g/m^3}$，最大含量近似为 $1\mathrm{g/m^3}$。雾层厚度很少超过 200m，因此雾的衰减往往可以忽略不计。

5. 大气噪声

大气中的氧、水蒸气分子以及雨、云、雾等都对微波有吸收作用，因此它们也是热噪声功率的辐射源。由大气气体、水凝物等产生的噪声统归于大气噪声的范围。通常用噪声温度来说明噪声功率的大小，噪声电平越高，噪声温度也越高。

大气噪声主要是氧气和水蒸气分子吸收电波能量后再辐射引起的，所以大气吸收强的频率也是大气噪声强的频率。此外，大气噪声强度与穿过大气层的路径长度有关，沿水平方向传播的路径大，噪声强度最强，而朝天顶方向大气噪声最小，表现为与路径仰角有关。图 10-28 为实测大气噪声温度曲线。该曲线是在地面温度为 20℃，一个大气压和水蒸气含量为 $10g/m^3$（相当于相对湿度为 58%）的情况测出的，给出了在不同仰角 Δ 时，1～100GHz 频率范围内的噪声温度。一般来说，对于 6GHz 以下的微波通信系统，大气气体产生的噪声不会引起严重的影响。

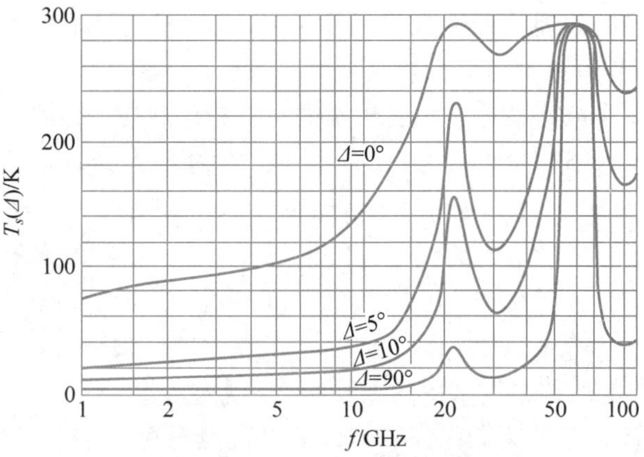

图 10-28 大气噪声温度曲线

云、雾、雨等引起的噪声中，以降雨影响为最大，频率越高，其影响越严重。一方面使信号衰减，另一方面使噪声电平增大，特别是对 10GHz 以上的电波，降雨使信噪比严重下降，在大暴雨时可能造成通信中断。

思考题

10-1 地波传播主要受哪些因素影响，有什么解决方法？

10-2 天波传播中如何利用电离层的时变特性、各向异性特性更好地进行通信？

10-3 视距传播中，如何改变环境使其更适合通信？

10-4 利用弗利斯传输公式进行计算时，应该如何更完善地考虑收发天线增益、空间衰减、极化偏转、到达角度等因素对信号传输的影响？

10-5 什么是菲涅耳区？它是如何划分的？哪些菲涅耳区对电波传播的影响大？为什么？

10-6 何谓电离层的临界频率？什么情况下电波可以返回地面？什么情况下电波会穿透电离层？

10-7 什么是传播余隙？在进行通信线路设计时天线的高度如何确定？

10-8 基于本章所学知识，探讨如何在满足通信需求的同时，降低天线辐射对自然环境和人居生活的影响，实现可持续发展。

练习题

10-1 GSM基站发射功率为6W，水平全向天线增益为12dB，手机天线增益为0dB，手持后等效增益下降5dB，下行通道频率为860MHz，假设基站至手机间建筑、环境等造成的信道衰减为40dB，手机灵敏度为－95dBm，求基站覆盖范围。

10-2 解释天波传播、地波传播和视距传播中可能存在的退极化效应。

10-3 设某信道短波地波传播最远距离为60km，电离层高度为80km，要使得不产生通信盲区，所选工作频率对应的到电离层最小入射角为多少？

10-4 为什么说中波广播电台辐射出来的地表波是椭圆极化波？

10-5 海水的$\sigma=4\text{S/m}$，在$f=1\text{GHz}$时的ε_r均为81。如果把海水视为等效的电介质，写出H的微分方程。对于良导体，例如铜，$\varepsilon_r=1$，$\sigma=5.7\times10^7\text{S/m}$，比较在$f=1\text{GHz}$时的位移电流和传导电流的幅度，可以看出，即使在微波频率下良导体中的位移电流也是可以忽略的。

10-6 海水的$\sigma=4\text{S/m}$，$\mu_r=1$，$\varepsilon_r=81$，求频率f为50Hz、10kHz、100kHz、1MHz、10MHz、100MHz的电磁波在海水中的波长和衰减常数。

10-7 分别计算频率f为50Hz、10^5Hz的电磁波在海水中的穿透深度（衰减到1/e的深度）。

10-8 海水中传播的平面电磁波每传播10cm的距离衰减小于或等于3dB，求该平面电磁波的最高极限工作频率。

10-9 频率f为500kHz、100MHz的电磁波在土壤中传播。当土壤干燥时，$\varepsilon_r=4$，$\mu_r=1$，$\sigma=10^{-4}\text{S/m}$，分别计算电磁波在其中传播时，场强振幅衰减到原来的一百万分之一所经过的距离。

10-10 当土壤潮湿时，$\varepsilon_r=10$，$\sigma=10^{-2}\text{S/m}$，再重复题10-9的计算。

参考文献

[1] 朱建清,刘荧,柴舜连,等.电磁波原理与微波工程基础[M].北京：电子工业出版社,2011.

[2] 谢处方,饶克谨,杨显清,等.电磁场与电磁波[M].5版.北京：高等教育出版社,2021.

[3] 杨儒桂.电磁场与电磁波[M].3版.北京：高等教育出版社,2019.

[4] 曹文权,朱卫刚,邵尉.电磁波与天线[M].北京：清华大学出版社,2022.

[5] 黄冶,张建华,宋铮,等.电磁场微波技术与天线[M].3版.西安：西安电子科技大学出版社,2021.

[6] Cheng D K.电磁场与电磁波[M].何业军,桂良启,译.2版.北京：清华大学出版社,2013.

[7] 谢树艺.工程数学：矢量分析与场论[M].北京：高等教育出版社,1985.

[8] 毛钧杰,何建国.电磁场理论[M].长沙：国防科技大学出版社,1998.

[9] 梁昌洪.简明微波[M].北京；高等教育出版社,2006.

[10] 牛中奇,朱满座,卢智远,等,电磁场理论基础[M].北京：电子工业出版社,2001.

[11] Hayt W H,Buck J A. Engineering Electromagnetics[M].北京：机械工业出版社,2002.

[12] 刘学观,郭辉萍.微波技术与天线[M].4版.西安：西安电子科技大学出版社,2017.

[13] 栾秀珍,王钟葆,傅世强,等.微波技术与微波器件[M].2版.北京：清华大学出版社,2022.

[14] 朱建清.电磁波工程[M].长沙：国防科技大学出版社,2000.

[15] 姚德淼,毛钧杰.微波技术基础[M].北京：电子工业出版社,1989.

[16] 阎润卿,李英惠.微波技术基础[M].北京：北京理工大学出版社,1997.

[17] 毛钧杰,柴舜连,刘荧,等.微波技术与天线[M].北京：科学出版社,2006.

[18] 彭沛夫.微波技术与实验[M].北京：清华大学出版社,2007.

[19] 梁联倬.微波网络[M].北京：电子工业出版社,1990.

[20] Pozar D M.微波工程[M].张肇仪,周乐柱,吴德明,等译.北京：电子工业出版社,2015.

[21] 刘克成,宋学诚.天线原理[M].长沙：国防科技大学出版社,1989.

[22] 刘培国,毛钧杰.电波与天线[M].长沙：国防科技大学出版社,2004.

[23] 宋铮,张建华,黄冶.天线与电波传播[M].西安：西安电子科技大学出版社,2003.

[24] Collin R E.天线与无线电波传播[M].王百锁,译.大连：大连海运学院出版社,1987.

[25] 周朝栋,王元坤,杨恩耀.天线与电波[M].3版.西安：西安电子科技大学出版社,2016.